21 世纪电工学系列教材

U0873252

电工技术和电子技术

主　编　龙绪明
主　审　韩振宇

西南交通大学出版社
·成　都·

内 容 简 介

本书由 2 篇组成，第 1 篇电工技术，内容包括：电路基本元件和基本定律、线性电路的分析方法、正弦交流电路、一阶电路的时域分析、磁路和变压器、电动机、电气控制和可编程序控制器 PLC；第 2 篇电子技术，内容包括：半导体器件、基本放大电路、多级放大电路、集成运算放大电路、直流稳压电源和可控整流电路、数字电路基础知识、组合逻辑电路、时序逻辑电路、数/模与模/数转换器、可编程逻辑器件。本教材可供 34 ~ 85 学时使用。

本书可作为高等学校工科本科非电类（土木类、建筑类、机电类、经管类、运输类、轻工类、化工类）各专业电工技术和电子技术课程的教材，也可作为职业大学、成人教育大学、电视大学和网络教育等同类专业的教材，还可作为工程技术人员的学习参考资料。

图书在版编目（CIP）数据

电工技术和电子技术 / 龙绪明主编. —成都：西南交通大学出版社，2008.9（2019.1 重印）
（21 世纪电工学系列教材）
ISBN 978-7-5643-0066-1

Ⅰ. 电… Ⅱ. 龙… Ⅲ. ①电工技术 – 高等学校 – 教材 ②电子技术—高等学校 – 教材 Ⅳ. TM TN

中国版本图书馆 CIP 数据核字（2008）第 136378 号

21 世纪电工学系列教材

电工技术和电子技术

主编 龙绪明

*

责任编辑 黄淑文
特邀编辑 李芳芳
封面设计 翼虎书装
西南交通大学出版社出版发行
四川省成都市二环路北一段 111 号西南交通大学创新大厦 21 楼
邮政编码：610031 发行部电话：028-87600564
http://www.xnjdcbs.com
四川煤田地质制图印刷厂印刷

*

成品尺寸：185 mm × 260 mm 印张：26.875
字数：671 千字
2008 年 9 月第 1 版 2019 年 1 月第 2 次印刷
ISBN 978-7-5643-0066-1
定价：44.50 元

前　言

本书是参照“高等学校工科本科电工学课程教学基本要求”，为高等工科学校非电类专业而编写的电工技术和电子技术（电工学）基础教材。

全书由 2 篇组成，第 1 篇“电工技术（第 1～7 章）”，内容包括：电路基本元件和基本定律、线性电路的分析方法、正弦交流电路、一阶电路的时域分析、磁路和变压器、电动机、电气控制和可编程序控制器 PLC；第 2 篇“电子技术（第 8～17 章）”，内容包括：半导体器件、基本放大电路、多级放大电路、集成运放电路、直流稳压电源和可控整流电路、数字电路基础知识、组合逻辑电路、时序逻辑电路、数/模与模/数转换器、可编程逻辑器件。本教材可供 34～85 学时使用，各校可根据专业设置和要求选学所需内容。

本书根据 20 多年教学经验及教学改革成果和“电工学”精品课程建设内容，从课程设置总体优化的角度出发，整合教学内容，恰当地解决好“基础与应用”、“理论与实践”、“重点内容与知识面”等矛盾，使课程内容体系具有系统性、先进性、启发性、实用性。在注重基本知识的同时，增加了多种类型的例题和习题，提高学生的自学能力以及分析、解决问题的能力，培养学生的创新意识和工程意识。

本书可作为高等学校工科本科（土木类、建筑类、机电类、经管类、运输类、轻工类、化工类）非电类各专业电工技术和电子技术课程的教材，也可作为职业大学、成人教育大学、电视大学和网络教育等同类专业的教材，还可作为工程技术人员的学习参考资料。

本书由西南交通大学龙绪明主编，四川大学韩振宇教授主审。参加本书编写的有：王英（第 1～4 章）、徐英雷（第 5～7 章）、龙绪明（第 8～12 章）、李春茂（第 13～17 章）、曾欣荣（3.6 节）、曹保江（第 17 章）、何圣仲（10.1 节）、李冀昆（10.4 节）。由于编者水平有限，差错和不足之处在所难免，欢迎广大读者批评指正。

编　者

二〇〇八年三月

目　录

第一篇　电工技术

第二篇 电子技术

第一篇 电工技术

第1章 电路基本元件和基本定律

提 要 本章讨论电路的基本概念、基本元件、基本定律、基本的连接结构和规律。介绍构成电路的基本元件特性，即电阻元件、电容元件、电感元件、电压源、电流源和受控源。讨论电路中电压、电流受到的两类约束，即元件特性和基尔霍夫定律。论述电路元件串联、并联、星形连接、三角形连接等分析方法和等效概念，为后续各章节的知识点讨论和学习奠定基础。

1.1 电路的基本概念

1.1.1 电路模型

1. 电 路

电路是由电气设备和电路器件通过各种方式相互连接并提供电流通过途径的系统。电路的结构和所能完成的任务是多种多样的，简单的电路如手电筒电路，复杂的电路如电力系统、电子系统、电气控制系统等。

电路可分为线性电路和非线性电路，线性电路仅由线性元件组成，而非线性电路中至少含有一个非线性元件。线性电路最基本的特性是具有叠加性和均匀性。

2. 电路的作用

1）实现电能的传输、转换及分配

例如电力系统，其电力系统示意图如图 1.1.1 所示，电路的主要作用是将发电机提供的电能传输和分配到各用电设备。

发电机是电源，是提供电能的设备，其功能是把热能、水能或核能等转换成电能。

变压器和输电线的功能是实现电能的分配和传输。

电动机、电炉、电灯等用电设备统称为负载，其功能是把电能转换成为机械能、热能和光能等。

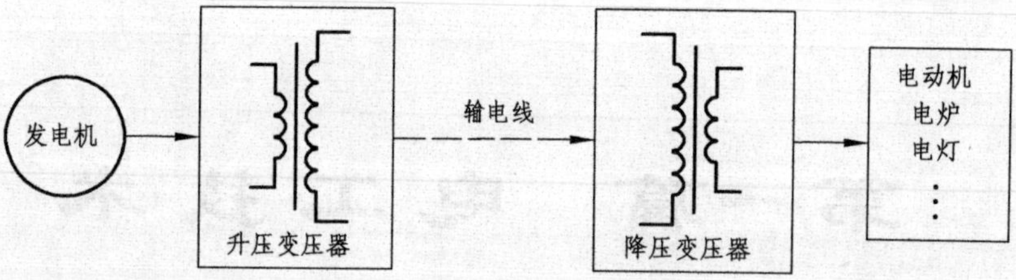

图 1.1.1　电力系统示意图

2）实现信号的传递和处理

信号传递和处理的例子很多，如手机、计算机、电视机等，它们把载有语言、文字、音乐、图像信息的电磁波接收后转换为相应的电信号，然后通过电子电路对信号进行传递和处理，还原为原始信息输出到扬声器、显示器等。

3. 电路模型

实际电路是由实际电气设备、电路器件等构成，这些实际部件在工作过程中往往同时产生几种物理效应。例如，一个白炽灯[如图 1.1.2（a）所示]通电后除了发光发热（电阻性）外，在灯丝两头有电压，故两极之间有电场效应（即电容性），在灯丝中通过的电流会产生磁场，因而灯丝又有电感性。白炽灯工作中同时存在三种物理效应，但其灯丝的发热效应是主要的，而电容性和电感性较小（忽略不计），可把白炽灯理想化为只有一种发热效应的集总参数电阻值 R 元件，抽象化为一个电路符号，如图 1.1.2（b）所示。一个实际的白炽灯部件经过理想抽象化成为电路元件。

（a）白炽灯

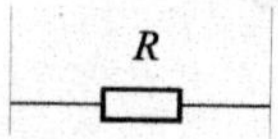

（b）电阻元件的电路符号

图 1.1.2　实际部件白炽灯与其电路模型

在电路分析中，不直接研究实际电路，而是研究实际电路的数学模型，即电路模型（电路图）。电路模型是由抽象理想化电路元件（简称电路元件）相互连接构成。每一种电路元件只表征一种物理效应，可以用精确的数学关系来定义。实际的器件可以根据其表现出的物理效应用一种或几种电路元件来描述。电路模型主要是由实际器件在一定条件下所表现出的物理效应来决定，即电路模型的建立是有条件的，并且通过电路模型分析出的结果在一定的精度范围内可预测实际电路的特性。由于构成电路模型的电路元件都满足集中参数条件，因此，电路模型的大小和几何形状不影响电路的特性。

本篇主要讨论电路模型的分析计算，将不涉及实际器件如何建立电路模型的问题。

1.1.2　电路变量

电路变量是用来对电路模型进行描述的，电路分析任务则是计算出特定的电路变量，进而了解电路的特性和技术指标。在电路分析中主要分析可实际测量的变量——电压和电流，通过电压和电流变量可计算出电路模型中的其他物理量，如功率、电路元件参数等，因此，电压和电流又称为电路的基本变量。

1. 电　压

电压的物理意义是电荷在电路中移动时所获得或失去的能量。即一定量的正电荷 dq 从电路中 a 点移动到 b 点时，能够放出的能量为 dW，则电路中 a，b 两点间的电压 u［单位为伏特（V）］定义为

$$u = \frac{\mathrm{d}W}{\mathrm{d}q} \tag{1.1.1}$$

在电路分析中常用电位来表示电压，即任意两点间的电位之差称为电压。电路中的电位是相对某个参考点而定义的电压，如图 1.1.3 所示。图中有三个电路模型 N_1，N_2，N_3，设 O 点为参考点，a 点的电位为 u_a，b 点的电位为 u_b，则 a，b 两点间的电压 u_{ab} 为

$$u_{ab} = u_a - u_b$$

在实际电路中，参考点通常选为大地、设备机壳或某一个公共连接点。在电路分析中，可任意选择电路中的某一点为参考点，并设定参考点的电位为零。因此，电路中各点的电位值与所选定的参考点有关，但任意两点间的电压则与参考点的选择无关。例如，图 1.1.4 中的参考点改选为 b 点，这时 b 点的电位为零，O 点的电位为 u_o，a 点的电位等于 a，b 两点间的电压

$$u_{ab} = u_a - u_b = u_a$$

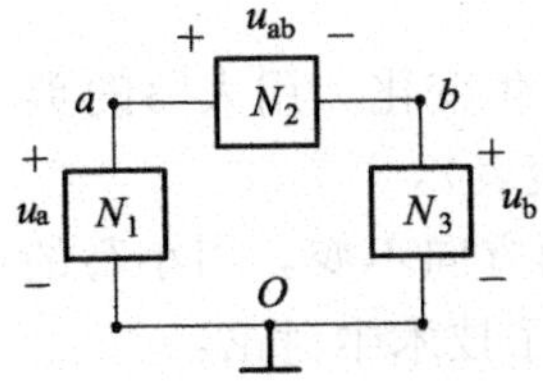

图 1.1.3　电压与电位

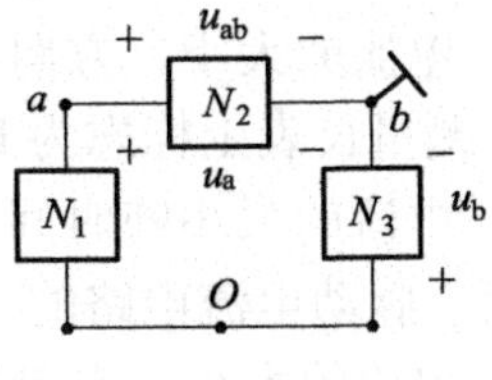

图 1.1.4　参考点、电位与电压

由于图 1.1.3 与图 1.1.4 所选择的参考点不同，同一点的电位则不同，但两点间的电压是唯一的。

在电路分析中定义的电压相当于物理学中的电势降落。因此，电压的方向定义为由高电位端指向低电位端，高电位端用“＋”、低电位端用“－”符号表示，也可以用双下标或箭头表示电压的参考方向，如图 1.1.5 所示，说明负载上相同电压极性的三种表示方式。

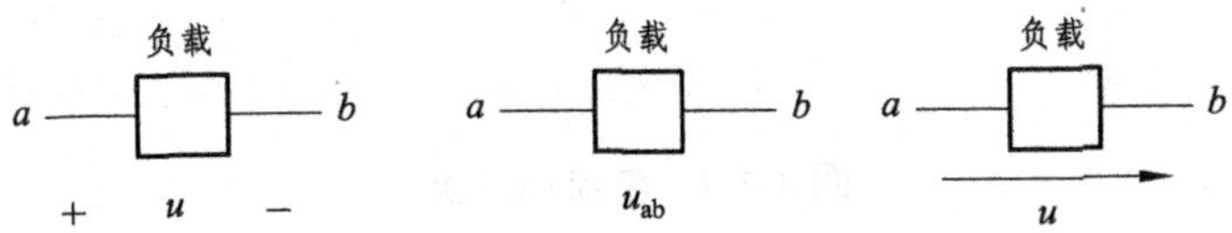

图 1.1.5　电压方向的表示方式

在复杂电路分析计算前，电压的实际方向很难判断，这时必须假定电压的方向，即电压的参考方向（参考极性）。具有参考方向电压的数学表示才有物理意义。根据参考方向计算出电压的数值，如果是正值，说明该段电路电压的参考方向与实际方向相同；如果是负值，则表明该段电路电压的参考方向与实际方向相反。电路中电压的参考方向是任意假设的。

注意：电动势 E 的参考方向是在电源内部由低电位端指向高电位端，即为电位升高的方向。

2. 电　流

电流的物理意义是电荷质点的运动。即单位时间内通过导体横截面积的电荷量定义为电流强度i，即

$$i = \mathrm{d}q / \mathrm{d}t \tag{1.1.2}$$

式中，电流的单位为安培（A）。

在工程上规定正电荷移动的方向为电流方向。在电路模型中，电流方向有两种表示方式：箭头或双下标，如图 1.1.6 所示，即电流方向为从a到b。

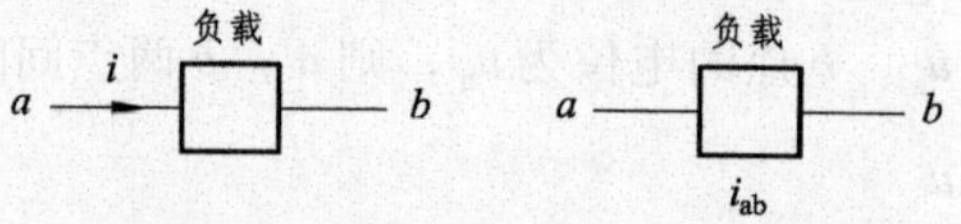

图 1.1.6　电流方向的表示方式

在复杂电路分析中，由于电流的实际方向很难确定，常用参考方向来表示电流的方向。即在分析计算复杂电路之前，先假定电流的方向（称为参考方向），再根据电流参考方向计算出电流的数值。如果电流值为正值，说明电流的参考方向与实际方向相同；若为负值则说明电流的参考方向与实际方向相反。注意，电流的参考方向是任意假设的。

电流按其大小与方向可分为三种电流：

（1）直流电流。电流的大小、方向都不随时间发生变化。用大写的英文字母I表示。如图 1.1.7（a）所示。测量仪表上标志为 DC（直流电流表）。

（2）脉动电流。电流的大小随时间发生变化，而方向不变。用小写的英文字母i表示。如图 1.1.7（b）所示。脉动电流电路的分析在模拟电子技术中讨论。

（3）交流电流。电流的大小、方向都随时间发生变化。用小写的英文字母i或$i(t)$表示。本书主要讨论正弦交流电流，如图 1.1.7（c）所示。测量正弦交流电流的仪表标志 AC（交流电流表）。

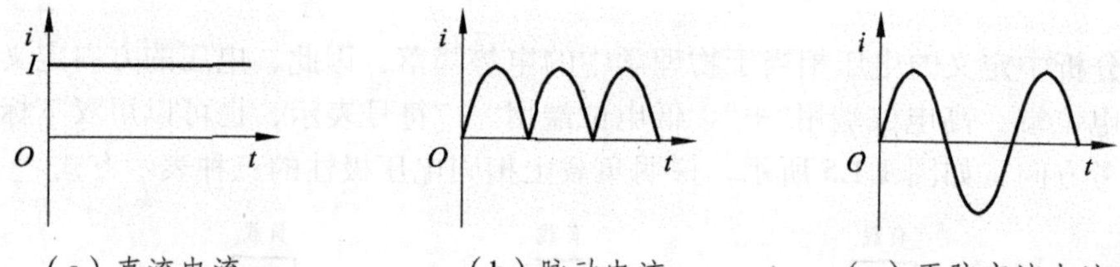

（a）直流电流　　（b）脉动电流　　（c）正弦交流电流

图 1.1.7　电流的分类

3. 功率和能量

在电路分析时，经常分析电路中的能量和功率的分布和转移。因此，功率和能量是电路中两个重要的物理量。功率定义为单位时间内所转换的电能，用p表示。功率p与能量W的关系为

$$p(t) = \mathrm{d}W / \mathrm{d}t \tag{1.1.3}$$

$$W(t) = \int_{-\infty}^{t} p(\tau)\mathrm{d}\tau$$

式中，功率的单位为瓦特（W）；能量的单位为焦耳（J）。

在元件功率分析中，设元件上的电压与电流的参考方向如图 1.1.8 所示，即电流从电压的正极流到负极，元件所吸收的能量为

$$dW = u(t)dq$$

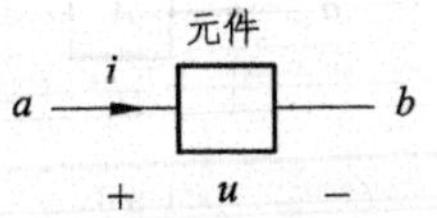

图 1.1.8　电压和电流表示功率

则该元件吸收的功率为

$$p(t) = \frac{dW}{dt} = u(t)\frac{dq}{dt} = u(t) \cdot i(t) \tag{1.1.4}$$

式（1.1.4）是通过元件的端电压和流过电流的乘积来定义功率。对于计算出的值是吸收（输入）功率还是提供（输出）功率，可直接根据电压和电流的实际方向来确定。当电流从电压的正极流到负极时（注意是实际方向），元件吸收功率，或者说元件是负载；当电流从电压的负极流到正极时，元件提供功率，或者说元件是电源。

4. 参考方向

在复杂的电路分析中，电压和电流都是根据设定的参考方向进行讨论，即任意假设电压、电流的方向称为参考方向。参考方向概念的引入，解决了复杂电路中电压、电流方向难以确定的问题，同时又不影响电路分析的结果。

在参考方向条件下，电路分析计算的结果存在两种情况：

① 计算结果为“+”，说明参考方向与实际方向相同；

② 计算结果为“−”，说明参考方向与实际方向相反。

由于电压、电流的参考方向都是任意假设的，因此，参考电流从参考电压的正极（高电位）流到负极（低电位）时，这种电压与电流的参考方向称为关联参考方向，如图 1.1.9（a）所示。在关联参考方向条件下，如果计算的功率 $p = ui > 0$，则说明元件吸收功率；功率 $p < 0$，则说明元件提供功率。图 1.1.9（b）中，参考电流从参考电压的负极流到正极，称电压、电流的参考方向为非关联参考方向。

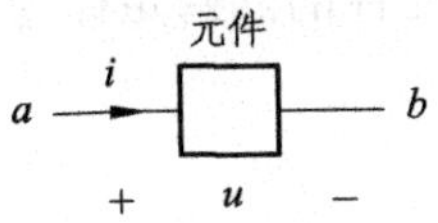

（a）电压与电流关联参考方向

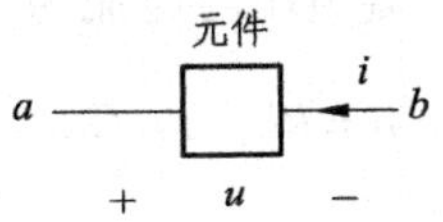

（b）电压与电流非关联参考方向

图 1.1.9　电压、电流的参考方向

例 1.1.1　已知 $I_1 = 4$ A，$U_1 = 2$ V，$I_2 = -4$ A，$U_2 = 4$ A，$I_3 = 3$ A，$U_3 = 5$ V。试说明图 1.1.10 中各元件的电压、电流的参考方向是否关联？并计算各元件吸收的功率。

解　元件 A，B 的电流参考方向是从参考电压的正极流到负极，因此，电压和电流的参考方向设定是关联的；元件 C 的电流从电压的负极流到正极，则电压和电流的参考方向设定是非关联的。所以各元件功率为

元件 A　$P_1 = U_1 I_1 = 2 \times 4 = 8$ (W)

元件 B　$P_2 = U_2 I_2 = 4 \times (-4) = -16$ (W)

元件 $C \quad P_3 = -U_3 I_3 = -5\times3 = -15\ (\mathrm{W})$

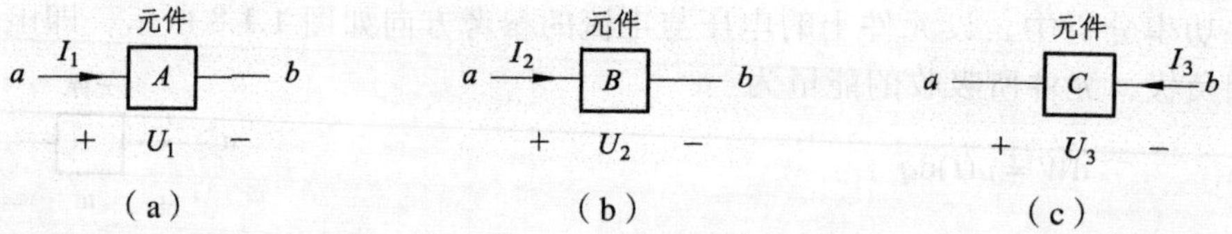

图 1.1.10　例 1.1.1 图

由于各元件功率的分析计算是设定在关联参考方向条件下，因此，元件 A 功率大于零，则是吸收功率，为负载；元件 B 和元件 C 功率小于零，则是提供功率，为电源。

1.2　电路基本元件

电路元件按其特性可分为有源元件和无源元件两种。如果一个元件在任何时刻的物理效应表征为吸收能量，称该元件为无源元件，否则为有源元件。无源元件主要有电阻、电感和电容元件，其中电阻元件为耗能元件，电感和电容元件为储能元件。有源元件主要有独立电源和受控电源元件。

下面根据电路基本元件特性讨论各元件上电压和电流的约束关系。

1.2.1　基本元件

1. 电阻元件 R

在任意时刻，能用 u-i 平面上一条曲线来描述外部特性的元件称为电阻元件。它是一种反映消耗电能转换成其他形式能量物理特征的电路模型。

线性电阻元件电路符号、电压和电流参考方向如图 1.2.1 (a) 所示，特性曲线如图 1.2.1 (b) 所示，即特性曲线在 u-i 平面上任意时刻 t 都是过原点的直线。

在电阻元件两端电压与电流为关联参考方向时，电阻元件的欧姆定律为

$$u = Ri\ ,\quad i = Gu \tag{1.2.1}$$

式中，R 为线性电阻，是一个正实常数，单位为欧姆（Ω）；G 为电阻元件的电导，单位为西门子（S）。R 和 G 都是电阻元件的参数。下面将线性电阻元件简称电阻。

欧姆定律表明：电阻元件上某时刻的端电压 u 由该时刻的电流 i 确定，而与过去的电流值大小无关。即 $u = Ri$，称电阻 R 为“无记忆”的元件。

如果一个电阻元件的端电压不为零值，而流过它的电流恒为零值，则这时电阻值为无穷大，即 $R = \infty$，称电阻 R 为开路。如果流过一个电阻元件的电流不为零值，而元件的端电压恒为零值，则 $R = 0$，称电阻 R 为短路。

在电压和电流的关联参考方向下，电阻元件吸收的功率为

$$p = ui = Ri^2 = \frac{u^2}{R}$$

因为电阻 R 是正值，所以电阻 R 吸收的功率总是大于零，则说明电阻元件是耗能元件。

在直流电路的稳态分析中，其电压、电流和功率的变量用大写字母表示。假设电压与电流参考方向是关联的，则有 $P=UI$ 。

如果一个二端元件不是线性电阻则是非线性电阻。例如，半导体二极管 VD，如图 1.2.2（a）所示，在一定条件下是一个非线性电阻元件，其特性曲线在 u-i 平面上如图 1.2.2（b）所示，不是在任意时刻 t 都是过原点的直线，称为非线性电阻。

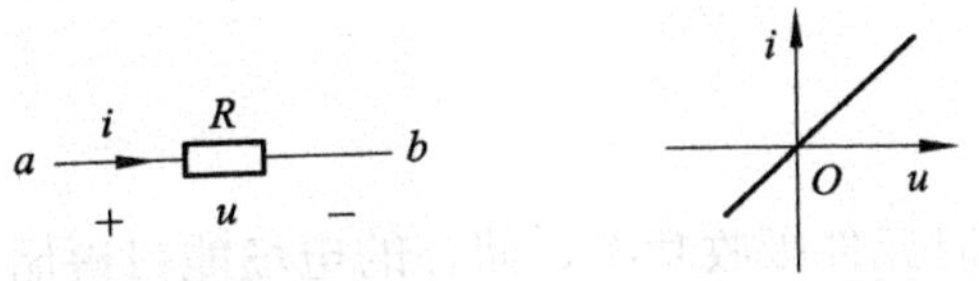

（a）关联参考方向　　（b）伏安特性

图 1.2.1　线性电阻元件

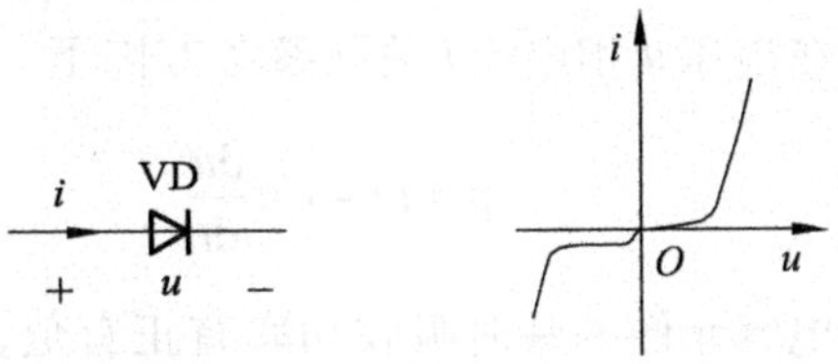

（a）半导体二极管　　（b）伏安特性

图 1.2.2　非线性电阻元件

2. 电容元件 C

实际电容器是用某种绝缘介质隔开的两个理想导电极板构成的。在外电路的作用下，两个极板上分别聚集起等量的正、负电荷，并在介质中建立电场而具有电场能量。将外电路移去后，电荷依靠电场吸力可继续聚集在极板上，电场继续存在。因此，电容器是一种储存电荷或者说储存电场能量的部件。

线性电容元件（简称电容元件）的电路符号、电压和电流参考方向如图 1.2.3（a）所示，特性曲线如图 1.2.3（b）所示，即特性曲线在 q-u 平面上任意时刻 t 都是过原点的直线。

电容元件由电容电荷 q 与电容端电压 u 的正比关系来定义，即

$$q=Cu$$

式中，比例系数 C 称为电容值，是一个正实常数，单位为法拉（F）。实际电容值的大小常常为 10^{-6} F 或 10^{-12} F 数量级，即 1 μF $=10^{-6}$ F，1 pF $=10^{-12}$ F。

（a）线性电容元件及关联参考方向　　（b）线性电容的库伏特性

图 1.2.3　线性电容元件

在电路分析中，主要研究电容元件的伏安关系。如果电容元件的电压 u 和电流 i 取关联参考方向，如图 1.2.3（a）所示，则伏安关系为

$$i=\frac{\mathrm{d}q}{\mathrm{d}t}=\frac{\mathrm{d}(Cu)}{\mathrm{d}t}=C\frac{\mathrm{d}u}{\mathrm{d}t} \tag{1.2.2}$$

式（1.2.2）表明：电容 C 中某时刻的电流 i 与该时刻其端电压 u 的大小无关，而是与端电压 u 的变化率成正比。当电容 C 的端电压 u 不随时间变化时，电流 i 为零。即端电压 u 为常

数（直流）时，电容C相当于开路。电容C元件具有隔断直流（简称隔直）的作用。

电容C两端的电压u可由式（1.2.2）得

$$u=\frac{1}{C}\int_{-\infty}^{t} i\mathrm{d}\xi=u(t_0)+\frac{1}{C}\int_{t_0}^{t} i\mathrm{d}\xi$$

上式表明电容C的端电压u除与t_0到t的电流i值有关外，还与$t=t_0$时电容元件上初始电压值$u(t_0)$有关，因此，电容元件是一种有“记忆”的元件。

在电压u和电流i关联参考方向下，电容元件的瞬时吸收功率为

$$p=ui=Cu\frac{\mathrm{d}u}{\mathrm{d}t}$$

电容元件的瞬时吸收功率有正有负，当为正值时元件吸收功率，储存的电场能量增加，称这一种状态为“电容充电”；当为负值时元件释放功率，释放充电时储存的能量，这时称为“电容放电”。由于电容不消耗能量，只储存电场能量，所以电容元件属于储能元件。

电容元件从 0 到t时间内吸收的电能为

$$W=\int_0^t p\mathrm{d}\xi=C\int_{u(0)}^{u(t)} u\mathrm{d}u=\frac{1}{2}Cu^2(t)-\frac{1}{2}Cu^2(0)$$

上式表明任意时刻电容元件的储能W总是大于或等于零，电容元件属于无源元件。

一般实际电容器除有储能作用外，会消耗一定的电能，这时，电容器的电路模型是电容元件和电阻元件的并联组合。如果电容元件的特性曲线在q-u平面上不是任意时刻t都是过原点的直线，则此元件为非线性电容元件。本书只讨论线性电容电路。

3. 电感元件L

实际电感器通常是由导线绕制在磁性材料上的线圈构成的。当线圈中流过电流时，其周围便产生磁场，电能转化为磁场能，以磁场的形式存在。电路分析中的电感元件是表征电流产生磁通和储存磁场能这一物理特征的电路模型。

线性电感元件（简称电感元件）的电路符号、电压和电流参考方向如图 1.2.4（a）所示，特性曲线如图 1.2.4（b）所示，即特性曲线在Ψ-i平面上任意时刻t都是过原点的直线。

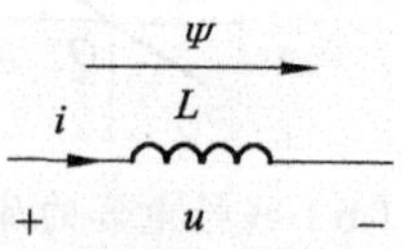

（a）线性电感元件及关联参考方向

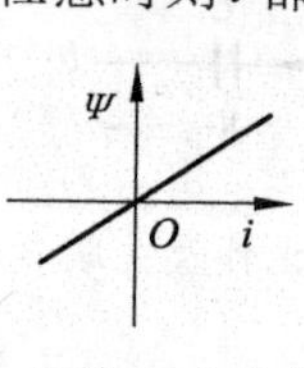

（b）线性电感的韦安特性

图 1.2.4 线性电感元件

电感元件由磁链Ψ与电流i的正比关系来定义，即

$$\Psi=Li$$

式中，比例系数L称为线性电感值，是一个正实常数，单位为亨利（H）。当电感值较小时，常用毫亨（1 mH＝10^{-3} H）或微亨（1 μH＝10^{-6} H）表示。

在电压 u 和电流 i 取关联参考方向条件下，当电感元件中的电流 i 变化时，根据电磁感应定律，可得到电感元件的伏安关系为

$$u = \frac{\mathrm{d}\Psi}{\mathrm{d}t} = \frac{\mathrm{d}(Li)}{\mathrm{d}t} = L\frac{\mathrm{d}i}{\mathrm{d}t} \tag{1.2.3}$$

式（1.2.3）表明电感 L 中某时刻的电压 u 与该时刻电流 i 的大小无关，而与流过的电流 i 的变化率成正比。当电感 L 中的电流为直流时，其端电压为零，电感 L 相当于短路。

通过式（1.2.3）计算电感 L 中流过的电流 i，则有

$$i = i(0) + \frac{1}{L}\int_0^t u\mathrm{d}\xi$$

上式表明电感 L 中的电流 i 除与 0 到 t 的端电压 u 值有关外，还与 $t=0$ 时电感元件上初始电流值 $i(0)$ 有关，电感元件也是记忆元件。

在电压和电流关联参考方向下，电感元件的瞬时吸收功率为

$$p = ui = Li\frac{\mathrm{d}i}{\mathrm{d}t}$$

电感元件的瞬时吸收功率不会转变成其他能消耗掉，而是以磁能的形式储存在电感线圈形成的磁场中，电感元件属于储能元件。电感元件从 0 到 t 时间内吸收的电能为

$$W = \int_0^t p\mathrm{d}\xi = \frac{1}{2}Li^2(t) - \frac{1}{2}Li^2(0)$$

上式说明任意时刻电感元件的储能 W 总是大于或等于零，因此，电感元件属于无源元件。

如果电感元件的特性曲线在 Ψ-i 平面上不是任意时刻 t 都是过原点的直线，则此元件为非线性电感元件。本书只讨论线性电感电路。

1.2.2 电　源

独立电源是指在电路中能独立提供能量的元件。实际的独立电源有电池、发电机、信号源等。独立电源包括独立电压源和独立电流源。

1. 理想电压源

理想电压源（简称电压源）是从实际独立电压源理想抽象化得到的电路模型，该模型表征了元件提供的电压与流过的电流无关的物理特征，如图 1.2.5 所示。

电压源的性质：无论流过电压源的电流值大小、方向如何，其电压源的端电压总是保持为规定的 U_S 或 $u_S(t)$（直流电压源特性如图 1.2.6 所示），流过电压源的电流由外接电路决定。所以理想电压源又称为独立电压源。

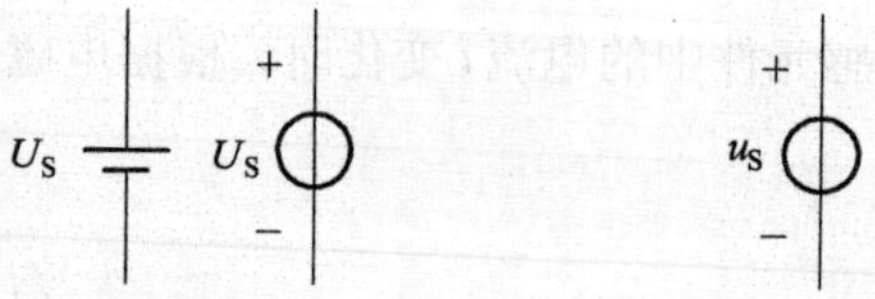

（a）直流电压源电路符号　　（b）交流电压源电路符号

图 1.2.5　理想电压源

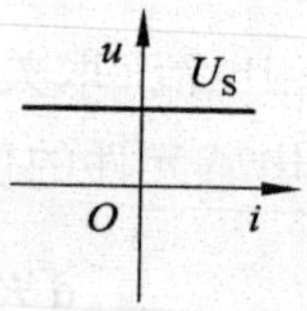

图 1.2.6　直流电压源伏安特性曲线

例 1.2.1　电路如图 1.2.7 所示，直流电压源 $U_S = 12\ \text{V}$，电阻 $R_1 = 2\ \Omega$，试求各元件的电流和功率。

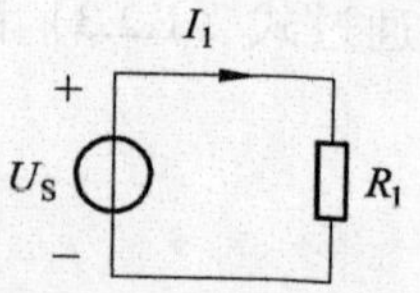

图 1.2.7　例 1.2.1 图

解　$I_1 = U_S / R_1 = 12/2 = 6\ (\text{A})$

电压源 U_S 的功率　$P_S = -U_S I_1 = -12 \times 6 = -72\ (\text{W})$

电阻元件 R_1 的功率　$P_{R1} = U_S I_1 = 12 \times 6 = 72\ (\text{W})$

因为，在关联参考方向条件下，电压源的功率小于零，所以电压源提供功率；电阻的功率大于零，所以电阻元件吸收功率。可见，电源提供的功率等于电路消耗的功率，这就是电能量的守恒，常称为功率平衡。在电路分析计算中，可利用功率平衡的概念，检验计算结果的正误。

2. 理想电流源

理想电流源（简称电流源）是从实际独立电流源理想抽象化得到的电路模型，该模型表征了元件提供的电流与其端电压完全无关的物理特征，它是一个二端有源元件。

在电路分析中，主要讨论直流电流源 I_S 和正弦交流电流源 i_S，其电路符号如图 1.2.8 所示。直流电流源的伏安特性曲线如图 1.2.9 所示。

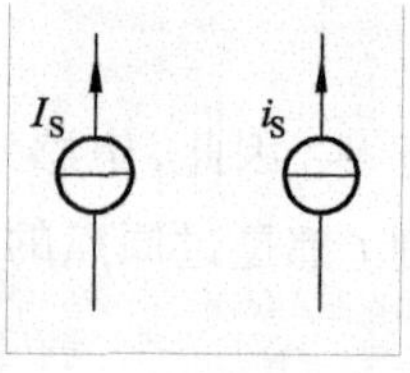

图 1.2.8　理想电流源

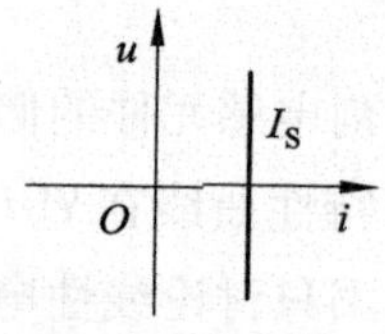

图 1.2.9　直流电流源伏安特性曲线

电流源的性质：无论电流源两端电压值大小、方向如何，其电流源的电流值总保持规定的 I_S 或 $i_S(t)$。电流源的端电压由外接电路决定。所以理想电流源又称为独立电流源。

例 1.2.2　电路如图 1.2.10 所示，试求各元件功率。

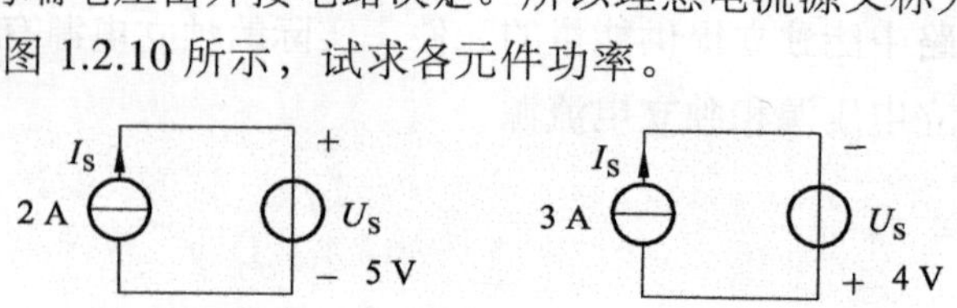

（a）　　（b）

图 1.2.10　例 1.2.2 图

解　（1）图 1.2.10（a）所示电路中，

电压源功率　　$P_U = U_S I_S = 5 \times 2 = 10\ (\text{W})$

电流源功率　　$P_I = -U_S I_S = -5\times 2 = -10\ (\text{W})$

（2）图 1.2.10（b）所示电路中，

电压源功率　　$P_U = -U_S I_S = -4\times 3 = -12\ (\text{W})$

电流源功率　　$P_I = U_S I_S = 4\times 3 = 12\ (\text{W})$

上面各电源的功率分析计算是在关联参考方向条件下，因此，功率大于零的为吸收功率，这时电源在电路中起负载的作用；功率小于零的为提供功率，在电路中起电源作用。

3. 理想电源与实际电源

理想电源最主要的特点就是电源值与外接电路无关，即电压源的电压值与外电路无关，其流过的电流大小（有限值）和方向可以任意改变；电流源的电流值与外电路无关，其端电压的大小（有限值）和方向可以任意改变。

实际的电源都有一些内部电阻，当电源与外电路连接时，电源内部会产生一定的内耗，如图 1.2.11（a）和（b）所示是实际电源的伏安特性，因此，在电路分析中，用理想电压源串联一个电阻构成实际电压源的电路模型；用理想电流源并联一个电阻构成实际电流源的电路模型，如图 1.2.11（c）和（d）所示。可见，实际电源与外电路连接后，其值会有一定的变化。

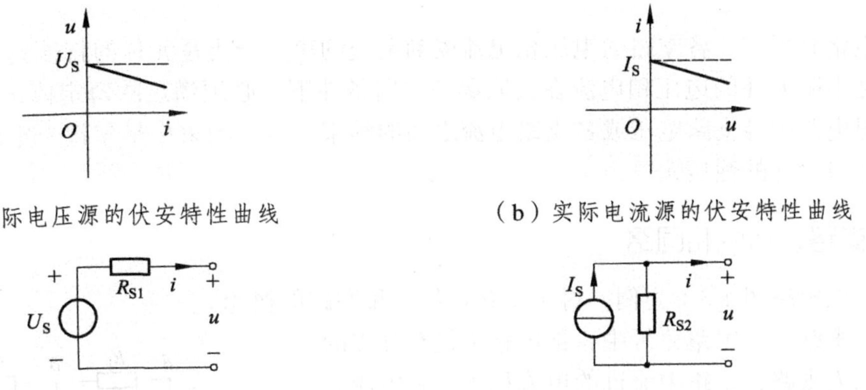

（a）实际电压源的伏安特性曲线　　（b）实际电流源的伏安特性曲线

（c）实际电压源的模型　　（d）实际电流源的模型

图 1.2.11　实际电源的电路模型和伏安特性

4. 受控电源

受控电源又称为非独立电源，它不同于独立电源，独立电源所提供的电量是独立量，而且是一种二端元件；受控电源所提供的电量受电路中某部分电压或电流控制，是一个非独立量，因此，受控电源可看成是一种四端元件。

受控电源是实际电子器件中存在的两处信号之间的一种耦合关系模型，是分析电子电路重要的元件模型。在电路分析中，则用受控源来反映电路中某处的电压或电流能控制另一处的电压或电流这一物理现象；或表示一处的电路变量与另一处的电路变量之间的一种耦合关系。与独立电源类似，受控源可分为电压源和电流源。受控电压源输出的电压受另一支路的电压或电流控制，因此，有 2 种受控电压源电路模型，如图 1.2.12（a）和（c）所示；受控电流源输出的电流受另一处支路的电压或电流控制，也有 2 种受控电流源电路模型，如图 1.2.12（b）和（d）所示。

（a）电压控制电压源-VCVS　　（b）电压控制电流源-VCCS

（c）电流控制电压源-CCVS　　（d）电流控制电流源-CCCS

图 1.2.12　四种受控源

由于受控源的电量值（如：μu_1，$g\mu_1$，ri_1，βi_1）是非独立的，其值大小取决于控制量电压（u_1）或电流（i_1），在电路分析时，受控源可以作为电源处理，但必须注意其控制量在分析中不能消除。

1.3　基尔霍夫定律

在电路分析中，各支路的电压和电流受到两类约束。一类是元件的特性具有的约束，例如，线性电阻元件的电压和电流在关联参考方向条件下，必须满足欧姆定律 $u = Ri$ 关系。另一类是对电路中各支路电压或各支路电流之间的约束，这类约束由基尔霍夫定律体现。基尔霍夫定理与元件的性质无关。

1. 支路、结点和回路

下面以电路图 1.3.1 为例，讨论支路、结点和回路的概念。

（1）支路。在电路分析中，把电路中没有分支的一段电路称为支路，支路中流过的电流称为支路电流。如图 1.3.1 中有 3 条支路，即 BAD，BD，BCD。电流 I_1，I_2，I_3 分别为 3 条支路电流。

（2）结点。电路中 3 条或 3 条以上支路的汇集点称为结点。如图 1.3.1 中有 2 个结点，即结点 B 和结点 D。

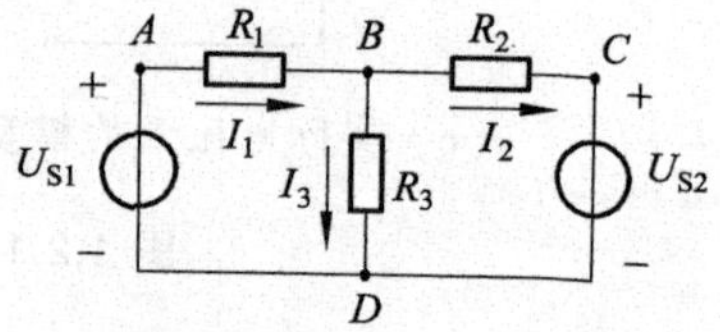

图 1.3.1　电路的支路、结点和回路

（3）回路。由支路构成的闭合路径称为回路。如果回路中不包围其他支路，则这样的回路称为网孔。例如，图 1.3.1 中有 3 个回路，即 $ABDA$，$BCDB$，$ABCDA$；3 个回路中有 2 个是网孔，即 $ABDA$，$BCDB$。

2. 基尔霍夫电流定律（KCL）

基尔霍夫定律是集总电路的基本定律，它包括电流定律和电压定律。

基尔霍夫电流定律（简称 KCL）指出："在集总电路中，任何时刻，对任一结点，所有流出结点的支路电流代数和恒等于零"。对电路中任一结点有

$$\sum i = 0 \qquad (1.3.1)$$

例 1.3.1 试列出图 1.3.2 电路中所有 KCL 方程，并判断它们是否相互独立。

解 分析电路图 1.3.2 可知，图中有 4 个结点，即可列出 A，B，C，D 这 4 个结点的 KCL 方程。

由于定律中描述电流的“代数和”是根据电流是流出结点还是流入结点来确定的。因此，列每个 KCL 方程以前，先要约定电流是流出结点为正，还是流入结点为正。本题约定电流流入结点为正，流出结点为负。根据图 1.3.2 中所设定的各电流参考方向，有

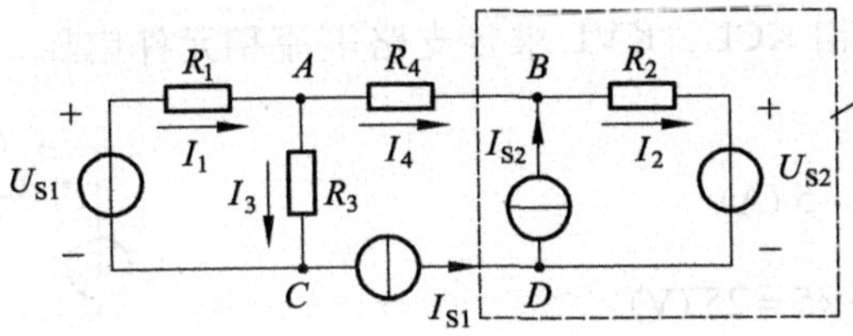

图 1.3.2 例 1.3.1 图

结点 A $\qquad I_1 - I_3 - I_4 = 0$

结点 B $\qquad I_4 + I_{S2} - I_2 = 0$

结点 C $\qquad -I_1 + I_3 - I_{S1} = 0$

结点 D $\qquad I_{S1} - I_{S2} + I_2 = 0$

通过分析上述 4 个结点方程可知，其中任何一个结点的电流方程都是其他 3 个结点的电流方程的线性组合。例如，结点 A 的电流方程可以由 B，C 和 D 这 3 个结点电流方程相加得到，即

$$I_4 + I_{S2} - I_2 - I_1 + I_3 - I_{S1} + I_{S1} - I_{S2} + I_2 = 0$$

因此，上述 4 个电流方程中只有 3 个是独立方程。也就是说，对于一个有 n 个结点的电路，可以列出 $(n-1)$ 个独立 KCL 方程。

另外，结点 A 的方程还可以写为

$$I_1 = I_3 + I_4$$

此式表明，KCL 也可以表述为：流出结点的支路电流等于流入该结点的支路电流，即

$$\sum i_{出} = \sum i_{入} \tag{1.3.2}$$

KCL 除了用于结点，还可以推广到封闭面。即任何时刻，流出封闭面的支路电流的代数和恒等于零；或者说，流出封闭面的电流等于流入该封闭面的电流。

例如，图 1.3.2 中电流 I_4 的计算，可直接由如图 1.3.2 所示的封闭面得

$$I_4 = -I_{S1}$$

3. 基尔霍夫电压定律（KVL）

基尔霍夫电压定律（简称 KVL）指出：“在集总电路中，任何时刻，沿着任一回路，所有支路电压的代数和恒等于零”。沿电路中任一回路有

$$\sum u=0 \tag{1.3.3}$$

对于一个有 b 条支路、n 个结点的电路，可以列出 $(b-n+1)$ 个独立 KVL 方程。

注意，在写 KVL 方程时涉及电压参考方向和回路绕行方向的假设，当电压的参考方向与绕行方向一致时，KVL 方程中取正号，否则取负号。电路中各个支路（或元件）电压、电流受到两类约束，即元件特性和基尔霍夫定律的约束。

例 1.3.2 电路如图 1.3.3 所示，已知 $R_1=2\ \Omega$，$R_2=5\ \Omega$，$R_3=7\ \Omega$，$R_4=3\ \Omega$，电压 $U_1=10\ \text{V}$。试根据元件的特性和 KCL，KVL 求各支路电流和元件电压。

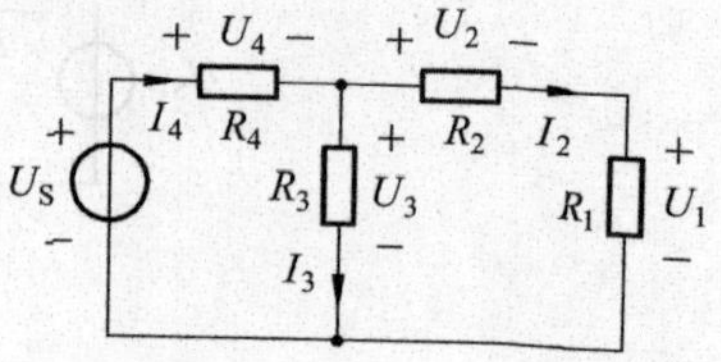

图 1.3.3　例 1.3.2 图

解

由欧姆定律得　$I_2=\dfrac{U_1}{R_1}=\dfrac{10}{2}=5\ (\text{A})$

$U_2=R_2I_2=5\times5=25\ (\text{V})$

由 KVL 得　$U_3=U_2+U_1=25+10=35\ (\text{V})$

由欧姆定律得　$I_3=\dfrac{U_3}{R_3}=\dfrac{35}{7}=5\ (\text{A})$

由 KCL 得　$I_4=I_2+I_3=5+5=10\ (\text{A})$

由欧姆定律得　$U_4=R_4I_4=3\times10=30\ (\text{V})$

由 KVL 得　$U_S=U_4+U_3=30+35=65\ (\text{V})$

另外，电压源 U_S 的电压值也可以通过另一条路径计算

$$U_S=U_4+U_2+U_1=30+25+10=65\ (\text{V})$$

即 KVL 反映了任意两点间的电压计算与路径无关这一性质。

1.4　电路的等效变换

在电路分析中，常常把电路中某一部分进行简化，成为一个较为简单的电路。例如图 1.4.1（a）电路中，右方虚线框中是一个由几个电阻构成的电路，可以把它简化成一个 R_0 电阻电路，如图 1.4.1（b）所示，或者说用一个电阻 R_0 替代虚线框中电路。这时虚线框中电路端口 a-b 的电压 U 和电流 I，分别等于简化后电路端口 c-d 的电压 U 和电流 I，称这样的电路为等效电路，或者说它们互为等效，它们对外电路的作用是相同的，即“对外等效”。

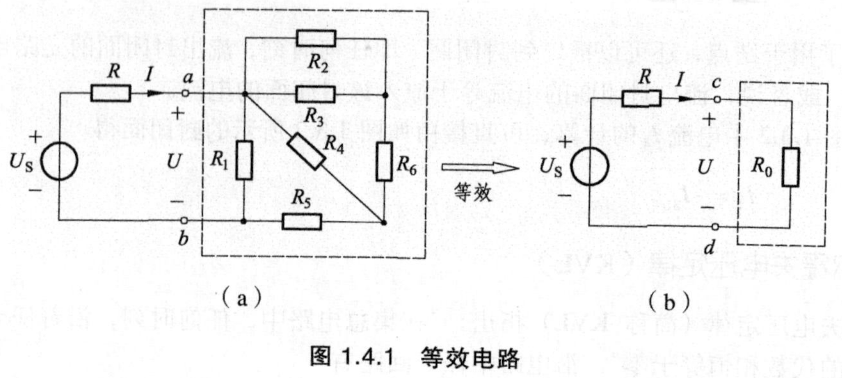

图 1.4.1　等效电路

1.4.1　电阻电路的等效变换

1. 电阻的串联、并联等效变换

1）电阻的串联

如果在电路中有 n 个电阻按顺序相连，如图 1.4.2（a）所示，使每个电阻中流过的电流是同一个电流，则称这 n 个电阻的连接方式为串联。

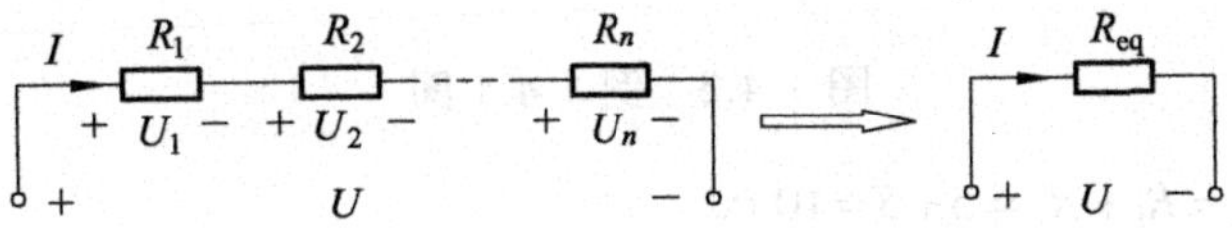

（a）n 个电阻串联　　　　（b）等效电阻

图 1.4.2　电阻的串联

串联电阻电路的等效电阻 R_{eq} 为

$$R_{eq} = R_1 + R_2 + R_3 + \cdots + R_n = \sum_{k=1}^{n} R_k \tag{1.4.1}$$

电阻串联时，在如图 1.4.2（a）所示的电压参考方向条件下，各电阻上的电压为

$$U_k = R_k I = \frac{R_k}{R_{eq}} U,\ k = 1,\ 2,\ 3,\ \cdots,\ n$$

此式称为电压分配公式，或称分压公式。表明串联的每个电阻上的电压与其电阻值成正比。

2）电阻的并联

如果在电路中有 n 个电阻连接在两个公共的结点之间，使每个电阻的电压为同一个电压，则称这 n 个电阻的连接方式为并联。

并联电阻电路的等效电导 G_{eq} 为

$$G_{eq} = G_1 + G_2 + G_3 + \cdots + G_n = \sum_{k=1}^{n} G_k \tag{1.4.2}$$

3）电阻电路的等效变换

当电阻的连接中既有串联又有并联时，称为电阻的串、并联，或简称混联。分析这类电路时可直接用电阻的串、并联等效变换法计算。

例 1.4.1　电路如图 1.4.3(a) 所示，已知 $R_1 = R_2 = 5\ \Omega$，$R_3 = R_5 = 4\ \Omega$，$R_4 = 2\ \Omega$，$R_6 = 1\ \Omega$，$R_7 = 3\ \Omega$，试求 a，b 端口的等效电阻 R_0。

解　解题的关键在于分析电路元件之间的连接关系，注意“开路”和“短路”概念的运用。本题图 1.4.3（a）中，a，b 端口为开路，所以 R_1，R_2 电阻为串联关系；c，d 点间为短路，所以 R_3，R_5 电阻为并联连接；而 R_6 与 R_7 电阻为串联连接。根据分析，画出等效电路，如图 1.4.3（b）所示。各等效电阻参数为

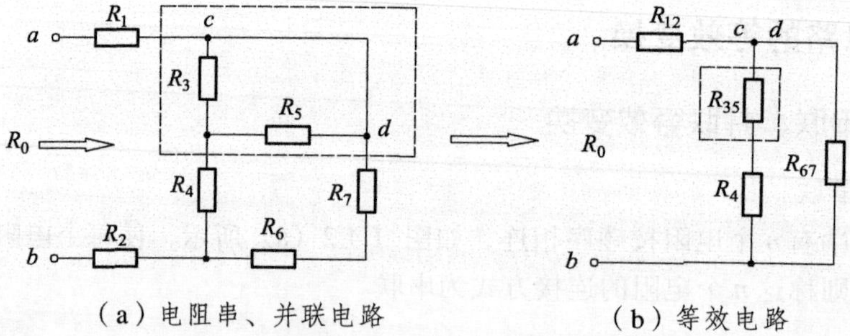

（a）电阻串、并联电路　　（b）等效电路

图 1.4.3　例 1.4.1 图

$$R_{12} = R_1 + R_2 = 5 + 5 = 10\ (\Omega)$$

$$R_{35} = \frac{R_3 R_5}{R_3 + R_5} = \frac{4 \times 4}{4 + 4} = 2\ (\Omega)$$

$$R_{67} = R_6 + R_7 = 1 + 3 = 4\ (\Omega)$$

分析图 1.4.3（b）可知，电阻 R_{35} 和 R_4 串联后与电阻 R_{67} 并联，再与电阻 R_{12} 串联，则有

$$R_0 = [(R_{35} + R_4) // R_{67}] + R_{12} = (2 + 2) // 4 + 10 = 12\ (\Omega)$$

电阻的串、并联方式是电路分析中电阻元件之间的最基本的连接结构。有些电路在分析计算时，常常用画等效电路图的方法，使解题思路更清晰，更有条理性，即等效电路图也是分析求解电路各电量的有效“工具”。

2. 电阻的 Y 形连接和△形连接的等效变换

电阻的 Y 形（或 T 型）连接和△形（或π型）连接也是电路中常见的一种基本电路结构。如图 1.4.4 所示，在 Y 形连接中，三条电阻支路都有一端接在一个公共结点上，另一端则分别接到 3 个端子（或结点）上；在△形连接中，三条电阻支路分别接在 3 个结点之间构成一个网孔。这两种电路都是三端电路。

如果 Y 形电路与△形电路中对应端子之间具有相同的电压 U_{12}，U_{23}，U_{31}，而且流入对应端子的电流 I_1，I_2，I_3 分别相等，如图 1.4.4 中标出的参考方向量所示，则这两个三端电路对外电路来讲是相互等效的。

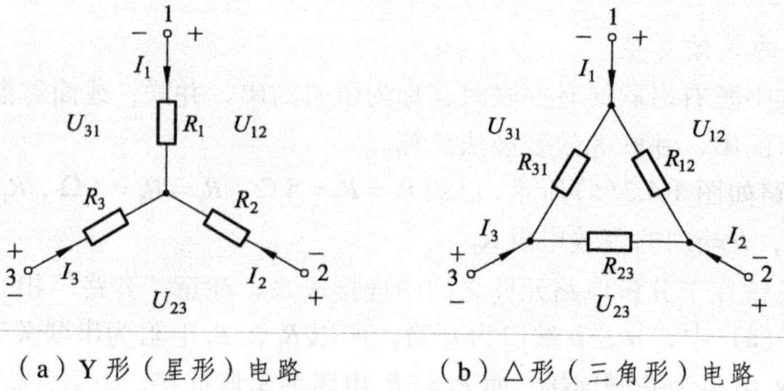

（a）Y 形（星形）电路　　（b）△形（三角形）电路

图 1.4.4　电阻电路的 Y 形和△形的等效变换

将 Y 形电路变换成△形电路的变换公式为

$$\begin{cases} R_{12} = (R_1R_2 + R_2R_3 + R_3R_1)/R_3 \\ R_{23} = (R_1R_2 + R_2R_3 + R_3R_1)/R_1 \\ R_{31} = (R_1R_2 + R_2R_3 + R_3R_1)/R_2 \end{cases} \tag{1.4.3}$$

将△形电路变换成 Y 形电路的变换公式为

$$\begin{cases} R_1 = R_{31}R_{12}/(R_{12} + R_{23} + R_{31}) \\ R_2 = R_{23}R_{12}/(R_{12} + R_{23} + R_{31}) \\ R_3 = R_{31}R_{23}/(R_{12} + R_{23} + R_{31}) \end{cases} \tag{1.4.4}$$

若 $R_1 = R_2 = R_3 = R_Y$，或 $R_{12} = R_{23} = R_{31} = R_\triangle$，由式（1.4.3）和式（1.4.4）得

$$\begin{cases} R_{12} = R_{23} = R_{31} = 3R_Y \\ R_1 = R_2 = R_3 = \dfrac{1}{3}R_\triangle \end{cases} \tag{1.4.5}$$

在电路分析中，常常利用 Y-△变换将某些非串、并联电路变换成串、并联电路来计算。

1.4.2 电源电路的等效变换

在电路中，利用基尔霍夫定律和独立电源定义，可以验证：电压源串联可得到新的等效电压源，电流源并联可得到新的等效电流源。

1. 电压源串联电路的等效变换

图 1.4.5（a）为 n 个电压源的串联电路，可以等效为一个电压源电路，如图 1.4.5（b）所示。其等效电压源的电压为

$$U_S = U_1 + U_2 + \cdots + U_n = \sum_{k=1}^{n} U_k \tag{1.4.6}$$

当图 1.4.5（a）中 U_k 的参考方向与图 1.4.5（b）中等效电压源 U_S 的参考方向一致时，式（1.4.6）中 U_k 的前面取“＋”号，否则，取“－”号。

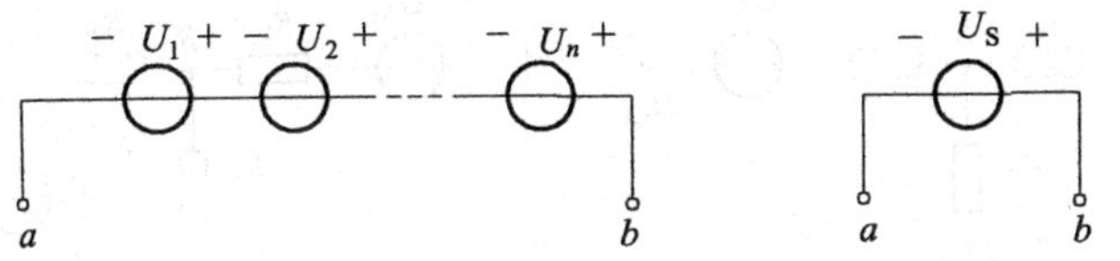

（a）n 个电压源串联　　（b）等效电压源

图 1.4.5 电压源的串联等效

移去与电压源并联的电路，不影响电路其余部分的电压和电流。理想电压源 U_S 与任何二端网络 N 或任何元件（如果是理想电压源元件，应不违背 KVL）并联，对外接电路可等效为一个理想电压源 U_S。

2. 电流源并联电路的等效变换

n个电流源的并联电路，可以等效为一个电流源电路，其等效电流源的电流为

$$I_S = I_{S1} + I_{S2} + \cdots + I_{Sn} = \sum_{k=1}^{n} I_{Sk} \tag{1.4.7}$$

例 1.4.2 电路如图 1.4.6（a）所示，已知：$U_S = 20\ \text{V}$，$I_S = 5\ \text{A}$，$R_1 = 6\ \Omega$，$R_2 = 4\ \Omega$，$R_3 = 3\ \Omega$。试求图示电路中电阻R_2上的端电压U_2。

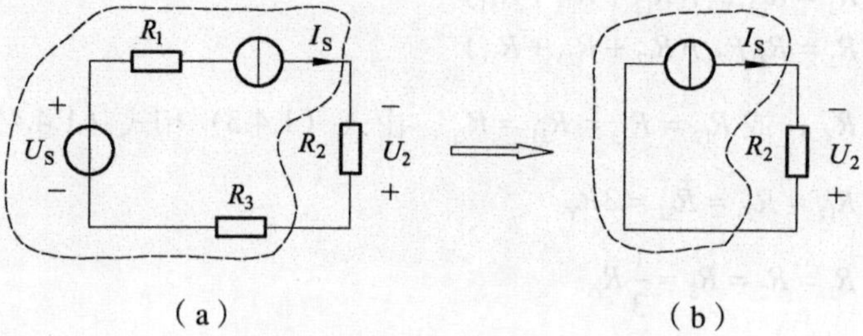

图 1.4.6 例 1.4.2 图

解 电路图 1.4.6（a）可等效为图 1.4.6（b），其中电压U_2与电流I_S为非关联参考方向。

$$U_2 = -R_2 I_S = -20\ \text{(V)}$$

可见，移去与电流源串联的元件，不影响电路其余部分的电压和电流。

1.5 电路中电位的计算

电路中的电位是相对某个参考点而定义的电压。在电路分析中，可任选电路中某一点为参考点（称为参考电位，其参考电位值为零），其他各点相对参考点的电压称为各点的电位，如图 1.5.1 所示。图中的“接地”符号表示参考点。

例 1.5.1 电路如图 1.5.1 (a) 所示，已知：$U_{S1} = 5\ \text{V}$，$U_{S2} = 10\ \text{V}$，$U_{S3} = 6\ \text{V}$，$U_{S4} = 20\ \text{V}$，$R_1 = 16\ \Omega$，$R_2 = 4\ \Omega$，$R_3 = 6\ \Omega$。试求图示电路中A，B点的电位。

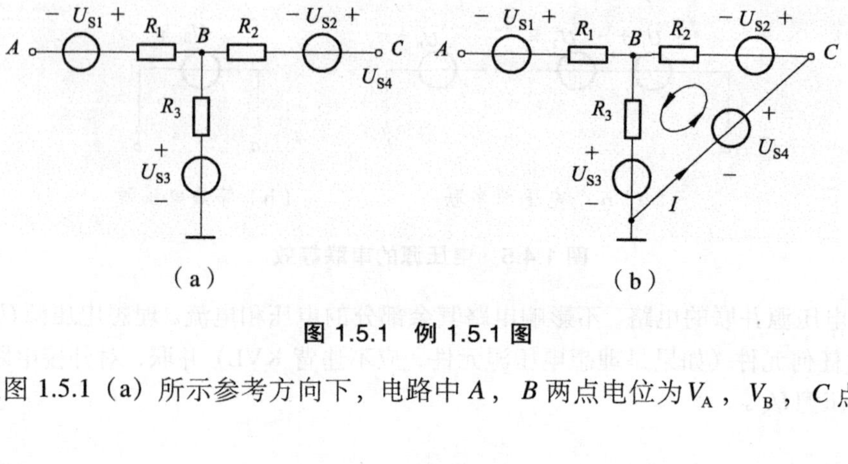

图 1.5.1 例 1.5.1 图

解 在图 1.5.1（a）所示参考方向下，电路中A，B两点电位为V_A，V_B，C点的电位为

已知，即 $V_C = U_{S4}$，则在 C 点与参考点间可用一个电压源 U_{S4} 等效连接，形成回路，如图 1.5.1 (b) 所示。

由 KVL 列回路方程为

$$-U_{S4} + U_{S2} + (R_2 + R_3)I + U_{S3} = 0$$

$$I = \frac{U_{S4} - U_{S2} - U_{S3}}{R_2 + R_3} = \frac{20-10-6}{4+6} = 0.4\ (\text{A})$$

则各点电位为

$$V_B = R_3 I + U_{S3} = 6\times 0.4 + 6 = 8.4\ (\text{V})$$

$$V_A = -U_{S1} + U_B = -5 + 8.4 = 3.4\ (\text{V})$$

小　　结

（1）任意假设的电压、电流方向称为参考方向。参考方向的设定是电路分析计算的前提。

（2）当电路中的某一部分用其等效电路替代时，未被替代部分（称为外电路）的电压与电流均保持不变，即“对外等效，对内不等效”。

（3）基本元件如下所示：

- 线性元件
  - 无源元件
    - 耗能元件：电阻 R，关联参考方向下 $u = Ri$
    - 储能元件
      - 电容 C：关联参考方向下 $i = C\mathrm{d}u/\mathrm{d}t$
      - 电感 L：关联参考方向下 $u = L\mathrm{d}i/\mathrm{d}t$
  - 有源元件
    - 独立电源
      - 电压源 u_S：提供的电压 u_S 与流过的电流 i 无关
      - 电流源 i_S：提供的电流 i_S 与端电压 u 无关
    - 受控源
      - 受控电压源
        - 电压控制电压源 VCVS：$u_S = \mu u_1$
        - 电流控制电压源 CCVS：$u_S = r i_1$
      - 受控电流源
        - 电压控制电流源 VCCS：$i_S = g u_1$
        - 电流控制电流源 CCCS：$i_S = \beta i_1$

（4）基尔霍夫定律：对电路结点有 KCL，即 $\sum i = 0$；对电路回路有 KVL，即 $\sum u = 0$。

元件伏安特性是对元件本身的约束。基尔霍夫定律是对电路结点电流和回路电压的约束，与电路中的元件性质无关。

（5）基本计算。

电阻串联：$R_{eq} = R_1 + R_2 + R_3 + \cdots + R_n = \sum_{k=1}^{n} R_k$

电阻并联：$G_{eq} = G_1 + G_2 + G_3 + \cdots + G_n = \sum_{k=1}^{n} G_k$

对称电阻电路的 Y-△ 变换：$R_Y = \frac{1}{3} R_\triangle$

电压源串联，有 $u_S = \sum_{k=1}^{n} u_k$；电流源并联，有 $i_S = \sum_{k=1}^{n} i_k$。

注意：$u_k(i_k)$ 的参考方向与 $u_S(i_S)$ 的参考方向一致时，$u_k(i_k)$ 为正，否则为负。

习　题

1.1　电路如题 1.1 图所示，流过电阻的电流 I 为（　　）。

a. 2 A　　b. −2 A　　c. 0.5 A　　d. −0.5 A

1.2　电路如题 1.2 图所示，理想电流源 I_S 的端电压 U 随外接电阻 R 的增大而（　　）。

a. 增大　　b. 减小　　c. 不变　　d. 不可确定

1.3　电路如题 1.3 图所示，流过理想电压源 U_S 的电流 I 随外接电阻 R 增大而（　　）。

a. 增大　　b. 减小　　c. 不变　　d. 不可确定

1.4　理想电流源的外接电阻越大，则电流源的端电压（　　）。

a. 不变　　b. 越低　　c. 越高　　d. 不能确定

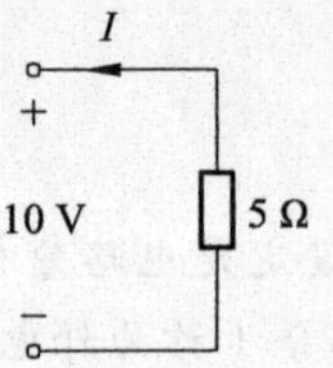

题 1.1 图

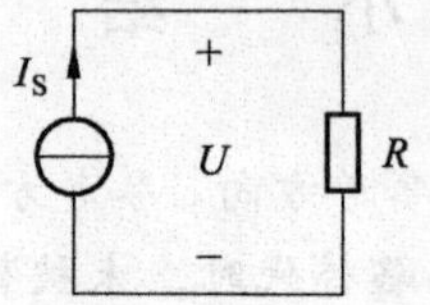

题 1.2 图

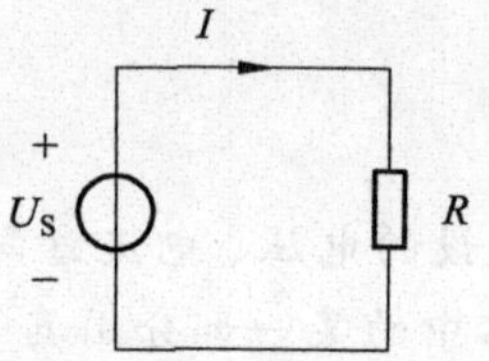

题 1.3 图

1.5　如题 1.5 图（a）所示，当电路改接成题 1.5 图（b）时，流过电阻 R 的电流 I 将（　　）。

a. 不变　　b. 减小　　c. 升高　　d. 不确定

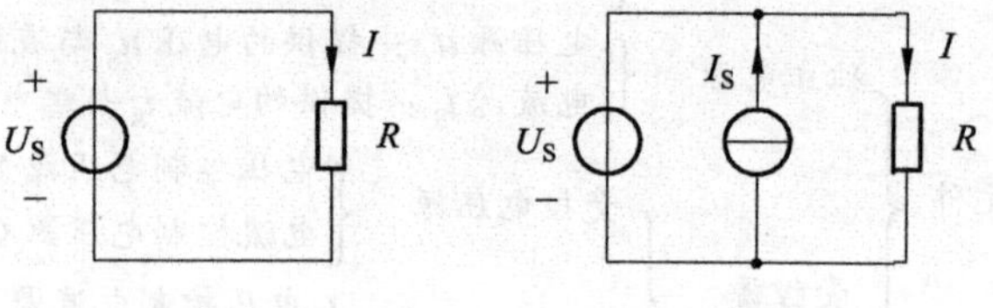

（a）　　（b）

题 1.5 图

1.6　如题 1.6 图所示，已知 $U_S = 4\ \text{V}$，$I_S = 8\ \text{A}$，$R = 2\ \Omega$，提供功率的电源是（　　）。

a. 电压源　　b. 电流源　　c. 电压源和电流源　　d. 不确定

1.7　电路如题 1.7 图所示，试计算电流源 I_S 提供的功率为（　　）。

a. −20 W　　b. 20 W　　c. −12 W　　d. 12 W

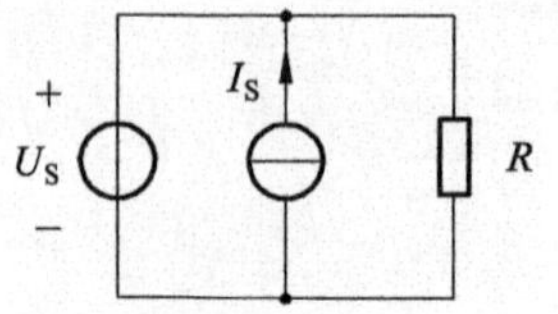

题 1.6 图

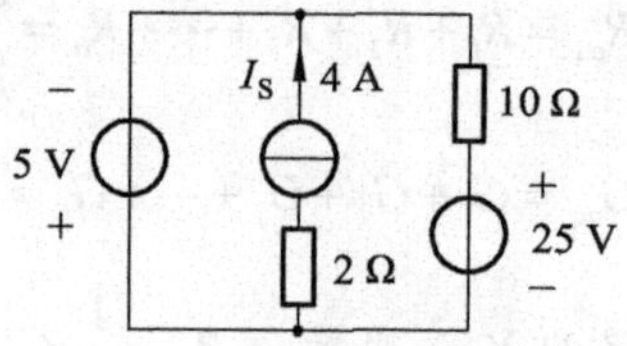

题 1.7 图

1.8　如题 1.8 图所示电路中支路电流 I 为（　　）。

a. 3 A　　b. −3 A　　c. 27 A　　d. −27 A

1.9　如题 1.9 图所示电路中的开路电压 U 为（　　）。

a. -6 V　　　b. 6 V　　　c. 30 V　　　d. -30 V

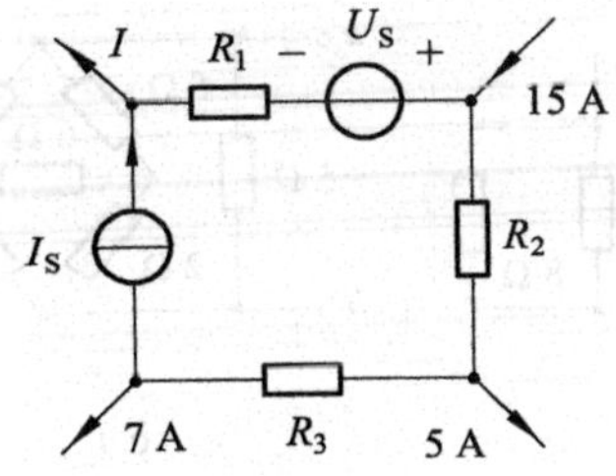

题 1.8 图

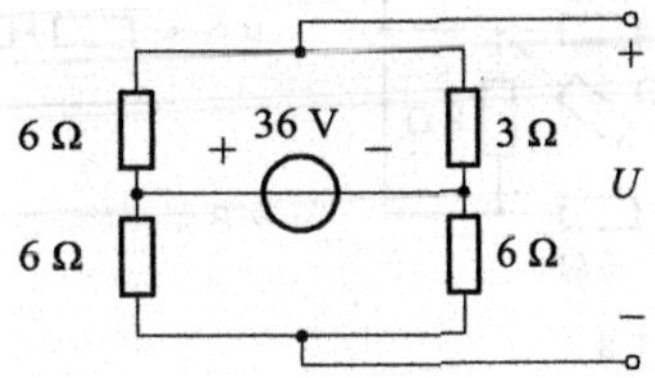

题 1.9 图

1.10　题 1.10 图所示电路中的方框代表电源或负载。试求：

（1）说明各方框上的电压与电流参考方向是否关联。

（2）确定哪些是电源，哪些是负载，并讨论其功率平衡。

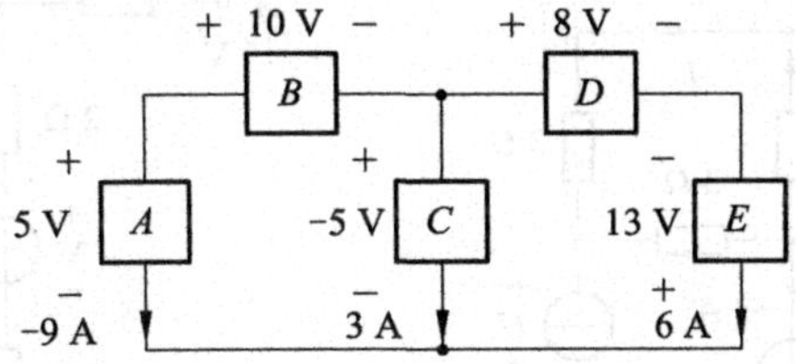

题 1.10 图

1.11　试求题 1.11 图所示电路中的电压 U，并讨论其功率平衡。

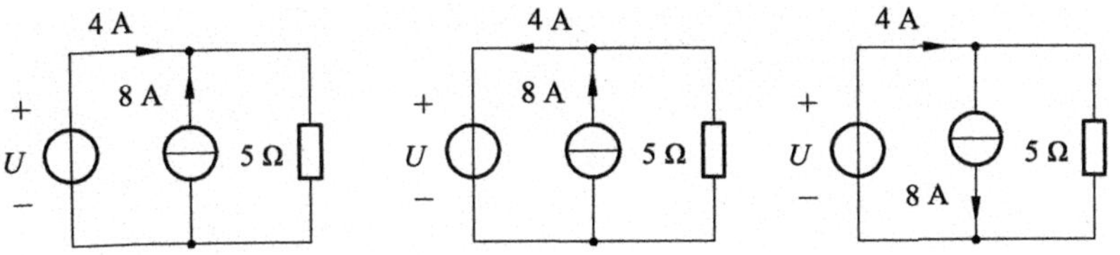

（a）　　　（b）　　　（c）

题 1.11 图

1.12　试求题 1.12 图所示电路中电流 I_1，I_2 和电压 U。

1.13　试求题 1.13 图所示电路中的电流 I_1，I_2，I_3，I_4，I_5 和电压 U。

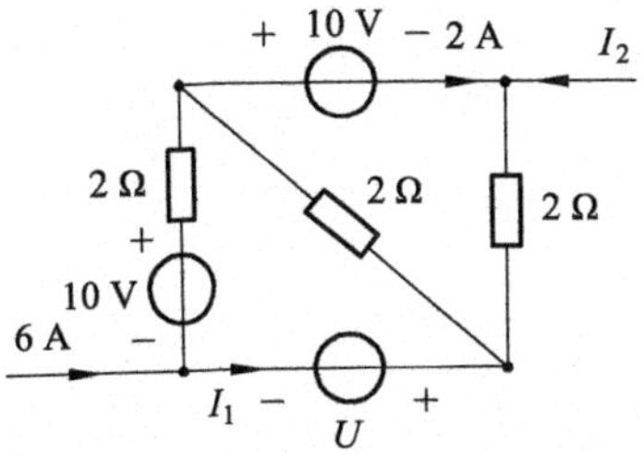

题 1.12 图

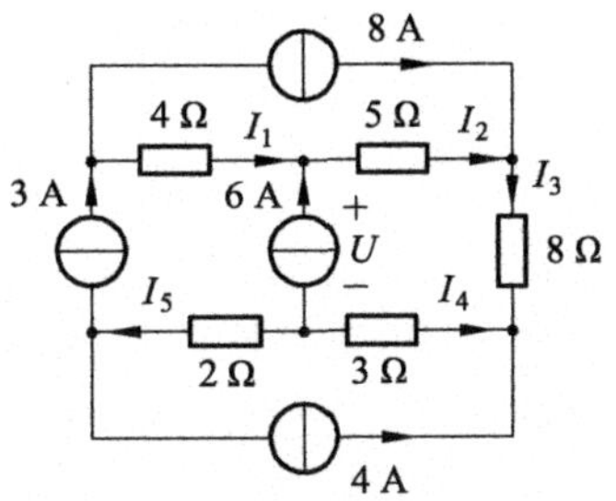

题 1.13 图

1.14　额定电压为 110 V 的 100 W 及 25 W 的两个灯泡为什么不能串联在 220 V 电源上

用？而用两个 60 W 的灯泡就能串联使用呢？

1.15　试求题 1.15 图所示电路的等效电阻 R_{ab}。

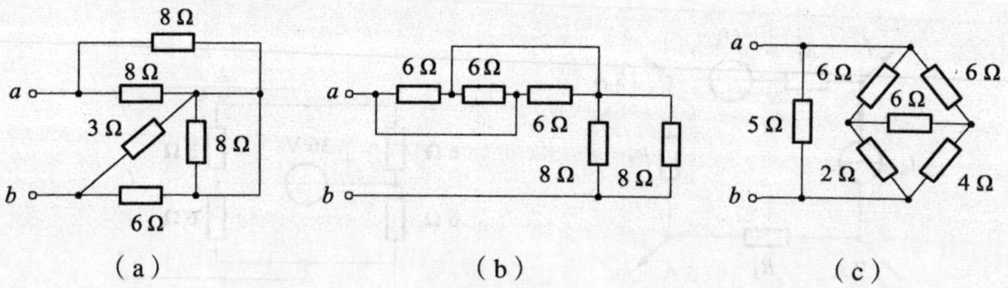

题 1.15 图

1.16　试计算题 1.16 图所示电路中电流 I_1，I_2 和电压 U。

1.17　电路如题 1.17 图所示，试求当开关 S 断开和闭合时的 B 点电位 V_B。

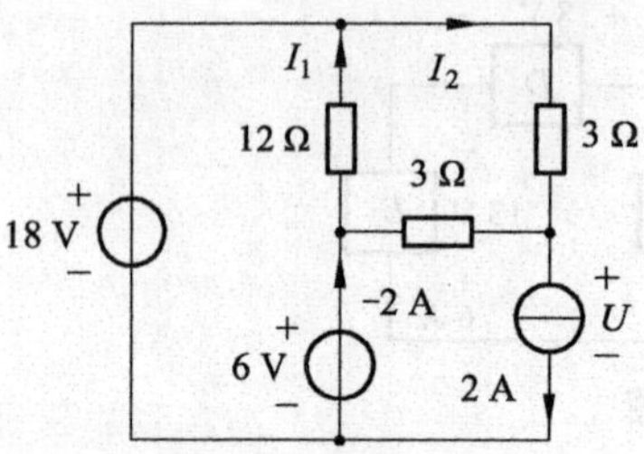

题 1.16 图

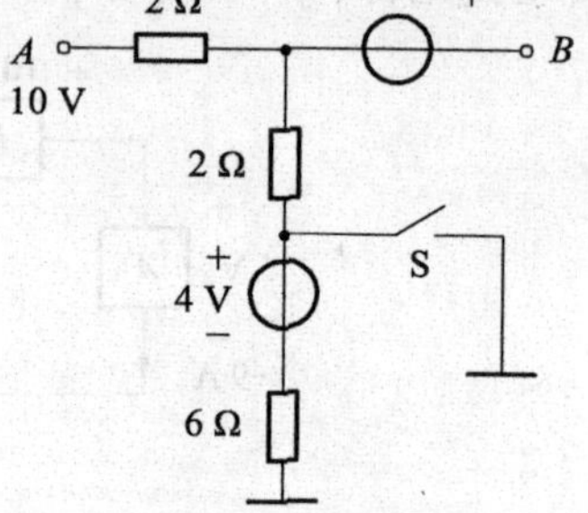

题 1.17 图

第2章

线性电路的分析方法

提　要　本章以线性电阻元件、直流理想电源和受控电源组成的线性直流电路为对象，以元件的伏安特性（如电阻元件的伏安特性、欧姆定律）和基尔霍夫定律为依据，介绍线性电路的几种常用的分析方法，即等效变换法、支路电流法、结点电压法、叠加定理、戴维南定理及诺顿定理和最大功率传输定理等。本章讨论的分析方法不仅适用于直流电路，也适用于正弦交流电路的稳态分析。

2.1　电源模型的等效变换法

在1.2.2节中，介绍了实际电源的两种电路模型，即实际电压源和实际电流源，电压源模型与电流源模型等效变换时参数之间的关系如图2.1.1所示。

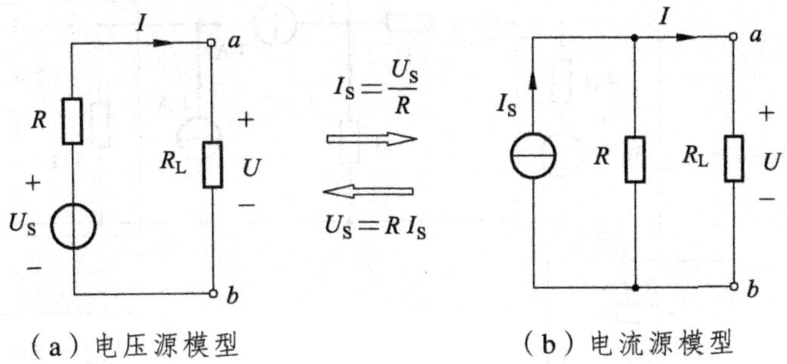

（a）电压源模型　　（b）电流源模型

图2.1.1　电源模型的等效变换

实际上对外电路或外接负载而言，只要图2.1.1端口a，b上的伏安特性相同（端口的电压和电流不变），至于电源模型是电压源模型还是电流源模型是无关紧要的（即“对外等效”）。电压源模型与电流源模型的等效互换条件如下

$$\begin{cases}R_{S1}=R_{S2}=R\\U_S=RI_S\end{cases}\tag{2.1.1}$$

电源模型的等效变换法应用时，需注意以下几点：

(1) 两个电源模型在等效变换时，必须保持连接端口的电压极性相同。例如，在图2.1.1中的两个电源模型处于开路状态时，图2.1.1（a）电路的a端为正极性，则图2.1.1（b）电路中的电流源I_S的箭头必须指向a端，使电阻R上的端电压在a端为正极性。

（2）电源模型的等效变换指的是对 a，b 端连接的外电路是等效的，而对两个电源模型内部则并不等效。例如，两个电源模型同是开路时，电压源模型的内部电流为零，而电流源模型的内部电流就不为零。

（3）当图 2.1.1（a）中 $R=0$ 和图 2.1.1（b）中 $R=\infty$ 时，两个电源模型分别成为理想电源。理想电压源与理想电流源之间不能相互转换。

（4）当电路中含有受控源时，只要受控源的控制量不在等效变换电路之中，可以将受控源视为独立源来处理。

例 2.1.1　试用电源等效变换法求图 2.1.2 电路中的电流 I。

解　应用电源模型的等效变换关系进行分析简化。为了便于读者学习，用虚线表示出等效变换的部分，电路等效变换的过程如图 2.1.3 所示。

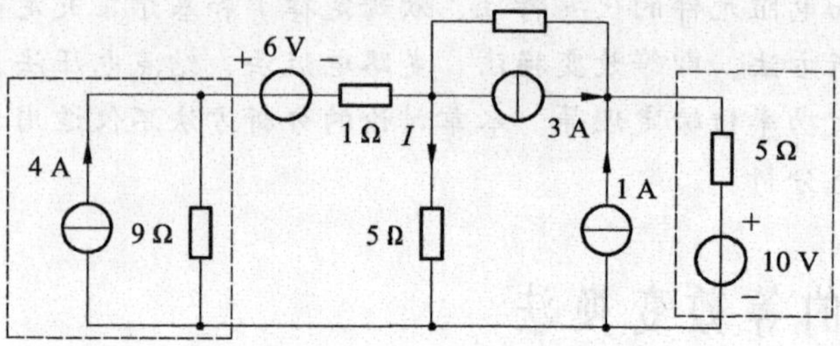

图 2.1.2　例 2.1.1 图

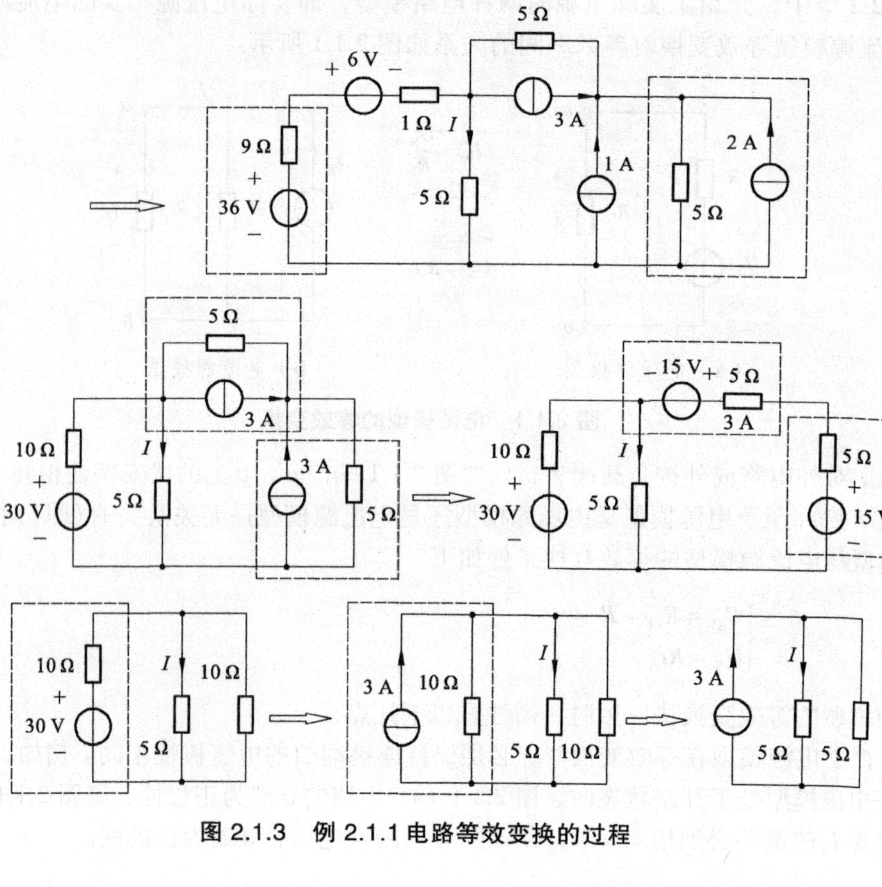

图 2.1.3　例 2.1.1 电路等效变换的过程

根据以上分析过程，解得

$$I = 1.5\ \text{A}$$

2.2 支路电流法

支路电流法是以支路电流为求解变量，根据基尔霍夫定律，对电路列出 KCL，KVL 代数方程组，直接解出各支路电流的方法。

应用支路电流法时，需注意以下几点：

(1) 一般电路具有 b 条支路和 n 个结点，则可列出 $(n-1)$ 个独立 KCL 方程，$(b-n+1)$ 个 KVL 方程。

例如，在图 2.2.1 中有 5 个未知量和 4 个结点，可列出 3 个独立 KCL 方程和 2 个 KVL 方程。如果列出 4 个结点 KCL 方程，则其中任意一个方程可由其他方程变换得到，因此，4 个 KCL 中有一个电流方程是无效的（称非独立方程）。

(2) 在列 KVL 方程时，尽可能选择不含电流源的回路。

例如，在图 2.2.1 中有 7 个回路，可选择如图所示的 2 个回路列 KVL 方程。

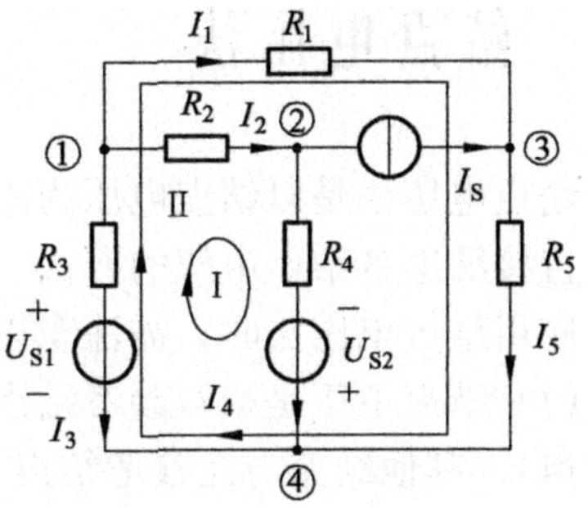

图 2.2.1 支路电流法

用支路电流法分析电路的一般步骤为：

(1) 在电路图中标出各未知支路电流的参考方向和变量。如图 2.2.1 所示，未知的支路电流变量为 I_1，I_2，I_3，I_4，I_5。

(2) 根据 KCL 列出结点电流独立方程。

(3) 根据 KVL 列出回路电压独立方程。

(4) 联立求解方程组。

(5) 由解得的各支路电流分析电路中其他待求量。

例 2.2.1 试用支路电流法列出求解图 2.2.1 电路中各支路电流的方程组。

解 由 KCL 列方程

结点① $I_1 + I_2 + I_3 = 0$

结点② $I_2 - I_S - I_4 = 0$

结点③ $I_S + I_1 - I_5 = 0$

$$\left.\begin{aligned} &I_1 + I_2 + I_3 = 0 \\ &I_2 - I_S - I_4 = 0 \\ &I_S + I_1 - I_5 = 0 \end{aligned}\right\}$$

由 KVL 列方程

回路 I $R_2I_2 + R_4I_4 - U_{S2} - U_{S1} - R_3I_3 = 0$

回路 II $R_1I_1 + R_5I_5 - U_{S1} - R_3I_3 = 0$

注意：图 2.2.1 中有 4 个结点，可以任意选择 3 个结点列 KCL 方程。

例 2.2.2 试用支路电流法求图 2.2.2 中的电压 U。

解 图 2.2.2 中有 3 个支路电流变量 I_1，I_2，I_3，有 2 个结点，所以列 1 个 KCL 方程，2 个 KVL 方程。在列 KVL 方程时，可设定一个绕行方向，如图 2.2.2 所示，设绕行方向为顺

时针绕向。则

$$\begin{cases} I_1+I_2+I_3=0 \\ -5-2I_1+2I_2+6U-I_1=0 \\ I_3+10-6U-2I_2=0 \end{cases}$$

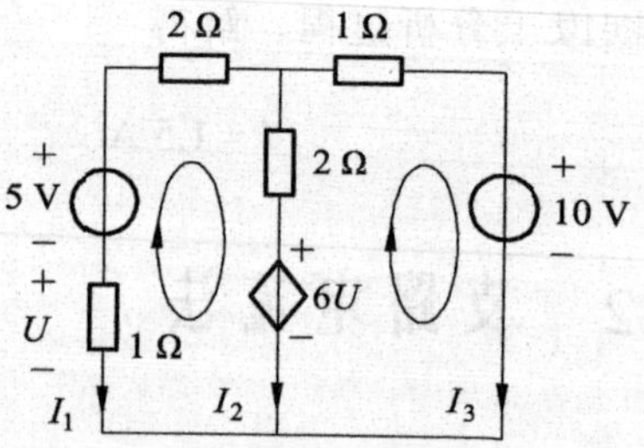

图 2.2.2　例 2.2.2 图

因受控源的控制量U不是支路电流变量，3 个方程组中含有 4 个未知量，因此，需要再列一个辅助方程，即

$$U=I_1\times 1$$

联立解得　$I_1=1\text{ A}$，$I_2=1\text{ A}$，$I_3=-2\text{ A}$

所以　$U=1\text{ V}$

2.3　结点电压法

结点电压法是以结点电压为求解变量，根据基尔霍夫定律，对电路结点列 KCL 代数方程组，直接解出各结点电压的方法。

应用结点电压法时，需注意以下几点：

（1）结点电压是相对参考结点而言的。即：在电路中任意选择某一结点为参考结点（零电位点），其他结点与此参考结点之间的电压称为结点电压。

例如，在图 2.3.1 中有 4 结点，选择结点④为参考结点，其他 3 个结点电压U_1，U_2，U_3为求解对象。

（2）结点电压的参考方向定义为，参考结点为零电位点（即参考结点处为“负”极性），其他各结点电压极性相对参考结点而言为“正”极性，如图 2.3.1 所示。

（3）结点方程中的变量是结点电压，但方程式是 KCL 结点电流方程，即：流出（或流入）结点的电流代数和为零。

用结点电压法分析电路的一般步骤为：

（1）在电路图中任意选择一个结点为参考结点（即零电位点），并同时标明其他各结点的电压变量。

（2）根据 KCL 列出各结点电流方程。

（3）联立求解出各结点电压。

（4）用结点电压分析其他电路变量。

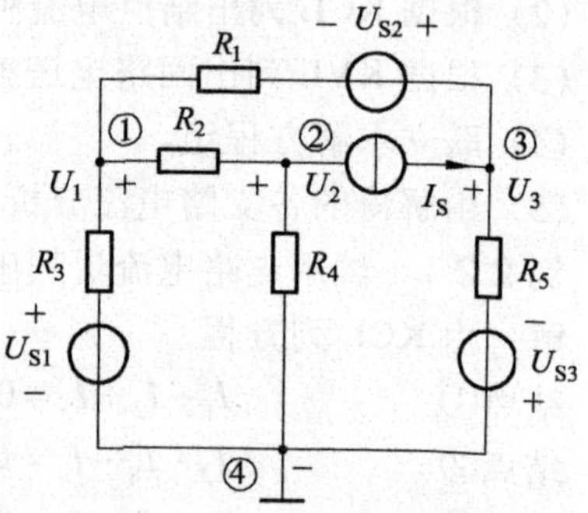

图 2.3.1　结点电压法

例 2.3.1　试用结点电压法列出求解图 2.3.1 电路中各结点电压的方程组。

解　图 2.3.1 电路中除电流源支路外，其他各支路的电流可通过 KVL 和欧姆定律写出，例如，结点①上连接了 3 条支路，先根据 KVL 确定各支路电阻元件上的端电压，再由欧姆定律写出支路中的电流。

设：流出结点电流为正，流入结点电流为负，则 KCL 方程为

$$\begin{aligned}&\text{结点①}\quad (U_1-U_{S1})/R_3+(U_1-U_2)/R_2+(U_1-U_3+U_{S2})/R_1=0\\&\text{结点②}\quad (U_2-U_1)/R_2+U_2/R_4+I_S=0\\&\text{结点③}\quad (U_3-U_1-U_{S2})/R_1-I_S+(U_3+U_{S3})/R_5=0\end{aligned}\right\} \quad (2.3.1)$$

对方程组（2.3.1）进行整理得

$$\left.\begin{aligned}&(G_3+G_2+G_1)U_1-G_2U_2-G_3U_3=G_3U_{S1}-G_1U_{S2}\\&(G_2+G_4)U_2-G_2U_1=-I_S\\&(G_1+G_5)U_3-G_1U_1=G_1U_{S2}+I_S-G_5U_{S3}\end{aligned}\right\} \quad (2.3.2)$$

对方程组（2.3.2）联立求解，可求得结点电压U_1，U_2和U_3。同时，通过结点电压还可求得各支路电流、功率等物理量。

分析方程组（2.3.2），其方程组有一定的规律性，可通过观察直接写出来。以结点①的方程为例，其中

$G_3+G_2+G_1=G_{11}$——是主结点①的自电导G_{11}，它等于连接在结点①上的各支路电导之和，并且自电导总是正的。

$-G_2=G_{12}$——是主结点①与相邻结点②之间的互电导G_{12}，它等于连接在结点①，②之间各支路电导之和，并且互电导总是负的。

同理，$-G_1=G_{13}$——是结点①，③之间的互电导G_{13}。

$G_3U_{S1}-G_1U_{S2}=I_{11}$——是主结点①上各支路中的独立电流源（如是电压源模型，则是电压源模型等效变换为电流源模型的电流）流入结点①的电流代数之和I_{11}，并且流入为正，流出为负。

所以方程组（2.3.2）可简写为

$$\left.\begin{aligned}G_{11}U_1+G_{12}U_2+G_{13}U_3=I_{11}\\G_{21}U_1+G_{22}U_2+G_{23}U_3=I_{22}\\G_{31}U_1+G_{32}U_2+G_{33}U_3=I_{33}\end{aligned}\right\} \quad (2.3.3)$$

当电路中不含受控源时，$G_{12}=G_{21}$，$G_{13}=G_{31}$，$G_{23}=G_{32}$。

利用方程组（2.3.3）直接写出 KCL 方程的分析方法可称为直接观察法。

列结点 KCL 方程时，不需要事先指定支路电流的参考方向，各结点电压相互独立，彼此没有约束关系。而电路中任何支路电压都可以用结点电压来表示，因此，由结点电压和元件约束特性就可以确定支路电流。

例 2.3.2 电路如图 2.3.2 所示。试用结点电压法求电压U。

解 当电路中含有纯电压源支路时，应尽量把该支路的一端选为参考点，这样该支路另一端结点电压为已知电压，减少未知结点电压变量数。

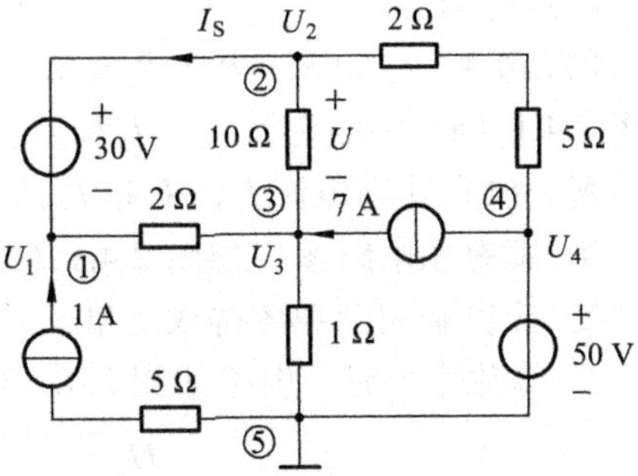

图 2.3.2 例 2.3.2 图

图 2.3.2 电路中有两条只含电压源的支路，因此参考点可选择结点①或⑤，我们选择⑤为参考点，则$U_4=50$ V 为已知，但 30 V 电压源支路的两端都不是参考点，出现悬浮电压源支路，而电压源自身不

能表示该支路中电流大小，其电流大小由外接电路决定，为此，假定该支路电流为I_S。

另外，图 2.3.2 中有一条支路是由 1 A 电流源串联 5 Ω 电阻连成，此支路对外电路可等效为 1 A 电流源支路。

列出图 2.3.2 结点①，②，③的结点 KCL 方程如下

$$\left.\begin{aligned}&\text{结点①}\quad (1/2)U_1-(1/2)U_3=1+I_S\\&\text{结点②}\quad [1/10+1/(2+5)]U_2-(1/10)U_3-[1/(2+5)]U_4=-I_S\\&\text{结点③}\quad (1/2+1/10+1)U_3-(1/2)U_1-(1/10)U_2=7\end{aligned}\right\}\tag{2.3.4}$$

$$\text{辅助方程}\quad U_2-U_1=30\text{ V}\tag{2.3.5}$$

将方程组（2.3.4）相加后与式（2.3.5）联立解得

$$U_2=40\text{ V},\quad U_1=U_3=10\text{ V}$$

所以 $U=U_2-U_3=30\text{ V}$

2.4 叠加定理

叠加定理 在任何含有多个独立电源的线性网络中，任一支路中的响应电流（或电压）等于网络中各个独立电源单独作用时在该支路产生的电流（或电压）的代数和。

应用叠加定理时，需注意以下几点：

（1）叠加定理适用于线性网络，因为线性网络满足齐次性和可加性。叠加定理不适用于非线性电路。

（2）叠加定理只对线性电路的电流和电压变量成立。功率计算不能使用叠加定理，因为功率不是电压或电流的一次函数。

（3）“独立电源单独作用”的含义是将其他“不作用”的独立电源置为零值。当电压源置为零值时，用短路代替；电流源置为零值时，用开路代替。电路中其他元件和电路结构都保持不变。

（4）对含有受控源的电路，受控源不能单独作用于电路，也不能置为零值。受控源应保留在各叠加电路中。

应用叠加定理分析电路的一般步骤为：

（1）画出各个独立电源单独作用时的叠加电路图。

（2）计算各叠加电路图中待求变量。

（3）叠加。

例 2.4.1 已知 $R_1=R_2=R_3=R_4=2\ \Omega$，$U_S=16\text{ V}$，$I_{S1}=8\text{ A}$，$I_{S2}=4\text{ A}$。试用叠加定理求图 2.4.1（a）中的电流 I_1，I_2和 I_3，并计算各元件的功率。

解 （1）计算电流 I_1，I_2和 I_3。

① 画叠加电路图，如图 2.4.1（b），（c），（d）所示。

② 计算叠加图中各待求变量。

U_S单独作用时，电路如图 2.4.1（b）所示，此时有

$$I_1'=\frac{U_S}{R_1+R_2+R_3+R_4}=\frac{16}{8}=2\text{ (A)}$$

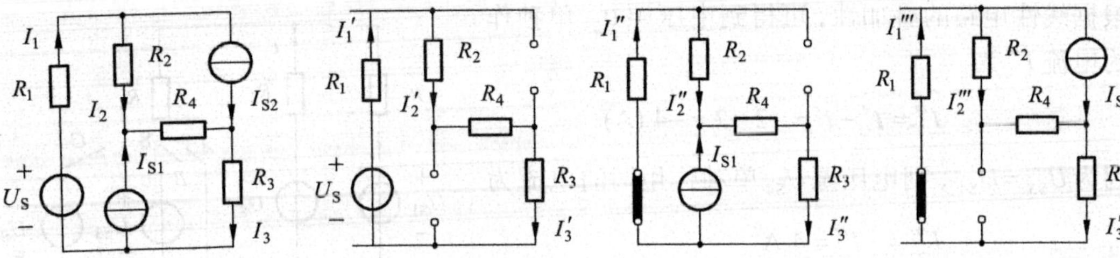

（a）例 2.4.1 图　（b）U_S 单独作用　（c）I_{S1} 单独作用　（d）I_{S2} 单独作用

图 2.4.1　例 2.4.1 叠加图

所以 $$I_1' = I_2' = I_3' = 2\text{ A}$$

I_{S1} 单独作用时，电路如图 2.4.2（c）所示，此时有

$$I_3'' = \frac{(R_3+R_4)\cdot(R_1+R_2)}{R_1+R_2+R_3+R_4}\cdot I_{S1}\cdot\frac{1}{R_3+R_4} = \frac{16}{8}\times 8\times\frac{1}{4} = 4\text{ (A)}$$

$$I_1'' = I_2'' = -I_{S1} + I_3'' = -8+4 = -4\text{ (A)}$$

I_{S2} 单独作用时，电路如图 2.4.2（d）所示，此时有

$$I_1''' = \frac{(R_3+R_1)\cdot(R_4+R_2)}{R_1+R_2+R_3+R_4}\cdot I_{S2}\cdot\frac{1}{R_3+R_1} = \frac{16}{8}\times 4\times\frac{1}{4} = 2\text{ (A)}$$

所以 $$I_1''' = I_3''' = 2\text{ A}$$

$$I_2''' = -I_{S2} + I_1''' = -4+2 = -2\text{ (A)}$$

③ 叠加。

$$\begin{cases} I_1 = I_1' + I_1'' + I_1''' = 2-4+2 = 0\text{ (A)} \\ I_2 = I_2' + I_2'' + I_2''' = 2-4-2 = -4\text{ (A)} \\ I_3 = I_3' + I_3'' + I_3''' = 2+4+2 = 8\text{ (A)} \end{cases}$$

（2）功率计算。

电压源提供的功率　　$P_U = U_S I_1 = 0\text{ (W)}$

电流源提供的功率

$$P_{I1} = I_{S1}\cdot[R_4(I_2+I_{S1}) + R_3 I_3] = 8\times(2\times 4 + 2\times 8) = 192\text{ (W)}$$

$$P_{I2} = -I_{S2}\cdot[R_2 I_2 + R_4(I_2+I_{S1})] = -4\times[2\times(-4) + 2\times 4] = 0\text{ (W)}$$

电阻消耗的功率

$$P_R = R_1 I_1^2 + R_2 I_2^2 + R_3 I_3^2 + R_4(I_2+I_{S1})^2 = 2\times 4^2 + 2\times 8^2 + 2\times 4^2 = 192\text{ (W)}$$

例 2.4.2　图 2.4.2 电路中，已知：$U_{S3} = U_{S4}$，当开关 S 合在 A 点时，$I = 2$ A，S 合在 B 点时，$I = -2$ A。试用叠加定理求开关 S 合在 C 点时的电流 I。

解　当开关 S 合在 A 点时，电压源 U_{S1}，U_{S2} 共同作用，得电流 $I' = 2$ A。

当开关 S 合在 B 点时，电压源 U_{S1}，U_{S2}，U_{S3} 共同作用，得电流 $I'' = -2$ A。

根据线性电路的叠加性，可得到电压源U_{S3}单独作用时的电流I'''为

$$I'''=I''-I'=-2-2=-4\ (\text{A})$$

因为$U_{S3}=U_{S4}$，则电压源U_{S4}单独作用时的电流为

$$I''''=-I'''=4\ \text{A}$$

所以，当开关S合在C点时，电压源U_{S1}，U_{S2}，U_{S4}共同作用，其得电流I为

$$I=I'+I''''=6\ \text{A}$$

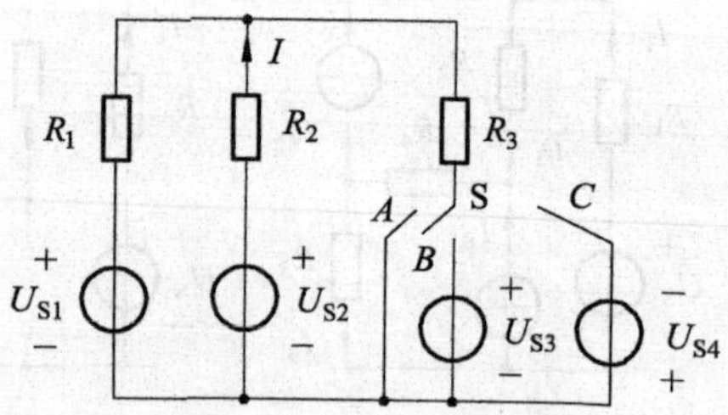

图 2.4.2 例 2.4.2 图

2.5 戴维南定理与诺顿定理

戴维南定理与诺顿定理在电路分析中占有极其重要的地位。这两个定理的分析对象是二端网络。所谓二端网络是指对外具有两个端钮的网络，又称单口网络或一端口网络。

2.5.1 戴维南定理

戴维南定理 任何一个线性有源二端网络N，对外电路来说，总可以用一个电压源和电阻串联组合等效代替，该电压源等于二端网络N的开路电压，电阻等于二端网络N中全部独立电源置零后端口处的输入电阻，如图2.5.1所示。

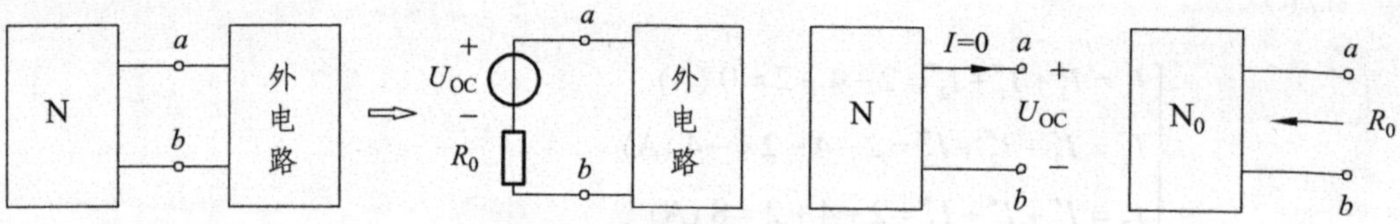

（a）线性有源网络（b）戴维南等效电路（c）有源二端网络N（d）无源二端网络N_0

图 2.5.1 戴维南定理

戴维南定理应用时，需注意以下几点：

（1）电压源与电阻串联电路称为戴维南等效电路，其等效电路中的电阻可称为戴维南等效电阻。例如，图2.5.1（b）所示电压源U_{OC}与电阻R_0串联电路，称为二端网络N的戴维南等效电路，其中电阻R_0可称为戴维南等效电阻。

（2）戴维南等效电路替代二端网络N，只对外电路等效，即外电路中的电压、电流均保持不变。

（3）戴维南等效电路中电压源大小、方向由二端网络N的开路电压所决定。

例如，图2.5.1（c）不仅可以计算出电压源的参数U_{OC}，同时，二端网络N的开路电压参考方向（图示：a为正极，b为负极），决定了图2.5.1（b）中电压源U_{OC}的参考方向（注意仍是：a为正极，b为负极）。

（4）图2.5.1（d）所示的无源二端网络N_0，是通过令有源二端网络N中的全部独立电源

置零而得到的。注意：受控源不能置零。

(5) 计算戴维南等效电阻时，如果二端网络 N 中含有受控源，可用以下两种方法来求解：方法一，用端口的开路电压与短路电流之比来求解（称为开短路法）；方法二，可在无源二端网络 N_0 端口外加电源，用端口的电压与电流之比来求解（称为外加电源法）。

应用戴维南定理分析电路的一般解题步骤为：

(1) 将“外电路”从待求解电路中移去，形成二端网络 N。根据二端网络 N 电路图，分析计算戴维南开路电压。在电路分析中，一般“外电路”指的是含有待求量的支路（或者是元件、部分电路）。

(2) 令二端网络 N 中所有的独立电源为零，并画出其电路图。计算无源二端网络 N_0 的戴维南等效电阻。

(3) 画出二端网络 N 的戴维南等效电路，并与移去的外接电路连接，分析计算待求量。

例 2.5.1 电路如图 2.5.2 (a) 所示，已知：$R_1 = 3\ \Omega$，$R_2 = 6\ \Omega$，$R_3 = 5\ \Omega$，$U_{S1} = 6\ V$，$U_{S2} = 30\ V$。试用戴维南定理求通过电阻 R_3 上的电流 I。

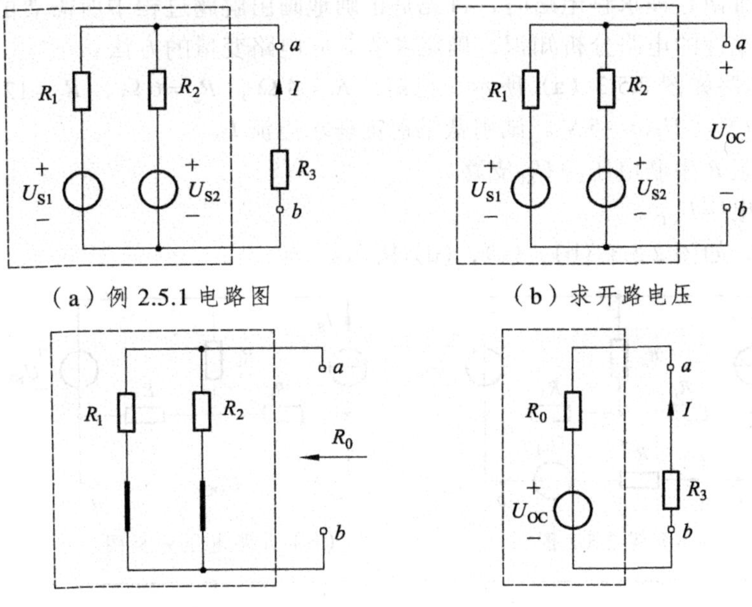

(a) 例 2.5.1 电路图　　(b) 求开路电压

(c) 求戴维南等效电阻　　(d) 戴维南等效电路求待求量

图 2.5.2　例 2.5.1 图

解 求解此题分三个步骤完成。

第一步，计算戴维南等效电路中的电压源 U_{OC} 参数值。在图 2.5.2 (a) 电路中，因电阻 R_3 上的电流 I 为题中的待求量，所以，可以将电阻 R_3 元件视为“外电路”，从图 2.5.2 (a) 中移去，形成计算开路电压 U_{OC} 的二端网络电路，如图 2.5.2 (b) 所示。

第二步，计算戴维南等效电阻 R_0。令二端网络图 2.5.2 (b) 中所有独立电源为零，得到求解戴维南等效电阻的电路图 2.5.2 (c)。

第三步，计算题中待求量 I。根据戴维南定理和图 2.5.2 (b)，(c) 计算出的开路电压 U_{OC} 和等效电阻 R_0，画出戴维南等效电路，并与“外电路”（即移去的电阻 R_3）连接，形成电路图 2.5.2 (d)。

分析过程如下:

(1) 求开路电压 U_{OC}。电路如图 2.5.2 (b) 所示，因电路 a，b 端开路，所以有

$$U_{OC}=\frac{U_{S1}-U_{S2}}{R_1+R_2}\times R_2+U_{S2}=\frac{6-30}{3+6}\times 6+30=14\ (\text{V})$$

(2) 求等效电阻 R_0。电路如图 2.5.2 (c) 所示，电压源置零，用短路替代，则 R_0 为

$$R_0=\frac{R_1R_2}{R_1+R_2}=\frac{3\times 6}{3+6}=2\ (\Omega)$$

(3) 用戴维南等效电路计算待求量 I。电路如图 2.5.2 (d) 所示，有

$$I=\frac{-U_{OC}}{R_0+R_3}=-\frac{14}{2+5}=-2\ (\text{A})$$

注意: 用戴维南定理求解电路时，首先是正确地画出解题过程中所需要的电路图，根据具体的电路和所掌握的电路分析知识，确定求解对应电路变量的方法。

例 2.5.2 电路如图 2.5.3 (a) 所示，已知: $R_1=4\ \Omega$，$R_2=6\ \Omega$，$R_3=12\ \Omega$，$R=7\ \Omega$，$I_S=3\ \text{A}$，$U_{S1}=9\ \text{V}$，$U_{S2}=45\ \text{V}$。试用戴维南定理求电流 I。

解 移去电阻 R 串联电压源 U_{S1} 支路。

(1) 求开路电压 U_{OC}。

用叠加定理，如图 2.5.3 (b)，(c)，(d) 所示。

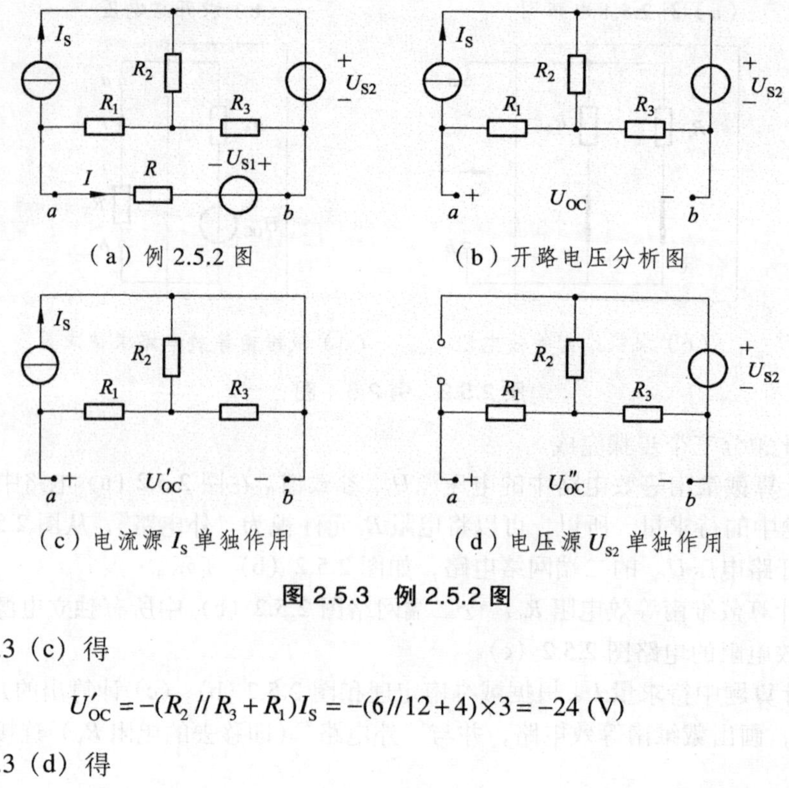

(a) 例 2.5.2 图 (b) 开路电压分析图

(c) 电流源 I_S 单独作用 (d) 电压源 U_{S2} 单独作用

图 2.5.3 例 2.5.2 图

由图 2.5.3 (c) 得

$$U'_{OC}=-(R_2\,/\!/\,R_3+R_1)I_S=-(6/\!/12+4)\times 3=-24\ (\text{V})$$

由图 2.5.3 (d) 得

$$U''_{OC}=\frac{U_{S2}}{R_2+R_3}\times R_3=\frac{45}{12+6}\times 12=30\ (V)$$

叠加得 $$U_{OC}=U'_{OC}+U''_{OC}=6\ (V)$$

（2）求等效电阻 R_0。

令图 2.5.3（b）中所有独立电源置零，如图 2.5.4（a）所示。

$$R_0=R_1+R_2\,//\,R_3=4+6//12=8\ (\Omega)$$

（3）用戴维南等效电路计算待求量电流 I。

戴维南等效电路如图 2.5.4（b）所示，得

$$I=\frac{U_{OC}+U_{S1}}{R_0+R}=-\frac{6+9}{8+7}=-1\ (A)$$

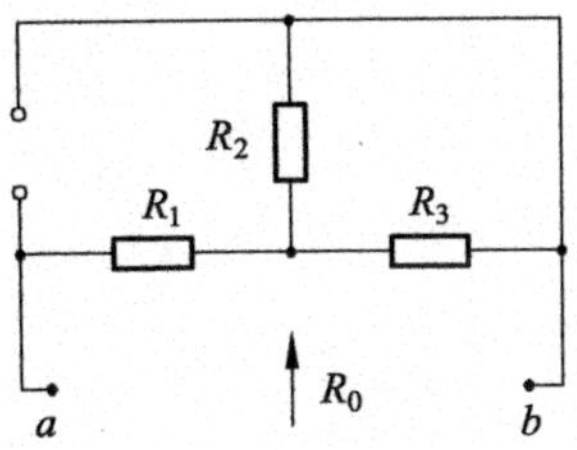

（a）求等效电阻 R_0

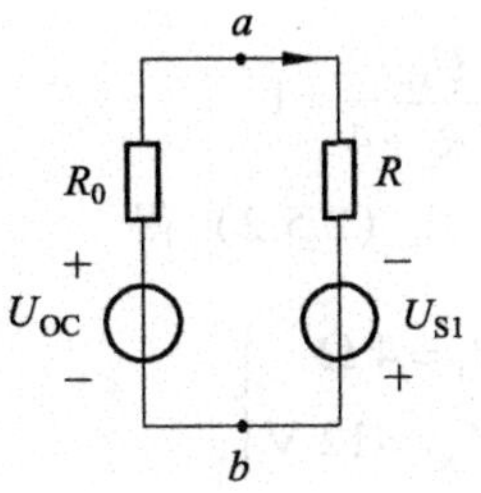

（b）戴维南等效电路

图 2.5.4　戴维南定理分析电路

例 2.5.3　图 2.5.5 中二端网络 N 是有源网络，若将两个完全相同的有源二端网络 N 连接成图 2.5.5（a）时，测得电流 $I=2$ A；连接如图 2.5.5（b）时，测得 $I'=2$ A。已知：$R_1=6\ \Omega$，$R=4\ \Omega$。试求图 2.5.5（c）中的电流 I。

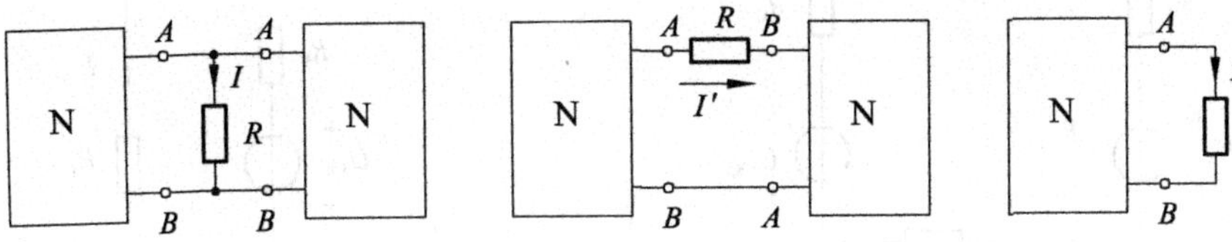

（a）　（b）　（c）

图 2.5.5　例 2.5.3 图

解　设有源二端网络 N 的等效电路为戴维南等效电路，由图 2.5.5（a）可简化为图 2.5.6，用电源模型等效变换法解得

$$I_S=U_{OC}/R_0$$

$$I=\frac{R_0/2}{R_0/2+R}\times 2I_S=2\ (A)$$

得 $$\frac{U_{OC}}{R_0+8}=1 \tag{2.5.1}$$

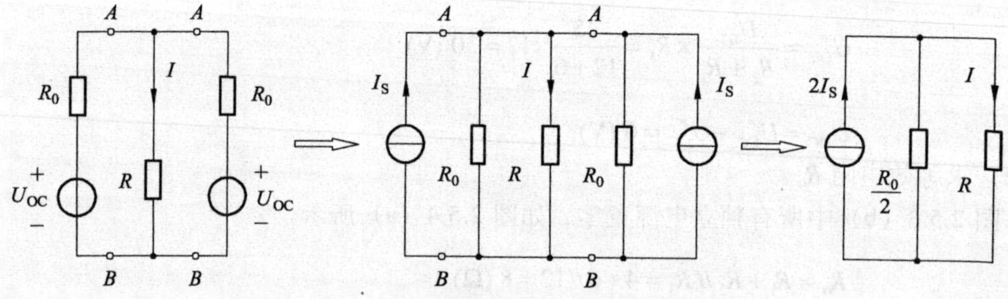

图 2.5.6　图 2.5.3（a）的等效电路

由图 2.5.5（b）可简化为图 2.5.7，得

$$I' = \frac{2U_{OC}}{2R_0 + R} = 2\ (\text{A})$$

即

$$\frac{U_{OC}}{2R_0 + 4} = 1 \tag{2.5.2}$$

联立解式（2.5.1）与式（2.5.2）得

$$\left.\begin{aligned} R_0 &= 4\ \Omega \\ U_{OC} &= 12\ \text{V} \end{aligned}\right\} \tag{2.5.3}$$

由图 2.5.5（c）和式（2.5.3）的参数可以得图 2.5.8，解为

$$I = \frac{U_{OC}}{R_0 + R_1} = \frac{12}{4+6} = 1.2\ (\text{A})$$

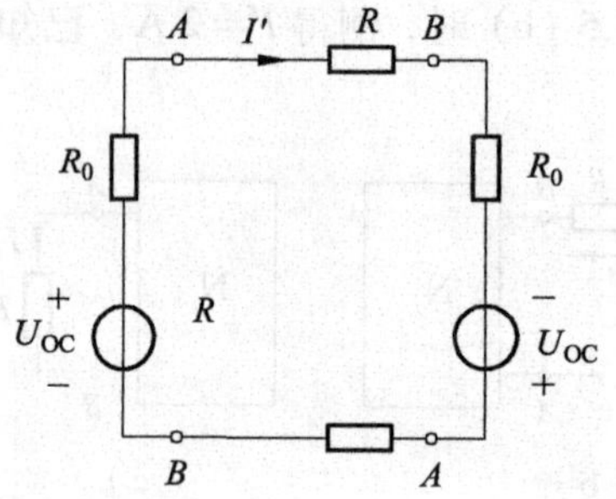

图 2.5.7　图 2.5.5（b）的等效电路

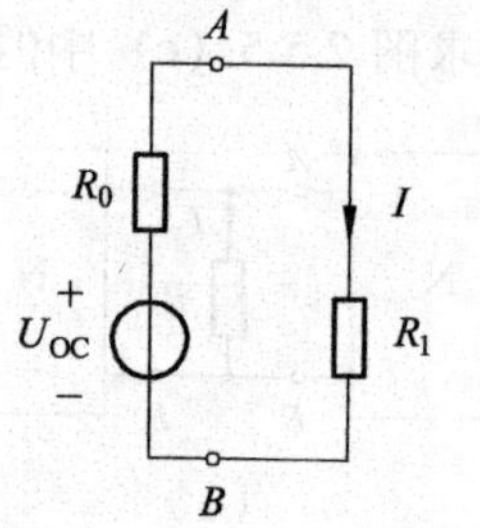

图 2.5.8　图 2.5.5（c）的等效电路

2.5.2　诺顿定理

诺顿定理　任何一个线性有源二端网络 N，对外电路来说，总可以用一个电流源和电阻并联组合等效代替，该电流源等于原二端网络 N 端口处的短路电流，电阻等于该网络 N 中全部独立电源置零后端口处的输入电阻，如图 2.5.9 所示。

一般在 $R_0 \neq 0$ 和 $R_0 \neq \infty$ 的条件下，诺顿等效电路和戴维南等效电路之间可以等效变换，如图 2.5.10 所示。

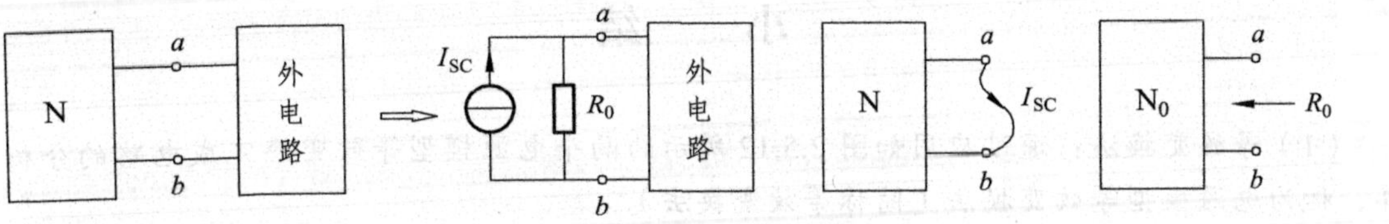

（a）线性有源网络　（b）诺顿等效电路　（c）有源二端网络 N　（d）无源二端网络 N_0

图 2.5.9　诺顿定理

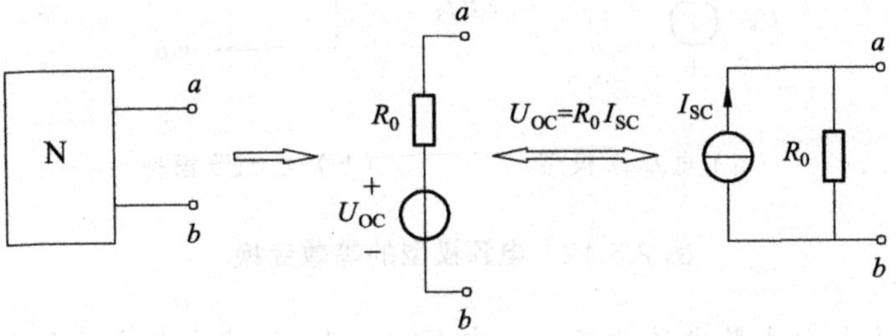

（a）有源二端网络　（b）戴维南等效电路　（c）诺顿等效电路

图 2.5.10　戴维南等效电路与诺顿等效电路

应用诺顿定理时，需注意以下几点：

(1) 电流源与电阻并联电路称为诺顿等效电路，其等效电路中的电阻称为诺顿等效电阻。

(2) 诺顿等效电路替代二端网络 N，只对外电路等效。

(3) 诺顿等效电路中电流源大小、方向由二端网络 N 的短路电流所决定。例如，图 2.5.9（c）短路电流的计算决定了电流源 I_{SC} 的大小和参考方向。

(4) 诺顿等效电阻的计算与戴维南等效电阻的分析方法相同。

2.5.3　最大功率传输定理

电子电路分析中，常常讨论负载获得最大功率的问题。任意一个线性有源二端网络对于所连接的外负载而言，总可以用戴维南等效电路来替代。因此，最大功率传输定理论述了负载在什么条件下，能从戴维南等效电压源中获得最大功率。

最大功率传输定理　设有一个电压源模型与一个电阻负载相接，当负载电阻等于电压源模型的内电阻时，负载能从电压源模型中获得最大功率。

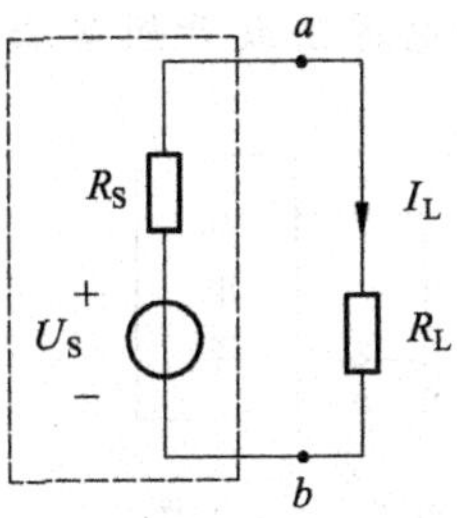

图 2.5.11　电压源模型与负载 R_L

如图 2.5.11 所示，当 $R_L=R_S$ 时，负载 R_L 能获得最大功率。这时的电路常称电压源模型与负载相匹配。负载上获得最大功率为

$$P_{Lmax}=\frac{U_S^2}{4R_L}$$

小 结

（1）等效变换法：通过应用如图 2.5.12 所示的两个电源模型等效变换完成电路的分析计算，称为电源模型等效变换法（简称等效变换法）。

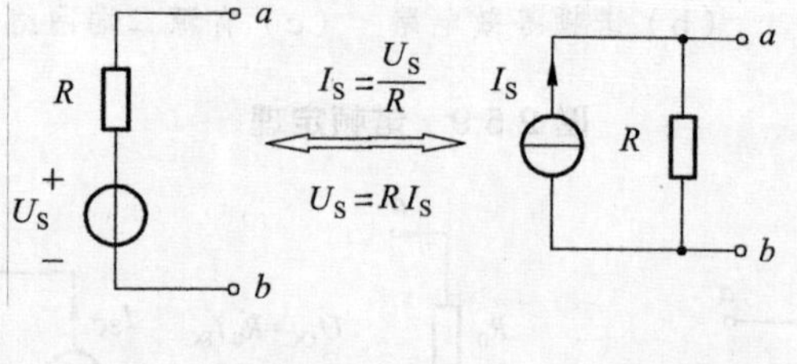

（a）电压源模型　　（b）电流源模型

图 2.5.12　电源模型的等效变换

（2）支路电流法是以支路电流为变量，由 KCL，KVL 建立独立方程组，解得各支路电流的方法。

（3）结点电压法是以结点电压为变量，由 KCL 建立独立方程组，解得各结点电压的方法。

（4）叠加定理：在含有多个独立电源的线性网络中，分别计算出各个独立电源单独作用时的电压、电流后叠加。

注意：

① 受控源不能单独作为电路的激励，应保留在各个叠加电路中。

② 独立电压源为零用短路替代，独立电流源为零用开路替代。

③ 功率计算不能叠加。

（5）戴维南定理：

① 对于任意一个电路，如图 2.5.13（a）所示，应画出相应的 3 个电路图，如图 2.5.13（b），（c），（d）所示。

② 如二端网络 N 中含有受控源，分析计算等效电阻 R_0 时不能直接用电阻的串并联法，应用外加电源法或开短路法。

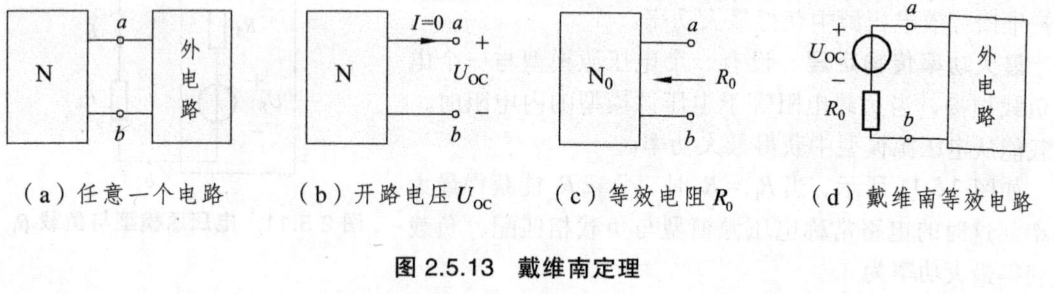

（a）任意一个电路　（b）开路电压 U_{OC}　（c）等效电阻 R_0　（d）戴维南等效电路

图 2.5.13　戴维南定理

（6）最大功率传输定理：设有一个电压源模型（即 U_S 与 R_S 串联）与一个电阻负载 R_L 相接，则负载电阻 R_L 要获得最大功率的条件为 $R_L=R_S$。

习　题

2.1　理想电流源和理想电压源之间（　　）等效变换关系。

a. 没有　　b. 有　　c. 在一定条件下有　　d. 不一定没有

2.2　在题 2.2 图所示电路中，已知：$U_{S1}=U_{S2}=6\text{ V}$，$R_1=R_2=R=2\ \Omega$，则电阻R上的端电压U_R为（　　）。

a. 2 V　　b. 0 V　　c. −2 V　　d. 3 V

2.3　把题 2.3 图（a）所示的电路用题 2.3 图（b）所示的等效电流源替代，则等效电压源的参数为（　　）。

a. $I_S=2\text{ A}$，$R=6\ \Omega$　　b. $I_S=2\text{ A}$，$R=3\ \Omega$

c. $I_S=6\text{ A}$，$R=6\ \Omega$　　d. $I_S=6\text{ A}$，$R=3\ \Omega$

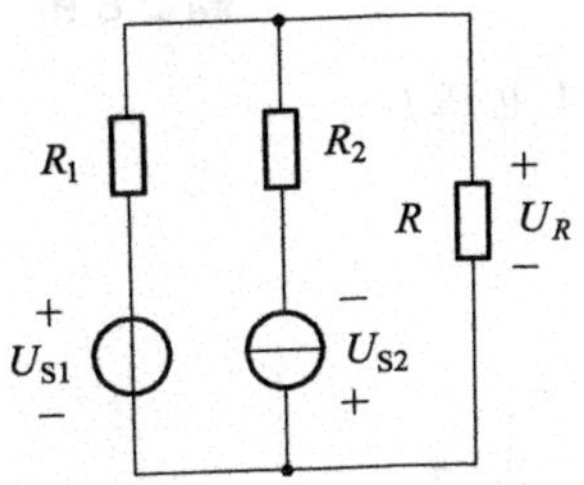

题 2.2 图

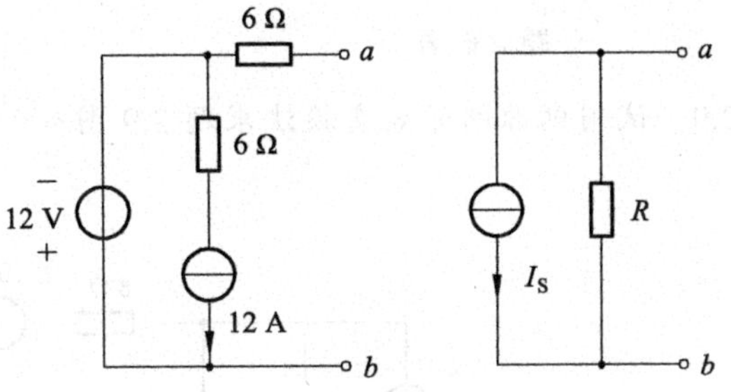

（a）　　（b）

题 2.3 图

2.4　在题 2.4 图所示电路中，已知各电阻值和电源值。如用支路电流法求解电流I，则列出独立的电流方程数和电压方程数分别为（　　）。

a. 3 和 3　　b. 3 和 2　　c. 2 和 3　　d. 4 和 3

2.5　在题 2.5 图所示电路中，当所有的电源共同作用时，$U_{AB}=10\text{ V}$。那么当电压源U_{S1}单独作用时，电压U_{AB}为（　　）。

a. −4 V　　b. 4 V　　c. 6 V　　d. −6 V

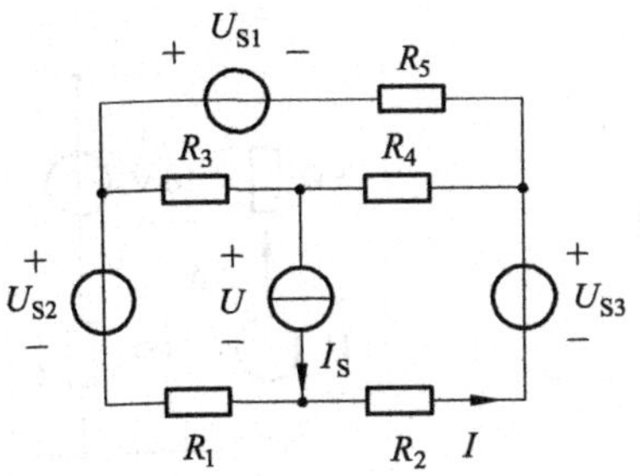

题 2.4 图

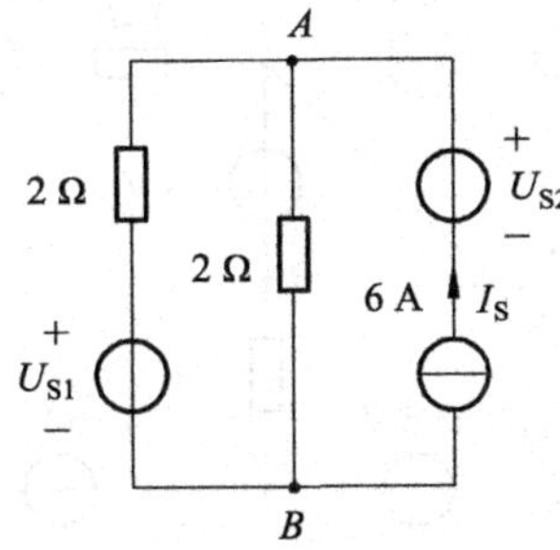

题 2.5 图

2.6.　实验测得题 2.6 图（a）所示的有源二端线性网络 N 外特性曲线如题 2.6 图（b）所示，则该网络 N 的戴维南等效电压源的参数U_{OC}和R_0分别为（　　）。

a. 5 V，2 Ω　　b. 2 V，0.4 Ω　　c. −2 V，2 Ω　　d. −5 V，0.4 Ω

2.7　如题 2.7 图所示二端网络的戴维南等效电阻 R_{ab} 为（　　）。

a. 18 Ω　　b. 12 Ω　　c. 9 Ω　　d. 6 Ω

2.8　在题 2.8 图所示电路中，电压源和电阻 R_S 为定值，R_L 为可变电阻器，则 R_L 上获得最大功率的条件是（　　）。

a. $R_L=\infty$　　b. $R_L<R_S$　　c. $R_L=R_S$　　d. $R_L>R_S$

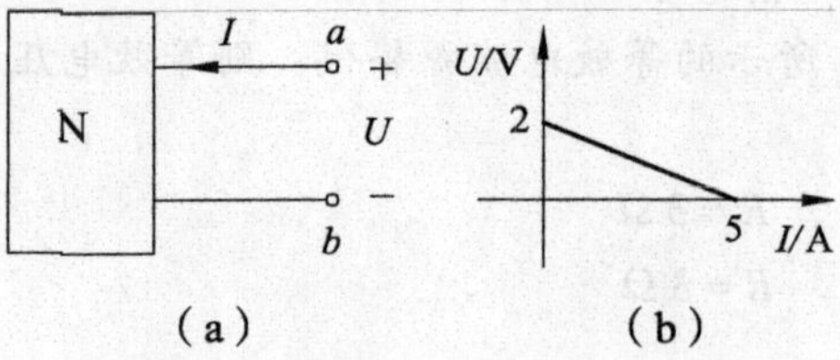

题 2.6 图

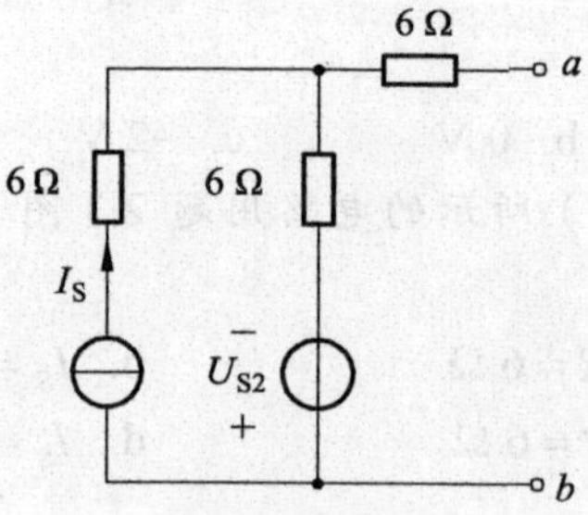

题 2.7 图

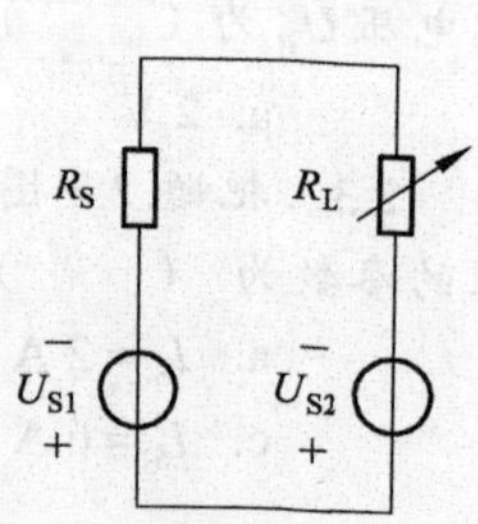

题 2.8 图

2.9　试用电源的等效变换法求题 2.9 图所示电路中的电流 I 及电压 U。

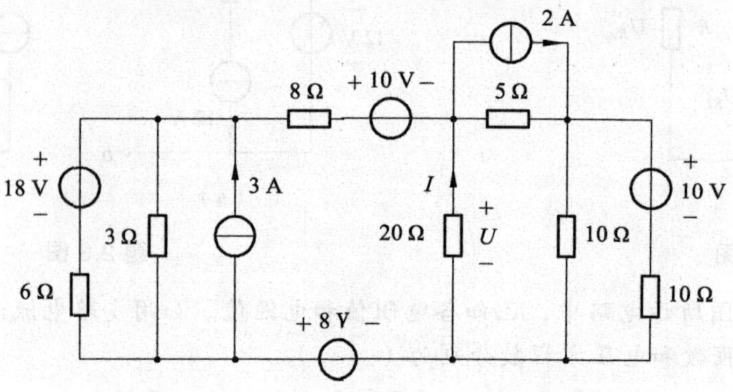

题 2.9 图

2.10　试用电源的等效变换法求题 2.10 图所示电路中的电流 I 和电压 U_{AB}。

2.11　试用支路电流法求题 2.11 图所示电路中的电压 U。

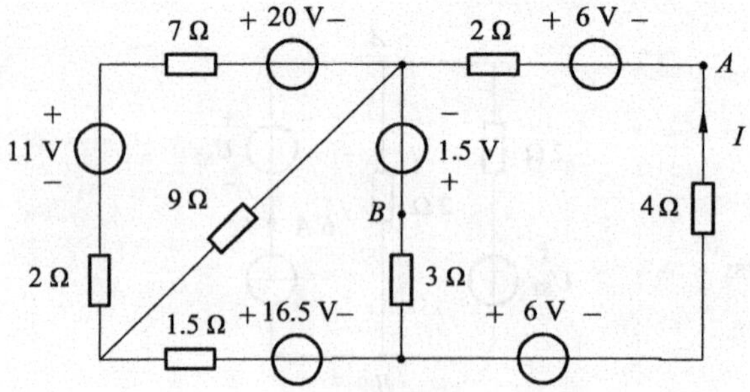

题 2.10 图

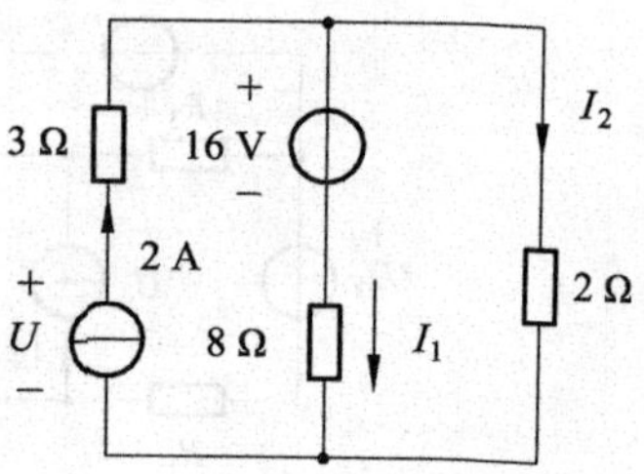

题 2.11 图

2.12　试用支路电流法求题 2.12 图所示电路中的电流 I。

2.13　试用结点电压法求解题 2.12 图中的电流 I。

2.14　试列出题 2.14 图所示电路所需的结点电压方程。

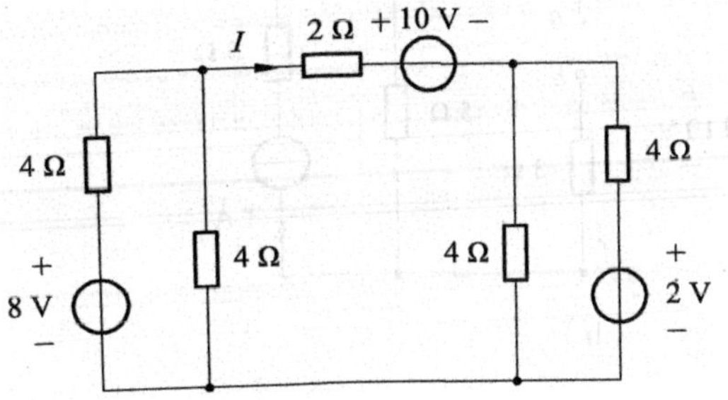

题 2.12 图

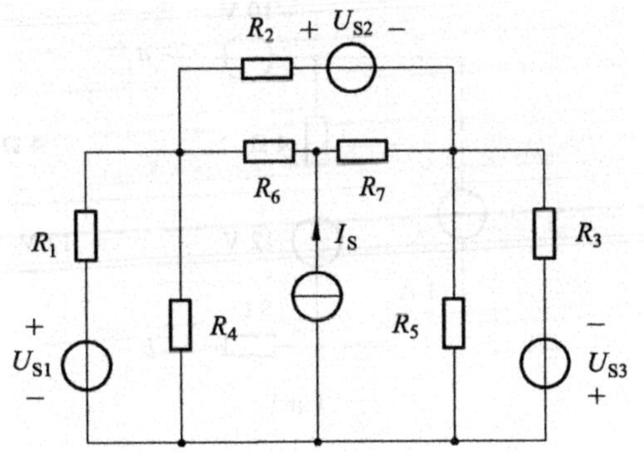

题 2.14 图

2.15　试用叠加定理求解题 2.12 图中的电流 I，并检验电路的功率平衡。

2.16　电路如题 2.16 图所示，已知 $U_S = 12\ \text{V}$，$U = 10\ \text{V}$。若将电压源 U_S 除去（即 $U_S = 0$）后，求电阻上电压 U。

2.17　电路如题 2.17 图所示，试用叠加定理求电阻支路电压 U_1，U_2，U_3，U_4。

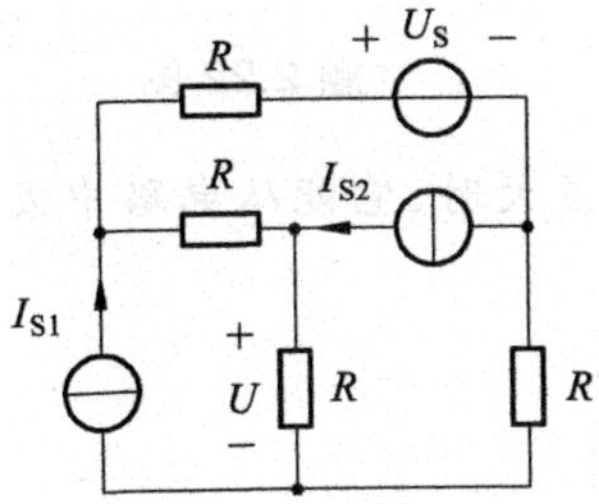

题 2.16 图

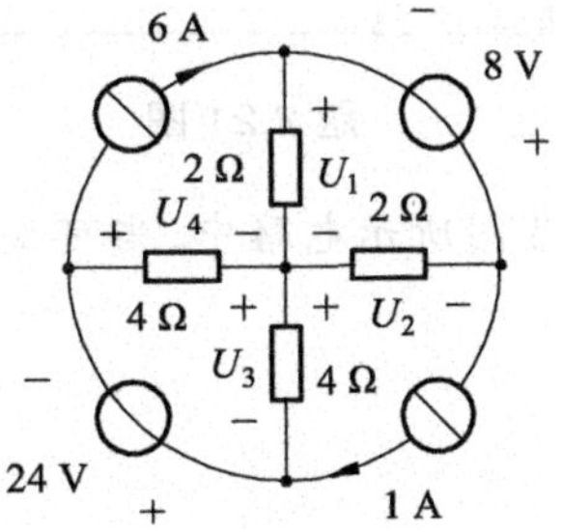

题 2.17 图

2.18　题 2.18 图所示电路中，当开关 S 合在 a 点时，电流 I 为 2 A；当开关 S 合在 b 点时，电流 I 为 6 A。如果将开关 S 合在 c 点，则利用叠加定理求电流 I 为多少？

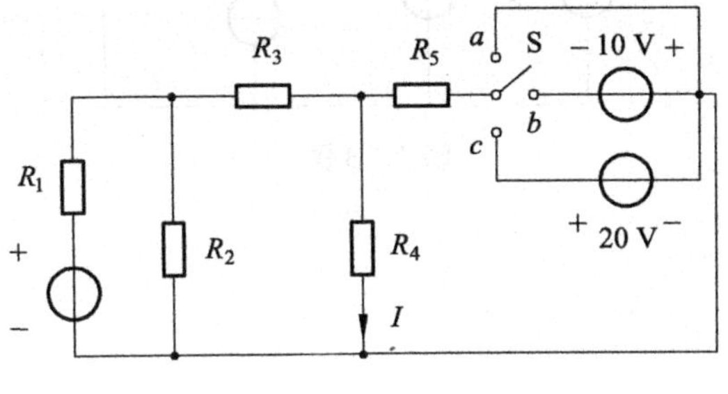

题 2.18 图

2.19　试求题 2.19 图所示电路的戴维南等效电路与诺顿等效电路。

2.20　试用戴维南定理求题 2.12 图所示电路中的电流 I。

2.21　试用戴维南定理求题 2.21 图所示电路中的电流 I_L。

2.22　题 2.22 图所示电路中，已知 $U_S = 12\ \text{V}$，$R_1 = R_4 = 4\ \Omega$，$R_2 = R_3 = 20\ \Omega$，$R_L = 8\ \Omega$，试用诺顿定理求电流 I_L。

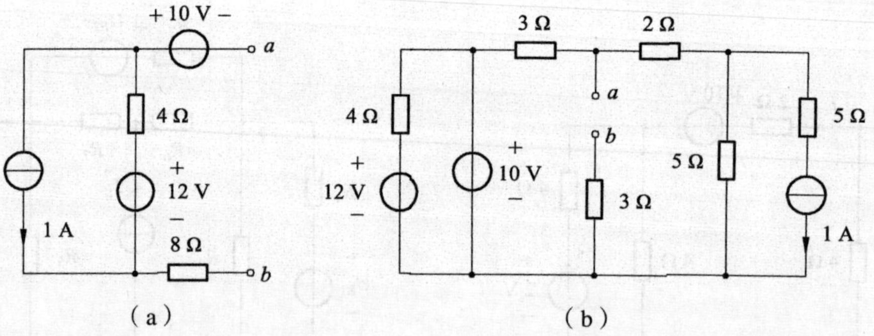

题 2.19 图

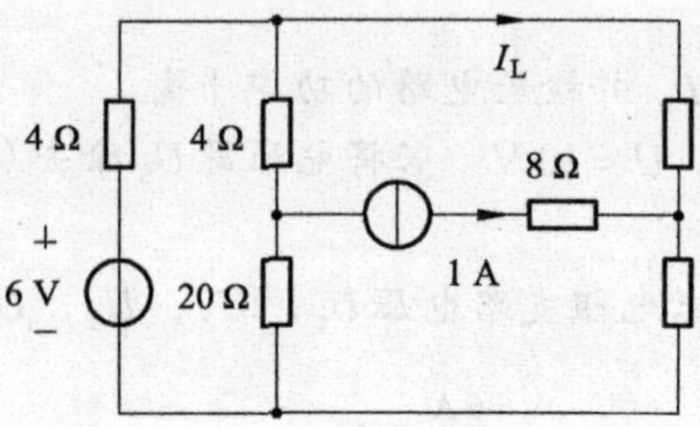

题 2.21 图

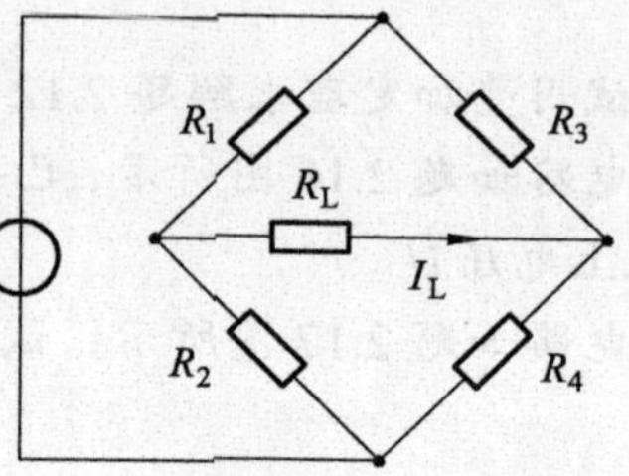

题 2.22 图

2.23　题 2.23 图所示电路中，当可变电阻 R_L 等于多大时，它能从电路中吸收最大的功率，并求此最大功率。

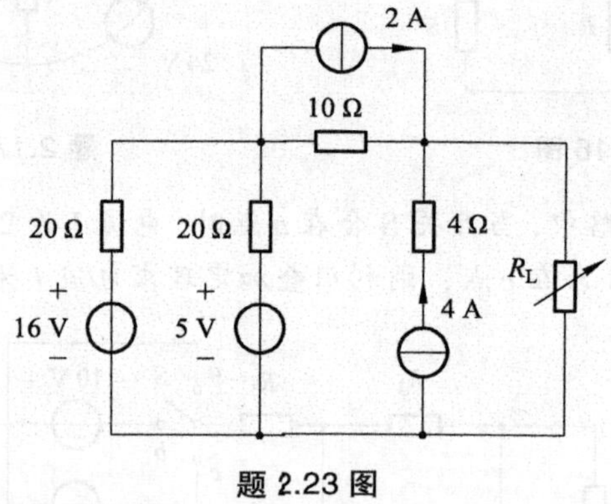

题 2.23 图

第3章

正弦交流电路

提　要　本章以线性电阻 R、电容 C、电感 L 和正弦交流电源组成的线性交流电路为对象，讨论在单一频率正弦电源激励下的稳态电路分析方法。内容包括：正弦交流电源的特征及相量表示、元件伏安特性和基尔霍夫定律的相量形式、相量电路的分析计算、正弦交流电路的功率、功率因数提高、谐振、周期性非正弦稳态电路的分析方法和三相电路的正弦稳态分析。

在直流电路中讨论的基本概念、基本定律、基本定理和基本的分析计算方法是正弦交流稳态电路分析的基础。

动态电路　如果电路中包含有储能元件（即电容 C、电感 L，又称为动态元件），则称为动态电路。由于动态电路中存在储能元件，使电路的响应不仅与当时的输入电源有关，还与电路中储能元件所储存的能量有关。

稳态电路　如果电路中各元件的电气参数和连接关系不变（即没有开关器件），电源为直流或幅值恒定的周期性信号，经过无限长的时间后，电路中的储能元件所储存的能量达到稳定或呈周期性的稳定变化，称电路为稳态电路。

本章讨论的电路为稳态电路，即电路的元件参数和结构不变，激励为正弦交流电源，响应与激励为同频率的正弦时间函数。

3.1　正弦函数的相量形式

3.1.1　正弦量

1. 正弦量的特征

正弦量描述的是随时间按正弦函数形式变化的时变电压和电流，是电路分析中最常见的基本交流信号，如电力公司提供的就是正弦交流电压和电流，在通信行业中，正弦电压和电流则是传递信号的主要载体。对于一般的周期性变化的交流量可分解为由多种称为谐波的正弦量叠加。

在正弦电源激励下的电路称为正弦交流电路（本书简称为交流电路）。正弦电流波形如图 3.1.1 所示，其一般表达式为

$$i = I_m \sin(\omega t + \psi_i) \tag{3.1.1}$$

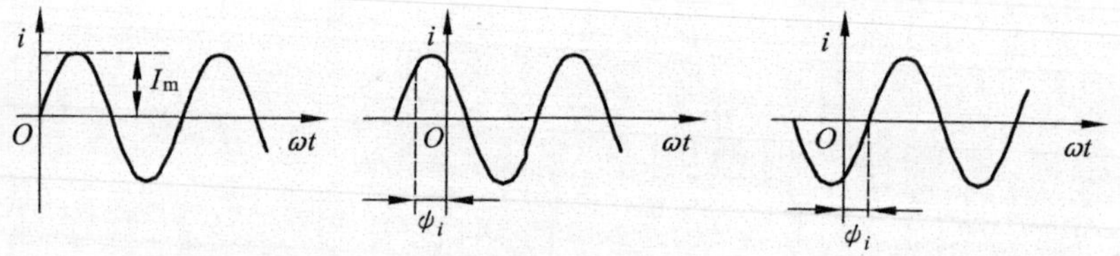

（a）$\psi_i=0$　　（b）$\psi_i>0$　　（c）$\psi_i<0$

图 3.1.1　正弦电流波形

分析式（3.1.1）和正弦电流波形图 3.1.1 有：

瞬时值　$i(t)$ 表示正弦量在每一瞬时的数值。即 $i(t)$ 是正弦电流的的瞬时值。

最大值　I_m 表示正弦量的最大值或振幅。即 I_m 是 $i(t)$ 中所达到的最大值。

角频率　ω 是正弦量的角频率，它反映正弦量变化的快慢。其单位为弧度/秒（rad/s）。

$$\omega=2\pi/T=2\pi f$$

式中，T 表示正弦量完成一个循环变化所需的时间，称为周期，单位为秒（s）；f 表示 1 s 内的周期数，称为频率，单位为赫兹（Hz）。我国工业供电系统提供的正弦交流电的频率为 50 Hz，习惯上称之为工频。

可见，周期 T 和频率 f 之间的关系为

$$f=1/T$$

相位　$(\omega t+\psi_i)$ 表示正弦量随时间变化的弧度或角度，称为瞬时相位（简称为相位）。

初相角　ψ_i 表示 $t=0$ 时的相位，称为初相角（或初相位）。初相位的取值范围一般为 $|\psi_i|\leqslant\pi$，单位为弧度或度。

一个正弦量若已知 I_m，ω，ψ_i，则可写出正弦量的解析式或画出其波形。所以通常称 I_m，ω，ψ_i 为正弦量的三要素，也是分析电路时用到的 3 个基本特征量。

2. 正弦量的相位差

在电路分析中，一般选定某一个正弦量的初相位为零（称参考正弦量），其他变量的相位相对于参考正弦量而确定。

相位差　描述同频率下的不同正弦量之间相位的差别。

例如，设有两个正弦量为

$$f_1(t)=A_1\sin(\omega t+\psi_1)\text{，}\quad f_2(t)=A_2\sin(\omega t+\psi_2)$$

则它们的相位差为　$\varphi_{12}=(\omega t+\psi_1)-(\omega t+\psi_2)=\psi_1-\psi_2$

3. 正弦量的有效值

在工程应用中，常常用有效值来衡量正弦量的幅值。例如，我们经常用万用表测量交流电压、电流，其电表指示的电压或电流值均为有效值，如日常生活中的交流电源的电压为 220 V，指的是有效值电压为 220 V，其正弦量的最大值为 311 V 电压。

有效值　是按等值热效应概念来定义的。用周期电流和直流电流流过等值的电阻，在相

同时间 T（周期电流的一个周期）内，若两者产生的热效应相等，则称直流电流的数值为周期电流的有效值。有效值又可定义为式（3.1.2），称为方均根值，用大写字母 I 表示有效值。

$$I=\sqrt{\frac{1}{T}\int_0^T i^2\mathrm{d}t}=\sqrt{\frac{1}{T}\int_0^T I_\mathrm{m}^2\sin^2(\omega t+\psi_i)\mathrm{d}t}=\frac{I_\mathrm{m}}{\sqrt{2}}=0.707I_\mathrm{m} \tag{3.1.2}$$

同理，正弦交流电压的有效值与最大值的关系有 $U=0.707U_\mathrm{m}$。

所以，也可以将有效值、角频率和初相位称为正弦量的三要素。

3.1.2 正弦量的相量表示

在单一频率 f 正弦量激励下的线性电路中，其各支路的电压、电流响应也为同频率 f 正弦量，而它们的有效值和初相位则有所不同。这样正弦量的三要素中，角频率 ω 由电源信号给出，只要分析计算出正弦量的有效值（或最大值）和初相角，就可以得到正弦响应的解。

为了分析求解同频率正弦量下的有效值和初相位，我们引用了一种有效的数学工具，称之为相量法。正弦量的相量表示是基于如下欧拉公式，即

$$I_\mathrm{m}\mathrm{e}^{\mathrm{j}(\omega t+\psi_i)}=I_\mathrm{m}\cos(\omega t+\psi_i)+\mathrm{j}I_\mathrm{m}\sin(\omega t+\psi_i) \tag{3.1.3}$$

因此，正弦电流 $i(t)=I_\mathrm{m}\sin(\omega t+\psi_i)$ 可以表示为

$$i(t)=\mathrm{Im}[I_\mathrm{m}\mathrm{e}^{\mathrm{j}(\omega t+\psi_i)}]=\mathrm{Im}[I_\mathrm{m}\mathrm{e}^{\mathrm{j}\psi_i}\mathrm{e}^{\mathrm{j}\omega t}] \tag{3.1.4}$$

式中，Im[ ]表示取式（3.1.4）的虚部运算；$I_\mathrm{m}\mathrm{e}^{\mathrm{j}\psi_i}$ 式为一个复常数，它包含了正弦量的最大值和初相位；$\mathrm{e}^{\mathrm{j}\omega t}$ 式包含了正弦量的角频率（由电源信号频率确定）。

设：$\dot{I}_\mathrm{m}=I_\mathrm{m}\mathrm{e}^{\mathrm{j}\psi_i}$，称为最大值相量（或振幅相量）。有

$$i(t)=\mathrm{Im}[\dot{I}_\mathrm{m}\mathrm{e}^{\mathrm{j}\omega t}]$$

同理，由式（3.1.4）可以推导出有效值相量式

$$i(t)=\mathrm{Im}[\sqrt{2}I\mathrm{e}^{\mathrm{j}\psi_i}\mathrm{e}^{\mathrm{j}\omega t}]=\mathrm{Im}[\sqrt{2}\dot{I}\mathrm{e}^{\mathrm{j}\omega t}]$$

式中，$\dot{I}=I\mathrm{e}^{\mathrm{j}\psi_i}$，称为有效值相量。

相量除了用复数式表示外，还可以在复平面上用有向线段表示相量，称为相量图。用相量线段的长短表示正弦量的有效值（或最大值），用线段与实轴的夹角表示正弦量的初相位，如图 3.1.2 所示。

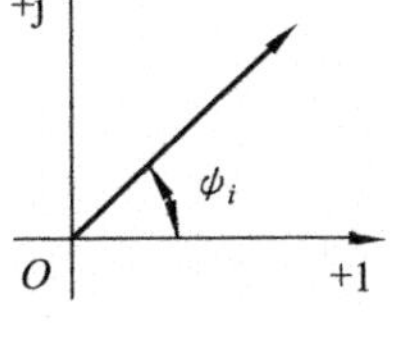

图 3.1.2 相量图

可见，相量反映了正弦量的有效值（或最大值）和初相位两个重要的要素，再加上角频率 ω 是已知的，因此，通过正弦量的三要素可写出相量的正弦表达式，同理，已知正弦表达式，也可以写出对应的相量表达式。

例 3.1.1 写出电压 $u_1(t)=10\sqrt{2}\sin(\omega t+20°)$ V，$u_2(t)=15\sqrt{2}\sin(\omega t-30°)$ V 的相量。

解 正弦量 $u_1(t)$ 的相量式为 $\dot{U}_1=10\angle20°$ V

正弦量 $u_2(t)$ 的相量式为 $\dot{U}_2=15\angle-30°$ V

在电路分析中，正弦量的相量式可以用最大值相量式表示，如$\dot{U}_{1m}$；也可以用有效值相量式表示，如$\dot{U}_2$。但在分析电路时，相量的表达式应统一为一种相量表达式。

注意：相量是用来表征正弦量的，它本身并不是正弦量。在电路分析时要注意两者的区别。正弦量是时间t的函数，是随时间变化的实数；相量是正弦量特征的表达式，是不随时间变化的复常数。即

$$\dot{I}_m \neq i(t), \quad \dot{I} \neq i(t)$$

3.1.3 复　数

1. 复数表达式

（1）代数式　　$\dot{A}_1 = a + jb$

其中a为复数$\dot{A}_1$的实部，b为虚部，可用复平面来表示，如图 3.1.3 所示。

（2）极坐标式　$\dot{A}_1 = A_1\angle\psi_1$

其中，A_1为复数的模，ψ_1为复数的辐角，其计算式为

$$A_1 = \sqrt{a^2+b^2}, \quad \psi_1 = \arctan(b/a)$$

（3）三角式　　$\dot{A}_1 = A_1\cos\psi_1 + jA_1\sin\psi_1$

（4）指数式　　$\dot{A}_1 = A_1 e^{j\psi_1}$

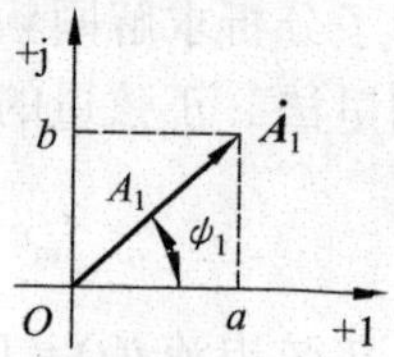

图 3.1.3　复数的表示

注意：复数的 4 种表达式不仅相等还可以相互转换。

2. 复数四则运算

已知：$\dot{A}_1 = a + jb = A_1\angle\psi_1$，$\dot{A}_2 = c + jd = A_2\angle\psi_2$。下面讨论复数的基本运算。

1）加减运算

$$\dot{A}_1 \pm \dot{A}_2 = (a+jb)\pm(c+jd) = (a\pm c) + j(b\pm d)$$

即复数的加减运算为实部与实部相加减，虚部与虚部相加减。

复数的和差运算也可以按平行四边形法在复平面上用向量的相加或相减进行，如图 3.1.4 所示。

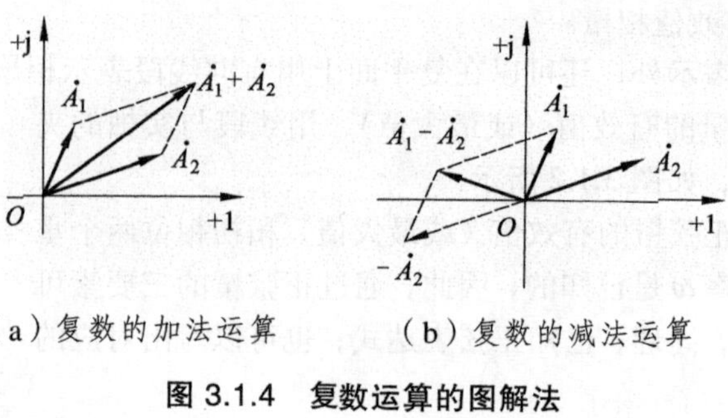

（a）复数的加法运算　　（b）复数的减法运算

图 3.1.4　复数运算的图解法

2）乘除运算

$$\dot{A}_1\dot{A}_2 = A_1\angle\psi_1 \cdot A_2\angle\psi_2 = A_1A_2\angle(\psi_1+\psi_2)$$

$$\frac{\dot{A}_1}{\dot{A}_2}=\frac{A_1\angle\psi_1}{A_2\angle\psi_2}=\frac{A_1}{A_2}\angle(\psi_1-\psi_2)$$

即复数的乘法运算为模相乘，初相位相加；复数的除法运算为模相除，初相位相减。

3．正弦量的微分与积分

设：$i(t)=\sqrt{2}I\sin(\omega t+\psi)$，其相量表达式为$\dot{I}=I\angle\psi$，则对正弦量$i(t)$进行微分，有

$$\frac{\mathrm{d}i}{\mathrm{d}t}=\frac{\mathrm{d}}{\mathrm{d}t}\left[\sqrt{2}I\sin(\omega t+\psi)\right]=\sqrt{2}\omega I\sin\left(\omega t+\psi+\frac{\pi}{2}\right)$$

其相量表达式为 $\dot{I}'=\omega I\angle\left(\psi+\frac{\pi}{2}\right)=\mathrm{j}\omega I\angle\psi=\mathrm{j}\omega\cdot\dot{I}$

可见，正弦量微分式的相量$\dot{I}'$等于正弦量的相量$\dot{I}$乘以$\mathrm{j}\omega$。同理，也可以推出正弦量积分式的相量$\dot{I}'$等于正弦量的相量$\dot{I}$乘以$1/(\mathrm{j}\omega)$。

$$\frac{\mathrm{d}i}{\mathrm{d}t}\leftrightarrow \mathrm{j}\omega\dot{I}\,,\qquad \int i\mathrm{d}t\leftrightarrow\frac{1}{\mathrm{j}\omega}\dot{I}$$

4．虚　数

j是复数中的虚数单位。

$$\mathrm{j}=1\angle 90^\circ\,,\quad \mathrm{j}^2=-1$$

3.2　简单交流电路

电路变量受到两类约束关系，即元件特性的约束和基尔霍夫定律的约束。下面分别讨论这两类约束的相量形式。

3.2.1　元件伏安特性的相量形式

当正弦量用相量来表示时，在正弦量激励下的电路基本元件特性可以用相量关系来表征。这样电路中变量间的微积分运算转化为了简单的复代数运算，用相量法来分析电路。

1．电阻元件R

对于线性电阻R，在如图3.2.1（a）所示的电压与电流参考方向条件下，其欧姆定律为

$$u(t)=Ri(t)$$

设电阻元件R的电流为 $i(t)=\sqrt{2}I\sin(\omega t+\psi_i)$

则电阻R上的端电压为 $u(t)=R\cdot\sqrt{2}I\sin(\omega t+\psi_i)=\sqrt{2}RI\sin(\omega t+\psi_u)$

根据电阻元件伏安特性的时域关系，可以得到对应的相量域伏安特性关系如下

$$i(t)=\sqrt{2}I\sin(\omega t+\psi_i)\leftrightarrow \dot{I}=I\angle\psi_i \tag{3.2.1}$$

$$u(t)=\sqrt{2}RI\sin(\omega t+\psi_u)\leftrightarrow \dot{U}=RI\angle\psi_u \tag{3.2.2}$$

由式（3.2.1）与式（3.2.2）得

$$\dot{U}=R\dot{I} \tag{3.2.3}$$

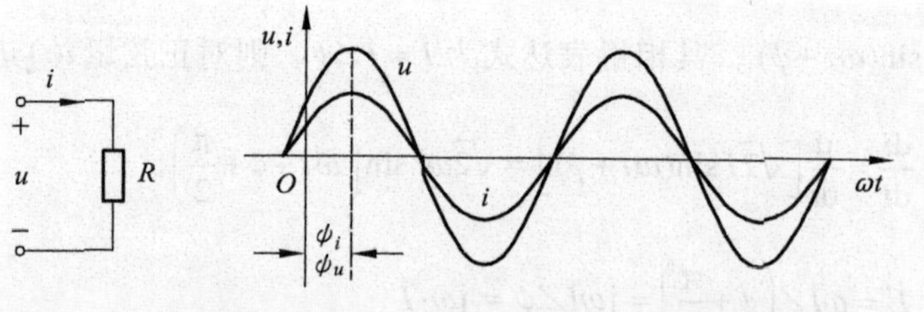

（a）电阻的时域电路　　（b）电阻的时域电压与电流波形

图 3.2.1　电阻元件伏安特性的时域关系

可见，电阻电压、电流的相量形式仍满足欧姆定律，称为广义的欧姆定律。其电阻元件伏安特性的相量如图 3.2.2 所示。

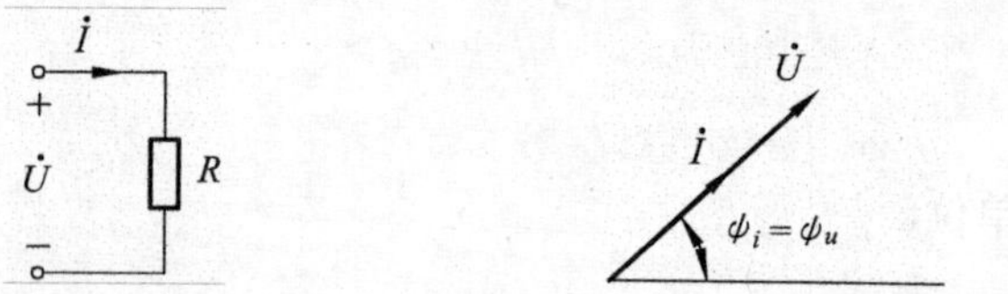

（a）电阻的相量电路　　（b）电阻的相量图

图 3.2.2　电阻元件伏安特性的相量关系

2. 电感元件 L

如图 3.2.3 所示，设电感元件 L 的电流为 $i_L(t)=\sqrt{2}I_L\sin(\omega t+\psi_i)$，则电感电压为

$$u_L(t)=\sqrt{2}U_L\sin(\omega t+\psi_u)=\mathrm{L}\frac{\mathrm{d}i_L}{\mathrm{d}t}=\sqrt{2}\omega LI_L\sin(\omega t+\psi_i+90°)$$

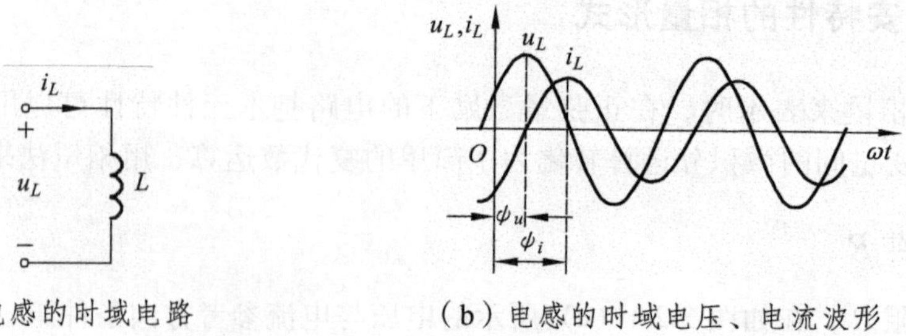

（a）电感的时域电路　　（b）电感的时域电压、电流波形

图 3.2.3　电感元件伏安特性的时域关系

相量关系为　$i_L(t)=\sqrt{2}I_L\sin(\omega t+\psi_i)\leftrightarrow \dot{I}_L=I_L\angle\psi_i$

$$u_L(t)=L\frac{\mathrm{d}i_L}{\mathrm{d}t}\leftrightarrow \dot{U}_L=L\cdot \mathrm{j}\omega\dot{I}_L$$

即 $$\dot{U}_L = \mathrm{j}\omega L\dot{I}_L = \mathrm{j}X_L\dot{I}_L \tag{3.2.4}$$

由式（3.2.4）可知：

（1）电感电压、电流有效值的关系为 $U_L = \omega LI_L$。

（2）电感上的电压总是超前电流相位 90°，即 $\psi_u = \psi_i + 90°$。

（3）X_L 称为感抗，单位为欧姆（Ω）。$\mathrm{j}X_L$ 表示电感 L 的相量形式。其电感的相量电路如图 3.2.4 所示，即 $\mathrm{j}X_L = \mathrm{j}\omega L$。

（4）电感电压、电流与电感 L 的相量关系，具有广义的欧姆定律关系。

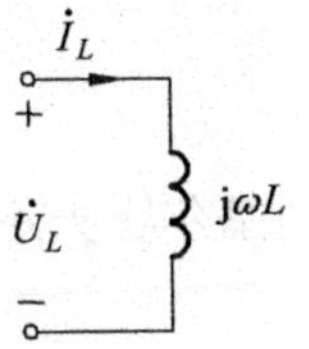

（a）电感的相量电路

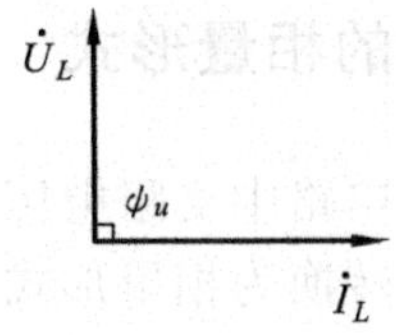

（b）电感的相量图（设 $\psi_i = 0°$）

图 3.2.4　电感元件伏安特性的相量关系

3. 电容元件 C

如图 3.2.5 所示，设电容元件 C 的电压为　$u_C(t) = \sqrt{2}U_C\sin(\omega t + \psi_u)$

则电容电流为　$i_C(t) = \sqrt{2}I_C\sin(\omega t + \psi_i) = C\dfrac{\mathrm{d}u_C}{\mathrm{d}t} = \sqrt{2}\omega CU_C\sin(\omega t + \psi_u + 90°)$

相量关系式为　$u_C(t) = \sqrt{2}U_C\sin(\omega t + \psi_u) \leftrightarrow \dot{U}_C = U_C\angle\psi_u$

$$i_C(t) = C\frac{\mathrm{d}u_C}{\mathrm{d}t} \leftrightarrow \dot{I}_C = C\cdot\mathrm{j}\omega\dot{U}_C$$

即 $$\dot{U}_C = \frac{1}{\mathrm{j}\omega C}\cdot\dot{I}_C = -\mathrm{j}X_C\dot{I}_C \tag{3.2.5}$$

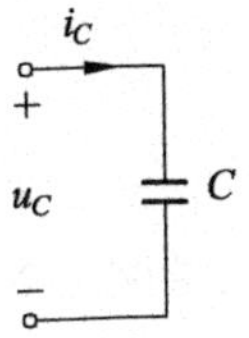

（a）电容的时域电路

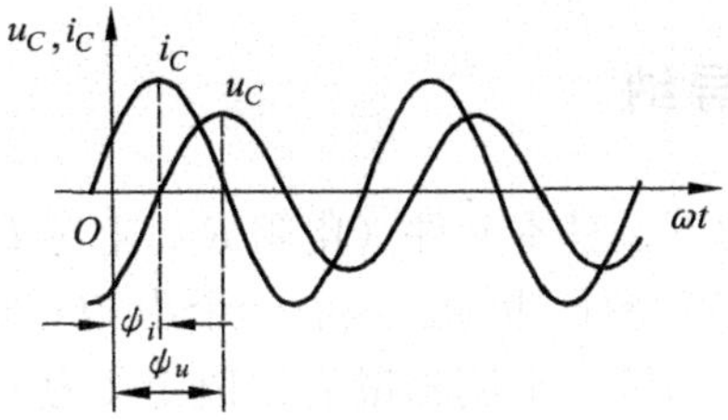

（b）电容的时域电压、电流波形

图 3.2.5　电容元件伏安特性的时域关系

由式（3.2.5）可知：

（1）电容电压、电流有效值的关系为 $I_C = \omega CU_C$。

（2）电容上的电压总是滞后电流相位 90°，即 $\psi_u = \psi_i - 90°$。

（3）X_C 称为容抗，单位为欧姆（Ω）。$-\mathrm{j}X_C$ 表示电容 C 的相量形式。其电容元件伏安特性的相量关系如图 3.2.6 所示。

（4）电容电压、电流与电容 C 的相量关系，具有广义的欧姆定律关系。

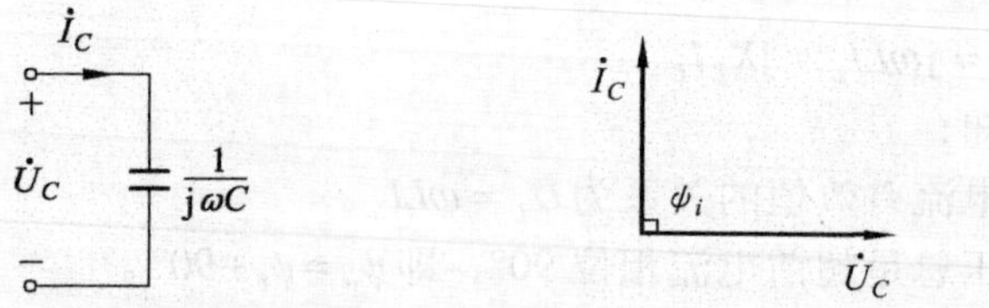

（a）电容的相量电路　　（b）电容的相量图（设 $\psi_u=0°$）

图 3.2.6　电容元件伏安特性的相量关系

3.2.2　基尔霍夫定律的相量形式

相量法分析电路时，电路中支路电压、电流仍然受到基尔霍夫定律的约束，因此，可以用相量法将 KCL 和 KVL 转换为相量形式。

1. KCL 的相量形式

在单一频率 f 的正弦量激励下，电路中各支路电流 $i_k(t)$ 均为同一频率 f 的正弦量。因此，在同频率条件下，KCL 的相量形式为

$$\sum_{k=1}^{b}\dot{I}_k=0 \tag{3.2.6}$$

2. KVL 的相量形式

在单一频率 f 的正弦量激励下，闭合路径上各支路电压 $u_k(t)$ 均为同一频率 f 的正弦量。因此，在同频率条件下，KVL 的相量形式为

$$\sum_{k=1}^{b}\dot{U}_k=0 \tag{3.2.7}$$

3.2.3　阻抗与导纳

在正弦量激励下，基本元件（电阻 R、电感 L、电容 C）用相量表示其伏安特性时，都具有广义的欧姆定律特征。因此，设有一个由 RLC 构成的无源线性二端网络 N_0，如图 3.2.7（a）所示，其端口电压相量与电流相量的比值定义为该二端网络的阻抗 Z，即

$$Z=\frac{\dot{U}}{\dot{I}}=\frac{U}{I}\angle(\psi_u-\psi_i)=|Z|\angle\varphi_Z=R+\mathrm{j}X \tag{3.2.8}$$

式（3.2.8）称为欧姆定律的相量形式。式中，Z 为复数，称为阻抗，单位为欧姆（Ω）；$|Z|$称为阻抗的模；φ_Z 称为阻抗角；R 为等效电阻；X 为等效电抗。阻抗模$|Z|$和阻抗角 φ_Z 分别为

$$|Z|=U/I=\sqrt{R^2+X^2},\ \ \varphi_Z=\psi_u-\psi_i=\arctan(X/R)$$

阻抗模、电抗、电阻和阻抗角的关系可以用阻抗三角形来表示，如图 3.2.8 所示。

通过对阻抗 Z 参数的分析，可以知道二端网络 N_0 的电路性质，即

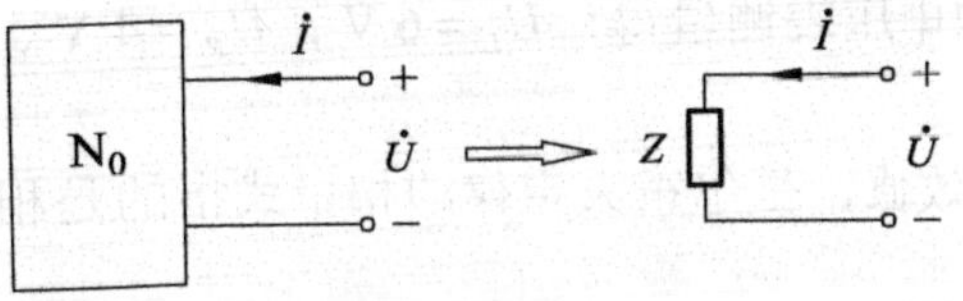

（a）*RLC* 构成的二端网络 N_0　　（b）等效阻抗 Z

图 3.2.7　阻抗定义

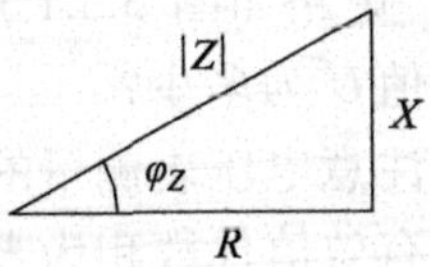

图 3.2.8　阻抗三角形

$$\begin{cases}当 X>0时，\varphi_Z>0，电压超前电流，称二端网络 N_0 为感性；\\ 当 X<0时，\varphi_Z<0，电压滞后电流，称二端网络 N_0 为容性；\\ 当 X=0时，\varphi_Z=0，Z=R，电压与电流同相，称二端网络 N_0 为阻性。\end{cases}$$

无源线性二端网络 N_0 的特性也可以用导纳参数来表示。即阻抗 Z 的倒数定义为复导纳 Y，有

$$Y=\dot{I}/\dot{U}=1/Z=|Y|\angle\varphi_Y=G+\mathrm{j}B$$

式中，G 为等效电导，B 为等效电纳，Y 的单位为西门子（S）。

3.3　正弦稳态电路的分析

3.3.1　阻抗串、并联电路

在正弦交流电路中，电路元件的基本连接方式同样有串联、并联、星形和三角形连接，同样有分压、分流和对外电路等效的概念。下面主要讨论串联电路、并联电路中电压相量和电流相量的分析方法。

1. 阻抗串联电路

电路如图 3.3.1 所示，根据 KVL，有

$$\dot{U}=\dot{U}_R+\dot{U}_C+\dot{U}_L=\left(R+\mathrm{j}\omega L+\frac{1}{\mathrm{j}\omega C}\right)\dot{I}=(R+\mathrm{j}X)\dot{I}=Z\dot{I}$$

串联电路的等效阻抗 Z 为　$Z=R+\mathrm{j}[\omega L-1/(\omega C)]$

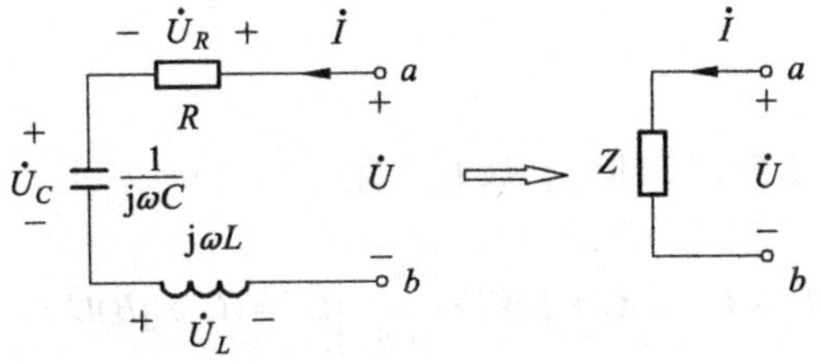

（a）*RLC* 串联电路　　（b）等效阻抗电路

图 3.3.1　阻抗串联电路

例 3.3.1 电路如图 3.3.1 所示，已知电压表测量得：$U_L = 6\text{ V}$，$U_R = 4\text{ V}$，$U_C = 3\text{ V}$。试求电压有效值U为多少?

解 首先注意电压表测量的参数是有效值，基尔霍夫定律的相量式指的是相量参数代数和为零，不是有效值代数和为零，即

$$U \neq U_R + U_L + U_C$$

此题有两种解题方法：计算法、相量图法。

方法 1——计算法。设电流相量为$\dot{I} = I\angle 0°\text{ A}$，根据各元件伏安特性的相量关系式，有

$$\dot{U}_R = 4\angle 0°\text{ V},\quad \dot{U}_C = -\text{j}3\text{ V},\quad \dot{U}_L = \text{j}6\text{ V}$$

根据 KVL，得

$$\dot{U} = \dot{U}_R + \dot{U}_C + \dot{U}_L = 4 + \text{j}6 - \text{j}3 = 4 + \text{j}3 = 5\angle 36.87°\text{ (V)}$$

所以 $$U = 5\text{ V}$$

方法 2——相量图法。分析电路，根据 KVL，有

$$\begin{cases} \dot{U} = \dot{U}_R + \dot{U}_C + \dot{U}_L = \dot{U}_R + \dot{U}_X \\ \dot{U}_X = \dot{U}_L + \dot{U}_C \end{cases}$$

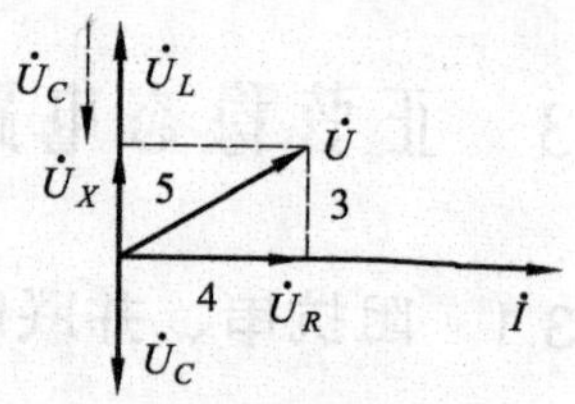

图 3.3.2 相量图法解题

作相量图如图 3.3.2 所示。具体作法如下：

(1) 设电流$\dot{I} = I\angle 0°\text{ A}$为参考相量。

(2) 由电阻电压与电阻电流同相，作出$\dot{U}_R$。

(3) 由电容电压滞后电容电流相位 90°，作出$\dot{U}_C$；由电感电压超前电感电流相位 90°，作出$\dot{U}_L$。

(4) $\dot{U}_L$与$\dot{U}_C$相位上差 180°，则作$\dot{U}_X$的相量图，得

$$U_X = 6 - 3 = 3\text{ (V)}$$

(5) 因$\dot{U} = \dot{U}_X + \dot{U}_R$，作$\dot{U}_R$，$\dot{U}_X$和$\dot{U}$变量之间的平行四边形，得电压有效值，得

$$U = \sqrt{4^2 + 3^2} = 5\text{ (V)}$$

结论：阻抗的串联电路计算，在形式上与电阻的串联电路计算相似。对于有n个阻抗串联电路，则其等效总阻抗Z为

$$Z = Z_1 + Z_2 + \cdots + Z_n$$

2. 阻抗并联电路

阻抗并联电路如图 3.3.3 所示，根据 KCL，有

$$\dot{I} = \dot{I}_R + \dot{I}_C + \dot{I}_L = \left(G + \text{j}\omega C + \frac{1}{\text{j}\omega L}\right)\dot{U} = (G + \text{j}B)\dot{U} = Y\dot{U}$$

并联电路的等效导纳Y为 $Y = G + \text{j}\left(\omega C - \dfrac{1}{\omega \text{L}}\right)$

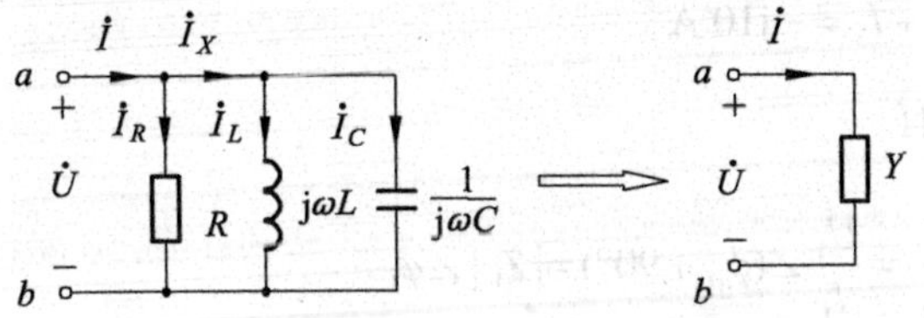

（a）RLC 并联电路　　　（b）等效导纳

图 3.3.3　阻抗并联电路

结论：阻抗的并联电路计算，在形式上与电阻的并联电路计算相似。对于有 n 个导纳并联的电路，则其等效总导纳 Y 为

$$Y = Y_1 + Y_2 + \cdots + Y_n$$

例 3.3.2　电路如图 3.3.4 所示，已知 $R_1 = R_2 = 1\ \Omega$，$L = 0.2\ \text{H}$，$C = 1\ \text{F}$。试求：（1）等效阻抗 Z 的表达式；（2）ω 分别为 1 rad/s、5 rad/s 时的阻抗值。

解　（1）写 Z 的表达式。

$$Z = R_1 + \text{j}\omega L + \frac{R_2 \cdot \dfrac{1}{\text{j}\omega C}}{R_2 + \dfrac{1}{\text{j}\omega C}}$$

$$= R_1 + \frac{R_2}{1+(\omega C R_2)^2} + \text{j}\left[\omega L - \frac{\omega C R_2^2}{1+(\omega C R_2)^2}\right]$$

$$= \left(1 + \frac{1}{1+\omega^2}\right) + \text{j}\left[0.2\omega - \frac{\omega}{1+\omega^2}\right]$$

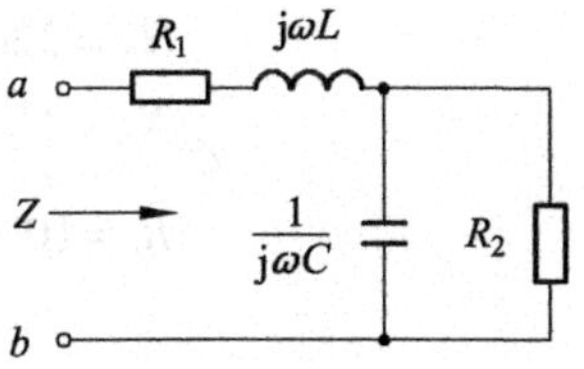

图 3.3.4　例 3.3.2 图

（2）计算不同频率下的阻抗值。

当 $\omega_1 = 1$ rad/s 时，得　$Z = 1.5 - \text{j}0.3\ \Omega$

当 $\omega_1 = 5$ rad/s 时，得　$Z \approx 1.04 - \text{j}0.81\ \Omega$

可见，不同频率下的阻抗大小也不同，这是因为感抗 X_L、容抗 X_C 的大小是随频率的变化而改变的。所以，*RLC* 二端网络的阻抗和导纳的大小，取决于电路结构、元件参数和信号源的频率。当电路的结构和参数确定时，阻抗和导纳则是电源频率的函数。

例 3.3.3　在图示 3.3.5 电路中，已知 $R_1 = X_1$，电压有效值 $U = 220\ \text{V}$，$U_1 = 141.5\ \text{V}$，电流有效值 $I_2 = 30\ \text{A}$，$I_3 = 20\ \text{A}$，试求 R_1，X_1，X_2，X_3。

解　首先选择参考相量。在参考相量选择时，应分析电路结构和已知参数。例如，选择电压 $\dot{U}$ 为参考相量，则不能直接写出其他已知电压电流的相量式，而选择电压 $\dot{U}_2$ 为参考相量，就可直接写出电流的相量式。

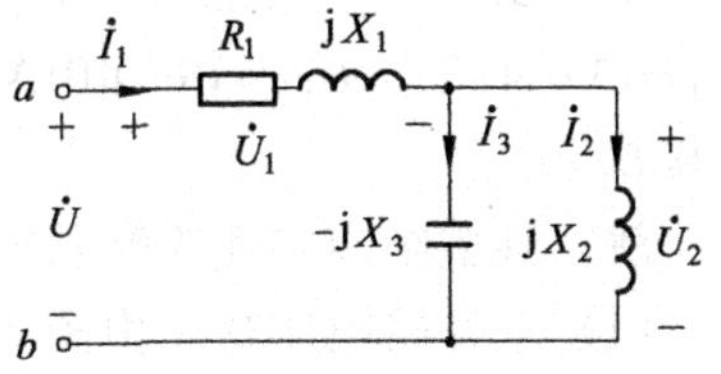

图 3.3.5　例 3.3.3 图

设 $\dot{U}_2 = U_2\angle 0°\ \text{V}$，根据电路和元件特性，有

$$\dot{I}_2 = -\text{j}30\ \text{A},\quad \dot{I}_3 = \text{j}20\ \text{A}$$

列 KCL 方程，有

$$\dot{I}_1 = \dot{I}_2 + \dot{I}_3 = -\text{j}10\ \text{A}$$

因为，R_1与X_1串联电路有

$$Z_1 = \frac{\dot{U}_1}{\dot{I}_1} = \frac{U_1}{I_1}\angle(\psi_{u1} + 90°) = |Z_1|\angle\varphi_1$$

所以 $|Z_1| = U_1 / I_1 = 141.5/10 = 14.15\ (\Omega)$

由$R_1 = X_1$得 $\varphi_1 = \arctan(X_1 / R_1) = 45°$

得 $Z_1 = R_1 + \text{j}X_1 = 14.15\angle 45°\ (\Omega)$

$\dot{U}_1 = 141.5\angle -45°\ (\text{V})$

则 $R_1 = |Z_1|\cos\varphi_1 = 10\ (\Omega)$，$X_1 = 10\ (\Omega)$

根据 KVL，有$\dot{U} = \dot{U}_1 + \dot{U}_2$

则 $220\angle\psi_u = 141.5\angle -45° + U_2\angle 0°$

$$220\cos\psi_u + \text{j}220\sin\psi_u = 141.5\cos(-45°) + \text{j}141.5\sin(-45°) + U_2$$

等式两边的虚部与虚部相等，实部与实部相等，于是解得

$$U_2 = 220\cos(-27.05°) - 141.5\cos(-45°) = 95.87\ (\text{V})$$

$$X_2 = U_2 / I_2 = 3.2\ (\Omega)，\quad X_3 = U_2 / I_3 = 4.8\ (\Omega)$$

即 $R_1 = 10\ \Omega$，$X_1 = 10\ \Omega$，$X_2 = 3.2\ \Omega$，$X_3 = 4.8\ \Omega$

3.3.2 正弦稳态电路的相量分析法

在正弦交流稳态电路中，由于相量的引入，元件的微积分伏安特性均可以用广义的欧姆定律形式来表示，各支路电压相量、电流相量则遵循基尔霍夫定律。电路的相量模型仍受到两类线性约束，即相量形式下的元件伏安特性约束和基尔霍夫定律约束。所以，前面所讨论的线性电路的性质、分析方法和线性电路定理等，都有可以直接应用于相量电路模型分析中。

相量模型电路分析时应注意：

（1）相量分析的对象必须是正弦稳态电路。

（2）由于感抗和容抗的大小与频率有关，所以电路中的信号源必须是同一频率的正弦交流电。如果信号源是多个频率的，则必须利用电路的线性特性（叠加性），用每一个频率的信号源单独作用求其相量解，然后将不同频率的时间函数响应叠加。

例 3.3.4 电路如图 3.3.6（a）所示，已知$Z_1 = Z_2 = (5 - \text{j}5)\ \Omega$，$Z_3 = (8 + \text{j}10)\ \Omega$，$Z_4 = 2\ \Omega$，$\dot{U}_{S1} = (3 + \text{j}4)\ \text{V}$，$\dot{U}_{S2} = (8 - \text{j}10)\ \text{V}$，$\dot{U}_{S3} = 6\angle 0°\ \text{V}$，$\dot{I}_S = 3\angle 0°\ \text{A}$。试用戴维南定理求电路中的电压$\dot{U}_1$。

解 画戴维南定理的解题电路图，如图 3.3.6 所示。

（1）求开路电压$\dot{U}$。由图 3.3.6（b）得

$$\dot{U} = \dot{U}_{S1} + \dot{U}_{S2} - \dot{U}_{S3} - Z_2\dot{I}_S = 20 + \text{j}9 \approx 21.93\angle 24.23°\ (\text{V})$$

（2）求等效阻抗Z_0。由图 3.3.6（c）得

$$Z_0 = Z_2 = 5 - \text{j}5\ (\Omega)$$

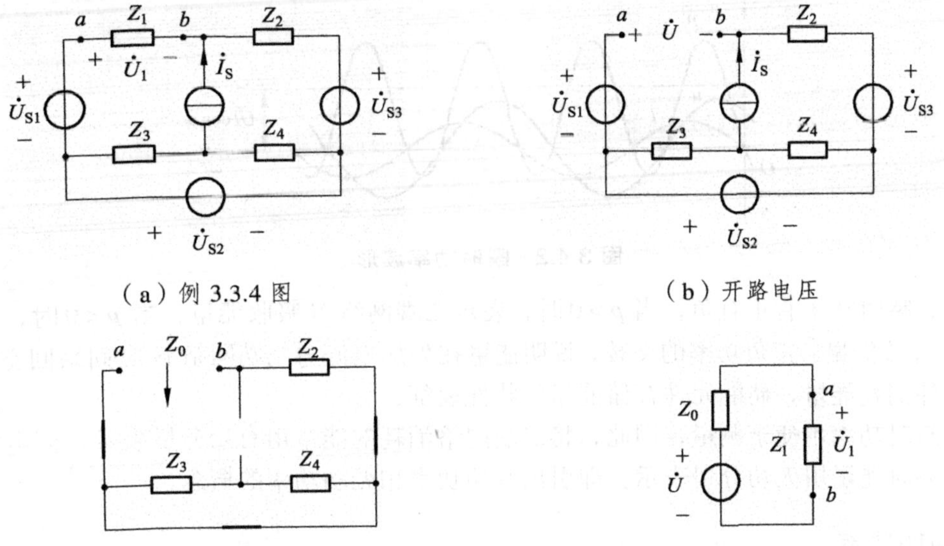

（a）例 3.3.4 图　　（b）开路电压

（c）等效阻抗　　（d）戴维南定理等效电路

图 3.3.6　戴维南定理

（3）用戴维南等效电路求 $\dot{U}_1$。由图 3.3.6（d）得

$$\dot{U}_1 = \frac{\dot{U}}{Z_0 + Z_1} \cdot Z_1 \approx 10.96\angle 24.23° \ (\text{V})$$

3.4　正弦稳态电路的功率

正弦稳态电路的功率有多种，如瞬时功率、有功功率、无功功率、视在功率、复功率。同时正弦稳态电路中也存在功率因数的概念和最大功率传输的问题。

3.4.1　功　率

如图 3.4.1 所示二端网络 N 为 *RLC* 无源电路，外加电压 u 与电流 i 的参考方向为关联参考方向，若 u 与 i 之间存在相位差 φ，则其正弦稳态电压和电流分别为

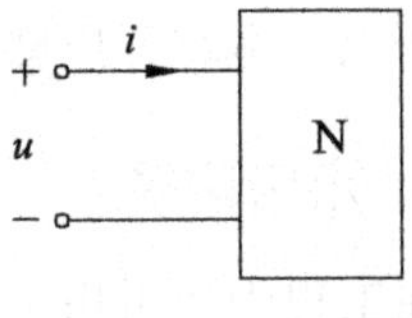

图 3.4.1　*RLC* 二端网络

$$u(t) = \sqrt{2}U\sin(\omega t + \varphi)\ ,\quad i(t) = \sqrt{2}I\sin\omega t$$

1. 瞬时功率

在 t 时刻，二端网络 N 吸收的瞬时功率为

$$p(t) = u(t)i(t) = \sqrt{2}U\sin(\omega t + \varphi)\cdot\sqrt{2}I\sin\omega t = UI\cos\varphi - UI\cos(2\omega t + \varphi)$$

其中，$UI\cos\varphi$ 为恒定分量，$UI\cos(2\omega t + \varphi)$ 为二倍的频率变化的正弦量。瞬时功率 $p(t)$ 的波形如图 3.4.2 所示。

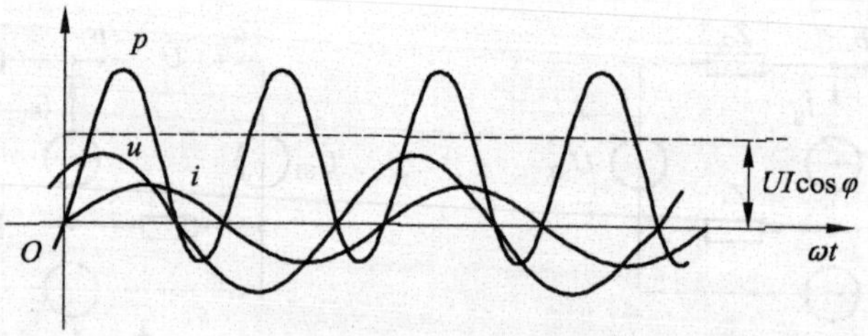

图 3.4.2 瞬时功率波形

可见，瞬时功率有正有负，当 $p>0$ 时，表示二端网络 N 吸收能量；当 $p<0$ 时，表示二端网络 N 释放能量。正负功率的交替，说明能量在外加电源与二端网络 N 之间来回交换，这是电阻元件消耗能量、储能元件存储能量的特性表征。

由于瞬时功率不便于测量，因此，将二端网络消耗的能量用有功分量表示，而电路中往返交换的瞬时能量用无功分量表示，即引出有功功率和无功功率的概念。

2. 有功功率

电阻消耗的能量称为有功功率，其定义为瞬时功率的平均值，即

$$P=\frac{1}{T}\int_0^T p\mathrm{d}t=UI\cos\varphi \tag{3.4.1}$$

可见，$UI\cos\varphi$ 正好是瞬时功率 $p(t)$ 中的恒定分量，即瞬时功率中的有功分量的平均值。所以，有功功率又称为平均功率。单位为瓦特（W），$10^3\ \mathrm{W}=1\ \mathrm{kW}$（称为千瓦），$10^6\ \mathrm{W}=1\ \mathrm{MW}$（称为兆瓦）。

可见，有功功率的大小不仅与电压、电流的有效值有关，还与 $\cos\varphi$ 有关，因此 $\cos\varphi$ 称为功率因数，φ 称为功率因数角。

功率因数角 φ 为电压、电流的相位差，等于阻抗角，即

$$\varphi=\psi_u-\psi_i=\varphi_Z$$

功率因数 $\cos\varphi$ 的大小，由电路参数 RLC、电源频率 f 及电路结构所决定。

当电路为纯电阻 R 电路时，$P=UI\cos\varphi=UI=I^2R=U^2/R$；

当电路为纯电感 L 电路时，$P=UI\cos\varphi=0$；

当电路为纯电容 C 电路时，$P=UI\cos\varphi=0$。

所以，电容、电感是储能元件，不消耗有功功率。有功功率仅与电阻 R 线性元件有关。

3. 无功功率

在工程中还引用了无功功率的概念，用来反映电路与外界能量交换的最大速率，衡量电抗元件的功率特性，其定义为

$$Q=UI\sin\varphi \tag{3.4.2}$$

式中，Q 的单位为乏（var）。

当电路为纯电阻 R 电路时，$Q=UI\sin\varphi=0$；

当电路为纯电感 L 电路时，$Q=UI\sin\varphi=UI\sin 90^\circ=UI=I^2X_L$；

当电路为纯电容 C 电路时，$Q = UI\sin\varphi = UI\sin(-90°) = -UI = -I^2 X_C$

例 3.4.1 电路如图 3.4.3 所示，已知 $X_L = 3\ \Omega$，$X_C = 8\ \Omega$，$R_1 = 4\ \Omega$，$R_2 = 6\ \Omega$，$\dot{U} = 100\angle 0°\ \text{V}$。试求：（1）$A$，$B$ 间电压 U_{AB}；（2）电路的有功功率 P 和无功功率 Q；（3）说明该电路呈何性质？

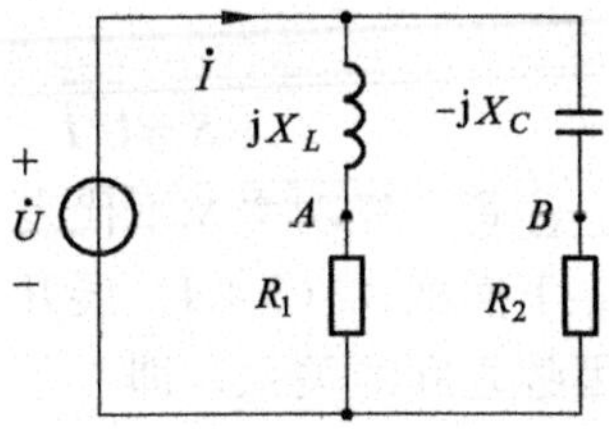

图 3.4.3 例 3.4.1 图

解 （1）求 U_{AB}。

$$\dot{U}_{AB} = \frac{\dot{U}R_1}{R_1 + \mathrm{j}X_L} - \frac{\dot{U}R_2}{R_2 - \mathrm{j}X_C}$$

$$= \frac{100\times 4}{4+\mathrm{j}3} - \frac{100\times 6}{6-\mathrm{j}8} = 100\times(0.28 - \mathrm{j}0.96)$$

$$= 100\angle -73.74°\ (\text{V})$$

（2）求 P 和 Q。

$$\dot{I} = \frac{\dot{U}}{R_1 + \mathrm{j}X_L} + \frac{\dot{U}}{R_2 - \mathrm{j}X_C} = \frac{100}{4+\mathrm{j}3} + \frac{100}{6-\mathrm{j}8} = 22.36\angle -10.30°\ (\text{A})$$

所以

$$P = UI\cos\varphi = 100\times 22.36\cos 10.30° \approx 2\ 200\ (\text{W})$$

$$Q = UI\sin\varphi = 100\times 22.36\times\sin 10.30° \approx 400\ (\text{var})$$

（3）电路性质。因为 $Q > 0$，所以电路呈感性。

4. 视在功率

许多电力设备把可能达到的最大有功功率定为设备的容量，称为视在功率。即定义为

$$S = UI \tag{3.4.3}$$

式中，S 的单位为伏安（V · A）。

根据有功功率 P、无功功率 Q、视在功率 S 和功率因数角 φ 的定义，可以用功率三角形来表示它们之间的关系，如图 3.4.4 所示。

$$S = \sqrt{P^2 + Q^2}$$

$$\lambda = \cos\varphi = P / S$$

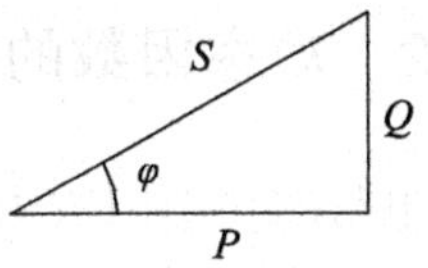

图 3.4.4 功率三角形

由上式可见，功率因数表示有功功率与视在功率的比例。最理想的情况是有功功率等于视在功率，这时功率因数为 1。但是电气设备往往不是纯电阻，存在部分无功功率。无功功率不仅占用了供电设备的容量，而且同时增加传输损耗。例如，变压器的容量 S 为 10 kVA，工作在额定状态下，其外接负载的功率因数为 $\cos\varphi = 0.6$，则变压器输出功率 $P = (10\times 0.6)\ \text{kW} = 6\ \text{kW}$。因此，应尽量提高负载的功率因数（$\cos\varphi$ 接近于 1），以减小负载所需要的视在功率和在传输线上的功率损耗。

5. 复功率

图 3.4.5 所示的二端网络 N，将端电压相量 $\dot{U}$ 与端电流相量 $\dot{I}$ 的共轭相量 $\dot{I}^*$ 的乘积，定

义为复功率，用 $\tilde{S}$ 表示，即

$$\dot{U} = U\angle\psi_u$$

$$\dot{I} = I\angle\psi_i\ ,\quad \overset{*}{I} = I\angle-\psi_i$$

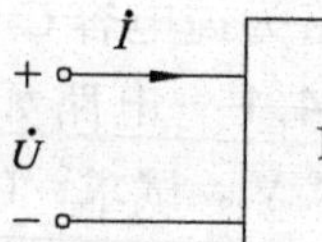

图 3.4.5 ***RLC*** **二端网络**

则 $$\tilde{S} = \dot{U}\overset{*}{I} \tag{3.4.4}$$

注意：复功率 $\tilde{S}$ 不代表正弦量，仅是一个功率计算时的辅助复数工具，没有任何物理意义。下面把式（3.4.4）展开，可以用"复功率"来表述有功功率、无功功率、视在功率和功率因数之间的关系，即

$$\tilde{S} = U\angle\psi_u \cdot I\angle-\psi_i = UI\angle(\psi_u-\psi_i) = UI\angle\varphi$$

$$\tilde{S} = UI\cos\varphi + \mathrm{j}UI\sin\varphi = P + \mathrm{j}Q = S\angle\varphi \tag{3.4.5}$$

正弦交流电路中，由于各支路电压满足 KVL、各支路电流满足 KCL，可以证明复功率守恒，有功功率和无功功率也守恒，视在功率不守恒。

例 3.4.2 电路如图 3.4.6 所示，功率为 60 W、功率因数为 0.5 的日光灯（感性）50 只与功率为 100 W 的白炽灯 60 只并联在电压为 220 V、频率为 50 Hz 的正弦交流电源上。试求电路的有功功率、无功功率和功率因数。

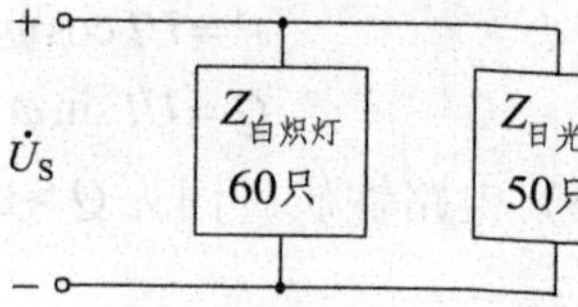

图 3.4.6 例 3.4.2 图

解

日光灯的有功功率为 $P_日 = 60\times50 = 3\,000\ (\mathrm{W})$

白炽灯的有功功率为 $P_白 = 100\times60 = 6\,000\ (\mathrm{W})$

电路总的有功功率为 $P = P_日 + P_白 = 9\,000\ (\mathrm{W})$

电路的无功功率为 $Q = P_日\tan\varphi_日 = 3\,000\times\tan(\arccos0.5) \approx 5\,196\ (\mathrm{var})$

电路功率因数为 $\lambda = \cos\varphi = \cos\left(\arctan\dfrac{Q}{P}\right) \approx 0.866$

3.4.2 功率因数的提高

电路的功率因数由负载决定，当功率因数 $\lambda<1$ 时，电源与负载之间存在能量交换（无功功率），结果使电源设备的容量得不到充分利用，降低了供电设备的利用率，增加了供电传输线上的损耗。因此，在电力系统中，功率因数是一项非常重要的技术指标，供电方对用户方的要求是功率因数越大越好。

实际中负载一般为感性（如电机、日光灯等），所以常用与感性负载并联电容器的方法来提高功率因数，即利用电容支路电流与感性支路的无功电流互相补偿的方法。注意，功率因数的提高是在不影响负载工作状态的前提下实现的。下面以感性负载的等效电路为例，讨论功率因数提高及补偿电容 C 值的确定。

例 3.4.3 一个 RL 串联感性负载电路如图 3.4.7 所示，已知端电压有效值为 U、电源频率为 ω，感性负载上的有功功率为 P、功率因数为 $\lambda_1 = \cos\varphi_1$，试求电路功率因数提高到 $\lambda_2 = \cos\varphi_2$ 时所需并联的电容值是多少？

解 下面从 3 个不同的角度（电路原理、相量图、无功功率）分析此题。

设：$\dot{U}=U\angle 0°$，功率因数提高到 λ_2 时，电路仍呈感性，则有

$$\dot{I}_L=I_L\angle-\varphi_1,\quad \dot{I}=I\angle-\varphi_2$$

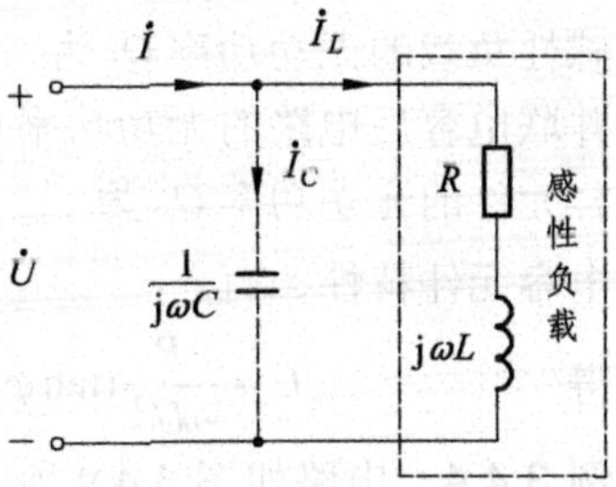

图 3.4.7 感性负载并联电容以提高功率因数

方法 1——电路原理分析法。根据电路图 3.4.7，列 KCL 方程为

$$\begin{aligned}\dot{I}_C&=\dot{I}-\dot{I}_L=I\angle(-\varphi_2)-I_L\angle(-\varphi_1)\\&=(I\cos\varphi_2-jI\sin\varphi_2)-(I_L\cos\varphi_1-jI_L\sin\varphi_1)\\&=(I\cos\varphi_2-I_L\cos\varphi_1)+j(I_L\sin\varphi_1-I\sin\varphi_2)\end{aligned}\tag{3.4.6}$$

根据功率计算关系有

$$I_L=\frac{P}{U\cos\varphi_1},\qquad I=\frac{P}{U\cos\varphi_2}$$

把上面两式代入式 (3.4.6)，得

$$\begin{aligned}\dot{I}_C&=\left(\frac{P}{U\cos\varphi_2}\cos\varphi_2-\frac{P}{U\cos\varphi_1}\cos\varphi_1\right)+j\left(\frac{P}{U\cos\varphi_1}\sin\varphi_1-\frac{P}{U\cos\varphi_2}\sin\varphi_2\right)\\&=j\frac{P}{U}(\tan\varphi_1-\tan\varphi_2)\end{aligned}$$

根据电容元件相量式伏安特性，有 $\dot{I}_C=j\omega C\dot{U}=j\omega CU$

所以功率因数从 λ_1 提高到 λ_2 时所需并联的电容为

$$C=\frac{P}{\omega U^2}(\tan\varphi_1-\tan\varphi_2)\tag{3.4.7}$$

方法 2——相量图法。以电压 $\dot{U}=U\angle 0°$ 为参考相量，感性负载电流 $\dot{I}_L$ 滞后 φ_1，电容电流 $\dot{I}_C$ 超前 90°，作平行四边形 $(\dot{I}_L+\dot{I}_C)$ 得滞后电压相位 φ_2 的总电流 $\dot{I}$，相量图如图 3.4.8。由相量图得

$$I_C=I_L\sin\varphi_1-I\sin\varphi_2$$

把 $I_L=\dfrac{P}{U\cos\varphi_1}$ 和 $I=\dfrac{P}{U\cos\varphi_2}$ 代入上式，得

$$I_C=\frac{P}{U\cos\varphi_1}\sin\varphi_1-\frac{P}{U\cos\varphi_2}\sin\varphi_2$$

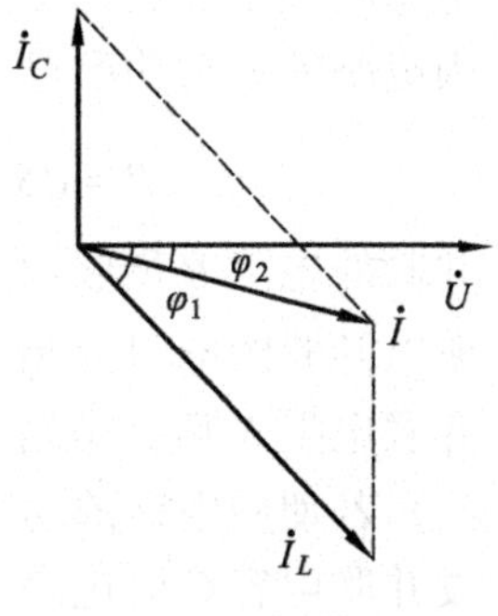

图 3.4.8 相量图法

又因为 $$I_C=\frac{U}{X_C}=\omega CU$$

所以 $$C=\frac{I_C}{\omega U}=\frac{P}{\omega U^2}(\tan\varphi_1-\tan\varphi_2)$$

方法 3——无功功率分析法。

感性负载的无功功率 Q_L 为 $Q_L = P\tan\varphi_1$

并联电容后电路的无功功率 Q 为 $Q = P\tan\varphi_2$

则电容元件的无功功率 Q_C 为 $Q_C = Q - Q_L = P\tan\varphi_2 - P\tan\varphi_1$

根据电容元件特性，有 $Q_C = \omega CU^2$

所以得 $C = \dfrac{P}{\omega U^2}(\tan\varphi_1 - \tan\varphi_2)$

例 3.4.4 电路如图 3.4.9 所示，已知：端电压 $U = 100\ \text{V}$，$\omega = 1\,000\ \text{rad/s}$；阻抗 Z_1 的功率因数为 $\lambda_1 = \cos\varphi_1 = 0.8$，电流 $I_1 = 10\ \text{A}$，电流 i_1 超前电压 u；阻抗 Z_2 的功率因数为 $\lambda_2 = \cos\varphi_2 = 0.5$，电流 $I_2 = 20\ \text{A}$，电流 i_2 滞后电压 u。试求：(1) 电路的总电流 $i(t)$、有功功率 P、无功功率 Q、视在功率 S 和功率因数 λ；(2) 若电源的额定电压为 100 V，额定电流为 40 A，问还能并联多大的电阻？并联电阻后，电路的有功功率和功率因数又是多少？(3) 若使原电路的功率因数提高到 0.9，需要并联多大的电容？

解 (1) 求 $i(t)$，P，Q，S 和 λ。

设 $\dot{U} = 100\angle 0°\ \text{V}$，由题意可得

$$\dot{I}_1 = 10\angle\arccos 0.8 = 10\angle 36.87°\ (\text{A})$$
$$\dot{I}_2 = 20\angle -\arccos 0.5 = 20\angle -60°\ (\text{A})$$

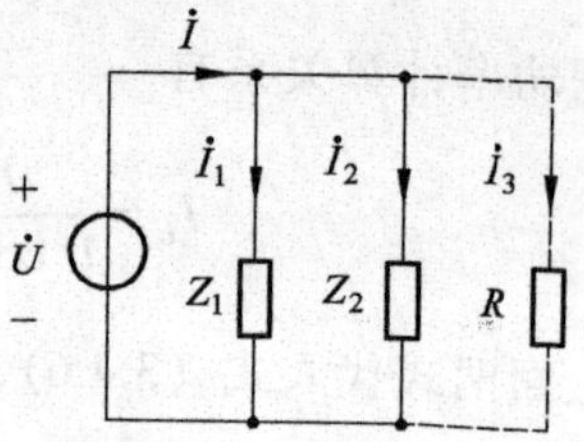

图 3.4.9 例 3.4.4 图

列 KCL 方程，得

$$\dot{I} = \dot{I}_1 + \dot{I}_2 \approx 21.26\angle -32.17°\ (\text{A})$$

电路的复功率为

$$\tilde{S} = \dot{U}\dot{I}^* = 100\times 21.26\angle 32.17 \approx 1\,800 + \text{j}1\,132\ (\text{V}\cdot\text{A})$$

所以得 $i(t) = 21.26\sqrt{2}\sin(1\,000t - 32.17°)\ \text{A}$

$P = 1\,800\ \text{W}$，$Q = 1\,132\ \text{var}$，$S = 2\,126\ \text{V}\cdot\text{A}$

$\lambda = \cos 32.17° = 0.846$

(2) 求并联的电阻 R 及并联 R 后电路的 P 和 λ。

电源额定电压、电流为 $U_\text{N} = 100\ \text{V}$，$I_\text{N} = 40\ \text{A}$

电源的额定视在功率为 $S_\text{N} = U_\text{N} I_\text{N} = 100\times 40 = 4\,000\ (\text{V}\cdot\text{A})$

因电路的无功功率 Q 不变，根据功率三角形，可得电路的有功功率 P 为

$$P = \sqrt{S^2 - Q^2} = \sqrt{4\,000^2 - 1\,132^2} \approx 3\,836.48\ (\text{W})$$

并联的电阻 R 所吸收的有功功率为 $P_R = P - 1\,800 = 2\,036.48\ (\text{W})$

所以并联的电阻 R 值为 $R = U^2 / P_R = 100^2 / 2\,036.48 \approx 4.91\ (\Omega)$

并联电阻 R 后，电路的功率因数为 $\lambda = P/(U_\text{N} I_\text{N}) = 3\,836.48/(100\times 40) \approx 0.959$

(3) 若使原电路的功率因数提高到 0.9，求并联的电容 C 值。

设并联电容 C 时电路功率因数角为 $\varphi_1 \approx 32.17°$

并联电容 C 后，由 $\cos\varphi_2 = 0.9$ 得 $\varphi_2 \approx 25.84°$

所以并联电容 C 为

$$C=\frac{P}{\omega U^2}(\tan\varphi_1-\tan\varphi_2)=\frac{1\,800}{1\,000\times100^2}(\tan 32.17°-\tan 25.84°)\approx 26.04\ (\mu\text{F})$$

在第 2 章中介绍了直流电路中的最大功率传输定理。同理，也可以证明正弦交流电路中最大功率传输定理为：设参数为定值的实际信号源（内阻抗为 Z_S），与一个可变负载（负载阻抗为 Z_L 相接，当负载阻抗 Z_L 等于信号源内阻抗 Z_S 的共轭复数（$Z_L=Z_S^*$）时，负载能从信号源中吸收到最大的平均功率。

3.5 谐 振

谐振是频率选择的基础，当信号源的频率与电路的固有频率相同时，电路呈电阻性，这时电路发生谐振。

3.5.1 串联谐振

1. 串联谐振电路

RLC 串联电路如图 3.5.1 所示。其串联等效阻抗 Z 为

$$Z=R+\mathrm{j}\omega L+\frac{1}{\mathrm{j}\omega C}=R+\mathrm{j}(X_L-X_C)\ =R+\mathrm{j}X$$

谐振时电路的电压 $\dot{U}$ 与电流 $\dot{I}$ 同相，电路呈电阻性。即发生串联谐振的条件为：串联电路的阻抗 Z 的虚部为零（即 $Z=R$）。在满足谐振条件下，推导出电路的谐振频率 ω_0（或 f_0）。因此，串联电路的谐振频率为

$$f_0=\frac{1}{2\pi\sqrt{LC}} \tag{3.5.1}$$

由式（3.5.1）可知，谐振角频率 ω_0（或谐振频率 f_0）仅与电路参数 L，C 有关，即谐振频率由电路的结构和参数确定，称为电路的固有频率。当外加信号源的频率等于电路的固有频率 ω_0 时，电路发生谐振，称为电共振。注意：谐振角频率 ω_0 与外加信号源的频率无关。

图 3.5.2 画出感抗 X_L、容抗 X_C 和电抗 X 随角频率 ω 变化的曲线，其特性有

$$\begin{cases}\omega<\omega_0\text{ 时，} & X=X_L-X_C<0\text{，电路呈容性；}\\ \omega>\omega_0\text{ 时，} & X=X_L-X_C>0\text{，电路呈感性；}\\ \omega=\omega_0\text{ 时，} & X=X_L-X_C=0\text{，电路呈阻性，电路发生谐振。}\end{cases}$$

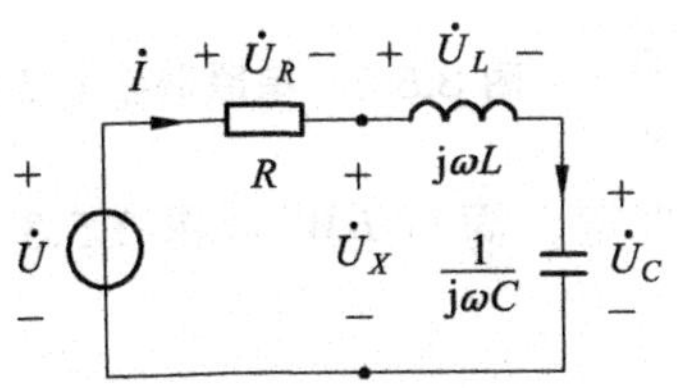

图 3.5.1 串联谐振电路

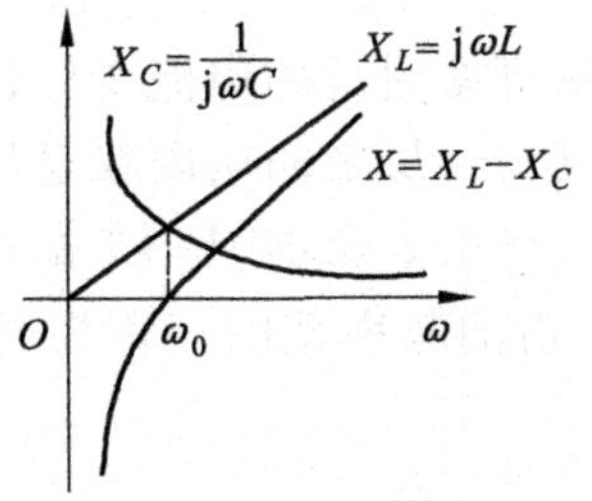

图 3.5.2 电抗的频率特性

2. 串联谐振的特征

图 3.5.1 电路发生串联谐振时，有以下特征：

(1) 阻抗、电压与电流。

阻抗最小，电路呈阻性，有 $Z = R + j\omega_0 L + 1/(j\omega_0 C) = R$

电压 u 与电流 i 同相位，有 $\cos\varphi = 1$

电压 $\dot{U}$ 一定时，电流有效值（I_0 表示谐振电流）最大，有 $I_0 = U/R$

L 与 C 上的电压大小相等，相位相反，有 $\dot{U}_L = -\dot{U}_C$

(2) L 与 C 的能量关系。谐振时功率因数角 $\varphi = 0$，电路吸收的无功功率 $Q = UI\sin\varphi = 0$，可见，谐振时电路中的电感与电容上的无功功率完全补偿，电源不向电路提供无功功率。但电感、电容的无功功率不为零，谐振时电感与电容之间周期性地进行磁场能量与电场能量的交换，即电感上磁场能量的减少量正好等于电容上电场能量的增加量。

(3) 品质因素。谐振时电感电压 U_L 或电容电压 U_C 的有效值与电路端电压 U 的有效值之比，称为 RLC 串联谐振电路的品质因素，用 Q 来表示，即

$$Q = \frac{U_L}{U} = \frac{U_C}{U}$$

所以有
$$Q = \frac{\omega_0 L}{R} = \frac{1}{\sqrt{LC}}\frac{L}{R} = \frac{1}{R}\sqrt{\frac{L}{C}} \tag{3.5.2}$$

即电感、电容电压的有效值是端口电压有效值的 Q 倍。如果品质因数 $Q \gg 1$，谐振时电感和电容上会产生高电压，导致电气设备损坏，这时应尽力避免谐振现象的发生。另一方面，谐振时的这一特征在电子技术等领域却得到了充分利用，如无线电信号的放大等。

3. 串联谐振电路的频率特性

在串联谐振电路参数一定的情况下，电流 I 随电源频率的变化而变化，关系式为

$$\frac{I}{I_0} = \frac{1}{\sqrt{1 + Q^2\left(\dfrac{\omega}{\omega_0} - \dfrac{\omega_0}{\omega}\right)^2}} \tag{3.5.3}$$

式中，I 为非谐振时的电流，I_0 为谐振时的电流，Q 为品质因数，ω 为非谐振时的角频率，ω_0 为谐振时的角频率。品质因数取不同大小的数值后所画曲线如图 3.5.3 所示。

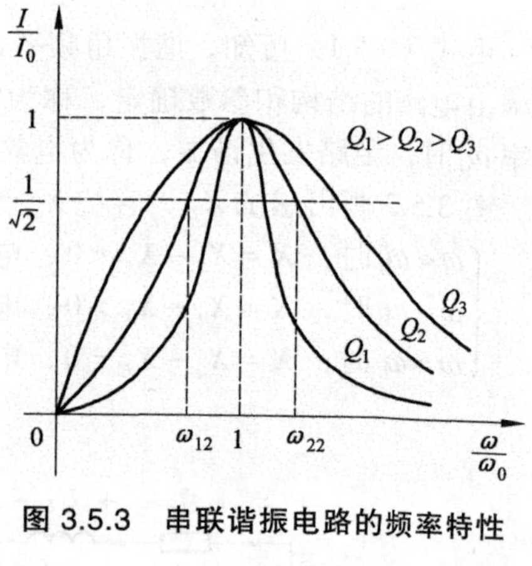

图 3.5.3 串联谐振电路的频率特性

由图 3.5.3 可知，品质因素 Q 值越大，谐振曲线越尖锐，在谐振频率附近的电流变化越明显，电路对频率的选择性越好。反之品质因数 Q 越小，电路的选频特性就越差。在电子技术中，通常用电流比 $I/I_0 \geqslant 1/\sqrt{2} = 0.707$ 所占的频率范围，称为通频带（或称带宽，简写 BW）。图 3.5.3 中 Q_2 的频带宽度为

$$BW_2 = \omega_{12} \sim \omega_{22}$$

3.5.2 并联谐振

1. 并联谐振电路

RLC 并联电路如图 3.5.4 所示。其并联等效导纳 Y 为

$$Y = G + \mathrm{j}\left(\omega C - \frac{1}{\omega L}\right) = G + \mathrm{j}(B_C - B_L) = G + \mathrm{j}B$$

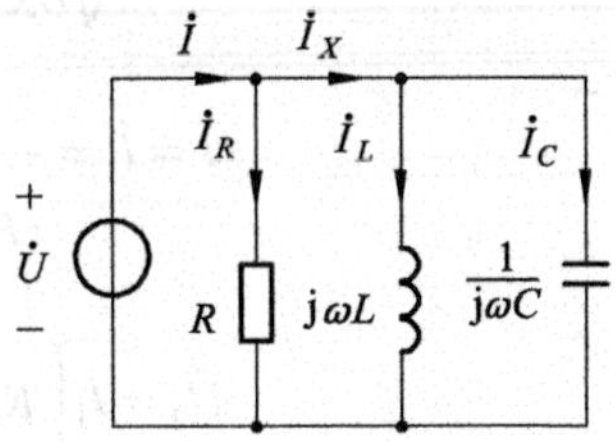

图 3.5.4 并联谐振电路

谐振时电路的电压 $\dot{U}$ 与电流 $\dot{I}$ 同相，电路呈电阻性。即发生并联谐振的条件为：并联电路的导纳 Y 的虚部为零（即 $Y = G$）。因此，并联电路（图 3.5.4）的谐振频率为

$$\omega_0 = 1/\sqrt{LC}$$

同理，当外加信号源的频率等于电路的固有频率 ω_0 时，电路发生并联谐振。

2. 并联谐振的特征

图 3.5.4 电路发生并联谐振时，有以下特征：

(1) 阻抗、电压与电流。

导纳最小，电路呈阻性，有 $Y = G + \mathrm{j}[\omega_0 C - 1/(\omega_0 L)] = G$

电压 u 与电流 i 同相位，有 $\cos\varphi = 1$

电压 $\dot{U}$ 一定时，电流有效值 I_0 最小，有 $I_0 = U/R$

L 与 C 上的电流大小相等，相位相反，有 $\dot{I}_C = -\dot{I}_L$

(2) L 与 C 的能量关系。谐振时功率因数角 $\varphi = 0$，电路吸收的无功功率为 $Q = Q_L + Q_C = 0$。同理，电源不向电路提供无功功率。谐振时电感与电容之间周期性地进行磁场能量与电场能量的交换。

(3) 品质因素。振时电感电流 I_L 或电容电流 I_C 的有效值与电路端电流 I 有效值之比，称为 *RLC* 并联谐振电路的品质因素，用 Q 来表示，即

$$Q = \frac{I_L}{I} = \frac{I_C}{I} = R\sqrt{\frac{C}{L}} \tag{3.5.4}$$

3. 并联谐振电路的频率特性

与串联谐振电路的式子完全相同，故曲线也一样，不再重复。当 Q 越大时，电路的选频特性越好，反之选频特性越差。

例 3.5.1 电路如图 3.5.5 所示。已知：电压信号源 $u(t) = 200\sqrt{2}\sin\omega t$ V，$L = 0.2$ H，$L_3 = 0.1$ H，$C_1 = 5\ \mu\text{F}$，$C_2 = 10\ \mu\text{F}$，$R = R_1 = 50\ \Omega$，试求调节电压信号源的频率 ω，使电流有效值 $I_4 = 0$ 时电流 $\dot{I}_1$，$\dot{I}_2$，$\dot{I}_3$ 的值。

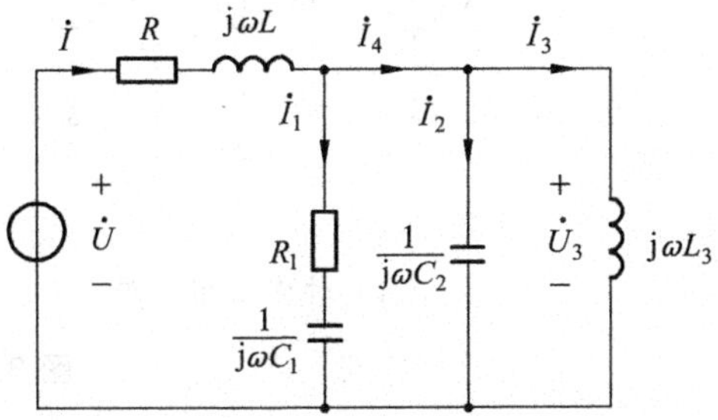

图 3.5.5 例 3.5.1 图

解 取 $\dot{U}=200\angle 0°$ V，由已知 $I_4=0$ 可知，电感 L_3 与电容 C_2 产生并联谐振，得谐振频率 ω_0 为

$$\omega_0=\frac{1}{\sqrt{L_3C_2}}=\frac{1}{\sqrt{0.1\times 10\times 10^{-6}}}=10^3\ \text{(rad/s)}$$

故

$$\dot{I}=\dot{I}_1=\frac{\dot{U}}{(R+R_1)+\mathrm{j}\left(\omega_0 L-\dfrac{1}{\omega_0 C_1}\right)}=2\angle 0°\text{(A)}$$

$$\dot{U}_3=\dot{I}_1\left(R_1-\mathrm{j}\frac{1}{\omega_0 C_1}\right)=412\angle -76°\text{(V)}$$

$$\dot{I}_2=\mathrm{j}\omega_0 C_2\dot{U}_3=10^3\times 10^{-5}\angle 90°\times 412\angle -76°=4.12\angle 14°\text{(A)}$$

$$\dot{I}_3=\frac{\dot{U}_3}{\mathrm{j}\omega_0 L_3}=\frac{412\angle -76°}{10^3\times 0.1\angle 90°}=4.12\angle -166°\text{(A)}$$

3.6 三相交流电路

3.6.1 三相电路的基本概念

目前，世界上的电力系统广泛采用三相制，即由三相电源、三相负载和三相输电线路三部分组成。因此，在电路理论中，通过对一般的正弦稳态三相电路的讨论，来了解三相制的电路特点。

1. 对称三相电源

1）三相电源

三相制电源是由 3 个频率相同、幅值相等、初相角依次相差 120° 的正弦交流电压源组成，简称为三相电源。三相电源中的每一个电压源称为一相，每相电源的端电压称为电源相电压。三相电源相电压分别记为 u_A，u_B，u_C，如图 3.6.1（a）所示。

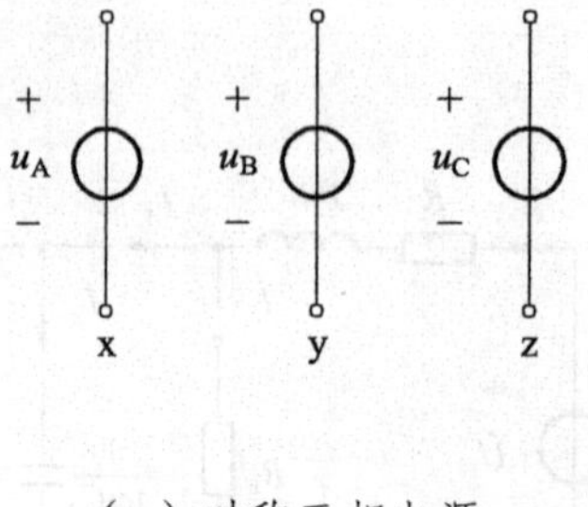

（a）对称三相电源

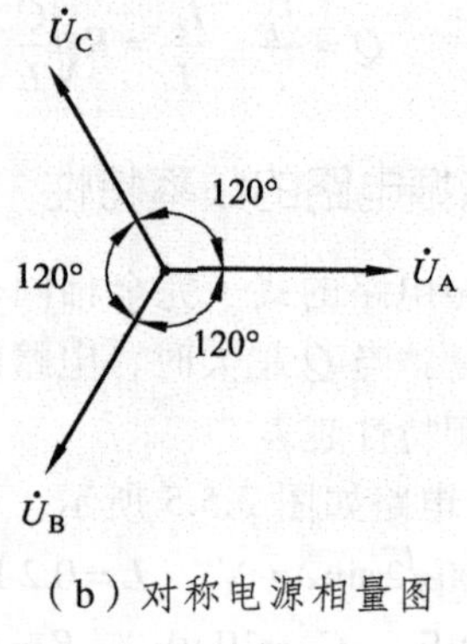

（b）对称电源相量图

图 3.6.1 三相电源

设 A 相电源为参考正弦量，电压的相量式为

$$\begin{cases} u_A = \sqrt{2}U \sin\omega t & \dot{U}_A = U\angle 0° \\ u_B = \sqrt{2}U \sin(\omega t - 120°) & \dot{U}_B = U\angle -120° \\ u_C = \sqrt{2}U \sin(\omega t + 120°) & \dot{U}_C = U\angle 120° \end{cases} \tag{3.6.1}$$

可以证明，一组对称的三相正弦量（电压或电流）之和为零，如图 3.6.1（b）所示，即

$$u_A + u_B + u_C = 0, \qquad \dot{U}_A + \dot{U}_B + \dot{U}_C = 0$$

三相电压达到最大值或零值的次序称为相序。三相制中有两种相序系统，即正序系统和负序系统。表达式（3.6.1）和图 3.6.1 所示的都是正序系统，其特点为 A 相电压超前 B 相电压 120°，B 相电压又超前 C 相电压 120°，相电压达到最大值的次序为 A—B—C，又称为正相序；反之，若相电压达到最大值的次序为 A—C—B，称为负相序。

注意：三相制的电压或电流如无相序说明，则相序均指正序。我国供配电系统中，A 相为黄色、B 相为绿色、C 相为红色。

2）对称三相电源的连接

三相电源来源于三相发电机，供电时电源可连接成星形电路或三角形电路。

（1）星形连接。星形连接如图 3.6.2 所示，即将三相末端 x，y，z 连在一起，用 N 表示，称为中点或零点；再从始端 A，B，C 引出接线为负载供电，称为火线；由中点 N 引出的导线称为中线。三相电源采用三根火线 A，B，C 和一根中线 N 的连接方式供电，称为三相四线制，用 Y_0 表示，如图 3.6.2（a）所示。若采用无中线的连接方式供电，称为三相三线制，用 Y 表示，如图 3.6.2（b）所示。

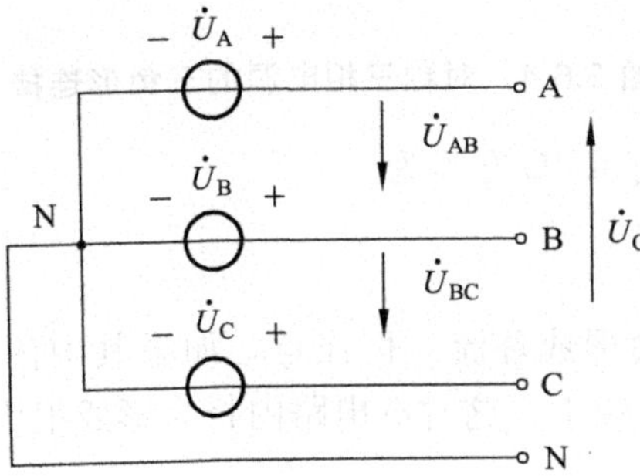

（a）Y_0 连接方式

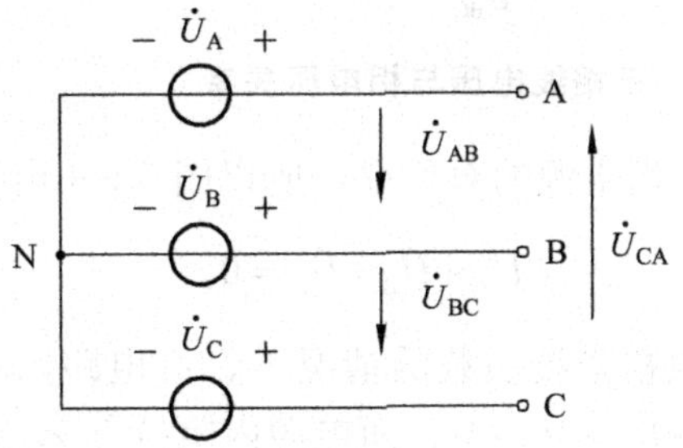

（b）Y 连接方式

图 3.6.2　三相电源的星形连接

三相电源始端间（即火线间，或 A，B，C 之间）的电压，称为线电压。三相电源星形连接时，其线电压与相电压之间的关系为

$$\begin{cases} \dot{U}_{AB} = \dot{U}_A - \dot{U}_B \\ \dot{U}_{BC} = \dot{U}_B - \dot{U}_C \\ \dot{U}_{CA} = \dot{U}_C - \dot{U}_A \end{cases}$$

注意：三相四线制 Y_0 和三相三线制 Y 的线电压相同。

由于三相电源的相电压是对称的，因此，可以用相量图来证明，星形连接时线电压也具

有对称性，即三相线电压的频率相同、幅值相等、相位差均为 120°，设$\dot{U}_A = U\angle 0°$，则线电压与相电压的关系如式（3.6.2），其相量图如图 3.6.3 所示。

$$\begin{cases} \dot{U}_{AB} = \sqrt{3}\dot{U}_A \angle 30° \\ \dot{U}_{BC} = \sqrt{3}\dot{U}_B \angle 30° = \dot{U}_{AB}\angle -120° \\ \dot{U}_{CA} = \sqrt{3}\dot{U}_C \angle 30° = \dot{U}_{AB}\angle 120° \end{cases} \tag{3.6.2}$$

（2）三角形连接。三相电源的三角形连接如图 3.6.4 所示，将三相电源依次首尾相连，即 A 和 z、B 和 y、C 和 x 相连。连接点引出端线为火线，用△表示。

三相电源连接成三角形时，其电压特点为线电压等于相电压，因相电压对称，所以线电压也对称，即

$$\begin{cases} \dot{U}_{AB} = \dot{U}_A \\ \dot{U}_{BC} = \dot{U}_B = \dot{U}_A \angle -120° \\ \dot{U}_{CA} = \dot{U}_C = \dot{U}_A \angle 120° \end{cases} \tag{3.6.3}$$

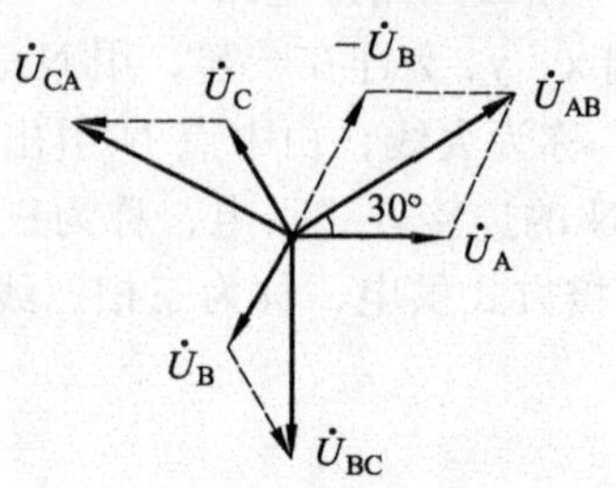

图 3.6.3　三相线电压与相电压关系

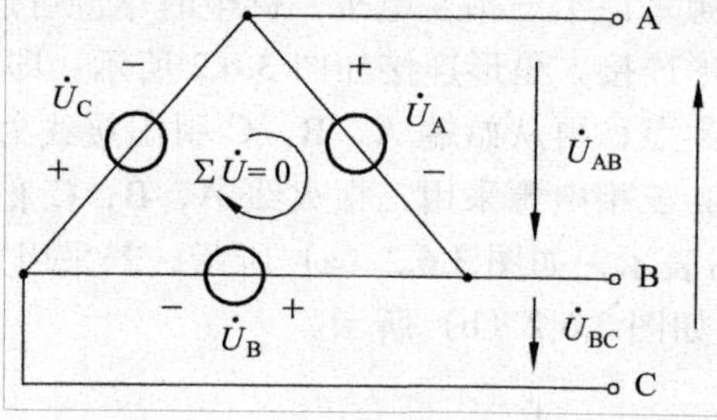

图 3.6.4　对称三相电源的三角形连接

因为三相电源的对称性，所以图 3.6.4 电路有 KVL 方程为

$$\dot{U}_A + \dot{U}_B + \dot{U}_C = 0$$

即三相电源在未接负载的情况下，△电路内不会形成环流。但注意：如果其中任意一相反接，则$\dot{U}_A + \dot{U}_B + \dot{U}_C \neq 0$，而电源内阻抗$\sum Z_S$又比较小，这时△电路内将会形成很大的环流，致使三相电源（即发电机或变压器）烧坏。

总之，三相电源无论是连接成星形还是三角形，都具有一个共同的电源特性：即线电压的大小和方向由三相电源所确定，与外接负载无关，因此，在三相电路分析中，常省略三相电源的连接电路，而不影响对三相电路的分析计算。

2. 三相负载

三相负载可以连接成 Y 形与△形两种方式，如图 3.6.5 所示。当三相负载阻抗相同时，称为对称负载。对称三相电源与对称三相负载相连接，所构成的电路称为对称三相电路。如负载不相等，则称为不对称三相电路。

在对称三相负载电路中，Y 形与△形连接电路可等效转换，其阻抗转换关系为

$$Z_\triangle = 3Z_Y,\ Z_Y = (1/3)Z_\triangle$$

在对称三相电路中，每相负载的端电压，称为负载相电压（简称相电压）；每相负载中流过的电流，称为负载相电流（简称相电流）；火线与火线之间的电压，称为线电压，火线中流过的电流，称为线电流。例如，图 3.6.5（a）中的电压$\dot{U}_{ZA}$称为相电压，$\dot{U}_{AB}$称为线电压；图 3.6.5（b）中的电流$\dot{I}_A$称为线电流，$\dot{I}_{CA}$称为相电流。

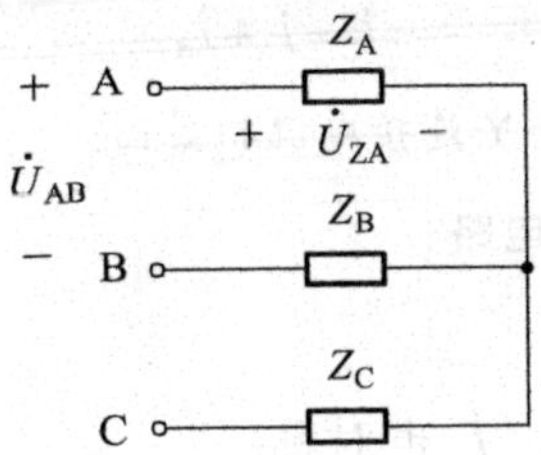

（a）Y 形连接

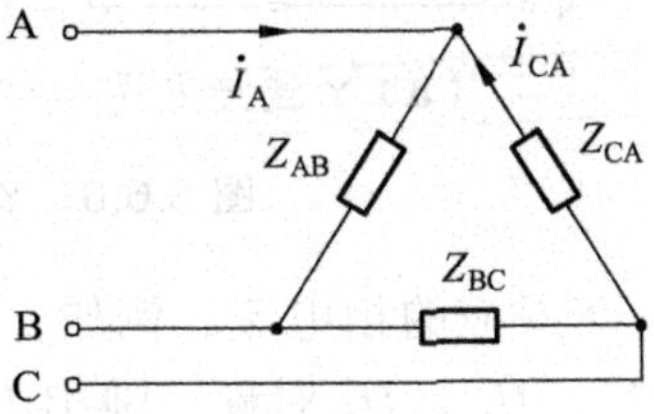

（b）△形连接

图 3.6.5　三相负载的 Y、△形连接

3.6.2　对称三相电路分析

1. 对称星形（Y）连接

图 3.6.6 所示电路为三相四线制的三相电路。对称电源和对称负载均连接成星形电路，又称对称 Y-Y 三相电路，可以用等效电路图 3.6.6（b）来分析电路。

1）电流特性

图 3.6.6（a）所示电路中，电流$\dot{I}_A$，$\dot{I}_B$，$\dot{I}_C$为线电流，$\dot{I}_{AN}$为相电流，$\dot{I}_N$为中线电流。当三相电压对称时，相电压的有效值用U_P表示，有

$$\dot{U}_A = U_P\angle 0°,\ \dot{U}_B = U_P\angle -120°,\ \dot{U}_C = U_P\angle 120°$$

$$\begin{cases} \dot{I}_A = \dot{I}_{AN'} = \dot{U}_A / Z = I_A\angle\varphi_A \\ \dot{I}_B = \dot{I}_{BN'} = \dot{U}_B / Z = I_B\angle\varphi_B \\ \dot{I}_C = \dot{I}_{CN'} = \dot{U}_C / Z = I_C\angle\varphi_C \end{cases} \tag{3.6.4}$$

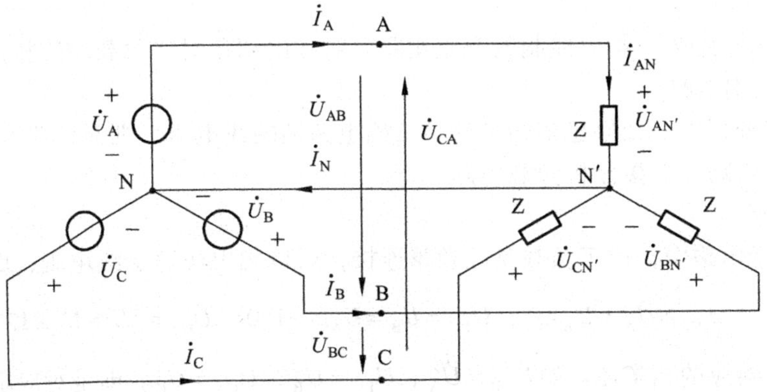

（a）Y-Y 连接

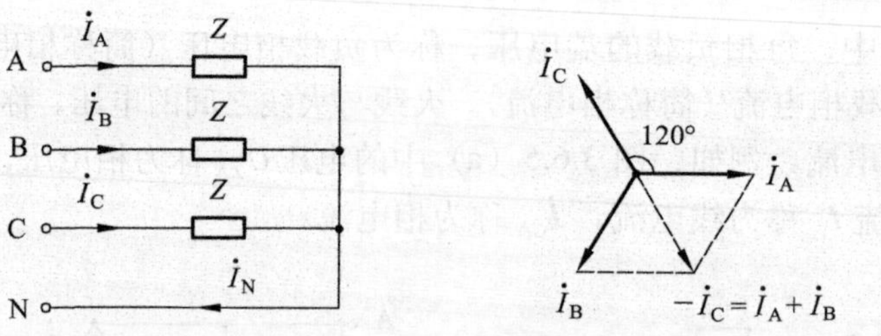

（b）Y 连接方式　　（c）Y 连接电流相量图

图 3.6.6　Y-Y 对称三相电路

（1）线电流等于对应的相电流。例如，$\dot I_A=\dot I_{AN'}$。

（2）相电压$\dot U_A$，$\dot U_B$，$\dot U_C$对称，则相电流$\dot I_A$，$\dot I_B$，$\dot I_C$也对称。

（3）中线没有电流，中线可以省略，可连接成三相三线制 Y-Y 电路。中线电流为零，即$\dot I_N=\dot I_A+\dot I_B+\dot I_C=0$，也可以用相量图 3.6.6（c）证明。

（4）Y-Y 对称电路的电流分析，可以根据中线电流为零的特点，三相电路简化为单相电路计算$\dot I_A$，再由电流的对称性得$\dot I_B$，$\dot I_C$，其关系如式（3.6.4）所示。

2）电压特性

图 3.6.6（a）所示电路中，线电压为

$$\dot U_{AB}=\dot U_A-\dot U_B=U_P\angle 0°-U_P\angle -120°$$

$$\begin{cases}\dot U_{AB}=\sqrt{3}\dot U_A\angle 30°=U_L\angle 30°\\ \dot U_{BC}=\sqrt{3}\dot U_B\angle 30°=U_L\angle -90°\\ \dot U_{CA}=\sqrt{3}\dot U_C\angle 30°=U_L\angle 150°\end{cases}\qquad(3.6.5)$$

式中，U_L表示线电压的有效值，U_P表示相电压的有效值。

（1）线电压有效值是相电压有效值的$\sqrt{3}$倍，即$U_L=\sqrt{3}U_P$。

（2）线电压相位超前所对应的相电压的相位 30°，其对应关系为：$\dot U_{AB}$超前$\dot U_A$或$\dot U_{AN'}$，$\dot U_{BC}$超前$\dot U_B$或$\dot U_{BN'}$，$\dot U_{CA}$超前$\dot U_C$或$\dot U_{CN'}$。

（3）相电压对称，则线电压也对称。

2. 对称三角形（△）连接

图 3.6.7 所示电路为三相三线制的三相电路。对称电源和对称负载均连接成三角形电路，称为对称△-△三相电路。

在三相电路分析中，如果已知的是对称三相电源端的线电压，则对外接△形负载而言，三相电源电路可省略，直接分析负载电路。

1）电压特性

图 3.6.7 所示电路中，由于负载是三角形连接，所以相电压等于线电压，即

$$\dot U_{AB}=\dot U_A=U_A\angle 0°,\ \dot U_{BC}=\dot U_B=U_A\angle -120°,\ \dot U_{CA}=\dot U_C=U_A\angle 120°\qquad(3.6.6)$$

线电压等于对应的相电压。如$\dot U_{AB}=\dot U_A$，$\dot U_{BC}=\dot U_B$，$\dot U_{CA}=\dot U_C$，即是对应阻抗上的电压。相电压对称，则线电压也对称。

2）电流特性

图 3.6.7 所示电路中的电流 $\dot{I}_A$，$\dot{I}_B$，$\dot{I}_C$ 为线电流，$\dot{I}_{AB}$，$\dot{I}_{BC}$，$\dot{I}_{CA}$ 为相电流。设 $Z=|Z|\angle\varphi_Z$。列图 3.6.7 中负载端的结点 KCL 方程为

$$\begin{cases}\dot{I}_A=\dot{I}_{AB}-\dot{I}_{CA}=\dot{I}_{AB}-\dot{I}_{AB}\angle 120^\circ=\sqrt{3}\dot{I}_{AB}\angle -30^\circ \\ \dot{I}_B=\sqrt{3}\dot{I}_{BC}\angle -30^\circ \\ \dot{I}_C=\sqrt{3}\dot{I}_{CA}\angle -30^\circ\end{cases} \tag{3.6.7}$$

线电流与相电流之间的相量关系也可以用相量图表示，如图 3.6.8 所示。

线电流有效值 I_L 是相电流有效值 I_P 的 $\sqrt{3}$ 倍，即 $I_L=\sqrt{3}I_P$。线电流相位滞后所对应的相电流相位 30°，其对应关系为：$\dot{I}_A$ 滞后 $\dot{I}_{AB}$，$\dot{I}_B$ 滞后 $\dot{I}_{BC}$，$\dot{I}_C$ 滞后 $\dot{I}_{CA}$。

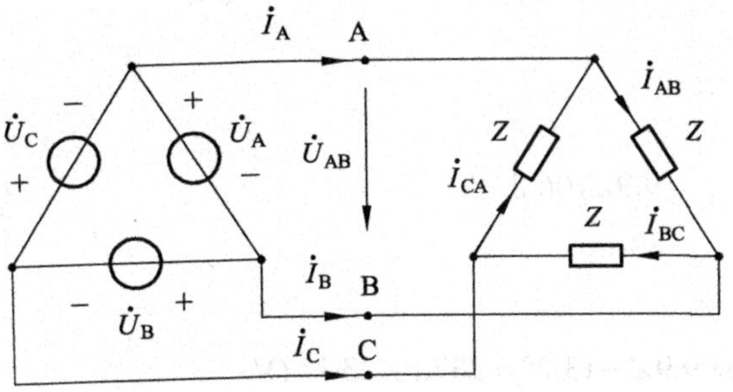

图 3.6.7　△-△对称三相电路

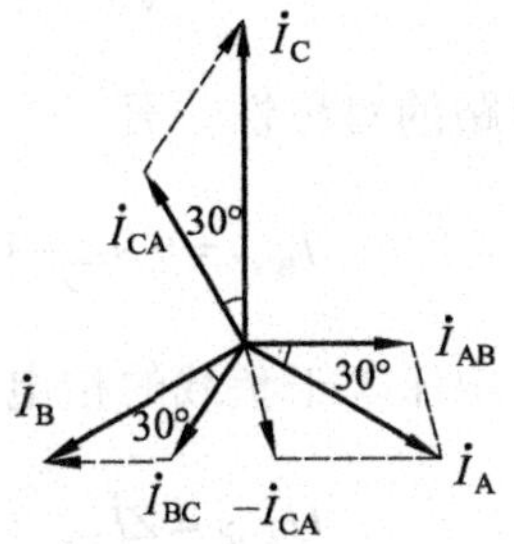

图 3.6.8　△形对称三相电路电流相量图

3. 对称三相电路的计算

正弦交流电路的稳态分析与计算，其方法对三相交流电路的正弦稳态分析仍然适用。在分析对称三相电路时，应充分利用对称三相电路的对称特性，可以大大简化计算过程。

例 3.61　对称三相电路如图 3.6.9 所示。已知负载阻抗 $Z=19.2+\mathrm{j}14.4\ \Omega$，线路阻抗为 $Z_L=3+\mathrm{j}4\ \Omega$，三相对称电源线电压为 380 V。求负载的线电压、线电流和负载相电流。

解　三相负载 Z 是△形连接，可以利用阻抗的 Y-△等效变换，将△形负载 Z 等效变换为 Y 形连接的对称三相负载 Z_Y，计算出一相电路的电流 $\dot{I}_A$，即线电流，如图 3.6.10 所示。再根据△形对称三相电路的特性，求解出其他各参数。

将对称△形负载 Z 等效变换为对称 Y 形负载 Z_Y，其参数为

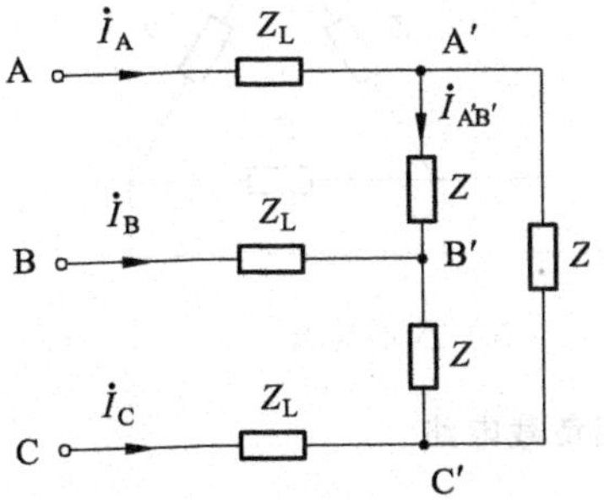

图 3.6.9　例 3.6.1 图

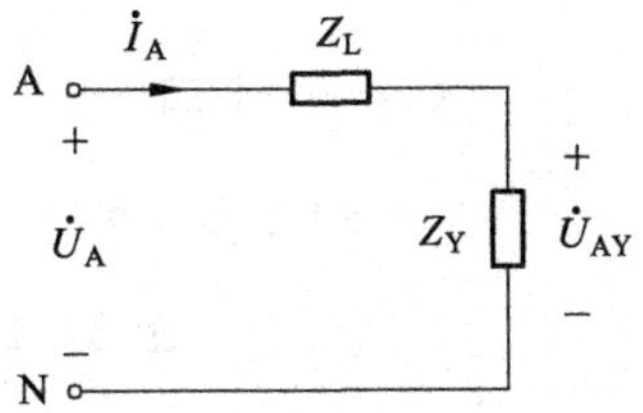

图 3.6.10　Y-△等效变换后单相电路

$$Z_Y = \frac{Z}{3} = \frac{1}{3}(19.2 + j14.4) = 6.4 + j4.8\ (\Omega)$$

设 A 相电源电压为 $\dot{U}_A = 220\angle 0°\ V$，计算电流 $\dot{I}_A$ 为

$$\dot{I}_A = \frac{\dot{U}_A}{Z_L + Z_Y} = \frac{220\angle 0°}{(3+j4)+(6.4+j4.8)} = 17.1\angle -43.2°\ (A)$$

根据三相电路的对称性，有

$$\dot{I}_B = 17.1\angle -163.2°\ A，\ \dot{I}_C = 17.1\angle 76.8°\ A$$

注意：是图 3.6.9 所示电路中的线电流 $\dot{I}_A$，$\dot{I}_B$，$\dot{I}_C$。所以，负载 Z 的相电流为

$$\dot{I}_{A'B'} = \frac{1}{\sqrt{3}}\dot{I}_A\angle 30° = \frac{1}{\sqrt{3}}\times(17.1\angle -43.2°)\angle 30° = 9.9\angle -13.2°\ (A)$$

根据三相电路的对称性，有

$$\dot{I}_{B'C'} = 9.9\angle -133.2°\ A，\ \dot{I}_{C'A'} = 9.9\angle 106.8°\ A$$

因负载的线电压等于负载的相电压，有

$$\dot{U}_{A'B'} = Z\dot{I}_{A'B'} = (19.2 + j14.4)\times 9.9\angle -13.2° = 237.6\angle 23.7°\ (V)$$

$$\dot{U}_{B'C'} = 237.6\angle -96.3°\ V，\ \dot{U}_{C'A'} = 237.6\angle 143.7°\ V$$

3.6.3　对称三相电路的功率

1. 对称三相功率的分析

对称三相电路如图 3.6.11 所示，用 U_P，I_P 表示三相电路 A 相的相电压、相电流，φ 表示 A 相的相电压与相电流的相位差，则 A 相的功率有

$$P_A = U_P I_P \cos\varphi，\ Q_A = U_P I_P \sin\varphi，\ S_A = U_P I_P$$

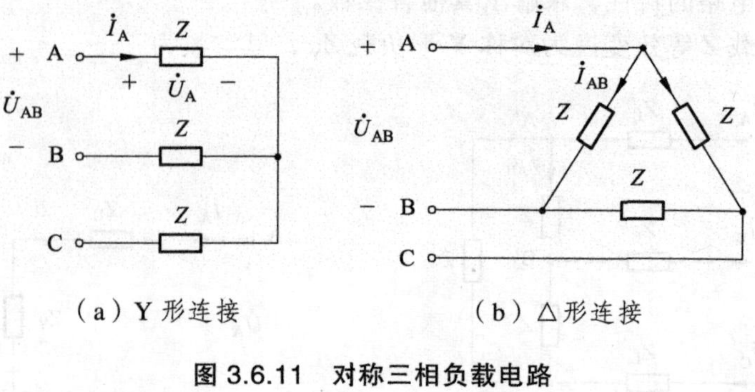

图 3.6.11　对称三相负载电路

因为三相电路对称，各相的功率相等，所以对称三相电路的功率为

$$\begin{cases} P = 3P_A = 3U_P I_P \cos\varphi \\ Q = 3Q_A = 3U_P I_P \sin\varphi \\ S = 3S_A = 3U_P I_P \end{cases} \tag{3.6.8}$$

Y 形连接对称三相电路有 $U_P = U_L/\sqrt{3}$，$I_P = I_L$；△形对称三相电路有 $I_P = I_L/\sqrt{3}$，$U_P = U_L$，代入式（3.6.8），得

$$\begin{cases} P = \sqrt{3}U_L I_L \cos\varphi \\ Q = \sqrt{3}U_L I_L \sin\varphi \\ S = \sqrt{3}U_L I_L \end{cases} \tag{3.6.9}$$

注意：对称三相电路的功率因数是一相的功率因数，其功率因数角 φ 也是负载阻抗 Z 的阻抗角，或相电压与相电流的相位差。

2. 三相电路的功率测量

三相电路的功率测量分三相四线制和三相三线制。

对于三相四线制系统，对称三相功率测量常采用一表法，即测量一相的平均功率法。不对称三相电路的功率测量可采用三表法，即用三只功率表测量。

对于三相三线制系统，无论负载是否对称，都可以用两只功率表来测量三相平均功率。其测量功率值代数之和等于三相的总平均功率，但每一只功率表的读数是没有意义的。

3.6.4 不对称三相电路

不对称三相电路不具有对称三相电路的特点，因此，不对称三相电路作为一般的正弦稳态电路分析。

例 3.6.2 如图 3.6.12 所示为不对称三相三线电路，其中电源三相对称，试分析电压、电流。

解 设三相电源电压为

$$\dot{U}_A = U_P\angle 0^\circ\ \text{V}，\quad \dot{U}_B = U_P\angle -120^\circ\ \text{V}，\quad \dot{U}_C = U_P\angle 120^\circ\ \text{V}$$

N′结点电压为 $\dot{U}_{N'N}$，用结点电压法，有

$$\dot{U}_{N'N} = \frac{\dot{U}_A/Z_A + \dot{U}_B/Z_B + \dot{U}_C/Z_C}{1/Z_A + 1/Z_B + 1/Z_C}$$

由于负载不对称，$\dot{U}_{N'N} \neq 0$，即电源中点 N 和负载中点 N′电位不相同，所以，在如图 3.6.13 所示的相量图上 N 与 N′不再重合，这种现象称为中点位移。各负载上相电压为

$$\begin{cases} \dot{U}_{AN'} = \dot{U}_A - \dot{U}_{N'N} \\ \dot{U}_{BN'} = \dot{U}_B - \dot{U}_{N'N} \\ \dot{U}_{CN'} = \dot{U}_C - \dot{U}_{N'N} \end{cases}$$

所以，在三相电路的实际应用中都强调要接中线，即应用三相四线制系统，而且中线上

不允许安装熔断器（保险丝）和开关，使每相负载上的电压与电源相电压基本相等，中点基本重合，以确保正常运行。

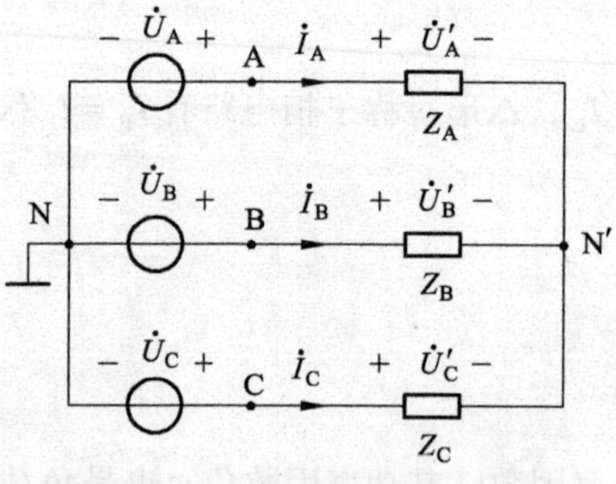

图 3.6.12　不对称三相三线电路

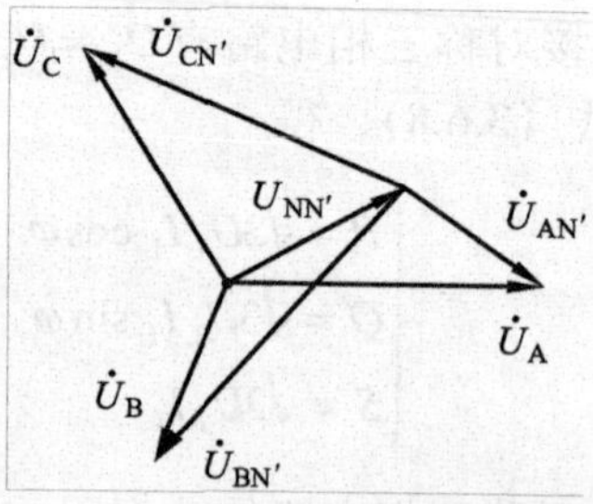

图 3.6.13　不对称三相电路相量图

3.6.5　安全用电

安全是在用电时要注意的一个重要问题。安全用电指的是人身安全和设备安全。当电压加在人身体上的两点时，身体提供了一条电流通路，而电流会产生电击，造成触电者受伤甚至死亡。当电气设备发生故障时，不仅会损坏设备，而且可能会引起火灾。

1. 电击与预防

在用电时，电击和电伤的可能性始终存在。电击是指电流通过人体，造成人体内部器官组织受到损伤，即通过人体的电流（注意:不是电压）是产生电击的原因。电伤是指在电弧作用下，对人体外部的灼伤。

电流对人体的影响取决于电流的大小和电流流过人体的路径，流经人体的电流越大，伤害的程度就越严重，使人致命的电流约为 50 mA。触电伤害的程度还与电源的频率有关，当电源频率为 40～60 Hz 时，电流对人体的伤害程度最为严重。

人体电阻一般在 10～50 kΩ之间，并与测量部位和皮肤潮湿程度等有关。例如，当皮肤处于潮湿状态时，人体电阻为 1 kΩ 左右；当皮肤受损伤时，人体电阻在 100 Ω 左右。应注意，人体触电时人体电阻值不是固定的，随着电压和触电时间的增加而减少。

安全预防措施：

(1) 在操作电子设备和电气装置时，根据用电环境的不同，我国规定的安全电压为：在木板或瓷块结构等危险性较低的建筑物中，规定为 36 V；在钢筋混凝土结构等具有危险性的建筑物中，规定为 24 V；在化工车间、金属结构等危险的建筑物中，规定为 12 V。

(2) 为了防止人身触电事故的发生，要严格遵守安全操作规程：一般不允许带电作业（高压带电作业例外，它有专用安全设施、操作规程）。停电作业时，电气设备和线路的两端要求三相用导线短路并接地，停电设施要有醒目的不准合闸的警告牌。电气设备要严格按有关安全标准的要求进行接地和接零保护。

2. 接地与接零

将电气设备的任何部分与大地作良好的电气连接，称为接地。按接地的目的不同，主要可分为 3 种：工作接地、保护接地和保护接零，如图 3.6.14 所示。

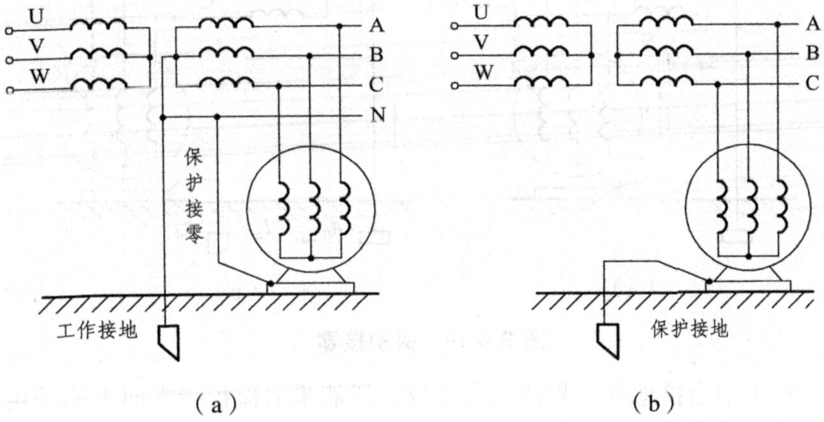

图 3.6.14　接地

(1) 工作接地。为了保证电力系统安全正常运行，将三相电源的中点接地，如图 3.6.14 (a) 所示，这种接地方式称为工作接地。工作接地目的是：降低触电电压，迅速切断故障设备，降低电气设备对地绝缘水平的要求。

(2) 保护接地。所谓保护接地就是将正常情况下不带电的电气设备的金属外壳接地。保护接地多用于电源中点不接地的低压系统及高压电气设备。在中点不接地的系统中，当系统中某台电动机或电气设备因内部绝缘损坏而使金属外壳带电时，如果这时人体触及机壳，由于线路与大地间存在着分布电容，将有电流通过人体与分布电容所构成的回路，相当于单线触电，造成人身事故，如图 3.6.15 (a) 所示。

如果设备机壳通过接地装置与大地有良好的接触，当人体触及设备外壳时，人体相当于接地装置的一条并联支路，由于人体电阻 R_b 比接地装置的接地电阻 R_0 大得多，即 $R_b \gg R_0$，通过人体的电流就很小，就避免了触电的危险，如图 3.6.15 (b) 所示。

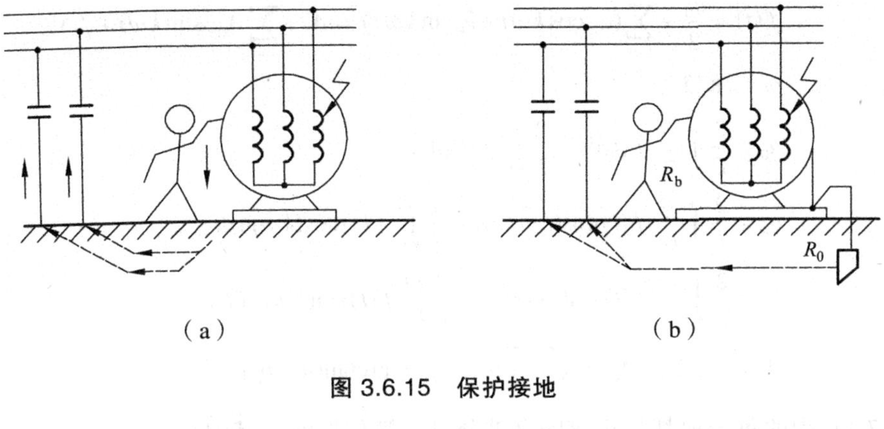

图 3.6.15　保护接地

(3) 保护接零。电气设备的金属外壳或金属构架与零线相接，即保护接零。保护接零宜用于中点接地的低压系统中。在采取保护接零后，若电气设备绝缘损坏，将产生一相电源短路，产生的短路电流远超过保护电器（如熔断器）的额定电流值，使保护电器动作，切断故障设备电源，防止人身触电的可能性，如图 3.6.16 (a) 所示。

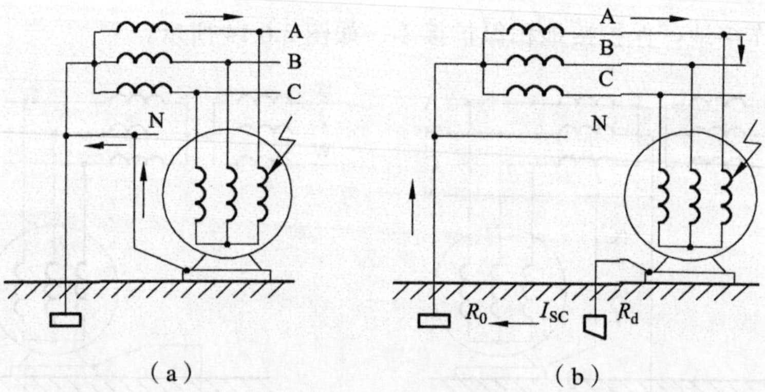

图 3.6.16　保护接零

必须指出：对于中点接地的三相四线制系统，只能采取保护接零而不能采用保护接地，因为保护接地不能有效地防止人身触电事故。

(4) 特殊设备的接地与接零。

① 矿井和坑道中的电气设备：一般不允许采用中点接地系统，所有电气设备的外壳均应接地，为确保安全，设备常装设故障自动切除装置。

② 移动式电气设备：中点接地的三相四线制系统，则采用保护接零；在中点不接地的供电系统中，可采用漏电保护装置进行保护。

3.7　周期性非正弦电路

3.7.1　周期函数的傅里叶级数

对于周期为 T 的函数 $f(t)$，如果满足狄里赫利条件，则可分解为傅里叶级数，即

$$f(t)=\frac{a_0}{2}+\sum_{k=1}^{\infty}(a_k\cos k\omega t+b_k\sin k\omega t)=A_0+\sum_{k=1}^{\infty}A_{km}\sin(k\omega t+\psi_k) \tag{3.7.1}$$

式中，　$\omega=2\pi/T$；

$$a_0=\frac{2}{T}\int_{-T/2}^{T/2}f(t)\mathrm{d}t=\frac{2}{T}\int_0^T f(t)\mathrm{d}t\ ;$$

$$a_k=\frac{2}{T}\int_{-T/2}^{T/2}f(t)\cos(k\omega t)\,\mathrm{d}t=\frac{2}{T}\int_0^T f(t)\cos(k\omega t)\,\mathrm{d}t\ ;$$

$$b_k=\frac{2}{T}\int_{-T/2}^{T/2}f(t)\sin(k\omega t)\,\mathrm{d}t=\frac{2}{T}\int_0^T f(t)\sin(k\omega t)\,\mathrm{d}t\ ;$$

$$A_0=a_0/2\ ,\quad A_{km}=\sqrt{a_k^2+b_k^2}\ ,\quad \psi_k=\arctan(a_k/b_k)\ 。$$

式（3.7.1）中的每一项都是正弦的谐波分量，简称谐波。其中：

A_0 为常数，也可写成 $A_0=0.5a_0\sin(0t+90°)$，所以称为 0 次谐波。为直流分量。

$A_{1m}\sin(\omega t+\psi_1)$ 称为 1 次谐波，简称基波。其周期、频率与原函数 $f(t)$ 相同。

$A_{km}\sin(k\omega t+\psi_k)$ 称为 k 次谐波，其谐波频率是基波的 k 倍。

通常把 2 次以上的谐波统称为高次谐波；k 为奇数的分量称为奇次谐波；k 为偶数的分量称为偶次谐波。表 3.7.1 中列出了一些典型的周期性非正弦函数的傅里叶级数展开式。

表 3.7.1　一些典型的周期性非正弦函数的傅里叶级数展开式

函数 $f(t)$ 的波形图	函数 $f(t)$ 的傅里叶级数展开式
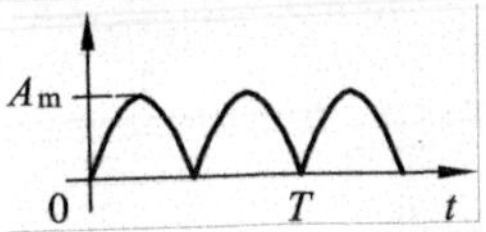	$f(t)=\frac{2}{\pi}A_m\left(1-\frac{2}{3}\cos(2\omega t)-\frac{2}{15}\cos(4\omega t)-\cdots\right)$
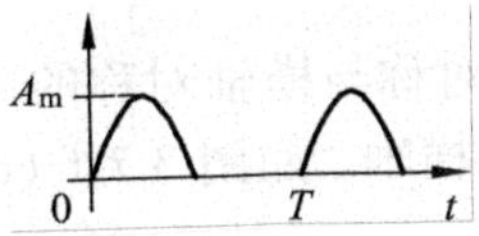	$f(t)=\frac{1}{\pi}A_m\left(1+\frac{\pi}{2}\sin(\omega t)-\frac{2}{3}\cos 2\omega t-\frac{2}{15}\cos(4\omega t)-\cdots\right)$
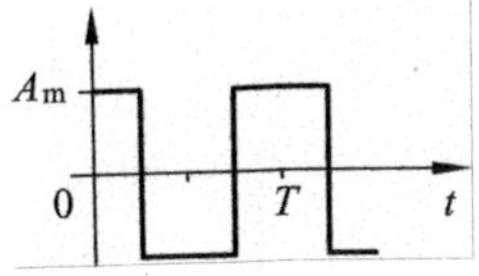	$f(t)=\frac{4}{\pi}A_m\left(\cos(\omega t)-\frac{1}{3}\cos(3\omega t)+\frac{1}{5}\cos(5\omega t)-\cdots\right)$
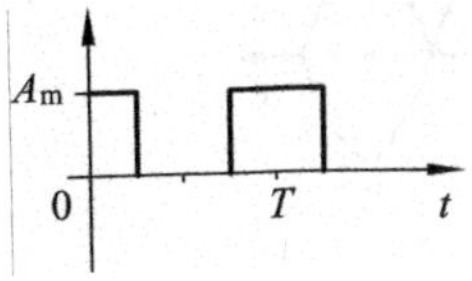	$f(t)=\frac{\tau}{T}A_m+\sum_{k=1}^{\infty}\frac{2}{k\pi}A_m\sin\left(\frac{k\pi\tau}{T}\right)\cos(k\omega t)$
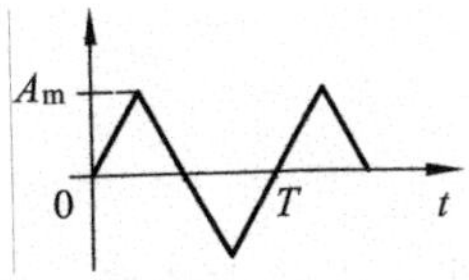	$f(t)=\frac{8}{\pi^2}A_m\left(\sin(\omega t)-\frac{1}{9}\sin(3\omega t)+\frac{1}{25}\sin(5\omega t)-\cdots\right)$
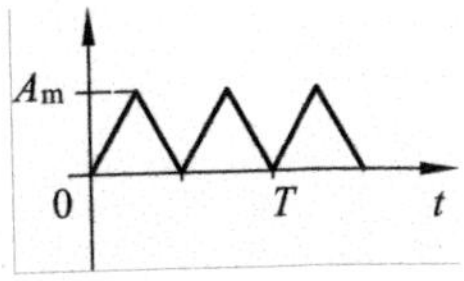	$f(t)=\frac{A_m}{\pi}-\frac{4}{\pi^2}A_m\left(\cos(\omega t)+\frac{1}{9}\cos(3\omega t)+\frac{1}{25}\cos(5\omega t)+\cdots\right)$

3.7.2　非正弦周期量的有效值、平均值和平均功率

1. 有效值

设有一非正弦周期电流为

$$i(t)=I_0+\sum_{k=1}^{\infty}I_{km}\sin(k\omega t+\psi_k) \tag{3.7.2}$$

其有效值为

$$I=\sqrt{\frac{1}{T}\int_0^T\left[I_0+\sum_{k=1}^{\infty}I_{km}\sin(k\omega t+\psi_k)\right]\mathrm{d}t}=\sqrt{I_0^2+I_1^2+I_2^2+I_3^2+\cdots} \tag{3.7.3}$$

式中，I_0为直流分量；I_k为k次谐波分量的有效值。

同理，非正弦周期电压u的有效值为 $U=\sqrt{U_0^2+\sum_{k=1}^{\infty}U_k^2}$

2. 平均值

设周期电流$i(t)$为$i(t)=I_m\sin(\omega t)$，则其平均值为

$$I_{av}=\frac{1}{T}\int_0^T i(t)\,dt \tag{3.7.4}$$

在一般情况下，平均值与绝对平均值是不一样的。对于原点对称与横轴对称的周期量，其平均值为零。例如，正弦交流电流$i(t)$的波形同时对称于原点和横轴，如图 3.7.1（a）所示，其平均值$I_{av}=0$，但其$|i(t)|$如图 3.7.1（b）所示，绝对平均值为

$$I_{aav}=\frac{1}{T}\int_0^T|i(t)|\,dt=\frac{2}{T}\int_0^{T/2}I_m\sin(\omega t)dt=\frac{2}{\pi}I_m$$

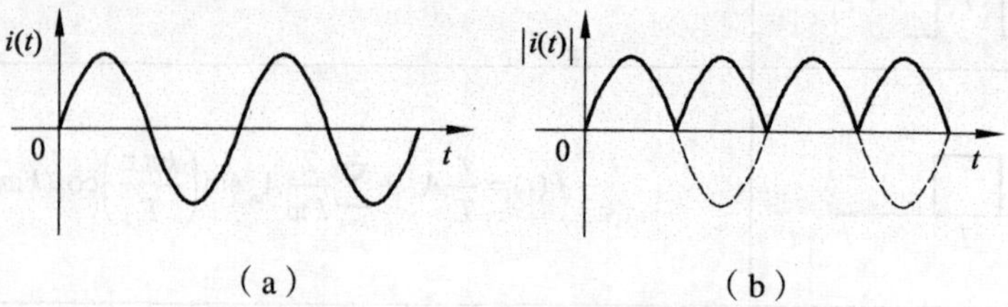

图 3.7.1 平均值与绝对平均值

3. 平均功率

定义 设无源二端网络 N 端口的电压$u(t)$、电流$i(t)$为周期性非正弦交流量，则该网络的平均功率为

$$P=\frac{1}{T}\int_0^T p(t)\,dt=\frac{1}{T}\int_0^T u(t)\,i(t)dt$$

如果周期性电压$u(t)$和电流$i(t)$均可分解为傅里叶级数，则平均功率为

$$P=\frac{1}{T}\int_0^T\left[U_0+\sum_{k=1}^{\infty}U_{km}\sin(k\omega t+\psi_{uk})\right]\left[I_0+\sum_{k=1}^{\infty}I_{km}\sin(k\omega t+\psi_{ik})\right]dt$$

$$P=U_0I_0+\sum_{k=1}^{\infty}U_kI_k\cos(\psi_{uk}-\psi_{ik})=P_0+\sum_{k=1}^{\infty}P_k \tag{3.7.5}$$

式中，U_k，I_k分别为k次谐波电压、电流分量的有效值；ψ_{uk}，ψ_{ik}分别为k次谐波电压、电流分量的初相角；$P_0=U_0I_0$为直流分量的平均功率；$P_k=U_kI_k\cos(\psi_{uk}-\psi_{ik})$，为正弦$k$次谐波分量的平均功率。

结论：周期性非正弦电路中的平均功率，等于各次谐波（包括直流分量）电压、电流单独作用产生的平均功率之代数和，如式（3.7.5）所示。对于不同频率的电压和电流不构成平均功率。

3.7.3 周期性非正弦稳态电路的分析

周期性非正弦稳态电路的分析是以线性电路的叠加定理和傅里叶级数分解为理论依据，其分析步骤为：

（1）将周期性非正弦信号分解为傅里叶级数（由所需的精度决定高次谐波的项数）。

（2）应用叠加定理计算各次谐波激励单独作用下的稳态响应。

（3）各谐波的时域响应叠加，是指时域中的响应叠加。

在分析中应注意以下几点：

（1）激励为直流分量时，电容 C 相当于开路，电感 L 相当于短路。

（2）激励为 k 次谐波正弦分量时，容抗为 $X_{Ck}=1/(k\omega C)$，感抗为 $X_{Lk}=k\omega L$，即阻抗的大小与正弦量的频率有关。

（3）各次谐波单独作用的平均功率可以叠加，但各个电源单独作用的平均功率不能叠加。

例 3.7.1 电路如图 3.7.3（a）所示，已知 $R=200\ \Omega$，$C=10.98\ \mu\text{F}$，$\omega=314\ \text{rad/s}$，电压源 $u(t)$ 的波形如图 3.7.3（b）所示，$U_m=6.282\ \text{V}$。试求电路中的电流 $i(t)$（计算精度为 4 次谐波）。

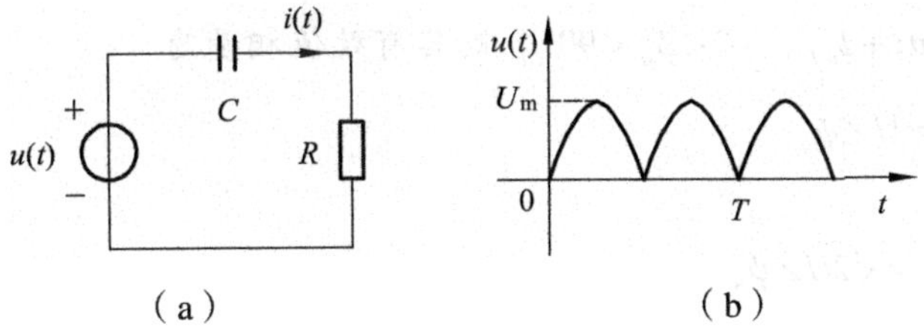

图 3.7.3 例 3.7.3 图

解 非正弦激励 $u(t)$ 可分解为

$$u(t)=\frac{2}{\pi}U_m\left(1-\frac{2}{3}\cos(2\omega t)-\frac{2}{15}\cos(4\omega t)\right)$$

（1）直流电压 $U_0=4\ \text{V}$ 分量单独作用。

由于电容 C 在直流稳态电路中相当于开路，所以 $I_0=0\ \text{A}$。

（2）正弦电压 $u_2=(2.666\cos 628t)\text{V}$ 分量单独作用。

$$X_{C2}=1/(2\omega C)=1/(628\times 10.98\times 10^{-6})=145\ (\Omega)$$

$$Z_2=R-\text{j}X_{C2}=200-\text{j}145\approx 247\angle-35.94°\ (\Omega)$$

$$\dot{I}_{2m}=\frac{\dot{U}_{2m}}{Z_2}=\left(\frac{2.666\angle 0°}{247\angle-35.94°}\right)\text{A}\approx 10.79\angle 35.94°\ (\text{mA})$$

得 $$i_2(t)=10.79\cos(2\omega t+35.94°)\ \text{mA}$$

（3）正弦电压 $u_4=(0.533\cos 1256t)\ \text{V}$ 分量单独作用。

$$X_{C4}=1/(4\omega C)=1/(1\,256\times 10.98\times 10^{-6})\approx 72.51\ (\Omega)$$

$$Z_4=R-\text{j}X_{C4}=200-\text{j}72.51\approx 212.74\angle-19.93°\ (\Omega)$$

$$\dot{I}_{4\mathrm{m}}=\frac{\dot{U}_{4\mathrm{m}}}{Z_4}=\left(\frac{0.533\angle 0^\circ}{212.74\angle -19.93^\circ}\right)\mathrm{A}\approx 2.51\angle 19.93^\circ\ (\mathrm{mA})$$

得 $i_4(t)=2.51\cos(4\omega t+19.93^\circ)\ \mathrm{mA}$

各次谐波响应叠加得电路中电流 $i(t)$ 为

$$i(t)=I_0+i_2(t)+i_4(t)=10.79\cos(2\omega t+35.94^\circ)+2.51\cos(4\omega t+19.93^\circ)\ \mathrm{mA}$$

小　　结

1. 正弦量与相量

（1）一个正弦量可由三要素确定，即幅值、初相和频率。例如，正弦电压为 $u(t)=U_\mathrm{m}\sin(\omega t+\psi_u)$，其中，$U$ 为有效值（$U_\mathrm{m}=\sqrt{2}U$ 为最大值），ω 为角频率，ψ_u 为初相位（$\omega t+\psi_u$ 为相位）。

（2）同频率下的两个正弦量相位差等于初相位之差，与时间无关（即相位差为常数）。

（3）正弦量的相量形式有相量式和相量图。

若 $u(t)=\sqrt{2}U\sin(\omega t+\psi_u)$，$0^\circ<\psi_u<90^\circ$，则其有效值相量为

$$\dot{U}=U\angle\psi_u$$

幅值相量为

$$\dot{U}_\mathrm{m}=\sqrt{2}U\angle\psi_u$$

相量图如图 3.7.4 所示。

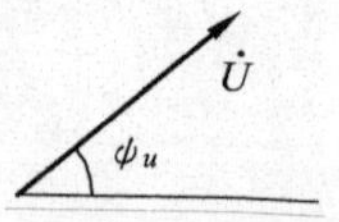

图 3.7.4　相量图

2. 元件和基尔霍夫定律的相量形式

（1）表 3.7.2 列出了不同模型的元件的相量形式。

表 3.7.2　元件的相量形式

相量模型图	相量关系式	相量图 设电压的初相位为 0°
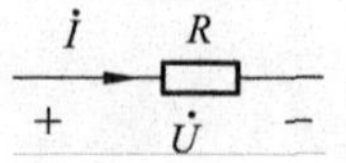	$\dot{U}=R\dot{I}$ 电压与电流同相	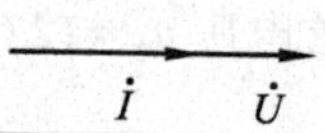
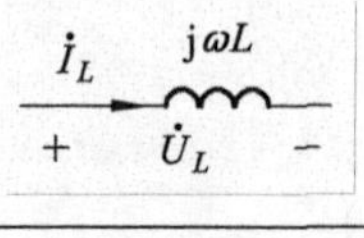	$\dot{U}_L=\mathrm{j}\omega L\dot{I}_L$ 电压超前电流 90°	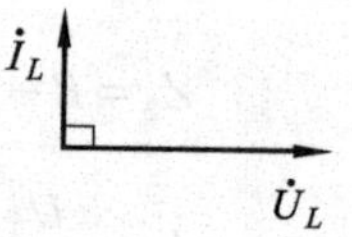
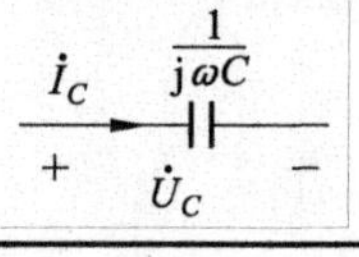	$\dot{U}_C=\dfrac{1}{\mathrm{j}\omega C}\dot{I}_C$ 电压滞后电流 90°	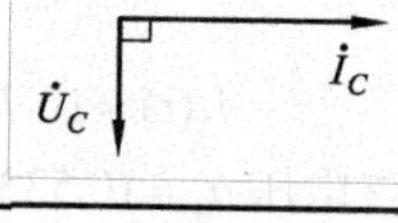

（2）基尔霍夫定律的相量形式如下：

KVL　　$\sum\dot{U}=0$，$\sum\dot{U}_\mathrm{m}=0$

KCL $\qquad \sum \dot{I}=0$，$\sum \dot{I}_{\mathrm{m}}=0$

（3）阻　抗

$$Z=\frac{\dot{U}}{\dot{I}}=R+\mathrm{j}X=|Z|\angle\varphi_Z$$

3. 正弦稳态电路的分析

（1）相量式分析法。由时域电路图作相量电路图；运用线性电路的各种分析方法和电路定理，以相量形式分析相量电路。

（2）相量图分析法。运用元件上电压与电流的相位关系，用作相量图法分析相量电路。

4. 正弦稳态电路的功率及功率因数

（1）瞬时功率为 $p(t)=u(t)i(t)$。

（2）有功功率为 $P=UI\cos\varphi$，无功功率为 $Q=UI\sin\varphi$，视在功率为 $S=UI$。

（3）复功率为 $\tilde{S}=\dot{U}\dot{I}^{*}=P+\mathrm{j}Q=S\angle\varphi$。

（4）最大功率传输：当满足 $Z_{\mathrm{L}}=Z_{\mathrm{S}}^{*}$ 时，负载 Z_{L} 获得最大功率。

（5）功率因数提高。已知感性电路的有功功率 P、端电压 U、角频率 ω 和功率因数 $\lambda_1=\cos\varphi_1$，则并联电容 C 后功率因数提高为 $\lambda_2=\cos\varphi_2$，需并联的电容 C 为

$$C=\frac{P}{\omega U^2}(\tan\varphi_1-\tan\varphi_2)$$

5. 谐振电路

（1）谐振电路中的电压与电流同相。

（2）发生串联谐振的条件为：串联电路的阻抗 Z 的虚部为零，即 $Z=R$。在满足谐振条件下，电路的频率为串联谐振频率 ω_0（或 f_0）。

（3）发生并联谐振的条件为：并联电路的导纳 Y 的虚部为零，即 $Y=G$。在满足谐振条件下，电路的频率为并联谐振频率 ω_0（或 f_0）。

6. 三相交流电路

（1）星形连接。线电压有效值是相电压有效值的 $\sqrt{3}$ 倍，即 $U_{\mathrm{L}}=\sqrt{3}U_{\mathrm{P}}$，其线电压相位超前所对应的相电压相位 30°。线电流等于对应的相电流，即 $I_{\mathrm{L}}=I_{\mathrm{P}}$。

（2）三角形连接线电流有效值 I_{L} 是相电流有效值 I_{P} 的 $\sqrt{3}$ 倍，即 $I_{\mathrm{L}}=\sqrt{3}I_{\mathrm{P}}$；其线电流相位滞后所对应的相电流相位 30°。线电压等于对应的相电压，即 $U_{\mathrm{L}}=U_{\mathrm{P}}$。

（3）三相电路的功率：

有功功率 $\quad P_{\mathrm{A}}=3U_{\mathrm{P}}I_{\mathrm{P}}\cos\varphi=\sqrt{3}U_{\mathrm{L}}I_{\mathrm{L}}\cos\varphi$

无功功率 $\quad Q_{\mathrm{A}}=3U_{\mathrm{P}}I_{\mathrm{P}}\sin\varphi=\sqrt{3}U_{\mathrm{L}}I_{\mathrm{L}}\sin\varphi$

视在功率 $\quad S_{\mathrm{A}}=3U_{\mathrm{P}}I_{\mathrm{P}}=\sqrt{3}U_{\mathrm{L}}I_{\mathrm{L}}$

习　　题

3.1　已知某电路的正弦电压 $u(t)$ 与正弦电流 $i(t)$ 的相位差为 30°，电路呈容性，则电压 $u(t)$ 与电流 $i(t)$ 的相位关系为（　　）。

a. $u(t)$ 滞后 $i(t)$ 相位 30°　　　　b. $u(t)$ 超前 $i(t)$ 相位 30°

c. $u(t)$ 与 $i(t)$ 同相　　　　d. $u(t)$ 与 $i(t)$ 反相

3.2　如题 3.2 图所示电路中，$R = X_L = X_C$，则电压表的读数为　(　　)。

a. 0 V　　b. 1 V　　c. 2 V　　d. 4 V

3.3　如题 3.3 图所示正弦交流电路中，已知 $R = 4\ \Omega$，$L = 2\ \text{mH}$，$\omega = 2\,000\ \text{rad/s}$，则电流 i_1 与 i_2 的角度关系为　(　　)。

a. i_1 与 i_2 同相　　b. i_1 超前 i_2 135°　　c. i_1 超前 i_2 90°　　d. i_1 超前 i_2 45°

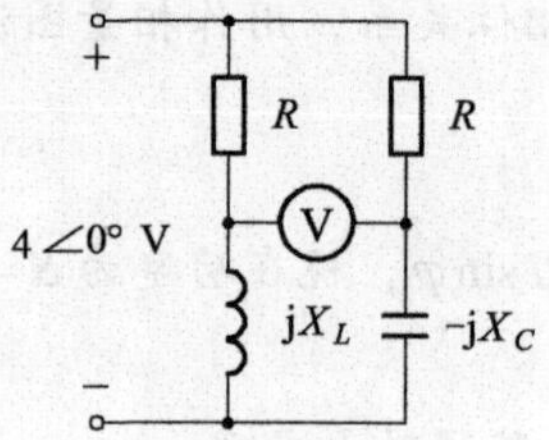

题 3.2 图

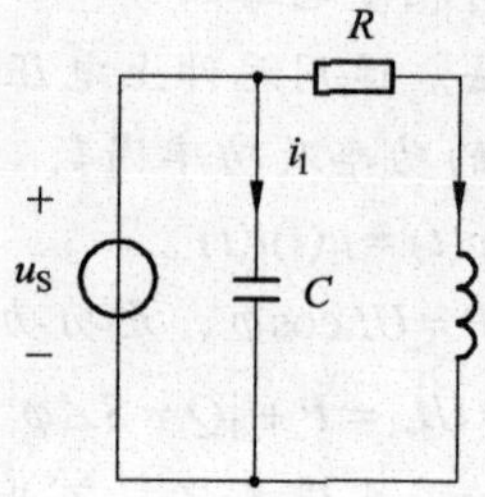

题 3.3 图

3.4　供电电路采取提高功率因数措施的目的在于　(　　)。

a. 减少用电设备的有功功率　　b. 减少用电设备的无功功率

c. 减少用电设备的视在功率　　d. 减少电源向用电设备提供的视在功率

3.5　当 R，L，C 并联电路处于谐振状态时，若增大电感 L 值，则电路将呈现　(　　)。

a. 阻性　　b. 感性　　c. 容性　　d. 性质不确定

3.6　RLC 串联电路的谐振角频率为 ω_0，设电路中电源信号的角频率为 ω，当 $\omega = \omega_0$ 时电路呈 (　　)；当 $\omega < \omega_0$ 时电路呈 (　　)；当 $\omega > \omega_0$ 时电路呈 (　　)。

a. 阻性；容性；感性　　b. 阻性；感性；容性

c. 容性；阻性；感性　　d. 容性；感性；阻性

3.7　指出下列各式的错误。

(1) $i = 10\sin(\omega t - 35°) = 10e^{-j35°}\ \text{A}$；(2) $U = (100e^{j45°})\ \text{V} = 100\sqrt{2}\sin(\omega t + 45°)\ \text{V}$

(3) $\dot{I} = 20e^{45°}\ \text{A}$；(4) $\dot{U} = (20\angle 0°)\ \text{V} = (20\sin\omega t)\ \text{V}$

3.8　在如题 3.8 图所示电路中，试求角频率分别为 $\omega = 10\ \text{rad/s}$ 和 $\omega = 0$ 时的电路阻抗 Z_{ab} 值。

3.9　电路如题 3.9 图所示，电源的角频率 $\omega = 10\ \text{rad/s}$，调节 C 使得开关 S 断开或闭合时电流表的读数都不变，求这时的 C 值。

3.10　电路如题 3.10 图所示，已知：电压源 u_S 的频率 $f = 50\ \text{Hz}$，电阻 $R_1 = 1\ \text{k}\Omega$，各支路电流有效值 $I = 0.4\ \text{A}$，$I_1 = 0.35\ \text{A}$，$I_2 = 0.1\ \text{A}$。试求电阻 R 和电感 L。

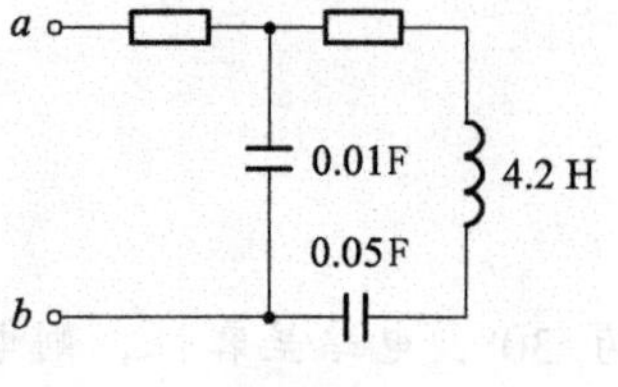

题 3.8 图

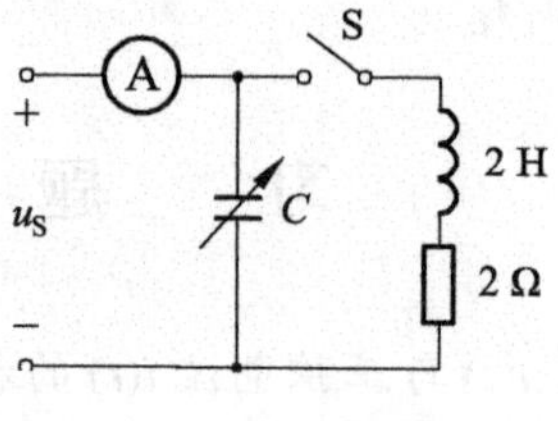

题 3.9 图

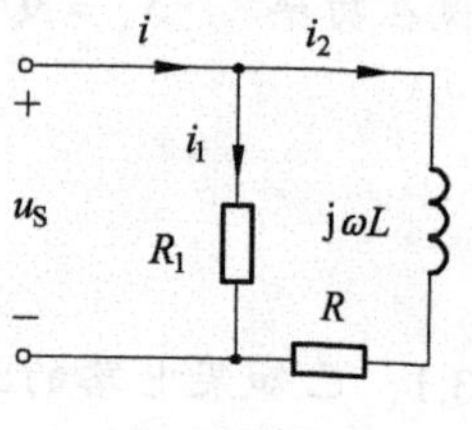

题 3.10 图

3.11　在题 3.11 图所示正弦电路中，已知：$R = X_C = 5\ \Omega$，$U_{AB} = U_{BC}$，电路处于谐振状态，试求阻抗 Z。

3.12　题 3.12 图所示电路中，已知：$I_1 = 10\ \text{A}$，$I_2 = 10\sqrt{2}\ \text{A}$，$U = 220\ \text{V}$，$R_1 = 5\ \Omega$，阻抗 Z 为感性，并且 $\dot{U}_2$ 与 $\dot{I}_2$ 的相位差为 45°。试求 I，Z 和 X_C。

3.13　在如题 3.13 图所示电路中，已知：$I_1 = I_2 = 10\ \text{A}$，$U = 100\ \text{V}$，$\dot{U}$ 与 $\dot{I}$ 同相。试求 I，R，X_L，X_C。

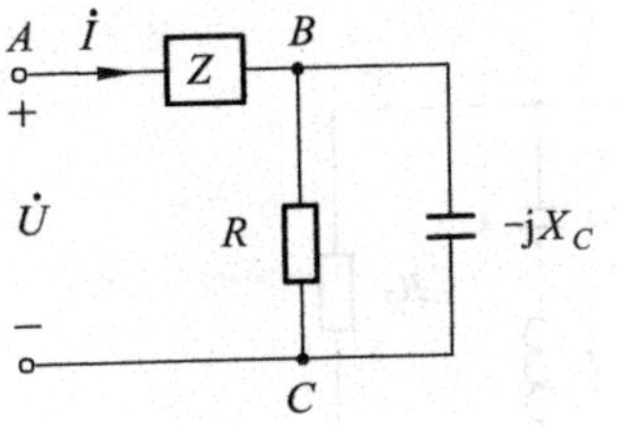

题 3.11 图

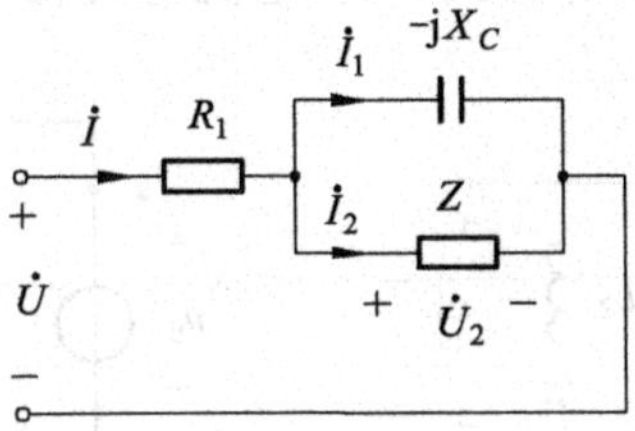

题 3.12 图

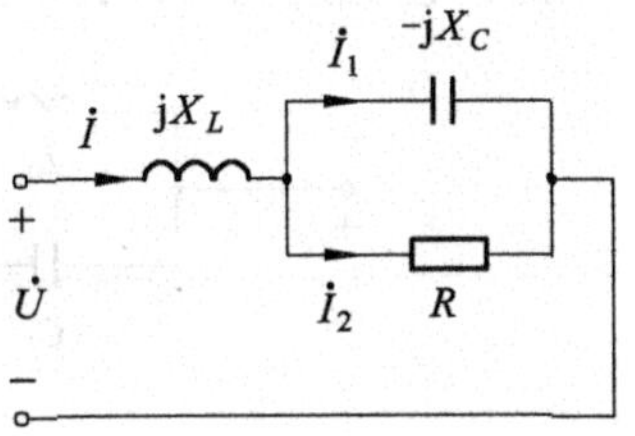

题 3.13 图

3.14　题 3.14 图所示电路中，已知：$\dot{U}_{S1} = 40\angle 30°\ \text{V}$，$\dot{U}_{S2} = 10\angle 30°\ \text{V}$，$\dot{U}_{S3} = 30\angle -150°\ \text{V}$。试用戴维南定理求电路中电流 $\dot{I}$。

3.15　如题 3.15 图所示电路为文氏振荡器中的 RC 选频电路，试求当输出电压 $\dot{U}_o$ 与输入电压 $\dot{U}_i$ 同相时的选频电路频率 f 表达式。

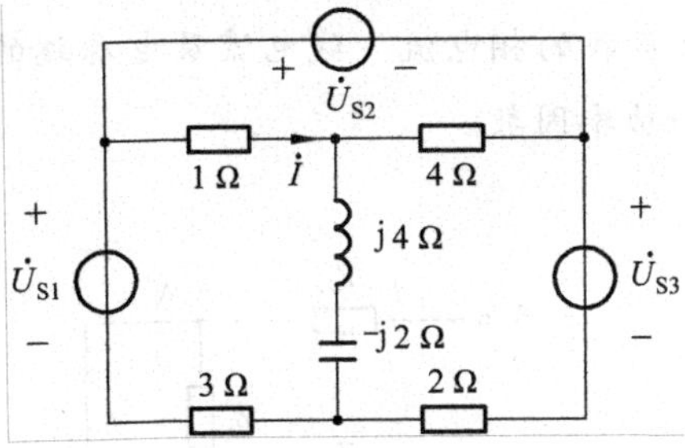

题 3.14 图

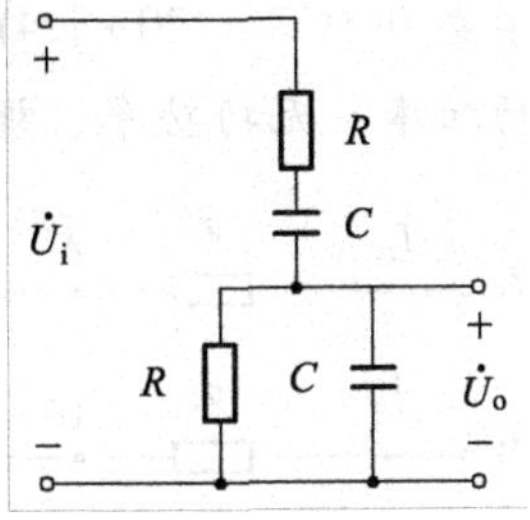

题 3.15 图

3.16　题 3.16 图所示电路中，已知：电压有效值 $U = 100\ \text{V}$，感抗 $X_L = 5\ \Omega$，电阻 $R = 10\ \Omega$，容抗 $X_C = 10\ \Omega$，且 $\dot{U}$ 与 $\dot{I}$ 同相。试求电路的电流 I、有功功率 P、无功功率 Q、视在功率 S 及功率因数。

3.17　题 3.17 图所示电路中，已知：支路电流 $I_1 = 4\ \text{A}$，$I_2 = 2\ \text{A}$，两支路的功率因数分别为 $\cos\varphi_1 = 0.8$，$\cos\varphi_2 = 0.3$。求总电流 I 及总功率因数。

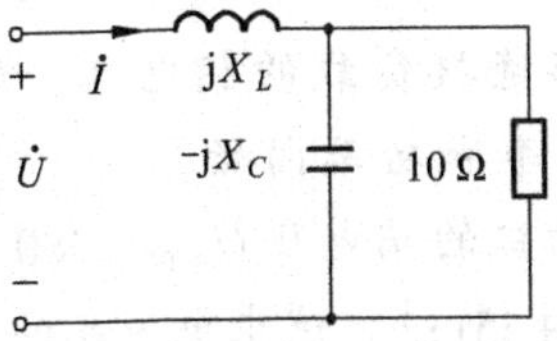

题 3.16 图

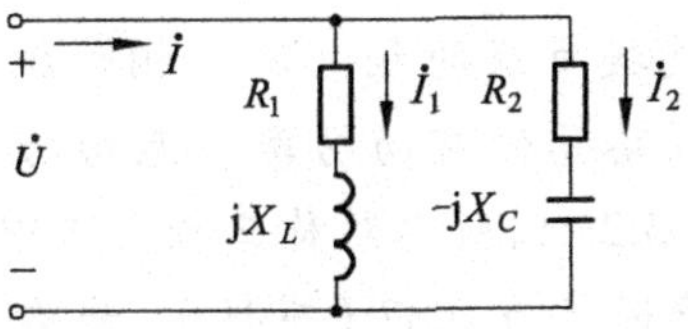

题 3.17 图

3.18　在电压为 220 V，50 Hz 的电源上，并联有功率为 40 W、功率因数为 0.5 的日光灯 100 只和功率为 60 W 的白炽灯 40 只，试求：（1）电路中总电流的有效值及总功率因数；（2）如果将电路的功率因数提高到 0.9，应并联多大的电容。

3.19　在题 3.19 图所示电路中，$C_1 = 100\,\mu\text{F}$，$L_2 = 0.2\,\text{H}$，u_i 为非正弦的周期信号，其基波 $\omega_1 = 100\,\text{rad/s}$，欲使 u_o 中不含有 $\omega_3 = 3\omega_1$ 和 $\omega_7 = 7\omega_1$ 的谐波信号。试问 L_1 和 C_2 应为何值？

3.20　在题 3.20 图所示电路中，已知 $R_1 = 1\,\Omega$，$u_S(t) = (3 + 10\sqrt{2}\sin 2t)\,\text{V}$，$R_2 = 2\,\Omega$，$L = 1\,\text{H}$，$C = 0.25\,\text{F}$。试求电容电压有效值 U_C、电流有效值 I 和电压源输出的有功功率。

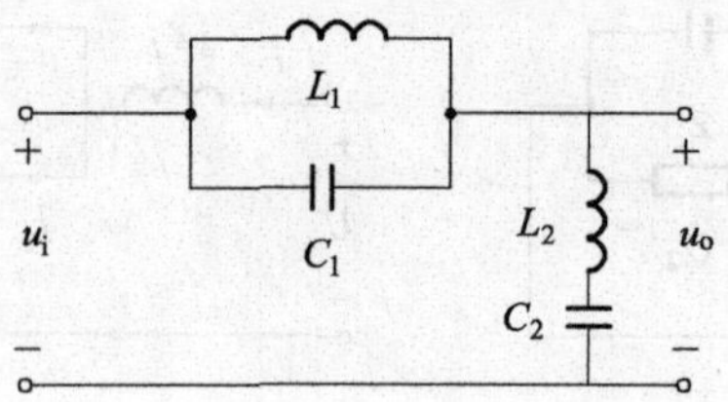

题 3.19 图

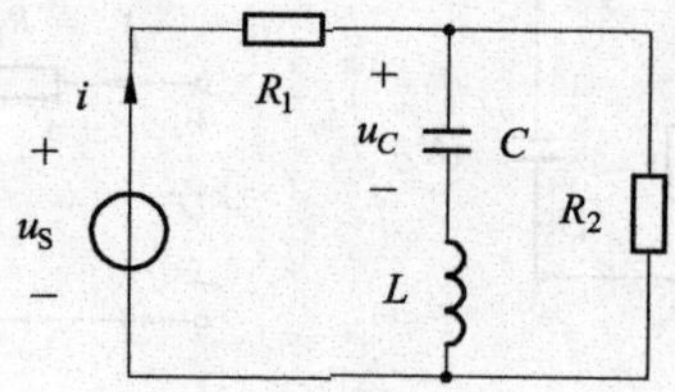

题 3.20 图

3.21　题 3.21 图所示为对称三相电路，已知负载端的线电压为 220 V，线路阻抗 $Z_L = (1 + \text{j}1)\,\Omega$，负载阻抗 $Z = (30 + \text{j}40)\,\Omega$，中线阻抗 $Z_N = (0.5 + \text{j}0.5)\,\Omega$。（1）试求电源端线电压和中线电流，并作相量图。（2）求负载的总有功功率、无功功率、视在功率和功率因数。

3.22　如题 3.22 图所示为对称三相电路，已知负载端的线电压为 380 V，线路阻抗 $Z_L = (1 + \text{j}2)\,\Omega$，负载阻抗 $Z = (20 + \text{j}24)\,\Omega$。试求负载的相电流、线电流及电源端的线电压；并求电路的总有功功率、无功功率、视在功率和功率因数。

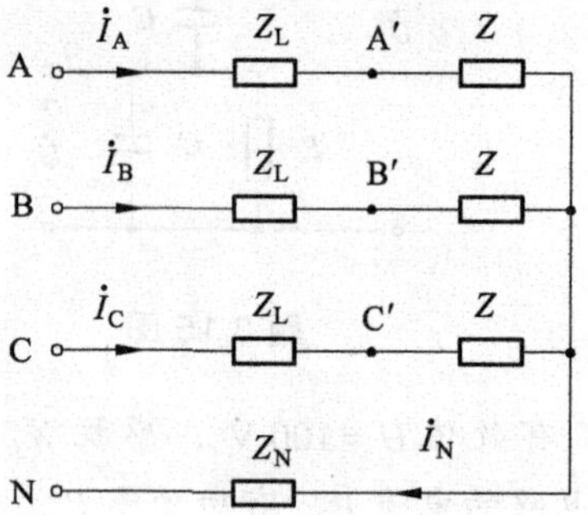

题 3.21 图

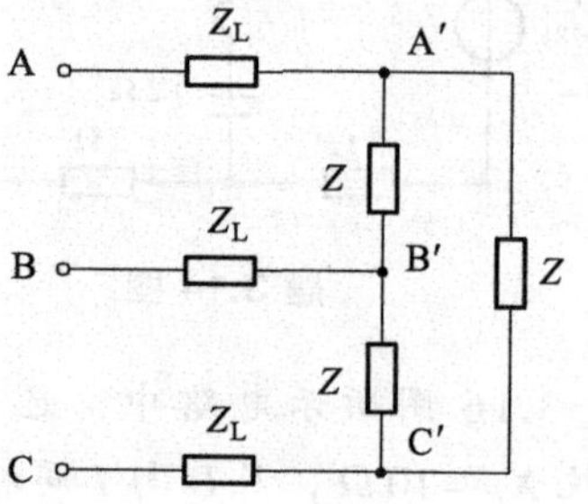

题 3.22 图

3.23　题 3.23 图所示为对称三相电路，已知电源端的相电压为 220 V，线路阻抗 $Z_L = (0.1 + \text{j}0.2)\,\Omega$，阻抗 $Z_1 = (3 + \text{j}4)\,\Omega$，$Z_2 = (12 + \text{j}9)\,\Omega$，中线阻抗 $Z_N = (0.5 + \text{j}0.5)\,\Omega$。试求：（1）Y 形连接负载的相电流、相电压；（2）△形连接负载的相电流、线电流和相电压；（3）三相电路总的有功功率、无功功率、视在功率和功率因数。

3.24　如题 3.24 图所示对称三相电路中，三相电动机的端电压 $U_{A'B'} = 380\,\text{V}$，吸收功率为 1.4 kW，功率因数为 0.87（感性），线路阻抗 $Z_L = (5 + \text{j}5)\,\Omega$。试求电源端的线电压和功率因数。

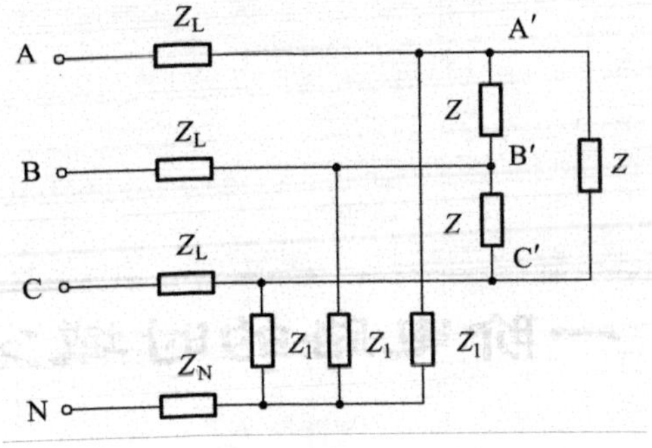

题 3.23 图

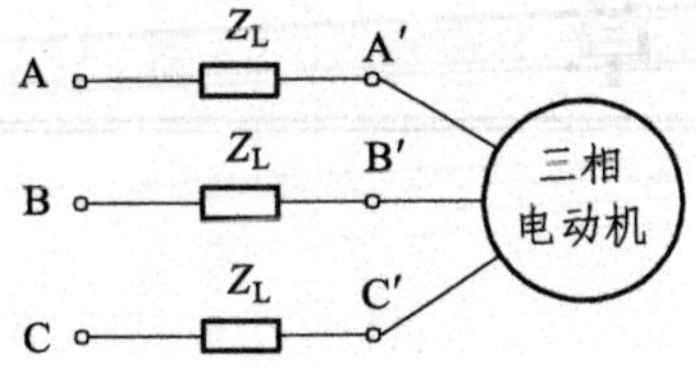

题 3.24 图

3.25 三相四线制供电系统，三相对称电源线电压为 380 V，各相负载均为 220 V，40 W 的白炽灯，其中 A 相 150 盏，B 相 150 盏，C 相 100 盏。试求：（1）当 A，B，C 相都只有 80 盏白炽灯用电时的线电流和中线电流；（2）当各相负载全部用电时的中线电流；（3）若 C 相负载断开，此时各线电流和中线电流；（4）当各相负载全部用电时中线断开，将发生什么现象？

3.26 电气设备若已采用接零保护，在发生一相接壳事故但熔丝未起作用前，人体接触设备外壳有无危险？为什么？

3.27 什么是安全电压，如何选用安全电压？

第4章

一阶电路的时域分析

提　要　本章主要介绍 RC 、RL 电路的时域分析。内容包括：时域分析的初始条件的确定，一阶电路的三要素法，一阶电路的零输入响应，一阶电路的零状态响应，一阶电路的全响应。讨论了输入电压为矩形脉冲电压时，RC 微分电路和 RC 积分电路。

先讨论一些本章电路分析中有关的基本概念。

一阶电路　当 RC 电路中只含有一个等效电容（如图 4.1.1（a）所示），或 RL 电路中只含有一个等效电感（如图 4.1.1（b）所示）时，其电路的方程是一阶微分方程，称这种电路为一阶电路。在时域中分析一阶电路变量的变化规律，称为一阶电路的时域分析。

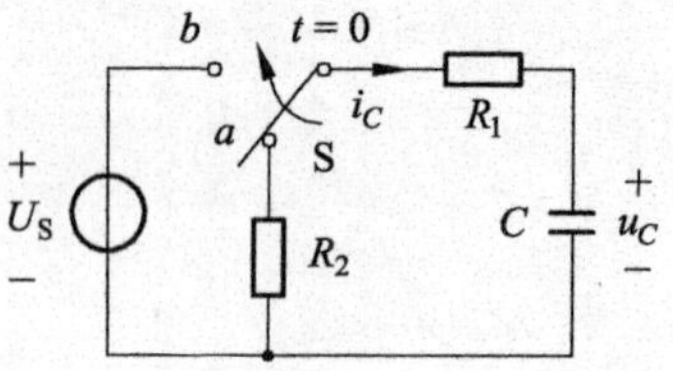

（a）RC 电路

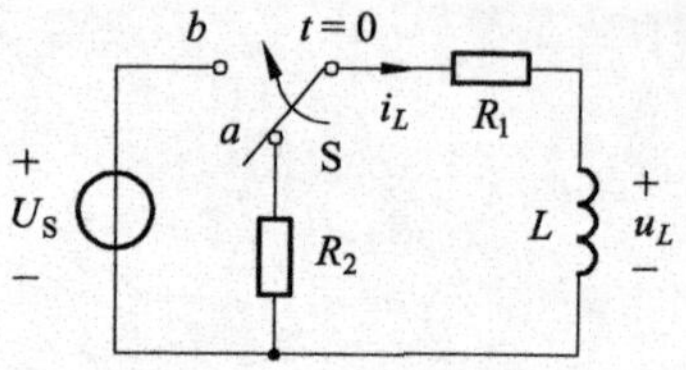

（b）RL 电路

图 4.1.1　一阶电路

换路　当电路元件的参数或电源的激励信号或电路的结构（负载的加入或去掉）发生突变时，称电路发生换路，用 $y(t_0)$ 表示换路时刻的参数值。本书主要讨论由开关动作而引起换路的电路，换路的时间一般设在 $t=0$ 时刻，常用 $y(0_-)$（如 $u(0_-)$，$i(0_-)$ 等）表示换路前的最终时刻，用 $y(0_+)$（如 $u(0_+)$，$i(0_+)$ 等）表示换路后的最初时刻，$y(0_+)$ 时刻的值又称为初始值。

稳态　本书前 3 个章节讨论的电路都是稳态电路，即：当激励为直流电源（正弦交流电源）时，响应为直流电量（同频率的正弦交流量）；电路激励加入的时间为无限长（即 $t=\infty$），并且没有换路发生。这时所对应的电路分析称为稳态分析，本章用 $y(\infty)$（如 $u(\infty)$，$i(\infty)$ 等 ）表示换路后的稳态电量。

过渡过程　当电路处于稳态时，电路由于换路而从一种稳态转变到另一种稳态，这个“转变”的过程称为过渡过程。又因过渡过程仅在一段时间内存在，所以又称为暂态过程。

例如，图示 4.1.1 电路，在 $t=0$ 时刻以前，开关 S 连接于 a 点，电路处于稳态，这时电容上的电压 $u_C(0_-)=0$、电感中的电流 $i_L(0_-)=0$。当 $t=0$ 时开关 S 动作连接于 b 点，经过无限长的时间后，电路达到新的稳态，此时电容上的电压 $u_C(\infty)=U_S$、电感中的电流 $i_L(\infty)=U_S/R_1$。

可见，由于在 $t=0$ 时开关 S 动作，使电路产生了换路，换路则引发电路由一个稳态过渡到另一个稳态，出现了过渡过程。

产生过渡过程的原因是由于电路中有储能元件（电容或电感元件）。例如，图 4.1.1（a）中，在电容支路中无冲激电流，电容储存的电场能量不能跃变，因此，电容端电压由 0 V 充电到 U_S 时需要有一个过渡过程。如果电路中没有电容、电感元件，建立起来的电路方程是代数方程，电路从一个稳态到另一个稳态是瞬时完成，即不存在过渡过程。

4.1 换路定则及初始值

4.1.1 换路定则

在一阶电路中，由于电容和电感元件为储能元件，因此，在电路发生换路瞬间，如果电路中不存在无限大的电流和无限大的电压，则电容上的电压和电感中的电流不会发生突变，即在换路瞬间，电容上的电压不发生跃变，电感中的电流不发生跃变，这一规则又称为换路定则，或换路条件。常用下式表示

$$\begin{cases} u_C(0_+)=u_C(0_-) \\ i_L(0_+)=i_L(0_-) \end{cases} \tag{4.1.1}$$

4.1.2 初始值

在 $t=0_+$ 瞬间，只有 $u_C(0_+)=u_C(0_-)$ 和 $i_L(0_+)=i_L(0_-)$ 成立，其余元件上的电压 $u(0_+)$、电流 $i(0_+)$ 没有这样的约束条件。但可以根据 $t=0_+$ 瞬间的等效电路求得，其一般求解步骤为：

1）计算 $u_C(0_+)$，$i_L(0_+)$ 值

（1）根据 $t=0_-$ 时的电路，计算 $u_C(0_-)$，$i_L(0_-)$。如果电路在 $t=0_-$ 时为直流稳态电路，则电容器 C 用开路替代，电感器 L 用短路替代，运用直流电路分析方法求解出 $u_C(0_-)$，$i_L(0_-)$ 值。

如果电路在 $t=0_-$ 时为正弦稳态电路，用相量分析方法确定 $\dot{U}_C$，$\dot{I}_L$，再写出时域式 $u_C(t)$，$i_L(t)$，令式中 $t=0_-$，即得 $u_C(0_-)$，$i_L(0_-)$ 值。

（2）$t=0_+$ 时，由换路定则 $u_C(0_+)=u_C(0_-)$，$i_L(0_+)=i_L(0_-)$，得 $u_C(0_+)$，$i_L(0_+)$ 值。

2）画 $t=0_+$ 瞬间的等效电路

（1）电容 C 的等效变换。若在 $t=0_+$ 瞬间，电容上的电压值为 $u_C(0_+)$，而且 $u_C(0_+)\neq 0$，则电路中的电容 C 可以用直流电压源来等效替代，如图 4.1.2（a）所示。如果 $u_C(0_+)=0$，则可将电容 C 视为短路，如图 4.1.2（b）所示。

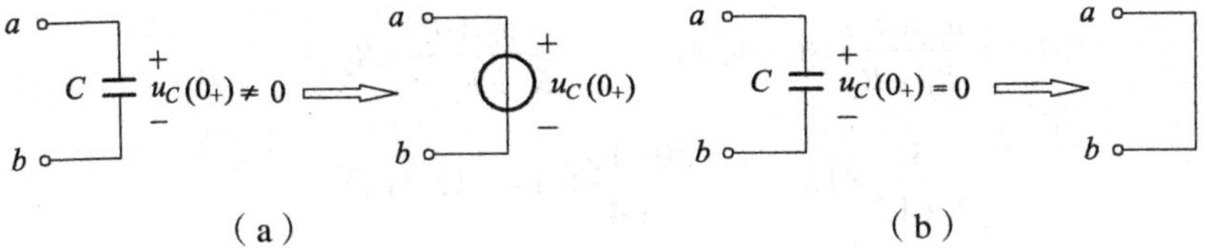

图 4.1.2　$t=0_+$ 时 $u_C(0_+)$ 的等效电路

（2）电感L的等效变换。若在$t=0_+$瞬间，电感中的电流值为$i_L(0_+)$，而且$i_L(0_+)\neq 0$，则电路中的电感L可以用直流电流源来等效替代，如图 4.1.3（a）所示。如果$i_L(0_+)=0$，则可将电感L视为开路，如图 4.1.3（b）所示。

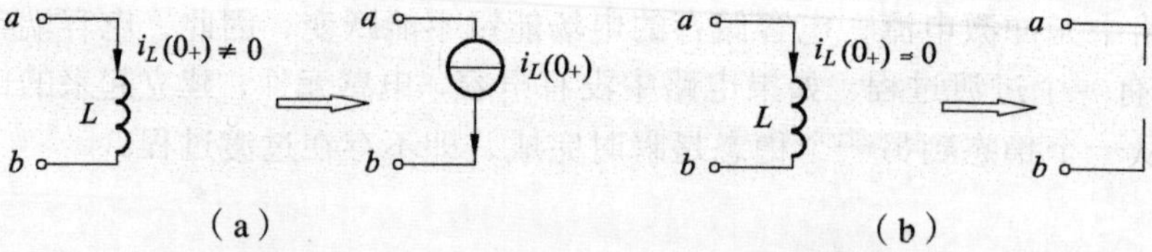

图 4.1.3　$t=0_+$时$i_L(0_+)$的等效电路

3）计算其他初始值

根据$t=0_+$瞬间的等效电路，用电路分析方法计算电路中除了$u_C(0_+)$，$i_L(0_+)$外，其余元件上的初始值，即电压$u(0_+)$、电流$i(0_+)$。

例 4.1.1　电路如图 4.1.4 所示，$t<0$时电路处于稳态，$t=0$时开关 S 断开。已知：$R_1=3\ \Omega$，$R_2=4\ \Omega$，$R_3=8\ \Omega$，$R_4=12\ \Omega$，$R_5=1\ \Omega$，$U_S=20\ \text{V}$。试求电路的初始电流$i(0_+)$。

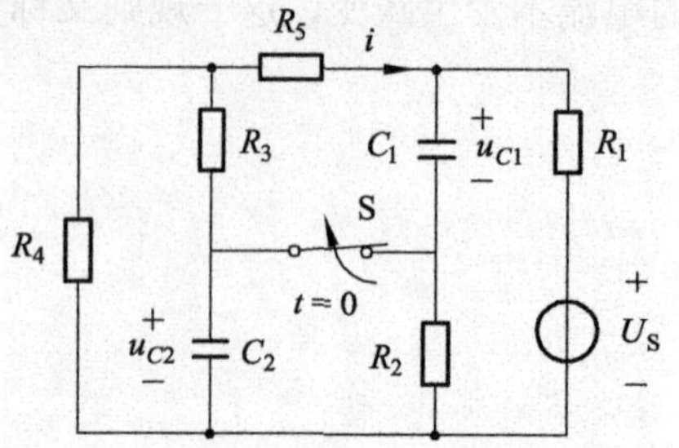

图 4.1.4　例 4.1.1 图

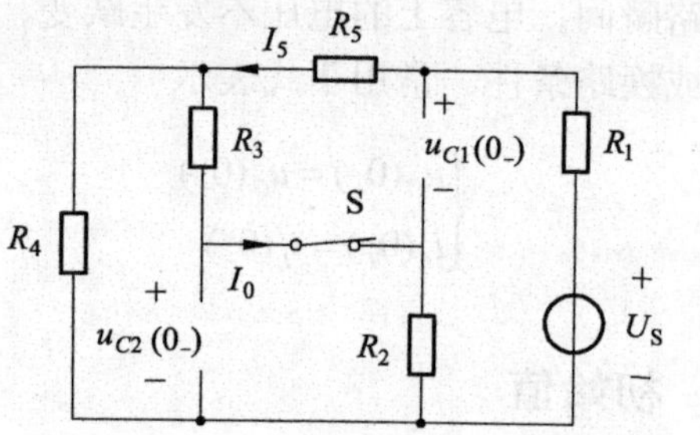

图 4.1.5　$t=0_-$时的等效电路

解　首先确定电容电压$u_{C1}(0_+)$，$u_{C2}(0_+)$。$t=0_-$时电路如图 4.1.5 所示，解得

$$I_0=I_5/2=1\ \text{(A)}$$

$$u_{C1}(0_-)=R_5I_5+R_3I_0=1\times2+8\times1=10\ \text{(V)}$$

$$u_{C2}(0_-)=R_2I_0=4\ \text{(V)}$$

根据换路定则，有

$$u_{C1}(0_+)=u_{C1}(0_-)=10\ \text{V},\quad u_{C2}(0_+)=u_{C2}(0_-)=4\ \text{V}$$

$t=0_+$时的等效电路（电容元件用电压源等效替代）如图 4.1.6（a）所示，用戴维南定理求解电路，如图 4.1.6（b）所示。

（1）求开路电压$U(0_+)$，其电路如图 4.1.7（a）所示。

$$U(0_+)=\frac{u_{C2}(0_+)}{R_3+R_4}\cdot R_4-u_{C1}(0_+)-\frac{U_S-u_{C1}(0_+)}{R_1+R_2}\cdot R_2$$

$$=\frac{4}{8+12}\times12-10-\frac{20-10}{3+4}\times4\approx-13.31\ \text{(V)}$$

（2）求等效电阻R_0，其电路如图 4.1.7（b）所示。

$$R_0 = R_3 // R_4 + R_1 // R_2 \approx 6.51\ (\Omega)$$

（3）由戴维南等效电路求初始电流 $i(0_+)$，电路如图 4.1.6（b）所示。

$$i(0_+) = \frac{U(0_+)}{R_0 + R_5} = \frac{-13.31}{6.51+1} \approx -1.77\ (\text{A})$$

可见，初始值的分析计算除了运用基本的换路定则外，还涉及稳态电路的分析方法。

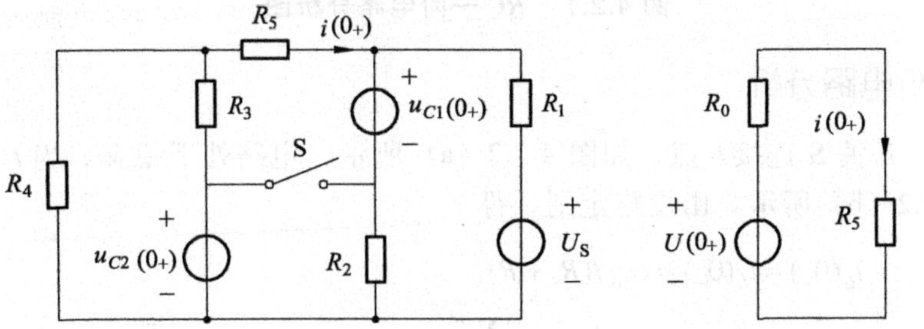

（a）$t=0_+$ 瞬时的等效电路　　（b）戴维南等效电路

图 4.1.6　$t=0_+$ 瞬时的电路

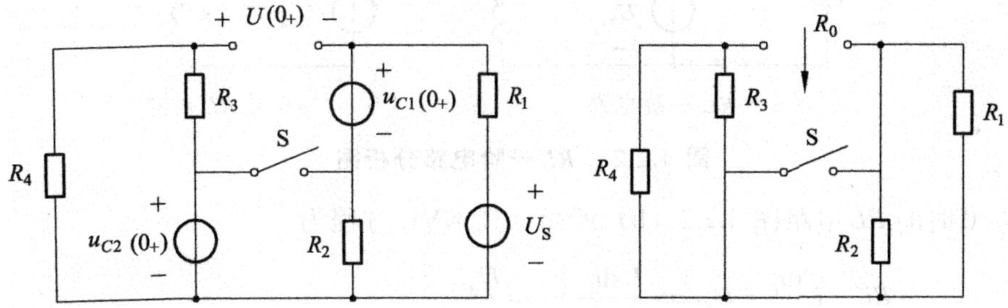

（a）　　（b）

图 4.1.7　$t=0_+$ 瞬时的戴维南定理

4.2　三要素法

4.2.1　一阶电路微分方程的建立

1. RC 一阶电路分析

当 $t<0$ 时，开关 S 连接 b 点，如图 4.2.1（a）所示。电路处于稳态，则 $u_C(0_-) = U_{S1}$。当 $t \geqslant 0$ 时，开关 S 动作，如图 4.2.1（b）所示。由换路定则，得

$$u_C(0_+) = u_C(0_-) = U_{S1}$$

根据 $t \geqslant 0$ 时所示的 RC 电路图 4.2.1（b），列 KVL 方程为

$$RC\frac{\mathrm{d}u_C}{\mathrm{d}t} + u_C = U_{S2} \tag{4.2.1}$$

令式（4.2.1）中 $\tau = RC$，则 τ 称为时间常数，单位为秒（s）。

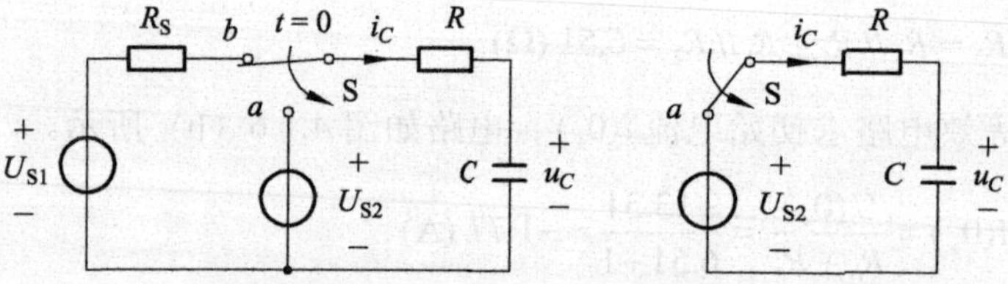

（a）RC 一阶电路　　（b）$t \geqslant 0$ 时 RC 电路

图 4.2.1　RC 一阶电路分析图

2. *RL*一阶电路分析

当$t<0$时，开关 S 连接b点，如图 4.2.2（a）所示，电路处于稳态。当$t \geqslant 0$时，开关 S 动作，如图 4.2.2（b）所示。由换路定则，得

$$i_L(0_+) = i_L(0_-) = U_{S1}/(R_S + R)$$

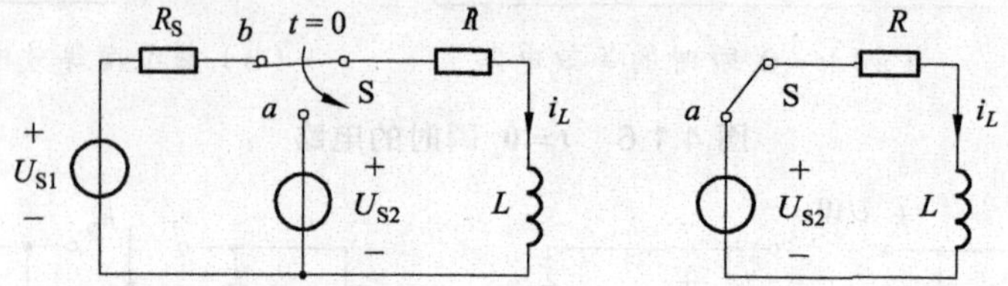

（a）RL 一阶电路　　（b）$t \geqslant 0$ 时 RL 电路

图 4.2.2　RL 一阶电路分析图

根据$t \geqslant 0$时的 *RL* 电路图 4.2.2（b）所示，列 KVL 方程为

$$Ri_L + L\frac{di_L}{dt} = U_{S2} \Rightarrow \frac{L}{R}\frac{di_L}{dt} + i_L = \frac{U_{S2}}{R} \tag{4.2.2}$$

令式（4.2.2）中$\tau = L/R$，则τ为时间常数，单位为秒（s）。

4.2.2　三要素法概述

若以$y(t)$作为电路变量，即用变量$y(t)$表示电压$u(t)$或电流$i(t)$，则由式（4.2.1）和式（4.2.2）可写出一阶电路微分方程的一般表达式为

$$\frac{dy}{dt} + \frac{1}{\tau}y = F \tag{4.2.3}$$

其中，F为直流电路激励下的常数，当激励不为零时，F可能不为零，式（4.2.3）称为线性非齐次微分方程；当激励为零时，$f(t)=0$，称为线性齐次微分方程。

在数学分析中，非齐次方程的解由两部分组成：特解y_p和通解y_h。通解y_h是齐次方程的解，即

$$y(t) = y_p + y_h$$

解得

$$y(t) = y(\infty) + [y(0_+) - y(\infty)]e^{-\frac{t}{\tau}} \quad t \geqslant 0 \tag{4.2.4}$$

式（4.2.4）为三要素法的基本形式。即只要求解出初始值$y(0_+)$、稳态值$y(\infty)$和时间常数

τ，直接代入式（4.2.4）中，便可求得响应 $y(t)$。因此，$y(0_+)$，$y(\infty)$和τ称为一阶电路的三要素。三要素法不仅适用于求解电容电压和电感电流，同样适用于求解一阶电路中的其他变量。注意：

（1）在一阶微分方程式的求解中，必须注明方程式的时域$t \geqslant 0$。

（2）只有一阶电路才有时间常数τ的概念，即电路暂态过程的长短，由时间常数τ决定。τ越大，暂态过程就越长。τ的大小与初始值、电路激励源无关。即 RC 一阶电路中$\tau = RC$，RL一阶电路中$\tau = L/R$。

从理论上讲，电路完成暂态的时间为无限长（即$t=\infty$时，电路达到稳态），在工程上认为换路后经过 3τ~5τ，暂态过程结束。

（3）三要素法只适用于一阶电路。式（4.2.4）主要应用于一阶电路中激励为直流电源的情况。

4.2.3 三要素法解题基本步骤

（1）初始值 $y(0_+)$。一般分两步完成：第一步根据换路前（$t \leqslant 0$）稳态电路，计算电容电压$u_C(0_+) = u_C(0_-)$、电感电流$i_L(0_+) = i_L(0_-)$，对于直流稳态电路，电容相当于开路，电感相当于短路；第二步根据换路后$t = 0_+$瞬间电路，计算电路中其余变量的初始值 $y(0_+)$，其中电容用直流电压源$U_S = u_C(0_+)$等效替代，电感用直流电流源$I_S = i_L(0_+)$等效替代。

（2）求时间常数τ。根据换路后的等效二端网络 N，求储能元件C，L两端的戴维南等效电阻R，如图 4.2.3 所示。

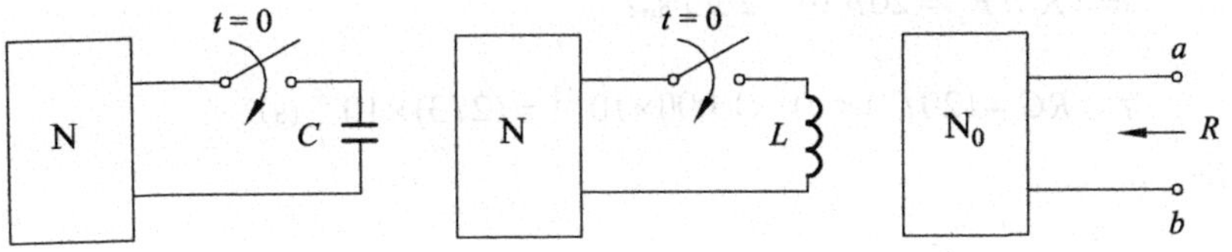

（a）$t \geqslant 0$ 时 RC 电路　（b）$t \geqslant 0$ 时 RL 电路　（c）戴维南等效电阻 R

图 4.2.3 戴维南等等效电阻 R

$$\begin{cases} RC\text{一阶电路有} & \tau = RC \\ RL\text{一阶电路有} & \tau = L/R \end{cases}$$

（3）求稳态解 $y(\infty)$。根据换路后$t=\infty$时的直流稳态电路，即电容为开路，电感为短路，求电路变量的稳态解 $y(\infty)$。

例 4.2.1 电路如图 4.2.4（a）所示，当$t<0$时电路为稳态，$t=0$时开关S_1闭合、S_2断开。已知：$R_1 = 20\ \text{k}\Omega$，$R_2 = 10\ \text{k}\Omega$，$R_3 = 30\ \text{k}\Omega$，$C = 1\,000\ \text{pF}$，$U_{S1} = 12\ \text{V}$，$U_{S2} = 8\ \text{V}$。试求电路响应$i_1(t)$，$i_C(t)$和$u_C(t)$。

解 当$t<0$时，电路稳态，电容相当于开路，如图 4.2.4（b）所示，得

$$u_C(0_-) = \frac{U_{S2}}{R_2 + R_3} R_2 = \frac{8}{10+30} \times 10 = 2\ (\text{V})$$

由换路定则，得　$u_C(0_+) = u_C(0_-) = 2\ \text{V}$

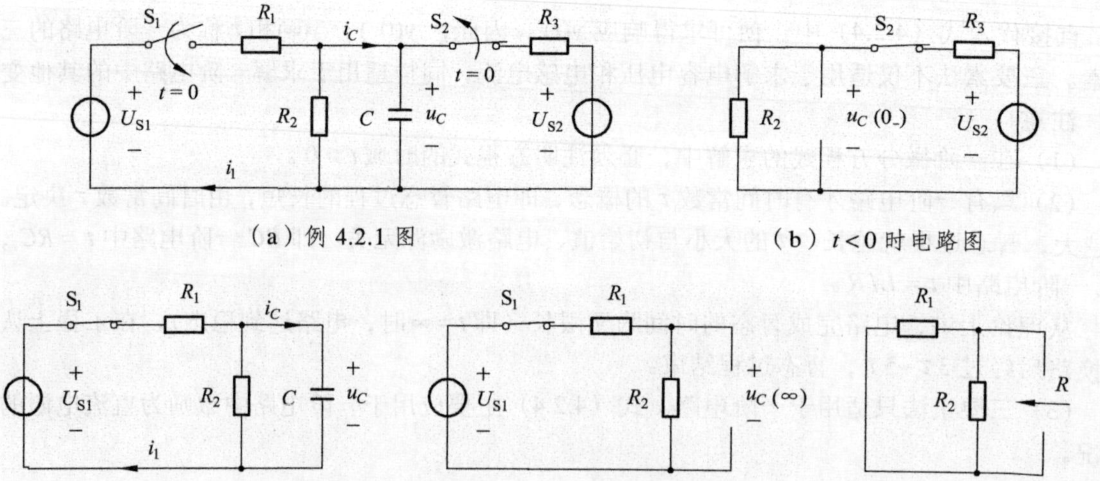

（a）例 4.2.1 图　　（b）$t<0$ 时电路图

（c）$t\geqslant 0$ 时的电路图　　（d）$t=\infty$ 时电路图　　（e）戴维南等效电阻 R

图 4.2.4　例 4.2.1 题的分析计算图

当 $t\geqslant 0$ 时电路如图 4.2.4（c）所示，电容电压的稳态值可由图 4.2.4（d）求得

$$u_C(\infty)=\frac{U_{S1}}{R_1+R_2}R_2=\frac{12}{20+10}\times 10=4\ (\text{V})$$

电容两端的戴维南等效电阻 R，如图 4.2.4（e）所示，即

$$R=R_1 // R_2=20//10=20/3\ \text{k}\Omega$$

时间常数 τ 为　　$\tau=RC=(20/3)\times 10^3\times 1\,000\times 10^{-12}=(2/3)\times 10^{-5}\ (\text{s})$

由三要素法，得

$$u_C(t)=u_C(\infty)+[u_C(0_+)-u_C(\infty)]\text{e}^{-\frac{t}{\tau}}=4-2\text{e}^{-1.5\times 10^5 t}\ \text{V}\quad t\geqslant 0$$

当 $t\geqslant 0$ 时，根据电容元件特性有

$$i_C(t)=C\text{d}u_C/\text{d}t=0.3\text{e}^{-1.5\times 10^5 t}\ \text{mA}\quad t\geqslant 0$$

$$i_1(t)=[U_{S1}-u_C(t)]/R_1=0.4+0.1\text{e}^{-1.5\times 10^5 t}\ \text{mA}\quad t\geqslant 0$$

电路分析中有两个重要的基本知识点必须掌握，即元件上电压与电流的基本特性，电路中各支路的电压、各结点的电流受基尔霍夫定律的约束关系。一阶电路的分析是建立在稳态电路理论基础上的，各电量的分析和三要素的求解，无一不涉及电路分析的基础知识。所以在学习本章节时，应充分运用前面所学习的各知识点内容，灵活机智地分析求解各题的响应。

例 4.2.2　电路如图 4.2.5（a）所示，当 $t<0$ 时电路为稳态。已知：$U_S=100\ \text{V}$，$R_1=R_2=25\ \Omega$，$L=12.5\ \text{H}$，$t=0$ 时开关 S 闭合，经过 2 s 后又将开关 S 断开。试求开关 S 断开后的电流 $i_L(t)$ 及 $i_2(t)$。

解　由题意可知，$t<0$ 时电路为稳态，即　$i_L(0_+)=i_L(0_-)=0$

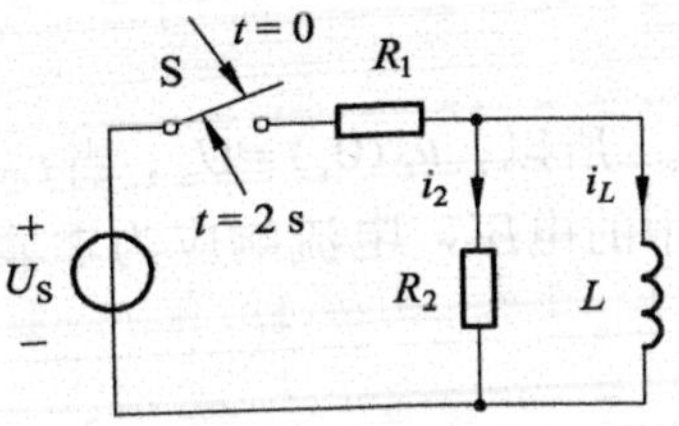

（a）例 4.2.2 图

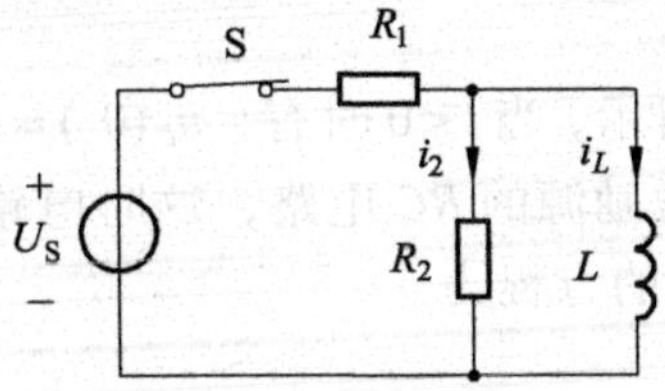

（b）$0 \leqslant t < 2$ s 时的电路

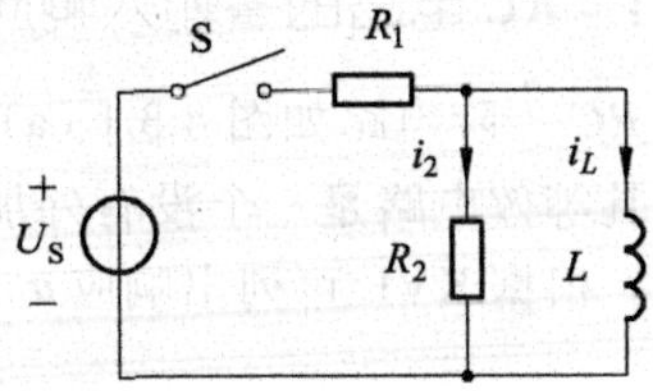

（c）$t \geqslant 2$ s 时的电路

图 4.2.5　例 4.2.2 题的分析计算图

当 $0 \leqslant t < 2$ s 时，电路如图 4.2.5（b）所示。在 $t = \infty$ 时，电路处于稳态，电感上电压为零，电感元件相当于短路，则有

$$i_L(\infty) = U_S / R_1 = 4\ \text{A}$$

电路图 4.2.5（b）的时间常数 τ_1 为　$\tau_1 = L/(R_1 // R_2) = 1\ \text{(s)}$

$$i_L(t) = i_L(\infty) + [i_L(0_+) - i_L(\infty)]\text{e}^{-\frac{t}{\tau_1}} = 4(1 - \text{e}^{-t})\ \text{A} \qquad 0 \leqslant t \leqslant 2\ \text{s}$$

当 $t = 2$ s 时，由上式得 $i_L(2_-)$ 为

$$i_L(2_+) = i_L(2_-) = 4(1 - \text{e}^{-2}) \approx 3.46\ \text{(A)}$$

当 $t \geqslant 2$ s 时，电路如图 4.2.5（c）所示，有

$$i_L(\infty) = 0\ , \qquad \tau_2 = L/R_2 = 0.5\ \text{(s)}$$

解得
$$i_L(t) = i_L(\infty) + [i_L(2_+) - i_L(\infty)]\text{e}^{-\frac{t-2}{\tau_2}} = 3.46\text{e}^{-2(t-2)}\ \text{A} \qquad t \geqslant 2\ \text{s}$$

$$i_2(t) = -i_L(t) = -3.46\text{e}^{-2(t-2)}\ \text{A} \qquad t \geqslant 2\ \text{s}$$

注意：当因换路发生了新的过渡过程时，时间常数 τ 由换路后的电路确定。上例中，在 $0 \leqslant t < 2$ s 时间段中，电路换路后如图 4.2.5（b）所示，时间常数 $\tau_1 = 1$ s；在 $t \geqslant 2$ s 时间段中，电路换路后如图 4.2.5（c）所示，时间常数 $\tau_2 = 0.5$ s。

4.3　一阶电路的零输入响应、零状态响应和全响应

电路响应可分解为零输入响应、零状态响应，同时这两种响应又可以叠加为全响应。下面我们分别讨论这些响应的物理意义，加深理解一阶电路的暂态过程及响应。

4.3.1　一阶电路的零输入响应

零输入响应是指一阶电路换路后，当外加激励源为零时，由储能元件 C，L 的初始储能所引起的响应。即电路中所有的电压源和电流源值为零，而电容电压 $u_C(0_+) \neq 0$、电感电流 $i_L(0_+) \neq 0$，这时的电路响应称为零输入响应。

1. *RC*电路的零输入响应

RC 一阶电路如图 4.3.1（a）所示，当 $t<0$ 时有：$u_C(0_-)=U_S$，所以，$u_C(0_+)=U_S$，当 $t\geqslant 0$ 时，其等效电路是一个没有外加激励源的 *RC* 电路，这时电路中的电压、电流响应为零输入响应。根据 KVL 可列出响应 $u_C(t)$ 的方程为

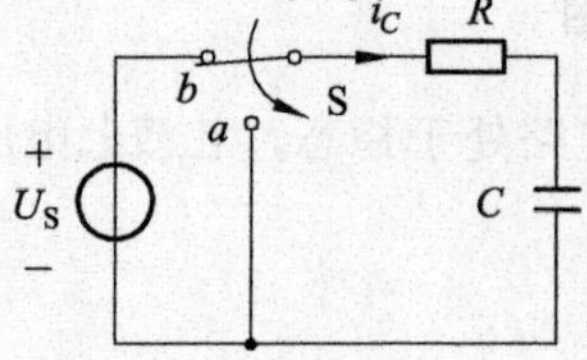

（a）*RC* 一阶电路的零输入响应

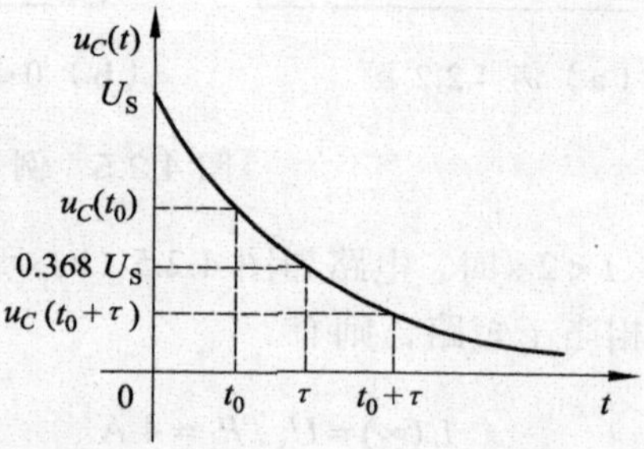

（b）u_C 曲线与时间常数 τ 的关系

图 4.3.1　*RC* 电路的零输入响应

$$RC\frac{\mathrm{d}u_C}{\mathrm{d}t}+u_C=0\Rightarrow\frac{\mathrm{d}u_C}{\mathrm{d}t}+\frac{1}{\tau}u_C=0$$

可见，零输入响应是由一阶电路的通解所得，解为

$$u_C(t)=U_S\mathrm{e}^{-\frac{t}{RC}}\quad t\geqslant 0$$

同理，其零输入响应也可直接由三要素法解得。即

$$u_C(0_+)=u_C(0_-)=U_S\text{，}\ \tau=RC\text{，}\ u_C(\infty)=0$$

由三要素法得零输入响应为

$$u_C(t)=u_C(\infty)+[u_C(0_+)-u_C(\infty)]\mathrm{e}^{-\frac{t}{\tau}}=U_S\mathrm{e}^{-\frac{t}{RC}}\quad t\geqslant 0$$

可见，$u_C(0_+)=U_S$ 说明在 $t=0_+$ 时电容有能量储存，这些能量又通过耗能元件电阻 R 转化为热能消耗掉，而电容器储存的能量是有限的，所以，理论上讲，是经过了无限长的时间（$t\to\infty$）后，$u_C\to 0$ 和 $i_C\to 0$，电容上储存的电场能全部消耗殆尽，即暂态结束，如图 4.3.1（b）所示。但工程上通常认为换路后经过 $3\tau\sim 5\tau$ 过渡过程就结束了，如表 4.3.1 所示。

表 4.3.1　u_c 参数值与时间常数 τ 的关系

t	0_+	τ	2τ	3τ	4τ	5τ	…	∞
u_C	U_S	$0.368\,U_S$	$0.135\,U_S$	$0.050\,U_S$	$0.018\,U_S$	$0.007\,U_S$	…	0

2. *RL*电路的零输入响应

图 4.3.2 是一个 *RL* 一阶电路，$t=0$ 时开关 S 闭合 a 点，分析 $t\geqslant 0$ 时的电感电流 i_L 和电压 u_L。直接用三要素法解得电感电流的零输入响应为

$$i_L(t)=i_L(\infty)+[i_L(0_+)-i_L(\infty)]e^{-\frac{t}{\tau}}$$

$$=\frac{U_S}{R}e^{-\frac{R}{L}t} \qquad t\geqslant 0$$

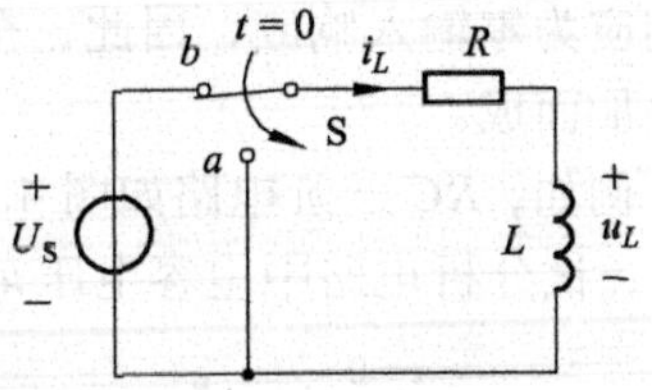

图 4.3.2 ***RL*** **电路的零输入响应**

4.3.2 一阶电路的零状态响应

零状态响应是指一阶电路换路瞬间，储能元件 C，L 上储存的能量为零，换路后电路由外加激励源所引起的电压、电流响应。即换路瞬间电容电压 $u_C(0_+)=0$、电感电流 $i_L(0_+)=0$，称为零状态电路。零状态电路对外加激励源的响应称为零状态响应。

1. *RC*电路的零状态响应

RC 电路如图 4.3.3 所示，试分析电路的零状态响应 $u_C(t)$ 和 $i_C(t)$。

直接用三要素法解得零状态响应为

$$u_C=U_S(1-e^{-\frac{t}{RC}}) \qquad t\geqslant 0$$

理论上讲，当 $t\to\infty$ 时，暂态过程结束，电路达到稳态。u_C 零状态响应曲线如图 4.3.4 所示。

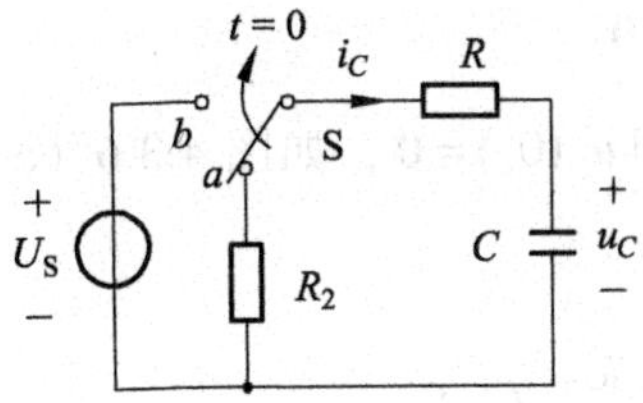

图 4.3.3 ***RC*** **电路的零状态响应**

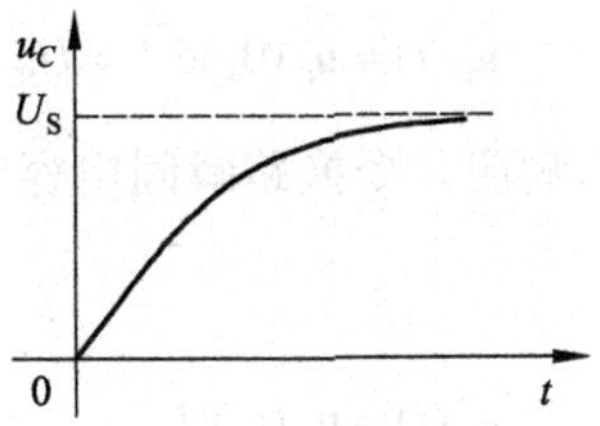

图 4.3.4 u_c **零状态响应曲线**

2. *RL*电路的零状态响应

RL 电路如图 4.3.5 所示。试用三要素法分析电路的零状态响应 $i_L(t)$ 和 $u_L(t)$。

直接用三要素法解得电压零状态响应为

$$u_L(t)=U_S-Ri_L=U_Se^{-\frac{R}{L}t} \qquad t\geqslant 0$$

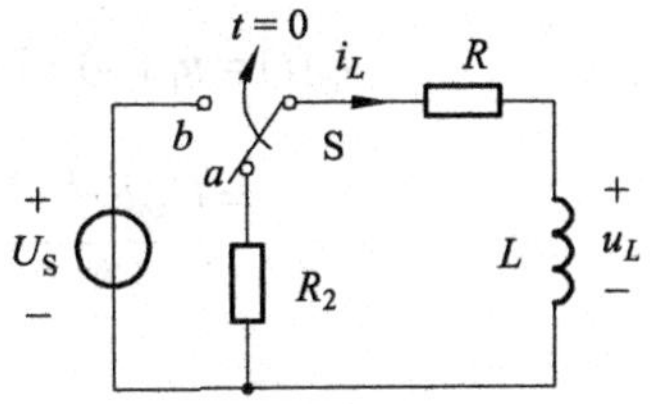

图 4.3.5 ***RL*** **电路的零状态响应**

4.3.3 一阶电路的全响应

当一阶电路的外加激励源和初始状态都不为零时，即一阶电路换路后外加电压源或电流源不为零，电路初始状态值电容电压 $u_C(0_+)\neq 0$、电感电流 $i_L(0_+)\neq 0$，这时的电路响应称为一阶电路的全响应。

前面我们讨论了，由外加激励源产生的电路响应为零状态响应，由初始状态值产生的电路响应为零输入响应，因此，全响应可以由三要素法求得，也可以由零状态响应和零输入响应叠加而成。

例如，RC 一阶电路如图 4.3.6（a）所示。在 $t<0$ 时电路处于稳态，当 $t=0$ 时开关 S 闭合 b 点，试分析电路中电容电压 $u_C(t)$ 的零输入响应、零状态响应和全响应。

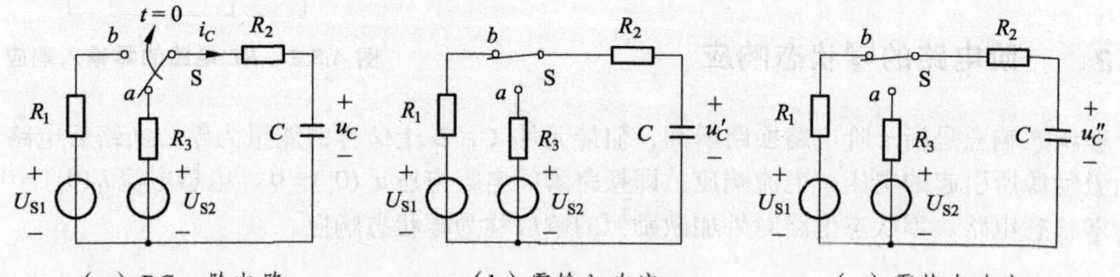

（a）RC 一阶电路　（b）零输入响应　（c）零状态响应

图 4.3.6　RC 电路的全响应

先计算图 4.3.6（a）的三要素，为

$$u_C(0_+)=u_C(0_-)=U_{S2}\text{ ，}\ \tau=(R_1+R_2)C\text{ ，}\ u_C(\infty)=U_{S1}$$

根据各种响应的基本定义，分析如下

（1）零输入响应。令换路后电路中的独立电源为零，即电压源 $U_{S1}=0$ ，用短路线等效替代，如图 4.3.6（b）所示，零输入响应为

$$u_C'(t)=u_C(0_+)e^{-\frac{t}{\tau}}=U_{S2}e^{-\frac{t}{(R_1+R_2)C}}\quad t\geqslant 0$$

（2）零状态响应。令换路瞬间电容电压为零，即 $u_C(0_+)=0$ ，如图 4.3.6（c）所示，则零状态响应为

$$u_C''(t)=u_C(\infty)(1-e^{-\frac{t}{\tau}})=U_{S1}[1-e^{-\frac{t}{(R_1+R_2)C}}]\quad t\geqslant 0$$

（3）全响应。用三要素法解得

$$u_C(t)=u_C(\infty)+[u_C(0_+)-u_C(\infty)]e^{-\frac{t}{\tau}}=U_{S1}+(U_{S2}-U_{S1})e^{-\frac{t}{(R_1+R_2)C}}$$

$$=\underbrace{U_{S2}e^{-\frac{t}{(R_1+R_2)C}}}_{\text{零输入响应}}+\underbrace{U_{S1}[1-e^{-\frac{t}{(R_1+R_2)C}}]}_{\text{零状态响应}}$$

其中，$(U_{S2}-U_{S1})e^{-\frac{t}{(R_1+R_2)C}}$ 称为暂态分量（或暂态响应），反映了由换路引起的电路从一个稳态过渡到另一个稳态时电量变化的规律，即随着时间的增长，暂态分量按指数规律 $e^{-\frac{t}{\tau}}$ 衰减，最后为零，过渡过程结束。U_{S1} 称为稳态分量，当暂态结束时电路进入新的稳定状态。即

全响应＝稳态分量＋暂态分量＝零输入响应＋零状态响应

零输入响应、零状态响应和全响应的变化规律可用曲线来描述，如图 4.3.7 所示。

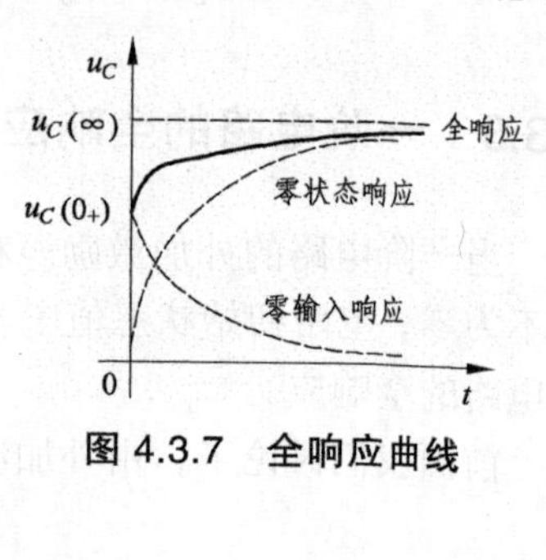

图 4.3.7　全响应曲线

4.4 RC 微分电路和积分电路

在电子电路中，常运用 RC 电路的充电和放电特性与其他电子器件组成自激振荡电路、信号产生电路等，其中 RC 电路的激励 u_i 常为矩形脉冲。

1. RC 微分电路

如图 4.4.1 所示为 RC 微分电路，设 u_i 为输入矩形脉冲电压，u_o 为输出端开路电压，则输入电压与输出电压关系为

$$u_o = Ri = RC\frac{du_C}{dt}$$

若 $u_C \gg u_o$，则 $u_i \approx u_C$

即
$$u_o = RC\frac{du_C}{dt} \approx RC\frac{du_i}{dt} \tag{4.4.1}$$

可见，式（4.4.1）中的输出电压 u_o 与输入电压 u_i 近似成微分关系。所以图 4.4.1 称为微分电路。

满足 $u_C \gg Ri$ 的条件为：电阻 R 和电容 C 参数值要小，即 RC 微分电路的时间常数 $\tau = RC$ 要很小。由此可得 RC 微分电路的时间常数 $\tau \ll t_P$（t_P 如图 4.4.2 所示）。

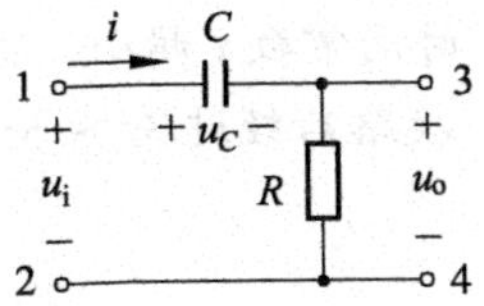

图 4.4.1　RC 微分电路

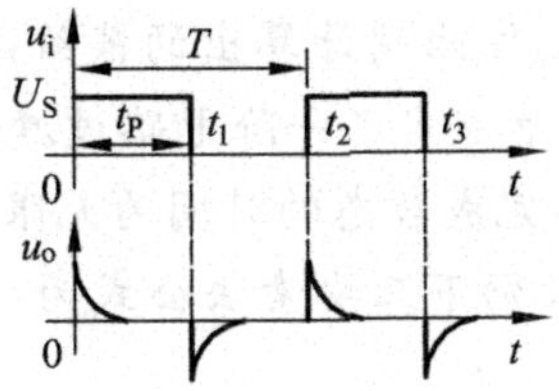

图 4.4.2　输入电压 u_i 与输出电压 u_o 的波形

2. RC 积分电路

如图 4.4.3 所示为 RC 积分电路，设 u_i 为输入矩形脉冲电压，u_o 为输出端开路电压，则输入电压与输出电压关系为

$$u_o = \frac{1}{C}\int_{-\infty}^{t} i\,dt = \frac{1}{C}\int_{-\infty}^{t}\frac{u_R}{R}dt = \frac{1}{RC}\int_{-\infty}^{t}u_R dt$$

若 $u_R \gg u_o$，则 $u_i \approx u_R$

即
$$u_o = \frac{1}{RC}\int_{-\infty}^{t}u_i dt \tag{4.4.2}$$

可见，式（4.4.2）中的输出电压 u_o 与输入电压 u_i 近似成积分关系。所以图 4.4.3 称为积分电路。

满足 $u_C \ll Ri$ 的条件为：电阻 R 和电容 C 参数值要大，即 RC 积分电路的时间常数 $\tau = RC$ 要很大。由此可得 RC 积分电路的时间常数 $\tau \gg t_P$。由于 RC 积分电路的时间常数 $\tau \gg t_P$，所以无论是对电容器的充电还是放电，其过渡过程时间很长，即利用电容器的缓慢充放电特性，使输出电压 u_o 近似线性增长或线性减小，如图 4.4.4 所示。

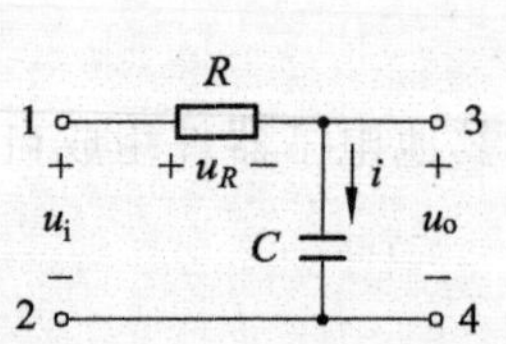

图 4.4.3　*RC* 积分电路

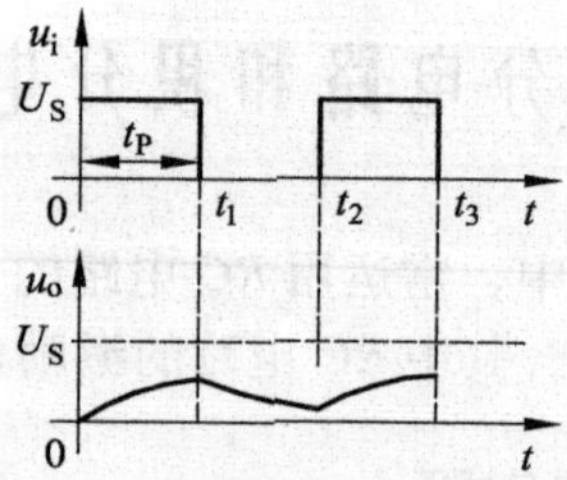

图 4.4.4　输入电压 u_i 与输出电压 u_o 的波形

小　　结

（1）三要素：初始值 $y(0_+)$、时间常数 τ、换路后的稳态值 $y(\infty)$ 称为一阶电路的三要素。

（2）初始值 $y(0_+)$：换路瞬间的电容电压 $u_C(0_+)$、电感电流 $i_L(0_+)$ 称为初始状态值（或初始值）。除初始状态值以外的初始电压 $u(0_+)$、初始电流 $i(0_+)$ 称为一阶电路的初始值。

换路定则：$u_C(0_+)=u_C(0_-)$，$i_L(0_+)=i_L(0_-)$

（3）稳态值 $y(\infty)$：当一阶电路换路后经过了无限长的时间（即 $t=\infty$），达到新的稳态时的电压、电流值，称为一阶电路的稳态值 $y(\infty)$。

（4）在直流稳态电路中，电容相当于开路、电感相当于短路。

（5）*RC* 一阶电路的时间常数为 $\tau=RC$，*RL* 一阶电路的时间常数为 $\tau=L/R$。时间常数 τ 中的 *R*，是储能元件两端计算出的戴维南等效电阻。

（6）时间常数 τ 决定了一阶电路过渡过程的时间长短。时间常数 τ 越小，过渡过程就越短。从理论上讲，电路完成暂态的时间为无限长，实际上认为，换路后经过 $3\tau\sim5\tau$ 暂态过程结束。

（7）在直流激励下三要素法公式为

$$y(t)=y(\infty)+[y(0_+)-y(\infty)]e^{-\frac{t}{\tau}}\quad t\geqslant 0$$

（8）一阶电路的全响应公式为

$$y(t)=y(0_+)e^{-\frac{t}{\tau}}+y(\infty)(1-e^{-\frac{t}{\tau}})\quad t\geqslant 0$$

习　　题

4.1　电路如题 4.1 图所示，换路前电路处于稳态，在 $t=0$ 时开关 S 闭合，该电路将产生过渡过程的原因是（　　）。

a. 电路中有储能元件，而且电路发生了换路

b. 电路发生了换路

c. 电路换路后，电感中的电流发生了变化

d. 电路换路后，电阻中的电流发生了变化

4.2　电路如题 4.2 图所示，换路前电路处于稳态，在 $t=0$ 时开关 S 闭合，则电路的初始值电流 $i(0_+)$ 为（　　）。

a. 1 A　　　　b. 2 A　　　　c. 3 A　　　　d. 4 A

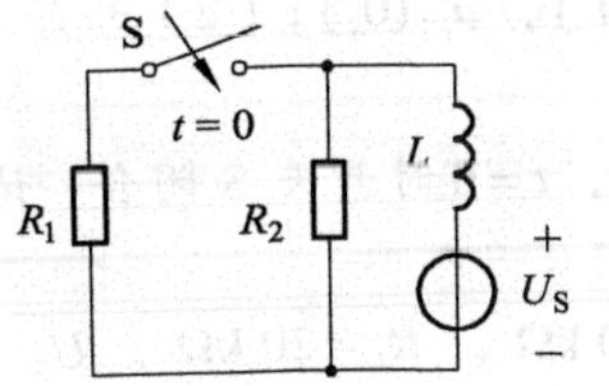

题 4.1 图

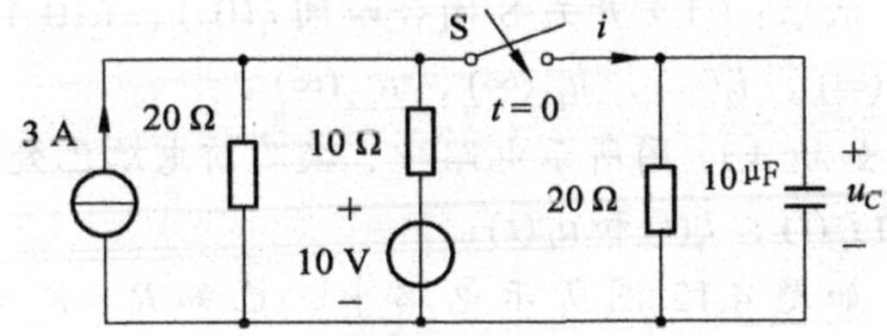

题 4.2 图

4.3　电路如题 4.2 图所示，换路前电路处于稳态，在 $t=0$ 时开关 S 闭合，当 $t=\infty$ 时，电路的稳态电流 $i_C(\infty)$ 为（　　）。

a. 20 V　　　　b. 10 V　　　　c. 5 V　　　　d. 0 V

4.4　在换路瞬间，如果电路中电压、电流为有限值，则下列各项中除（　　）不能跃变外，其他全可跃变。

a. 电感电压　　　　b. 电容电流　　　　c. 电感电流　　　　d. 电阻电压

4.5　电路如题 4.5 图所示，则换路后电路的时间常数 τ 为（　　）。

a. $90C$　　　　b. $60C$　　　　c. $30C$　　　　d. 15C

4.6　电路如题 4.6 图所示，换路前电路处于稳态，并已知 $i_L(0_-)=0$，在 $t=0$ 时开关 S 闭合，则 $t\geqslant0$ 时电感电流响应 $i_L(t)=$（　　）。

a. 1 A　　　　b. e^{-2t}　　　　c. $1-e^{-2t}$　　　　d. $1-e^{-5t}$

4.7　题 4.7 图所示电路换路前已处于稳态，$t=0$ 时开关 S 闭合，试求 $i_1(0_+)$，$i_L(0_+)$ 及 $u_L(0_-)$ 和 $u_L(0_+)$，并解释为什么 $u_L(0_+)\neq u_L(0_-)$。

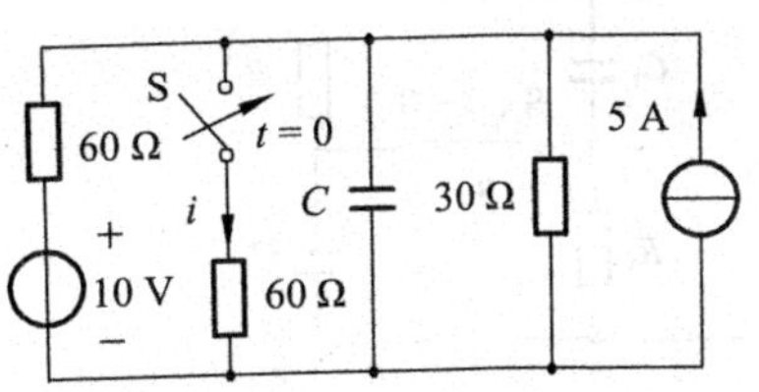

题 4.5 图

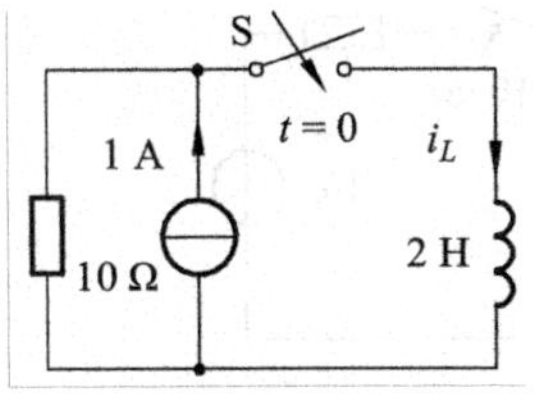

题 4.6 图

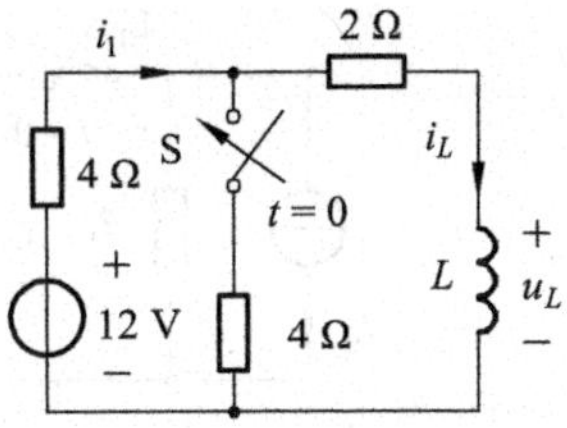

题 4.7 图

4.8　如题 4.8 图所示电路中，换路前电路已处于稳态，$t=0$ 时开关 S 断开，试求 $i_L(0_+)$，$u_C(0_+)$ 和 $u(0_+)$。

4.9　如题 4.9 图所示电路中，换路前电路已处于稳态。试求：（1）开关 S 闭合瞬间的 $i(0_+)$，$u_C(0_+)$ 及 $u(0_+)$；（2）开关 S 闭合电路稳定后的 $i(\infty)$、$u_C(\infty)$ 及 $u(\infty)$。

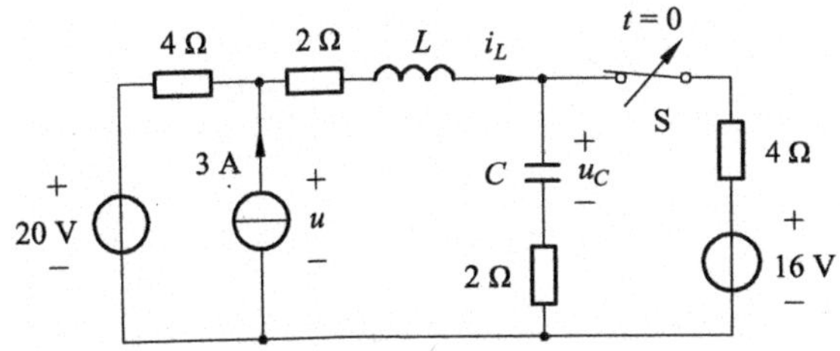

题 4.8 图

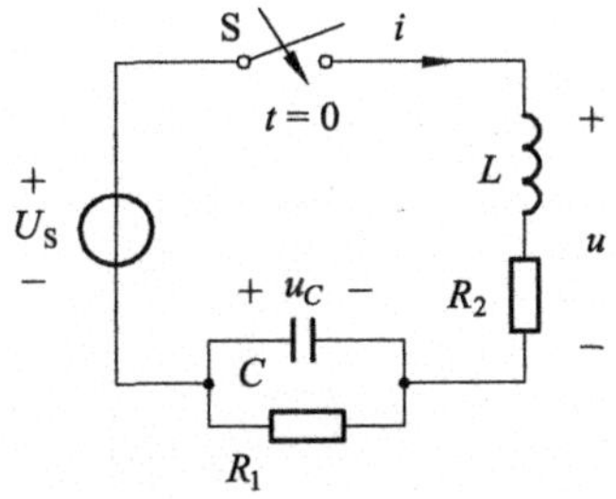

题 4.9 图

4.10　如题 4.10 图所示电路中，已知：$U_S = 10\ \text{V}$，$R_1 = 2\ \Omega$，$R_2 = 8\ \Omega$。换路前电路已处于稳态。试求：（1）开关 S 闭合瞬间 $i_1(0_+)$，$i_2(0_+)$，$u_{L1}(0_+)$，$u_{L2}(0_+)$；（2）开关 S 闭合电路稳定后 $i_1(\infty)$，$i_2(\infty)$，$u_{L1}(\infty)$，$u_{L2}(\infty)$。

4.11　如题 4.11 图所示电路中，换路前电路已处于稳态，$t=0$ 时开关 S 闭合，试求 $t \geqslant 0$ 时电路中的 $i_L(t)$，$i_1(t)$ 和 $u_L(t)$。

4.12　如题 4.12 图所示电路中，已知 $R_1 = R_2 = R_3 = 10\ \text{k}\Omega$，$R_4 = 20\ \text{k}\Omega$，$U_S = 10\ \text{V}$，$I_S = 2\ \text{mA}$，$C = 10\ \mu\text{F}$，换路前电路已处于稳态，$t=0$ 时开关 S 闭合，试求 $t \geqslant 0$ 时电路中的 $i_1(t)$ 和 $u_C(t)$。

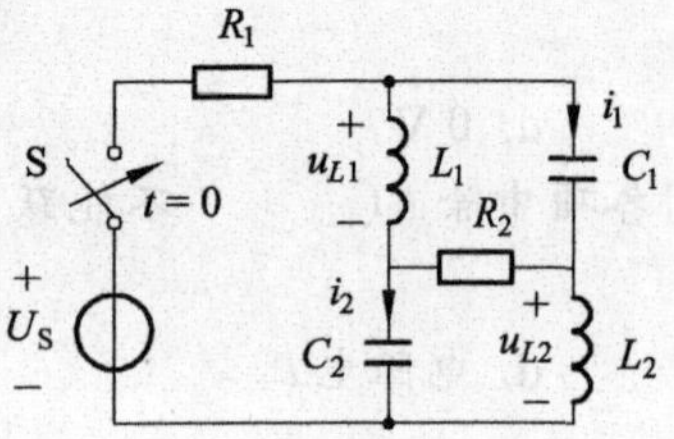

题 4.10 图

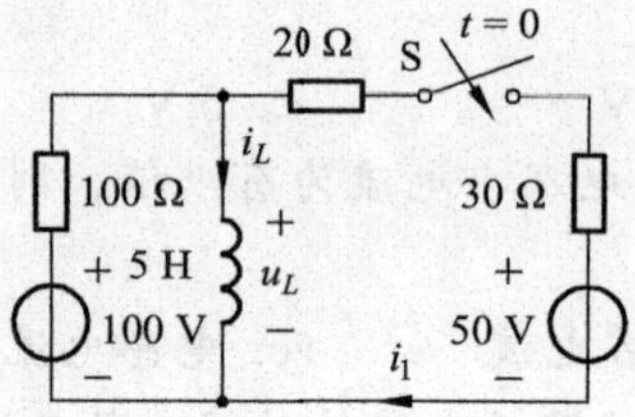

题 4.11 图

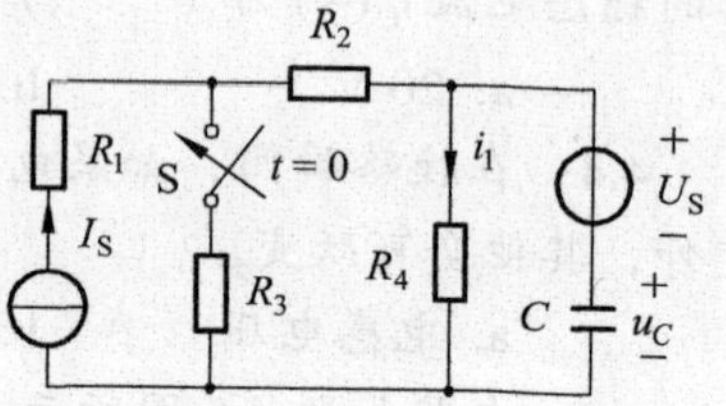

题 4.12 图

4.13　如题 4.13 图所示电路中，已知开关动作前电容器 C 的储能为 0，$R_1 = 4\ \text{k}\Omega$，$R_2 = 16\ \text{k}\Omega$，$I_S = 5\ \text{mA}$，$U_S = 30\ \text{V}$，$C = 20\ \mu\text{F}$，当 $t=0$ 时开关 S_1 闭合，10 ms 后开关 S_2 闭合，试求 $t \geqslant 0$ 时的电压 $u_C(t)$。

4.14　如题 4.14 图所示电路中，已知 $R_1 = 10\ \Omega$，$R_2 = 20\ \Omega$，$U_S = 60\ \text{V}$，$C_1 = 2\ \mu\text{F}$，$C_2 = 1\ \mu\text{F}$，在 $t<0$ 时电路处于稳态，$t=0$ 时开关 S 打开，试求 $t \geqslant 0$ 时电压 $u(t)$。

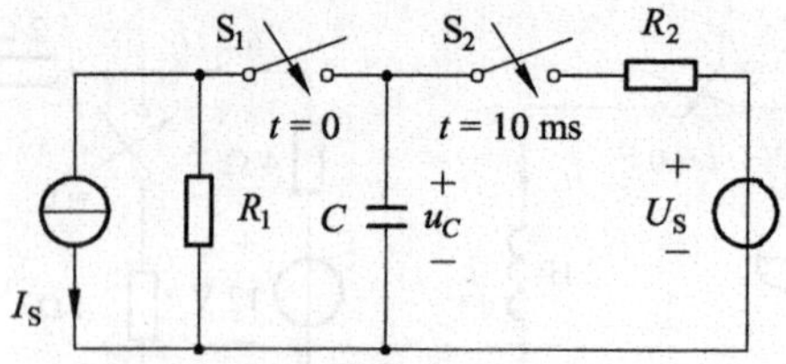

题 4.13 图

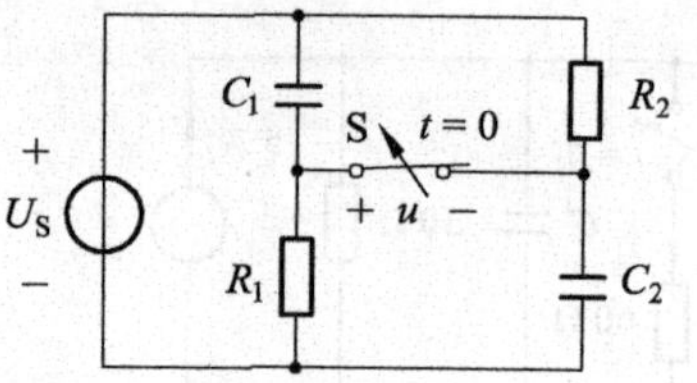

题 4.14 图

4.15　分析题 4.11 图中当 $t \geqslant 0$ 时 $i_L(t)$ 和 $u_L(t)$ 的零输入响应、零状态响应及全响应。

第 5 章

磁路和变压器

提　要　本章先介绍磁路的基本知识，了解铁芯线圈工作时电流与磁场的关系。然后研究单相变压器的运行特性，再讨论几种特殊变压器的理论与运行。

5.1　磁　　路

5.1.1　磁场的基本物理量与磁性材料

1. 磁场的基本物理量

磁路问题是局限在一定路径内的磁场问题，因此物理学所讲磁场的主要物理量和基本定律完全适用于磁路。

（1）磁感应强度 B。又称为磁通密度，是表示磁场中某一点磁场强弱和方向的物理量。它定义为：单位正电荷在场中以单位速度沿与磁场垂直方向运动时所受的最大磁场力来表述，即 $\boldsymbol{F}=q\boldsymbol{v}\times\boldsymbol{B}$。磁感应强度是一个矢量，它的方向与产生磁场的励磁电流的方向遵循右手螺旋定则。在国际单位制中，$\boldsymbol{B}$ 的单位为特斯拉（Tesla），简称特（T）。

（2）磁通 Φ。通过某一截面 S 的磁感应强度 $\boldsymbol{B}$ 的通量，称为磁通量 Φ，简称磁通。磁通可定义为 $\Phi=\int_s B\cdot \mathrm{d}S$。如果磁场中的 B 大小处处相等，方向相同，这样的磁场为均匀磁场，如磁场方向与所取截面 S 垂直，又可写为

$$\Phi = B\cdot S \tag{5.1.1}$$

磁通 Φ 的单位是伏秒（V · s），称为韦[伯]（Wb），即：1 韦伯（Wb）＝1 伏秒（V · s）。

（3）磁场强度 H。磁场强度 H 是计算磁场时引入的一个物理量，通过它来确定磁场与电流的关系，它与磁感应强度 $\boldsymbol{B}$ 满足如下关系，即

$$B=\mu H \tag{5.1.2}$$

H 的单位在国际单位制中为安/米（A/m）。

（4）磁导率 μ。用来表示物质导磁能力大小的物理量称为磁导率。物质按导磁性能的不同分为铁磁物质（铁、钴、镍及其合金）和非铁磁物质（铜、铝和橡胶等各种绝缘材料及空气等）两类。非铁磁物质的磁导率 μ 与真空的磁导率 μ_0 相差很小，工程上通常认为二者相同。铁磁物质的磁导率要比真空的磁导率大很多倍（几百至几万倍不等）。工程上用铁磁物质做成

各种形状的磁路，以便使磁通能集中在选定的空间，以增强磁场。

在国际单位制中磁导率的单位为亨/米（H/m）。μ_0为真空的磁导率，是一个常数，$\mu_0 = 4\pi\times10^{-7}\,\mathrm{H/m}$。任意一种物质的磁导率$\mu$和真空的磁导率$\mu_0$的比值，称为该物质的相对磁导率$\mu_r$，即$\mu_r = \mu/\mu_0$。

(5) 磁通的连续性原理。磁通连续性原理是指由于磁力线总是闭合的，如果我们在磁场中作任一闭合曲面，则穿过此曲面的磁通为零

$$\oint_S B\cdot \mathrm{d}S = 0 \tag{5.1.3}$$

2. 磁性材料

1）磁性材料的主要特性

(1) 磁导率高。铁磁性物质的磁导率极高，相对磁导率μ_r可达$10^2\sim10^4$的数量级。磁性材料的高导磁性被广泛地应用于电工设备中，如电机、变压器及各种铁磁元件的线圈中都放有铁芯。在获得相同磁感应强度数值的情况下，使用铁芯后可以减小线圈中的励磁电流并减小导线直径，节省了电能和金属材料。

(2) 磁饱和性。铁磁物质的另一个磁特性可通过磁化曲线（B-H曲线）来描述。磁化曲线是指磁性材料在磁化过程中，磁感应强度B随磁场强度（外加磁场）H变化的曲线。由实验测定作出某磁介质的磁化曲线，如图 5.1.1 所示。当外加磁场强度增大时，磁感应强度B的增长率减慢（bc段）并逐渐趋于饱和，这就是铁磁材料的磁饱和性。

(3) 磁滞现象。将一块尚未磁化的铁磁材料放在磁场内反复交变磁化，便可获得一个对称于原点的闭合曲线，称为磁滞回线，如图 5.1.2 所示。

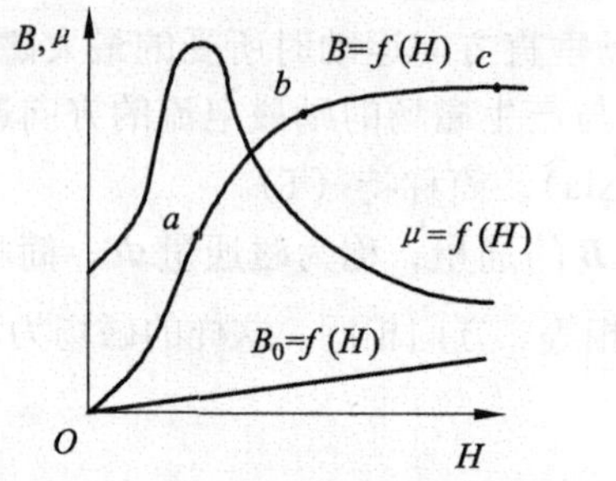

图 5.1.1　铁磁性物质的磁化曲线

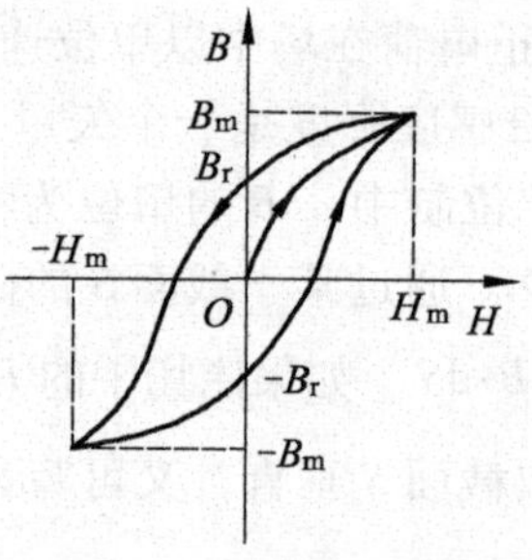

图 5.1.2　铁磁性物质的磁滞回线

由图 5.1.2 可见，磁介质磁化达到磁饱和后，若外加磁场H逐渐减小，磁感应强度B会随之减小，但是它不是沿原路返回，而是走另一条途径。当H减小到零时，B并未回到零，也就是说，$H=0$时磁介质还带有一定的磁性B_r，这个B_r叫做剩磁。要使剩磁消失（即$B=0$），必须加入反向磁场。使$B=0$所需的磁场，称为矫顽磁力H_c。磁介质被反复磁化，将形成一组磁滞回线，可以进一步说明铁磁性物质具有磁滞特性。

2）磁性材料的分类

不同的磁性材料，其磁滞回线和磁化曲线也不同。图 5.1.3 给出了几种常用磁性材料的磁化曲线，其中a，b，c分别为铸铁、铸钢和硅钢片的标准磁化曲线。图 5.1.4 给出了三种不同磁性材料的磁滞回线。磁性材料按其磁滞回线的形状和用途通常分为软磁材料、硬磁材

料和矩磁材料三大类。

（1）软磁材料。特点为磁滞回线窄而长，回线面积小，如图 5.1.4（a）中曲线 a 所示。软磁材料的磁导率高，易于磁化，剩磁也易消失。工程上常用的软磁材料有电工软铁、硅钢片和铁镍合金（又称坡莫合金），分别用来制造直流电磁铁、电机、变压器和继电器等的铁芯、脉冲变压器的铁芯。

（2）硬磁材料。特点为经过深度饱和磁化后，具有较大的剩磁、较高的矫顽力和较大的磁滞回线面积，如图 5.1.4（a）中曲线 b 所示。这类材料一经磁化即可保持较强的恒定磁场，因此，又称为永久材料。这类材料常用来制造永久磁铁。硬磁材料有碳钢、钴钢、铁、镍铝钴合金、铁硼合金等。常用于制造精密仪器、仪表、永磁电机、微电机、传感器、扬声器等。

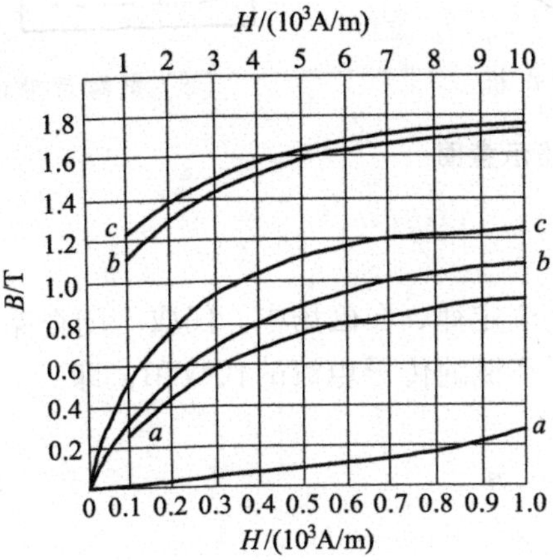

图 5.1.3　磁化曲线

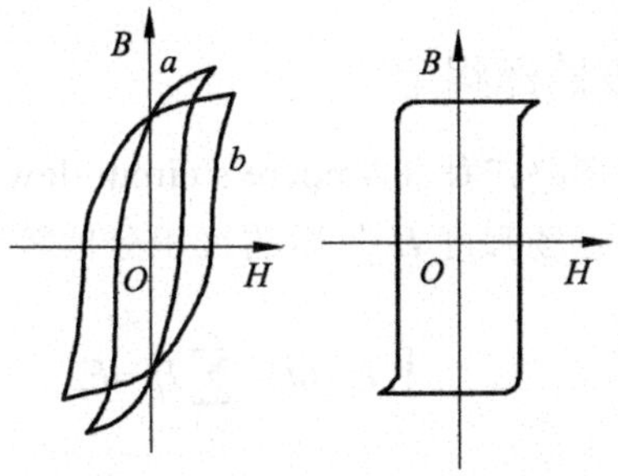

（a）软磁和硬磁材料　（b）矩磁材料

图 5.1.4　磁性材料的磁滞回线

（3）矩磁材料。特点为具有较小的矫顽力和较大的剩磁，稳定性较好，磁滞回线接近矩形，如图 5.1.4（b）所示。这种材料在两个方向上磁化后，剩磁都很大，接近饱和磁感应强度，而且很稳定。但它的矫顽力较小，易于翻转。即在很小的外磁场的作用下能使它磁化达到饱和。由于矫顽力小，消除剩磁并不需要很强的外磁场，只要反向磁场一超过矫顽力，磁化方向就立即翻转。

具有矩形磁滞回线的铁磁材料，如铁氧体材料、坡莫合金等，目前广泛应用在电子技术、计算机技术中，主要用于生产记忆元件、开关元件、逻辑元件，制造内存储器的磁心和外部设备的磁带、磁盘等。

5.1.2　磁路的基本定律

铁磁材料具有优良的导磁能力，将铁磁材料制成一定的形状，使磁通的绝大部分通过此铁芯构成的闭合路径，这样磁通集中通过的闭合路径称为磁路。磁路通常由铁磁材料及空气隙两部分组成。图 5.1.5（a），（b），（c）分别是变压器、直流电机和电磁型继电器的磁路示意图。

变压器的磁路由电工钢片叠成；直流电机的磁路由磁极铁芯、空气隙、电枢铁芯和机轭组成，铁芯是电工钢片叠成，机轭用铸钢材料制造，它们都是磁导率高的铁磁材料；继电器的磁路由不同的导磁材料和空气隙组成。继电器和电机的空气隙是机电能量进行转换的场所，铁芯的作用是加强磁场，将磁场能量导引在选定的空间。

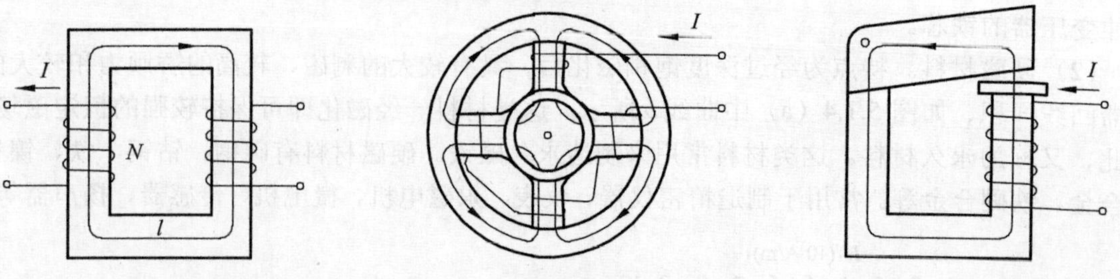

（a）变压器　　（b）直流电机　　（c）电磁型继电器

图 5.1.5　典型磁路示意图

1. 安培环路定律

安培环路定律（Ampere's circuit law）也称全电流定律，在磁场中，任取一闭合路径，沿此路径对磁场强度 H 矢量的线积分值等于积分线所环链的传导电流的代数和，即

$$\oint_l H \cdot \mathrm{d}l = \sum_{k=1}^{n} I_k = F_{\mathrm{m}} \quad k = 1,\ 2,\ 3,\ \cdots,\ n \tag{5.1.4}$$

式中，F_{m} 称为磁通势，在国际单位制中单位为 A。当电流参考方向与闭合路径的方向符合右手螺旋法则时，电流前取正号，反之取负号。由于积分与路径无关，只与路径内包含的导体电流的大小和方向有关，所以可见电流是产生磁场的源泉。

安培环路定律在电机中应用很广，它是电机和变压器磁路计算的基础。

2. 磁路欧姆定律

设由某种铁磁材料构成的均匀磁路，其长度为 l，截面积为 S，磁路欧姆定律为

$$\Phi = \frac{IN}{l/\mu S} = \frac{F_{\mathrm{m}}}{R_{\mathrm{m}}} \tag{5.1.5}$$

式中，$R_{\mathrm{m}} = l/\mu S$，与 Φ 成反比，表现为对磁通的阻碍作用，与电路中的导体电阻的形式类似，特称为磁阻。将 Φ 比作电流 I，F_{m} 比作电动势 E，则式（5.1.5）类似电路中的欧姆定律，因此称为磁路欧姆定律。磁通势越大，所激发的磁通量会越大。

5.1.3　直流磁路

直流磁路的励磁线圈中通入的是直流电流，磁路的磁通势和磁通都是恒定的。下面通过例题，介绍简单直流磁路的计算方法。

例 5.1.1　一线圈，匝数 $N = 1\,000$，绕在铸钢制成的铁芯上，铁芯截面积 $S = 20\ \mathrm{cm}^2$，铁芯平均长度 $l = 50\ \mathrm{cm}$，该磁路如图 5.1.6 所示。（1）欲在铁芯中产生磁通 $\Phi = 0.002\ \mathrm{Wb}$，应在绕组中通入多大的直流励磁电流？（2）若在铁芯中加入一个 0.2 cm 的空气隙，欲保持磁通

不变，通入绕组的直流励磁电流 $I=?$

解 本例题是已知磁路中的磁通 Φ，求励磁电流（磁通势 NI）。

（1）当磁路完全由铸钢制成时，是均匀磁路。

根据磁通连续性原理，在磁路中磁通 Φ 处处相等。现磁路的截面积 S 为定值，所以磁感应强度 B 也处处相等，且

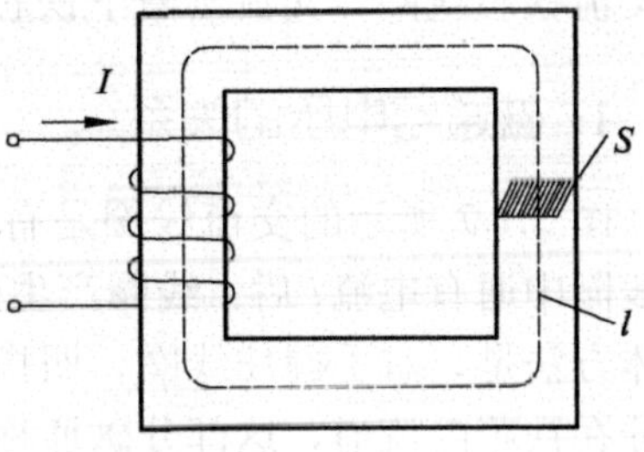

图 5.1.6 例 5.1.1 图

$$B=\Phi/S=0.002/(20\times10^{-4})=1\ (\text{T})$$

查图 5.1.3 知铸钢材料在 $B=1\ \text{T}$ 时，$H=1\,000\ \text{A/m}$。据公式（5.1.5）有

$$I=Hl/N=(1\,000\times0.5)/1\,000=0.5\ (\text{A})$$

（2）如果磁路由不同材料或者不同截面积的几段组成，则成为不均匀磁路。现磁路中加入了空气隙，所以是不均匀磁路。这时可根据安培环路定律，进行分段积分，可得计算磁路的基本公式

$$NI=H_1l_1+H_2l_2+\cdots$$

第一，对于不同截面积的磁路，分别计算各段的磁感应强度 B。无分支磁路磁通 Φ 处处相等。故 $B_1=\Phi/S_1$，$B_2=\Phi/S_2\cdots$，$B_n=\Phi/S_n$

本例题的两段磁路截面积 S 相等，铸钢段的磁感应强度 B_1 与空气隙的磁感应强度 B_0 相等，则

$$B_1=B_0=\Phi/S=1\ (\text{T})$$

第二，根据材料的磁化曲线查出与 B 值对应的 H 值。铸钢段 $B=1\ \text{T}$，查图 5.1.3 得 $H_1=1\,000\ \text{A/m}$。

空气隙的磁导率 μ_0 是常数，其磁场强度 H_0 可以直接计算得出

$$H_0=B_0/\mu_0=1/(4\pi\times10^{-7})=7.96\times10^5\ (\text{A/m})$$

第三，分别计算各段的 NI 值。

铸钢段 $H_1l_1=1\,000\times0.5=500\ (\text{A})$

空气隙 $H_0l_0=7.96\times10^5\times0.2\times10^{-2}=1\,592\ (\text{A})$

第四，最后由 $NI=H_0l_0+H_1l_1$ 可得

$$I=\frac{H_0l_0+H_1l_1}{N}=\frac{500+1\,592}{1\,000}=2.092\ (\text{A})$$

可见磁路中增加了空气隙，虽然气隙很短，但因空气的磁导率 μ_0 极小，使空气隙的磁阻很大。要产生同样的磁通 Φ，所需的励磁电流将显著增加。因此，当磁路中必须包含有工作气隙时，应尽量减少气隙的长度。

5.1.4 交流磁路与交流铁芯线圈

很多电气设备的磁通是由交流电产生的，由交流电励磁的磁路称为交流磁路，励磁线圈

为交流铁芯线圈。交流励磁下铁芯线圈的电压、电流与磁通的关系是这一节要讨论的问题。

1. 磁通与电压的关系

图 5.1.7 所示的交流线圈是有铁芯的，一般由硅钢片叠成的铁芯构成一个闭合的磁路。当线圈中通有电流 i 后，线圈产生磁场，磁场的方向（即磁通的方向）由右手螺旋法则确定。具体方法是：右手握住线圈，四指为电流方向，则大拇指所示方向为磁通方向。磁通的绝大部分在铁芯内流通，这部分磁通称为主磁通 Φ，极少部分通过周围的空气闭合，称为漏磁通 Φ_σ。在线圈中分别产生主磁感应电动势 $e=-N\dfrac{\mathrm{d}\Phi}{\mathrm{d}t}$ 和漏磁感应电动势 u_σ。根据 KVL 可得

$$u=Ri(t)+u_\sigma+N\frac{\mathrm{d}\Phi}{\mathrm{d}t}\approx N\frac{\mathrm{d}\Phi}{\mathrm{d}t}$$

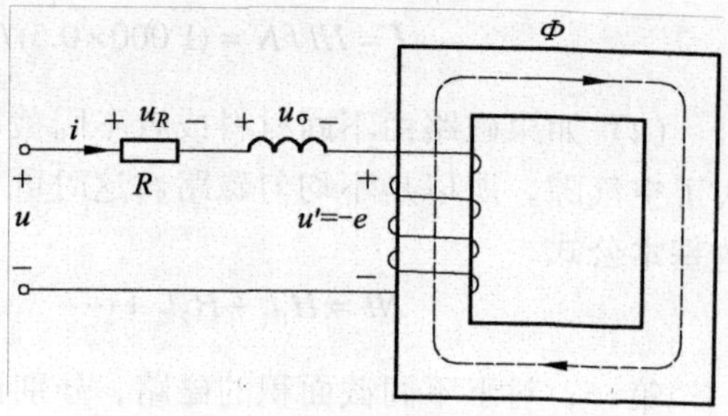

图 5.1.7 交流铁芯线圈

设 $u(t)=U_\mathrm{m}\cos\omega t$，则

$$\Phi(t)=\frac{1}{N}\int u(t)\mathrm{d}t=\frac{U_\mathrm{m}}{\omega N}\sin(\omega t)$$

$$=\Phi_\mathrm{m}\sin(\omega t)$$

磁通与电压的关系为

$$U\approx 4.44fNSB_\mathrm{m} \qquad (5.1.6)$$

式中，B_m 和 Φ_m 分别为铁芯中磁感应强度和磁通的幅值；S 为铁芯的面积。

由此可见，励磁电压 u 在相位上比铁芯磁通 Φ 超前 90°，二者数量关系基本是固定的，与线圈的电流和磁路的磁阻无关。在 f，N 和 S 不变的前提下，只要电压不变，磁通也基本不变，交流磁路外施电压与磁通近似为线性关系。在电压 U 和磁感应强度的幅值 B_m 保持一定时，若提高电源频率 f，则线圈的匝数 N 和铁芯的面积 S 均可减少，即减少了铁芯线圈的用铜量和用铁量。因此，在同样电压和磁感应强度的幅值下高频工作时的铁芯线圈比低频工作时的铁芯线圈尺寸小、重量轻。

2. 线圈的功率损耗

在交流铁芯线圈中，功率损耗分为铜损耗（P_Cu）和铁损耗（P_Fe）两大类。

铜损耗（P_Cu）是指线圈导线电阻 R 上消耗的功率，即 $\Delta P_\mathrm{Cu}=I^2R$。$R$ 为线圈导线电阻，I 为线圈中电流有效值。

铁损耗（P_Fe）由磁滞损耗（P_h）和涡流损耗（P_e）两部分组成。

铁磁物质在交变磁化过程中，由于磁滞现象而发生能量损耗，称为磁滞损耗。这种损耗的能量转变为热能而使铁磁材料发热。材料每交变磁化一周，单位体积所损耗的能量正比于磁滞回线的面积。因此 P_h 正比于交流电的频率 f 与磁滞回线的面积之积。磁滞回线界定的面积与 B_m 及材料的特性有关。

铁磁材料反复磁化时，铁芯中的磁通要发生变化，在交变磁场的作用下，在垂直磁通的截面上处处都有感应电流，此感应电流呈涡旋状自成闭合回路，故称为涡流。涡流与其回路的电阻相互作用产生热能，造成功率损耗，称为涡流损耗。这种损耗也使铁芯发热。

为了减小涡流损耗，就要采取措施减小涡流的数值。为此，铁芯不是由整块的硅钢做成，而是由表面涂有绝缘漆的硅钢片叠成。这样，大范围内的涡流通路被切断，使涡流限制在很小的截面（一片硅钢片的截面）内流通。此外硅钢片中含有一定比例的硅，电阻率较大，也可使涡流大大减小。

3. 交流铁芯线圈的等效电路

交流铁芯线圈可用等效电路进行分析，即用一个不含铁心的交流电路来等效代替它。这样可将磁路的计算转化为电路的计算，使问题得以简化。等效的条件是：在同样电压作用下，功率、电流及各量之间的相位关系保持不变。

对铁芯线圈，首先将线圈的电阻及和漏磁感抗画出，则剩下的就成为一个没有电阻和漏磁通的理想铁芯线圈电路。但是铁芯中仍有能量损耗和能量的储放，因此可将该理想铁芯线圈交流电路用具有电阻 R_0 和感抗 X_0 的一段电路来等效代替。其中电阻 R_0 是和铁芯中铁损相对应的等效电阻，其值为 $R_0 = \Delta P_{Fe} / I^2$ 。感抗 X_0 是和铁芯中能量储放（与电源发生能量交换）相对应的等效感抗，其值为 $X_0 = Q_{Fe} / I^2$ 。图 5.1.8 为交流铁芯线圈的等效电路。

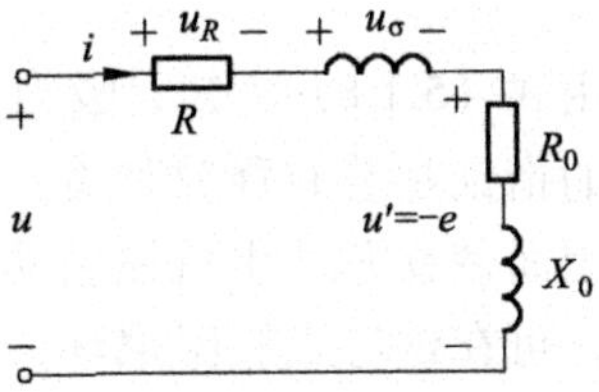

图 5.1.8　交流铁芯的等效电路

5.1.5 电 磁 铁

电磁铁是自动控制系统中广泛应用的一种执行元件，它是利用通电线圈在铁芯中产生的磁场、电磁场对磁性材料产生吸力的原理制造的机构。电磁铁通过衔铁的运动，将电磁能转换为机械能。工业上常利用电磁铁完成起重、制动、吸持及开闭等机械动作。

电磁铁的种类很多，但基本结构是相同的。一般由励磁线圈、铁芯及衔铁三部分构成，如图 5.1.9 所示。

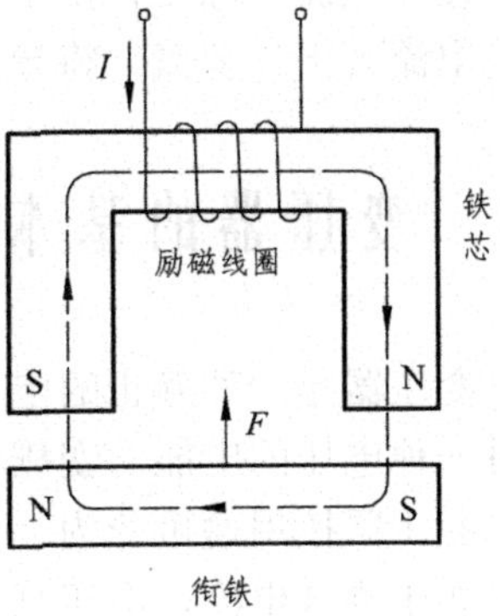

图 5.1.9　电磁铁的结构示意图

1. 直流电磁铁

直流电磁铁衔铁所受到的吸力 F 的大小和两极间的磁感应强度 B 的平方成正比。此外，在 B 为定值的情况下，若气隙磁路的面积 S 越大，则吸力也越大。

经过计算，电磁力为

$$F = \frac{10^7}{8\pi} B^2 S \tag{5.1.7}$$

在国际单位制中，B 的单位为 T（特斯拉）；S 的单位为 m^2（平方米）；F 的单位为 N（牛顿）。

直流电磁铁中没有涡流损耗，所以铁芯由整块的硅钢制成。另外，在直流电磁铁中，励磁电流的大小仅与线圈的导线电阻有关，不因气隙的大小而变化，当电压一定时电流也为定值。直流电磁铁动作平稳，工作可靠，适于动作频繁的机构。

2. 交流电磁铁

励磁线圈中通入交流电，产生电磁吸力，称为交流电磁铁。为了减小涡流损耗，交流电磁铁的铁芯都是由硅钢片叠成的。交流电磁铁线圈中的励磁电流大小不仅与线圈的导线电阻有关，还与线圈的感抗、铁芯磁阻，特别是气隙的大小有关。如果衔铁在吸合过程中被卡住，此时气隙较大，总磁阻较大，从而使励磁电流增大，进而导致线圈过热而烧毁。因此，在交流电磁铁中，线圈中的电流随气隙的大小而变化。在使用时，一旦发现衔铁被卡住，气隙不能闭合，就应立即切断电源，排除故障。

设交流电磁铁的磁感应强度为 $B = B_m \sin(\omega t)$，经过计算，电磁力为

$$F = \frac{10^7}{8\pi} S B_m^2 \sin^2(\omega t) = F_m \frac{1 - \cos(2\omega t)}{2} \tag{5.1.8}$$

由式（5.1.8）可知，吸力在 0 与最大值 F_m 之间脉动，脉动的频率是电源频率的 2 倍。电磁铁的衔铁都装有释放弹簧，其作用力与电磁吸力相反。衔铁受到的吸力时而最大，时而最小，因而使铁芯产生机械振动，并发出噪声。振动使铁芯易磨损，且增大功率损耗。为防止振动，可在铁芯上装阻尼环。阻尼环为一短路环，受交变磁通的感应，环中产生滞后磁通的感应电流。因此环所包围的铁芯部分中的磁通与环外铁芯部分的磁通便有一个相位差存在，使两部分的磁通和吸力不同时降为零，从而消除了振动和噪声。

要特别注意，即使是额定电压相同的交、直流电磁铁，也绝不能互换使用。若将交流电磁铁接在直流电源上，由于线圈的感抗为零，会使线圈中的电流比接在相同电压的交流电源上的电流大出许多倍，将导致线圈过热而烧毁。

5.2 变压器的基本结构及工作原理

变压器是一种静止的电器，它利用电磁感应原理，将一种电压的交流电能转换成同频率的另一种电压的电能。变压器的种类很多，但是它们的基本构造和工作原理是相同的。

变压器按用途可分为：电力变压器（又可分为升压变压器、降压变压器、配电变压器等）、仪用变压器（电流、电压互感器等）、试验用变压器、整流变压器等。

按绕组数目可分为：双绕组变压器、三绕组变压器、多绕组变压器（一般用于特种用途）及自耦变压器。

按相数可分为单相变压器、三相变压器、多相变压器。

按冷却方式的不同，可分为干式变压器、油浸自冷变压器、油浸风冷变压器、油浸水冷变压器、强迫油循环风冷变压器、强迫油循环水冷变压器等。

按线圈导线使用材质的不同，分为铝线变压器、铜线变压器。

按调压方式可分为无励磁调压变压器、有载调压变压器。

5.2.1 变压器的基本结构

从变压器的功能来看，铁芯和绕组是变压器的主要部件，被称为变压器的器身。

1. 铁　芯

变压器铁芯是变压器的主要部件之一，是变压器的磁路和安装骨架，对变压器的性能有很大的影响。

铁芯的作用是导磁，以减小励磁电流。为了提高磁路的导磁性能和减小涡流及磁滞损耗，铁芯通常用涂有绝缘漆的 0.35 mm 或 0.5 mm 厚的硅钢片叠成。根据不同要求，铁芯可制成芯式和壳式。一般大容量的变压器用芯式铁芯，而小容量的变压器用壳式铁芯。变压器的铁芯是框形闭合结构。其中，套线圈的部分称为芯柱，不套线圈的部分只起闭合磁路作用，称为铁轭。

变压器在运行或试验时，为了防止由于静电感应在铁芯或其他金属构件上产生悬浮电位面，造成对地放电，铁芯及其构件（除穿心螺杆外）都应接地。

2. 绕　组

变压器的一个绕组与电网连接，称为一次绕组；另一个绕组与负载相连，称为二次绕组。通常将一次绕组的电磁量加下标“1”，二次绕组的电磁量加下标 “2”。在电气工程中广泛使用单相变压器和三相变压器。

变压器的各物理量正方向的规定如下：一次绕组看成所接电源的负载，表示吸收功率，电压和电流正方向一致，称之为“电动机惯例”。三相变压器每相的一、二次绕组做成圆筒形，同心地套装在铁芯柱上。由于低压绕组对铁芯的绝缘要求低，故将其布置在贴靠铁芯的内层，高压绕组布置在外层。如此，可借助低压绕组，提高高压绕组和铁芯间的绝缘水平。

小容量变压器的高压绕组通常采用高强度漆包线或纱包线绕制在绝缘纸板卷成的圆筒上，形成圆筒形线圈，线匝的层间垫以绝缘或用绝缘撑条构成的油道来绝缘。低压绕组则用绝缘扁铜、铝线绕制。

5.2.2　变压器的工作原理

最简单的变压器是由一个闭合的铁芯和绕在铁芯上的两个匝数不等的绕组组成，如图 5.2.1 所示。虽然一次、二次绕组在电路上是相互分开的，但二者却处在同一磁路上。本节通过对变压器的空载运行和有载运行来分析变压器的变换电压、变换电流和变换阻抗的原理。

图 5.2.1 是变压器的原理图。为了便于分析，我们将高压绕组和低压绕组分别画在两边。与电源相连的称为一次绕组，与负载相连的称为二次绕组。一次、二次绕组的匝数分别为 N_1 和 N_2。当一次绕组接上交流电压 u_1 时，一次绕组中便有电流 i_1 通过。一次绕组的磁动势 N_1i_1，产生的磁通绝大部分通过铁芯而闭合，从而在二次绕组中感应出电动势。如果二次绕组接有负载，那么二次绕组中就有电流 i_2 通过。二次绕组的磁动势 N_2i_2 也产生磁通，其绝大部分也通过铁芯而闭合。因此，铁芯中的磁通是一个由一次、二次绕组的磁动势共同产生的合成磁通，它称为主磁通，用 Φ 表示。主磁通穿过一次绕组和二次绕组而在其中感应出的电动势分别为 e_1 和 e_2。

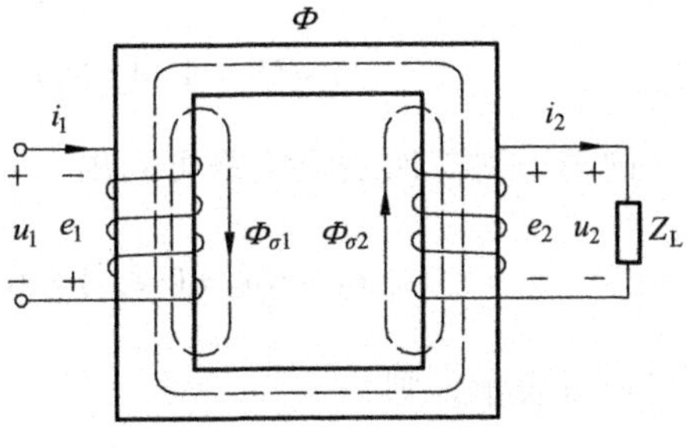

图 5.2.1　变压器的原理图

此外，一次、二次绕组的磁通势还分别产生漏磁通 $\Phi_{\sigma1}$ 和 $\Phi_{\sigma2}$（仅与本绕组相链），从而在各自的绕组中分别产生漏磁电动势。

1. 变压器的空载运行和电压变换

变压器空载运行是指一次侧绕组接入电源，二次侧绕组开路。变压器空载运行时，只有一次绕组中有电流 i_{10}，此电流称为空载电流。空载电流一般都很小，约为额定电流的 3%～8%。i_{10} 的大小反映出变压器的优劣，其值越小越好。空载电流建立空载磁动势 $F_0 = N_1 i_{10}$。在 F_0 作用下，在两种性质的磁路中产生两种磁通。

主磁通 Φ：其磁力线沿铁芯闭合，同时与一次绕组、二次绕组相交链的磁通，亦称为互感磁通。由于铁磁材料的饱和现象，主磁通 Φ 与 i_0 呈非线性关系。主磁通同时交链着一次侧绕组和二次侧绕组，因此在变压器中，从一次侧到二次侧的能量传递过程就是依靠主磁通作为媒介来实现的。

一次绕组的漏磁通 $\Phi_{1\sigma}$：其磁力线主要沿非铁磁材料（油、空气）闭合，仅为一次侧绕组交链的磁通。$\Phi_{1\sigma}$ 与 i_0 呈线性关系。由于铁芯的磁导率远大于空气，故主磁通远大于漏磁通，分析时可忽略不计。

在图 5.2.1 所示的假定正方向（e，i 同方向，Φ 的方向与 i 的方向符合右手螺旋法则）下，根据电磁感应定律，主磁通 Φ 在一次侧绕组（匝数 N_1）、二次侧绕组（匝数 N_2）中感应电动势的瞬时值分别为

$$e_1 = -N_1 \frac{\mathrm{d}\Phi}{\mathrm{d}t}; \qquad e_2 = -N_2 \frac{\mathrm{d}\Phi}{\mathrm{d}t}$$

变压器空载时的一次侧电路就是一个含有铁芯线圈的交流电路，漏磁通 $\Phi_{\sigma1}$ 与 i_0 成正比，它们的关系可用漏磁电感 $L_{\sigma1} = N_1 \Phi_{\sigma1} / i_0$ 来表示，由 KVL 可得一次侧电压方程为

$$u = Ri_0 + L_{\sigma1} \frac{\mathrm{d}i_0}{\mathrm{d}t} + (-e_1)$$

式中，R 是线圈导线的电阻，$L_{\sigma1}$ 是漏磁电感。当 u 是正弦电压时，其他各电压、电流、电动势可视作正弦量，则电压、电流关系的相量式为

$$\dot{U} = R_1 \dot{I}_1 + (-\dot{E}_{\sigma1}) + (-\dot{E}_1) = R_1 \dot{I}_1 + (\mathrm{j}X_1 \dot{I}_1) + (-\dot{E}_1) \approx -\dot{E}_1$$

由于一次绕组的电阻 R_1 和感抗 X_1 较小，因而它们两端的电压降也较小，与主磁电动势 E_1 比较起来，可以忽略不计。所以 e_1 的有效值为

$$E_1 \approx U_1 = 4.44 f_1 N_1 \Phi_{\mathrm{m}} \tag{5.2.1}$$

同理，对二次绕组电路可列出

$$e_2 = R_2 i_2 + (-e_{\sigma2}) + u_2 = R_2 i_2 + L_{\sigma2} \frac{\mathrm{d}i_2}{\mathrm{d}t} + u_2$$

如用相量表示，则为

$$\dot{E}_2 = R_2 \dot{I}_2 + (-\dot{E}_{\sigma2}) + \dot{U}_2 = R_2 \dot{I}_2 + (\mathrm{j}X_2 \dot{I}_2) + \dot{U}_2 \approx \dot{U}_{20}$$

式中，R_2 和 X_2 分别为二次绕组的电阻和感抗；u_2 为二次绕组的端电压。

感应电动势 e_2 的有效值为

$$E_2 = 4.44 f_2 N_2 \Phi_m \tag{5.2.2}$$

在变压器空载时

$$I_2 = 0\text{，}\quad E_2 = U_{20}$$

式中，U_{20} 为空载时二次绕组的端电压。所以一次侧电压 U_1 和二次侧电压 U_2 的关系为

$$\frac{U_1}{U_2} \approx \frac{E_1}{E_2} = \frac{N_1}{N_2} = k \tag{5.2.3}$$

式中，k 称为变压器的电压比，亦即一次、二次绕组的匝数比。可见当电源电压 U_1 一定时，只要改变匝数比，就可得出不同的输出电压 U_2。

2. 变压器的负载运行和电流变换

变压器空载运行是无意义的，只有二次侧接上负载，它才能起到传递能量（或信号）的作用。由 $U_1 \approx E_1 = 4.44 f N_1 \Phi_m$ 可见，当电源电压 U_1 和频率 f 不变时，感应电动势 E_1 和主磁通的最大值 Φ_m 也都几乎不变。就是说，铁芯中主磁通的最大值在变压器空载或负载时是差不多恒定的。因此，负载时产生主磁通的一次、二次绕组的合成磁通势应该和空载时产生主磁通的一次绕组的磁通势相等，即

$$I_0 N = I_1 N_1 + I_2 N_2$$

或

$$N_1 \dot{I}_1 + N_2 \dot{I}_2 = N \dot{I}_0 \approx 0 \tag{5.2.4}$$

变压器的空载电流 I_0 是励磁用的，由于铁芯的磁导率高，空载电流是很小的。它的有效值 I_0 在一次绕组额定电流 I_{1N} 的 10% 以内。因此 $N_1 I_0$ 与 $N_1 I_1$ 相比，大可忽略。二次绕组磁通势与一次绕组磁通势相位近似相反，对主磁通是起去磁作用的。

变压器一、二次电流有效值之比为

$$\frac{I_1}{I_2} \approx \frac{U_2}{U_1} = \frac{N_2}{N_1} = \frac{1}{k} \tag{5.2.5}$$

式（5.2.5）表明变压器一次、二次绕组的电流之比近似等于它们匝数比的倒数。可见，变压器中的电流虽然由负载的大小确定，但是一次、二次绕组中电流的比值是不变的。因为当负载增加时，I_2 和 $N_2 I_2$ 随着增大，而 I_1 和 $N_1 I_1$ 也必须相应增大，以抵偿二次绕组的电流和磁通势对主磁通的影响，从而维持主磁通的最大值不变。

3. 阻抗变换

在图 5.2.2 中，在忽略变压器一、二次绕组阻抗压降的情况下，若把阻抗模为 $|Z|$ 的负载接于变压器的二次侧，则 $|Z| = U_2 / I_2$。

对电源来说，它所接的负载等效阻抗的模为 $|Z_1|$。所谓等效，就是输入电路的电压、电流和功率不变。就是说，直接接在电源上的阻抗模 $|Z_1|$ 和接在变压器二次侧的负载阻抗模 $|Z|$ 是等效的，两者的关系为

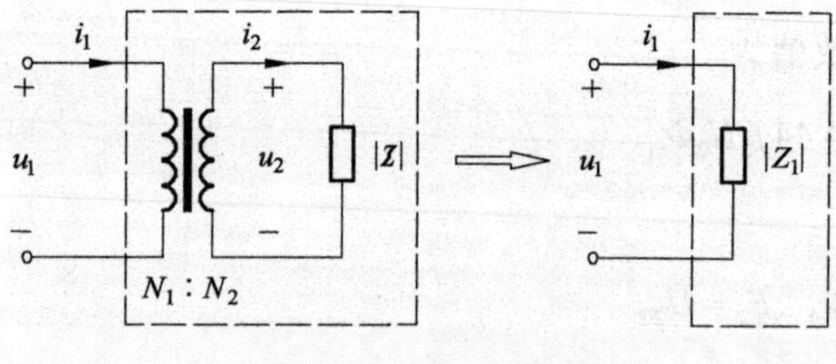

图 5.2.2　阻抗变换

$$|Z_1|=\frac{U_1}{I_1}=\frac{kU_2}{I_2/k}=k^2\frac{U_2}{I_2}=k^2|Z| \tag{5.2.6}$$

匝数比不同，负载阻抗模$|Z|$反映到一次侧的等效阻抗模$|Z_1|$不同。我们可以采用不同的匝数比，把负载阻抗模变换为所需要的、比较合适的数值。这种做法通常称为阻抗匹配。

例 5.2.1　已知某收音机输出变压器的一次侧匝数为 600，二次侧匝数为 30，一次侧原接有 16 Ω 的扬声器，现要改接成 4 Ω 扬声器，求 N_2 应改为多少？

解

$$k=N_1/N_2=600/30=20$$

$$|Z_1|=k^2|Z_L|=20^2\times 16=6\,400\ (\Omega)$$

改接成$|Z_L|=4\ \Omega$扬声器后

$$(k')^2=6\,400/4=1\,600$$

则

$$k'=40$$

所以

$$N_2=N_1/k'=600/40=15$$

5.2.3　变压器的运行特性

变压器的运行特性有两个重要指标：电压变化率（$\Delta U\%$）和效率（η）。电压变化率$\Delta U\%$的大小反映了变压器负载运行时二次侧端电压的稳定性，而效率η则表明变压器运行时的经济性。$\Delta U\%$和η的大小不仅与变压器本身的参数有关，还与负载的大小和性质有关。

1. 电压变化率

由于变压器一次侧、二次侧绕组都有漏阻抗，当负载电流通过时必然在这些漏抗上产生电压降，二次侧电压将随负载的变化而变化。当电源电压U_1和负载功率因数为常数时，U_2和I_2的变化关系可用所谓外特性曲线$U_2=f(I_2)$来表示，如图 5.2.3 所示。对电阻性和电感性负载而言，电压U_2随电流I_2的增大而下降。

通常希望电压U_2的变动越小越好。为了描述这种电压变化的大小，引入电压变化率。电压变化率$\Delta U\%$定义为：变压器一次侧绕组施加额定电压，空载和负载两种工况下，二次侧端电压之差$U_{20}-U_2$与额定电压U_{2N}之比，即

$$\Delta U\%=\frac{U_{20}-U_2}{U_{2N}}\times 100\% \tag{5.2.7}$$

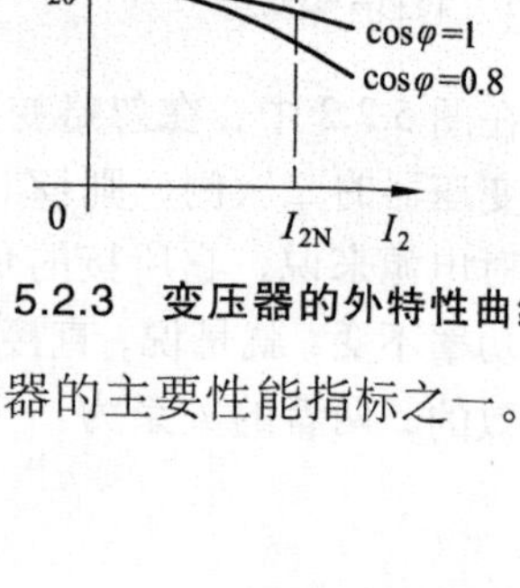

图 5.2.3　变压器的外特性曲线

电压调整率反映了变压器运行时输出电压的稳定性，是变压器的主要性能指标之一。一

般电力变压器中，如工厂动力用变压器、居民照明用变压器，由于其电阻和漏磁感抗都很小，电压变化率是不大的，约为 5%～10% 左右。

2. 变压器的损耗与效率

与交流铁芯线圈一样，变压器的功率损耗包括铁芯中的铁损 ΔP_{Fe} 和绕组上的铜损 ΔP_{Cu} 两部分。铁损包括磁滞损耗和涡流损耗，铁损的大小与铁芯内磁感应强度的最大值 B_m 有关，与负载大小无关，而铜损则与负载大小（正比于电流平方）有关。

变压器的效率为输出功率 P_2 与输入功率 P_1 之比，即

$$\eta = \frac{P_2}{P_1} = \frac{P_2}{P_2 + \Delta P_{Cu} + \Delta P_{Fe}} \tag{5.2.8}$$

变压器的效率一般都较高，大多数在 95% 以上，大型变压器效率可达 99% 以上。在一般电力变压器中，当负载为额定负载的 50%～75% 时，效率达到最大值。

5.3 变压器的应用

5.3.1 工程上常用的变压器

变压器的种类很多，应用非常广泛，本节简单介绍几种工程上常用的变压器。

1. 自耦变压器

图 5.3.1 所示是一种自耦变压器的原理图，其结构特点为二次绕组是一次绕组的一部分。其一次、二次绕组电压之比及电流之比为

$$\frac{U_1}{U_2} = \frac{N_1}{N_2} = k \text{ , } \frac{I_1}{I_2} = \frac{N_2}{N_1} = \frac{1}{k}$$

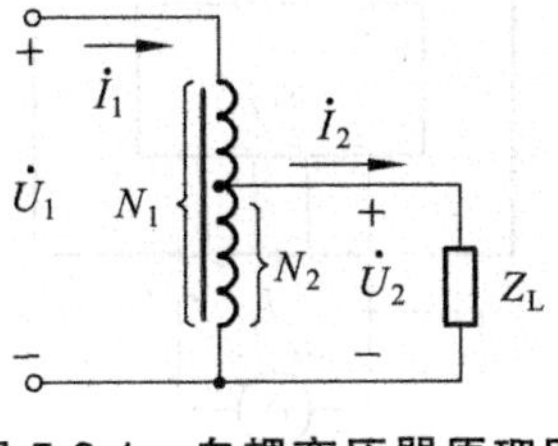

图 5.3.1 自耦变压器原理图

自耦变压器的特点是一、二次绕组间不仅有磁耦合，而且还有电的直接联系，故其一部分功率不通过电磁感应，而直接由一次侧传递到二次侧，因此和同容量普通变压器相比，自耦变压器具有省材料、损耗小、体积小等优点。但自耦变压器也有缺点，如短路电流较大等。

2. 电流互感器

电流互感器是根据变压器的原理制成的，主要是用来扩大测量交流电流的量程。因为要测量交流电路的大电流时（如测量容量较大的电动机、工频炉、焊机等的电流），普通电流表的量程是不够的。此外，使用电流互感器也是为了使测量仪表与高压电路隔离，以保证人身与设备的安全。

电流互感器的接线图及其符号如图 5.3.2 所示。一次绕组的匝数很少（只有一匝或几匝），它串联在被测电路中。二次绕组的匝数较多，它与电流表或其他仪表及继电器的电流线圈相连接。根据变压器原理，可认为 $I_1 / I_2 = N_2 / N_1 = k_i$。利用电流互感器可将大电流变换为小电

流。电流表的读数 I_2 乘上变换系数 k_i 即为被测电流 I_1，电流表的刻度便可按一次侧电流标出。通常电流互感器二次绕组的额定电流都规定为 5 A 或 1 A。

测流钳是电流互感器的一种变形。应用测流钳测试导线中的电流时，用手压紧钳柄，待钳口张开后将被测通电导线置于钳口之内，这时被测通电导线相当于电流互感器的一次绕组，二次绕组绕在铁芯上并与电流表接通。利用测流钳可以随时随地测量线路中的电流，不必像普通电流互感器那样必须固定在一处或者在测量时要断开电路而将一次绕组串接进去。测流钳的原理图如图 5.3.3 所示。

在使用电流互感器时，二次绕组电路是不允许断开的。此外，为了安全起见，电流互感器的铁芯及二次绕组的一端应该接地。

3. 电压互感器

电压互感器的结构与普通变压器一样，二次侧额定电压设计为 100 V。图 5.3.4 是电压互感器测量高电压的接线原理图，二次侧与电压表或功率表的电压线圈相接。由变压器的电压变换原理得 $U_1 / U_2 = N_1 / N_2 = k_u$。

为了安全，电压互感器的铁芯和二次绕组必须接地，否则由于绝缘损坏会导致二次侧出现过高的电压而造成人员伤害和设备的损坏。电压互感器的二次侧是不准短路的，因为正常工作时，电压表、功率表的电压线圈的阻抗值很高，I_1 和 I_2 较小，如二次侧电路短路，则 I_1，I_2 将急剧增加，变压器的铜损加大，易引起线圈发热、烧毁。

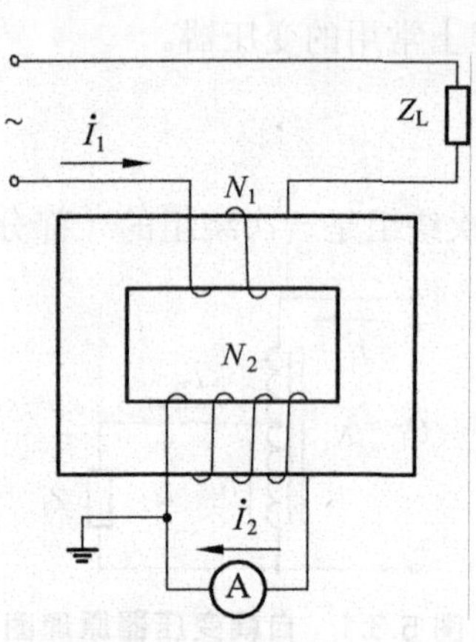

图 5.3.2 电流互感器

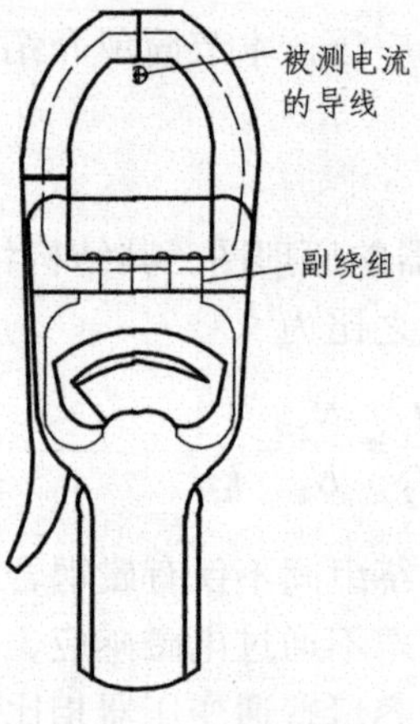

图 5.3.3 测流钳

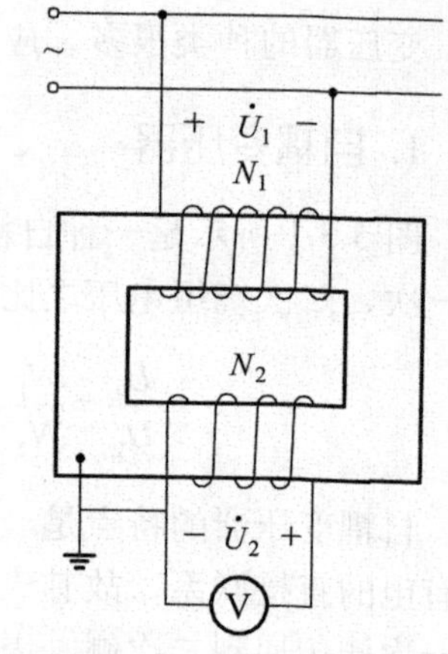

图 5.3.4 电压互感器

4. 电焊变压器

电焊变压器从结构上讲是一台特殊的降压变压器，是交流电焊机的主要组成部分。

电焊变压器空载时（焊条接触工件前），具有 60～80 V 的输出电压，作为焊接电弧的点火电压。当焊条接触工件的瞬间，输出电流增大，输出电压迅速下降。因此，要求电焊变压器具有陡降的外特性。正常焊接（焊条离开工作件 3～4 mm），输出电压变化时，输出电流变化不大，保持电弧比较稳定。即使输出端短路（焊条接触在工件上，输出电压降到零），输出电流也不太大。

电焊变压器具有输出端电压随输出电流的增大而迅速降低的特性。为满足电焊变压器的特性要求，电焊变压器的一、二次绕组不是同心地套在一起，而是分装在两个铁芯柱上，以增大其漏抗，并且在变压器的二次回路中串联一个可调的铁芯电抗器。

5. 三相变压器

三相变压器的用途是变换三相电压。它主要用于输电、配电系统中，也用于三相整流电路等场合。其结构如图 5.3.5 所示，特点是具有三个铁芯柱，每个铁芯柱上绕着属于同一相的高压绕组和低压绕组。

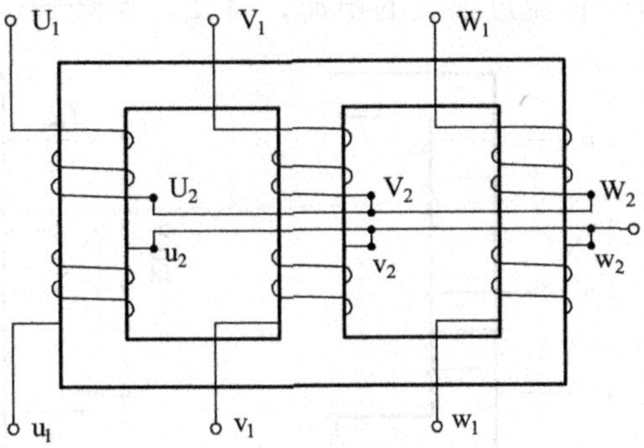

图 5.3.5　三相变压器结构原理图

根据国家标准规定，高、低压三相绕组的接法，有 Y/Y_0，Y/Y，Y_0/Y，$Y/\triangle$，$Y_0/\triangle$ 5 种连接方式。其中“/”前面的 Y，Y_0 分别表示高压绕组是无中线、有中线的星形接法，“/”后面的 Y，Y_0，△分别表示低压绕组是无中线的星形接法、有中线的星形接法、三角形接法。

注意：三相变压器的电压比是指初级额定相电压与次级额定相电压的比值，而不是额定线电压的比值。可以将三台单相变压器按三相电路连接，其作用与三相变压器相同。三相变压器中的每一相，工作情况相当于一个单相变压器。因此，单相变压器的工作原理、基本方程式和运行特性都完全适用于三相变压器。

5.3.2　变压器使用中的问题

1. 变压器的额定值

使用变压器之前应先了解变压器铭牌上规定的各项额定值，以便根据额定值正确使用变压器。

（1）额定电压。一次侧额定电压 U_{1N} 是指在一次绕组上应加的电源电压，它应在变压器绝缘强度和温升所允的范围内。二次侧额定电压 U_{2N} 是指一次侧加额定电压时二次侧的空载电压。使用时一次侧电压不允许超过额定电压。变压器负载运行时因有内阻抗压降，所以二次侧额定电压 U_{2N} 应比负载所需的额定电压约高 5%～10%。

（2）额定电流。在一次侧加额定电压、二次侧加额定负载条件下，变压器长时间正常运行时，一次绕组和二次绕组通过的电流称为额定电流，分别用 I_{1N} 和 I_{2N} 表示。变压器在额定负载下运行，绝缘材料不易老化，其使用寿命长达 20 年以上。

（3）额定容量。是指变压器二次侧额定电压和额定电流的乘积。

单相变压器的额定容量为　　$S_N = U_{2N}I_{2N} \approx U_{1N}I_{1N}$

三相变压器的额定容量为　　$S_N = \sqrt{3}U_{2N}I_{2N} \approx \sqrt{3}U_{1N}I_{1N}$

其中，U_{1N}，U_{2N} 为变压器的线电压；I_{1N}，I_{2N} 为变压器的线电流。

额定容量表示一个变压器所具有的传输电能的能力，其单位为伏安或千伏安。

（4）额定频率。变压器铭牌上注明的频率为变压器的额定频率 f_N。我国的电力标准频率为 50 Hz，也称工频。额定频率不同的变压器不能互相代用。

除上述额定数据外，还应注意变压器的连接形式、冷却方式、允许温升、阻抗压降及使用条件等。

2. 变压器绕组的极性

变压器有两个或两个以上绕组时，各绕组上电压瞬时极性相同的对应端称为同极性端，或同名端。同极性端用符号“•”或“*”标记，如图 5.3.6（a）中的 1-3 和 2-4。当接到 220 V 的电源上时，两绕组串联如图 5.3.6（b）所示；接到 110 V 的电源上时，两绕组并联如图 5.3.6（c）所示。如果连接错误，如串联时将 2 和 4 两端连在一起，将 1 和 3 两端接电源，这样，两个绕组的磁通势就互相抵消，铁芯中不产生磁通，绕组中也就没有感应电动势，绕组中将流过很大的电流，将变压器烧毁。

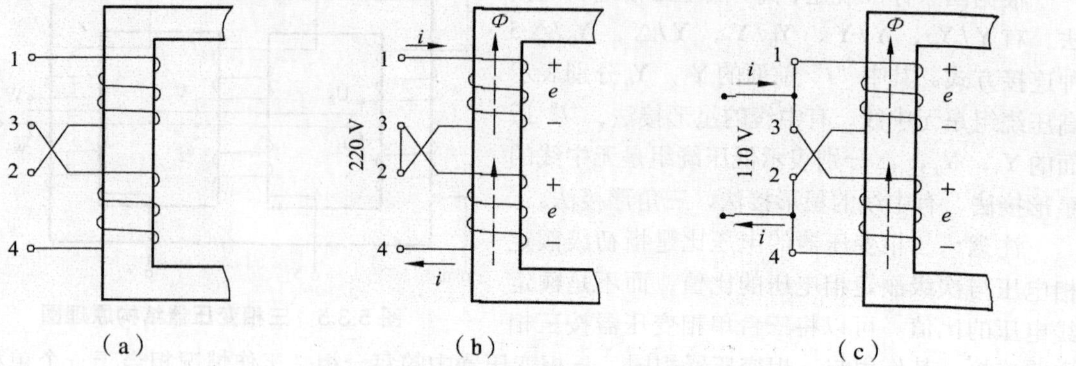

图 5.3.6 变压器原绕组的正确连接

为了正确连接，我们在线圈上标以记号“•”。标有“•”号的两端称为同极性端，图 5.3.6（a）中的 1 和 3 是同极性端，当然 2 和 4 也是同极性端。当电流从两个线圈的同极性端流入（或流出）时，产生的磁通的方向相同；或者当磁通变化（增大或减小）时，在同极性端感应电动势的极性也相同。

小 结

（1）磁性物质通常分为软磁、硬磁、矩磁三大类。由铁磁材料组成的闭合通路（中间可含有微小气隙）称为磁路，磁通绝大部分集中在磁路内。磁路中的磁通势、磁压、磁通和磁阻与电路中的电动势、电压、电流和电阻相对应。磁路的欧姆定律和基尔霍夫定律的表达式为 $\Phi = F_m / R_m$，$\sum \Phi = 0$ 及 $\sum Hl = \sum IN$。

（2）简单的无分支直流磁路的计算分为两类问题：一类是已知磁通求磁通势，其计算步骤可归纳为

$$\text{已知}\Phi \to B = \frac{\Phi}{S} \to \frac{\text{根据 } B \text{ 由 } B-H \text{ 曲线查 } H}{\text{对于气隙直接求解}} \to H \to \sum Hl = \sum IN$$

另一类问题是已知磁通势求磁通，通常采用的方法是试探法。

（3）铁芯线圈按其励磁方式可分为直流励磁和交流励磁两种。交流铁芯线圈接正弦电压时，铁芯磁通与电压之间的关系为 $U = 4.44 fN\Phi_m$。

（4）变压器是利用电磁感应原理，通过铁芯中的交变主磁通，将电能从一次侧传送到二次侧及负载上。变压器具有变电压、变电流、变阻抗的作用，其关系式为

$$\frac{U_1}{U_2}=\frac{N_1}{N_2}=k, \qquad \frac{I_1}{I_2}=\frac{N_2}{N_1}=\frac{1}{k}, \qquad |Z_1|=k^2|Z_L|$$

此外，它还能对一、二次电路起隔离作用（自耦变压器除外）。

（6）为了正确使用变压器，还必须了解变压器的工作特性、额定值和绕组的同极性端。各种变压器的基本结构和工作原理都相同，但是由于不同的使用要求，使用不同用途的变压器时，一定要注意各自不同的特点。

习　题

5.1　题 5.1 图为一直流电磁铁磁路，线圈接恒定电压 U。当气隙长度 δ 增加时，磁路中的磁通 Φ 将（　　）。

a. 增大　b. 减小　c. 保持不变

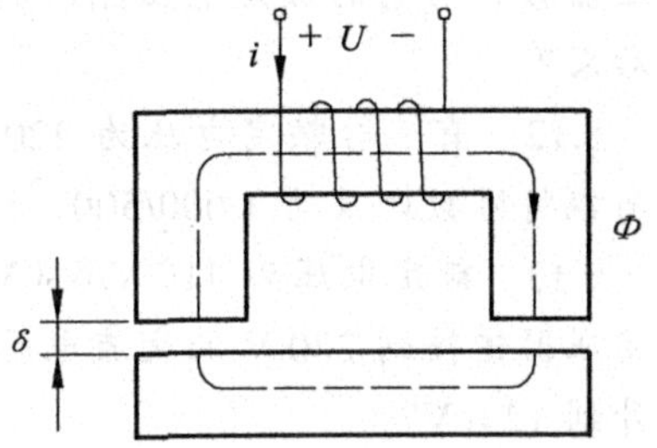

题 5.1 图

5.2　题 5.1 图为一交流电磁铁磁路，线圈电压 U 保持不变。当气隙长度 δ 增加时，线圈电流 i 将（　　）。

a. 增大　b. 减小　c. 保持不变

5.3　在电压相等的情况下，将一直流电磁铁接到交流电源上，此时线圈中的磁通 Φ 将（　　）。

a. 增大　b. 减小　c. 保持不变

5.4　有一线圈，其匝数 $N=800$，绕在由铸钢制成的闭合铁芯上，铁芯的截面积 $S_{Fe}=20\ cm^2$，铁芯的平均长度 $l_{Fe}=40\ cm$。（1）如果要在铁芯中产生磁通 $\Phi=0.002\ Wb$，试求线圈中应该通入多大的直流电？（2）如果铁芯中含有 $\delta=0.3\ cm$ 的空气隙（与铁芯柱垂直），试问线圈中的电流必须多大才可以使铁芯中的磁感应强度保持（1）题中的数值？

5.5　有一铁芯线圈，试分析铁芯中的磁感应强度、线圈中的电流和铜损耗 I^2R 在下列几种情况下将如何变化（假设在下述各种情况下工作点在磁化曲线的直线段。在交流励磁的情况下，设电源电压与感应电动势在数值上近似相等，而且忽略磁滞和涡流。铁芯是闭合的，截面均匀）：（1）直流励磁：铁芯的面积加倍，线圈的电阻和匝数以及电源电压保持不变；（2）交流励磁，同（1）；（3）直流励磁，线圈的匝数加倍，线圈的电阻以及电源电压保持不变；（4）交流励磁：同（3）；（5）交流励磁：电流的频率减半，电源电压的大小保持不变；（6）交流励磁：频率和电源电压大小减半。

5.6　有一直流电磁铁，其磁路由铁芯、衔铁和气隙三部分构成，如题 5.6 图所示。铁芯的材料是硅钢片，衔铁的材料是铸钢。各部分的尺寸（以厘米计）见图。今需要在空气隙中产生磁通 0.06 Wb，而已知线圈匝数为 2 600，试求线圈中必需通入的电流，并计算电磁铁的吸力。

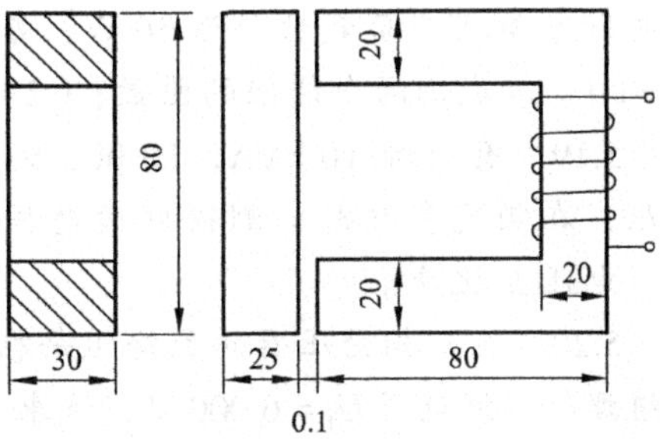

题 5.6 图

5.7　对于电阻性和电感性负载，当变压器副边电流增加时，副边电压将（　　）。

a. 上升　b. 下降　c. 保持不变

5.8　工作时电压互感器的二次侧不能（　　）；电流互感器的二次侧不能（　　）。

a. 短路；短路　　b. 短路；开路

c. 开路；短路　　d. 开路；开路

5.9　220 V/110 V 的单相变压器，若将 220V 绕组接 110 V 电源，变压器的容量（　　）。

a. 不可使用　　b. 保持不变　　c. 为原来 0.5 倍　　d. 为原来 2 倍

5.10　单相变压器如题 5.10 图所示，两个原绕组的额定电压均为 110 V，副绕组额定电压为 6.3 V，若电源电压为 220 V，则应将原绕组的（　　）端相连接，其余两端接电源。

a. 2 和 3　　b. 1 和 3　　c. 2 和 4

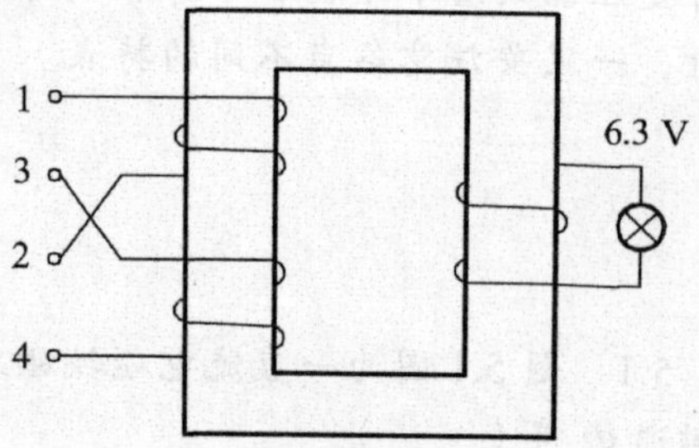

题 5.10 图

5.11　变压器能否用来变换直流电压？如果将变压器接到与它的额定电压相同的电源上，会产生什么后果？

5.12　有一台额定电压为 220 V/110 V 的单相变压器，其匝数比为 4 000/2 000，有人为了省铜将匝数比改为 1 000/500，这样可以吗？为什么？

5.13　额定电压为 110 V/6.3 V 的变压器能否把 6.3 V 的交流电压升高到 110 V？如果将此变压器错接到 220 V 的交流电源上，它的额定电流是不是 110 V 的 2 倍？其副边的电压能否升到 12.6 V？

5.14　额定容量为 50 kVA、额定电压为 3 300 V/220 V 的变压器，已知高压绕组为 1 000 匝，（1）求高压低压绕组的额定电流；（2）当原边保持额定电压不变，副边带有 $P = 39$ kW、$\cos\varphi = 0.8$ 的感性负载时，求此时的副边端电压。

5.15　有一台单相照明变压器，额定容量为 20 kVA，额定电压为 3 300 V/220 V，问此时变压器最多能带多少只 220 V，40 W，$\cos\varphi = 0.5$ 的日光灯？

5.16　电阻 $R_L = 8\,\Omega$ 的扬声器，通过输出变压器接信号源，设变压器的原边绕组 $N_1 = 500$ 匝，副边绕组 $N_2 = 100$ 匝。（1）求扬声器电阻换算到原边的等效电阻；（2）若信号源的有效值 $U_S = 10$ V，内阻 $R_0 = 250\,\Omega$，求输出给扬声器的功率；（3）若不经过输出变压器，直接把扬声器接到信号源上，求扬声器获得的功率。

5.17　单相变压器一次绕组匝数 $N_1 = 1000$ 匝，二次绕组 $N_2 = 500$ 匝，现一次侧加电压 $U_1 = 200$ V，二次侧接电阻性负载，测得二次侧电流 $I_2 = 4$ A，忽略变压器的内阻抗及损耗，试求：（1）一次侧等效阻抗 $|Z_1|$；（2）负载消耗功率 P_2。

5.18　一电源变压器，一次绕组的匝数为 550 匝，接电源 220 V，它有两个二次绕组，一个电压为 36 V，负载功率为 36 W，另一个电压为 12 V，负载功率为 24 W，不计空载电流，求：（1）二次侧两个绕组的匝数；（2）一次绕组的电流；（3）变压器的容量至少应为多少？

5.19　有一台 10 kVA，10 000 V/230 V 的单相变压器，如果在原边绕组的两端加额定电压，在额定负载时，测得副边电压为 220 V。求：（1）该变压器原、副边的额定电流；（2）电压变化率。

5.20　某三相变压器的原绕组每相匝数为 $N_1 = 2\,000$，副绕组每相匝数 $N_2 = 100$。如果原绕组端所加线电压 $U_1 = 6\,000$ V，试求在 Y/Y 和 Y/△ 两种接法时的线电压和相电压。

第6章

电动机

提　要　电机是机械能与电能相互转换的机械。将电能转换为机械能的电机称为电动机，将机械能转换为电能的电机称为发电机。电机可分为直流电机和交流电机两大类，交流电机又有同步电机和异步电机两种。电动机根据使用场合的不同分为动力用电动机和控制用电动机。动力用电动机中以交流异步电动机使用最为广泛。控制用微电机体积和输出功率均较小，可作为动力及控制信号的传递相转换用。本章重点介绍三相异步电动机。

6.1　三相异步电动机的结构和工作原理

6.1.1　三相异步电动机的结构

三相异步电动机主要由定子、转子、机座、轴承、端盖、接线盒、风扇、风扇罩壳以及空气间隙等组成。图6.1.1是三相异步电动机的外形和拆开的各部分图。

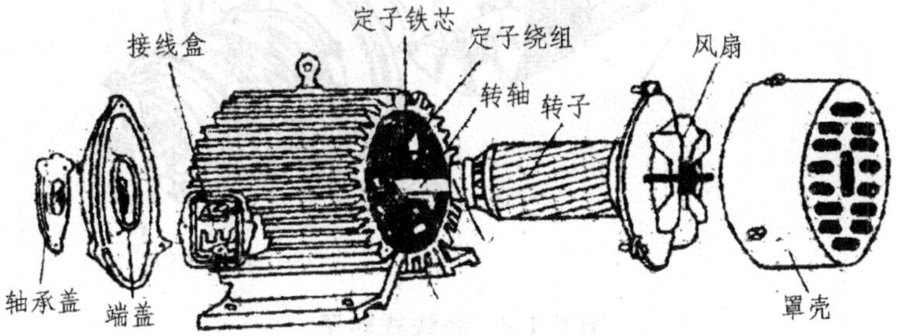

图 6.1.1　三相鼠笼式电动机的结构

1. 定子组成及各部分元件的作用

定子由定子铁芯、定子绕组、机座、端盖和接线盒等组成（中小型电动机还有风扇罩）。定子铁芯是由0.5 mm厚的硅钢片叠压而成，在环状的内圆上均匀地开有许多槽，硅钢片间涂有绝缘漆。定子铁芯的作用是导磁。三相绕组由带有绝缘的铜导线绕成，并按一定的规律嵌放在定子槽内。绕组的6个出线头，分别固定在机座外壳的接线盒里，线头旁标有各相的始末符号。根据电动机额定电压和供电电源电压的不同，定子绕组或连接成三角形，或连接成星形。

机座是铸铁的，它是用来固定定子铁芯、端盖以及接线盒的，同时起散热作用。中小型异步电动机机座上有散热片，是用来增加散热面的；风扇罩起防护和通风作用；端盖起防护和支持转子轴承的作用。绕线式电机定子有刷架。端盖固定在机座上，端盖中央孔上装有轴承，支撑转子。转子拖动机械负载。

2. 转子组成和各部件的作用

转子由转轴、转子铁芯、转子绕组和风扇组成，中小型电机轴承也安装在转子轴上。转轴由高碳钢制成，用来支持转子铁芯等。转子铁芯也是硅钢片叠压而成的，在其外圆上均匀开有许多槽，槽内嵌放转子绕组。转子绕组有鼠笼式和绕线式两种。

(1) 鼠笼式转子，如图 6.1.1 所示。铜条鼠笼转子是在转子槽内放置裸铜条，在铁芯端部用短路环将铜条焊接起来(如鼠笼状)。铸铝转子是槽内导体和两端短路环连同风扇叶片一起用铝铸成一个整体。

为了改善电动机的启动特性，小型电动机转子采用斜槽结构，而大中型电动机采用深槽式或双鼠笼式转子。深槽式转子是利用交流集肤效应原理限制启动电流，而双鼠笼式转子是利用不同的电阻来限制启动电流的。

(2) 绕线式转子，如图 6.1.2 所示。用绝缘导线绕制而成，绕组的相数、磁极对数和定子绕组相同。三相绕组一般接成星形，三根引出线连接在固定于转轴上的三个集电环上（滑环)，由一组支持在端盖上的电刷将集电环与外电路接通。

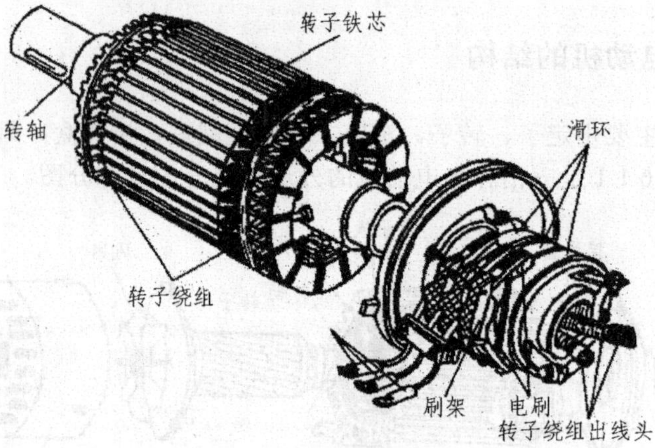

图 6.1.2 绕线式转子

无论哪种形式的转子，均需要轴承来支撑才能旋转。轴承主要分为两大类：滑动轴承和滚动轴承。微型电机和大型电机常用滑动轴承，而中小型电机多用滚动轴承。滚动轴承又分滚珠轴承和滚柱轴承。大中型电机轴伸端用滚柱轴承，电机后端一般采用滚珠轴承。

6.1.2 三相异步电动机的工作原理

当异步电动机三相定子绕组中通以三相正弦交流电时，便在磁路空间产生旋转磁场。旋转磁场在转子绕组中感应出电流，此电流与旋转磁场相互作用，又产生电磁力（电磁转矩)，使电动机转子沿旋转磁场旋转方向转动起来。

1. 旋转磁场

1）旋转磁场的产生

三相异步电动机的定子铁芯中放有三相对称绕组 AX，BY 和 CZ。设将三相绕组连接成星形，接在三相电源上，绕组中便通入三相对称电流，其波形如图 6.1.3 所示。取绕组始端到末端的方向作为电流的参考方向。在电流正半周时，其值为正，其实际方向与参考方向一致；在负半周时，其值为负，其实际方向与参考方向相反。

$$i_A = I_m \sin(\omega t),\ i_B = I_m \sin(\omega t - 120°),\ i_C = I_m \sin(\omega t + 120°)$$

在 $\omega t = 0°$ 的瞬间，定子绕组中的电流方向如图 6.1.3（a）所示。这时 $i_A = 0$；i_B 为负，其方向与参考方向相反，即自 Y 到 B；i_C 为正，其方向与参考方向相同，即自 C 到 Z。将每相电流所产生的磁场相加，便得出三相电流的合成磁场，合成磁场轴线的方向是自上而下。

$\omega t = 120°$ 时，定子绕组中电流的方向和三相电流的合成磁场的方向如图 6.1.3（b）所示。这时的合成磁场已在空间转过了 120°。同理可得在 $\omega t = 240°$ 时的三相电流的合成磁场，它比 $\omega t = 120°$ 时的合成磁场在空间又转过了 120°。

由上可知，当定子绕组中通入三相电流后，它们共同产生的合成磁场是随电流的交变而在空间不断地旋转着，这就是旋转磁场。

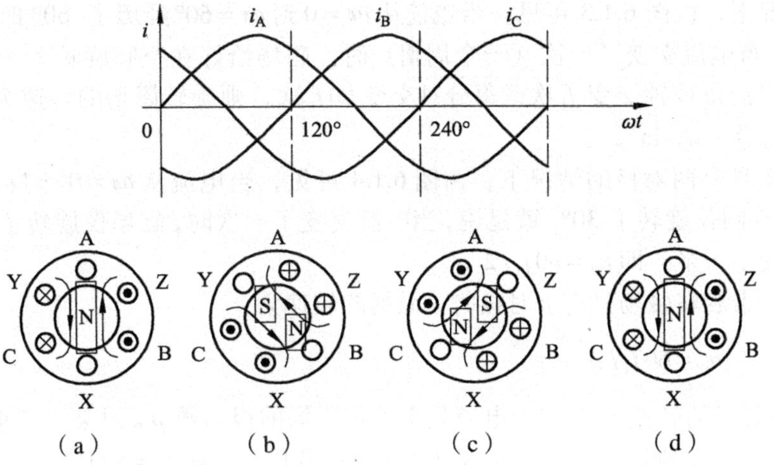

图 6.1.3　三相电流产生的旋转磁场（ $p=1$ ）

2）旋转磁场的转向

图 6.1.3 所示的情况是 A 相电流 $i_A = +I_m$，这时旋转磁场轴线的方向恰好与 A 相绕组的轴线一致。在三相电流中，电流出现正幅值的顺序为 $A \to B \to C$，因此磁场的旋转方向是与这个顺序一致的，即磁场的转向与通入绕组的三相电流的相序有关。

如果将同三相电源连接的三根导线中的任意两根的一端对调位置（如对调了 B 与 C 两相），则电动机三相绕组的 B 相与 C 相对调（注意：电源三相端子的相序未变），旋转磁场因此反转。

3）旋转磁场的极数

三相异步电动机的极数就是旋转磁场的极数。旋转磁场的极数和三相绕组的安排有关。在图 6.1.3 的情况下，每相绕组只有一个线圈，绕组的始端之间相差 120° 空间角，则产生的旋转磁场具有一对极，即 $p=1$（p 是磁极对数）。如定子绕组安排如图 6.1.4 那样，即每相绕组有两个线圈串联，绕组的始端之间相差 60° 空间角，则产生的旋转磁场具有两对极，即 $p=2$。

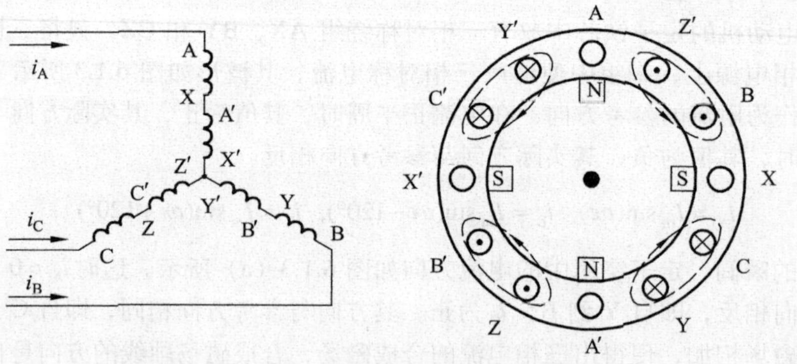

图 6.1.4 三相电流产生的旋转磁场（$p=2$）

同理，如果要产生三对极，即 $p=3$ 的旋转磁场，则每相绕组必须有均匀安排在空间的串联的 3 个线圈，绕组的始端之间相差 40°（$120°/p$）空间角。

4）旋转磁场的转速

三相异步电动机的转速，与旋转磁场的转速有关，而旋转磁场的转速取决于磁场的极数。在一对极的情况下，由图 6.1.3 可见，当电流从 $\omega t=0$ 到 $\omega t=60°$ 经历了 60° 时，磁场在空间也旋转了 60°。当电流交变了一次（一个周期）时，磁场恰好在空间旋转了一圈。设电流的频率为 f_1，即电流每秒钟交变 f_1 次或每分钟交变 $60f_1$ 次，则旋转磁场的转速为 $n_0=60f_1$。转速的单位为转每分（r/min）。

在旋转磁场具有两对极的情况下，由图 6.1.4 可见，当电流从 $\omega t=0$ 到 $\omega t=60°$ 经历了 60° 时，磁场在空间仅旋转了 30°。就是说，当电流交变了一次时，磁场仅旋转了半转，比 $p=1$ 情况下的转速慢了一半，即 $n_0=60f_1/2$。

由此推知，当旋转磁场具有 p 对极时，磁场的转速为

$$n_0=60f_1/p \tag{6.1.1}$$

因此，旋转磁场的转速 n_0 决定于电流频率 f_1 和磁场的极对数 p。对某一异步电动机来说，f_1 和 p 通常是一定的，所以磁场转速 n_0 是个常数。在我国，工频 $f_1=50$ Hz，于是由式（6.1.1）可得出对应于不同极对数的旋转磁场转速（转/分），见表 6.1.1。

表 6.1.1 不同磁极对数时的同步转速

p	1	2	3	4	5	6
n_0（r/min）	3 000	1 500	1 000	750	600	500

2. 电动机的转动原理

1）转动原理

电动机是一种把电能转换成机械能的电气设备，如接通电源，其转子便带动生产机械一同旋转。图 6.1.5 是异步电动机工作原理示意图，当定子绕组通以三相对称电流后，产生的合成磁场是两极旋转磁场，并以转速 n 按顺时针方向旋转。静止的转子导体因切割磁力线而

产生感应电动势。由于旋转磁场是顺时针旋转，相当于转子导体以逆时针切割磁力线，用右手定则确定转子上半部导体中感应电动势方向是从里向外，用⊙表示，转子下半部导体中感应电动势方向是从外向里，用⊗表示。在电动势的作用下，闭合的导条中就有电流。该电流与旋转磁场相互作用，而使转子导条受到电磁力。电磁力的方向可应用左手定则来确定。由电磁力产生电磁转矩，转子就转动起来。由图 6.1.5 可见，转子转动的方向和磁极旋转的方向相同。当旋转磁场反转时，电动机也跟着反转。

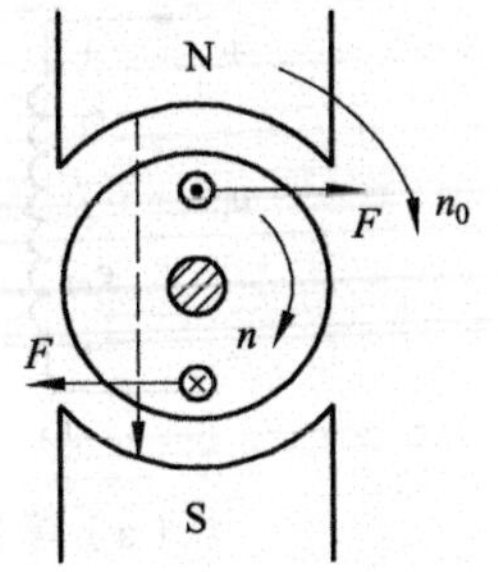

图 6.1.5　异步电动机工作原理

2）转差率

电动机转速 n 总是小于旋转磁场的转速 n_0。如果两者相等，则转子与旋转磁场之间就没有相对运动，磁通就不能切割转子导条，转子电动势、转子电流以及转矩就都不存在了。这样，转子就不可能继续以 n_0 的转速转动。因此，转子转速与磁场转速之间必须要有差别，这就是异步电动机名称的由来。而旋转磁场的转速 n_0 常称为同步转速。

我们用转差率 s 来表示转子转速 n 与磁场转速 n_0 相差的程度，即

$$s=\frac{n_0-n}{n_0} \quad 或 \quad s=\frac{n_0-n}{n_0}\times 100\% \tag{6.1.2}$$

式（6.1.2）也可写为 $n=(1-s)n_0$。

转差率 s 是说明异步电动机运行情况的一个很重要的物理量。转子转速越接近磁场转速，转差率越小。由于三相异步电动机的额定转速与同步转速相近，所以它的转差率很小。通常异步电动机在额定负载时的转差率约为 1%～9%。

异步电动机在启动瞬间，因转子转速 $n=0$，所以 $s=1$，这时转差率最大。

例 6.1.1　有一台三相异步电动机，电源频率 $f_1=50\ \text{Hz}$。其额定转速 $n=985\ \text{r/min}$。试求电动机的极对数和额定负载时的转差率。

解　由于电动机的额定转速接近而略小于同步转速，而同步转速对应于不同的极对数有一系列固定的数值（见表 6.1.1）。显然，与 985 r/min 最相近的同步转速 $n_0=1\,000\ \text{r/min}$，与此相应的磁极对数 $p=3$。因此，额定负载时的转差率为

$$s=\frac{n_0-n}{n_0}\times 100\%=\frac{1\,000-985}{1\,000}\times 100\%=1.5\%$$

6.2　三相异步电动机的电路分析

三相异步电动机中的电磁关系同变压器类似，定子绕组相当于变压器的一次绕组，转子绕组（一般是短接的）相当于二次绕组。当定子绕组接上三相电源电压（相电压为 u_1）时，则有三相电流（相电流为 i_1）通过。定子三相电流产生旋转磁场，其磁力线通过定子和转子铁芯而闭合。旋转磁场不仅在转子每相绕组中感应出电动势 e_2，而且在定子每相绕组中也要感应出电动势 e_1。此外，还有漏磁通，在定子绕组和转子绕组中产生漏磁电动势 $e_{\sigma1}$ 和 $e_{\sigma2}$，如图 6.2.1 所示。

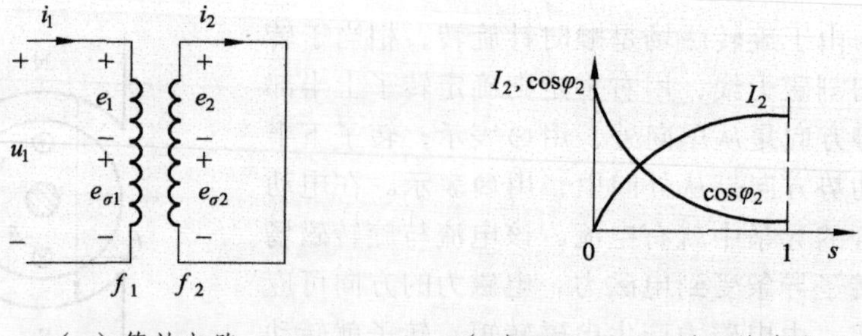

（a）等效电路　　　（b）I_2，$\cos\varphi_2$ 随 s 的变化曲线

图 6.2.1　三相异步电动机的电路分析

1. 定子电路

旋转磁场以同步转速在空间旋转，同时与定子绕组和转子绕组交链。由于定子绕组是静止的，在定子电路产生的感应电动势频率就是电源频率。与变压器原边电路分析相似，感应电动势的有效值为

$$E_1 = K_1 4.44 f_1 N_1 \Phi_m \approx U_1 \tag{6.2.1}$$

式中，K_1 为定子绕组系数，是考虑定子绕组在空间位置不同而引入的系数；Φ_m 是通过每相绕组的磁通最大值，在数值上等于旋转磁场的每极磁通；N_1 为定子绕组每相的匝数；f_1 为电源频率。

由式（6.2.1）可知，当电源电压、频率不变时，磁通最大值是基本不变的。

2. 转子电路

1）转子频率 f_2

因为旋转磁场和转子间的相对转速为（$n_0 - n$），所以转子频率

$$f_2 = \frac{p(n_0 - n)}{60} = s f_1 \tag{6.2.2}$$

可见转子频率 f_2 与转差率 s 有关，也就是与转速 n 有关。转子静止时，也就是电动机接通电源瞬间 $n = 0$，$s = 1$，转子导条被旋转磁通切割得最快。这时 f_2 最高，即 $f_2 = f_1$。异步电动机在额定负载时，$s = 1\% \sim 9\%$，则 $f_2 = 0.5 \sim 4.5$ Hz（$f_1 = 50$ Hz）。

2）转子电动势 E_2

转子电动势 e_2 的有效值为

$$E_2 = 4.44 f_2 N_2 \Phi_m = 4.44 s f_1 N_2 \Phi_m \tag{6.2.3}$$

在 $n = 0$，即 $s = 1$ 时，转子电动势最大。可得出

$$E_2 = s E_{20} \tag{6.2.4}$$

可见转子电动势 E_2 与转差率 s 有关。

3）转子感抗 X_2

转子感抗 X_2 与转子频率 f_2 有关，即

$$X_2 = 2\pi f_2 L_{\sigma 2} = 2\pi s f_1 L_{\sigma 2} \tag{6.2.5}$$

在$n=0$，即$s=1$时，$f_2 = f_1$，转子感抗最大。可得出

$$X_2 = sX_{20} \tag{6.2.6}$$

可见转子感抗与转差率有关。

4）转子电流I_2和转子电路的功率因数$\cos\varphi_2$

转子每相电路的电流和转子电路的功率因数可由下列公式得出，即

$$I_2 = \frac{E_2}{\sqrt{R_2^2 + X_2^2}} = \frac{sE_{20}}{\sqrt{R_2^2 + (sX_{20})^2}} \tag{6.2.7}$$

$$\cos\varphi_2 = \frac{R_2}{\sqrt{R_2^2 + X_2^2}} = \frac{R_2}{\sqrt{R_2^2 + (sX_{20})^2}} \tag{6.2.8}$$

由上述分析可知，异步电动机在运行过程中，其物理量参数均是转差率s的函数。转子电流I_2及功率因数$\cos\varphi_2$与转差率s的关系曲线如图 6.2.1（b）所示。

6.3 三相异步电动机的转矩与机械特性

电磁转矩T（以下简称转矩）是三相异步电动机最重要的物理量之一，机械特性是它的主要特性。对电动机进行分析往往离不开它们。

1. 电磁转矩特性（T-s曲线）

三相异步电动机的电磁转矩是由旋转磁场与转子电流相互作用而产生的。但因转子电路是感性的，转子电流比转子感应电动势滞后φ_2角。故电动机转轴上的电磁转矩应与旋转磁场磁通Φ_m及转子电流的有功分量$I_2\cos\varphi_2$成正比。所以电磁转矩表达式为

$$T = K_T \Phi_m I_2 \cos\varphi_2 \tag{6.3.1}$$

式中，K_T为与电动机结构有关的常数；Φ_m为旋转磁场每极磁通；I_2为转子电流有效值；$\cos\varphi_2$为转子电路功率因数；T的单位为牛·米（N·m）。

将式（6.2.7）、式（6.2.8）代入式（6.3.1）整理后得

$$T = K_T \Phi_m \frac{sE_{20}}{\sqrt{R_2^2 + (sX_{20})^2}} \cdot \frac{R_2}{\sqrt{R_2^2 + (sX_{20})^2}} \tag{6.3.2}$$

又因为 $$\Phi_m = \frac{U_1}{4.44 f_1 N_1}, \quad E_{20} = 4.44 f_1 N_2 \Phi_m \approx \frac{N_2}{N_1} U_1$$

所以 $$T = K_T U_1^2 \frac{sR_2}{R_2^2 + (sX_{20})^2} \tag{6.3.3}$$

当电源频率f_1一定时，K_T为一常数。三相异步电动机的电磁转矩与电源电压U_1的平方成正比。因此，电源电压的波动对电动机的转矩影响很大。例如，电源电压降低至额定电压的 80%时，则转矩只为原来的 64%。过低的电压常使电动机不能启动或被迫停转，此种现象一旦发生就会引起电流剧增，若不及时切断电源，在短时间内就会使电动机烧毁，故在运行中必须注意。

2. 机械特性（n-T 曲线）

当电源电压 U_1 和频率 f_1 一定，且电机参数不变时，异步电动机转矩 T 与转差率 s 的关系 $T=f(s)$ 称为转矩特性，其曲线如图 6.3.1 所示。电磁转矩特性曲线间接地表示了电磁转矩与转速之间的关系。而人们关心地是电动机的电磁转矩与转速的关系，称为机械特性。若将 $T=f(s)$ 曲线的 s 坐标变换成 n 坐标，并顺时针旋转 90°，再将表示 T 的横轴移下，便得到机械特性 $n=f(T)$ 曲线，如图 6.3.2 所示。

研究机械特性的目的是为了分析电动机的运行性能。现就机械特性曲线讨论三个转矩。

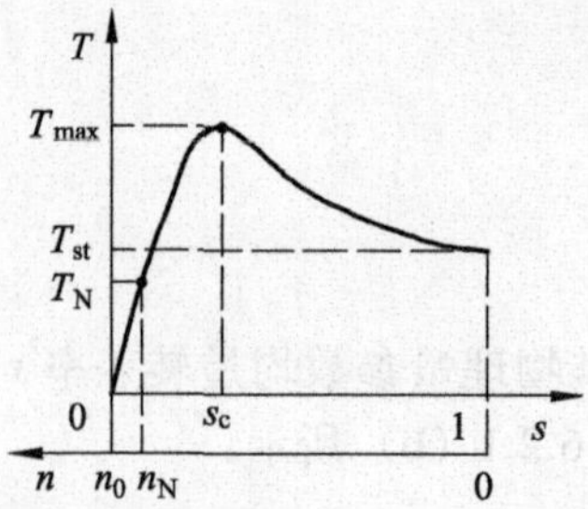

图 6.3.1　异步电动 $T=f(s)$ 特性曲线

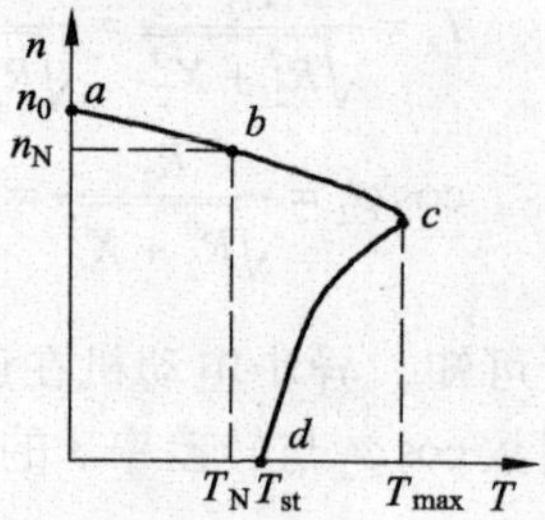

图 6.3.2　异步电动 $n=f(T)$ 特性曲线

1）额定转距 T_N

异步机的额定转矩是指其工作在额定状态下产生的电磁转矩。在忽略电动机本身的机械损耗阻力矩时，可认为电磁转矩近似等于电动机轴上的输出机械转矩。在额定转速 n_N 下输出额定输出功率 P_N，电动机的转矩为额定转矩，即

$$T_N = 9\,550\frac{P_N}{n_N} \tag{6.3.4}$$

式中，P_N 为电动机额定输出功率，单位为 kW；n_N 为电动机额定转速，单位为 r/min；T_N 为异步电动机的输出转矩，单位为 N · m。

通常三相异步电动机都工作在图 6.3.2 所示特性曲线的 ab 段。当负载转矩增大（如起重机的起重量加大）时，在最初瞬间电动机的转矩 $T<T_L$，所以它的转速 n 开始下降。随着转速的下降，由图 6.3.2 可见，电动机的转矩增加。当转矩增加到 $T=T_L$ 时，电动机在新的稳定状态下运行，这时转速较前为低。由于 ab 段比较平坦，当负载在空载与额定值之间变化时，电动机的转速变化不大。这种特性称为硬的机械特性。

2）启动转矩

电动机启动瞬间，$n=0$，$s=1$，这时产生的电磁转矩为启动转矩 T_{st}。将 $s=1$ 代入式(6.3.3) 求得 T_{st}。改变 R_2 和 U_1 都会对 T_{st} 有影响。在绕线转子异步电动机中，转子三相绕组通过外接电阻器来适当增加转子电阻，就可提高其启动转矩，改善电动机的启动性能。

电动机的启动转矩 T_{st} 与额定转矩 T_N 的比值 $K_{st}=T_{st}/T_N$，表示电动机的启动能力。一般异步电动机的启动值在 1.4～2.2 之间。

3）最大转矩

从 $T=f(s)$ 曲线上可以看出，在 $s=0$ 时 $T=0$，为理想空载工作状态，实际中不存在。在 $0<s<s_c$ 区间，转矩 T 随 s 的增大而增大；在 $s=s_c$ 时，转矩达到最大值 T_m；在 $s_c<s<1$ 区间，转矩 T 随转差率 s 的增大而减小。通常 s_c 称为临界转差率。

将（6.3.3）式对 s 求导，并令 $\frac{dT}{ds}=0$，求得临界转差率为

$$s_c = R_2 / X_{20} \tag{6.3.5}$$

将式（6.3.5）代入式（6.3.3），可得最大转矩为

$$T_m = K_T U_1^2 /(2X_{20}) \tag{6.3.6}$$

从式（6.3.5），(6.3.6) 可以看出，临界转差率 s_c 与转子电阻 R_2 成正比，但最大转矩 T_m 与 R_2 无关。R_2 增大，T_m 不变，s_c 增大，这就使电动机发生最大转矩时的转速降低。因此，在绕线型异步电动机转子回路中外接变阻器可达到调速的目的。从式（6.3.6）可知，异步电动机的最大转矩与电源电压的平方成正比。所以供电电压的波动将影响电动机的运行情况。

电动机的最大转矩与额定转矩之比称为过载系数，用 λ_m 表示

$$\lambda_m = T_m / T_N \tag{6.3.7}$$

λ_m 表示电动机短时过载能力。一般三相异步电动机 λ_m 在 1.8～2.2 之间，而冶金、起重等特殊电动机 λ_m 在 2.2～3 之间。

应该指出，电动机 $T_N < T_L < T_m$ 运行时，为过载状态。过载状态下，电动机只能短时间内运行，否则电流太大，温升过高致使电动机绝缘老化，寿命缩短。因此，中、大容量的电动机均应装配热保护继电器，其目的就是避免电动机长时间过载运行。

6.4 三相异步电动机的启动、调速和制动

6.4.1 三相异步电动机的启动

在生产过程中，电动机要经常启动、停机。电动机的启动性能好坏对生产影响很大。所以在使用电动机时，要考虑电动机的启动性能和启动方法。

异步电动机的启动性能包括启动电流、启动转矩、启动时间及绕组发热等。其中启动电流和启动转矩是主要的。一般中小型笼型三相异步电动机的启动电流约为额定电流的 5～7 倍。通常情况下，电动机的启动时间很短（中小型电动机约为 1～3 s），电流随转速上升而很快下降，因此，只要不是频繁启动的电动机，不会因启动而过热。但是过大的启动电流会在电源线路上产生较大的电压降落，影响同一变压器供电的其他负载的正常工作，如电灯突然变暗，电动机的电磁转矩突然下降等。

异步电动机正常的启动转矩约为额定转矩的 1.0～2.2 倍。启动转矩小，会使电动机启动时间过长，有时甚至不能启动。启动时间过长，消耗能量多，对电动机也不利。

综上所述，实际中应根据电动机的启动转矩、启动电流和电网电源的要求，采用适当的启动方法。

1. 直接启动（全压启动）

直接启动就是采用刀闸或接触器，将额定电压直接加到电动机上使之运行，也称为全压

启动。这种启动方法的优点是简单、经济、启动快。缺点是由于启动电流很大，启动瞬间会造成电网电压的突然下降。

一台电动机能否直接启动，要根据电力管理部门的规定，如果电动机和照明负载共用一台变压器供电，则规定电动机启动时引起的电网电压降不能超过额定电压的5%；若电动机由独立的变压器供电，如果电动机启动频繁，则其功率不能超过变压器容量的 20%，如果电动机不经常启动，则其功率只要不超过变压器容量的 30% 即可。直接启动适用于容量小、不频繁启动的电动机。例如，一般 30 kW 以下的笼型异步电动机常采用直接启动。

2. 降压启动

如果电动机直接启动时所引起的线路压降较大，应采用降压启动，即启动时降低加在定子绕组上的电压，以减少启动电流，当电动机转速接近同步转速后再加上额定电压运行。常用的降压启动方法有以下几种：

1）星形-三角形转换启动法

星形-三角形转换启动法简记为 Y-△ 启动法。Y-△ 转换启动法适用于正常工作时定子绕组是三角形接法的笼型异步电动机。在启动时先连接成星形，待转速接近额定值时再换成三角形，如图 6.4.1 所示。

Y-△ 转换启动的优点：在启动时，每相定子绕组所承受的电压降低，为线电压的 $1/\sqrt{3}$，而启动电流却减少为原来的 1/3。换言之，星形连接时的线电流只有三角形连接启动时线电流的 1/3。

Y-△ 转换启动可采用 Y-△ 启动器来实现，其电路如图 6.4.1 所示。启动前，先将开关 Q_2 扳到“Y 启动”位置，然后合电源开关 Q_1，于是电动机在 Y 形连接下启动。待转速上升接近额定值时，再将 Q_2 从“Y 启动”位置扳向“△运转”位置，电动机在三角形连接下进入正常运行。

采用 Y-△ 转换启动可以使启动电流减小至直接启动值，但由于转矩和电压的平方成正比，所以启动转矩也减小到直接启动时的 1/3。因此，Y-△ 启动方法只适合于空载或轻载启动。

2）自耦降压启动

自耦降压启动是利用三相自耦变压器降压启动，自耦变压器上备有 2～3 组抽头，输出不同的电压（如为电源电压的 80%，60%，40%），供用户选用。这种方法的优点是使用灵活，不受定子绕组接线方式的限制；缺点是设备笨重、投资大。降压启动的专用设备称为启动补偿器。图 6.4.2 为自耦降压启动电路示意图。

应该指出，采用自耦变压器降压启动，在减少启动电流的同时，启动转矩也会减小。如果选择的自耦变压器的降压比为 K'（$K'<1$），则启动电流和启动转矩都为直接启动的 $(K')^2$ 倍。

自耦降压启动，常用来启动容量较大或正常运行时为星形连接的笼型转子电动机。

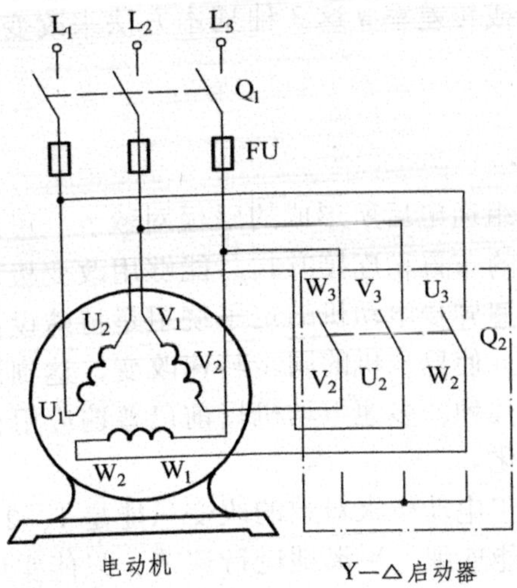

图 6.4.1　Y-△转换启动控制电路

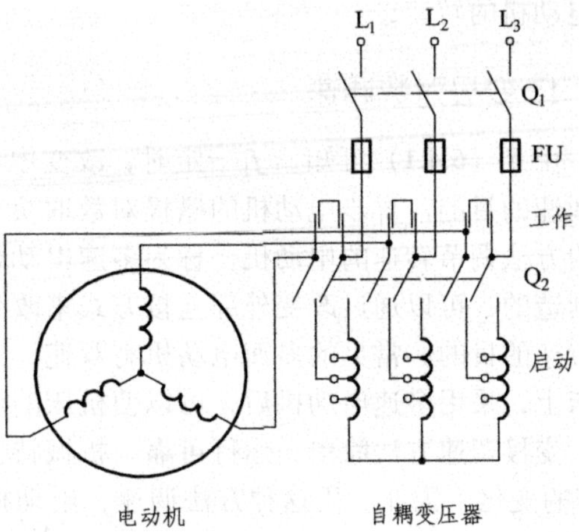

图 6.4.2　自耦降压启动电路

3）软启动法

前面介绍的几种启动方法，如Y-△转换启动、自耦降压启动等，较大地缓解了在供电变压器容量相对不够大时电动机启动的矛盾。但它们还存在着明显的不足之处，如没解决电动机启动瞬间电流冲击问题，而且上述启动设备在启动过程中需要进行电压切换，电动机也将有瞬间大电流冲击问题，另外启动设备的触点多，发生故障也多，维护工作量大等。随着电力电子技术和微机控制的发展，目前，一种性能优良的软启动控制器已经问世，并得到迅速推广。这种软启动器使电动机启动平稳，对电网冲击小，并且具有电动机过载、缺相等保护功能，能实现电动机轻载、节能运行。同时还可以实现电动机软停车、软启动。

3. 转子回路串电阻启动

在转子回路中串电阻的启动方法，就是在转子回路中串联大小适当的启动电阻，达到减小启动电流的目的，此种方法只适用于绕线型电动机。三相笼型异步电动机采用降压启动的方法来限制启动电流过大，简单可行，其缺点是启动转矩也相应大大减少。因此，对要求满载启动或重载启动的生产机械，不能应用三相笼型异步电动机拖动。如起重机、锻压机等常采用绕线型电动机拖动，启动后随着转速的上升将启动电阻逐段切除。

6.4.2　三相异步电动机的调速

异步电动机具有结构简单、运行可靠、维护方便等优点，但在调速性能上比不上直流电动机。近年来，随着电力电子技术和数控技术的不断发展，交流调速技术日益成熟，交流调速装置的容量不断扩大，性能不断提高。交流调速已显示出逐步取代直流调速的趋势。

电动机的调速是保持电动机转矩一定的情况下，人为地改变电动机的转动速度。异步电动机的转速公式为

$$n=(1-s)n_1=(1-s)\frac{60f_1}{p} \tag{6.4.1}$$

式（6.4.1）表明，可以通过改变极对数 p、电源频率 f_1 或转差率 s 这 3 种基本方法来改变异步电动机的转速。

1. 变极对数调速

由式（6.4.1）可知，f_1 一定时，改变电动机定子绕组通电后所形成的磁极对数 p，可达到调速的目的。异步电动机的磁极对数取决于定子绕组的布置和连接方式。能够用改变极对数的方法调节转速的电动机，称为多速电动机。笼型多速异步电动机的定子绕组是特殊设计和制造的。可以通过改变外部连接方式来改变磁极对数，使异步机的同步转速改变，达到调节转速的目的。常见的多速电动机有双速、三速、四速几种。多速电动机目前已普遍应用在机床上，采用多速电动机后，可以使机床的传动机构简化。

变极调速方法简单，运行可靠，机械特性较硬，由于电动机极对数的改变只能是 1，2，3 等的变化，因此，用这种方法调速，电动机的转速不能连续、平滑地进行调节，只能实现有极调速。

2. 变频调速

用改变电动机电源频率的方法达到调速的目的，称为变频调速。由于电力电子技术的发展，目前可制造出频率能够连续调节的大功率三相电源供变频调速电动机。

由 $U_1 \approx E_1 = 4.44K_1 f_1 N_1 \Phi_m$ 可以看出，当降低电源频率 f_1 调速时，若电源电压 U_1 不变，则磁通 Φ_m 将增加，使铁芯饱和，从而导致励磁电流和铁损耗大量增加、电机温升过高等问题，这是不允许的。因此在变频调速的同时，为保持磁通 Φ_m 不变，就必须降低电源电压，使 U_1/f_1 为常数。通用变频器的原理如图 6.4.3 所示。

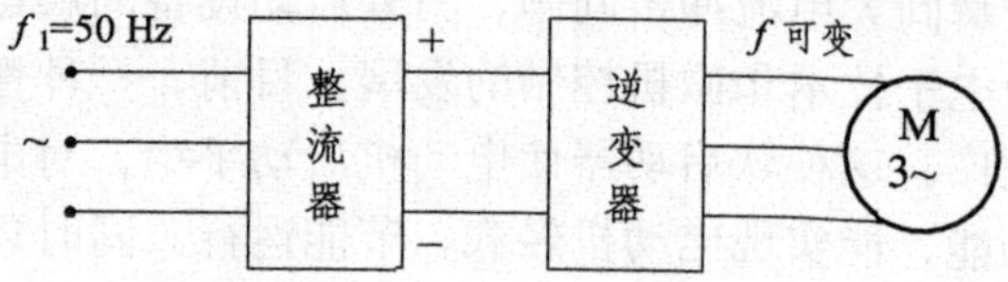

图 6.4.3　变频调速

变频调速根据电动机输出性能的不同可分为：① 保持电动机过载能力不变；② 保持电动机恒转矩输出；③ 保持电动机恒功率输出。变频调速的优点是调速范围大，平滑性好，变频时可实现恒转矩调速或恒功率调速，以适应不同负载的要求。这是异步电动机最有前途的一种调速方式，其缺点是目前控制装置价格仍比较昂贵。

3. 改变转差率调速

只有绕线型电动机才能采用改变转差率调速。绕线型电动机通常采用转子串附加电阻的方法进行调速。转子绕组串入不同的电阻值后，转差率改变，电动机的机械特性曲线发生变化，因此在一定负载转矩下，对应着不同的转速，达到调速的目的。

由于附加电阻消耗很多电能，因此，只适用于小功率的电动机。绕线式电动机除采用转子串电阻调速外，还应用电力电子技术进行双馈调速和串极调速，这些调速方法可减小转子电路能量损耗，提高调速性能。

6.4.3　三相异步电动机的制动

阻止电动机转动，使之减速或停车的措施称为制动。异步电动机制动的目的是使电力拖动系统快速停车或者使拖动系统尽快减速。异步电动机制动的方法有能耗制动、反接制动和发电反馈制动、机械抱闸四种。

1. 能耗制动（动力制动）

方法：当电动机与交流电源断开后，立即给定子绕组通入直流电流，如图 6.4.4 所示，当定子绕组通入直流电源时，在电机中将产生一个恒定磁场。转子因机械惯性继续旋转时，转子导体切割恒定磁场，在转子绕组中产生感应电动势和电流，转子电流和恒定磁场作用产生电磁转矩，根据右手定则可以判定出电磁转矩的方向与转子转动的方向相反，为制动转矩。在制动转矩作用下，转子转速迅速下降，当 $n=0$ 时制动过程结束。这种方法是将转子的动能转变为电能，消耗在转子回路的电阻上，所以称为能耗制动。

能耗制动的优点是制动准确、平稳，缺点是需要一套专门的直流电源供制动用。

2. 反接制动

反接制动是在电动机停车时，将其所接的三根电源线中任意两根对调，如图 6.4.5 所示，断开 Q_1 接通 Q_2 即可。这时电动机产生的旋转磁场改变方向，电动机的转矩方向随之改变，这对由于惯性作用仍沿原方向旋转的电动机起到制动作用。反接制动的制动效果较好，但当电动机转速接近零时，应及时将电源自动切断，否则电动机将反转。

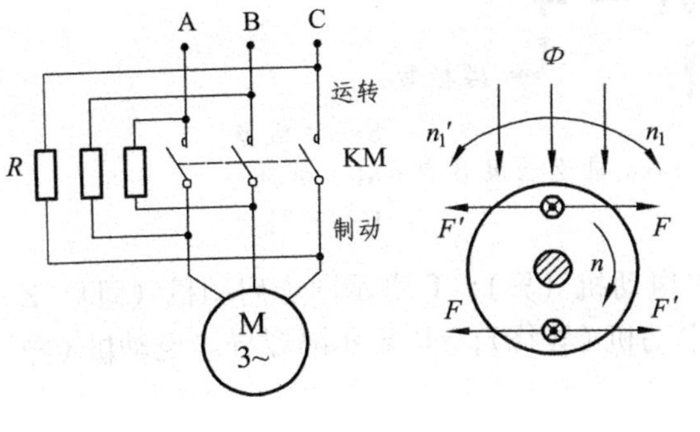

图 6.4.4　能耗制动原理图

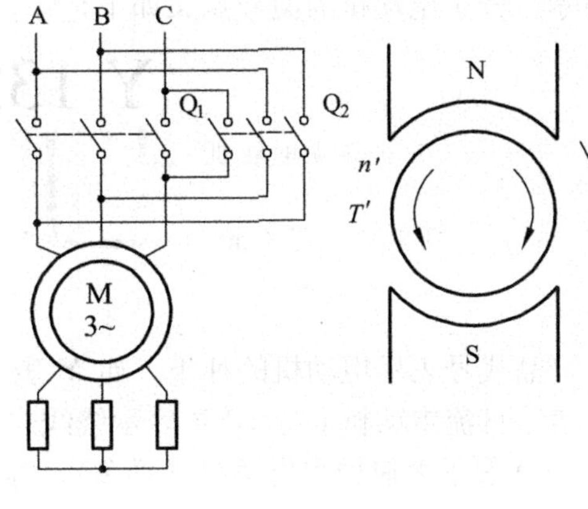

图 6.4.5　反接制动原理图

3. 发电反馈制动

使电动机在外力作用下，其电机的转速超过旋转磁场的同步转速，从而达到抽动的目的。例如，起重机下放重物，在下放开始时，$n<n_1$，电动机处于电动状态。在位能转矩作用下，$n>n_1$，电机的转速大于同步转速时，转子中感应电动势、电流和转矩的方向都发生了变化，转矩方向与转子转向相反，成制动转矩。此时电动机将机械能转变为电能馈送到电网，所以称为发电反馈制动。

4. 机械抱闸（机械制动）

上述三种制动方法又称为电气制动。电机制动时，除使用电气制动外有时还需要机械抱闸相配合。机械制动是利用机械摩擦力给电动机施加制动转矩，使电动机停车。常用的方法是采用电磁制动器。

6.5 三相异步电动机的型号和技术数据

电动机的型号和额定数据都标记在铭牌上，要正确使用电动机，必须看懂铭牌。这里以 Y132M-4 型电动机（见图 6.5.1）为例，来说明铭牌上各个数据的意义。

三相异步电动机					
型号	Y132M-4	功　率	7.5 kW	频　率	50Hz
电压	380 V	电　流	15.4 A	接　法	△
转速	1 440 r/min	绝缘等级	B	工作方式	连续
年　月	编号			××电机厂	

图 6.5.1　Y132M-4 电动机铭牌

1. 型　号

为了适应不同用途和不同工作环境的需要，电动机制成不同的系列，每种系列用各种型号表示。异步电动机的型号意义如下：

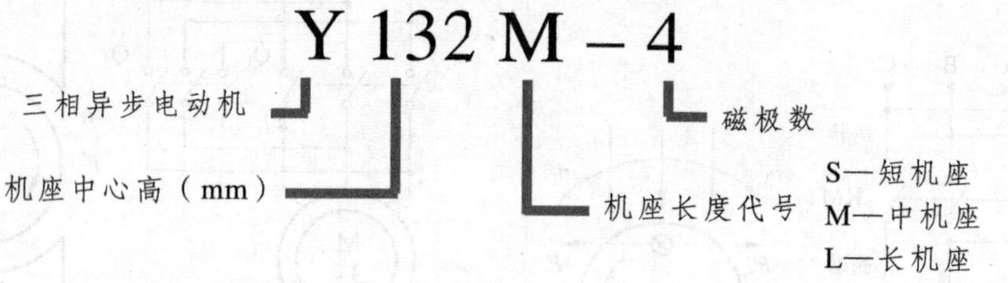

产品代号表示电动机的种类。如 Y 表示异步电动机（异）；T 表示同步启动机（同）；Z 表示表示直流电动机（直）；YR 表示绕线式异步电动机（异绕）；YB 表示隔爆异步电动机（异爆）；YD 表示多速异步电动机（异多），等等。

2. 额定数据

（1）额定功率 P_N。电动机在额定状态下运行时，轴上输出的机械功率，单位为 kW。

（2）额定电压 U_N。电动机在规定接法下，定子绕组应加的线电压，单位为 V。有的电动机（一般为 3 kW 以下）额定电压为 380 V/220 V，接法为 Y/△，表示当线电压为 380 V 时，电动机应接成星形；当线电压为 220 V 时，应接成三角形。

（3）额定电流 I_N。电动机在额定状态下运行的线电流，单位为 A。当电动机定子绕组有两种接法时，便有两个相对应的额定电流。

（4）额定频率 f_N。电动机定子绕组所接交流电源的频率，单位为 Hz。

（5）额定转速 n_N。电动机在额定状态下运行时的转子转速，单位为 r/min。

（6）额定功率因数 $\cos\varphi_N$。电动机在额定状态下运行时定子电路的功率因数。异步电动机的额定功率因数约为 0.7～0.9，空载时功率因数只有 0.2～0.3。

（7）额定效率 η_N。电动机在额定状态下运行时的效率。

（8）绝缘等级。按电动机所用绝缘材料的容许温升或容许极限温度划分的电动机的绝缘等级，如表 6.5.1 所示。

表 6.5.1　电动机的绝缘等级划分表

绝缘温度	环境温度在 40°C 时的容许温升（°C）	容许极限温升（°C）
A	60	105
E	75	120
B	80	130
F	100	155
H	125	180

除上述额定数据外，对绕线式电动机，铭牌上还标有转子开路电压和转子额定电流等数据。铭牌上的工作方式是指电动机的运行方式，一般分为连续、短时和断续三种。

例 6.5.1　有一台三相异步电动机，其额定数据如下：$P_N = 13\ \text{kW}$，$U_N = 380\ \text{V}$，△连接，$n_N = 1\ 460\ \text{r/min}$，$\cos\varphi_N = 0.88$，$\eta_N = 0.88$，$I_{st}/I_N = 7$，$T_{st}/T_N = 1.3$。试求：（1）额定电流和额定转矩；（2）采用 Y-△ 减压启动时的启动电流和启动转矩；（3）如果采用自耦降压启动，使电动机的启动转矩为额定转矩的 80%，求自耦变压器的降压比和线路上的启动电流。

解　（1）额定电流和额定转矩。

$$I_N = \frac{P_N \times 10^3}{\sqrt{3} U_N \eta_N \cos\varphi_N} = \frac{13 \times 10^3}{\sqrt{3} \times 380 \times 0.88 \times 0.88} = 25.51\ (\text{A})$$

$$T_N = 9\ 550 \frac{P_N}{n_N} = 9\ 550 \times \frac{13}{1\ 460} = 85.03\ (\text{N} \cdot \text{m})$$

（2）减压启动的启动电流和启动转矩。

$$I_{st} = 7 \times I_N = 7 \times 25.51 = 178.57\ (\text{A})$$

$$T_{st} = 1.3 \times T_N = 1.3 \times 85.03 = 110.54\ (\text{N} \cdot \text{m})$$

$$I_{stY} = I_{st}/3 = 178.57/3 = 59.52\ (\text{A})$$

$$T_{stY} = T_{st}/3 = 110.54/3 = 36.85\ (\text{N} \cdot \text{m})$$

（3）设自耦变压器的降压比为 k，因为 $T \infty U^2$，所以

$$\frac{T'_{st}}{T_{st}} = \frac{0.8T_N}{1.3T_N} = \frac{(kU)^2}{U^2} = k^2$$

$$k = \sqrt{T'_{st}/T_{st}} = \sqrt{0.8/1.3} = 0.784$$

$$I'_{st} = K^2 I_{st} = 0.784^2 \times 178.57 = 109.76\ (\text{A})$$

例 6.5.2　Y225M-4 型三相异步电动机的技术数据如下：$P_N = 45\ \text{kW}$，$U_N = 380\ \text{V}$，△连接，$n_N = 1\ 480\ \text{r/min}$，$\cos\varphi_N = 0.88$，$\eta_N = 92.3\%$，$I_{st}/I_N = T_{st}/T_N = 1.9$，$T_{max}/T_N = 2.2$。试求：

（1）额定转差率 s_N；（2）额定电流 I_N；（3）启动电流 I_{st}；（4）额定转矩 T_N；（5）启动转矩 T_{st}；（6）最大转矩 T_{max}；（7）额定输入功率 P_{1N}。

解 （1）额定转差率。因为异步电动机的额定转速低于但接近同步转速，略高于额定转速 1 480 r/min 的同步转速为 1 500 r/min，所以

$$s_N = \frac{n_0 - n_N}{n_0} \times 100\% = \frac{1\,500 - 1\,480}{1\,500} \times 100\% = 1.3\%$$

（2）额定电流 $I_N = \frac{P_N \times 10^3}{\sqrt{3} U_N \eta_N \cos\varphi_N} = \frac{45 \times 10^3}{\sqrt{3} \times 380 \times 0.88 \times 0.923} = 84.2\ (\mathrm{A})$

（3）启动电流 $I_{st} = 7 \times I_N = 7 \times 84.2 = 589.4\ (\mathrm{A})$

（4）额定转矩 $T_N = 9\,550 \frac{P_N}{n_N} = 9\,550 \times \frac{45}{1\,480} = 290.4\ (\mathrm{N \cdot m})$

（5）启动转矩 $T_{st} = 1.9 \times T_N = 1.9 \times 290.4 = 551.8\ (\mathrm{N \cdot m})$

（6）最大转矩 $T_{max} = 2.2 \times T_N = 2.2 \times 290.4 = 638.9\ (\mathrm{N \cdot m})$

（7）额定输入功率 $P_{1N} = \frac{P_N}{\eta_N} = \frac{45}{0.923} = 48.75\ (\mathrm{kW})$

6.6 单相异步电动机

单相异步电动机由单相交流电源供电，使用方便，常用于小功率（750 W 以下）的电动工具和众多的家用电器、医疗仪器和自动控制系统中。

1. 单相异步电动机的结构

单相异步电动机的结构和三相异步电动机类似，也由定子和转子两部分组成，如图 6.6.1 所示。定子上装有绕组，用以建立磁场；转子是笼型的。

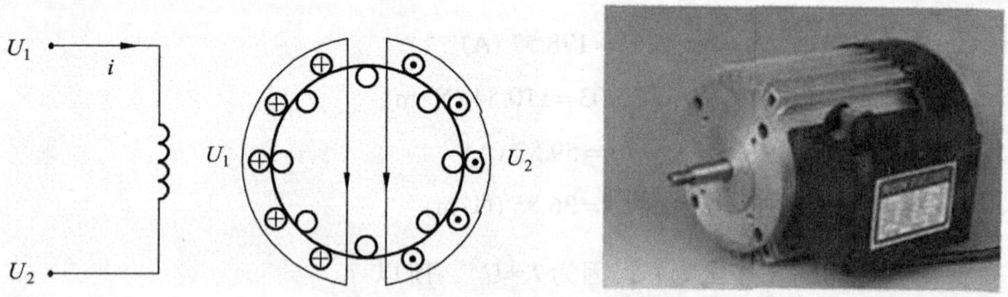

图 6.6.1 单相异步电动机

在实际应用中，单相异步电动机有一个特殊问题，就是在单相定子绕组中通入单相交流电流时，产生的磁场不是旋转磁场，而是一个位置固定不变、大小随时间按正弦规律变化的脉动磁场。对于静止的转子来说，该磁场与转子电流相互作用产生的电磁转矩刚好互相抵消，使启动转矩为零，故电动机不能自行启动。目前用于解决单相异步电动机启动问题的常用方法有两种，即电容分相法和罩极法。与之对应，单相异步电动机也分为电容分相式和罩极式两种类型。

2. 单相异步电动机的工作原理

1）电容分相式

由于电动机的工作绕组电路为感性电路，启动绕组串联电容后成了容性电路，若电容器的容量适当，可使两个电流的相位差恰好为 90°，两相电流的波形如图 6.6.2 所示。这样两个具有 90° 相位差的电流，通入到两个空间相差 90° 的绕组后，所产生的合成磁场也是一个旋转磁场，如图 6.6.3 所示。在此旋转磁场作用下，转子上便有了启动转矩，电动机就能转动起来。

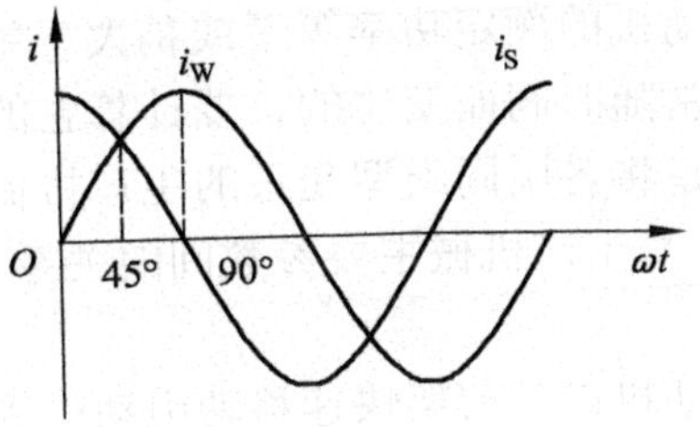

图 6.6.2 两相电流波形

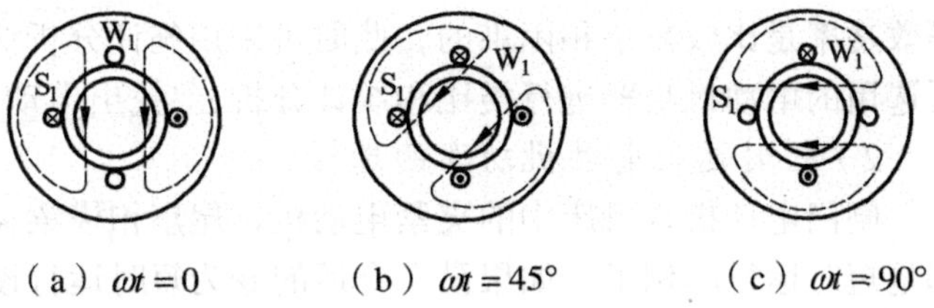

图 6.6.3 两相旋转磁场的产生

电动机启动后可以有两种运行方式。如果在启动绕组中串联一个开关，当电动机启动完毕，将开关断开，电动机只在工作绕组通电的情况下继续运行，这种运行方式的电动机称为电容启动电动机。如果电动机启动后不断开启动绕组，若要电动机反转，只需将启动绕组或工作绕组接到电源的两个端子对调即可。

2）罩极式

罩极式电动机的定子制成凸极式磁极，定子绕组套装在这个磁极上，并在每个磁极表面约 1/3 部分开有一个凹槽，将磁极分成大小两部分，在磁极的小部分上套着一个短路铜环，如图 6.6.4 所示。

当定子绕组中通入交流电而产生脉动磁场时，由于短路环中感应电流的作用，使磁极的磁通分成两个部分，这两部分磁通在数量上不相等，在相位上也不同，通过短路环的这一部分磁通滞后于另一部分磁通。这两个磁通在空间上也相差一个角度，这相当于在电动机内形成一个向被罩部分移动的磁场。笼型转子在这个磁场的作用下就产生电磁转矩而旋转。

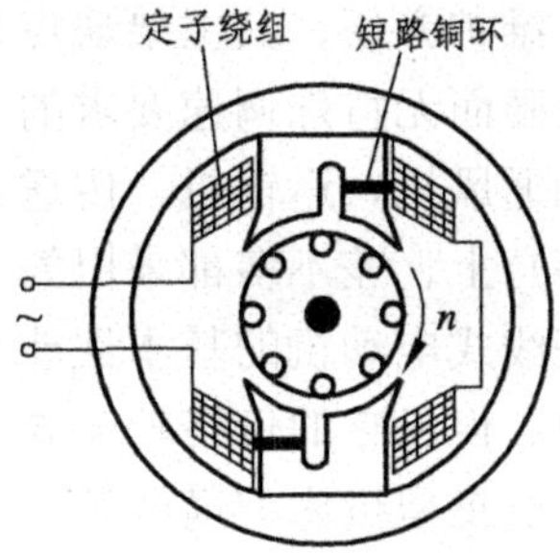

图 6.6.4 罩极式单相异步电动机

6.7 电动机的选择

在生产上，三相异步电动机用得最为广泛，正确地选择它的功率、种类、形式，以及正确地选择它的保护电器和控制电器，是极为重要的。

1. 功率的选择

要为某一生产机械选配一台电动机，首先要考虑电动机的功率需要多大。合理选择电动机的功率具有重大的经济意义。

如果电动机的功率选大了，虽然能保证正常运行，但是不经济。因为这不仅使设备投资增加，电动机未被充分利用，而且由于电动机经常不是在满载下运行，它的效率和功率因数也都不高。如果电动机的功率选小了，就不能保证电动机和生产机械的正常运行，不能充分发挥生产机械的效能，并使电动机由于过载而过早地损坏，所以所选电动机的功率是由生产机械所需的功率确定的。

1）连续运行电动机功率的选择

对连续运行的电动机，先算出生产机械的功率，所选电动机的额定功率等于或稍大于生产机械的功率即可。在很多场合下，电动机所带的负载是经常随时间而变化的，要计算它的等效功率是比较复杂和困难的，此时可采用统计分析法，就是将各国同类型先进的生产机械所选用的电动机功率进行类比和统计分析，寻找出电动机功率与生产机械主要参数间的关系。

2）短时运行电动机功率的选择

闸门电动机、机床中的夹紧电动机、尾座和横梁移动电动机以及刀架快速移动电动机等都是短时运行的例子。如果没有合适的专为短时运行设计的电动机，可选用连续运行的电动机。由于发热惯性，在短时运行时可以容许过载。工作时间越短，则过载可以越大。但电动机的过载是受到限制的。因此，通常是根据过载系数λ来选择短时运行电动机的功率。电动机的额定功率可以是生产机械所要求的功率的$1/\lambda$。

2. 种类的选择

选择电动机的种类是从交流或直流、机械特性、调速与启动性能、维护及价格等方面来考虑的。因为通常生产场所用的是三相交流电源，如果没有特殊要求，一般都采用交流电动机。在交流电动机中，三相笼式异步电动机的优点是结构简单，坚固耐用，工作可靠，价格低廉，维护方便；其主要缺点是调速困难，功率因数较低，启动性能较差。因此，要求机械特性较硬而无特殊调速要求的一般生产机械的拖动应尽可能采用笼式电动机。在功率不大的水泵和通风机、运输机、传送带上，在机床的辅助运动机构（如刀架快速移动、横梁升降和夹紧等）上，差不多都采用笼式电动机。一些小型机床上也采用它作为主轴电动机。

绕线式电动机的基本性能与笼式相同。其特点是启动性能较好，并可在不大的范围内平滑调速。但是它的价格较笼式电动机贵，维护也较不方便。因此，对某些起重机、卷扬机、锻压机及重型机床的横梁等不能采用笼式电动机的场合，才采用绕线式电动机。

3. 结构形式的选择

生产机械的种类繁多，它们的工作环境也不尽相同。如果电动机在潮湿或含有酸性气体的环境中工作，则绕组的绝缘很快受到侵蚀。如果在灰尘很多的环境中工作，则电动机很容易脏污，致使散热条件恶化。因此，有必要生产各种结构形式的电动机，以保证在不同的工作环境中能安全可靠地运行。按照上述要求，电动机常制成下列几种结构形式：

（1）开启式。在构造上无特殊防护装置，用于干燥无灰尘的场所，通风非常良好。

（2）防护式。在机壳或端盖下面有通风罩，以防止铁屑等杂物掉入。也有将外壳做成挡板状，以防止在一定角度内有雨水滴溅入其中。

（3）封闭式。封闭式电动机的外壳严密封闭。电动机靠自身风扇或外部风扇冷却，并在外壳带有散热片。在灰尘多、潮湿或含有酸性气体的场所，可采用这种电动机。

(4) 防爆式。整个电机严密封闭，用于有爆炸气体的场所，如在矿井中。

此外，也要根据安装要求，采用不同的安装结构形式。

4. 电压和转速的选择

电动机电压等级的选择，要根据电动机类型、功率以及使用地点的电源电压来决定。Y 系列笼式电动机的额定电压只有 380 V 一个等级。只有大功率异步电动机才采用 3 000 V 和 6 000 V。

电动机的额定转速是根据生产机械的要求而选定的。但是，通常转速不低于 500 r/min。因为当功率一定时，电动机的转速越低，则其尺寸越大，价格越贵，而且效率也较低。因此通常购买一台高速电动机，再另配减速器更合算。

6.8 控制电机

控制电机是一种功能特殊的精密电机。它在自动控制系统中作为检测、放大、执行和解算元件，用于对运动物体的位置或速度进行快速和准确的控制。控制电机被广泛地应用于国民经济和国防建设的各个领域，成为连接信息处理与实物控制的不可缺少的中间环节。例如，在导弹、火箭、人造卫星和航天飞机、雷达等尖端武器装备中，有许多复杂过程的控制都是通过控制电机实现的。而在民用领域，如计算机外围设备、数控机床、家用电器、仪器仪表、医疗器械和机器人等，也大量使用了各种各样的控制电机。

控制电机按其特性可分为两类，即功率元件类和信号元件类。凡是将电信号转换为电功率或将电能转换为机械能的都是功率元件类电机；凡是将运动物体的速度或位置等转换为电信号的都是信号元件类电机。属于功率元件类电机的有：伺服电动机、力矩电动机和步进电动机等。属于信号元件类电机的有：自整角机、测速发电机、旋转变压器和轴角编码器等。本节将着重介绍伺服电动机、测速发电机和步进电动机。

1. 伺服电动机

伺服电动机也被称为执行电动机，它将控制电信号转换为机械系统的实际动作。按照控制系统的要求，伺服电动机必须具备可控性好、稳定性高和响应速度快等基本性能。在运动形式上，伺服电动机既可以实现旋转运动，如雷达的目标跟踪机构，也可以直接实现直线运动，如数控机床的进给装置。从工作原理上看，常用的伺服电动机主要有直流伺服电动机和交流伺服电动机两大类。它们分别来源于典型的他励直流电动机和两相异步电动机。近年来，由于永磁材料和微处理器性能的大幅度提高，基于同步电动机工作原理的永磁交流伺服电动机也开始得到推广应用。

伺服电动机的性能可以从两个方面来衡量。首先是它的带负载能力，也就是电动机的机械特性。另一方面是电动机的调节特性。除了上述两条基本特性之外，电机控制回路的电气参数和运动部分机械惯量的大小也对控制系统的动态性能有较大的影响。

1）直流伺服电动机

直流伺服电动机的结构与普通的他励直流电动机类似，一般具有励磁绕组和电枢绕组两套绕组。在有些场合下，为了减小体积、提高效率，也可用永磁体代替励磁绕组。由于直流电动机的电磁转矩是电枢电流和励磁磁场共同作用的结果，因此，通过控制励磁绕组和电枢绕组中的任何一套绕组，都可以改变电机的特性。但不同的控制方式所导致的电机特性却有很大的差别。

2）交流伺服电动机

交流伺服电动机一般采用两相异步电动机结构。它的定子上有两套空间上互差 90° 电角度的绕组，如图 6.8.1（a）所示。根据交流电机理论，电机定子的磁通势是由两套绕组中的电流共同产生的，一般为一个椭圆旋转磁通势。椭圆旋转磁通势由一个正序旋转圆磁通势分量和一个负序旋转圆磁通势分量组成，它们的旋转速度大小相同、方向相反。通过改变控制绕组上电压的幅值和相位，可以调节这两个分量的大小，从而影响电动机的机械特性，如图 6.8.1（b）所示。

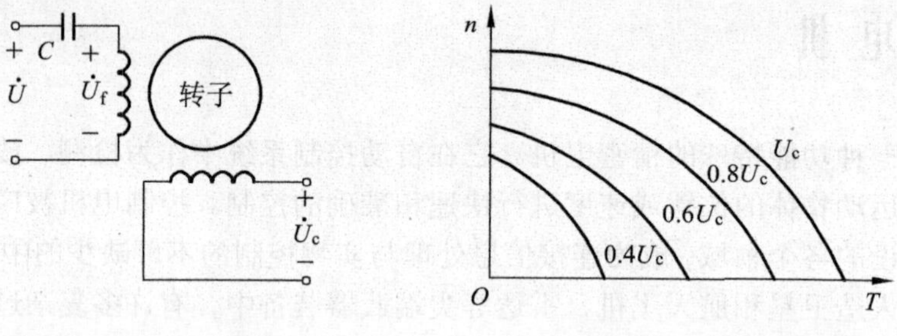

（a）交流伺服电动机原理图　　（b）幅相控制时的机械特性

图 6.8.1　交流伺服电动机

2. 测速发电机

测速发电机是一种机电感应式测速元件，它将输入的机械转速变换为电压信号输出。作为转速传感器，要求测速发电机的输出电压与转速成正比，即

$$U_2 = Kn \quad 或 \quad U_2 = K'\frac{\mathrm{d}\theta}{\mathrm{d}t}$$

式中，θ 为测速发电机转子的转角；K，K' 为比例系数。由于测速发电机的输出电压正比于转子转角对时间的微分，它也可以在模拟运算电路中被当做微分或积分器件使用。

与其他类型电机相比，测速发电机的转动惯量应尽量小，以免影响被测系统的参数，而且希望其测量灵敏度高，能够正确反映转速的变化。

测速发电机也可分为直流和交流两种类型。其中，直流测速发电机包括永磁励磁和电励磁两种形式；交流测速发电机则包括同步测速发电机和异步测速发电机两种。近年来，光电码盘和霍尔元件测速传感器也得到了广泛的应用。下面以交流测速发电机中的永磁同步测速发电机为例进行简单的介绍。

永磁同步测速发电机是基于同步发电机工作原理的一类交流测速发电机。在其定子铁芯槽内嵌置了分布的单相或三相对称输出绕组，转子则由多对极的永久磁钢构成。当发电机的转子以转速 n 旋转时，定子绕组因切割永久磁钢的磁场产生交变的感应电动势，频率为 $f = pn/60$，有效值 E 为

$$E = 4.44 f K_W W \Phi_m = 4.44 p n K_W W \Phi_m / 60$$

式中，p 为电机的极对数；W 为绕组的匝数；K_W 为绕组系数；Φ_m 为每相绕组的磁通量。

当永磁同步测速发电机的绕组输出端接一定的负载时，随着转速的变化，感应电动势的幅值和频率相应变化。但与此同时，负载阻抗中的感抗或容抗也会随频率改变。因此，绕组输出的端电压与转速不再为严格的正比关系。所以，永磁同步测速发电机一般不用于要求较高的控制系统。

3. 步进电动机

步进电动机伺服系统是典型的开环伺服系统。步进电动机在驱动电路的控制下将进给脉冲转换为具有一定方向、大小和速度的机械转角位移，并通过传动环节带动工作台移动。进给脉冲的频率决定了驱动速度，进给脉冲的数量决定了位移量。由于系统没有位置检测环节，因此控制精度主要取决于步进电动机及其驱动，同时还要考虑传动环节的误差。

图 6.8.2 是反应式步进电动机的结构示意图。它的定子具有均匀分布的 6 个磁极，磁极上绕有绕组。两个相对的磁极组成一相，绕组的接法如图 6.8.2 所示，假定转子具有均匀分布的 4 个齿。步进电动机经常采用单三相、三相六拍、双三相工作方式。下面介绍单三相工作方式的基本原理。

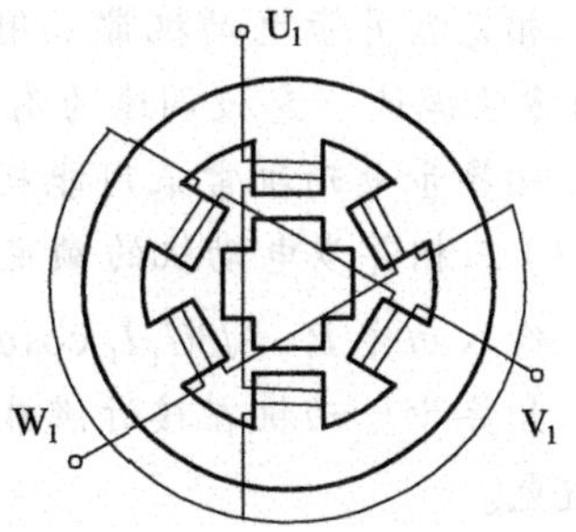

图 6.8.2 反应式步进电动机的结构

设 U_1 相首先通电，V_1，W_1 两相不通电，产生 U_1-U_2 轴线方向的磁通，并通过转子形成闭合回路。这时 U_1，U_2 极就是一对 N，S 磁极。在磁场的作用下，转子总是力图转到磁阻最小的位置，也就是要转到转子的齿对齐 U_1，U_2 极的位置，如图 6.8.3（a）所示。接着 V_1 相通电，U_1，W_1 不通电，转子便顺时针方向转过 30°，它的齿和 V_1，V_2 极对齐，如图 6.8.3（b）所示。随后 W_1 相通电，U_1，V_1 两相不通电，转子又顺时针方向转过 30°，它的齿和 W_1，W_2 极对齐，如图 6.8.3（c）所示。不难理解，当脉冲信号一个一个发来，如果按 $U_1 \to V_1 \to W_1 \to U_1 \cdots$ 的顺序轮流通电，则电机转子便顺时针方向一步一步地转动。每一步的转角为 30°，此角称为步距角。电流换接 3 次，磁场旋转一周，转子前进了一个齿距角（转子 4 个齿时为 90°）。如果按 $U_1 \to W_1 \to V_1 \to U_1 \cdots$ 的顺序通电，则电机转子便逆时针方向转动。这种通电方式称为单三拍方式。

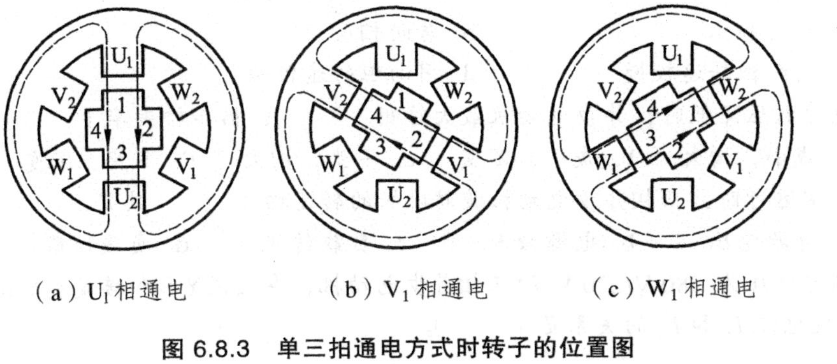

（a）U_1 相通电　（b）V_1 相通电　（c）W_1 相通电

图 6.8.3 单三拍通电方式时转子的位置图

小 结

（1）三相异步电动机的工作原理是定子绕组通入三相正弦交流电产生旋转磁场，由电磁感应作用，驱使转子沿旋转磁场方向转动。

旋转磁场转速 $n_0 = 60f/p$，转差率 $s = (n_0 - n)/n_0$。旋转磁场方向与三相定子电流的相序一致。将三根电源线中的任意两根外调可使电动机反转。

（2）异步电动机的电磁转矩与电源电压的平方成正比。

三相异步电动机的额定转矩 $T_N = 9\,550P_N/n_N$，P_N 的单位为 kW。过载能力 $\lambda_m = T_m/T_N$。启动能力 $K_{st} = T_{st}/T_N$。

（3）三相异步电动机直接启动时启动电流较大，为额定电流的 5～7 倍。为了减小对电网的冲击，功率较大的笼型电动机应采用降压启动措施，正常工作定子绕组为△形连接的电动机，可以采用 Y/△转换启动法。Y/△转换启动法的启动电流和启动转矩均为直接启动的1/3。软启动器启动可以使电动机平滑启动，对电网的冲击最小。绕线型异步电动机可采用在转子回路中串电阻启动的方法减小启动电流。

三相笼型异步电动机常采用变极和变频两种方法调速，绕线型的电动机可采用改变转差率 s 的方法调速。变极调速为有级调速，变频和改变转差率为无级调速。

三相异步电动机常采用能耗制动和电气制动两种方法制动。

（4）三相异步电动机的额定电压、电流都为额定线值，功率 P_N 为满载时轴上输出的机械功率。输入功率 $P_1 = \sqrt{3}U_L I_L \cos\varphi_1$，额定效率为 $\eta_N = P_N/P_{IN}$，P_{IN} 为额定输入功率。

三相异步电动机在接近满载运行时，功率因数和效率都较高，在轻载和空载时较低，应尽量避免。

（5）单相异步电动机的结构、原理与三相异步机基本相同，只是产生旋转磁场的方法有所不同，常用的有电容分相式和罩极式两种。电容分相式电动机可通过调换电容器与电动机两个定子绕组的串联位置来改变旋转方向，而罩极式电动机则结构简单，但不能改变转向。

习 题

6.1　三相异步电动机的旋转方向决定于（　　）。

a. 电源电压大小　　b. 电源频率高低　　c. 定子电流的相序

6.2　异步电动机转子电流产生的旋转磁场与定子旋转磁场（　　）。

a. 相对静止　　b. 转向相反

c. 同向但转速较慢　　d. 同向但转速较快

6.3　电源电压降低时，异步电动机最大转矩（　　）；临界转差率（　　）。

a. 减小，增大　b. 减小，不变　c. 不变，增大　d. 不变，不变

6.4　正常运行时，三相异步电动机旋转磁场的转速由（　　）决定。

a. 电源电压　b. 电源频率　c. 负载转矩　d. 负载性质

6.5　额定电压为 380 V/220 V 的三相异步电动机，在接成Y形和接成△形两种情况下运行时，其额定电流 I_Y 和 $I_\triangle$ 的关系是（　　）。

a. $I_{\triangle}=\sqrt{3}I_{Y}$　　b. $I_{Y}=\sqrt{3}I_{\triangle}$　　c. $I_{Y}=I_{\triangle}$

6.6　三相鼠笼式异步电动机在空载和满载两种情况下启动电流的关系是（　　）。

a. 满载启动电流较大　b. 空载启动电流较大　c. 两者相等

6.7　在稳定运行情况下，当负载增加时，异步电动机的转矩为什么能相应增加？当负载转矩大于电动机的最大电磁转矩时，电动机将发生什么情况？

6.8　转子电路的频率与转差率有什么关系？转子不动和空载时转子频率各为多少？

6.9　异步电动机在满载启动或者空载启动时，启动电流和启动转矩是否一样大？

6.10　三相异步电动机正常运行时，如果转子突然卡住，电动机电流有何变化？对电动机有何影响？

6.11　一台三相异步电动机，旋转磁场转速 $n_1=1\,500\ \text{r/min}$，这台电机的极数是多少？在电机转子转速 $n=0\ \text{r/min}$ 和 $n=1\,470\ \text{r/min}$ 时，该电机的转差率 $s=$？

6.12　一台 4 极（$p=2$）三相异步电动机，电源频率 $f_1=50\ \text{Hz}$，额定转速 $n_N=1\,450\ \text{r/min}$，计算电动机在额定转速下的转差率 s_N 和转子电流频率 f_2。

6.13　一台三相异步电动机，在电源线电压为 380 V 时，电机的三相定子绕组为△接法，电机的 $I_{st}/I_N=6$，额定电流 $I_N=15\ \text{A}$。试求：（1）求△接法时电动机的启动电流；（2）若启动改为 Y 形接法时启动电流；（3）电动机带负载和空载下启动时，启动电流相同吗？

6.14　某三相异步电动机的 $P_N=40\ \text{kW}$，$U_N=380\ \text{V}$，$f=50\ \text{Hz}$，$n=2\,930\ \text{r/min}$，$\eta=0.9$，$\cos\varphi=0.85$，$I_{st}/I_N=5.5$，$T_{st}/T_N=1.2$，△接法，采用 Y-△启动，求：（1）启动电流和启动转矩；（2）保证能顺利启动的最大负载转矩是其额定转矩的多少？

6.15　一台三相异步电动机，功率 $P_N=10\ \text{kW}$，电压 $U_N=380\ \text{V}$，电流 $I_N=34.6\ \text{A}$，电源频率 $f_1=50\ \text{Hz}$，额定转速 $n_N=1\,460\ \text{r/min}$，△接法。求：（1）这台电动机的极对数 $p=$？同步转速 $n_0=$？（2）这台电动机能采用 Y-△启动吗？若 $I_{st}/I_N=6.5$，Y-△启动时启动电流多大？（3）如果该电动机的功率因数 $\cos\varphi=0.9$，该电动机在额定输出时，输入的电功率 $P_1=$？效率 $\eta=$？

6.16　三相异步电动机在电源断掉一根线后为什么不能启动？在运行中断掉一根线为什么还能继续转动？长时间运行是否可以？

6.17　某三相异步电动机，铭牌数据如下：△接法，$P_N=45\ \text{kW}$，$U_N=380\ \text{V}$，$n_N=980\ \text{r/min}$，$\eta_N=92\%$，$\lambda_N=0.87$，$I_{st}/I_N=6.5$，$T_{st}/T_N=1.8$。求：（1）直接启动时的启动转矩及启动电流；（2）采用Y-△方法启动时的启动转矩及启动电流。

第 7 章

电气控制

提　要　本章首先对常用低压控制电器进行简要介绍，然后着重介绍继电器控制电路的工作原理、控制方法及简单控制电路的设计。最后对可编程序控制器（PLC）进行介绍。

7.1　低压控制电器

在继电器控制系统中常用的低压电器有两类：一类是手动控制的通断电器，也称为主令电器，如开关、按钮等，是人工操作直接控制的电器；另一类是用于自动控制的通断电器，如接触器、继电器等，这类电器是依靠控制电压、电流或其他物理量来改变其工作状态的。部分常用电机、电器的图形符号见表 7.1.1。

表 7.1.1　常用电机、电器的图形符号

名　称	图形符号	文字符号	名　称		图形符号	文字符号
三相鼠笼式异步电动机		MA	按钮触点	常　开		SB
				常　闭	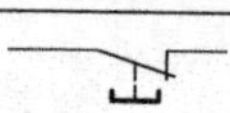	
三相绕线式异步电动机			接触器吸引线圈		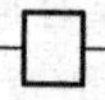	KM
			继电器吸引线圈			K
直流电动机	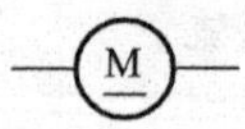	MD	按钮器触点	常　开	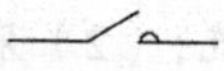	KM
				常　闭		
直流测速电动机			时间继电器触点	常开延时闭　合	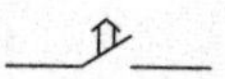	KT
				常闭延时断　开	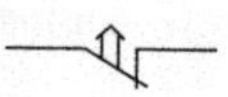	
步进电机	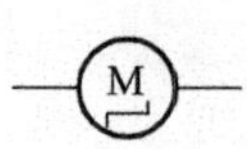	MS		常开延时断　开	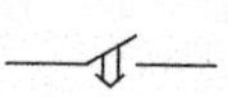	
				常闭延时闭　合		

续表 7.1.1

名　称	图形符号	文字符号	名　称		图形符号	文字符号
有分相端子的单相电动机	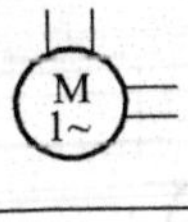	MA	行程开关触点	常　开		ST
				常　闭		
绕组间有屏蔽的单相变压器	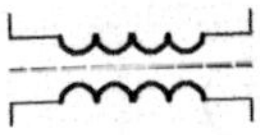	T	热继电器	常闭触点	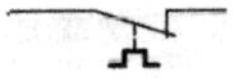	KH
				热元件		
单相变压器	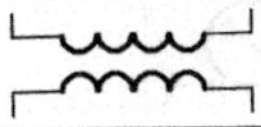		交流继电器线圈			KA
三极开关	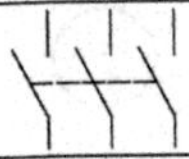	Q	过电流继电器线圈			KOC
熔断器		FU	欠电压继电器线圈			KUV
信号灯		HL	继电器触点	常　开		K
				常　闭		

1. 刀开关

1）低压闸刀开关

低压闸刀开关是手动电器中的基本设备，其结构和操作方法较为简单，主要用作分断小容量的低压配电线路，或者用于直接启动小容量电动机。闸刀的极数分为单极、双极和三极几种。每种又有单掷与双掷的区别。闸刀开关由刀片（动触头）和刀座（静触头）装在瓷质的底板上再配上胶木盖构成。其电路及文字符号如图 7.1.1 所示。

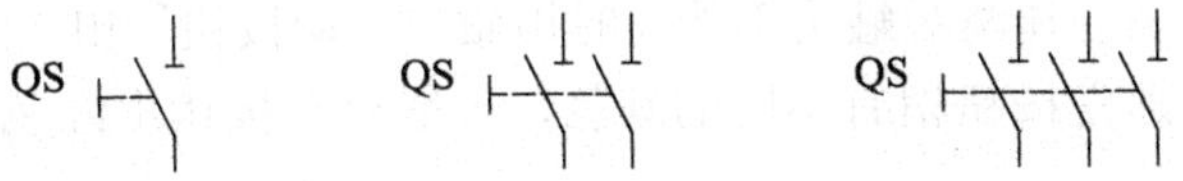

（a）单极　　（b）双极　　（c）三极

图 7.1.1　低压闸刀开关

闸刀开关用于不频繁地接通和切断电源，选用闸刀开关时应根据电源的负载情况确定其额定电压和额定电流。双极和三极闸刀开关本身均配有熔断器。用闸刀开关切断电流时，由于电路中电感和空气电离的作用，刀片与刀座分开时会产生电弧，特别当切断较大电流时，电弧持续不易熄灭。因此，为安全起见，不允许用无隔弧、灭弧装置的刀闸开关切断大电流。

2）转换开关

转换开关又称组合开关，是由数层动、静触片组装在绝缘盒内而成的，其结构如图 7.1.2（a）所示。动触片装在转轴上，用手柄转动转轴可使动触片与静触片接通与断开。转换开关可实现多条线路、不同连接方式的转换。

转换开关中的弹簧可使动、静触片快速断开，利于熄灭电弧。但转换开关的触片通流能力有限，一般用于交流 380 V、直流 220 V，电流 100 A 以下的电路中作电源开关。转换开关具有体积小、使用方便等特点，广泛用于配电柜和机床控制电路中。转换开关的图形符号如图 7.1.2（b）所示。

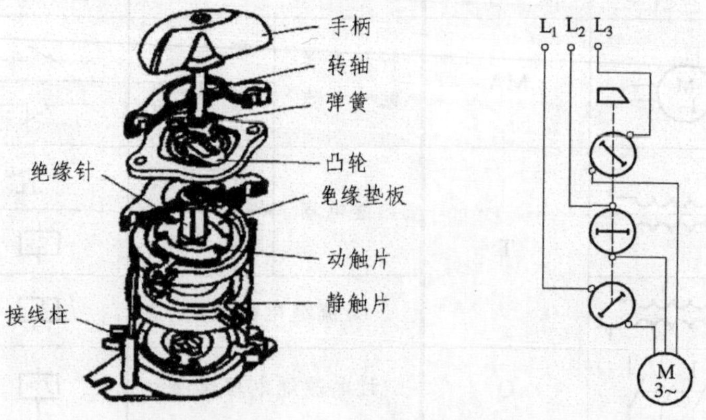

（a）结构　　（b）图形符号

图 7.1.2　转换开关的结构和符号

2. 按　钮

按钮是一种手动主令电器，但它与闸刀开关不一样，按钮用手按下后接通，松手后靠弹簧力将它恢复到断开的状态。按钮一般不用于分合主电路，负荷电流不通过它的触头，它只起发出“接通”和“断开”信号的作用。最常见的按钮是复合式的，包括一个动合触头和一个动断触头。图 7.1.3（a），(b）所示分别为复合式按钮的结构示意图和符号。

当用手按压按钮帽时，动触头下移，使动断触头断开，动合触头闭合；当手松开按钮帽时，由于复位弹簧的作用，使动触头复位，动断和动合触头恢复原来的状态。

在电器控制线路中，启动按钮（按钮的触头为动合触头）用来接通电器设备，用符号“ST”表示；停止按钮（按钮的触头为动断触头）用于断开电器设备，用符号“STP”表示；复合按钮用于联锁控制电路中，其两对触头不能同时用做“启动按钮”和“停止按钮”。为了便于识别各个按钮的作用，通常按钮帽有不同的颜色，一般停车按钮用红色表示，启动按钮用绿色或黑色表示。

还有一种手动闭锁式按钮开关，内部带有自锁机关，将其按钮按下时，自锁机关会将其动合触头锁住，保持在闭合状态，只有再次按动其按钮时，自锁机关释放，动合触头才打开。自锁式按钮开关常用作电子仪器和家用电器的电源开关，其符号如图 7.1.3（c）所示。

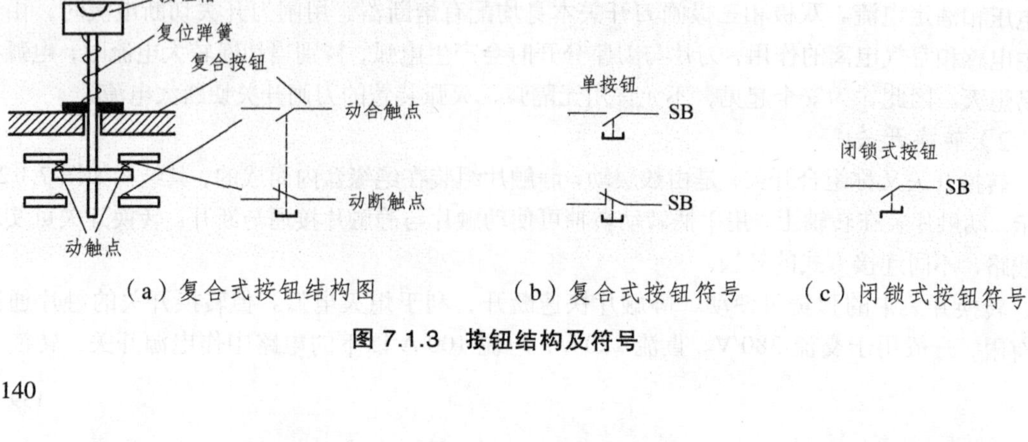

（a）复合式按钮结构图　　（b）复合式按钮符号　　（c）闭锁式按钮符号

图 7.1.3　按钮结构及符号

3. 熔断器

熔断器是一种最常见的短路保护器件。熔断器按照其结构和用途分有插入式、螺旋式、无填料密封式、有填料密封式、快速式等。图 7.1.4 为熔断器外形结构及符号。熔断器中的熔丝或熔片统称为熔体。熔体一般用电阻率较高的易熔合金制成。熔断器串接在电路中，在额定电流情况下，熔体不熔断。当发生短路或严重过载时，熔体立即熔断，从而切断电源，保护电路和设备不受损坏。

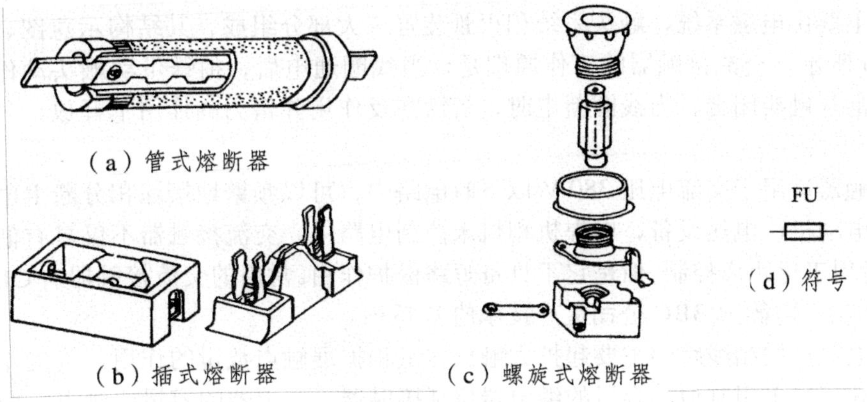

图 7.1.4　熔断器

熔断器额定电流 I_N 选择应依如下原则：对电阻性负载，如电灯、电阻炉等，熔体的额定电流 I_N 可按等于或稍大于负载额定电流 I_L 值选择，即 $I_N \geqslant I_L$ 确定。对电动机等启动电流 I_{st} 大于工作电流 I_L 的负载，熔断器额定电流 I_N，既要有短路保护作用，又要在启动瞬间熔断器不能熔断，应依实际情况确定。

4. 低压断路器

低压断路器又称自动空气开关。在功能上，它相当于闸刀开关、热继电器、过电流继电器和欠电压继电器的组合，能有效地对电路进行过载、短路、欠电压保护，以及不频繁地分、合电路。一旦电路发生故障，其保护装置立即动作切断电路，当故障排除后，无需更换零件，可迅速恢复供电。

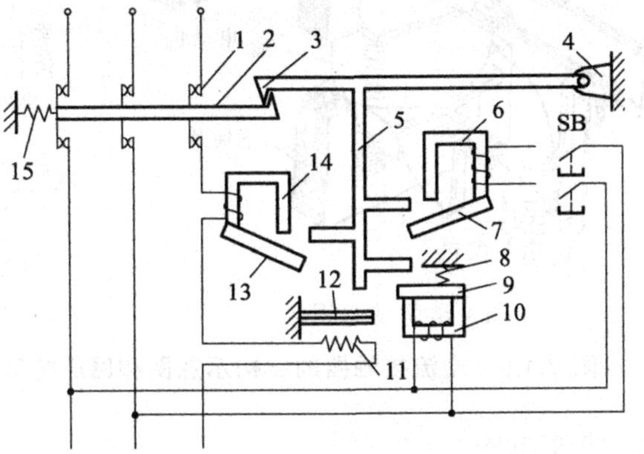

图 7.1.5　自动空气断路器结构图

1—主触点；2—连杆；3—搭钩；4—转轴；5—杠杆；6—分励脱扣器；7，9，13—衔铁；8，15—弹簧 10—欠电压脱扣器；11—热元件；12—双金属片；14—过电流脱扣器

图 7.1.5 为自动空气断路器的原理图。低压断路器的三副主触头串联在被保护的三相主电路中，由于搭钩钩住弹簧，使主触头保持闭合状态。当线路正常工作时，电磁脱扣器中线圈所产生的吸力不能将它的衔铁吸合。如果线路发生短路或产生较大过电流时，电磁脱扣

器中线圈所产生的吸力增大，将衔铁吸合，并撞击杠杆，把搭钩顶上去，在弹簧的作用下切断主触头，实现了短路保护。如果线路上电压下降或失去电压时，欠电压脱扣器的吸力减小或失去吸力，衔铁被弹簧拉开，撞击杠杆，把搭钩顶开，切断主触头，实现了过载保护。

5. 交流接触器与中间继电器

交流接触器和中间继电器的基本结构相似，都采用电磁工作原理，属于电磁式低压电器。交流接触器主要由电磁系统、触头系统和灭弧装置三大部分组成，其结构示意图、图形及符号如图 7.1.6 所示。交流接触器的工作原理是：当线圈通电后，衔铁带动触头动作，使常闭触头分断，常开触头闭合；当线圈断电时，衔铁在反作用弹簧力的作用下释放，各触头随之复位。

交流接触器适用于交流电压 380 V 以下的电路中，可以频繁地接通和分断主电路，它主要用于控制电动机、电热设备、电焊机和机床控制电路中。交流接触器不仅具有低压释放保护功能，还适用于远距离控制，但是它不具备短路保护作用。常用的交流接触器有 CJ20，CJX1，CJX2，CJ12 和引进德国 BBC 公司生产技术的 B 系列。

中间继电器在控制线路中主要起扩大触点容量和扩展触点数量的作用。其工作原理与小型接触器相同，当采用其他小容量的继电器控制接触器，继电器的容量或触点数量不足时，可采用中间继电器进行扩展。

中间继电器的图形符号如图 7.1.7 所示。常用的中间继电器有 JZ7，JZ11，JZ14 及 JZ15 等系列，其触点数量可达 8 对，其触点形式可任意组合。

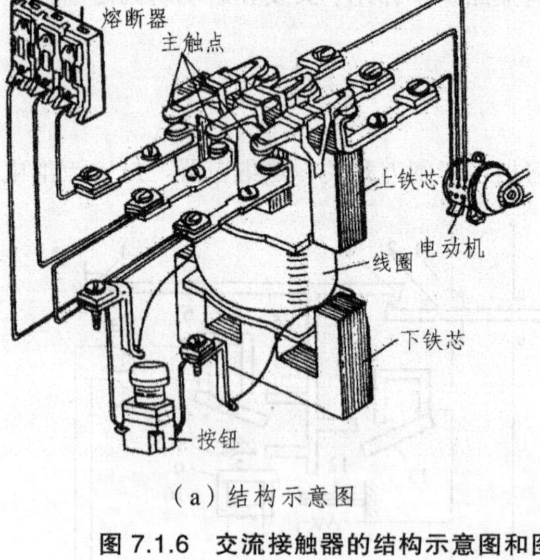

（a）结构示意图

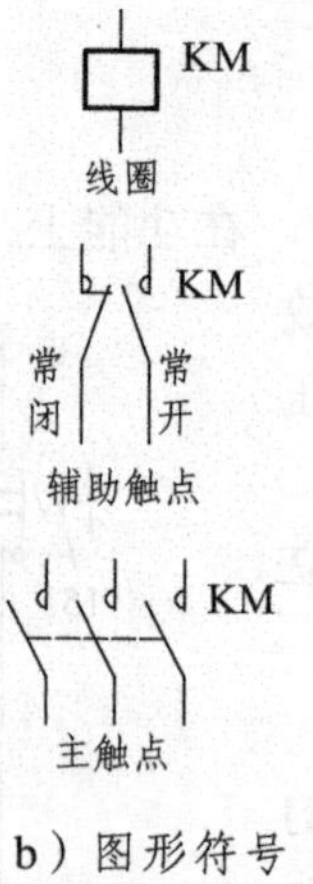

（b）图形符号

图 7.1.6 交流接触器的结构示意图和图形符号

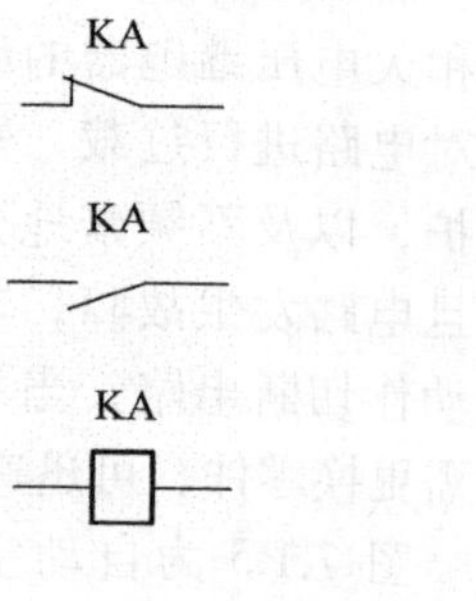

图 7.1.7 中间继电器的图形符号

6. 热继电器

热继电器触点的动作不是由电磁力产生的，而是由受热元件产生的机械变形，推动机构动作来完成的。主要用于电动机的过载保护。图 7.1.8 为热继电器内部结构图和图形符号。

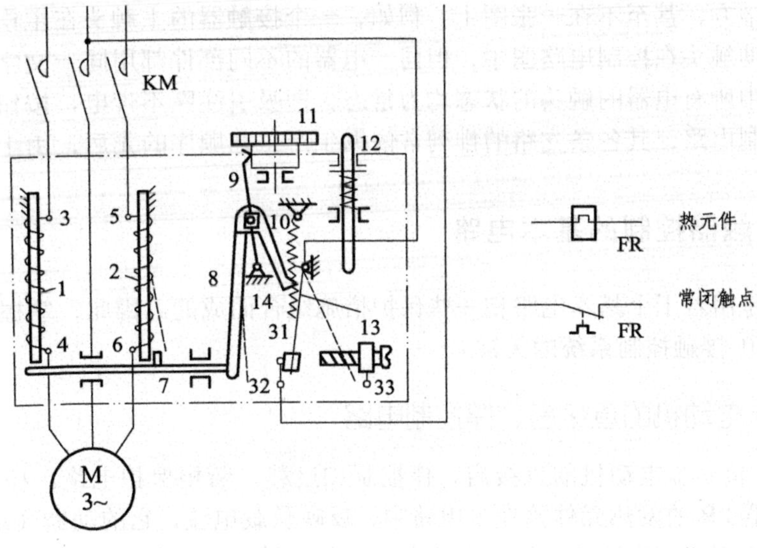

（a）结构图　　　　　　（b）图形符号

图 7.1.8　热继电器的结构图和图形符号

热继电器的发热元件串接在电动机的主电路中，常闭触点串接在电动机的控制电路中。正常情况下，双金属片变形不大，但当电动机过载到一定程度时，热继电器将在规定时间内动作，切断电动机的供电电路，使电动机断电停车，受到保护。

应当指出，热继电器具有热惯性，不能作为短路保护，只能作为过载保护。这种特性符合电动机等负载的需要，可避免电动机启动时的短时过流而造成不必要的停车。

目前热继电器多为三相（三个发热元件）式，并兼有断相保护功能。将交流接触器和热继电器组装在一起，用以直接启动三相鼠笼型电动机的成套电器称为磁力启动器。

7.2　继电-接触器控制电路

采用继电器、接触器、操作主令电器等低压电器组成有触头控制系统，称为继电-接触控制器，如对电动机的启动、制动、反转和调速进行控制。

控制电路图是用图形符号和文字符号表示，为完成一定的控制目的而将各种电器连接的电路图。要读懂一幅控制电路图除了要具备各种电机、电器的必要知识外，还要注意以下几点：

（1）应了解机械设备和工艺过程，掌握生产过程对控制电路的要求。

（2）要掌握控制电路构成的特点，通常一个系统的总控制电路分为主电路和控制电路两部分。其中主电路的负载是电动机、照明或电加热等设备，通过的电流较大。要用接通和分断能力较大的电器（如接触器、自动空气开关等）来操作。此外，在主电路中需设有各种保护电器如熔断器、热继电器的发热元件等，以保证电源和负载的运行安全。控制电路则为实现生产工艺过程，对负载的运行情况如启动、停车、制动、调速、反转等进行控制，一般是通过按钮、行程开关等主令电器发出指令，控制接触器吸引线圈的工作状态来完成的。需要时，还要配合其他辅助控制电器（如中间继电器、时间继电器等）。

（3）为表达清楚，识图方便，在一份总电路图中，同一电器的各个部件经常不画在一起，而是分布在不同地方，甚至不在一张图上。例如，一个接触器的主触头在主电路图中，而它的吸引线圈和辅助触头在控制电路图中，但同一电器的不同部件都用同一文字符号标明。

（4）电路图中所有电器的触头的状态均为常态，即吸引线圈不带电、按钮没按下等。

（5）一般控制电路，其各条支路的排列常依据生产工艺顺序的先后，由上至下排列。

7.2.1 继电接触器控制的基本电路

控制电路都是用若干个基本电路和一些保护措施组合而成的。因此，掌握一些常用基本电路，是学习继电-接触控制系统的关键。

1. 三相异步电动机的直接启、停控制电路

图 7.2.1 为三相异步电动机的直接启、停控制和过载、断相保护电路。控制电路结构的特点是：热继电器 FR 的发热元件接在主电路中，反映负载电流，它的动断（常闭）触头 FR 与接触器 KM 的吸引线圈串联接在控制电路中，控制接触器 KM 的工作。

工作时，首先合上刀开关 Q，按下启动按钮 SB_2，接触器 KM 吸合，其 3 个主触头闭合使电动机启动，同时其辅助触头也闭合，旁路启动按钮 SB_2。当松开启动按钮 SB_2 后，接触器仍能通过自己的辅助触头自保持供电，这种环节称为"自锁"环节。

当需要停车时，按下停车按钮 SB_1，切断控制回路，使接触器 KM 的吸引线圈断电，KM 的主触头与辅助触头均返回断开状态，电动机断电停车。三相异步电动机的启、停控制电路又称为长动控制电路，如图 7.2.2 所示。

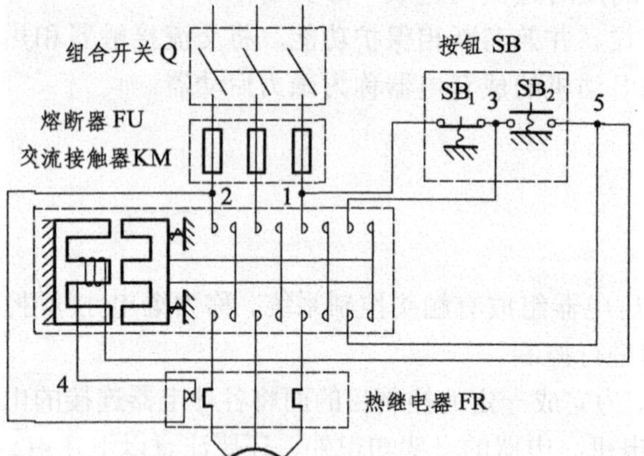

图 7.2.1 三相异步电动机的启、停控制电路

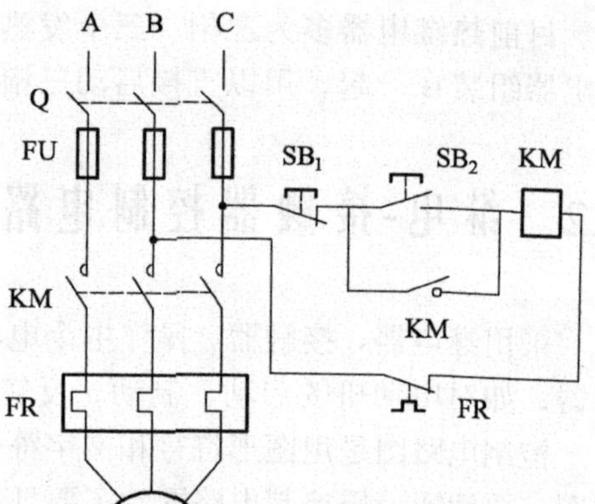

图 7.2.2 三相异步电动机的长动控制电路

上述控制线路还具有短路保护、过载保护和零压保护的功能。当负载侧发生短路时，熔断器 FU 的熔丝立即熔断，起到保护电源电路的作用。当电机过载时，热继电器 FR 的热元件发热变形，将控制回路热继电器 FR 的动断触头断开，使接触器 KM 线圈断电，主触头断开，电动机停止运行。热继电器的两个热元件，分别串接在任意两相线中，当任意一相中的熔丝熔断后作单相运行，仍会有一个或两个热元件中通有过载电流，使热继电器 FR 的动断触头断开，能可靠地保护电动机。也可以采用三相结构的热继电器，将 3 个热元件分别串接在三

相中。当电源突然断电或电压下降到某一值时，接触器线圈的电流减小，使衔铁释放，而使主触头断开，电动机从电源上切除，这就实现了零压（或失压）保护。零压保护的目的是当电源电压恢复正常时，电动机不能自行启动，必须重新按下启动按钮才能启动，可避免电机突然自启动造成事故。

2. 三相异步电动机点动控制电路

点动控制常用于吊车、机床立柱、横梁的位置移位，刀架、刀具的调整等。图 7.2.3 所示为一种三相异步电动机的点动控制电路。工作时，首先合上闸刀开关 Q，这时电动机不会运转，当按下按钮 SB_1 时，接触器线圈 KM 通电产生电磁力，KM 的三个动合主触头吸合，使电动机与三相电源接通，启动运转。松开按钮 SB_1，接触器 KM 的线圈断电失磁，主触头断开恢复常态，电动机断电停止运转。这就实现了电动机的点动控制。上述控制线路还具有短路保护、过载保护和零压保护的功能。

图 7.2.4 所示为一种三相异步电动机既可点动控制（SB_3）又能长动控制（SB_1，SB_2）的电路。

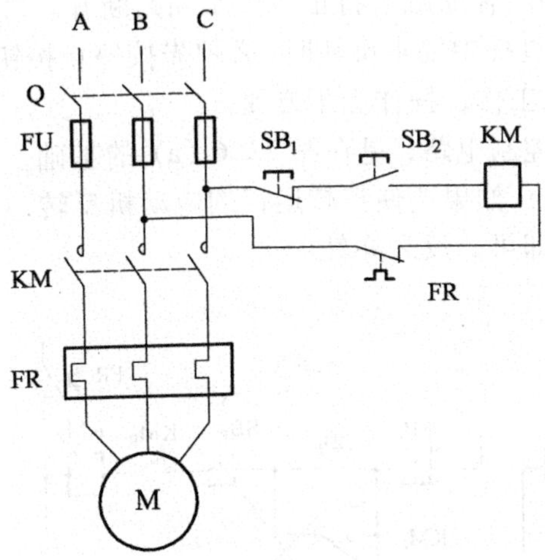

图 7.2.3　三相异步电动机的点动控制电路

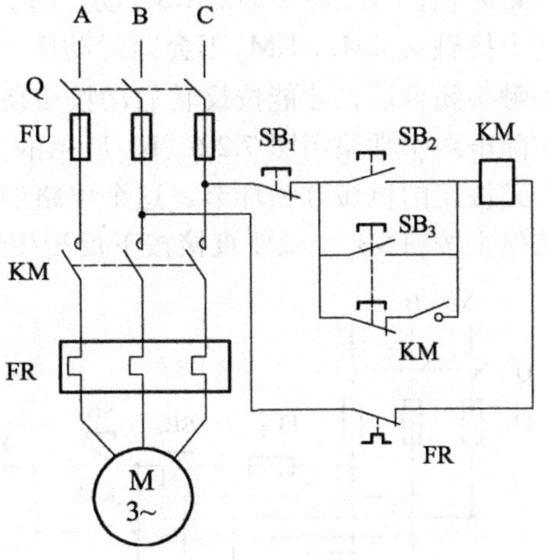

图 7.2.4　可点动控制又能长动控制的电路

3. 三相异步电动机的异地控制

异地控制又称多地控制，即多个地点均可控制一台电机启动或停止。该电路应用较多，如给水泵的异地水位控制等。现以锅炉房的鼓风机为例来说明两地控制，其电路如图 7.2.5 所示。图中控制按钮 $1SB_1$ 和 $1SB_2$ 设于控制箱内，$2SB_1$ 和 $2SB_2$ 设于异地按钮箱。启动按钮 $1SB_2$ 和 $2SB_2$ 并联，只要其中一只按下，都能启动鼓风机转动。停止按钮 $1SB_1$ 和 $2SB_1$ 串联，只要将其中一只按下，就能停止鼓风机转动。

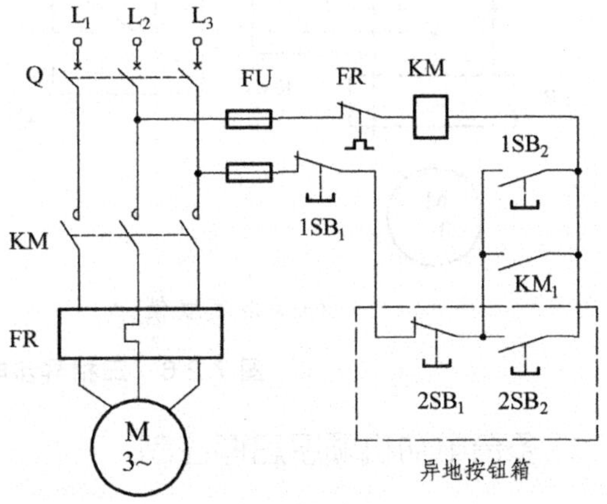

图 7.2.5　三相异步电动机的异地控制电路

7.2.2 电动机的正反转控制电路

1. 三相异步电动机带联锁的正反转控制电路

在工地看到卷扬机的上下运动、车间刨床的反复运动等，都是由电动机来拖动的，这就要求电动机做正反向运转。根据三相异步电动机的工作原理，要改变三相异步电动机的转向，只需将电动机接到电源的三根电源线中的任意两根对调，改变通入电动机的三相电流相序即可。

图 7.2.6（a）所示为异步电机带联锁的正反转控制线路。按钮 SB_1 和接触器 KM_1 等器件控制电动机正转，按钮 SB_3 和接触器 KM_2 等器件控制电动机反转。从图 7.2.6（a）左面的主电路可以看出，如果两个接触器 KM_1、KM_2 同时工作，6 个主触头同时闭合，将造成电源短路。为了避免这种事故的发生，控制回路引入正、反转联锁控制，即电动机正转运行时，反转不能工作。

在图 7.2.6（a）所示控制电路中，引入电气联锁，在正转控制回路串入反转接触器 KM_2 的一个动断辅助触头，在反转控制回路中串入一个正转接触器 KM_1 的一个动断辅助触头。这两个动断触头称为联锁触头。当正转接触器 KM_1 动作时，它的动断辅助触头将打开，将反转控制回路断开；当反转接触器 KM_2 动作时，它的动断辅助触头将正转控制回路断开。这就保证了两个接触器 KM_1、KM_2 不会同时动作。当正转过程中要求反转时，必须先按停止按钮 SB_1 让联锁触头闭合后，才能按反转启动按钮使电动机工作，操作上不方便。

实际电路中常采用图 7.2.6（b）所示的正反转控制电路，是在图 7.2.6（a）的基础上增加了复合式按钮的机械互锁环节。这个电路的优点是：如果要使正转运行的电动机反转，不需要先按停止按钮 SB_1，只要直接按下反转按钮 SB_R 即可。反之亦然。

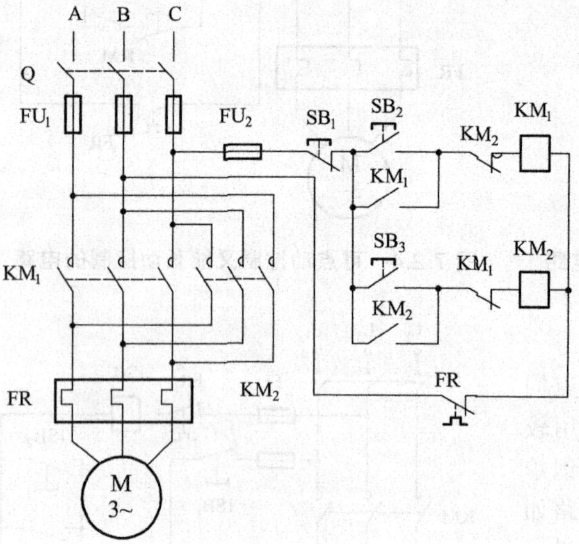

（a）电气联锁

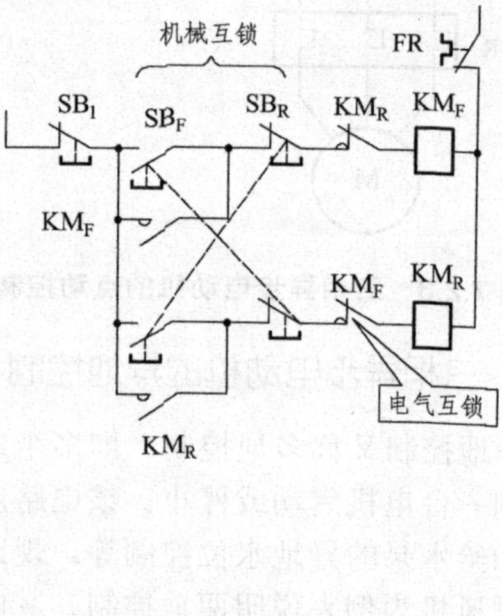

（b）机械互锁

图 7.2.6 三相异步电动机的正、反转控制

2. 多台电动机顺序启停控制

在生产中，往往需要多台电动机配合工作，根据工艺流程要求，它们的启动和停车，必须遵照规定顺序。例如，某些大型机床，必须先将油泵启动，为主轴提供循环润滑油后，才能启动主轴电动机。

图 7.2.7 所示为主轴电动机和油泵电动机联锁控制电路。M_1 启动后 M_2 才能启动，KM_2 线圈串联 KM_1； M_2 停车后 M_1 才能停车，停止按钮 SB_{STP1} 并联 KM_2。

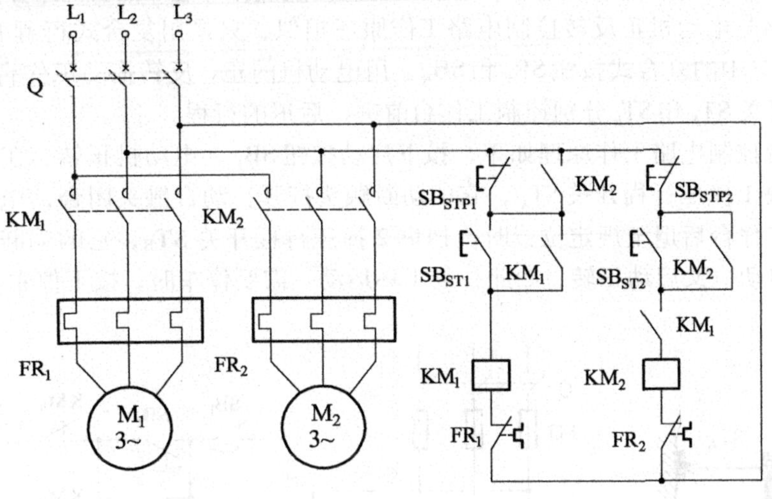

图 7.2.7　三相异步电动机的顺序控制

7.2.3　行程控制与时间控制

1. 三相异步电动机的限位与行程控制

1）行程开关

行程开关也称为限位开关，用于控制机械设备的行程及进行终端限位保护，是一种根据运动部件的行程位置而切换电路的电器。行程开关广泛用于起重机、机床、生产线等设备的行程控制、限位控制和程序控制中的位置检测。行程开关的种类很多，主要分为机械式和电子式两大类。机械式行程开关有直动式、滚轮式和微动式等。行程开关的结构和图形符号如图 7.2.8 所示。直动式行程开关，其动作原理与按钮开关相同，但其触头的分合速度取决于生产机械的运行速度。滚轮式行程开关的分合速度不受生产机械运动速度的影响，但其结构

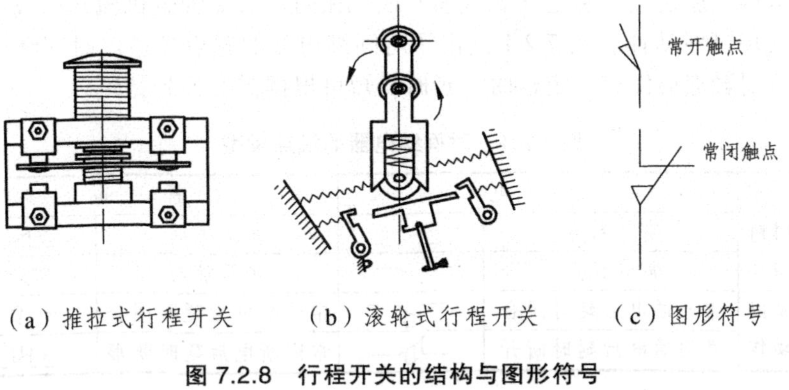

（a）推拉式行程开关　　（b）滚轮式行程开关　　（c）图形符号

图 7.2.8　行程开关的结构与图形符号

较为复杂。微动开关也是一种常用的机械式行程开关，其特点为开关动作灵敏，触头切换速度不受操作按钮压下速度的影响。

2）行程控制线路

生产中，行程控制的例子很多，如在一些机床上要求刀具或工件自动往复。采用装有行程开关的控制电路，可以实现这些限位控制。机床工作台的反复循环运动控制电路如图 7.2.9 所示。

本控制电路与电动机正反转控制电路工作原理相似，只是用复合式行程开关 ST_A 和 ST_B 代替图 7.2.6（b）中的复合式按钮 SB_F 和 SB_R。用电动机的正、反转拖动工作台前进、后退往复运动。行程开关 ST_A 和 ST_B 分别控制工作台前进、后退的行程。

机床工作台控制电路上作原理如下：按下启动按钮 SB_F，电动机正转，工作台前进至规定位置时，挡块 1 撞压行程开关 ST_A，它的动断触头打开，动合触头闭合，电动机反转，工作台后退。当工作台后退至规定位置时，挡块 2 撞压行程开关 ST_B，它的动断触头打开，动合触头闭合，电动机又启动正转，如此往复循环运动。需要停车时，按下停车按钮 SB_1 即可。

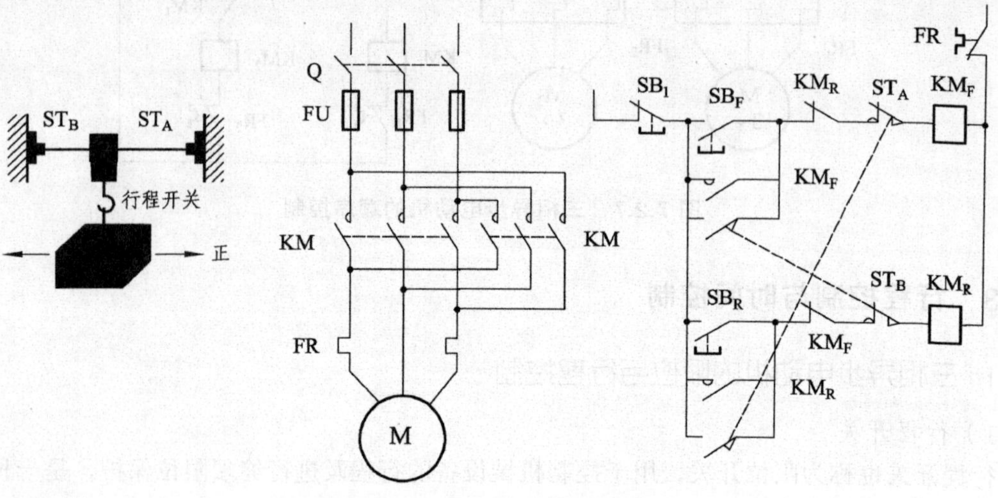

图 7.2.9 行程开关控制电路图

2. 时间控制

1）时间继电器

时间继电器是反映时间的自动控制电器。时间继电器有电磁式和电子式两种，前者是在电磁式控制继电器上加装空气阻尼（如气囊）或机械阻尼（如钟表机械）组成，后者是利用电子延时电路实现延时动作。表 7.2.1 列出了时间继电器的触点类型。时间继电器的共同特点是从接受信号到触点动作有一定延时，延时长短可根据需要预先整定。

表 7.2.1 时间继电器的触点类型

	通电		断电	
瞬时动作	常闭触点		常闭触点	
	常开触点		常开触点	
延时动作	常开通电后延时闭合		常开断电后延时闭合	
	常闭通电后延时断开		常闭断电后延时断形	

2）三相异步电动机的顺序与时间控制线路

生产中，很多加工和控制过程是以时间为依据进行控制的。例如，工作加热时间控制，电动机按时间先后顺序启、停控制，电动机 Y-△启动控制等。这类控制都是利用时间继电器实现的。电动机 Y-△启动控制如图 7.2.10 所示。使用了通电延时的时间继电器的两个触点：延时断开的常闭触点和瞬时闭合的常开触点，动作次序如图 7.2.11 所示。

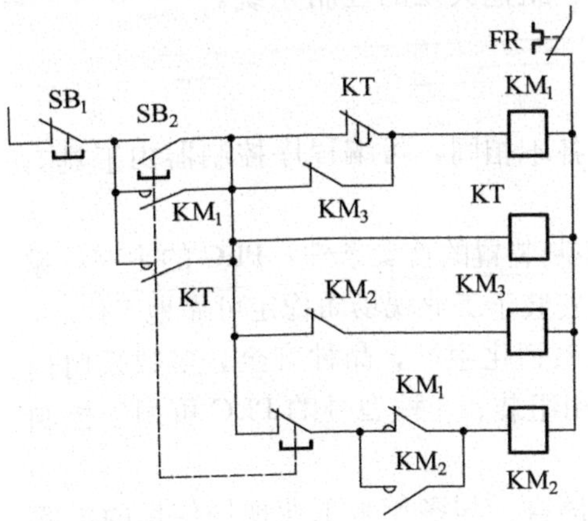

图 7.2.10 电动机 Y-△启动控制

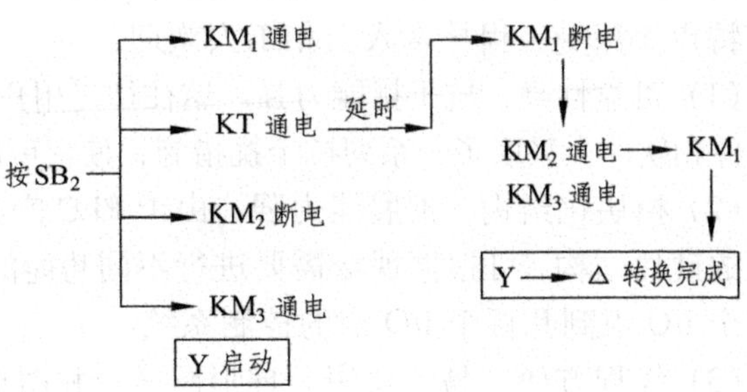

图 7.2.11 电动机 Y-△启动控制的动作次序

7.3 可编程序控制器 PLC

接触器控制是传统的工业控制模式，它把继电器触点及线圈按一定的继电器控制逻辑关系连接成控制线路，控制接触器通断，然后由电动机或电磁装置带动机构运动。但由于继电器本身占一定体积并消耗电能，经常会出故障，加上接线固定，使变更控制逻辑比较困难。所以应用在复杂的控制系统中可靠性、灵活性都比较差。

现代控制系统中普遍采用可编程序控制，它采用可编程序控制器把复杂的继电器控制逻辑转换为由中央处理器、输入变换器、输出变换器及用户程序进行处理的开关量控制逻辑，实现了硬件逻辑的软件化。不仅克服了传统继电-接触器控制的弊端，而且在控制器中还可以实现数值运算、与计算机联网通信、模拟量输入、模拟量输出等功能。

7.3.1 可编程序控制器概述

1. PLC 的发展简述

自从 1969 年美国 DEC 公司研制出世界上第一台可编程序逻辑控制器（Programmable Logic Controller）以来，经过 30 多年的发展与实践，其功能和性能已经有了很大的提高，从最初用于逻辑控制和顺序控制领域扩展到运动控制和过程控制领域。可编程序逻辑控制器（PLC）也改称为可编程序控制器（Programmable Controller），由于个人计算机也简称 PC，为了避免混淆，可编程序控制器仍被称为 PLC。

可编程序控制器是一种数字运算操作的电子系统，专为工业环境应用而设计。它采用可编程序的存储器，用来在其内部存储执行逻辑运算、顺序控制、定时、计数和算术运算等操作的指令，并通过数字式、模拟式的输入/输出，控制各种机械或生产过程。可编程序控制器及其有关外部设备，都应按易于与工业控制系统连成一个整体、易于扩充其功能的原则来设计。

PLC 通常在两个方向上发展：一是向体积更小、速度更快、功能更强、价格更低的方向发展，使 PLC 的使用范围不断扩大，达到了遍地开花的程度；二是向大型化、网络化、多功能方向发展，不断提高其功能，以便与现代网络相连接，组建大型的控制系统。

2. PLC 的特点

现代工业生产是复杂多样的，它们对控制的要求也各不相同。可编程序控制器由于具有以下特点而深受工程技术人员和工人欢迎。

（1）可靠性高，抗干扰能力强。这往往是用户选择控制装置的首要条件。PLC 的生产厂家在硬件和软件上采取了一系列抗干扰措施，使它可以直接安装于工业现场而稳定可靠地工作。

（2）模块化结构，扩展能力强。由于 PLC 产品均成系列化生产，品种齐全，多数采用模块式的硬件结构，可根据现场需要进行不同功能的扩展和组装，一种型号的 PLC 可用于控制从几个 I/O 点到几百个 I/O 点的控制系统。

（3）编程方便，易于使用。梯形图是一种图形编程语言，与多年来工业现场使用的电器控制图非常相似，理解方式也相同，近年来又发展了面向对象的顺控流程图语言，也称功能图，使编程更简单方便，非常适合现场人员学习。

（4）控制系统设计、安装、调试方便。PLC 中含有大量的相当于中间继电器、时间继电器、计数器等的“软元件”。又用程序（软接线）代替硬接线，与外部设备连接方便。采用统一接线方式的可拆装的活动端子排，提供不同的端子功能，适合于多种电气规格。设计人员只要有 PLC 就可进行控制系统设计及实验室进行模拟调试。

（5）功能完善。除基本的逻辑控制、定时、计数、算术运算等功能外，配合特殊功能模块还可以实现点位控制、PID 运算、过程控制、数字控制等功能。为方便工厂管理，可与上位机通信，通过远程模块还可以控制远方设备。

由于具有上述特点，所以 PLC 的应用范围极为广泛，可以说只要有工厂、有控制要求，就会有 PLC 的应用。

7.3.2 PLC 的组成与基本工作原理

1. 可编程序控制器的组成

PLC 是以微处理器为核心的一种特殊的工业用计算机，其结构与一般的计算机相类似，如图 7.3.1 所示，只是增强了 I/O 功能的可与控制对象方便连接的计算机。其完成控制的实质是按一定算法进行 I/O 变换，并将这个变换物理实现，应用于工业现场。

（1）输入寄存器。可按位进行寻址，每一位对应一个开关量，其值反映了开关量的状态，其值的改变由输入开关量驱动，并保持一个扫描周期。CPU 可以读其值，但不可以写或进行修改。

（2）输出寄存器。输出寄存器的每一位都表明了 PLC 在下一个时间段的输出值，而程序循环执行开始时的输出寄存器的值，表明的是上一时间段的真实输出值。在程序执行过程中，

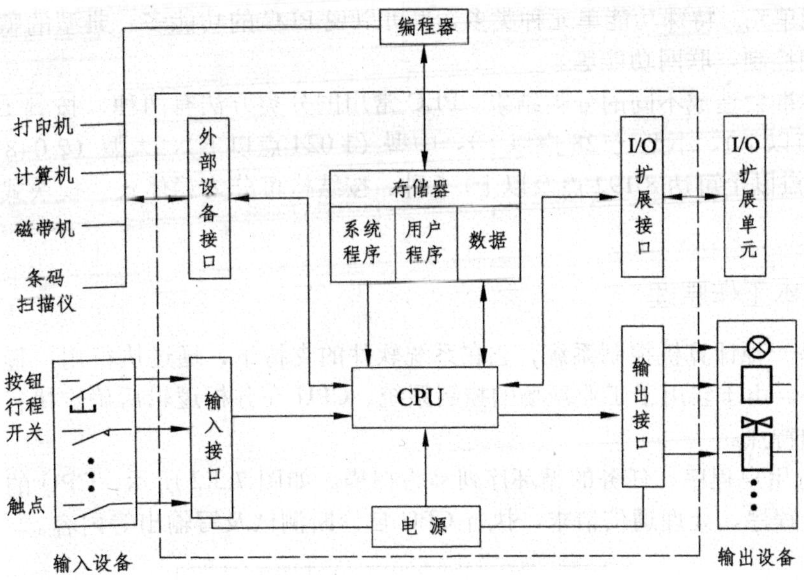

图 7.3.1 PLC 的组成

CPU 可以读其值，并作为条件参加控制，还可以修改其值，而中间的变换仅仅影响寄存器的值，只有最后的修改才对输出接点的真实值产生影响。

（3）存储器。分为系统存储器和用户存储器。系统存储器存储的是系统程序，是由厂家开发固定好了的，用户不能更改，PLC 要在系统程序的管理下运行。用户存储器中存放的是用户程序和运行所需要的资源，I/O 寄存器的值作为条件决定着存储器中的程序如何被执行，从而完成复杂的控制功能。

（4）CPU 单元。控制着 I/O 寄存器的读、写时序，以及对存储器单元中程序的解释执行工作，是 PLC 的大脑。

（5）其他接口单元。用于提供 PLC 与其他设备和模块进行连接通信的物理条件。

2. PLC 的性能指标及分类

（1）存储容量。这里专指用户存储器的存储容量，它决定了用户所编制程序的长短。大、中、小型 PLC 的存储容量变化范围一般为 2 KB～2 MB。

（2）I/O 点数。即 PLC 面板上的 I/O 端子的个数。I/O 点数越多，外部可连接的 I/O 器件就越多，控制规模就越大。它是衡量 PLC 性能的重要指标之一。

（3）扫描速度。扫描速度是指 PLC 执行程序的快慢，是一个重要的性能指标，体现了计算机控制取代继电器控制的吻合程度。从自动控制的观点来看，决定了系统的实时性和稳定性。

（4）指令的多少。它是衡量 PLC 能力强弱的指标，决定了 PLC 处理能力、控制能力的强弱。限定了计算机发挥运算功能、完成复杂控制的能力。

（5）内部寄存器的配置和容量。它直接对用户编制程序提供支持，对 PLC 指令的执行速度以及可完成的功能提供直接的支持。

（6）扩展能力。扩展能力包括 I/O 点数的扩展和 PLC 功能的扩展两方面的内容（即模块式和集中封装式系统的可扩展性）。

（7）特殊功能单元。特殊功能单元种类多，也可以说 PLC 的功能多。典型的特殊功能单元有模拟量、模糊控制、联网功能等。

不同的分类标准会造成不同的分类结果，PLC 常用的分类方法有两种：按其 I/O 点数一般分为微型（32 点以下）、小型（128 点以下）、中型（1 024 点以下）、大型（2 048 点以下）、超大型（从 2 048 点以上可达 8 192 点及以上）5 种。按结构可分为箱体式、模块式和平板式 3 种。

3. PLC 的基本工作原理

PLC 本质上是一种计算机控制系统，它在系统软件的支持下，通过执行用户程序由硬件完成系统控制任务。由于它用于工业现场的控制系统，CPU 在分析逻辑后确定执行任务，其工作方式有自己的特点。

CPU 连续执行用户程序、任务的循环序列称为扫描。如图 7.3.2 所示，CPU 的扫描周期包括读输入、执行程序、处理通信请求、执行 CPU 自诊断测试及写输出等内容。

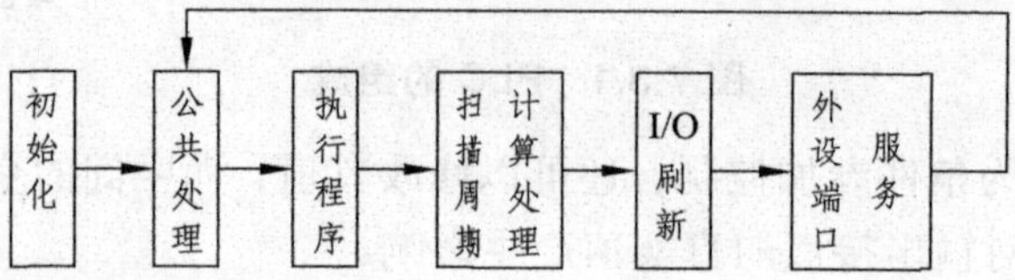

图 7.3.2　循环扫描周期

PLC 可被看成是在系统软件支持下的一种扫描设备。它一直周而复始地循环扫描并执行由系统软件规定好的任务。用户程序只是扫描周期的一个组成部分，用户程序不运行时，PLC 也在扫描，只不过在一个周期中去除了用户程序和读输入、写输出这几部分内容。

循环扫描有以下特点：

（1）扫描过程周而复始地进行，读输入、写输出和用户程序是否执行是可控的。

（2）输入映像寄存器的内容是由设备驱动的，在程序执行过程中的一个工作周期内输入映像寄存器的值保持不变，CPU 采用集中输入的控制思想，只能使用输入映像寄存器的值来控制程序的执行。

（3）程序执行完后的输出映像寄存器的值决定了下一个扫描周期的输出值，而在程序执行阶段，输出映像寄存器的值既可以作为控制程序执行的条件，同时又可以被程序修改用于存储中间结果或下一个扫描周期的输出结果。此时的修改不会影响输出锁存器的现在输出值，这是与输入映像寄存器完全不同的。

（4）对同一个输出单元的多次使用、修改次序会造成不同的执行结果。由于输出映像寄存器的值可以作为程序执行的条件，所以程序的下一个扫描周期的集中输出结果是与编程顺序有关的，即最后一次的修改决定了下一个周期的输出值。

（5）各个电路和不同的扫描阶段会造成输入和输出的延迟，这是 PLC 的主要缺点。各 PLC 厂家为了缩小延迟采取了很多措施，编程人员应对所使用型号的 PLC 的延迟时间的长短很清楚，它是进行 PLC 选型时的重要指标。

由于 PLC 采用循环扫描的工作方式，而且对输入和输出信号只在每个扫描周期的固定时间集中输入/输出，所以必然会产生输出信号相对输入信号滞后的现象。扫描周期越长，滞后现象越严重。对慢速控制系统这是允许的，当控制系统对实时性要求较高时，这就成了必须面对的问题。从 PLC 输入端信号发生变化到输出端对输入变化做出反应，需要一段时间，这段时间就称为 PLC 的响应时间或滞后时间。对一般的工业控制系统，这种滞后现象是完全允许的。同时可以看出，输入状态要想得到响应，开关量信号宽度至少要大于一个扫描周期才能保证被 PLC 采集到。

7.3.3 PLC 的编程语言和应用

PLC 是通过程序对系统进行控制的，作为一种专用计算机，为了适应其应用领域，一定有其专用的语言。不同的 PLC 产品的指令系统各异，但主要指令基本一致。下面以日本 OMRON 的 C 系列 P 型机为例，简单地介绍其结构特点及指令系统。C 系列 P 型机是用于开关量控制的小型机，有 C20P，C28P，C40P，C60P 等型号。它们的硬件结构、指令系统、性能指标和编程方法完全相同，区别只是 I/O 个数不同。

PLC 的编程语言有：梯形图语言、指令语句表语言和计算机高级语言。中、小型 PLC 的编程语言多为梯形图语言和指令语句表语言。

1. 梯形图

梯形图是一种比较通用的编程语言，它是在继电接触器控制电路的基础上演变而来的。表 7.3.1 是梯形图与继电器控制图元件符号对照表。PLC 的内部器件，如计数器、定时器、控制继电器等均是用数字电路构成的软器件，如以高电平状态作为常开触点，以低电平状态作为常闭触点。用户程序的执行过程就是按控制要求以电平的变化完成各种操作，使某些软器件启动、连接的过程。

表 7.3.1 梯形图与继电器控制图元件符号对照表

元件名称	梯 形 图	继电器图
动合触点	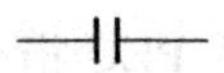	
动断触点	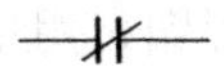	
电磁线圈		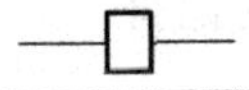

现以三相笼型异步电动机启、停控制电路为例，说明实现 PLC 控制系统的基本过程及梯形图的编写方法。采用 PLC 构成的电动机启、停控制电路的主电路仍为图 7.2.1，只是控制电路用 PLC 编程实现。其做法如下：

在 PLC 的输入端口 0000 接启动按钮 SB_1，0001 接停止按钮 SB_2，在输出端口 0500 接接触器线圈 KM，这些外部输入、输出器件均配备相应的外部驱动电源，COM 为输入、输出公共端。用编程器将图 7.3.3（b）的梯形图写入 PLC 程序存储区内，PLC 即可按照这一控制程序工作。将工作方式选择开关置于运行方式（RUN），PLC 则不断地反复对输入端口采样，当按下 SB_1 时，内部常开触点 0000 闭合，内部输出继电器线圈 0500 接通，其常开触点 0500 闭合产生自锁，使接触器 KM 线圈通电，电动机运转。当按下按钮 SB_2 时，内部常闭触点 0001 断开，输出继电器线圈 0500 断电，常开触点 0500 断开，电动机停转。

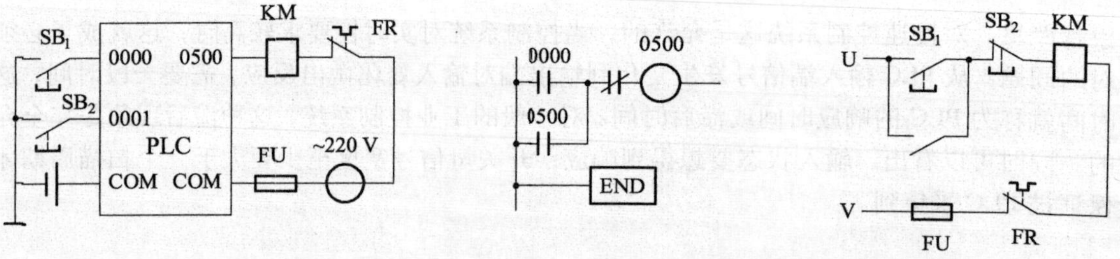

（a）PLC 输入/输出接线图　　（b）PLC 控制电路梯形图　　（c）继电接触控制电路

图 7.3.3 采用 PLC 构成的电动机启、停控制电路

上例表明，PLC 是将控制要求以程序形式写入存储器，这些程序就相当于继电接触控制的各个器件、触点及接线。当需要改变控制要求时，只需修改程序和少量外部接线。

画梯形图的要求如下：

(1) 梯形图按从左至右、自上而下的顺序编写。PLC 将按此顺序执行程序。

(2) 梯形图的最左边竖线称为起始母线，每一逻辑行必须从起始母线画起，每一逻辑行的最右边以继电器线圈、计数器、定时器或专门指令作为结束。不能将继电器线圈、计数器、定时器直接与起始母线相连。

(3) 每一逻辑行内的触点可以串联，也可以并联，但输出继电器线圈之间只可以并联不能串联。同一继电器、计数器、定时器的触点，可多次反复使用。

(4) 梯形图中与 I/O 设备相连的输入触点和输出线圈不是物理触点和线圈，用户程序的执行是根据 PLC 内的 I/O 状态寄存器的内容，与现场开关的实际状态有时并不相同。输入映像寄存器并不能完全看成是现场所接的开关或按钮，特别是现场 PLC 输入端接常闭按钮时，编程时要特别注意。

(5) 梯形图的最后一个逻辑行必须用结束符（END）表示。

2. 指令语句表语言

指令语句表与计算机汇编语言相似，是用 PLC 指令助记符按控制要求组成语句表的一种编程方式。例如，对图 7.3.3（b）所示的梯形图，用指令语句表编写的程序如下：

语句号	指令助记符	操作数（器件号）
0	LD	0000
1	OR	0500
2	AND-NOT	0001
3	OUT	0500
4	END	

上例表明，每条语句由指令助记符和操作数（器件号）两部分构成。所谓指令助记符就是各条指令功能的英文名称简写。目前各 PLC 生产厂家采用的指令助记符不统一，但编程方法是一致的。操作数（器件号）是 PLC 内部继电器编号或立即数。

OMRON 公司的 C 系列 P 型机具有逻辑运算、定时、计数、联锁以及加法、减法、比较、移位等功能，适用于较复杂的开关量控制系统。其指令集按功能可分为基本指令和专用指令两类，共 37 条。基本指令有逻辑运算指令：LD、AND、OR、NOT、OUT 和程序结束指令

END；定时器、计数器指令：TIM、CNT。C 系列 P 型机还有一些专用指令，如跳转指令、分支指令、移位指令和加、减法指令，等等。

3. 可编程序控制器在电动机控制中的应用

在各行业广泛使用的电气设备和生产机械中，其自动控制系统大多以各类电动机或其他执行电器为被控对象，生产过程和工艺要求不同，对控制系统要求也不同，但无论控制系统的规模有多大，都是由一些基本的控制环节组成的。本节以广泛使用的三相笼型异步电机为例，介绍电动机控制的基本控制环节及采用 PLC 实现对异步电机的控制。

例 7.3.1 用 C 系列 P 型 PLC 实现三相异步电动机正、反转控制电路。设 SB_2，SB_3 分别为正、反转启动按钮，SB_1 为停机按钮，KM_1，KM_2 分别为正、反转接触器。在电动机正转或反转运行时应有相应的指示灯亮。

解 根据要求，电动机的主电路和继电接触控制电路如图 7.2.6（a）所示。根据继电接触器控制电路画出 PLC 外部 I/O 接线图、梯形图及其程序，如图 7.3.4 所示。

在实际设计控制线路时，应注意自锁、互锁和联锁的关系。自锁是实现长期运行的措施，互锁是可逆线路中防止两电器同时通电，以免产生事故的保证，而联锁则是实现几种运动体之间的互相联系又互相制约的关系。这些关系实质上是逻辑上“与”、“或”、“非”的关系。控制环节就是讨论各电器之间如何实现互相联系、互相制约的各触点的组合规律，即逻辑关系。实现这些“与”、“非”、“或”关系的控制环节是基本的控制环节。

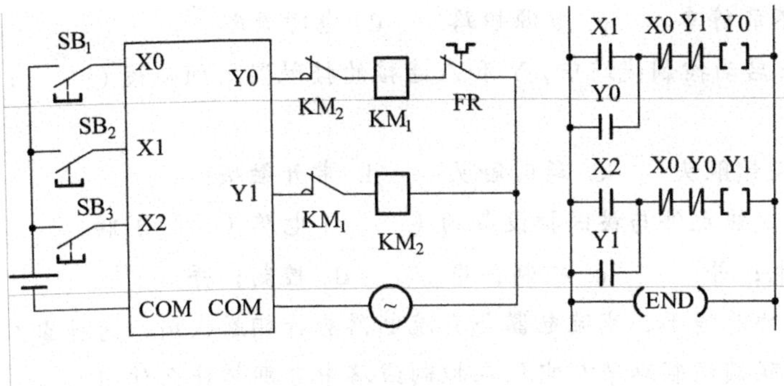

地址	指令	
0	ST	X1
1	OR	Y0
2	AN/	X0
3	AN/	Y1
4	OT	Y0
5	ST	X0
6	OR	Y1
7	AN/	X0
8	AN/	Y0
9	OT	Y1
10	END	

（a）PLC 外部 I/O 接线图　（b）梯形图　（c）程序表

图 7.3.4 PLC 三相异步电动机正、反转启、停控制电路

小　　结

（1）继电接触控制是采用继电器、接触器及按钮等电器实现对控制对象的自动控制。接触器是用来控制电动机或其他用电设备主电路通断的电器；继电器和按钮则是控制接触器吸引线圈或其他控制电路通断的电器。

（2）异步电动机的基本控制电路有点动、单向连续运行、正反转控制、行程和顺序控制电路。异步电动机的继电接触控制电路通常具有短路保护、过载保护和欠压（或失压）保护等。熔断器用来实现短路保护和严重过载保护。热继电器用来实现电动机过载保护，接触器还有失（欠）压保护功能。

（3）可编程序控制器是一种把计算机技术和自动化技术融为一体的智能工业装置，实质上是一种面向工业控制的计算机系统。

习　题

7.1　在三相异步电动机的正反转控制电路中，正转接触器与反转接触器间的互锁环节功能是（　　）。

a. 防止电动机同时正转和反转

b. 防止误操作时电源短路

c. 实现电动机过载保护

7.2　在机床电力拖动中要求油泵电动机启动后主轴电动机才能启动。若用接触器 KM_1 控制油泵电动机，KM_2 控制主轴电动机，则在此控制电路中必须（　　）。

a. 将 KM_1 的动断触点串入 KM_2 的线圈电路中

b. 将 KM_2 的动合触点串入 KM_1 的线圈电路中

c. 将 KM_1 的动合触点串入 KM_2 的线圈电路中

7.3　正反转控制线路中，若互锁触头失去互锁作用，将可能发生（　　）。

a. 不能启动　　b. 不能停车　　c. 电源短路　　d. 电源开路

7.4　异步电动机 Y/△降压启动控制线路中，Y 和△连接的接触器之间应设（　　）进行保护。

a. 互锁触头　　b. 联锁触头　　c. 延时触头　　d. 常开触头

7.5　热继电器工作时，其发热元件与被保护设备的（　　）电路（　　）联。

a. 主；串　　b. 主；并　　c. 控制；串　　d. 控制；并

7.6　在线圈额定电压相同的前提下，交流电器与直流电器能否相互代用？为什么？

7.7　什么叫自锁、互锁、联锁控制环节？它们在控制线路中分别起什么作用？

7.8　什么叫多地点控制环节？它是怎样实现的？试绘图说明之。

7.9　试画出三相异步电动机既能连续工作，又能点动工作的继电接触器控制线路。

7.10　根据正文图 7.2.2 接线做实验室，将开关 Q 合上后按下启动按钮 SB_2，发现有下列现象，试分析和处理故障：

（1）接触器 KM 不动作；（2）接触器 KM 动作，但是电动机不转动；

（3）电动机转动，但是一松手电机就不转；（4）接触器动作，但是吸合不上；

（5）接触器触头有明显的颤动，噪音很大；（6）接触线圈冒烟甚至烧坏；

（7）电动机不转动或者转动得极慢，并有“嗡嗡”声。

7.11　题 7.11 图为两台鼠笼式三相异步电动机同时启停和单独启停的单向运行控制电路。（1）说明各文字符号所表示的元器件名称；（2）说明 QS 在电路中的作用；（3）简述同时启停的工作过程。

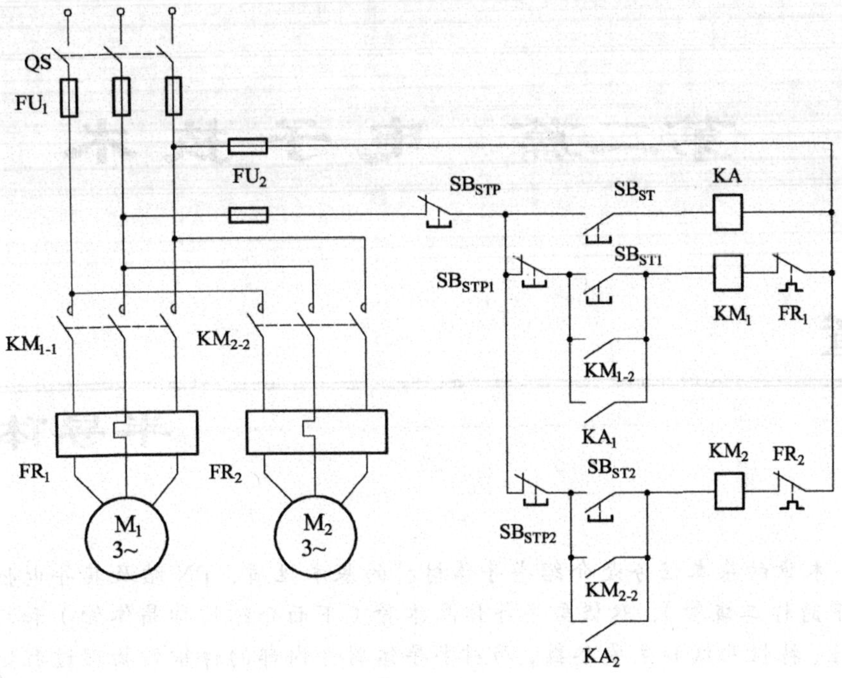

题 7.11 图

7.12 根据下列 3 个要求，分别绘出控制线路（M_1 和 M_2 都是三相鼠笼式电动机）：

（1）电动机 M_1 启动后，M_2 才能启动，M_2 并能独立停车；

（2）电动机 M_1 启动后，M_2 才能启动，M_2 并能点动；

（3）启动时，M_1 启动后 M_2 才能启动；停止时，M_2 停止后 M_1 才能停止。

7.13 笼型三相异步电动机在什么前提下可采用 Y-△法启动？这样做的目的是什么？在启动加速过程中，如果始终不能转换为△接法，会有什么后果？故障主要出在哪些元件上？

7.14 比较 PLC 控制系统和继电器控制系统的优缺点。

7.15 简述 PLC 常用编程语言的特点。梯形图与传统的继电器控制电器图相比，常开触点、常闭触点和线圈是如何表示的？

第二篇 电子技术

第8章

半导体器件

提　要　本章的基本任务是介绍半导体材料的基本性质，PN结及其导电性，半导体二极管（以下简称二极管）、双极型半导体晶体管（下面介绍均称晶体管）和场效应晶体管的工作原理、特性曲线和主要参数，而对半导体器件内部的详细的物理过程则只作一般的讨论。

8.1　半导体的基本知识

8.1.1 半导体

物体按导电能力的不同，可分为导体、半导体和绝缘体。容易传导电流的物体称为导体，几乎不传导电流的物体称为绝缘体，导电能力介于导体和绝缘体之间的称为半导体。典型的半导体有硅（Si）和锗（Ge），以及砷化镓（GaAs）等。硅和锗在元素周期表上是四价元素，砷化镓则属于半导体化合物。由于绝大多数半导体的原子排列呈晶体结构，所以由半导体构成的管件也称晶体管。

1. 本征半导体及其导电性

本征半导体是化学成分纯净的半导体，它在物理结构上有多晶体和单晶体两种形态，制造半导体器件必须使用单晶体。对制造半导体器件的材料纯度要求很高，要达到99.9999999%，常称为“9 个 9”。在制造单晶体的过程中会进一步提高材料的纯度，单晶体不但纯度高，在晶格结构上也应该是没有缺陷的。

硅和锗是四价元素，在原子最外层轨道上的 4 个电子称为价电子。它们分别与周围的 4 个原子的价电子形成共价键。共价键中的价电子为这些原子所共有，并为这些原子所束缚，在空间形成排列有序的晶格。这种结构的立体和平面示意图见图 8.1.1。

在热力学温度 0°C 条件下，导体中没有自由电子。当温度升高或受到光的照射时，价电子能量增高，有的价电子可以挣脱原子核的束缚，成为自由电子，这种现象称为本征激发，

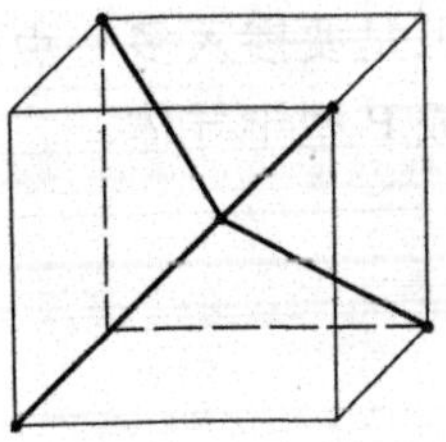

（a）硅晶体的空间排列

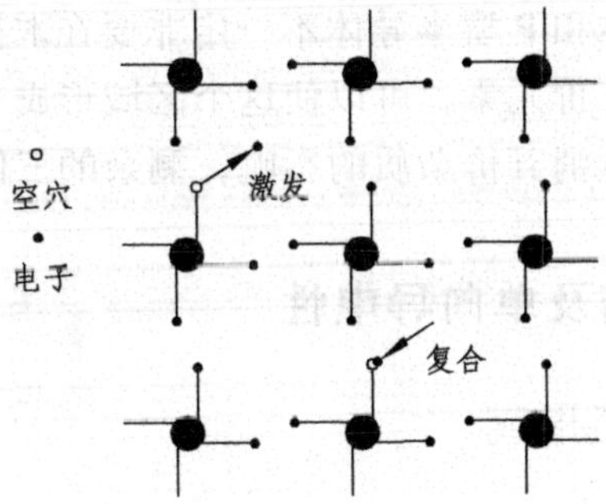

（b）共价键结构平面示意图

图 8.1.1　硅原子空间排列及共价键结构平面示意图

也称热激发。自由电子产生的同时，在其原来的共价键中就出现了一个空位，原子的电中性被破坏，呈现出正电性，其正电量与电子的电量相等，通常称呈正电性的这个空位为空穴。

因热激发而出现的自由电子和空穴是成对出现的，称为电子空穴对。一部分游离的自由电子在经过空穴附近时，也可能被空穴所俘获，称为复合，见图 8.1.1（b）。本征激发和复合在一定温度下会达到动态平衡。此时，半导体中载流子的浓度不变。

2. 杂质半导体

在本征半导体中掺入某种元素作为杂质，可使半导体的导电性发生显著变化。掺入的杂质主要是三价或五价元素，掺入杂质的本征半导体称为杂质半导体。

1）N 型半导体

在本征半导体中掺入五价杂质元素，如磷，可形成 N 型半导体，也称电子型半导体。因为五价杂质原子中只有 4 个价电子能与周围 4 个半导体原子中的价电子形成共价键，而多余的 1 个价电子因无共价键束缚而很容易成为自由电子。N 型半导体的结构示意图见图 8.1.2。在 N 型半导体中自由电子是多数载流子，它主要由杂质原子提供；空穴是少数载流子，由热激发形成。

2）P 型半导体

在本征半导体中掺入三价杂质元素，如硼、镓、铟等就形成了 P 型半导体，也称为空穴型半导体。因三价杂质原子在与硅原子形成共价键时，缺少一个价电子而在共价键中留下一个空穴。所以 P 型半导体中空穴是多数载流子，其数量主要由掺入杂质的浓度确定；电子是少数载流子，由热激发形成。P 型半导体的结构示意图见图 8.1.3。

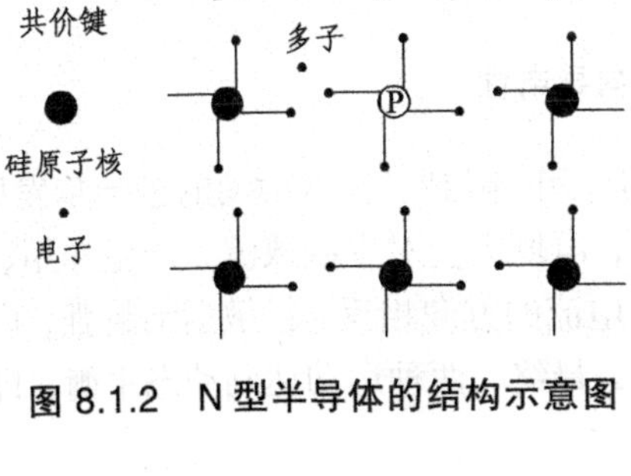

图 8.1.2　N 型半导体的结构示意图

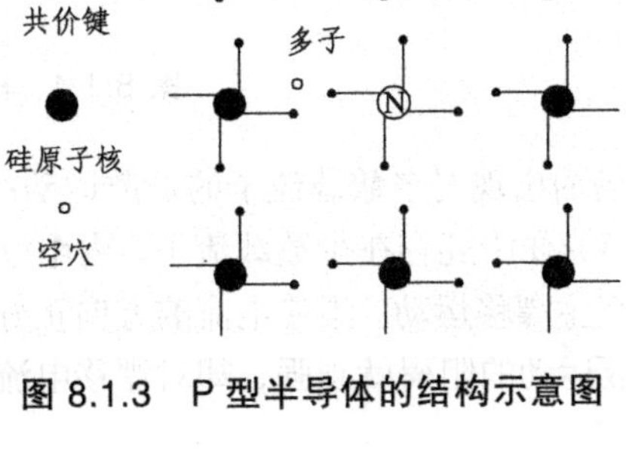

图 8.1.3　P 型半导体的结构示意图

N 型半导体和 P 型半导体不一定非要在本征半导体中去制作。例如，在 N 型半导体中的某个区域掺入三价元素，可以使这个区域形成 P 型半导体。但是要掺入多一点的杂质，其中的一部分用于抵消五价杂质的影响，剩余的三价元素用于形成 P 型半导体。

8.1.2 PN 结及单向导电性

1. PN 结的形成

1）基本概念

扩散运动：多子从浓度大向浓度小的区域运动。扩散运动产生扩散电流。

漂移运动：少子向对方运动。漂移运动产生漂移电流。

动态平衡：扩散电流 ⇔ 漂移电流，PN 结内总电流为 0。

PN 结：稳定的空间电荷区。

2）PN 结的形成

将一块 P 型半导体和 N 型半导体紧密连接在一起，这种紧密连接不能有缝隙，是一种原子半径尺度上的紧密连接。或者在一块 N 型半导体中制作出 P 型半导体，由此来形成 PN 结。此时将在 N 型半导体和 P 型半导体的结合面上形成如下物理过程。

N 型半导体中电子的浓度远大于 P 型半导体中电子的浓度；P 型半导体中空穴的浓度远大于 N 型半导体中空穴的浓度。于是在两种半导体的界面上会因浓度差发生载流子的扩散运动，见图 8.1.4。随着扩散运动的进行，在界面 N 区的一侧，随着电子向 P 区的扩散，只剩正离子；在界面 P 区的一侧，随着空穴向 N 区的扩散，只剩负离子。离子在晶格中是不能移动的，所以在 N 型半导体和 P 型半导体的界面出现空间电荷区。空间电荷区形成的电场，方向是从 N 区指向 P 区，称为内电场。

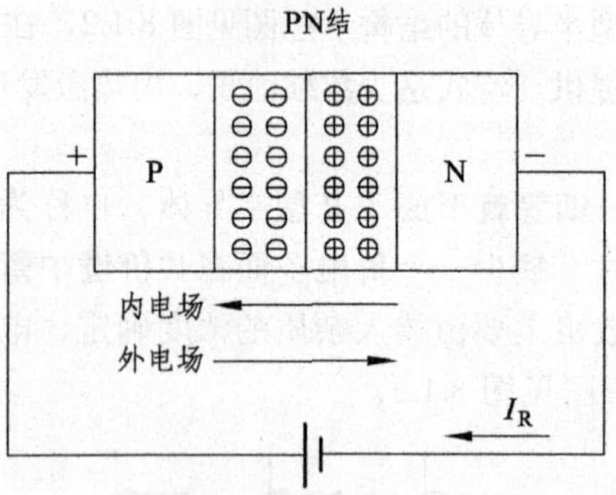

（a）PN 结正偏时的导电情况

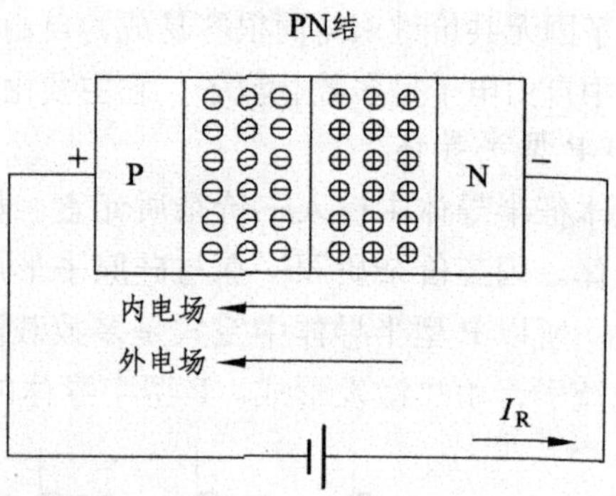

（b）PN 结反偏时的导电情况

图 8.1.4 PN 结单向导电性

内电场的出现对多数载流子的扩散运动产生阻碍作用，限制了扩散运动的进一步发展。另一方面，在半导体中还存在少数载流子，内电场的出现，电场力会对少数载流子产生作用，促使少数载流子产生漂移运动。漂移电流的方向正好与扩散电流的方向相反。扩散运动越强，内电场越强，对扩散运动的阻碍就越强，却对漂移电流越有利。最终，两种运动达到动态平衡，即扩散电流等于漂移电流。此时空间电荷区的宽度不变，此空间电荷区称为PN结。因为空间电荷区中的载流子已经扩散尽了，也称之为耗尽层。从其他角度也将PN结称为离子薄层、势垒区等。

上述过程可简单表示如下：

浓度差→多子扩散→杂质离子形成空间电荷区→

空间电荷区形成内电场→内电场促使少子漂移 / 内电场阻止多子扩散→达到动态平衡

内电场的建立，使PN结中产生电位差，从而形成接触电位V_f，接触电位V_f决定于材料及掺杂浓度。锗的$V_f = 0.2 \sim 0.3$ V，硅的$V_f = 0.6 \sim 0.7$ V。

2. PN结的单向导电性

PN结具有单向导电性，若P区的电位高于N区，PN结呈低阻性，所以电流大；若P区的电位低于N区，PN结呈高阻性，所以电流小。

1）PN结加正向电压时的导电情况

如图8.1.4（a）所示，外加的正向电压有一部分降落在PN结区，方向与PN结内电场方向相反，削弱了内电场。于是，内电场对多子扩散运动的阻碍减弱，扩散电流加大。扩散电流由多数载流子的运动产生，电流较大，PN结呈低阻。

2）PN结加反向电压时的导电情况

如图8.1.4（b）所示，外加的反向电压有一部分降落在PN结区，方向与PN结内电场方向相同，加强了内电场。内电场对多子扩散运动的阻碍增强，扩散电流大大减小。此时PN结区的少子在内电场作用下形成的漂移电流大于扩散电流，但漂移电流是少子的运动形成的，电流很小，PN结呈高阻。

在一定的温度条件下，由本征激发决定的少子浓度是一定的，故少子形成的漂移电流是恒定的，基本上与所加反向电压的大小无关，这个电流也称为反向饱和电流。

PN结加正向电压时，呈现低电阻，具有较大的正向扩散电流；PN结加反向电压时，呈现高电阻，具有很小的反向漂移电流。由此可以得出结论：PN结具有单向导电性。

8.2 二 极 管

8.2.1 二极管的结构和特性

1. 二极管的结构

在PN结上加上引线和封装，就成为一个二极管。二极管按结构分有点接触型、面接触型和平面型三大类。它们的结构示意图见图8.2.1。

（1）点接触型二极管。PN结面积小，结电容小，用于检波和变频等高频电路。

（2）面接触型二极管。PN结面积大，用于工频大电流整流电路。

（3）平面型二极管。往往用于集成电路制造工艺中。PN结面积可大可小，用于高频整流和开关电路中。

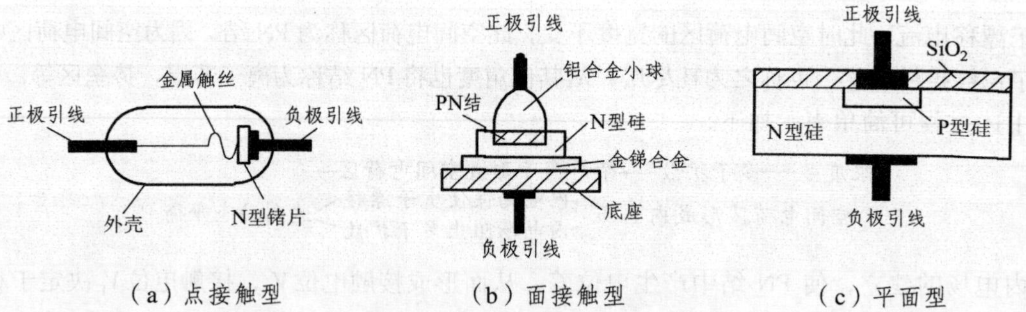

图 8.2.1　二极管的结构示意图

2. 二极管的伏安特性曲线

二极管的伏安特性曲线见图 8.2.2。处于第一象限的是正向伏安特性曲线，处于第三象限的是反向伏安特性曲线。根据理论推导，二极管的伏安特性曲线可用下式表示

$$I_D = I_S(e^{U_D/U_T} - 1) \tag{8.2.1}$$

式中，I_S 为反向饱和电流；U_D 为二极管两端的电压降；$U_T = kT/q$，称为温度的电压当量，k 为玻耳兹曼常数，q 为电子电荷量，T 为热力学温度，对于室温（$T = 300$ K），则有 $U_T = 26$ mV。

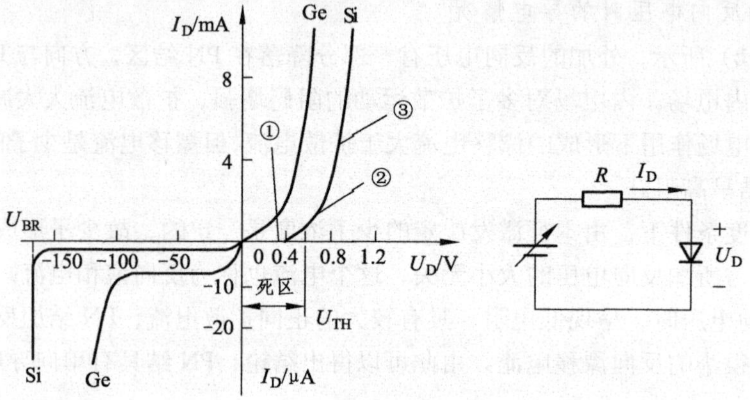

图 8.2.2　二极管的伏安特性曲线

1）正向特性

当 $U_D > 0$，即处于正向特性区域。正向区又分为 3 段，硅二极管的开启电压 $U_{TH} \approx 0.5$ V，锗二极管的开启电压 $U_{TH} \approx 0.1$ V。

第 1 段，当 $0 < u_D < U_{TH}$ 时，正向电流为零，U_{TH} 称为开启电压（见图 8.2.2 中的①段）。

第 2 段，当 $u_D > U_{TH}$，且 u_D 较小时，开始出现正向电流，并按指数规律增长，见图 8.2.2 中的曲线②段。

第 3 段，当 $u_D > U_{TH}$，且 u_D 较大时，正向电流增长很快，且正向电压随正向电流增长而增长很小。在图 8.2.2 中，对应正向曲线很陡的③段。正向特性曲线③段对应的正向电压可以认为基本不变，一般认为硅二极管的正向电压为 0.7 V，锗二极管的正向电压为 0.3 V。

2）反向特性

（1）当 $u_D < 0$ 时，即处于反向特性区域。反向区分为两个区域。

(2) 当 $U_{BR} < u_D < 0$ 时，反向电流很小，且基本不随反向电压的变化而变化，此时的反向电流也称反向饱和电流 I_S。

(3) 当 $u_D \leqslant U_{BR}$ 时，反向电流急剧增加，发生反向击穿，U_{BR} 称为反向击穿电压。反向击穿按机理分为齐纳击穿和雪崩击穿两种情况。

① 在高掺杂的情况下，因耗尽层薄，不需要很大的反向电压就可在耗尽层建立很强的电场，场强达到一定程度会直接破坏共价键，使价电子脱离共价键的束缚，产生电子-空穴对，致使反向电流急剧增大，这种击穿称为齐纳击穿。

② 如果掺杂浓度较低，耗尽层较宽，当反向电压增加到较大数值时，耗尽层的电场使电子的漂移速度加快，与共价键中的价电子相碰撞时，把价电子撞出共价键，产生电子-空穴对。新产生的电子被电场加速后，又撞出其他价电子，载流子雪崩式增加，致使反向电流急剧增加，这种击穿称为雪崩击穿。

3. 二极管的参数

半导体二极管的参数包括最大整流电流 I_F、反向击穿电压 U_{BR}、最大反向工作电压 U_{RM}、反向电流 I_R、最高工作频率 f_{max} 和结电容 C_j 等。几个主要参数介绍如下：

(1) 最大整流电流 I_F。二极管连续工作时，允许通过二极管的最大整流电流的平均值。

(2) 反向击穿电压 U_{BR} 和最大反向工作电压 U_{RM}。二极管反向电流急剧增加时对应的反向电压值称为反向击穿电压 U_{BR}。为安全计，在实际工作时，最大反向工作电压 U_{RM} 一般只按反向击穿电压 U_{BR} 的一半计算（注：不同的厂家对该参数的规定有所不同）。

(3) 反向电流 I_R。在室温下，在规定的反向电压下，一般是最大反向工作电压下的反向电流值。硅二极管的反向电流一般在纳安（nA）级；锗二极管在微安（μA）级。

(4) 正向压降 U_D。在规定的正向电流下，二极管的正向电压降。小电流硅二极管的正向压降约 0.6～0.8 V，计算时可取 0.7 V；锗二极管约 0.2～0.3 V，计算时可取 0.3 V。大功率的硅二极管的正向压降随着工作电流的增加而增加。

(5) 动态电阻 r_d。反映了二极管正向特性曲线斜率的倒数。

(6) 正向压降温度系数 α_{U_D}。反映了二极管正向压降随温度变化的规律，具有负温度系数。不论锗管还是硅管基本上都是一个常数 $\alpha_{U_D} \approx -1.9 \sim -2.5$ mV/°C。所以，二极管的正向特性曲线，当温度升高时，会向 Y 轴移动。若正向特性曲线在第一象限，曲线向左移动。温度对二极管伏安特性曲线的影响见图 8.2.3。

(7) 反向饱和电流的温度系数。反映了二极管反向饱和电流随温度变化的规律，不论锗管还是硅管都具有正温度系数，在数量上基本遵循温度每升高 10 °C，反向饱和电流增加一倍的规律。所以，当温度升高时，二极管的反向特性曲线会向偏离 X 轴的方向移动。若正向特性曲线在第三象限，曲线向下方移动。

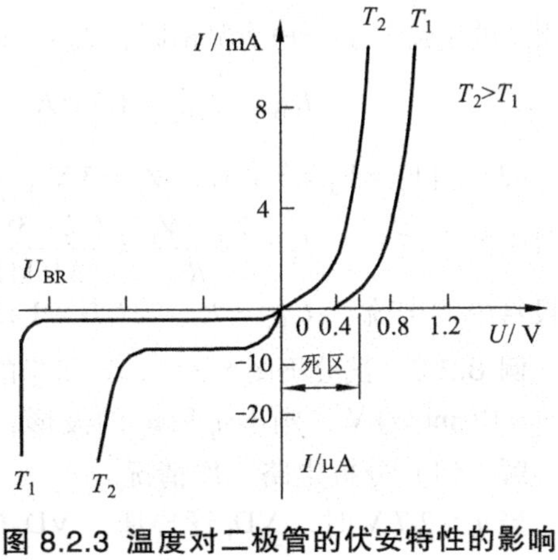

图 8.2.3 温度对二极管的伏安特性的影响

4. 二极管的应用

二极管的应用范围很广，主要都是应用它的单向导电性能，可应用于整流器、检波器、整形器和限幅器等。其典型应用见图 8.2.4。

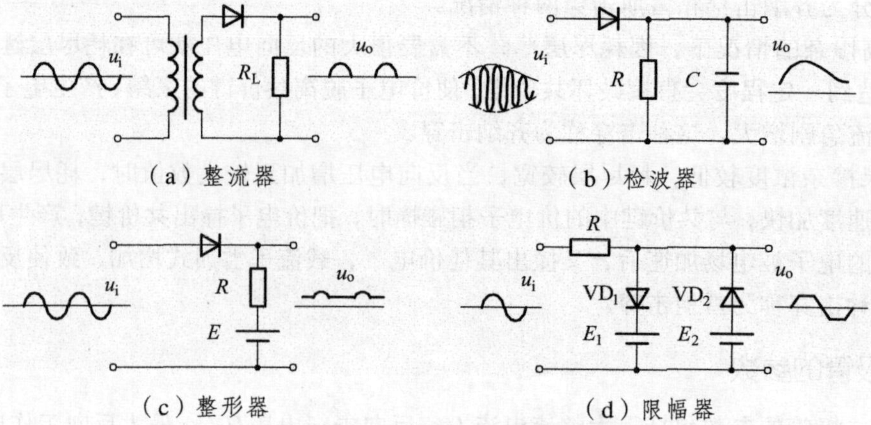

图 8.2.4 二极管的典型应用

例 8.2.1 在图 8.2.5 所示电路中，试求下列几种情况下输出端 Y 的电位 V_Y 及各元件（R，VD_A，VD_B）中通过的电流，二极管的正向压降忽略不计。

（1）$V_A = V_B = 0$ V；（2）$V_A = 3$ V，$V_B = 0$ V；（3）$V_A = V_B = 3$ V。

解 输入端的电位只有两种情况：0 V 和 3 V。

（1）当输入端 $V_A = 3$ V，$V_B = 0$ V 时，对应输入端是 0 V 的二极管导通，二极管的正向压降为 0 V，所以输出端 $V_Y = 0$ V。此时流过 R 和 VD_B 的电流为

$$I_R = I_{VD_B} = \frac{V_{CC} - V_Y}{R} = \frac{12\ \text{V}}{3.9\ \text{k}\Omega} \approx 3\ (\text{mA})$$

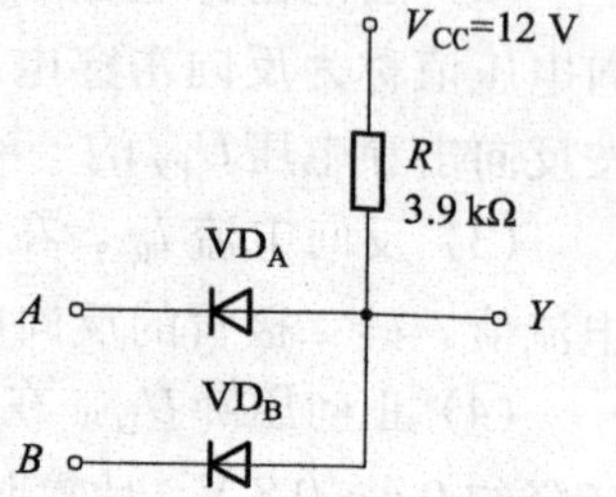

图 8.2.5 例 8.2.1 图

（2）当 $V_A = V_B = 0$ V 时，两个二极管都导通，结果仍然是

$$V_Y = 0\ \text{V}$$

电阻中的电流与上一种情况相同，$I_R \approx 3$ mA，但二极管中的电流只是电阻中电流的一半，故

$$I_{VD_A} = I_{VD_B} \approx 1.5\ \text{mA}$$

（3）当 $V_A = V_B = 3$ V 时，$V_Y = 3$ V，则

电阻中的电流 $I_R = \dfrac{V_{CC} - V_Y}{R} = \dfrac{(12-3)\ \text{V}}{3.9\ \text{k}\Omega} \approx 2.3\ (\text{mA})$

二极管中的电流 $I_{VD_A} = I_{VD_B} = I_R/2 \approx 1.15\ (\text{mA})$

例 8.2.2 试分析图 8.2.6（a）所示的硅二极管电路，（1）画出电压传输特性曲线；（2）已知 $u_i = 10\sin(\omega t)$ V，画出 u_i 和 u_o 的波形。

解 （1）分析电路工作情况。

当 $u_i > 2.7$ V 时，VD_1 管导通，VD_2 管截止，$u_o = 2.7$ V；

当 $-4.7\ \text{V} < u_i < 2.7$ V 时，VD_1 管和 VD_2 管均截止，$u_o = u_i$；

当 $u_i < -4.7$ V 时， VD_1 管截止， VD_2 管导通， $u_o = -4.7$ V 。

（2）画出电压传输特性曲线和 u_i、 u_o 的波形见图 8.2.6（b）。

双向限幅电路用以限制信号电压范围，常用作保护电路。

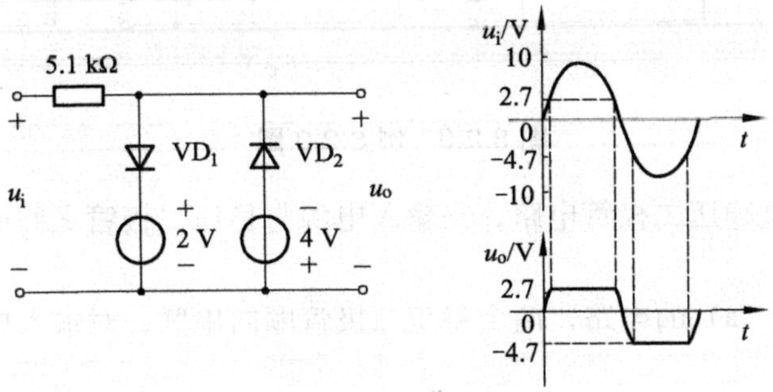

（a）电路图　　（b）波形图

图 8.2.6　例 8.2.2 图

8.2.2　稳压二极管

利用硅二极管的反向击穿特性，可以制造出稳压二极管。一般的二极管是不允许工作在反向击穿区的，因为反向电流 I_R 大，击穿时的功耗 $P = I_R U_{BR}$ 是很大的，超过了二极管允许的最大功率损耗，二极管就会被烧毁。稳压二极管的结面积制造得较大，允许功耗较大，只要在击穿时功耗不超过允许值，稳压二极管就不会烧毁。例如，有一个稳压二极管的功耗 $P = 500$ mW ，反向击穿电压 $U_{BR} = 10$ V ，于是最大的反向电流

$$I_{zmax} = P_{zm} / U_{BR} = 500/10 = 50\ (\text{mA})$$

稳压二极管的伏安特性曲线见图 8.2.7，左上角圆圈中是稳压二极管的符号。为了使稳压二极管中的电流不超过 I_{zmax} ，在稳压二极管与电源之间必须串入一个限流电阻 R ，稳压二极管的工作电路图见图 8.2.8，图中稳压二极管是反接的，因为它要工作在第三象限。

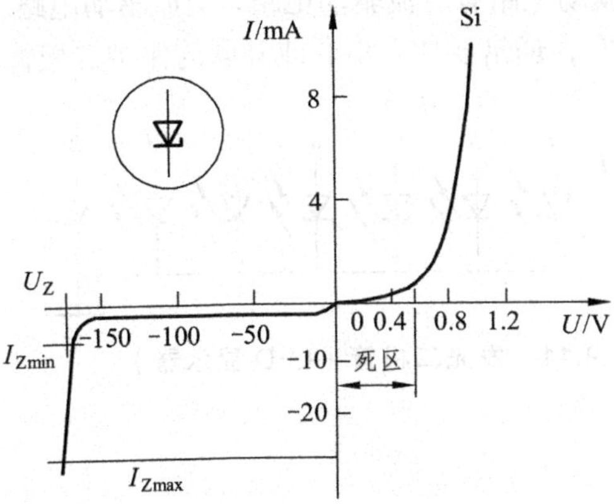

图 8.2.7　稳压二极管的伏安特性

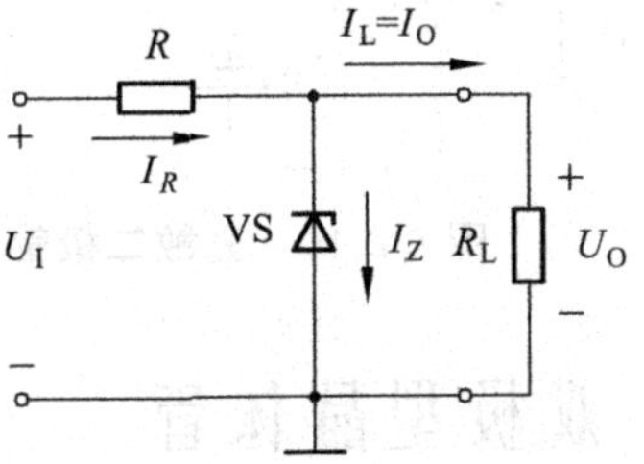

图 8.2.8　稳压二极管工作电路图

例 8.2.3　设硅稳压管 VS_1 和 VS_2 的稳定电压分别为 5 V 和 10 V，求图 8.2.9 中各电路的输出电压 U_O。已知稳压管的正向压降为 0.7 V。

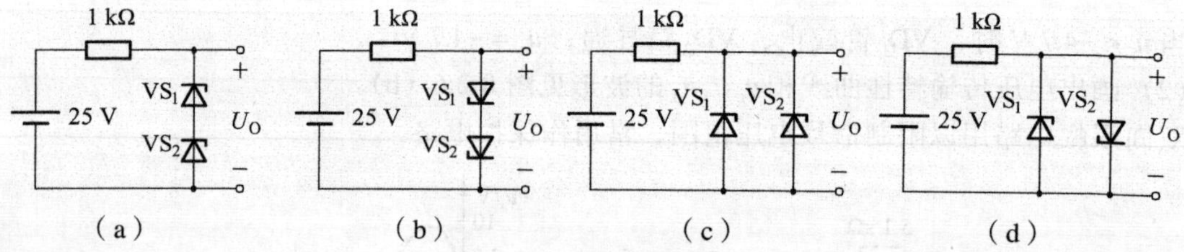

图 8.2.9 例 8.2.3 图

解 这 4 个电路是稳压二极管电路，在输入电源与稳压二极管之间必须要有电阻存在，即图中的 1 kΩ 电阻。

（1）对于图 8.2.9（a）的电路，两个稳压二极管顺向串联，对输入侧的电源是反偏。相当于总的击穿电压为

$$U_O = U_Z = U_{Z1} + U_{Z2} = 5 + 10 = 15\ (\text{V})$$

（2）对于图 8.2.9（b），两个稳压二极管也是顺向串联，但对输入侧的电源是正偏，所以

$$U_O = U_Z = U_{Z1} + U_{Z2} = 0.7 + 0.7 = 1.4\ (\text{V})$$

（3）对于图 8.2.9（c），两个稳压二极管并联，反偏，所以击穿电压低的一个稳压二极管 VS_1 先击穿，输出电压 $U_O = 5$ V，此时击穿电压高的那只稳压二极管将不会被击穿。

（4）对于图 8.2.9（d），两个稳压二极管 VS_1 反偏，VS_2 正偏，正偏的稳压管工作，使输出电压 $U_O = 0.7$ V，反偏的那只稳压二极管将不会被击穿。

8.2.3 光敏二极管和发光二极管

光敏二极管是有光照射时，将有电流产生的二极管，见图 8.2.10。利用光电导效应工作，PN 结工作在反偏态，当光照射在 PN 结上时，束缚电子获得光能变成自由电子，形成光生电子-空穴对，在外电场的作用下形成光生电流。类型有 PN 型、PIN 型、雪崩型。

发光二极管是将电能转换成光能的特殊半导体器件，见图 8.2.11。当管子加正向电压时，在正向电流激发下，管子发光，属电致发光。常用驱动电路有直流驱动电路、交流驱动电路。在交流驱动电路中，为了避免发光二极管发生反向击穿，通常要加入串联或并联的保护二极管。

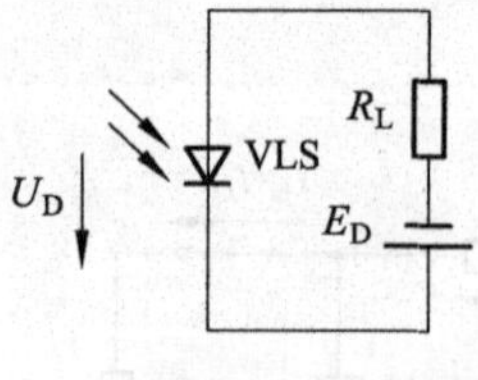

图 8.2.10 光敏二极管

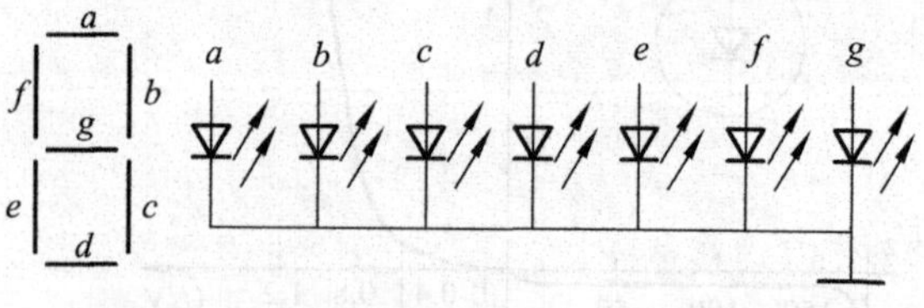

图 8.2.11 发光二极管（LED 显示器）

8.3 双极型晶体管

晶体管（Transistor）又称三极管，有两大类型，即双极型半导体晶体管（BJT）和场效应半导体晶体管（FET）。双极型半导体晶体管是有两种载流子参与导电的半导体器件，它由

两个 PN 结组合而成，是一种电流控制型（CCCS）器件。场效应型半导体晶体管仅有一种载流子参与导电，是一种电压控制型（VCCS）器件。

双极型晶体管 BJT 分类：按频率分为高频管和低频管；按功率分为大功率管、中功率管和小功率管；按材料分为硅管和锗管；按结构分为 NPN 型和 PNP 型。

8.3.1 晶体管的结构

晶体管的结构示意图见图 8.3.1，它是由两个 PN 结按一定方式连接而成，有两种类型：NPN 型和 PNP 型。

晶体管内部有三个区：中间部分称为基区，与之相连接的电极称为基极，用 B 或 b 表示（Base）；一侧称为发射区，与之相连接的电极称为发射极，用 E 或 e 表示（Emitter）；另一侧称为集电区，与之相连接的电极称为集电极，用 C 或 c 表示（Collector）。E-B 间的 PN 结称为发射结（J_e）；C-B 间的 PN 结称为集电结（J_c）。

晶体管的符号在图 8.3.1 的下方给出，发射极的箭头代表发射极电流的实际方向。从外表上看，NPN 型晶体管的两个 N 区（或 PNP 型晶体管的两个 P 区）是对称的，发射极和集电极可以互换。实际上在制造时，由于发射区的掺杂浓度高，集电区掺杂浓度低，且集电结面积大，基区掺杂浓度低且要制造得很薄，其厚度一般在几个至几十个微米之间，所以发射极和集电极是不能互换的。

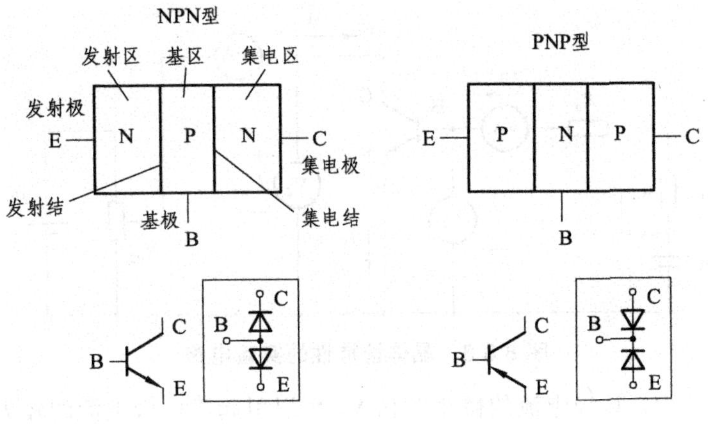

图 8.3.1 两种极性的双极型三极管及其符号

8.3.2 晶体管的电流放大原理

1）晶体管的接法

晶体管有 3 个电极，其中两个可以作为输入，两个可以作为输出，这样必然有一个电极是公共电极。这样产生 3 种接法，也称 3 种组态，见图 8.3.2。

（1）共发射极接法：发射极作为公共电极，用 CE 表示；以 I_B 为输入控制电流。优点是信号源消耗的功率很小，放大过程是 I_C 与 I_B 的关系，电流放大系数为 β。

（2）共集电极接法：集电极作为公共电极，用 CC 表示。

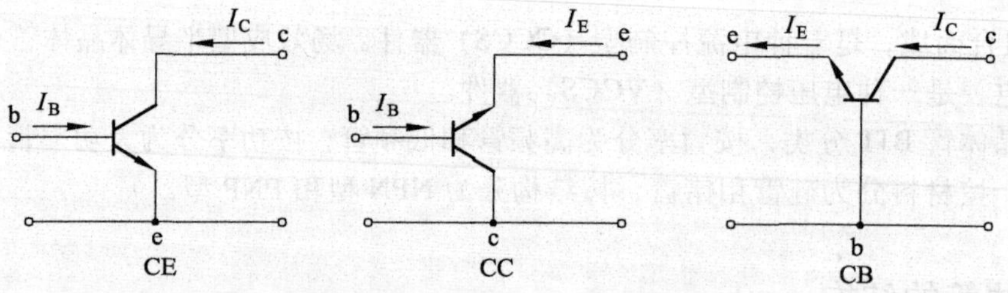

图 8.3.2　晶体管的 3 种组态

(3) 共基极接法：基极作为公共电极，用 CB 表示。以 I_E 为输入控制电流，电流放大系数为 α。

公共电极的概念是该电极既处于输入回路之中，也处于输出回路之中。下面以 NPN 型晶体管所接成的共发射极电路为例，论述晶体管的电流放大原理。

2）电流放大原理

晶体管工作在放大状态下的基本条件是：

外部条件：发射结加正向偏置（正向电压），集电结加反向偏置（反向电压）。

内部条件：发射区杂质浓度要远大于基区杂质浓度，同时基区厚度要很小。

由实验电路（见图 8.3.3）测量的数据可得出如下结论：

(1) 符合基尔霍夫电流定律 $I_E = I_C + I_B$。

(2) I_B 要比 I_C 和 I_E 小得多，所以 $I_C \approx I_E$。

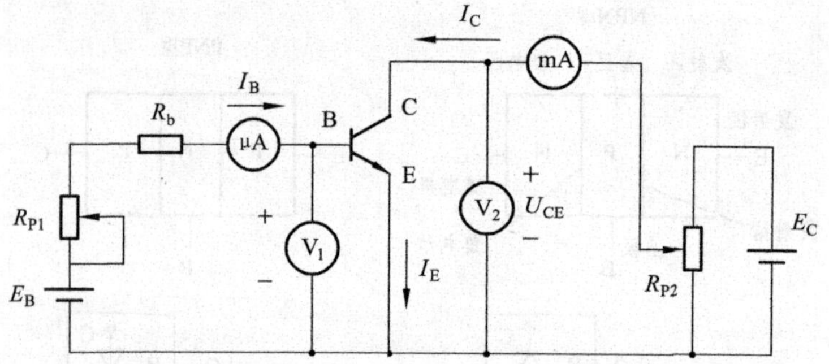

图 8.3.3　晶体管特性的实验电路

(3) 电流放大作用。基极电流的微小变化 ΔI_B 可以引起集电极电流的较大变化 ΔI_C，这就是晶体管的电流放大作用。把集电极电流的变化量与基极电流的变化量的比值称为共发射极交流电流放大系数，用 β 来表示。

交流电流放大系数

$$\beta = \left.\frac{\Delta I_C}{\Delta I_B}\right|_{U_{CE}=\text{常数}}, \quad \beta \gg 1 \tag{8.3.1}$$

直流电流放大系数

$$\bar{\beta} = \frac{I_C}{I_B}，实际上，\beta \approx \bar{\beta} \tag{8.3.2}$$

3）晶体管内部载流子的运动情况

晶体管在工作时一定要加上适当的直流偏置电压。为使其工作在放大状态：发射结应加正向电压，集电结应加反向电压。现以 NPN 型为例，来说明晶体管内部的电流关系，见图 8.3.4。

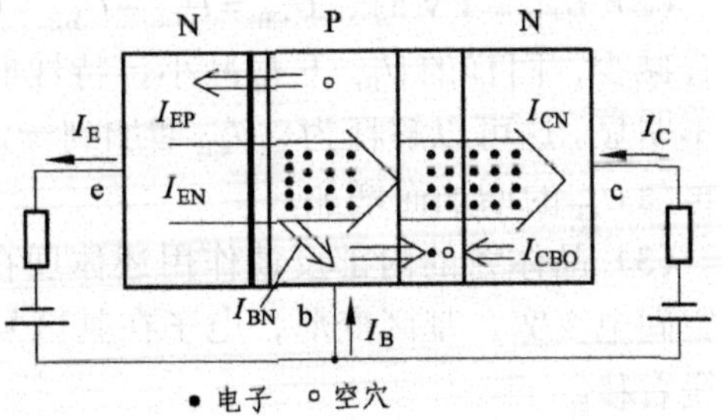

图 8.3.4 晶体管的电流传输关系

（1）发射区向基区扩散电子。发射结加正偏电压时，从发射区将有大量的电子向基区扩散，形成的电流为 I_{EN}，与 PN 结中的情况相同（NPN 区域中箭头的方向为载流子的运动方向，空穴流的方向与电流方向相同，电子流的运动方向与电流方向相反）。

（2）电子在基区扩散及复合。从基区向发射区也有空穴的扩散运动，但其数量小，形成的电流为 I_{EP}。这是因为发射区的掺杂浓度远大于基区的掺杂浓度。

（3）集电区收集从发射区扩散的电子。进入基区的电子流因基区的空穴浓度低，被复合的机会较少。又因基区很薄，在集电结反偏电压的作用下，电子在基区停留的时间很短，很快就运动到了集电结的边上，进入集电结的结电场区域，被集电极所收集，形成集电极电流 I_{CN}。在基区被复合的电子形成的电流是 I_{BN}。

发射区向基区提供载流子 ⎫ 发射结加正向电压 ⎫
基区传送和控制载流子 ⎬ ⎬ 晶体管的放大状态
集电区收集载流子 ⎭ 集电结加反向电压 ⎭

晶体管在工作时一定要加上适当的直流偏置电压才能起放大作用。晶体管 BJT 的电流分配：发射区向基区扩散空穴，形成发射极电流；空穴在基区扩散和复合，形成了基区复合电流 I_B；集电极收集从发射区扩散到基区的空穴，形成了电流 I_C，同时由于集电结反偏，少子在电场的作用下形成了漂移电流 I_{CBO}。由以上分析可知，发射区掺杂浓度高，基区掺杂浓度低且很薄，是保证晶体管能够实现电流放大的关键。若两个 PN 结对接，相当于基区很厚，所以没有电流放大作用，基区从厚变薄，两个 PN 结演变为晶体管，这是量变引起质变的一个实例。

8.3.3 晶体管的特性曲线

晶体管特性曲线是指晶体管各电极之间电压和电流的关系曲线。下面以共发射极电路为例，讨论晶体管的输入、输出特性曲线。共发射极接法的特性曲线见图 8.3.5。

1. 输入特性曲线

输入特性曲线指当集-射极电压为常数时，基极电流 I_B 与基-射极电压 U_{BE} 之间的关系曲线族。共发射极接法的输入特性曲线见图 8.3.5（a）。输入特性曲线类似于发射结的伏安特性曲线，因为有集电结电压的影响，它与一个单独的 PN 结的伏安特性曲线有一些不同。

$$I_B = f(U_{BE})\big|_{U_{CE}=\text{常数}}$$

1）U_{CE} 的影响

为了排除 U_{CE} 的影响，在讨论输入特性曲线时，应使 U_{CE} = 常数。U_{CE} 的影响，可以用三极管内部的反馈作用解释，即 U_{CE} 对 I_B 的影响。

（1）$U_{CE}=0$ V时，相当于发射结的正向特性曲线。

（2）$U_{CE} \geqslant 1\text{ V}$ 时，$U_{CB} = U_{CE} - U_{BE} > 0$，集电结已进入反偏状态，开始收集电子，使基区复合减少，同样的 U_{BE} 下 I_B 减小，特性曲线将向右稍微移动一些。但 U_{CE} 再增加时，曲线右移不明显。这可以解释为：U_{CE} 增加到一定数值，发射到基区的电子已完全被集电区收集，I_B 不再随 U_{CE} 的增加而增加。

（3）晶体管的内部反馈作用还体现在基区宽度调制效应：随着 U_{CE} 增加，集电结反偏。其空间电变宽，基区变薄，电子在基区复合的机会进一步减少，同样的 U_{BE} 下 I_B 减小，特性曲线右移。

2）输入特性曲线的 3 个区域

（1）1 区称为死区：没有电流，或电流十分小，小于规定的数值。

（2）2 区称为非线性区：当发射结电压大到一定数值时，基极电流开始明显增加，但基极电流和发射极电压之间的非线性关系比较显著，当基极电流开始明显增加时，所对应的发射结电压称为开启电压 U_{TH}。

（3）3 区称为线性区：基极电流与发射极电压之间有较好的线性关系。严格地讲，从数学的观点看并不是线性关系，但从工程的角度看，电流在一定范围内，是线性的，这种看问题的方法在电子电路中经常用到。

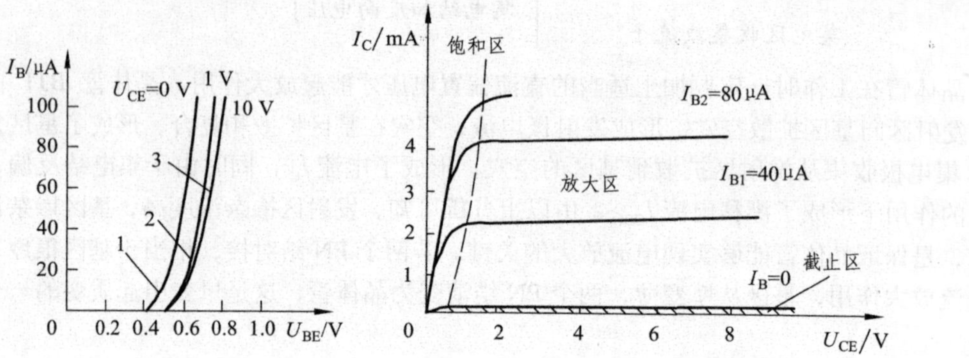

（a）输入特性曲线　　（b）输出特性曲线

图 8.3.5　晶体管共发射极接法的特性曲线

2. 输出特性曲线

输出特性曲线指当基极电流 I_B 为常数时，集电极电流 I_C 与集-射极电压之间的关系曲线族。共发射极接法的输出特性曲线见图 8.3.5（b），它是以 I_B 为参变量的一族特性曲线，即

$$I_C = f(U_{CE})\big|_{I_B=\text{常数}}$$

输出特性曲线可以分为 3 个区域：

（1）放大区。发射结正偏，集电结反偏，I_C 平行于 U_{CE} 轴的区域，曲线基本平行等距。U_{BE} 电压大约在 0.7 V 左右（硅管），I_C 随 I_B 的增加而线性增加。放大区域具有电流放大作用，$I_C \approx \beta I_B$，由于 I_C 与 I_B 呈正比关系，所以放大区也称为线性区。

结果：　$I_C = \beta I_B$

条件：　NPN 管　$U_{BE} \geqslant 0$，$U_{BC} < 0$；PNP 管　$U_{BE} < 0$，$U_{BC} \geqslant 0$

（2）饱和区。发射结正偏，集电结正偏或反偏电压很小。I_C 受 U_{CE} 显著控制的区域，该

区域内 U_{CE} 的数值较小，一般 $U_{CE}<0.7\ \text{V}$（硅管），晶体管 C，E 之间相当于短路，失去放大作用。

结果： $U_{CE}\approx 0.3\ \text{V}$

条件： $I_B > I_{BS}$ (8.3.3)

临界饱和点： $I_{BS}=I_{CS}/\beta$

（3）截止区。发射结反偏，集电结反偏。I_C 接近零的区域，相当 $I_B=0$ 的曲线的下方。晶体管 C，E 之间相当于开路，$I_C\approx 0$ 失去电流放大作用。

结果： $I_C\approx 0$

条件： NPN 管 $U_{BE}<0$；PNP 管 $U_{BE}\geqslant 0$

晶体管有 3 种工作状态：放大、截止和饱和。在分析电路中常根据晶体管结偏置电压的大小和管子的电流关系判定工作状态。而在实验中常通过测定晶体管的极间电压判定工作状态。

例 8.3.1 试分析图 8.3.6 电路中各晶体管的工作状态。图中所有的二极管、晶体管均为硅管。

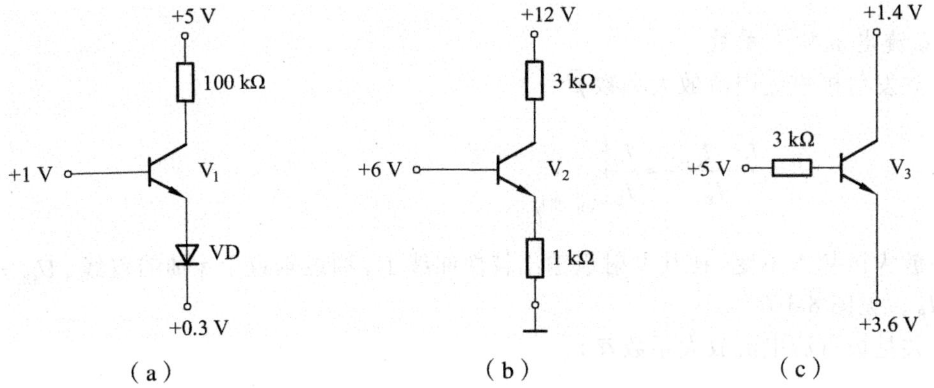

图 8.3.6 例 8.3.1 图

解 （1）图 8.3.6（a）中，V_1 基极与最下端的电位差是 $1-0.3=0.7\ (\text{V})$，0.7 V 打不开两个硅 PN 结。所以发射结截止，整个晶体管截止。

（2）图 8.3.6（b）中，V_2 基极与最下端的电位差是 $6-0=6\ \text{V}$，发射结可以导通，设此时 $U_{BE}=0.7\ \text{V}$，

发射极电流 $I_E=(6-0.7)/1=5.3\ (\text{mA})$

集电极电位 $V_C=V_{CC}-I_CR_C=12-5.3\times 3<0\ \text{V}$

实际上集电极电位不可能为负值，这说明三极管 V_2 已经饱和。晶体管饱和时，设 $U_{CE}=0\ \text{V}$，于是，最大集电极电流

$$I_C=I_E=12/(3+1)=3\ (\text{mA})$$

（3）图 8.3.6（c）中，V_3 基极与最下端的电位差是 $5-3.6=1.4\ \text{V}$，基极电流

$$I_B=(5-0.7-3.6)/3=0.233\ (\text{mA})$$

所以发射结导通。但是该晶体管的集电极接 +1.4 V，而发射极接 +3.6 V，发射极和集电极互相接反了，属于倒置工作状态。一般而言，双极型晶体管的发射极和集电极是不能互换使用的。

例 8.3.2 用万用表测得某处在放大状态下的晶体管 3 个极对地电位分别为 $U_1 = -7\ \text{V}$，$U_2 = -2\ \text{V}$，$U_3 = -2.7\ \text{V}$，试判断此晶体管的类型和引脚名称。

解 本题依照以下思路分析：

（1）基极一定居于中间电位。

（2）按照 $U_{BE} = 0.2 \sim 0.3\ \text{V}$ 或 $U_{BE} = 0.6 \sim 0.7\ \text{V}$ 可找出发射极 E，并可确定出锗管或硅管。

（3）余下第三脚必为集电极。

（4）若 $U_{CE} > 0$ 为 NPN 型管，$U_{CE} < 0$ 为 PNP 型管。

由以上思路可知：1 脚为集电极，2 脚为发射极，3 脚为基极；管子类型为 PNP 型硅管。

8.3.4 晶体管的参数

晶体管的参数分为直流参数、交流参数和极限参数三大类。

1. 直流参数

1）直流电流放大系数

（1）共发射极直流电流放大系数 $\bar{\beta}$：

$$\bar{\beta} = \frac{I_C - I_{CEO}}{I_B} \approx \frac{I_C}{I_B}\bigg|_{U_{CE}=常数} \tag{8.3.4}$$

$\bar{\beta}$ 在放大区基本不变。在共发射极输出特性曲线上，通过垂直于 x 轴的直线（U_{CE} = 常数）来求 I_C / I_B，见图 8.3.7。

（2）共基极直流电流放大系数 $\bar{\alpha}$：

$$\bar{\alpha} = \frac{I_C - I_{CBO}}{I_E} \approx \frac{I_C}{I_E}\bigg|_{U_{CB}=常数} \tag{8.3.5}$$

$\bar{\alpha}$ 与 $\bar{\beta}$ 之间有如下关系

$$\bar{\alpha} \approx \frac{I_C}{I_E} = \frac{\bar{\beta} I_B}{(1+\bar{\beta}) I_B} = \frac{\bar{\beta}}{1+\bar{\beta}} \tag{8.3.6}$$

2）极间反向电流

（1）集电极-基极间反向饱和电流 I_{CBO}。I_{CBO} 的下标 CB 代表集电极和基极，O 是 Open 的字头，代表第三个电极 E 开路。它相当于集电结的反向饱和电流。

（2）集电极-发射极间的反向饱和电流 I_{CEO}。I_{CEO} 和 I_{CBO} 有如下关系

$$I_{CEO} = (1+\bar{\beta}) I_{CBO} \tag{8.3.7}$$

I_{CEO} 相当基极开路时，集电极和发射极间的反向饱和电流，即输出特性曲线 $I_B = 0$ 那条曲线所对应的 Y 坐标的 I_C 数值。此时，从集电区漂移到基区的空穴，被基区等量的电子复合，才能保证 $I_B = 0$。I_{CEO} 在输出特性曲线上的位置见图 8.3.8。

I_{CBO} 这个参数受温度的影响很大，当温度上升时，I_{CBO} 会很快增加，I_{CEO} 也随之增加，输

出特性曲线会明显上移，这说明晶体管的温度稳定性较差。目前硅晶体管的 I_{CEO} 在 10 nA 到几微安，锗晶体管的 I_{CEO} 在几微安到几毫安。

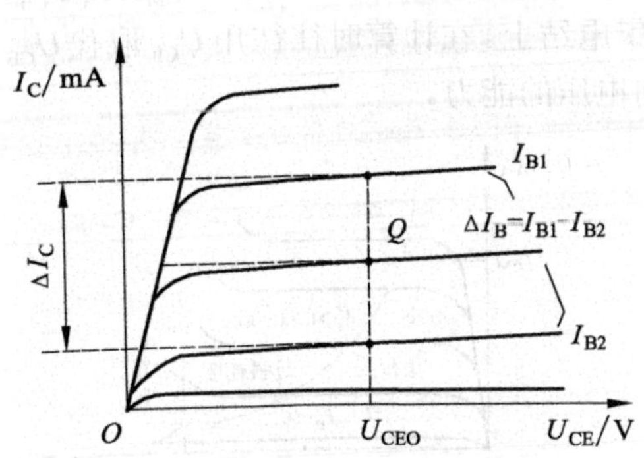

图 8.3.7　在输出特性曲线上求 $\bar{\beta}$ 和 β

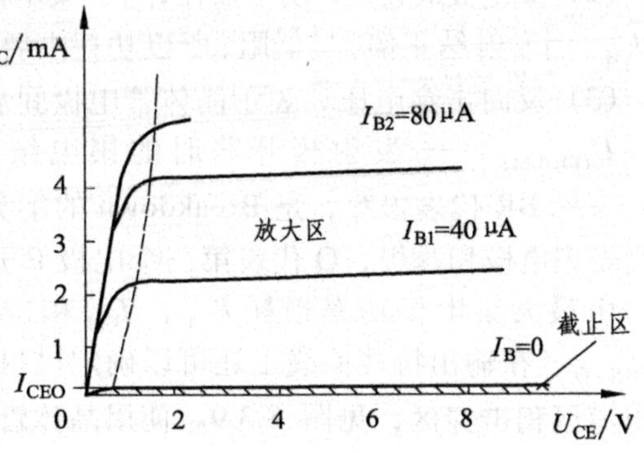

图 8.3.8　I_{CEO} 在输出特性曲线上的位置

2. 交流参数

1）交流电流放大系数

(1) 共发射极交流电流放大系数 β：

$$\beta=\left.\frac{\Delta I_C}{\Delta I_B}\right|_{U_{CE}=\text{常数}} \tag{8.3.8}$$

在放大区，β 值基本不变，可在共射接法输出特性曲线上，通过垂直于 X 轴的直线求取 $\Delta I_C/\Delta I_B$，具体方法见图 8.3.7。

(2) 共基极交流电流放大系数 α：

$$\alpha=\left.\frac{\Delta I_C}{\Delta I_E}\right|_{U_{CB}=\text{常数}} \tag{8.3.9}$$

当 I_{CBO} 和 I_{CEO} 很小时，$\bar{\alpha}\approx\alpha$，$\bar{\beta}\approx\beta$，可以不加区分。

2）频率参数

(1) 特征频率 f_T。晶体管的 β 值不仅与工作电流有关，而且与工作频率有关。当信号频率增加时，晶体管的 β 将会下降。当 β 下降到 1 时所对应的频率称为特征频率 f_T。

(2) 共射截止频率 f_β。当工作频率增加时，处于中、低频段的 $\beta=\beta_o$ 不下降，但频率进一步增加达到高频段时，β 将会下降。当 β 下降到 β_o 的 70% 时，此时对应的频率称为共射截止频率 f_β。当 $f=f_\beta$ 时，$\beta=\beta_o/\sqrt{2}$。

(3) 共基截止频率 f_α。当 α 下降到中频时 α_o 的 70% 时，此时对应的频率称为共基截止频率 f_α。

(4) 特征频率、共射截止频率和共基截止频率三者之间大致符合如下规律

$$f_\alpha\approx f_T=\beta_o f_\beta \tag{8.3.10}$$

3. 极限参数

(1) 集电极最大允许电流 I_{CM}。当集电极电流增加时，β 就会下降，当 β 值下降到线性

放大区 β 值的 70%～30% 时，所对应的集电极电流称为集电极最大允许电流 I_{CM}。当 $I_C > I_{CM}$ 时，并不表示晶体管会损坏，但电流放大能力减弱。

（2）集电极最大允许功率损耗 P_{CM}。集电极电流通过集电结时所产生的功耗，$P_{CM} = I_C U_{CB} \approx I_C U_{CE}$，因发射结正偏，呈低阻，所以功耗主要集中在集电结上。在计算时往往用 U_{CE} 取代 U_{CB}。

（3）反向击穿电压。表示晶体管电极间承受反向电压的能力。

$U_{(BR)CBO}$ —— 发射极开路时的集电结击穿电压。下标 BR 代表击穿，是 Breakdown 的字头；C，B 代表集电极和基极；O 代表第三个电极 E 开路。

由最大集电极功率损耗 P_{CM}，I_{CM} 和击穿电压 $U_{(BR)CEO}$，在输出特性曲线上还可以确定过损耗区、过电流区和击穿区，见图 8.3.9。使用晶体管时，应避免使其进入上述 3 个区域，保证其工作在安全工作区。表 8.3.1 列出了双极型晶体管的参数。

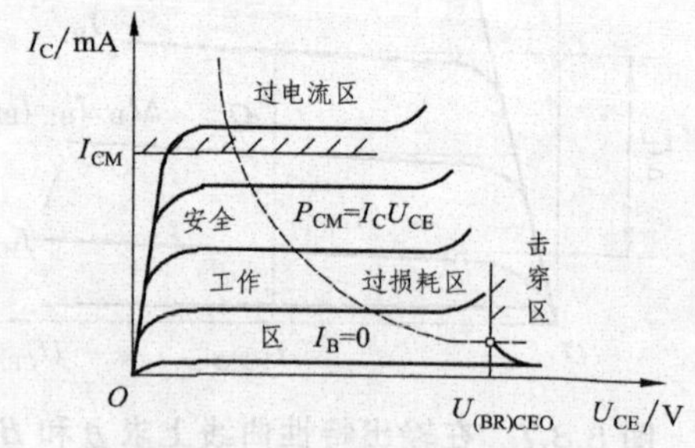

图 8.3.9 过损耗区和击穿区

表 8.3.1 双极型晶体管的参数

型号	P_{CM}/mW	I_{CM}/mA	$U_{(BR)CBO}$/V	$U_{(BR)CEO}$/V	$U_{(BR)EBO}$/V	I_{CBO}/μA	f_T/MHz
3AX31D	125	125	20	12		≤6	$f_\beta \geq 8$
3BX31C	125	125	40	24		≤6	$f_\beta \geq 8$
3CG101C	100	30	45			0.1	100
3DG123C	500	50	40	30		0.35	
3DD101D	50 W	5 A	300	250	4	<2 mA	
3DK100B	100 W	30 A	25	15		≤0.1	300
3DKG23	250 W	30 A	400	325			8

8.3.5 复合管

复合管就是把两只或多只晶体管的电极通过适当连接，作为一只管子来使用，各种不同连接方式的复合管见图 8.3.10。

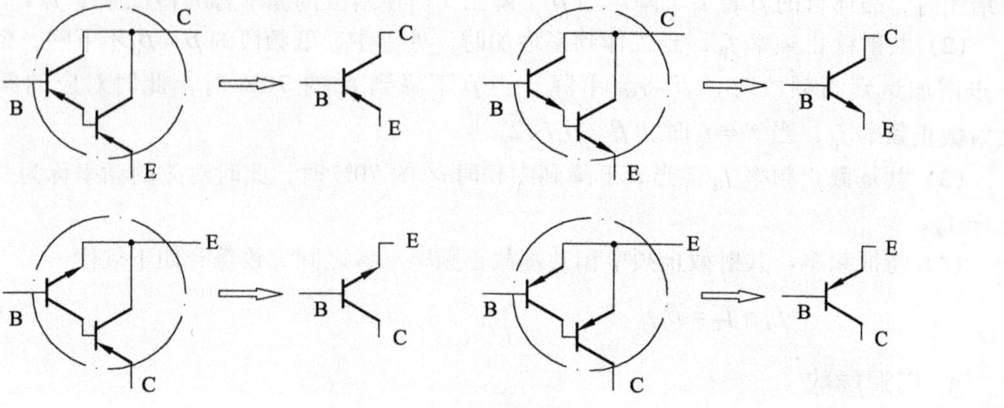

图 8.3.10 复合管的组成

注意：

（1）复合管的等效管型由第一只管的管型确定。

（2）在组合成复合管时，管子的各极电流必须畅通。

8.3.6 晶体管的封装

二极管和晶体管的封装种类繁多，半导体封装主要有玻璃或陶瓷封装、塑料封装、金属外壳封装等。玻璃或陶瓷封装主要用于小功率半导体二极管；塑料封装用于小功率和中、大功率的二极管和晶体管；金属封装用于各种功率等级的二极管和晶体管。它们的外形见图 8.3.11。目前中、小功率二极管和晶体管主要采用表面贴装元器件。

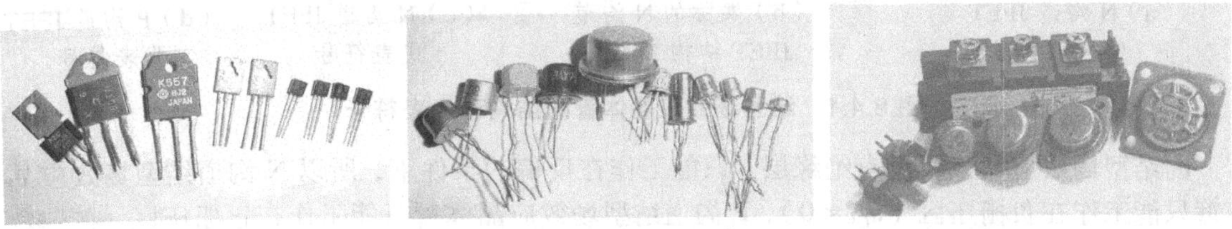

（a）塑料封装晶体管　　（b）金属圆壳封装晶体管　　（c）大功率晶体管

图 8.3.11　各种封装的晶体管器件

8.4 场效应晶体管

场效应晶体管是一种电压控制的单极型[仅有一种载流子（电子或空穴）参与导电]半导体器件，是一种用输入电压控制输出电流的半导体器件，它的输出电流决定于输入信号电压的大小，输入电阻可高达 $10^9 \sim 10^{14}\ \Omega$。普通双极型晶体管是电流控制器件，需要信号源提供一定的电流才能工作，因而其输入电阻仅有 $10^2 \sim 10^4\ \Omega$。此外，场效应管还有噪声低、热稳定性好、抗辐射能力强、耗电少等优点，因此被广泛地应用于各种电子线路中。

从参与导电的载流子来划分，有电子作为载流子的 N 沟道器件和空穴作为载流子的 P 沟道器件。从场效应晶体管的结构来划分，有结型场效应晶体管（Junction Field Effect Transistor JFET）和绝缘栅型场效应晶体管（Insulated Gate Field Effect Transistor IGFET）。IGFET 也称金属-氧化物-半导体晶体管（Metal Oxide Semiconductor FET MOSFET）。绝缘栅场效应管由于在制作上比较简单，因此，大量地应用于集成电路的制造中。

8.4.1 结型场效应晶体管

1. 结型场效应晶体管的结构

结型场效应晶体管又称 J 型管，J 型管的结构和代表符号如图 8.4.1 所示。结型场效应晶体管是在一块 N 型硅半导体两侧制作两个 P 区形成两个 PN 结，即耗尽层。夹在两个 PN 结中间的 N 区是载流子（电子）定向运动形成电流的通道，称为 N 型导电沟道。从 N 型半导体上下两端各引出一个电极，分别称为漏极 D 和源极 S。两侧 P 型半导体连在一起引出的电极称为栅极 G。漏极 D 相当于双极型晶体管的集电极，栅极 G 相当于晶体管的基极，源极 S 相当于晶体管的发射极。

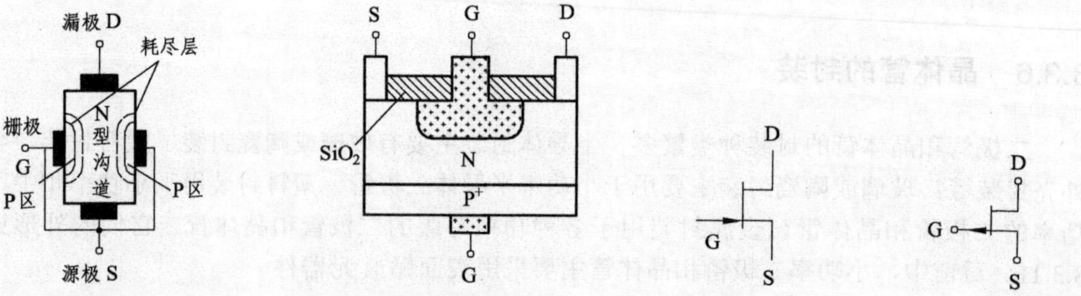

（a）N 沟道 JFET 结构示意图　（b）实际的 N 沟道 JFET 结构剖面图　（c）N 沟道 JFET 代表符号　（d）P 沟道 JFET 代表符号

图 8.4.1　结型场效应晶体管的结构和代表符号

因结型场效应晶体管没有绝缘层，只能工作在反偏的条件下，所以 N 沟道结型场效应晶体管只能工作在负栅压区（$u_{GS}<0$），P 沟道结型场效应晶体管只能工作在正栅压区。在一定的漏源电压 u_{DS} 作用下，漏极电流 i_D 的大小随栅-源极之间反向电压 u_{GS} 的大小而变化，因此改变 u_{GS} 的大小可控制 i_D 的大小。

2. 结型场效应晶体管的特性曲线

1）输出特性曲线

场效应晶体管的输出特性是指在不同定值栅源电压 u_{GS} 的情况下，漏极电流 i_D 与漏源电压 u_{DS} 之间的关系曲线族，即

$$i_D = f(u_{DS})\big|_{U_{GS}=\text{常数}} \tag{8.4.1}$$

通常根据场效应晶体管工作状态的不同，可把输出特性曲线分为 4 个工作区，即可变电阻区、放大区、击穿区和截止区，见图 8.4.2（a）。

(1) 可变电阻区。场效应晶体管工作在可变电阻区时，由于漏源电压 u_{DS} 较小，i_D 近似随 u_{DS} 线性变化，而沟道电阻则主要受 u_{GS} 的控制。即在此区域中，场效应晶体管可视为一个受 u_{GS} 控制的可变电阻，称为可变电阻区。

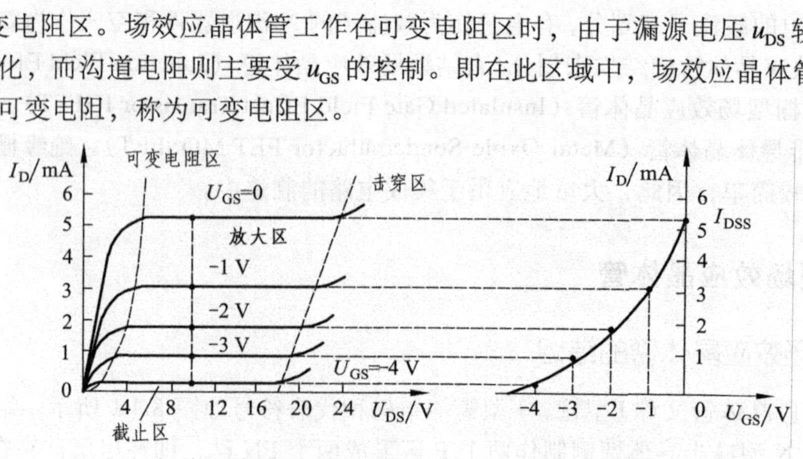

（a）输出特性曲线　（b）转移特性曲线

图 8.4.2　N 沟道结型场效应晶体管的特性曲线

(2) 线性放大区。特性曲线趋于水平，i_D 受控于 u_{GS}，而几乎与 u_{DS} 无关，这与普通的双极型晶体管输出特性的放大区中，曲线趋于水平，i_C 受控于 i_B 而与 u_{CE} 无关的情况相似。因此称场效应晶体管输出特性的这一区域称为线性放大区。

(3) 击穿区。当漏源电压 u_{DS} 超过 PN 结所能承受的反向电压时，发生击穿现象。这时漏极电流 i_D 迅速上升，场效应晶体管进入击穿区。

(4) 截止区。当栅源电压 $u_{GS} \leqslant U_P$（夹断电压）时，导电沟道完全被夹断，$i_D \approx 0$，管子进入截止区。

2）转移特性曲线

转移特性曲线是用来表示输入电压 u_{GS} 对输出电流 i_D 的控制作用。它是在漏源电压 u_{DS} 固定于某一合适值的条件下，描述漏极电流 i_D 与栅源电压 u_{GS} 的关系曲线，其函数关系式为

$$i_D = f(u_{GS})\big|_{U_{DS}=\text{常数}} \tag{8.4.2}$$

图 8.4.2（b）表示某一 N 沟道结型场效应晶体管，当 $u_{DS}=10$ V 时的转移特性曲线，该曲线可以用实验方法测出，也可以从输出特性曲线用作图法转移而得。对于结型场效应晶体管的转移特性曲线，可近似地用下列数学公式表示

$$i_D = I_{DSS}\left(1-\frac{U_{GS}}{U_P}\right)^2 \tag{8.4.3}$$

式中，I_{DSS} 是在 $u_{GS}=0$，$u_{DS} \geqslant U_P$ 时的漏极电流，称为饱和漏极电流；U_P 为夹断电压。

8.4.2 绝缘栅场效应晶体管

最常用的绝缘栅场效应晶体管为金属-氧化物-半导体场效应管，简称为 MOS（Metal Oxide Semiconductor）场效应管。绝缘栅场效应晶体管按其工作状态可以分为增强型和耗尽型两类，而每类又有 N 沟道和 P 沟道之分。下面以 N 沟道为例，简单说明绝缘栅场效应晶体管的工作情况。

1. N 沟道增强型绝缘栅场效应晶体管

1）结　构

N 沟道增强型 MOSFET 基本上是一种左右对称的结构，见图 8.4.3（a），它是在 P 型半导体上生成一层 SiO_2 薄膜绝缘层，然后用光刻工艺在 SiO_2 上刻两个孔，然后在孔的位置扩散两个高掺杂的 N 型区，从 N 型区引出电极，一个是漏极 D，一个是源极 S。在源极和漏极之间的绝缘层上镀一层金属铝作为栅极 G。P 型半导体称为衬底，用符号 B 表示。这种场效应晶体管栅极与各电极之间是绝缘的，因此称为绝缘栅场效应晶体管，由于它是由金属、氧化物和半导体所组成，所以又称金属-氧化物-半导体场效应晶体管。N 沟道增强型 MOS 管只有当 $u_{GS} > U_T$（开启电压）后才会出现漏极电流，这种 MOS 管称为增强型 MOS 晶体管，其图形符号见图 8.4.3（b）。

2）输出特性曲线和转移特性曲线

输出特性曲线是当 $u_{GS} > U_T$，且固定为某一值时，漏极电流 i_D 与漏源电压 u_{DS} 之间的关系曲线族，这一关系曲线见图 8.4.3（c）。输出特性曲线 i_D 起始上升部分称为可变电阻区，相当于双极型晶体管的饱和区；中间 i_D 平行的区域称为恒流区或饱和区，相当于双极型晶体管的

放大区；右侧曲线上翘的部分为击穿区。

转移特性曲线是 u_{GS} 对漏极电流的控制关系的曲线描述，见图 8.4.3（d）。转移特性曲线可由输出特性曲线求出。转移特性曲线的斜率 g_m 的大小反映了栅源电压对漏极电流的控制作用，所以 g_m 也称为跨导，单位为 mA/V（mS，毫西门子）。显然，跨导是对应转移特性曲线上某一点上的动态参数，且有

$$g_m = \left.\frac{\Delta I_D}{\Delta U_{GS}}\right|_{U_{DS}=\text{常数}} \tag{8.4.4}$$

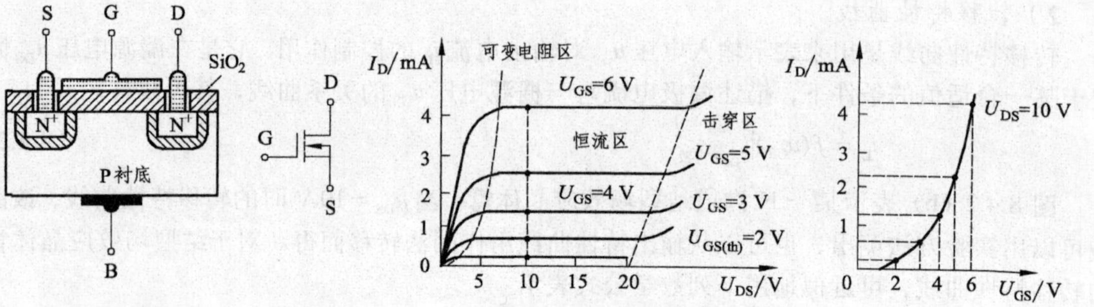

（a）结构示意图　（b）图形符号　（c）输出特性曲线　（d）转移特性曲线

图 8.4.3　N 沟道增强型绝缘栅场效应晶体管

3）P 沟道增强型绝缘栅场效应晶体管

P 沟道增强型绝缘栅场效应晶体管是由 N 型硅作为衬底，扩散两个 P 型区作为漏极和源极而构成，它的工作原理与 N 沟道相似，只是要调换电源的极性。

2. N 沟道耗尽型绝缘栅场效应晶体管

1）结　构

N 沟道耗尽型 MOS 晶体管的结构与 N 沟道增强型 MOS 晶体管的结构基本相似，只是在 SiO_2 绝缘层中掺入了大量正离子。这些正离子对 P 型衬底中的电子具有吸引力，这些电子被吸引到栅极下方，形成一 N 型薄层，在漏极和源极间形成原始导电沟道。这种有原始导电沟道的管子，称为 N 沟道耗尽型绝缘栅场效应晶体管。它的结构示意图与图形符号见图 8.4.4 (a)。

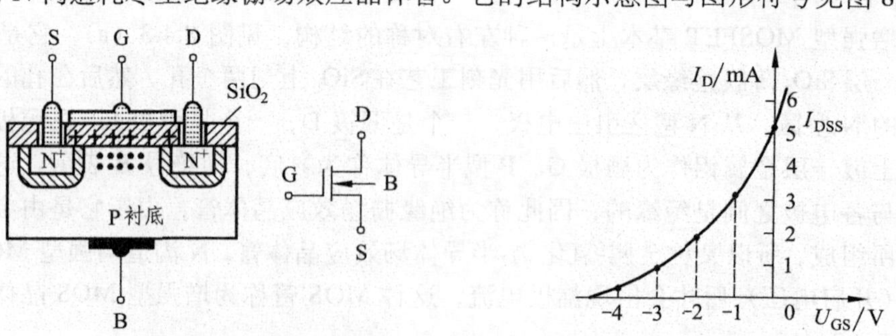

（a）结构示意图与图形符号　（b）转移特性曲线

图 8.4.4　N 沟道耗尽型 MOSFET 的结构和转移特性曲线

2）转移特性曲线和输出特性曲线

耗尽型绝缘栅场效应晶体管不论栅极偏置于正、负或零，栅压都能控制 i_D，这一特点使

它的应用具有更大的灵活性。一般情况下，这类管子还是工作在负栅压状态，这时要根据不同 I_{DSS} 和 U_P（负值）来选用耗尽型管。耗尽型晶体管的转移特性曲线见图 8.4.4（b）。转移特性曲线的形状和结型场效应管基本一致，只是在 $u_{GS}>0$ 时，仍有控制作用。N 沟道耗尽型 MOSFET 在饱和区的转移特性曲线可用式（8.4.3）表示。

3）P 沟道耗尽型绝缘栅场效应晶体管

P 沟道耗尽型 MOSFET 的工作原理与 N 沟道耗尽型 MOSFET 相似，只不过导电的载流子不同，供电电压极性不同而已。不同之处在于 SiO_2 绝缘层中掺有负离子，因而具有原始沟道。这如同双极型晶体管有 NPN 型和 PNP 型一样。

3. VMOS 场效应晶体管

以上所述的各类传统的 MOS 管属于横向导电型结构，其导电沟道是横向的，而且紧靠在衬底表面，漏区所占面积很小，管子工作时，要散发大量的热量是十分困难的，因而这类管子不能输出较大的功率。工作频率和开关速度也受到一不定期的限制。为了提高 MOS 管的输出功率、工作频率和开关速度，广泛采用一种具有纵向导电型结构的 VMOS 场效应晶体管，又称 VMOS 场效应晶体管。VMOS 场效应管和传统的 MOS 管一样，可以分为 N 沟道增强型、N 沟道耗尽型、P 沟道增强型和 P 沟道耗尽型 4 种。

8.4.3 场效应晶体管的主要参数

结型场效应晶体管和绝缘栅场效应晶体管的主要参数基本相同。需要注意的是，结型场效应晶体管和耗尽型 MOS 晶体管用夹断电压 U_P，而增强型 MOS 晶体管用开启电压 U_T 来表征管子的特性。

（1）夹断电压 U_P。在 u_{DS} 为某一固定值（通常为 10 V）的条件下，使 i_D 等于某一微小电流（通常小于 50 μA）时，栅-源极间所加的偏压 u_{GS} 就是夹断电压 U_P。增强型 MOS 晶体管无此参数。

（2）开启电压 U_T。在 u_{DS} 为某一固定值的条件下，使沟道可以将漏极和源极连接起来的最小的 u_{GS} 就是 U_T。此参数仅适合于增强型 MOS 晶体管。

（3）饱和漏极电流 I_{DSS}。在 $u_{GS}=0$ 的条件下，漏源电压 $|u_{DS}|$ 大于夹断电压 $|U_P|$ 时的漏极电流称为 I_{DSS}。增强型 MOS 晶体管无此参数。

（4）栅源直流输入电阻 r_{GS}。即在栅极源极之间加的电压（通常 $u_{GS}=10$ V）与栅极电流之比。场效应晶体管的直流输入电阻 r_{GS} 均很大。

（5）低频跨导 g_m。在 u_{DS} 为某一固定数值（通常为 10 V）的条件下，漏极电流的微变量和引起这个变化的栅源电压微变量之比称为跨导。它的大小就是转移特性曲线在工作点上的斜率，g_m 的大小与管子工作点的位置有关。

8.4.4 双极型晶体管和场效应型晶体管的性能比较

双极型晶体管和场效应晶体管性能的比较见表 8.4.1。各类场效应晶体管的特性曲线见图 8.4.5。

表 8.4.1　双极型晶体管和场效应晶体管性能的比较

项目 \ 类型	双极型晶体管	场效应晶体管
结　构	NPN 型 PNP 型	结型 N 沟道、P 沟道 绝缘栅增强型 N 沟道、P 沟道 绝缘栅耗尽型 N 沟道、P 沟道
电极倒置	C，E 一般不可倒置使用	D，S 一般可倒置使用
载流子	多子扩散、少子漂移	多子漂移
输入量	电流输入	电压输入
控　制	电流控制电流源 CCCS（β）	电压控制电流源 VCCS（g_m）
噪　声	较大	较小
温度特性	受温度影响较大	较小，并有零温度系数点
输入电阻	几十欧到几千欧	几兆欧以上
静电影响	不易受静电影响	易受静电影响
集成工艺	不易大规模集成	适宜大规模和超大规模集成
大电流特性	好	次之

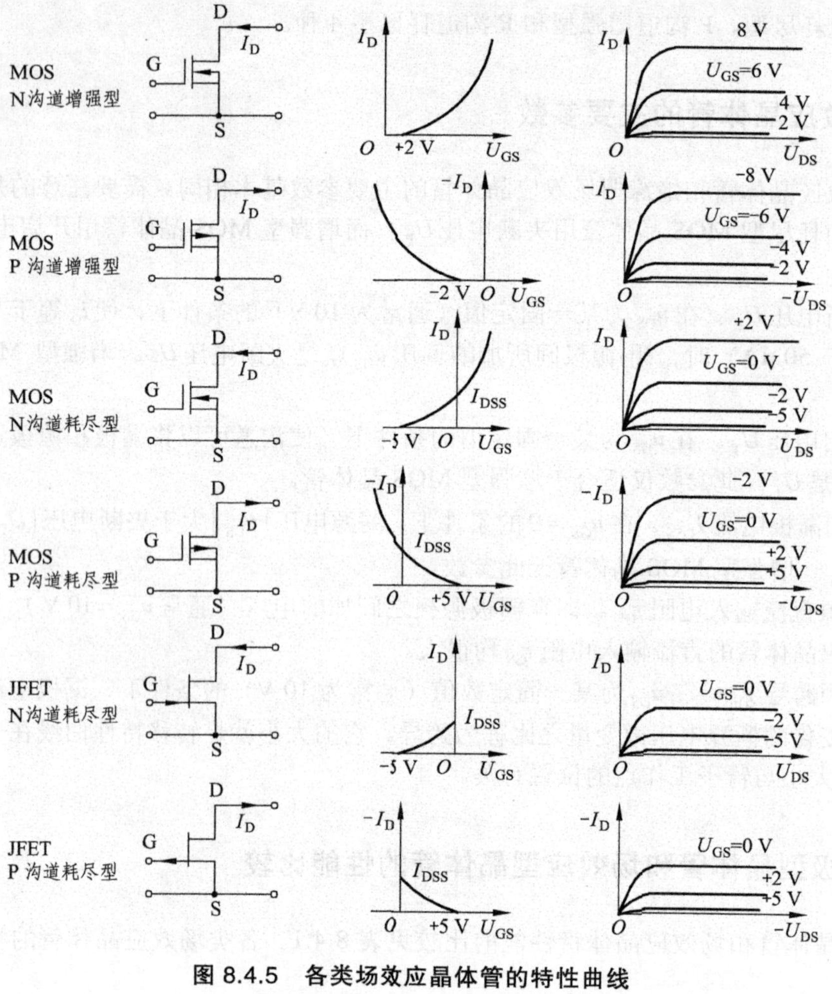

图 8.4.5　各类场效应晶体管的特性曲线

8.4.5 场效应晶体管使用注意事项

场效应晶体管在使用时，除了注意不要超过它的极限参数（最大漏源电流 I_{DSM}、最大耗散功率 P_{DM}、漏源击穿电压 U_{DS}、栅源击穿电压 U_{GS} 等）之外，对于绝缘栅场效应晶体管还应注意由于感应电压过高而造成击穿的问题。

绝缘栅场效应晶体管输入电阻很高，所以在栅极感应出来的电荷就很难通过这个电阻泄漏掉。电荷的积累造成了电压的升高。特别是由于极间电容很小，栅极上感应出少量的电荷就会使它出现很高的电压（$U = q/C$），可以造成栅极氧化层击穿而损坏管子。为此，在测量和使用时，必须始终保持栅极源极之间有一定的直流通路，不准用万用表的欧姆挡定性地测试 MOS 管。保存这类管子时，应将各电极短路；在焊接时，最好将 3 个电极用导线捆绕短路，并顺着源极、栅极的次序焊在电路上。电烙铁或测试仪表与场效应晶体管接触时，均应事先接地。

小　结

（1）双极型半导体器件的特点是有两种载流子（自由电子和空穴）同时参与导电。PN 结是组成双极型半导体的基础。PN 结的特点是具有单向导电特性，即外加正偏置电压时，正向电流较大，称之为导通状态；外加反向偏置电压时，反向电流极小，称之为截止状态。

（2）半导体二极管是利用 PN 结的单向导电特性制成的。由于半导体二极管的伏安特性是非线性曲线，所以二极管是非线性电子元件。

（3）双极型晶体管是一种电流控制器件（基极电流控制集电极电流），它具有电流放大作用。晶体管有两个 PN 结：发射结和集电结；有 3 种工作状态：放大、截止和饱和。晶体管工作在放大区的基本条件为：发射结加正向偏置电压，集电结加反向偏置电压。当晶体管分别工作在截止和饱和状态时，常称之为晶体管的开关工作状态。晶体管的输入输出伏安特性曲线均为非线性曲线，所以晶体管是非线性电子元件。

（4）场效应晶体管是电压控制的单极型半导体器件，即由栅源电压 u_{GS} 控制漏极电流 i_D，导电沟道中只有一种载流子参与导电。场效应晶体管的输入电阻很高，栅极电流 $i_G \approx 0$。

习　题

8.1　在题 8.1 图所示的两个电路中，已知 $u_i = 30\sin(\omega t)$ V，二极管的正向压降可忽略不计，试画出输出电压 u_o 的波形。

8.2　计算题 8.2 图所示电路中流过二极管的电流 I_D，设二极管导通时的正向压降 $U_D = 0.7$ V。

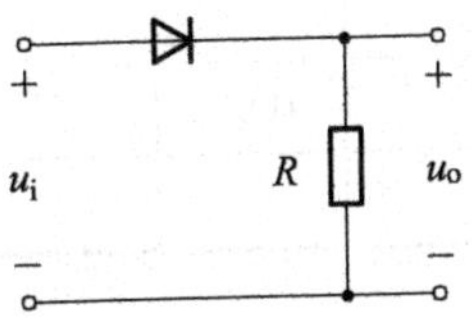

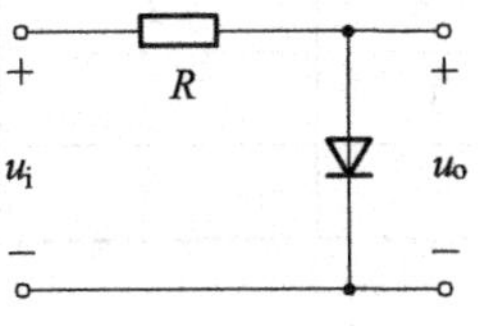

题 8.1 图

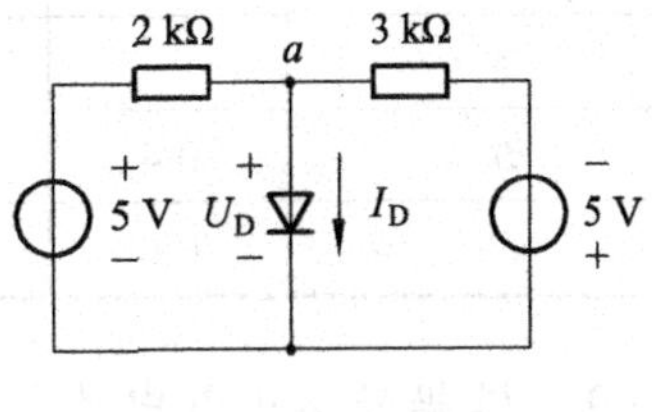

题 8.2 图

8.3　试分析题 8.3 图电路中，电位器可以调节的输出端对地的电压范围。设二极管导通时的正向压降 $U_D = 0.7$ V。

8.4　在题 8.4 图所示电路中，试求下列几种情况下输出端电位 U_Y 及各元件中通过的电流（设二极管的正向电阻为零，反向电阻为无穷大）。（1）$U_A = 0$ V，$U_B = 0$ V；（2）$U_A = 0$ V，$U_B = 10$ V；（3）$U_A = 10$ V，$U_B = 0$ V；（4）$U_A = 10$ V，$U_B = 10$ V。

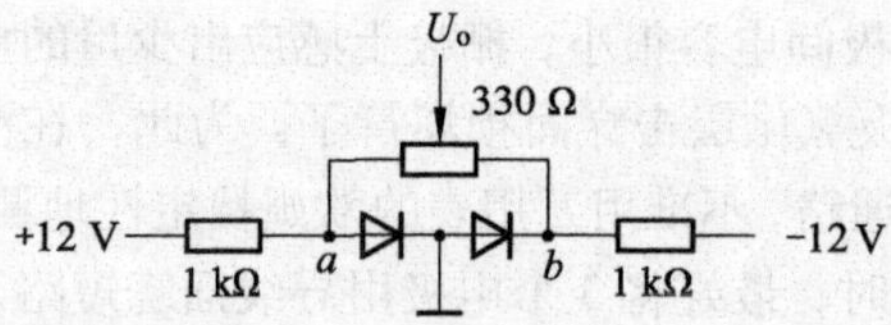

题 8.3 图

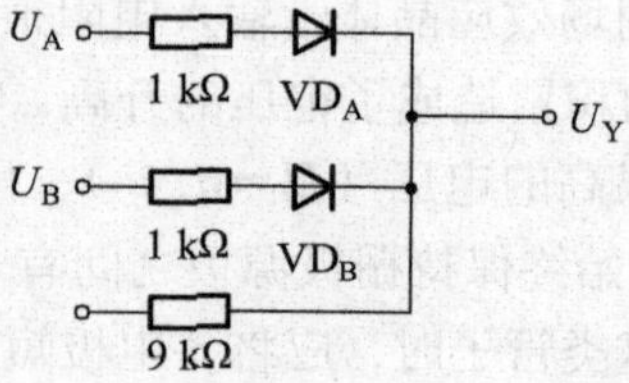

题 8.4 图

8.5　如题 8.5 图所示电路中，VS_1 和 VS_2 为稳压二极管，其稳定工作电压分别为 7 V 和 6 V，且具有理想的特性。试求输出电压 U_o；若将 VS_1 反接，输出电压 U_o 又等于多少？

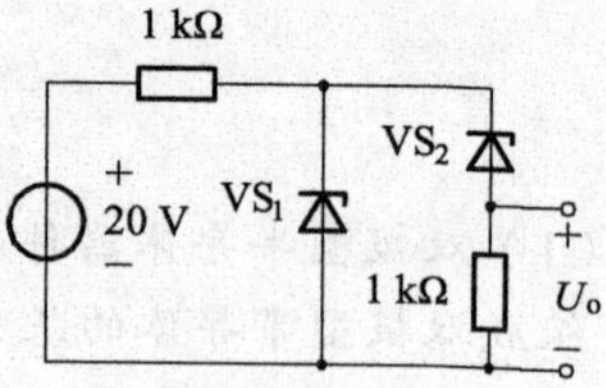

题 8.5 图

8.6　设硅稳压管 VS_1 和 VS_2 的稳定电压分别为 5 V 和 10 V，求题 8.6 图中各电路的输出电压 U_o。已知稳压管的正向压降为 0.7 V。

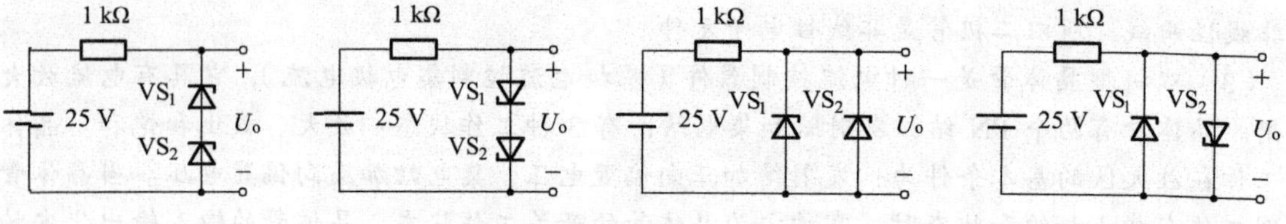

（a）　（b）　（c）　（d）

题 8.6 图

8.7　设某晶体管 3 个极的电位分别为 $V_E = -13$ V，$V_B = -12.3$ V，$V_C = -6.5$ V，试判断此晶体管的类型。

8.8　有 3 只晶体管 *A*，*B*，*C*，测得各管的有关参数与电流如题 8.8 表所示，试填写表中空白的栏目。

题 8.8 表

电流参数 / 管号	i_E /mA	i_C /mA	i_B /μA	I_{CBO} /μA	I_{CEO} /μA	$\bar{\alpha}$	$\bar{\beta}$
A		0.982	18	2			
B	0.4		3			0.99	
C	0.6	0.571			19		

8.9　根据题 8.9 图中已标出的各晶体管电极的电位，判断处于饱和状态的晶体管是（　　）。

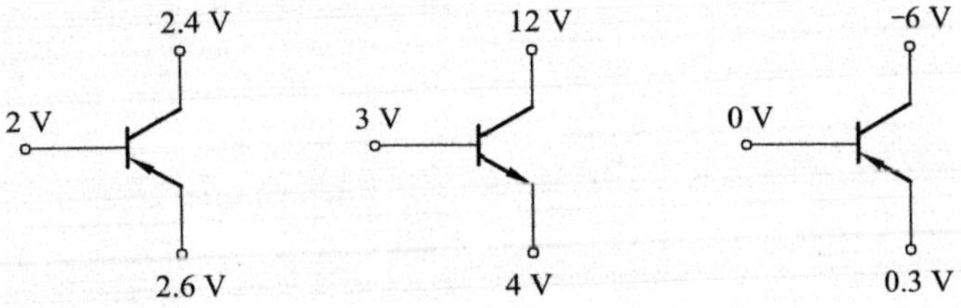

题 8.9 图

8.10　场效应晶体管的工作原理和双极型晶体管有什么不同？

8.11　放大电路如题 8.11 图所示，设晶体管 $\beta = 50$，$R_c = 1.5\ \text{k}\Omega$，$U_{BE} = 0.6\ \text{V}$，为使电路在可变电阻 $R_P = 0$ 时，晶体管刚好进入饱和状态，电阻 R 应取多少？

8.12　说明场效应晶体管的夹断电压 U_P 和开启电压 U_T 的意义。试画出下列 6 种类型场效应晶体管的转移特性曲线，并总结出何者具有夹断电压，何者具有开启电压以及它们的正负。（1）N 沟道结型；（2）P 沟道结型；（3）N 沟道绝缘栅增强型；（4）N 沟道绝缘栅耗尽型；（5）P 沟道绝缘栅增强型；（6）P 沟道绝缘栅耗尽型。

8.13　已知 3DOIE 型耗尽型 MOS 晶体管的夹断电压 $U_P = -2.5\ \text{V}$，饱和漏极电流 $I_{DSS} = 0.5\ \text{mA}$，试求 $U_{GS} = -1\ \text{V}$ 的漏极电流 I_D。

8.14　从题 8.14 图场效应晶体管的转移性曲线上可知，在保持 $u_{DS} = 10\ \text{V}$ 的情况下，u_{GS} 从 − 1 V 变化到 − 2 V 时，i_D 相应从 2 mA 变化到 0.8 mA，试问该管子的跨导 g_m 等于多少？

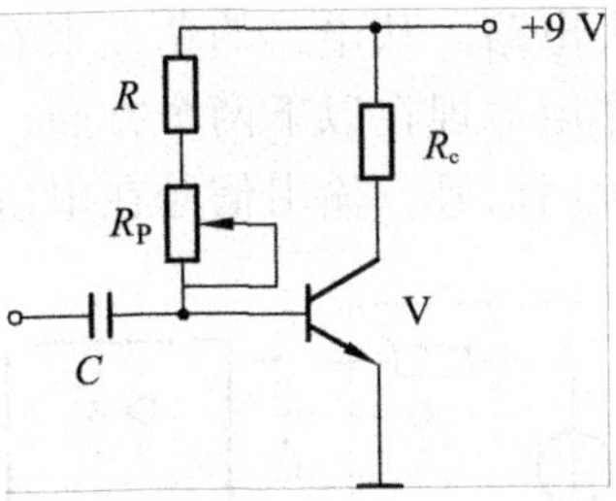

题 8.11 图

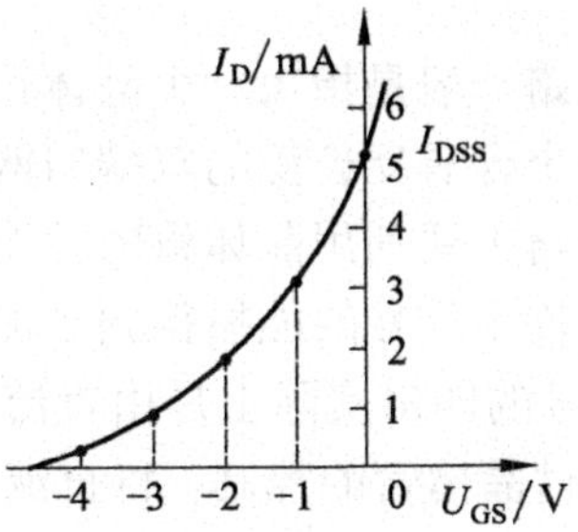

题 8.14 图

第 9 章

基本放大电路

提　要　本章介绍晶体管组成的基本放大电路的工作原理、直流和交流分析、放大电路的技术指标和 3 种组态放大电路的基本特性。

9.1　放大电路的基本概念和工作原理

基本放大电路是放大电路中最基本的结构，是构成复杂放大电路的基本单元。它利用双极型晶体管输入电流控制输出电流的特性，实现信号的放大。

9.1.1　放大的概念和主要技术指标

基本放大电路一般是指由一个晶体管组成的放大电路。从电路的角度来看，可以将基本放大电路看成一个含有受控源的双端口网络。它的作用体现在以下两个方面：

(1) 放大电路主要利用晶体管的控制作用放大微弱信号，输出信号在电压或电流的幅度上得到了放大，输出信号的能量得到了加强。

(2) 输出信号的能量实际上是由直流电源提供的，只是经过晶体管的控制，将直流电源的能量转换成信号能量，提供给负载。

放大电路的结构示意图见图 9.1.1。放大电路的性能用其技术指标来衡量，作为双端口网络的放大电路，其技术指标主要体现在双端口网络的两个端口上的电压和电流之间的关系上。主要技术指标如下。

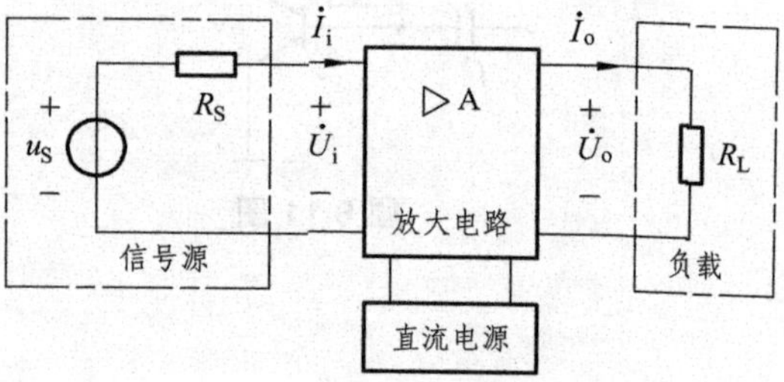

图 9.1.1　放大电路结构示意图

1. 放大倍数（增益）

输出信号的电压和电流幅度得到了放大，所以输出功率也会有所放大。对放大电路而言，有电压放大倍数、电流放大倍数和功率放大倍数，它们通常都是按正弦量定义的。之所以按正弦量定义，是因为正弦量便于测量；其次作为放大，输出信号应该与输入信号一样，不产生失真，一个任意形状的波形放大后判断是否走样（失真）比较困难，而正弦波是否失真，判断起来比较容易。各放大倍数定义式（有关量见图 9.1.1）如下：

电压放大倍数定义为 $\dot{A}_u = \dot{U}_o / \dot{U}_i$ (9.1.1)

电流放大倍数定义为 $\dot{A}_i = \dot{I}_o / \dot{I}_i$ (9.1.2)

功率放大倍数定义为 $A_p = \dfrac{P_o}{P_i} = \dfrac{\dot{U}_o \dot{I}_o}{\dot{U}_i \dot{I}_i}$ (9.1.3)

2. 输入电阻 r_i

输入电阻是表明放大电路从信号源吸取电流大小的参数。r_i 大，则放大电路从信号源吸取的电流小，反之则大。r_i 的定义见图 9.1.2 和式（9.1.4）。

$$r_i = \dot{U}_i / \dot{I}_i \tag{9.1.4}$$

3. 输出电阻 r_o

输出电阻是表明放大电路带负载的能力。r_o 大，表明放大电路带负载的能力差，反之则强。输出电阻的定义是负载开路、输入信号源的激励为零，即 $\dot{U}_S = 0$，但 R_s 保留时，输出端口对应的放大电路的等效交流阻抗。输出电阻的求法见图 9.1.3。

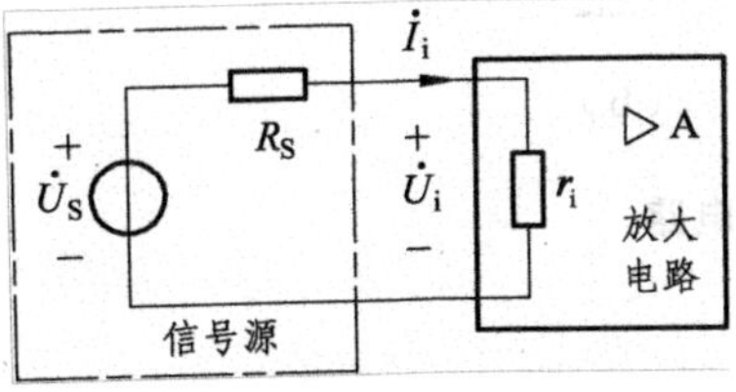

图 9.1.2 输入电阻的定义

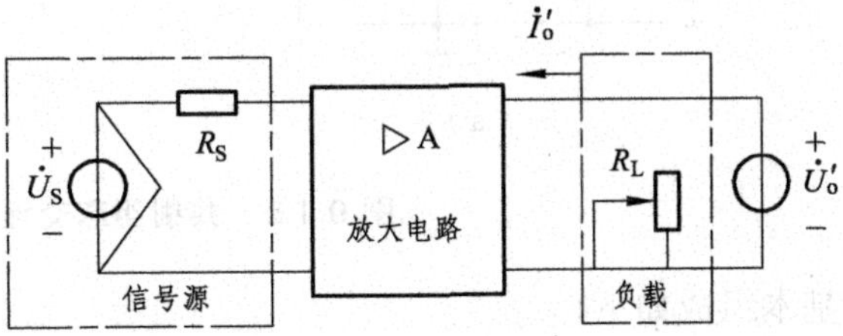

图 9.1.3 输出电阻的求法

图 9.1.3 是从输出端加假想电源 $\dot{U}'_o$ 求 r_o，多用于在后面即将讲到的微变等效电路中求解输出电阻，这种方法相当于电路中求戴维南网络的等效阻抗。

$$r_o = \dot{U}'_o / \dot{I}'_o \tag{9.1.5}$$

应特别注意：放大倍数、输入电阻、输出电阻通常都是在正弦信号下的交流参数，用复数量表示，只有在放大电路处于放大状态且输出不失真或失真很小的条件下才有意义。

4. 通频带

由于放大电路中的电抗性元件和晶体管内部 PN 结的影响，放大电路的增益 $\dot{A}(f)$ 是频率的函数。在低频段和高频段放大倍数通常都要下降。当 $A(f)$ 下降到中频电压放大倍数 A_0 的 $1/\sqrt{2}$ 时，相应的频率 f_L 称为下限截止频率，f_H 称为上限截止频率，见图 9.1.4，通频带 BW（Bande W）定义为

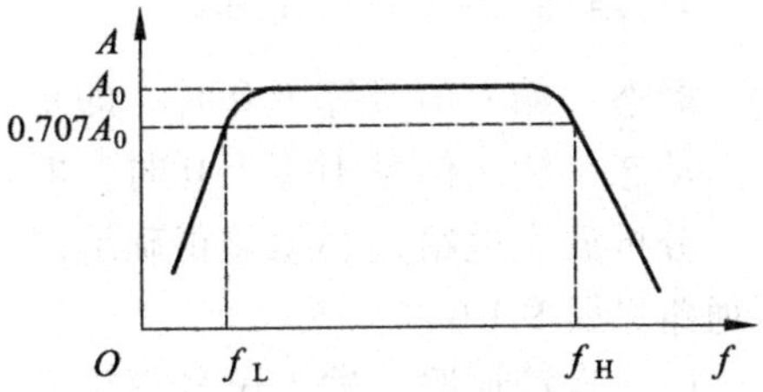

图 9.1.4 通频带的定义

$$BW = f_H \cdot f_L$$

9.1.2 基本放大电路的组成及工作原理

1. 共发射极电压放大电路的组成

共射组态基本放大电路见图 9.1.5。在该电路中，输入信号加在输入端，也就是加在基极和发射极之间，耦合电容器 C_1 对交流信号短路。输出信号从集电极对地取出，经耦合电容器 C_2 隔除直流量，仅将交流信号加到负载电阻 R_L 之上。放大电路的共射组态实际上是指放大电路中的晶体管是共射组态。

图 9.1.5（a）可简化为图 9.1.5（b）：两个电源用一个 E_c，去掉 E_b，R_b 改接由 E_c 供电；公共端接地，设其电位为 0，其他各点电位以它做参考点，因此可不画 E_c，只标出极性和大小。

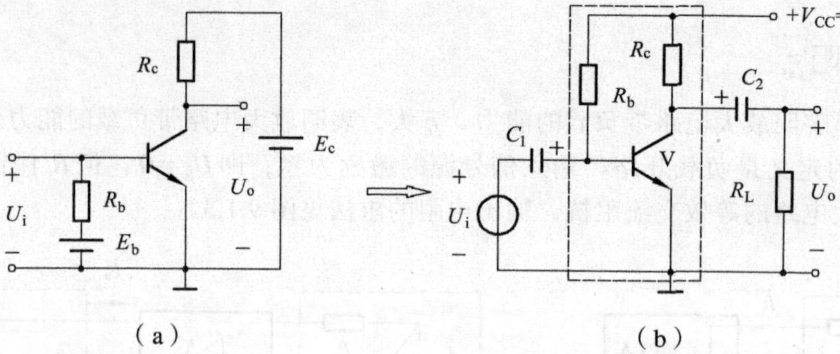

图 9.1.5 共射组态交流基本放大电路

基本组成如下：

晶体管 V——起放大作用，工作在放大状态，在输入信号的控制下，通过晶体管将直流电源的能量转换为输出信号的能量。

负载电阻 R_c，R_L——将变化的集电极电流转换为电压输出。

偏置电路 R_b——提供合适的偏置，保证晶体管工作在线性区，使信号不产生失真。要保证晶体管工作在线性区，即要保证晶体管的发射结正偏，集电结反偏。

耦合电容 C_1，C_2——“隔直通交”。“隔直”作用是利用 C_1，C_2 隔断放大电路与信号源、放大电路与负载之间直流联系，以免其直流工作状态互相影响。“通交”作用就是传送交流信号，即沟通信号源、放大电路和负载三者之间的交流通路。

直流电源 $V_{CC}=E_c$——放大电路提供工作电源，为保证晶体管放大信号提供能量来源。

2. 直流通路和交流通路

静态：输入信号等于 0 时，即 $u_i=0$，放大电路的工作状态，也称直流工作状态。

动态：输入信号不等于 0 时，即 $u_i \neq 0$，放大电路的工作状态，也称交流工作状态。

分析放大电路还必须要正确地区分直流通路和交流通路。基本放大电路的直流通路和交流通路见图 9.1.6。

（1）直流通路。输入信号等于 0 时，耦合电容 C_1，C_2“隔直通交”，隔断放大电路与信号源、放大电路与负载之间的直流联系，即能通过直流的通路，有直流负载电阻 R_c 和 R_b。

（2）交流通路。输入信号不等于 0 时，耦合电容 C_1，C_2“隔直通交”，直流电源和耦合电容对交流相当于短路，沟通信号源、放大电路和负载三者之间的交流通路，有等效的交流负载电阻 $R_c /\!/ R_L$。

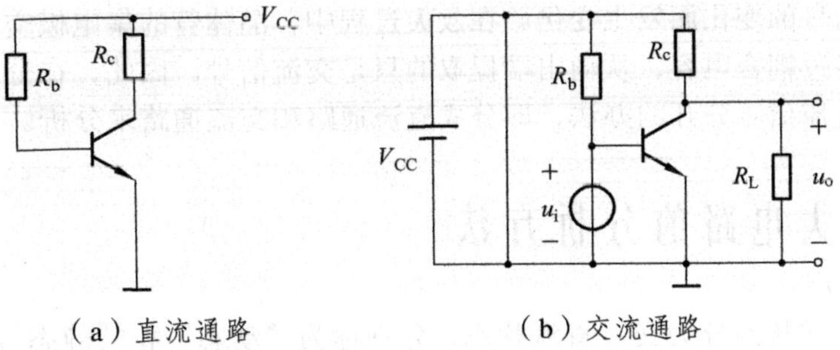

图 9.1.6　基本放大电路的直流通路和交流通路

3. 放大原理

在输入信号为零时，直流电源通过各偏置电阻为晶体管提供直流的基极电流和直流的集电极电流，并在晶体管的 3 个极间形成一定的直流电压降。由于耦合电容的隔直流作用，直流电压无法到达放大电路的输入端和输出端。

当输入交流信号通过耦合电容 C_1 加在晶体管的发射结上时，发射结上的电压变成交、直流的叠加。u_{BE} 代表发射结上的总电压，U_{BE}（或 U_{BEQ}）代表直流量，u_{be} 代表交流量，则

$$u_{BE} = U_{BE} + u_{be}$$

由于 u_{be} 的改变，使基极电流发生改变，从而使集电极电流变化。由于晶体管的电流放大作用，i_c 要比 i_b 大几十倍；集电极 i_c 电流变化，通过 R_c 造成晶体管管压降的改变，u_{CE} 中的交流量 u_{ce} 经过耦合电容 C_2 到达负载电阻 R_L，也就是输出电压。这些电压和电流的波形见图 9.1.7。

$$i_B = I_B + i_b\,,\qquad i_C = I_C + i_c\,,\qquad u_{CE} = U_{CE} + u_{ce}$$

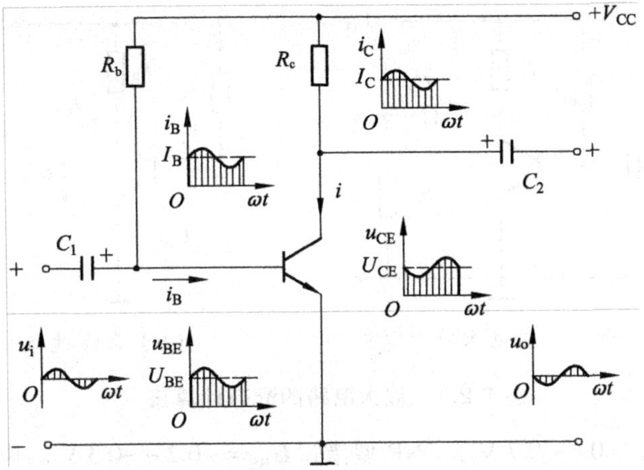

图 9.1.7　放大电路中交流和直流的叠加

一般来说，只要电路参数设置合适，输出电压可以比输入电压高许多倍，完成电路的放大作用。上述过程可以简单表示如下

$$u_i \xrightarrow{C_1} u_{be} \longrightarrow i_b \xrightarrow{\beta} i_c \xrightarrow{R'_L} u_{ce} \xrightarrow{C_2} u_o$$

在上述分析过程中，放大电路中晶体管集电极的直流信号不随输入信号的变化而改变，交流信号随输入信号的变化而发生变化。在放大过程中，晶体管的集电极交流信号是叠加在直流信号上的，经过耦合电容，从输出端提取的只是交流信号。因此，在分析放大电路时，可以采用将交、直流信号分开的办法，即分成直流通路和交流通路来分析。

9.2 基本放大电路的分析方法

放大电路的工作状态分为交、直流状态，分别称为"动态"和"静态"。分析电路的步骤是先静态、后动态。分析方法常用的有计算法和图解法。纯粹的图解法很少使用，往往使用计算图解混合的方法来进行分析。

9.2.1 放大电路的静态计算法

放大电路的静态是指输入信号为零时的状态，电路中只包含直流量，因此可以用放大电路的直流通路来分析。具体的分析方法有计算法和图解分析法两种，也可用混合的方法。计算法步骤如下：

（1）作出放大电路的直流通路（原则：电容开路，电感短路）。

（2）列输入/输出回路电压方程。

（3）联解方程组。

图 9.2.1（b）是图 9.2.1（a）的直流通路，可以列出如下方程式

输入回路电压方程 $$V_{CC} = U_{BE} + I_B R_b \tag{9.2.1}$$

静态基极电流（又称偏置电流） $$I_B = \frac{V_{CC} - U_{BE}}{R_b} \approx \frac{V_{CC}}{R_b} \tag{9.2.2}$$

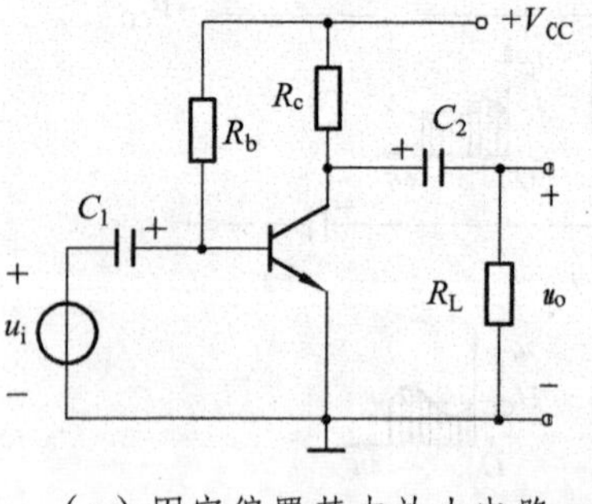

（a）固定偏置基本放大电路

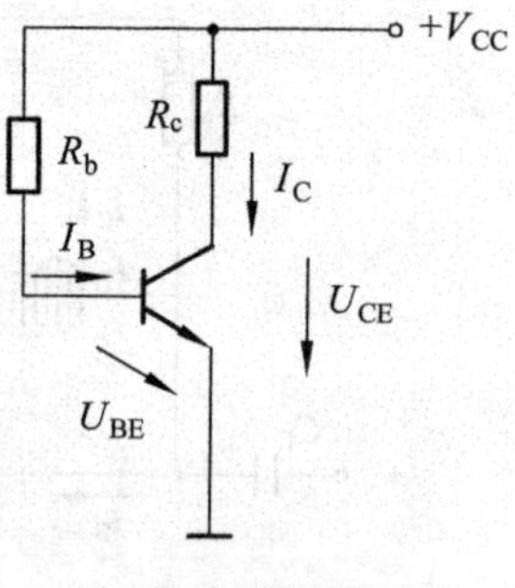

（b）直流通路

图 9.2.1 放大电路的静态计算法

通常，NPN 型硅管 $U_{BE} = 0.6 \sim 0.7\ \text{V}$，PNP 型锗管 $U_{BE} = -0.2 \sim -0.3\ \text{V}$。电源电压 $V_{CC} \gg U_{BE}$，可忽略 U_{BE}。

集电极电流的静态值 $$I_C \approx \bar{\beta} I_B \approx \beta I_B \tag{9.2.3}$$

列输出回路电压方程，可得到集-射极电压的静态值

$$U_{CE}=V_{CC}-I_C R_c \tag{9.2.4}$$

联解方程组式（9.2.2）、式（9.2.3）、式（9.2.4）得 I_B，I_C 和 U_{CE}，这 3 个量代表了基本放大电路的静止工作状态，求解这 3 个量也称为求静态工作点。

图 9.2.1（a）基本放大电路是固定偏置基本放大电路，只要 V_{CC}，R_b，R_c 不变，则静态工作点不变，但在外部因素（温度）影响下要变动。

例 9.2.1　有一基本放大电路见图 9.2.2，已知 $V_{CC}=15\text{ V}$，$R_c=3\text{ k}\Omega$，$R_{b1}=390\text{ k}\Omega$，$R_{e1}=100\ \Omega$，$R_{e2}=1\text{ k}\Omega$，$R_L=10\text{ k}\Omega$，$U_{BE}=0.7\text{ V}$，$\beta=99$，耦合电容的容量对放大电路的工作频率足够大。试计算静态工作点，并讨论晶体管的工作状态。

解　通过电子工作平台 EWB（Electronics Work Bench）加以仿真，结果见图 9.2.3。

列输入回路电压方程　$V_{CC}=U_{BE}+I_B R_{b1}+I_E(R_{e1}+R_{e2})$

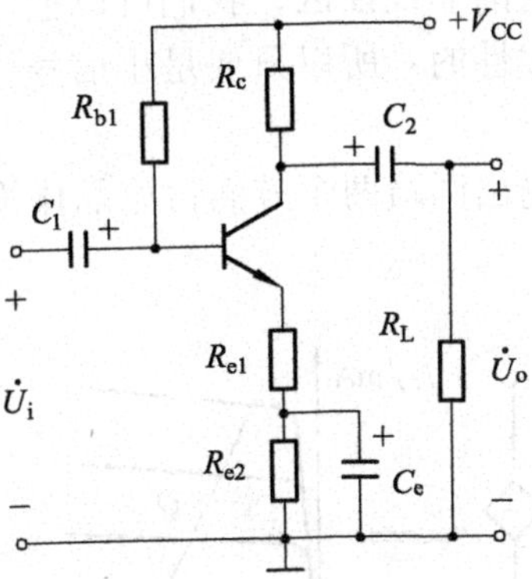

图 9.2.2　例 9.2.1 图

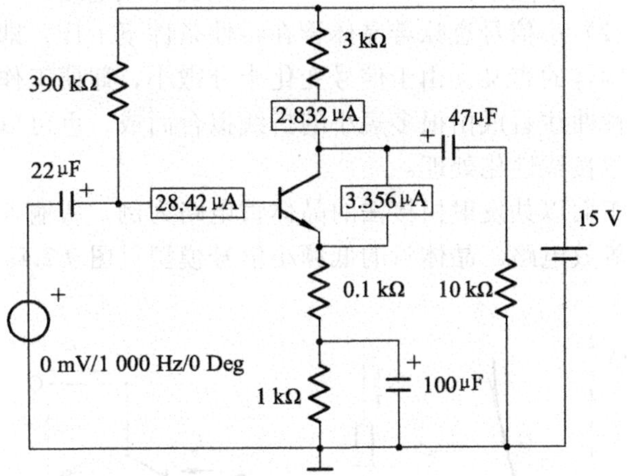

图 9.2.3　例 9.2.1 电路工作点的仿真结果

基极电流的静态值

$$I_B=\frac{V_{CC}-U_{BE}}{R_{b1}+(1+\beta)(R_{e1}+R_{e2})}=\frac{(15-0.7)\text{ V}}{(390+100\times1.1)\text{ k}\Omega}=\frac{14.3\text{ V}}{500\text{ k}\Omega}=28.6\ (\mu\text{A})$$

集电极电流的静态值　$I_C=\beta I_B=99\times28.6\ \mu\text{A}=2.83\ (\text{mA})$

列输出回路电压方程

$$U_{CE}=V_{CC}-I_C(R_c+R_{e1}+R_{e2})=15\text{ V}-2.83\text{ mA}\times4.1\text{ k}\Omega=3.38\ (\text{V})$$

三极管各电极对地的电位

$$V_E\approx I_C\times(R_{e1}+R_{e2})=2.83\text{ mA}\times1.1\text{ k}\Omega=3.1\ (\text{V})$$
$$V_B\approx U_E+U_{BE}=3.1+0.7=3.8\ (\text{V})$$
$$V_C=V_{CC}-I_C\times R_c=15\text{ V}-2.83\text{ mA}\times3\text{ k}\Omega=6.5\ (\text{V})$$

由此可确定发射结是正偏，集电结是反偏。由仿真结果看，与以上计算结果差别不大。

9.2.2　微变等效电路

在小信号输入条件下，晶体管可以用一个等效的线性电路来替代，这个等效的线性电路就是晶体管的微变等效电路，交流分量可采用放大电路的微变等效电路进行分析，可以利用线性电路的各种分析方法来解决放大电路的计算问题。因为在小信号的条件下，容易保证动态范围处于晶体管的线性区；即便达到非线性区，只要信号足够小，也可以认为是线性的，这就是“微变”的含义。

1. 晶体管的微变等效电路（晶体管低频小信号模型）

晶体管模型的建立有多种方法，这里介绍通过晶体管的输入和输出特性曲线来建立晶体管的模型。另外一种方法可以通过输入端和输出端电压、电流的关系来建立模型。建立模型的主要依据是：

（1）对于低频模型可以不考虑结电容的影响，一般适用于放大电路通频带的中频段和低频段。对于高频信号，则不能使用微变等效电路。

（2）小信号意味着晶体管在线性条件下工作，即工作在特性曲线的线性区。微变也具有线性同样的含义，由于信号变化十分微小，即便工作在晶体管的非线性区，我们可以把弯曲的特性曲线看成由很多短小的折线拟合而成，也可以认为是线性的。所以只要是小信号一般就可以按线性化处理。

下面以共发射极接法的晶体管电路为例，从输入回路和输出回路两个方面讨论晶体管的微变等效电路。晶体管的低频小信号模型见图 9.2.4。

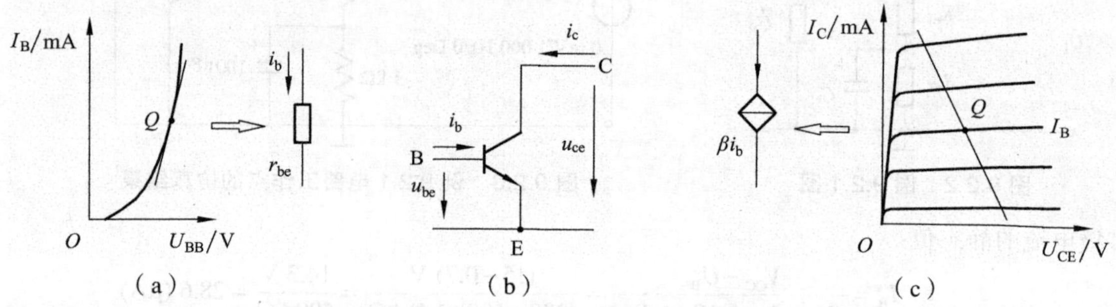

图 9.2.4　晶体管低频小信号模型

1）输入回路的微变等效电路

在小信号输入条件下，在静态工作点附近，图 9.2.4（a）中曲线用直线来代替，输入特性曲线上 Q 点斜率的倒数为晶体管输入电阻 r_{be}。晶体管输入回路 u_{be} 和 i_b 的关系，输入电路可以用 r_{be} 等效代替。

$$r_{be} = \frac{u_{be}}{i_b} = \frac{\Delta U_{BE}}{\Delta I_B} = 300 + (1+\beta)\frac{26\ (\text{mV})}{I_E\ (\text{mA})} \tag{9.2.5}$$

式中，I_E 为发射极电流的静态值；r_{be} 通常为几百欧到几千欧，在手册中常用 h_{ie} 表示。

2）输出回路的微变等效电路

参见图 9.2.4（c），在放大区，晶体管输出特性曲线族是一组近似与横轴平行和等距的直线。当 U_{CE} 为常数时，令 ΔI_C 和 ΔI_B 的比值为 β，即

$$\beta = \frac{\Delta I_C}{\Delta I_B} \approx \left.\frac{i_c}{i_b}\right|_{U_{CE}=\text{常数}} \tag{9.2.6}$$

β 是晶体管的交流电流放大系数，在小信号输入条件下，β 是一个常数，通常取值在 20～200 之间。βi_b 代表晶体管的电流放大作用，晶体管的输出回路可用一个电流控制的电流源等效代替。

从图 9.2.4 中还可见到，晶体管的输出特性曲线并不是绝对的平行，而是随着 U_{CE} 的增加，曲线的水平部分有一些上翘，令 ΔU_{CE} 和 ΔI_C 的比值为 r_{ce}，即

$$r_{ce} = \frac{u_{ce}}{i_c} = \frac{\Delta U_{CE}}{\Delta I_C} \tag{9.2.7}$$

r_{ce} 是晶体管的输出电阻，在小信号输入条件下，r_{ce} 是一个常数，如把晶体管的输出回路看做受控电流源，则 r_{ce} 是该电流源的内阻，所以，在等效电路中 r_{ce} 与受控电流源 βi_b 并联。一般来说，小功率晶体管的输出电阻是比较大的，可以达到几百千欧以上。它可以由输出特性上工作点 Q 附近输出特性曲线斜率的倒数来反映。由于 r_{ce} 阻值很高，通常在微变等效电路中都忽略不计，见图 9.2.5。

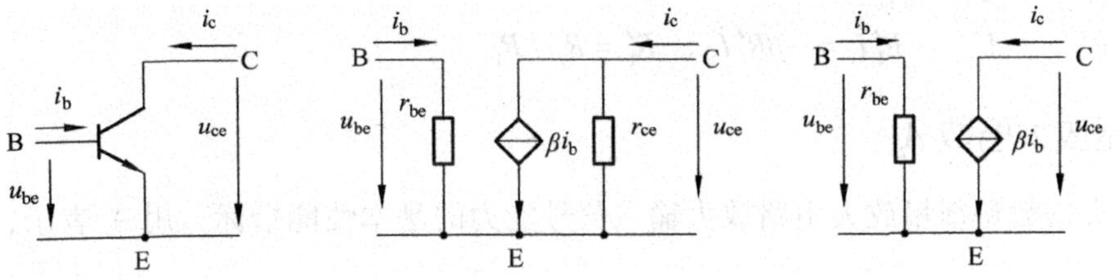

图 9.2.5　双极型晶体管的微变等效电路

2. 放大电路的微变等效电路

放大电路的微变等效电路可按以下步骤画出：

(1) 画出放大电路的交流通路。耦合电容和直流电源对交流相当于短路。

(2) 画出放大电路的微变等效电路。用晶体管的微变等效电路等效代替交流通路中的晶体管，电流和电压都用相量来表示。

9.2.3　动态分析

当有输入信号 ($u_i \neq 0$) 时放大电路的工作状态称为动态。此时放大电路中电压、电流均包含有两个分量（直流分量和交流分量）。放大电路要想获得大的不失真输出幅度，需要：工作点 Q 要设置在输出特性曲线放大区的中间部位；要有合适的交流负载线；输入信号的幅度不能太大。共发射极接法的固定偏置基本放大电路的微变等效电路见图 9.2.6。

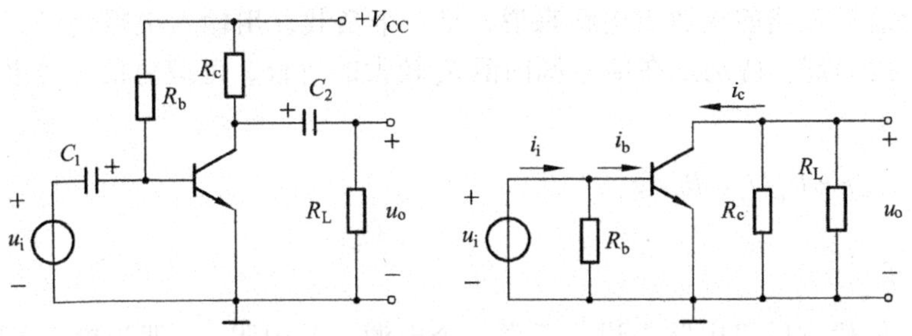

（a）放大电路　　（b）交流通路

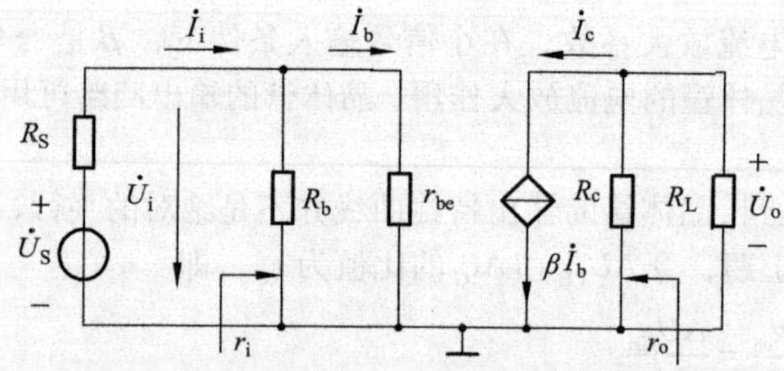

（c）微变等效电路

图 9.2.6　放大电路的微变等效电路

1. 电路方程

由图 9.2.6（c）所示微变等效电路，可推导出下列方程

输入方程　　$\dot{U}_i = \dot{I}_b r_{be}$

输出方程　　$\dot{U}_o = -R_L'\dot{I}_c = -\beta R_L'\dot{I}_b$，$R_L' = R_c \,//\, R_L$

2. 电压放大倍数 A_u

电压放大倍数是衡量放大电路放大输入信号能力的基本性能指标，用 A_u 表示，且有

$$A_u = \frac{\dot{U}_o}{\dot{U}_i} = -\frac{\beta R_L'\dot{I}_b}{r_{be}\dot{I}_b} = -\frac{\beta R_L'}{r_{be}} \tag{9.2.8}$$

式中的负号表示输入电压与输出电压的相位相反。

当输入信号源有内阻 R_S 时，有

$$\dot{U}_i = \frac{r_i}{R_s + r_i} U_S \tag{9.2.9}$$

式中，$r_i = R_b \,//\, r_{be}$，为放大电路的输入电阻。由式（9.2.8）和式（9.2.9）可得信号源有内阻时放大电路的电压放大倍数 A_{us} 为

$$A_{us} = \frac{\dot{U}_o}{U_S} = \frac{\dot{U}_o}{\dot{U}_i}\cdot\frac{\dot{U}_i}{U_S} = -\frac{\beta R_L'}{r_{be}}\frac{r_i}{R_s + r_i} \approx -\frac{\beta R_L'}{R_S + r_{be}} \tag{9.2.10}$$

3. 输入电阻

放大电路对信号源或前级放大电路来说，是一个负载，用输入电阻表示，希望放大电路的输入电阻高一些为好，特别是在信号源内阻 R_S 较大的场合，可避免信号过多地衰减，特别是输入级。

$$r_i = \dot{U}_i / \dot{I}_i = R_b \,//\, r_{be} \tag{9.2.11}$$

4. 输出电阻

放大电路对负载或后级电路来讲，看做一个电源，其内阻——即为输出电阻，希望 r_o 越

小越好，从而可以提高带负载的能力，见图 9.2.7。

输出电阻 r_o 的计算方法：在信号源短路和输出端开路条件下——从输出端看进去的等效电阻。输入信号源短路（信号源电动势为零），断开负载（或后级放大电路），在输出端上外加一个电压源 u，求解出电压 u 与电流 i 的比值为输出电阻 r_o。

$$r_o = \dot{U} / \dot{I} = R_c \tag{9.2.12}$$

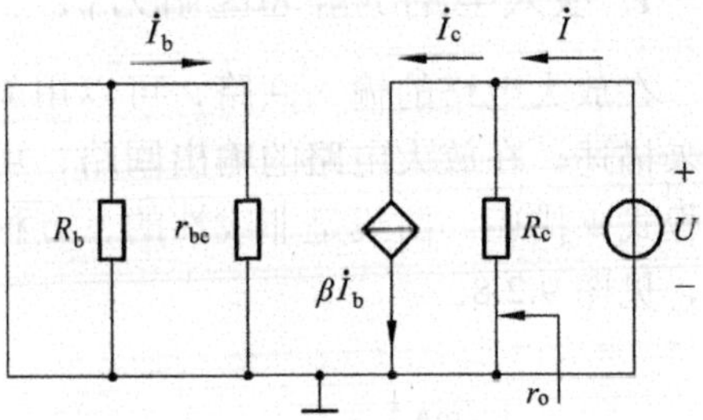

图 9.2.7　输出电阻 r_o 的计算方法

例 9.2.2　在图 9.2.1（a）所示的基本放大电路中，设晶体管的 $\beta = 40$，$U_{BE} = -0.7\ \text{V}$，$R_b = 280\ \text{k}\Omega$，$R_c = 4\ \text{k}\Omega$，$R_L = 4\ \text{k}\Omega$，$C_1$，$C_2$ 足够大。

（1）计算静态时的 I_B，I_C 和 U_{CE}；（2）计算晶体管的 r_{be}；（3）画放大电路的微变等效电路；（4）求中频时的电压放大倍数 A_u，当输入信号源有内阻 $R_S = 1\ \text{k}\Omega$ 时，求电压放大倍数 A_{us}；（5）求放大电路的输入电阻和输出电阻。

解　（1）求静态值，如图 9.2.1（b）所示。

静态基极电流（偏置电流）$I_B = \dfrac{V_{CC} - U_{BE}}{R_b} = \dfrac{12 - 0.7}{280} = 0.04\ (\text{mA})$

集电极电流的静态值　$I_C \approx \beta I_B = 40 \times 0.04 = 1.6\ (\text{mA})$

$I_E = I_B + I_C = 0.04 + 1.6 = 1.64\ (\text{mA})$

集-射极电压的静态值　$U_{CE} = V_{CC} - I_C R_c = 12 - 1.6 \times 4 = 5.6\ (\text{V})$

（2）晶体管的输入电阻

$$r_{be} = 300\ \Omega + (1+\beta)\frac{26\ \text{mV}}{I_E} = 300\ \Omega + (1+40) \times \frac{26\ \text{mV}}{1.64\ \text{mA}} = 0.95\ (\text{k}\Omega)$$

（3）画出放大电路的微变等效电路，见图 9.2.6（c）。

（4）放大电路的电压放大倍数　$A_u = -\dfrac{\beta R_L'}{r_{be}} = -\dfrac{40 \times 2}{0.95} = -84.2$

$R_L' = R_c \,/\!/\, R_L = 4 \,/\!/\, 4 = 2\ (\text{k}\Omega)$

当输入信号源有内阻 $R_S = 1\ \text{k}\Omega$ 时，电压放大倍数

$$A_{us} \approx -\frac{\beta R_L'}{R_S + r_{be}} = -\frac{40 \times 2}{1 + 0.95} = -41$$

（5）放大电路的输入电阻　$r_i = R_b \,/\!/\, r_{be} = 280 \,/\!/\, 0.95 = 0.947\ (\text{k}\Omega) \approx r_{be}$

放大电路的输出电阻　$r_o = R_c = 4\ (\text{k}\Omega)$

9.2.4　图解分析法

图解分析法是根据放大电路所给定的参数，直接在晶体管的特性曲线上用作图的方法分析放大电路的动态工作情况。图解分析法能形象、直观地描述出放大电路对信号的传递过程，以及静态工作点对放大性能的影响。下面以共射极放大电路为例进行论述。

1. 放大电路的静态图解分析

在放大电路的输入回路，可以用晶体管的输入特性曲线和基极回路直流通路相关的方程式来描述。在放大电路的输出回路，可以用晶体管的输出特性曲线和输出侧直流通路的相关方程式来描述。曲线是非线性的，方程式是线性的，在坐标平面上，二者交点的坐标值就是解，见图 9.2.8。

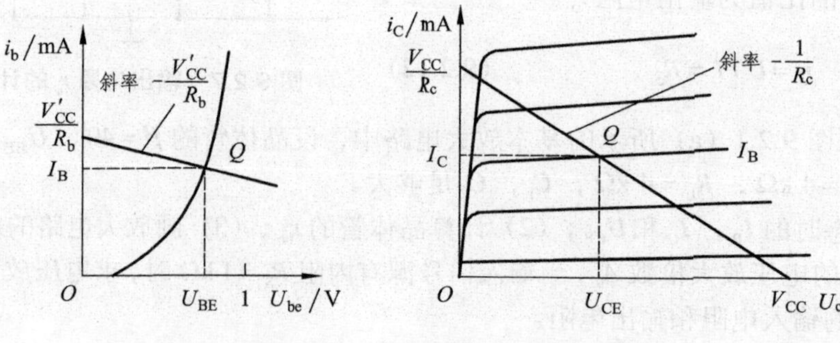

图 9.2.8　放大电路静态图解分析

式（9.2.1）和式（9.2.4）是一个直线方程，在晶体管的输入特性曲线和输出特性曲线上是一条直线，称为直流偏置线。直流偏置线与输入（出）特性曲线的交点，称为静态工作点，用 Q 表示。Q 点的坐标值是放大电路静态工作值 I_B 和 U_{BE}，I_C 和 U_{CE}。

2. 放大电路的动态图解分析

放大电路加入输入信号的工作状态称为动态。动态时，电路中的电流和电压将在静态直流量的基础上叠加交流量。可以采用交、直流分开的分析方法，即人为地把直流和交流分量分开后单独分析，然后再把它们叠加起来。

1）交流负载线

交流负载是放大电路输出回路交流通路的等效负载电阻值，像直流负载线一样，将交流负载画在输出特性曲线上，即为交流负载线。由图 9.2.6（b）放大电路的交流通路可以清楚看出，该放大电路的集电极输出回路的交流负载电阻是 $R_L // R_c$，因为直流电源对交流相当于短路。

具体作图见图 9.2.9。通过静态工作点 Q 做一条直线，斜率为 $-1/R'_L$，$R'_L = R_L // R_c$，这条直线即为交流负载线。由于交流负载电阻小于直流负载电阻，所以，在输出特性曲线上，交

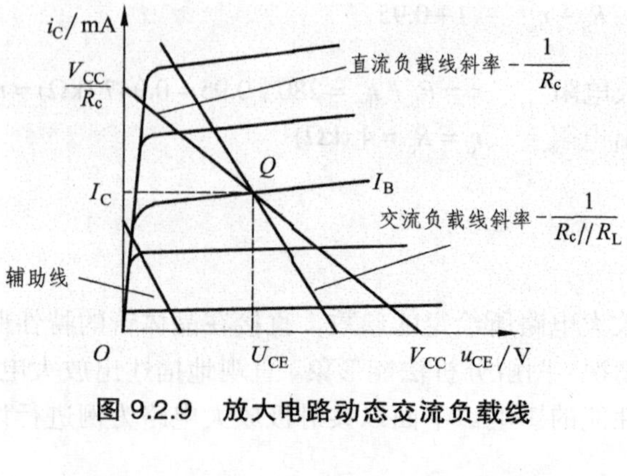

图 9.2.9　放大电路动态交流负载线

流负载线比直流负载线陡。可以作一条斜率为 $-1/R'_L$ 的辅助线，然后通过 Q 点作交流负载线与辅助线平行。

2）交流工作状态的图解分析

在输出特性曲线上作出交流负载线，再在输入特性曲线上作出输入回路的负载线，将输入信号在输入特性曲线上画出，以确定基极电流的变化。再将基极电流的变化，过渡到输出特性曲线上，即可确定集电极电流的变化和管压降的动态变化情况。由图解分析，可得出如下结论：

（1）$u_i\uparrow\rightarrow u_{be}\uparrow\rightarrow i_b\uparrow\rightarrow i_c\uparrow\rightarrow i_cR_c\uparrow\rightarrow u_{ce}\downarrow\rightarrow u_o\uparrow$。

（2）u_o 与 u_i 相位相反。

（3）可以测量出放大电路的电压放大倍数（不太准确，信号太小则无法进行）。

（4）可以确定最大不失真输出幅度。

9.3 放大电路静态工作点的稳定

9.3.1 静态工作点对放大性能的影响

放大电路的静态工作点不合适，是引起动态工作点进入非线性区，从而使放大信号失真的重要因素之一。实践证明，即使是设置了合适的静态工作点，但在外部因素（如温度变化、晶体管老化、电源电压的波动等）的影响下，也会引起静态工作点的偏移，这种现象叫做静态工作点漂移，严重时会使放大电路不能正常工作。外部因素中，对静态工作点影响最大的是温度，因为晶体管对温度非常敏感。这种失真通常称为非线性失真。非线性失真又可分为截止失真和饱和失真。

1. 波形的非线性失真

NPN 晶体管构成的基本放大电路的失真情况见图 9.3.1。

截止失真：由于放大电路的工作点达到了晶体管的截止区而引起的非线性失真。它是由于静态工作点接近截止区，交流量在截止区不能放大而造成的。

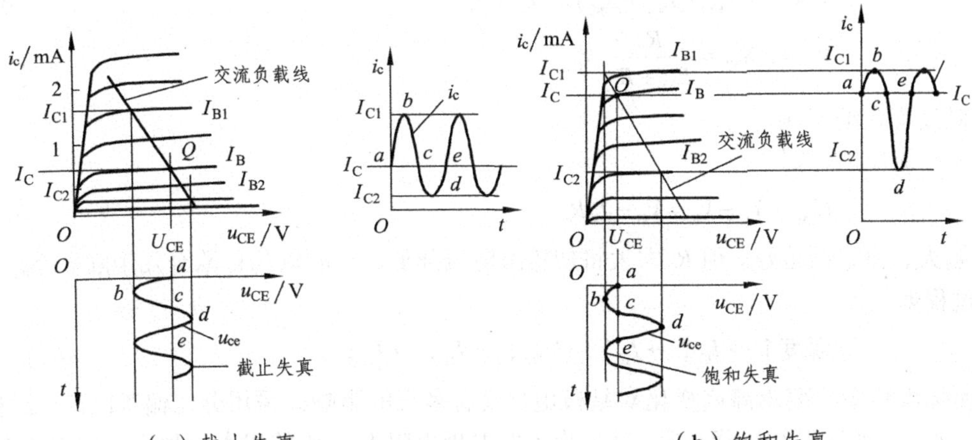

（a）截止失真　　（b）饱和失真

图 9.3.1 放大器的截止失真和饱和失真

饱和失真：由于放大电路的工作点达到了晶体管的饱和区而引起的非线性失真。它是由于静态工作点接近饱和区，交流量在饱和区放大倍数低或不能放大而造成的。

2. 温度对静态工作点的影响

严格地说，晶体管全部参数都与温度有关。但对静态工作点影响最大的 3 个参数是：U_{BE}，β 和 I_{CBO}。温度的变化对 U_{BE}，β 和 I_{CBO} 影响使静态工作点漂移，表现出静态电流 I_C 随着温度升高而增大，温度升高时，静态工作点将沿直流负载线上移，见图 9.3.2，Q_1 为 25 °C 时的静态工作点，Q_2 为 50 °C 时的静态工作点。

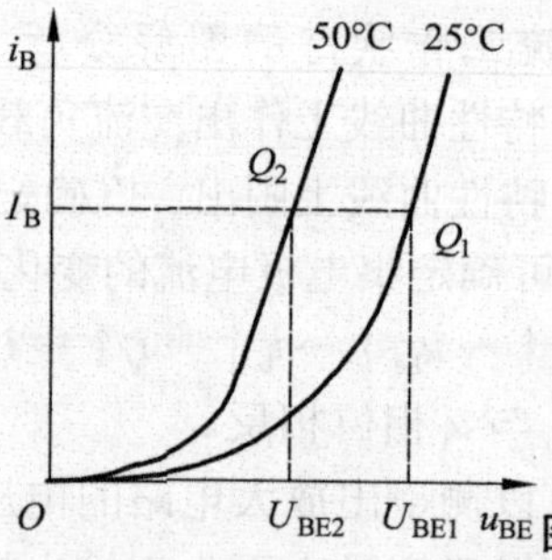

图 9.3.2 温度对静态工作点的影响

9.3.2 分压式偏置电路

如果当温度变化时，静态电流 I_C 自动维持近似不变，静态工作点稳定在原来设置处。实现这一设想的电路叫分压式偏置电路，见图 9.3.3。

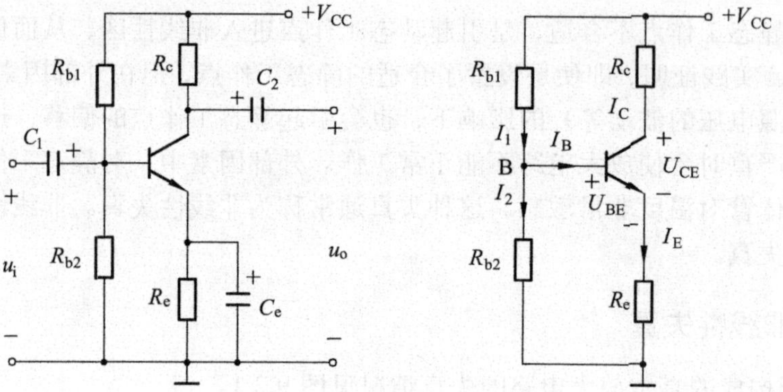

图 9.3.3 分压式偏置电路

分压电路 $I_1 = I_2 + I_B \approx I_2$

$$I_1 \approx I_2 \approx V_{CC}/(R_{b1}+R_{b2})\,,\quad I_2 \gg I_B \tag{9.3.1}$$

基极电位 $$V_B = I_2 R_{b2} \approx \frac{R_{b2}}{R_{b1}+R_{b2}} V_{CC} \tag{9.3.2}$$

V_B 不受温度变化的影响。

I_E 为电流反馈，则

$$U_{BE} = V_B - V_E = V_B - I_E R_e \tag{9.3.3}$$

R_e 越大，稳定性越好。但 R_e 太大将使输出电压降低。一般取几百欧至几千欧。静态工作点稳定过程如下

$$\text{温度}\uparrow \rightarrow I_C\uparrow \rightarrow I_E\uparrow \rightarrow U_{BE}\downarrow \rightarrow I_B\downarrow \rightarrow I_C\downarrow$$

在实际电路中，要求温度变化对基极电位没有多大的影响。采用分压偏置以后，基极电位提高，为了保证发射结压降正常，就要串入发射极电阻 R_e。R_e 的串入有稳定工作点的作用。如果集电极电流随温度升高而增大，则发射极对地电位升高，因基极电位基本不变，故 U_{BE} 减

小。从输入特性曲线可知，U_{BE} 减小则基极电流将随之下降，根据晶体管的电流控制原理，集电极电流将下降，反之亦然。这就在一定程度上稳定了工作点。

9.4 电压放大电路

9.4.1 共发射极分压偏置电压放大电路

分压偏置共发射极交流基本放大电路见图 9.4.1 (a)，就是前面具有稳定工作点作用的分压偏置放大电路电路图。

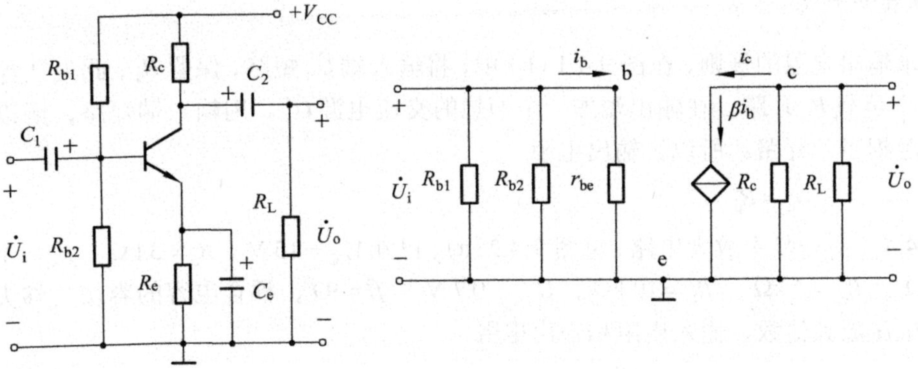

(a) 共射基本放大电路　　(b) 微变等效电路

图 9.4.1　分压偏置共发射极交流基本放大电路

1. 静态分析

对图 9.4.1 (a) 所示电路进行交流计算之前，必须先进行直流计算。进行直流计算的目的是检验一下该放大电路是否处于放大状态，如果放大状态不正确，进行交流计算就没有意义。其次在微变等效电路中有 r_{be}，要计算 r_{be} 就必须知道 $I_E(I_C)$，这也需要通过直流计算来获得。

基极电位　$V_B = I_2 R_{b2} \approx \dfrac{R_{b2}}{R_{b1}+R_{b2}} V_{CC}$　(9.4.1)

发射极电流　$I_C \approx I_E = (V_B - U_{BE}) / R_e$　(9.4.2)

基极电流　$I_B = I_C / \beta$　(9.4.3)

集电极电压　$U_{CE} = V_{CC} - I_C(R_c + R_e)$　(9.4.4)

2. 动态分析

1）电路方程

放大电路的微变等效电路见图 9.4.1 (b)，可推导出下列方程

输入方程　$\dot{U}_i = \dot{I}_b r_{be}$

输出方程　$\dot{U}_o = -R'_L \dot{I}_C = -\beta R'_L \dot{I}_b$，　$R'_L = R_c \,//\, R_L$

2）电压放大倍数 $\dot{A}_u$

$$\dot{A}_u=\frac{\dot{U}_o}{\dot{U}_i}=-\frac{\beta R_L'}{r_{be}} \tag{9.4.5}$$

式（9.4.5）与固定偏置基本放大电路电压放大倍数式（9.2.8）相同，都具有稳定工作点的作用。

3）输入电阻 r_i

$$r_i=\dot{U}_i/\dot{I}_i=r_{be}\,/\!/\,R_{b1}\,/\!/\,R_{b2}\approx r_{be} \tag{9.4.6}$$

r_{be} 一般在 1 kΩ左右，远小于偏置电阻 R_{b1} 和 R_{b2}，所以并联后，放大电路的输入电阻近似等于 r_{be}。因此，提高输入电阻的关键在 r_{be}。

4）输出电阻 r_o

根据求输出电阻的规则，在图 9.4.1（b）中，将输入端 $\dot{U}_S$ 短路，保留 R_S，此处认为 $R_S=0$，$\dot{U}_S=\dot{U}_i$；令负载 R_L 开路，在输出端加一个假想的交流电源 $\dot{U}_o'$。因输入端短路，所以 $\dot{I}_b=0$，受控电流源相当于开路。所以，输出电阻

$$r_o\approx R_c \tag{9.4.7}$$

例 9.4.1 有一基本放大电路，见图 9.4.2（a），已知 $V_{CC}=15\ \text{V}$，$R_c=3\ \text{k}\Omega$，$R_{b1}=390\ \text{k}\Omega$，$R_{e1}=100\ \Omega$，$R_{e2}=1\ \text{k}\Omega$，$R_L=10\ \text{k}\Omega$，$U_{BE}=0.7\ \text{V}$，$\beta=99$，耦合电容的容量足够大，试计算电路的电压放大倍数、输入电阻和输出电阻。

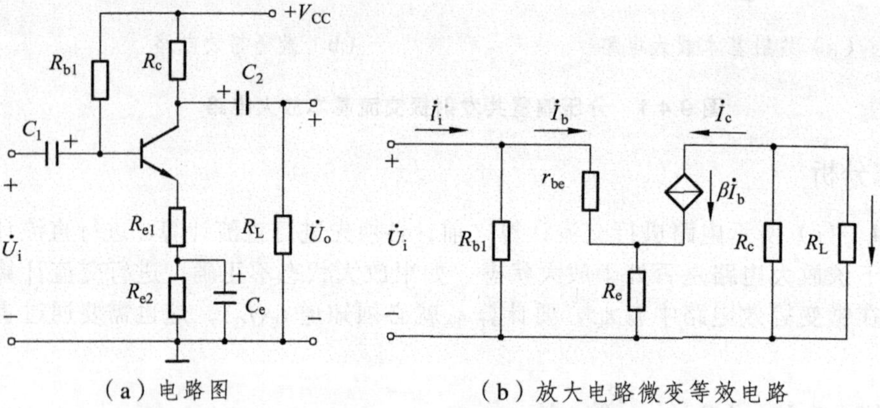

（a）电路图　　（b）放大电路微变等效电路

图 9.4.2 例 9.4.1 图

解 （1）静态计算。解此题，应先进行静态计算，这在例 9.2.1 中已经完成。

发射极电流的静态值 $I_E\approx I_C=\beta I_B=99\times 28.6=2.83\ (\text{mA})$

晶体管的输入电阻 $r_{be}=300+(1+\beta)\dfrac{26}{I_E}=300+100\times\dfrac{26}{2.83}=1\,218.7\ (\Omega)$

（2）动态分析。画出中频微变等效电路，见图 9.4.2（b），列方程。

输入方程 $\dot{U}_i=\dot{I}_b r_{be}+(1+\beta)\dot{I}_b R_{e1}=\dot{I}_b[r_{be}+(1+\beta)R_{e1}]$

输出方程 $\dot{U}_o=-R_L'\dot{I}_C=-\beta R_L'\dot{I}_b$，$R_L'=R_c\,/\!/\,R_L$

电压放大倍数 $\dot{A}_u=\dfrac{\dot{U}_o}{\dot{U}_i}=-\dfrac{\beta R_L'}{r_{be}+(1+\beta)R_{e1}}=-\dfrac{99\times 2.3}{1.2+100\times 0.1}=-20.33$

输入电阻　　$\dot{I}_{\rm i}=\dot{I}_{\rm b}+\dot{U}_{\rm i}/R_{\rm b1}$

$$r_{\rm i}=\dot{U}_{\rm i}/\dot{I}_{\rm i}=R_{\rm b1}\,/\!/\,[r_{\rm be}+(1+\beta)R_{\rm e1}]=0.39\,/\!/\,(1.2+100\times0.1)=10.89\ (\text{k}\Omega)$$

显然，$R_{\rm e1}$ 没有旁路电容，所以 $R_{\rm e1}$ 应归算到基极回路。

输出电阻　　$r_{\rm o}\approx R_{\rm c}=3\ (\text{k}\Omega)$

该例题通过电子工作平台 EWB 加以仿真，图 9.4.3 给出了由万用表交流挡测得的输入电压和输出电压值。由仿真结果看，电压放大倍数为 23 倍，比理论计算大了一些，这主要是晶体管的参数有差异造成的。

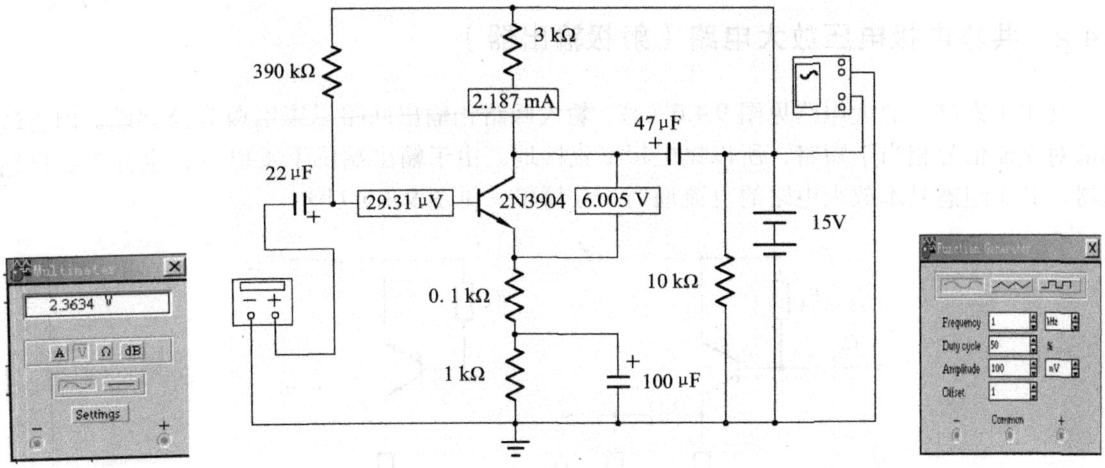

图 9.4.3　例 9.4.1 电压放大倍数的仿真

例 9.4.2　有一基本放大电路见图 9.4.4，已知 $V_{\rm CC}=15\ \text{V}$，$R_{\rm c}=3\ \text{k}\Omega$，$R_{\rm b1}=39\ \text{k}\Omega$，$R_{\rm b2}=11\ \text{k}\Omega$，$R_{\rm e}=1.3\ \text{k}\Omega$，$R_{\rm L}=10\ \text{k}\Omega$，$U_{\rm BE}=0.7\ \text{V}$，$\beta=99$，耦合电容的容量足够大。试计算电路的中频电压放大倍数、输入电阻和输出电阻。

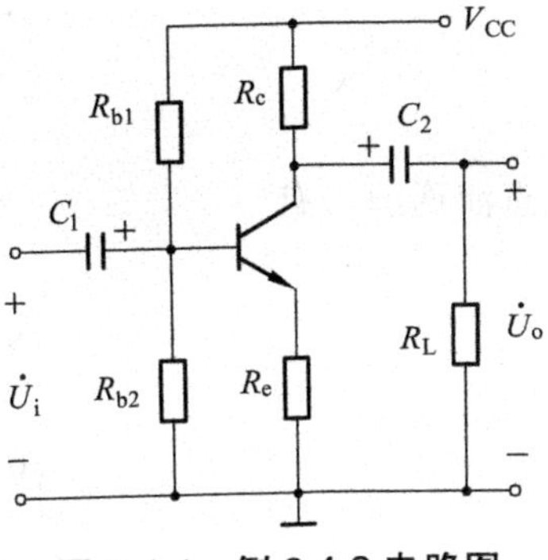

图 9.4.4　例 9.4.2 电路图

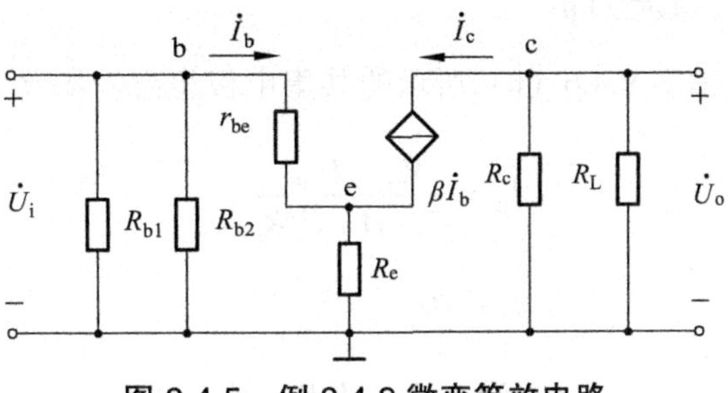

图 9.4.5　例 9.4.2 微变等效电路

解　(1) 直流计算。由图 9.4.4 电路的直流通路，可以有

$$V_{\rm B}=\frac{V_{\rm CC}R_{\rm b2}}{R_{\rm b1}+R_{\rm b2}}=\frac{15\times11}{39+11}=3.3\ (\text{V})$$

静态发射极电流　　$I_{\rm E}=(V_{\rm B}-U_{\rm BE})/R_{\rm e}=(3.3-0.7)/1.3=1.857\ (\text{mA})$

晶体管的输入电阻　$r_{\rm be}=300+(1+\beta)\dfrac{26}{I_{\rm E}}=300+100\times\dfrac{26}{1.857}=1\,700\ (\Omega)$

（2）交流计算。画出的微变等效电路如图 9.4.5 所示，所以电压增益可以推导如下

输入方程 $\dot{U}_i = \dot{I}_b r_{be} + (1+\beta)\dot{I}_b R_e = \dot{I}_b[r_{be} + (1+\beta)R_e]$

输出方程 $\dot{U}_o = -R_L'\dot{I}_c = -\beta R_L'\dot{I}_b$，$R_L' = R_c \,/\!/\, R_L$

电压放大倍数 $\dot{A}_u = \dfrac{\dot{U}_o}{\dot{U}_i} = -\dfrac{\beta R_L'}{r_{be} + (1+\beta)R_e} = -\dfrac{99\times 2.3}{1.7 + 100\times 1.3} = -1.73$

输入电阻 $r_i = [r_{be} + (1+\beta)R_e] \,/\!/\, R_{b1} \,/\!/\, R_{b2} = (1.7+130) \,/\!/\, 39 \,/\!/\, 11 = 8.06\ (\text{k}\Omega)$

输出电阻 $r_o \approx R_c = 3\ \text{k}\Omega$

9.4.2 共集电极电压放大电路（射极输出器）

共集组态基本放大电路见图 9.4.6（a），输入回路和输出回路以集电极为公共端。因直流电源对交流信号相当于短路，所以集电极交流接地。由于输出端位于发射极，也称为射极输出器。共集组态基本放大电路的直流通道十分简单，见图 9.4.6（b）。

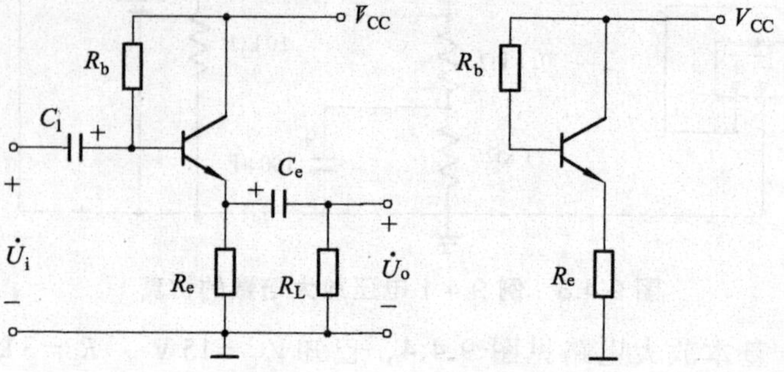

（a）放大电路　　（b）直流通道

图 9.4.6 射极输出器

1. 直流分析

根据图 9.4.6（b）所示的共集电极组态基本放大电路的直流通道，有

$$I_B = \frac{V_{CC} - U_{BE}}{R_b + (1+\beta)R_e} \tag{9.4.8}$$

$$I_C = \beta I_B \tag{9.4.9}$$

$$U_{CE} = V_{CC} - I_E R_e = V_{CC} - I_C R_e \tag{9.4.10}$$

2. 交流分析

画出射极输出器的微变等效电路如图 9.4.7 所示。

1）电压放大倍数

由图 9.4.7 可列出下列方程

输入方程 $\dot{U}_i = \dot{I}_b r_{be} + (1+\beta)\dot{I}_b R_L' = \dot{I}_b[r_{be} + (1+\beta)R_L']$

输出方程　　$\dot{U}_o = R'_L \dot{I}_e = (1+\beta) R'_L \dot{I}_b$，　$R'_L = R_e \,/\!/\, R_L$

电压放大倍数 $$\dot{A}_u = \frac{\dot{U}_o}{\dot{U}_i} = \frac{(1+\beta)R'_L}{r_{be} + (1+\beta)R'_L} \approx 1 \qquad (9.4.11)$$

2）输入电阻

输入电流　　$\dot{I}_i = \dot{I}_b + \dot{I}_{Rb}$

输入电阻　　$$r_i = \frac{\dot{U}_i}{\dot{I}_i} = \frac{\dot{U}_i}{\dot{I}_{Rb} + \dot{I}_b} = R_b /\!/ r_{be} + (1+\beta)R'_L \qquad (9.4.12)$$

共集组态基本放大电路的输入电阻比共射组态基本放大电路的要大。

3）输出电阻

输出电阻可从图 9.4.8 求出。将输入信号源 $\dot{U}_S$ 短路，负载开路，由所加的等效输出信号 $\dot{U}$ 可以求出

输出电流　　$\dot{I} = \dot{I}_{Re} - \dot{I}_b - \beta \dot{I}_b = \dot{U}/R_e - (1+\beta)\dot{I}_b$

基极电流　　$\dot{I}_b = -\dfrac{\dot{U}}{r_{be} + R'_S}$，$R'_S = R_S \,/\!/\, R_b$

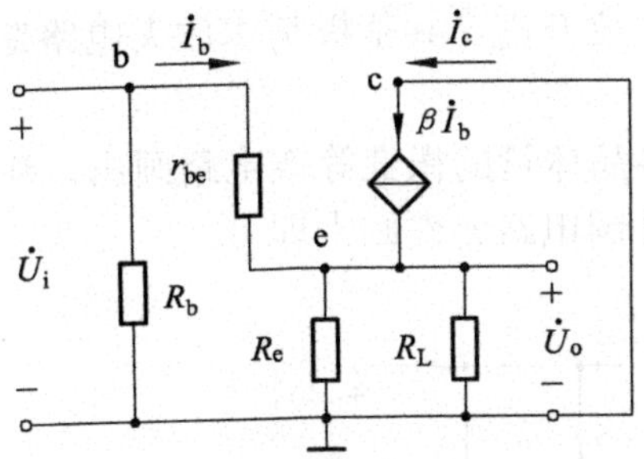

图 9.4.7　射极输出器微变等效电路

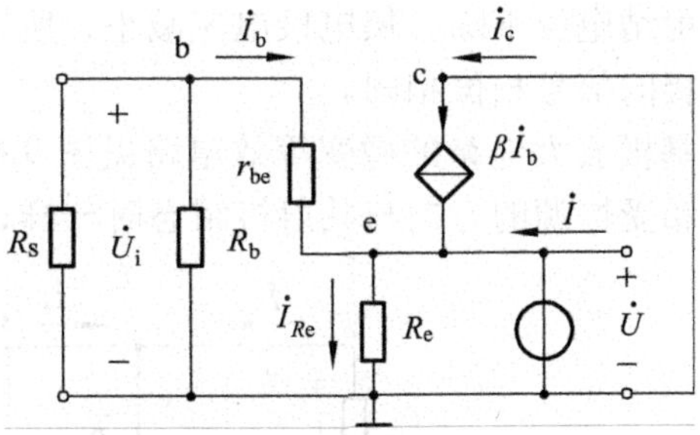

图 9.4.8　求 r_o 的微变等效电路

于是　　$$\dot{I} = \frac{\dot{U}}{R_e} + \frac{\dot{U}(1+\beta)}{r_{be} + R'_S} = \dot{U}\left(\frac{1}{R_e} + \frac{1+\beta}{r_{be} + R'_S}\right)$$

$$r_o = \frac{\dot{U}}{\dot{I}} = R_e \,/\!/\, \frac{r_{be} + R'_S}{1+\beta} \approx \frac{R'_S + r_{be}}{\beta} \qquad (9.4.13)$$

由以上分析可见，共集电极基本放大电路的基本特点是电压放大倍数小于 1，并且接近于 1。输出电压的相位与输入电压的相位相同，输出电压的波形和输入电压的波形一样，故又名射极跟随器。共集电极基本放大电路的输入电阻高，输出电阻低，具有阻抗变换的特点，有较强的带负载能力，可用于多级放大电路的第一级和末级。

9.4.3　共基极电压放大电路

共基极放大电路见图 9.4.9（a），输入回路和输出回路以基极为公共端。

1. 直流分析

共基极放大电路的直流通道见图 9.4.9（b）。与分压偏置共射极放大电路相同，可获得发射结正偏，集电结反偏，静态工作点的求法与共射放大电路相同。

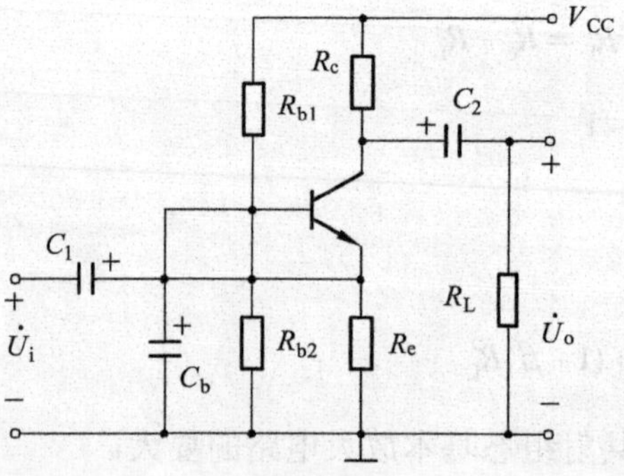

（a）共基组态放大电路

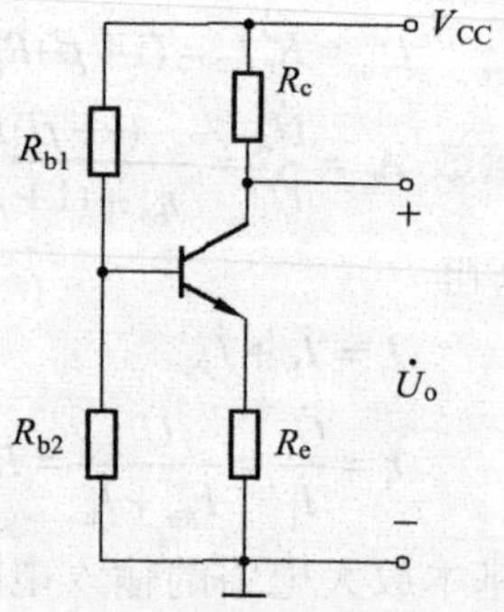

（b）共基放大电路的直流通道

图 9.4.9　共基极放大电路

2. 交流分析

共基极组态基本放大电路基极交流接地是通过C_1实现的，输入信号一端加在发射极，另一端加在基极，实际上输入信号是加在发射结上。假设发射极电位升高，基极电位不变，相当于发射结电位下降，集电极电流减小，所以集电极电位升高。共基极基本放大电路发射极和集电极的信号相位相同。

共基极放大电路的微变等效电路见图 9.4.10。先将晶体管的微变等效电路画出，注意基极电流和受控源的方向与共射极组态时一样，然后将外围电路元件画上即可。

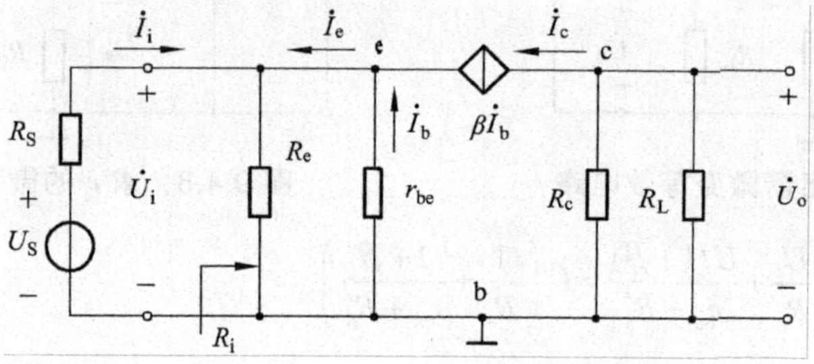

图 9.4.10　共基极组态微变等效电路

1）电压放大倍数

由图 9.4.10 可列出下列方程

输入方程　$\dot{U}_i = -\dot{I}_b r_{be}$

输出方程　$\dot{U}_o = -R'_L \dot{I}_c = -\beta R'_L \dot{I}_b$，$R'_L = R_c /\!/ R_L$

电压放大倍数 $\dot{A}_u = \dot{U}_o / \dot{U}_i = \beta R'_L / r_{be}$

这个结果与共射极组态基本放大电路的结果一样，负号变正号，表示输入输出同相。

2）输入电阻

输入电流　$\dot{I}_i = \dot{I}_e - \dot{U}_i / R_e$，$\dot{I}_e = (1+\beta)\dot{I}_b$

输入电阻　$r_i = \dfrac{\dot{U}_i}{\dot{I}_i} = R_e /\!/ \dfrac{r_{be}}{1+\beta} \approx \dfrac{r_{be}}{1+\beta}$

3）输出电阻

$$r_o \approx R_c$$

由此可见，共基极放大电路和共射极放大电路有相同的电压放大倍数，输出电压和输入电压相位一致；输入电阻低，输出电阻与共射极电路相同。

9.5 场效应晶体管放大电路

场效应晶体管（FET）是利用电场效应控制载流子运动的单极型半导体器件。由于场效应管具有输入电阻高的特点，它适用于作为多级放大电路的输入级，尤其对高内阻的信号源，采用场效应晶体管放大电路才能有效地放大。

FET 组成的放大电路和双极型晶体管放大电路的主要区别在于：场效应晶体管是电压控制型器件，靠栅源之间的电压变化来控制漏极电流的变化，放大作用以跨导 g_m 来体现；双极型晶体管是电流控制型器件，靠基极电流的变化来控制集电极电流的变化，放大作用由电流放大倍数 β 来体现。

场效应晶体管放大电路分为共源、共漏、共栅极 3 种组态。在分析 3 种组态时，可与双极型晶体管的共射、共集、共基对照，体会二者间的相似与区别。3 种接法中最常用的是共源极电路，电压放大性能良好，输入电阻高。共漏和共栅电路分别用作缓冲放大器和高频电压放大器。在本节中讨论计算法，并认为放大电路在小信号状态下工作。

9.5.1 共源组态放大电路

采用场效应晶体管的共源基本放大电路，可以与共射极组态基本放大电路相对应，只不过场效应晶体管是电压控制电流源，即 VCCS 器件。它们只是在偏置电路和受控源的类型上有所不同，分析方法基本相同。共源组态分压偏置基本放大电路见图 9.5.1。

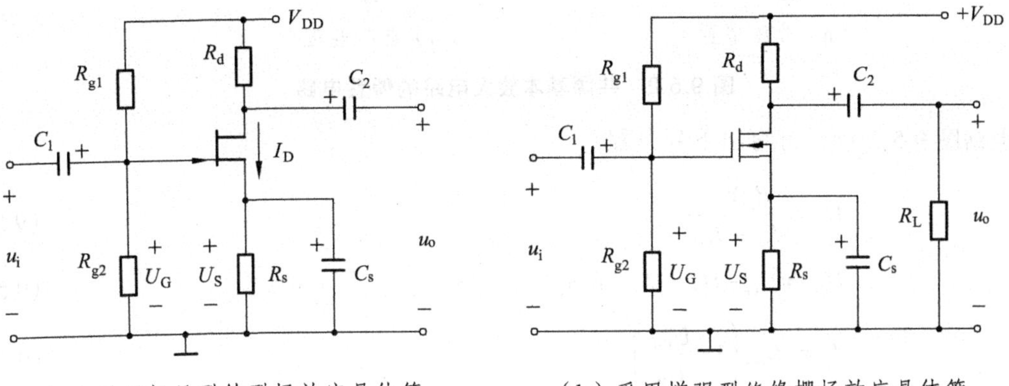

（a）采用耗尽型结型场效应晶体管　　（b）采用增强型绝缘栅场效应晶体管

图 9.5.1　共源组态分压偏置基本放大电路

图 9.5.1（a）采用的是 N 沟道耗尽型结型场效应晶体管，图 9.5.1（b）采用的是 N 沟道增强型绝缘栅场效应晶体管，因此供电电压为正电压。为防止结型场效应晶体管出现栅流，结型场效应晶体管的栅极应在反偏的条件下工作；绝缘栅场效应晶体管则可以在正栅压或负栅压条件下工作。

1. 直流分析（偏置电路）

双极型晶体管要想处于放大状态，偏置电路必须保证发射结正偏、集电结反偏，偏置电路提供的是电流。场效应晶体管放大电路要想处于放大状态（即输出特性曲线的恒流区），因为它没有栅流，所以必须要有合适的偏置电压。下面以 N 沟道场效应晶体管基本放大电路为例说明偏置电路构成的特点。

场效应晶体管基本放大电路的偏置形式有两种：分压偏置和自给偏压。图 9.5.2（a）是分压偏置的形式，与双极型晶体管的分压偏置形式一样。自给偏压的偏置形式见图 9.5.2（b）。N 沟道耗尽型应该偏置在负栅区 $u_{GS}<0$，N 沟道增强型应该偏置在正栅区 $u_{GS}>0$。耗尽型场效应管除了可以采用分压偏置外，还可以采用自给偏压的形式，增强型场效应管则不能采用自给偏压的形式。

1）分压偏置电路

图 9.5.1（a）的共源基本放大电路的直流通道见图 9.5.2（a），耗尽型 MOS 晶体管的自给偏压电路见图 9.5.2（b）。图中 R_{g1}，R_{g2} 是栅极偏置电阻，R_s 是源极电阻，R_d 是漏极负载电阻，R_{g1}，R_{g2}，R_s，R_d 与共射基本放大电路的 R_{b1}，R_{b2}，R_e，R_c 分别一一对应。

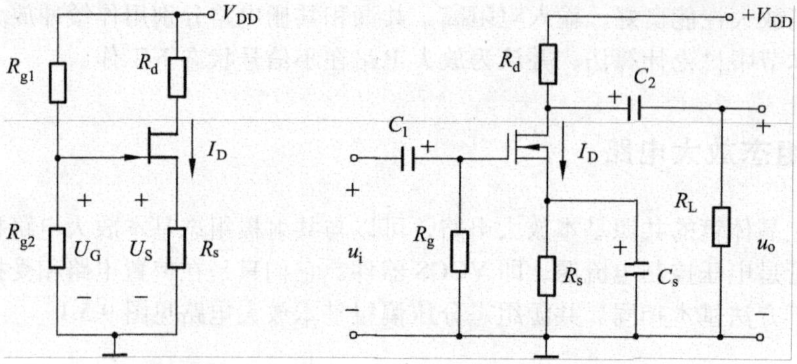

（a）分压偏置　　（b）自给偏压

图 9.5.2　共源基本放大电路的偏置电路

根据图 9.5.2（a）可写出下列方程

$$U_G=\frac{R_{g2}V_{DD}}{R_{g1}+R_{g2}} \tag{9.5.1}$$

$$U_{GS}=U_G-U_S=U_G-I_DR_s \tag{9.5.2}$$

$$I_D=I_{DSS}\left(1-\frac{U_{GS}}{U_P}\right)^2 \tag{9.5.3}$$

$$U_{DS}=V_{DD}-I_D(R_d+R_s) \tag{9.5.4}$$

于是可以解出 U_{GS}，I_D 和 U_{DS}。因式（9.5.3）是二次方程，会有两个解，故需要从中确定一个合理的解。一般可根据静态工作点是否合理，栅源电压是否超出了夹断电压，漏源电压是否进入饱和区等情况来确定。

2）自给偏压电路

根据图 9.5.2（b）可写出下列方程

$$U_{GS} = -I_S R_s = -I_D R_s \tag{9.5.5}$$

$$I_D = I_{DSS}\left(1-\frac{U_{GS}}{U_P}\right)^2$$

$$U_{DS} = V_{DD} - I_D(R_d + R_S)$$

例 9.5.1 试计算图 9.5.1（b）所示放大电路的静态工作点，已知：$R_{g1} = 150\ \text{k}\Omega$，$R_{g2} = 50\ \text{k}\Omega$，$R_d = R_s = 10\ \text{k}\Omega$，$V_{DD} = 20\ \text{V}$，场效应管的 $U_P = -5\ \text{V}$，$I_{DSS} = 1\ \text{mA}$。

解

$$U_G = \frac{R_{g2}V_{DD}}{R_{g1}+R_{g2}} = 5\ (\text{V})$$

$$U_{GS} = U_G - I_D R_s = 5 - 10\times I_D$$

$$I_D = I_{DSS}\left(1-\frac{U_{GS}}{U_P}\right)^2 = 1\times\left(1-\frac{5-10\times I_D}{5}\right)^2$$

故

$$I_D = 0.61\ (\text{mA})$$

$$U_{GS} = 5 - 0.61\times 10 = -1.1\ (\text{V})$$

$$U_{DS} = V_{DD} - I_D(R_d + R_s) = 20 - 0.61\times 10 = 13.9\ (\text{V})$$

2. 场效应晶体管的微变等效电路

与双极型晶体管一样，可以用一个线性模型来代替场效应晶体管，条件仍然是工作在线性区和微变信号。与双极型晶体管相比，场效应晶体管的栅极源极之间的输入电阻十分大，可视为开路。输出回路是一个受控源，即电压控制电流源 VCCS，大小是 $g_m\dot{U}_{gs}$。电流源 $g_m\dot{U}_{gs}$ 还并联了一个输出电阻 r_{ds}，r_{ds} 很大，在很多情况下也可以忽略不计，其他部分与双极型晶体管放大电路情况一样。简化场效应晶体管的中低频微变等效电路见图 9.5.3，共源组态放大电路的微变等效电路见图 9.5.4。

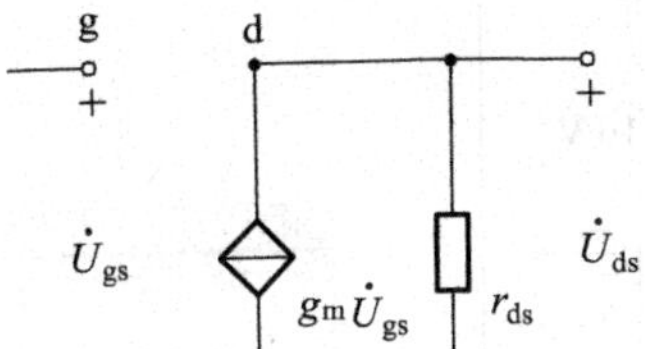

图 9.5.3 场效应晶体管微变等效电路

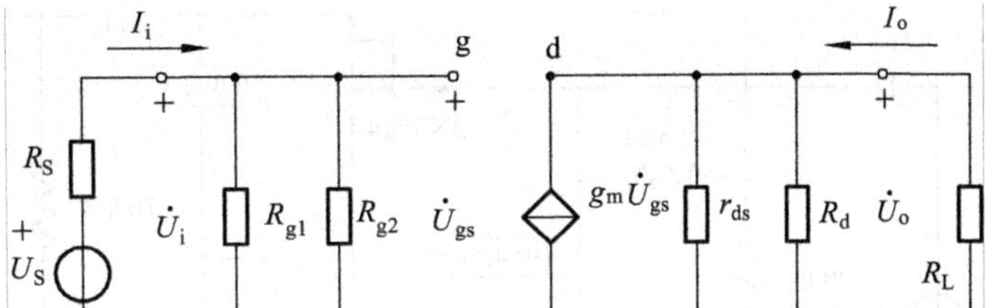

图 9.5.4 共源组态放大电路微变等效电路

低频跨导式（8.4.4）中，ΔI_D 和 ΔU_{GS} 为无限小的信号增量，而场效应晶体管是在小信号情况下工作的，所以可用电压和电流的交流分量来代替，即 $\Delta I_D = i_d$，$\Delta U_{GS} = u_{gs}$，跨导可由下式表示

$$g_m = \left.\frac{\Delta I_D}{\Delta U_{GS}}\right|_{U_{DS}=\text{常数}} = \frac{i_d}{u_{gs}} \tag{9.5.6}$$

这样漏极电流的交流分量 i_d 可以看做是受 u_{gs} 控制的恒流源。

3. 交流分析

1）电压放大倍数

根据图 9.5.4 可得输出电压为

$$\dot{U}_o = -g_m \dot{U}_{gs}(r_{ds} \mathbin{/\!/} R_d \mathbin{/\!/} R_L)$$

因 $\dot{U}_i = \dot{U}_{gs}$，所以

$$\dot{A}_u = \dot{U}_o / \dot{U}_i = -g_m(r_{ds} \mathbin{/\!/} R_d \mathbin{/\!/} R_L) = -g_m R_L' \tag{9.5.7}$$

式中， $R_L' = r_{ds} \mathbin{/\!/} R_d \mathbin{/\!/} R_L$

2）输入电阻

$$r_i = \dot{U}_i / \dot{I}_i = R_{g1} \mathbin{/\!/} R_{g2} \tag{9.5.8}$$

场效应晶体管具有输入电阻高的特点，但是由于偏置电阻的影响，放大电路的输入电阻并不一定高。如果增加 R_{g1} 和 R_{g1} 的数值也得有一定的限度，所以往往采用图 9.5.2 所示的偏置方式来提高放大电路的输入电阻。因场效应管的栅极电流几乎为零，R_g 两端可视为等电位，所以 R_{g1} 和 R_{g1} 的分压值可以不受损失地传递到栅极。

3）输出电阻

$$r_o = \dot{U}_o' / \dot{I}_o' = r_{ds} \mathbin{/\!/} R_d \tag{9.5.9}$$

例 9.5.2 用 EWB 分析图 9.5.5 所示共源结型场效应晶体管基本放大电路的静态工作点和电压放大倍数，并与理论计算相比较。已知 $g_m = 0.69\ \text{mA/V}$，$I_{DSS} = 1\ \text{mA}$，$U_P = -2\ \text{V}$。

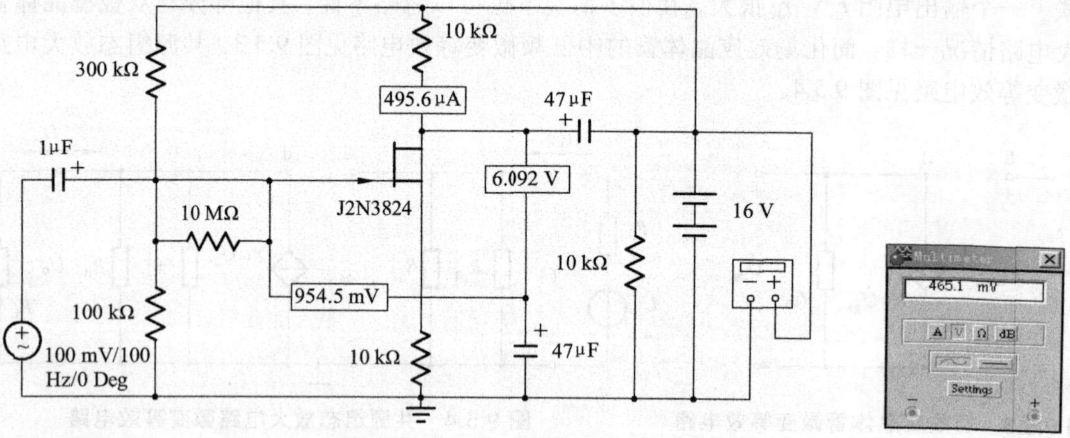

图 9.5.5 例 9.5.2 静态工作点仿真

解 （1）静态工作点仿真，结果列在图 9.5.5 之中。

（2）静态工作点理论计算。由图 9.5.5 可得

$$U_{GS} = \frac{V_{DD} R_{g2}}{R_{g1} + R_{g2}} - I_D R_s$$

$$U_{DS} = V_{DD} - (R_s + R_d) I_D$$

而 $$I_D = I_{DSS}\left(1-\frac{U_{GS}}{U_P}\right)^2$$

上述方程组代入数据得两组解

$$\begin{cases} I_{D1} = 0.46\ \text{mA} \\ U_{GS1} = -0.6\ \text{V} \end{cases} \qquad \begin{cases} I_{D2} = 0.78\ \text{mA} \\ U_{GS2} = -3.8\ \text{V} < U_P \end{cases}$$

第二组数据不合理，故工作点为

$$I_D = 0.46\ \text{mA}，\ U_{GS} = -0.6\ \text{V}，\ U_{DS} = 6.8\ \text{V}$$

理论计算结果与仿真结果在 I_D 和 U_{DS} 这两个指标上十分接近，而 $U_{GS} = -0.95\ \text{V}$，差别较大。

（3）动态计算。用微变等效电路求电压放大倍数，微变等效电路见图 9.5.6。

列方程 $$\dot{U}_i = \dot{U}_{gs}$$

$$\dot{U}_o = -g_m \dot{U}_{gs}(R_d \mathbin{/\!/} R_L)$$

$$R_L' = R_d \mathbin{/\!/} R_L$$

求解得 $$A_u = -g_m R_L' = -3.45$$

（4）电压放大倍数的仿真。$A_u = -465/100 = -4.65$，比计算值大，这主要是由管参数差异造成的。如果实际安装，实测值一般与计算值也会有差别，需要通过调试使电子电路的技术指标符合要求。

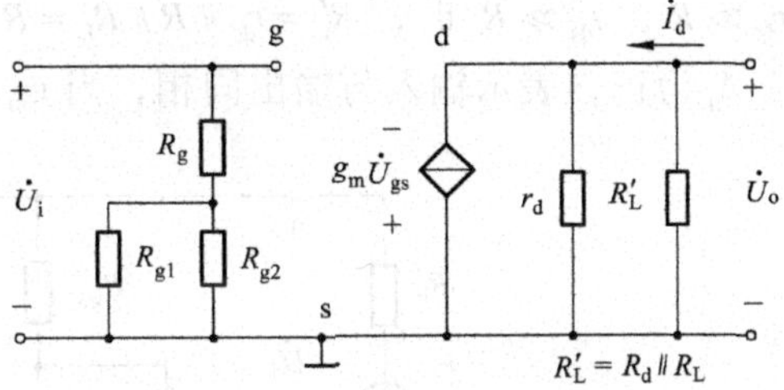

图 9.5.6　例 9.5.2 微变等效电路图

9.5.2　共漏组态放大电路

共漏组态基本放大电路如图 9.5.7 所示，其直流工作状态和动态分析如下。

1. 直流分析

共漏组态接法基本放大电路的直流通道如图 9.5.8 所示，于是有

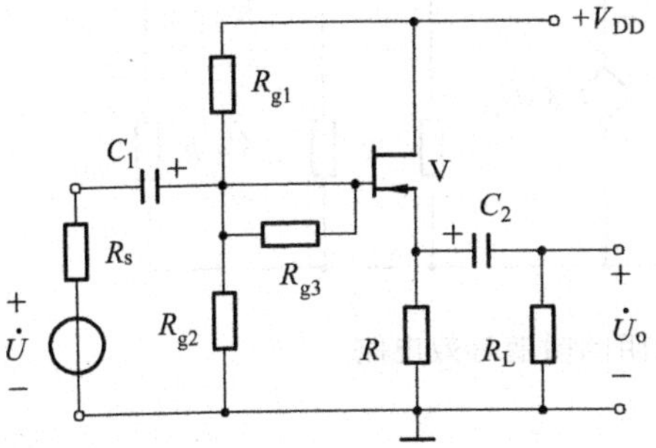

图 9.5.7　共漏组态放大电路

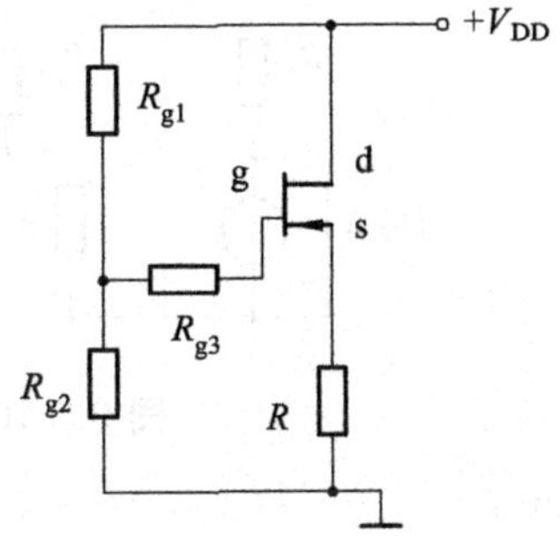

图 9.5.8　共漏放大电路的直流通道

$$U_G = \frac{R_{g2}V_{DD}}{R_{g1}+R_{g2}}，\quad I_D = I_{DSS}\left(1-\frac{U_{GS}}{U_{GS(off)}}\right)^2$$

$$U_{GS} = U_G - U_S = U_G - I_D R$$
$$U_{DS} = V_{DD} - I_D R$$

由此可以解出U_{GS}，I_D和U_{DS}，因有两组解，应去除不合理的一组解。

2. 交流分析

画出图 9.5.7 的共漏组态放大电路的微变等效电路，见图 9.5.9。

1）电压放大倍数

由图 9.5.9 可知

$$\dot{A}_u = \frac{\dot{U}_o}{\dot{U}_i} = \frac{\dot{U}_o}{\dot{U}_{gs} + \dot{U}_o} = \frac{g_m \dot{U}_{gs}(r_{ds} /\!/ R /\!/ R_L)}{\dot{U}_{gs} + g_m \dot{U}_{gs}(r_{ds} /\!/ R /\!/ R_L)} = \frac{g_m R_L'}{1 + g_m R_L'} \tag{9.5.10}$$

当$r_{ds} \gg R$，$r_{ds} \gg R_L$时，$R_L' = r_{ds} /\!/ R /\!/ R_L \approx R /\!/ R_L$。

$\dot{A}_u$为正，表示输入与输出同相，当$g_m R_L' \gg 1$时，$\dot{A}_u \approx 1$。

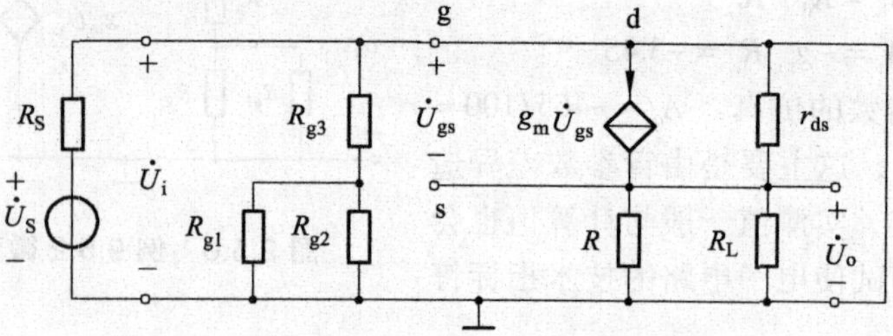

图 9.5.9　共漏放大电路的微变等效电路

2）输入电阻

输入电阻r_i为

$$r_i = R_{g3} + R_{g1} /\!/ R_{g2} \tag{9.5.11}$$

3）输出电阻

计算输出电阻的原则与其他组态相同，将图 9.5.9 改画为图 9.5.10。

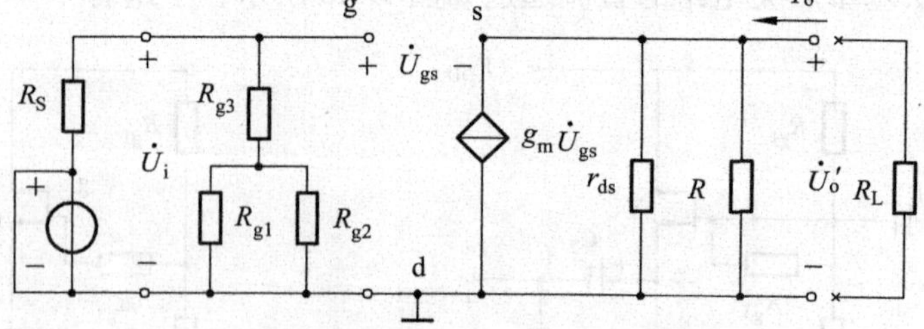

图 9.5.10　求输出电阻的微变等效电路

求解过程如下

$$\dot{I}_o' = \frac{\dot{U}_o'}{R /\!/ r_{ds}} - g_m \dot{U}_{gs} = \dot{U}_o' / [R /\!/ r_{ds} /\!/ (1/g_m)]，\quad \dot{U}_o' = -\dot{U}_{gs}$$

$$r_o = \frac{\dot{U}_o'}{\dot{I}_o'} = R /\!/ r_{ds} /\!/ (1/g_m) = \frac{R /\!/ r_{ds}}{1 + (R /\!/ r_{ds}) g_m} \approx \frac{R}{1 + g_m R} = R /\!/ \frac{1}{g_m} \tag{9.5.12}$$

共漏组态放大电路的电压增益近似等于 1，输出电阻很小，与共射组态的性能相同。因场效应晶体管本身的输入电阻极大,所以放大电路输入电阻的大小主要由电路的偏置来决定。

9.5.3 共栅组态放大电路

共栅组态放大电路见图 9.5.11，共栅组态放大电路的微变等效电路见图 9.5.12，其电路结构与共基极组态放大电路相同，只是用场效应晶体管取代双极型晶体管。

1）直流分析

与共源组态放大电路相同，不再重述。

2）交流分析

根据图 9.5.12 可以对共栅放大电路进行交流计算。共栅组态放大电路与共基组态放大电路有相同的特点。共栅组态放大电路的电压增益与共源组态放大电路的电压增益相反。

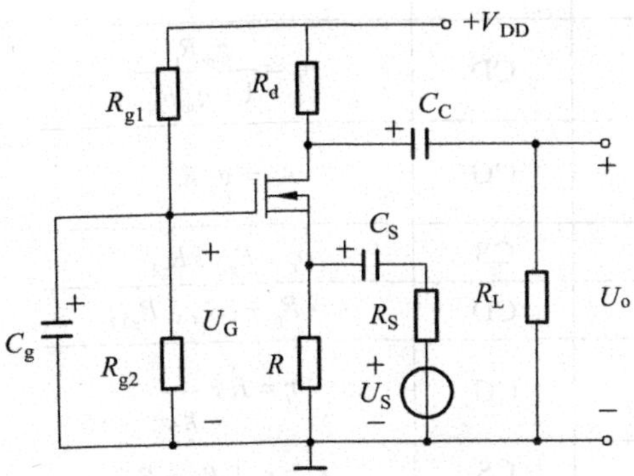

图 9.5.11　共栅组态放大电路

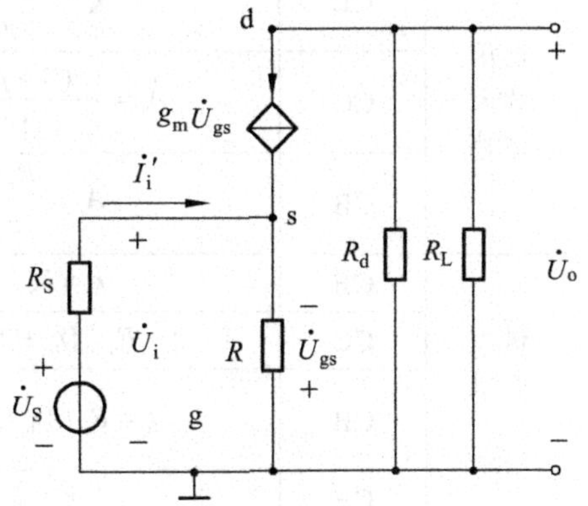

图 9.5.12　共栅放大电路微变等效电路

电压放大倍数　$\dot{A}_u = \dfrac{\dot{U}_o}{\dot{U}_i} = \dfrac{-g_m\dot{U}_{gs}(R_d \,/\!/\, R_L)}{-\dot{U}_{gs}} = g_m(R_d \,/\!/\, R_L) = g_m R_L'$

输入电阻　$r_i = \dfrac{\dot{U}_i}{\dot{I}_i} = \dfrac{-\dot{U}_{gs}}{\dot{U}_{gs}/R - g_m\dot{U}_{gs}} = \dfrac{1}{1/R + g_m} = R \,/\!/\, \dfrac{1}{g_m}$

输出电阻　$r_o \approx R_d$

小　结

（1）不失真地放大输入信号是构成放大电路的基本要求。对放大电路分析有静态分析和动态分析两种。静态分析的目的是确定放大电路在直流状态下，晶体管电压电流的静态工作点；动态分析主要是利用微变等效电路分析计算放大电路在交流信号状态下，放大电路的电压放大倍数、输入电阻、输出电阻等动态性能指标。

（2）分析基本放大电路的静态工作状态有图解法和计算法。分析放大电路的动态有动态图解分析法和微变等效电路法。微变具有线性的含义，晶体管的微变等效电路即是晶体管的线性化模型。基本放大电路的中频微变等效电路是以晶体管的微变等效电路为核心，加上外电路的相关元件构成的。此时大容量的耦合电容和旁路电容可短路，直流电源短路。基本放大电路的微变等效电路画出后，求放大电路的参数就是一个解电路的问题了。

（3）注意3种组态基本放大电路电压增益表达式的共同点：分子是输出电极处的β值乘以输出电极处的等效交流电阻；分母是输入电极处看进放大电路的输入电阻值。例如，从集电极输出应乘以β；从发射极输出应乘以$(1+\beta)$。共射组态电压增益表达式有负号，共集和共基组态为正号。

（4）共射、共集、共基3种组态与共源、共漏、共栅3种组态之间分别有一定的对应关系。对双极型晶体管和场效应晶体管的3种组态基本放大电路交流参数的比较见表9.5.1。

表 9.5.1　双极型晶体管和场效应晶体管的三种组态基本放大电路交流参数的比较

技术指标	双极型晶体管 组态	表达式	场效应晶体管 组态	表达式
电压放大倍数	CE	$\dot{A}_u=-\dfrac{\beta R_L'}{r_{be}}$	CS	$\dot{A}_u=-g_m R_L'$
	CC	$\dot{A}_u=\dfrac{(1+\beta)R_L'}{r_{be}+(1+\beta)R_L'}$	CD	$\dot{A}_u=\dfrac{g_m R_L'}{1+g_m R_L'}$
	CB	$\dot{A}_u=\dfrac{\beta R_L'}{r_{be}}$	CG	$\dot{A}_u=g_m R_L'$
输入电阻	CE	$r_i=R_b // r_{be}$	CS	$r_i=R_{g1} // R_{g2}$
	CC	$r_i=R_b // [r_{be}+(1+\beta)R_L']$	CD	$r_i=R_g+(R_{g1} // R_{g2})$
	CB	$r_i=R_e // [r_{be}/(1+\beta)]$	CG	$r_i=R // \dfrac{1}{g_m}$
输出电阻	CE	$r_o\approx R_c$	CS	$r_o=r_{ds} // R_d\approx R_d$
	CC	$r_o=R_e // \dfrac{r_{be}+R_b // R_S}{1+\beta}$	CD	$r_o=R // \dfrac{1}{g_m}$
	CB	$r_o=R_c$	CG	$r_o=R_d$

习　题

9.1　放大的基本概念是什么？放大电路中能量的控制与变换关系如何？

9.2　什么是放大电路的静态和动态？什么是放大电路的直流通路和交流通路？如何确定？

9.3　放大电路有哪些组态？判断放大电路组态的基本方法是什么？共射组态基本放大电路的微变等效电路分析法的具体步骤是什么，试通过具体实例说明。

9.4　电路如题9.4图所示，已知晶体管的$\beta=60$，$r_{be}=1\ \mathrm{k\Omega}$，$U_{BE}=0.7\ \mathrm{V}$，试求：（1）静态工作点$I_{BQ}$，$I_{CQ}$，$U_{CEQ}$；（2）电压放大倍数；（3）若输入电压$u_i=10\sqrt{2}\sin(\omega t)\ \mathrm{mV}$，求输出电压$\dot{U}_o$的有效值。

9.5　电路见题9.5图，晶体管为硅管，元件参数已给出，$V_{CC}=12\ \mathrm{V}$，$U_{BE}=0.7\ \mathrm{V}$，$\beta=50$。试计算：（1）静态工作点；（2）电压放大倍A_u、输入电阻r_i、输出电阻r_o；（3）若保持$\beta=50$不变，将R_L由3.9 kΩ变为2 kΩ，则电压放大倍数将如何变化？

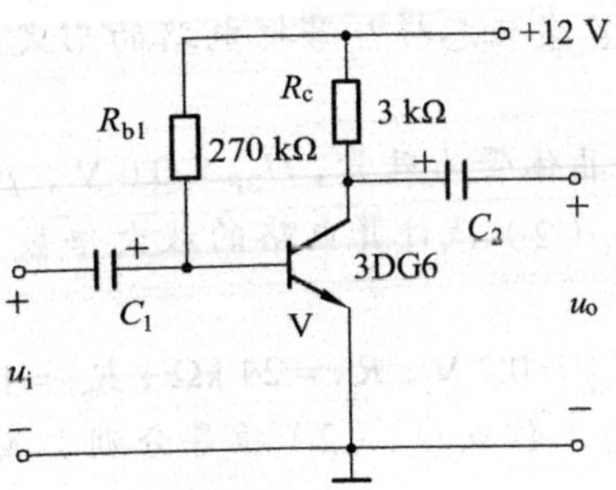

题 9.4 图

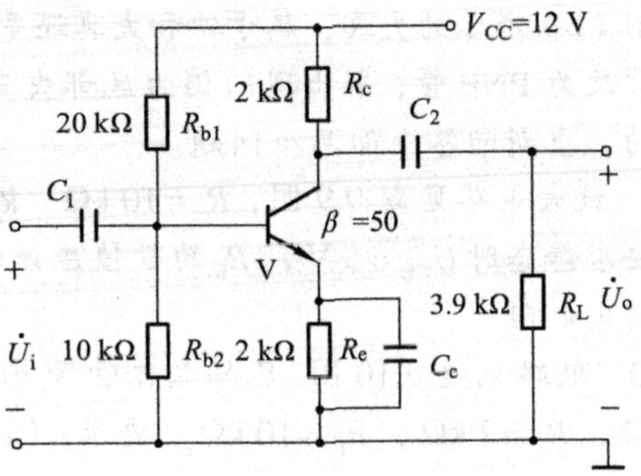

题 9.5 图

9.6　电路见题 9.6 图，设 $V_{CC}=15\text{ V}$，$R_{b1}=60\text{ k}\Omega$，$R_{b2}=20\text{ k}\Omega$，$R_c=1\text{ k}\Omega$，$R_e=5\text{ k}\Omega$，$R_S=600\ \Omega$，电容 C_1、C_2 都足够大，$\beta=60$，$U_{BE}=0.7\text{ V}$，$R_L=3\text{ k}\Omega$。试求：（1）电路的静态工作点 I_{BQ}，I_{CQ}，U_{CEQ}；（2）电路的电压放大倍数 A_u、放大电路的输出电阻 r_i 和输出电阻 r_o；（3）若信号源具有 $R_S=600\ \Omega$ 的内阻，求源电压放大倍数 A_{us}；（4）若电路出现故障，且经测量得知 $U_E=0$，$U_C=V_{CC}$，请判明故障的原因。

9.7　共基放大电路见题 9.7 图，已知 $\beta=100$，$U_{BE}=0.7\text{ V}$，试计算电路的放大倍数、输入电阻、输出电阻。

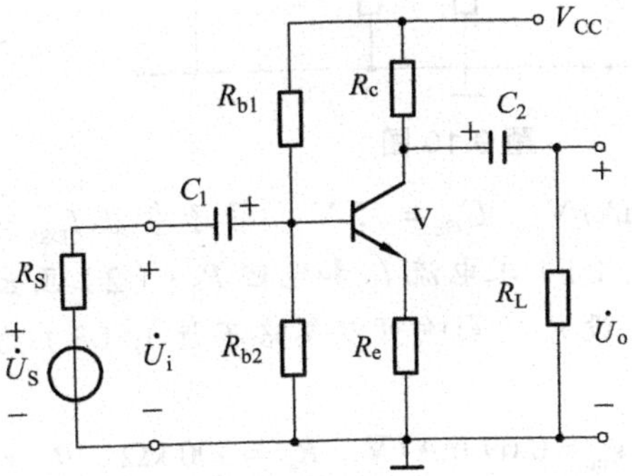

题 9.6 图

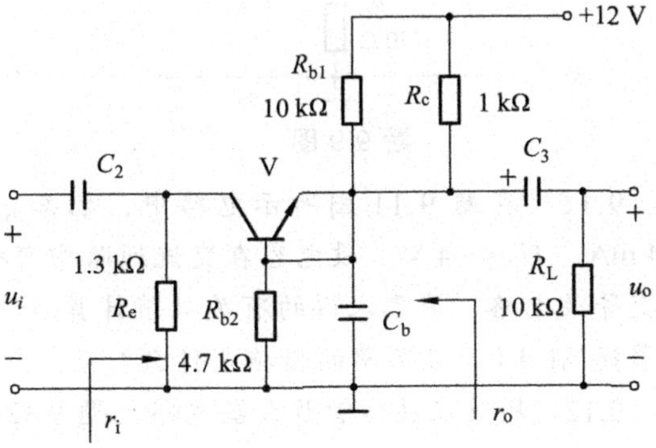

题 9.7 图

9.8　题 9.8 图（a）所示为射极输出器，已知晶体管的 $\beta=100$，$U_{BE}=0.6\text{ V}$，信号源内阻 $R_S=0$，试求：（1）电路的放大倍数、输入电阻、输出电阻；（2）电路输出波形产生了如

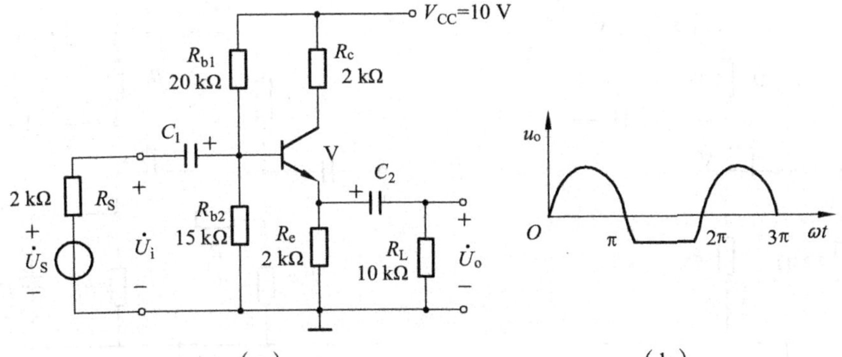

（a）　　　　　　　　　　（b）

题 9.8 图

题 9.8 图（b）所示的失真，属于饱和失真还是截止失真？消除该种失真最有效的方法是什么？如晶体管改为 PNP 管，若出现的仍为底部失真，上面的答案又怎样？若把电路的形式改为共集电极的，重新回答上面两个问题。

9.9　放大电路见题 9.9 图，$R_c = 10\ \text{k}\Omega$，$R_e = 270\ \Omega$，晶体管为硅管，$U_{BE} = 0.6\ \text{V}$，$\beta = 45$。（1）若要求静态时 $U_{CE} = 5\ \text{V}$，R_b 的数值应该调到多少？（2）试计算电路的放大倍数、输入电阻、输出电阻。

9.10　电路见题 9.10 图，已知晶体管 V 的 $\beta = 50$，$U_{BE} = 0.7\ \text{V}$，$R_{n1} = 24\ \text{k}\Omega$，$R_{b2} = 15\ \text{k}\Omega$，$R_c = 2\ \text{k}\Omega$，$R_e = 2\ \text{k}\Omega$，$R_L = 10\ \text{k}\Omega$。要求：（1）估算静态工作点 Q；（2）推导分别自 M，N 两端输出时的电压放大倍数的表达式；（3）当 $u_i = \sqrt{2}\sin(\omega t)\ \text{V}$ 时，近似计算 u_{o1}，u_{o2}，并画出 u_i，u_{o1}，u_{o2}，的波形。

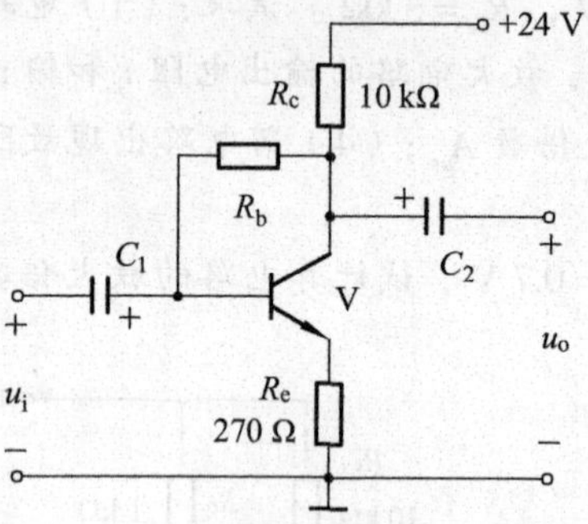

题 9.9 图

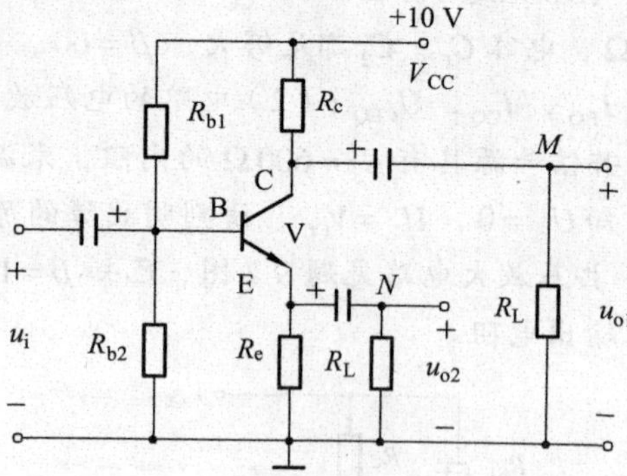

题 9.10 图

9.11　在题 9.11 图所示电路中，已知 $g_m = 0.69\ \text{mA/V}$，$U_{GS} = -2\ \text{V}$，管子参数 $I_{DSS} = -4\ \text{mA}$，$U_P = -4\ \text{V}$。设电容在交流通路中可视为短路。（1）求电流 I_D 和电阻 R_S；（2）画出微变等效电路，用已求得的有关数值计算 A_u，r_i 和 r_o（设 r_{ds} 的影响可以忽略不计）；（3）为显著提高$|A_u|$，最简单的措施是什么？

9.12　场效应晶体管放大器电路见题 9.12 图，其中 $g_m = 0.69\ \text{mA/V}$，$R_{g1} = 300\ \text{k}\Omega$，$R_{g2} = 30\ \text{k}\Omega$，$R_{g3} = 10\ \text{k}\Omega$，$R_s = R_d = 10\ \text{k}\Omega$，$V_{DD} = 16\ \text{V}$，设饱和电流 $I_{DSS} = 1\ \text{mA}$，夹断电压 $U_P = -2\ \text{V}$。求：（1）静态工作点；（2）画出该放大电路的微变等效电路；（3）电压放大倍数 A_u，r_i 和 r_o；（4）定性说明当 R_s 增大时，A_u，r_i，r_o 是否变化，如何变化？（5）若 C_s 开路，A_u，r_i，r_o 是否变化，如何变化？写出变换后的表达式。

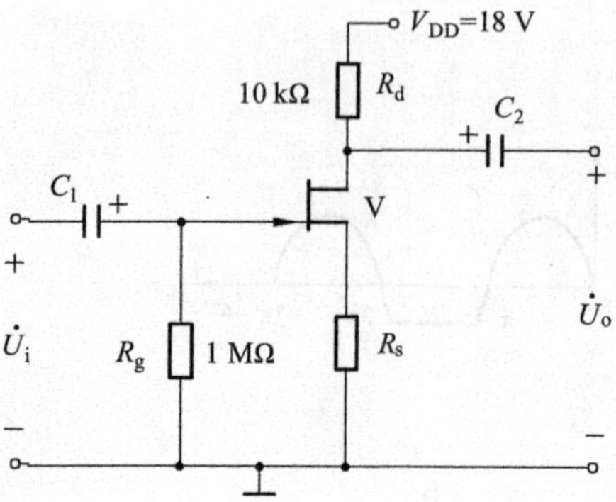

题 9.11 图

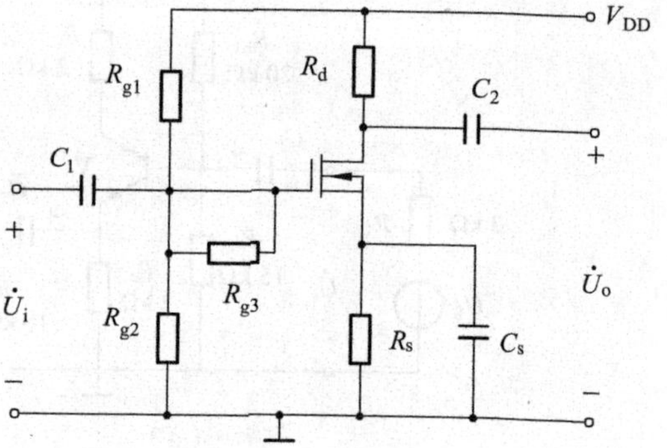

题 9.12 图

第 10 章

多级放大电路

提　要　多级放大电路中的级间耦合通常有 3 种耦合方式：阻容耦合、变压器耦合和直接耦合。本章介绍阻容耦合放大电路、功率放大电路、直接耦合和差动放大电路。

10.1　多级放大电路的耦合方式

在多级放大电路中，每两个单级放大电路之间的连接方式叫耦合。实现耦合的电路称为级间耦合电路，其任务是将前级信号传送到后级。

对级间耦合电路的基本要求如下：

(1) 级间耦合电路对前、后级放大电路静态工作点不产生影响。

(2) 级间耦合电路不会引起信号失真。

(3) 尽量减少信号电压在耦合电路上的压降。

多级放大电路中的级间耦合通常有 3 种耦合方式，即阻容耦合、变压器耦合和直接耦合，见图 10.1.1。在多级放大电路中，用电阻、电容构成的耦合电路称为阻容耦合；直接耦合即级间不需要耦合元件；用变压器构成的级间耦合电路称为变压器耦合。

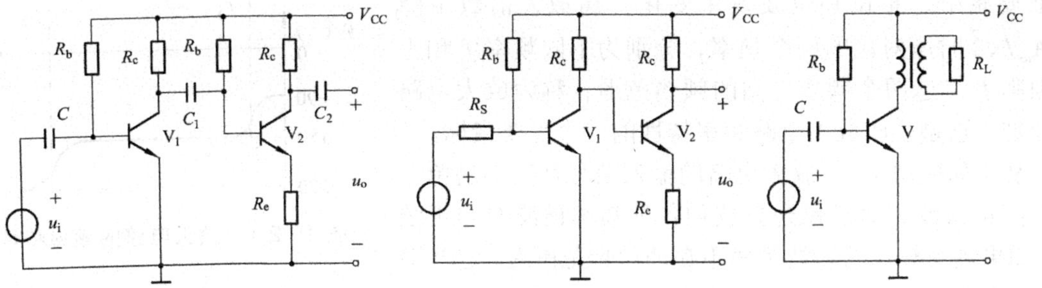

(a) 阻容耦合　　(b) 直接耦合　　(c) 变压器耦合

图 10.1.1　耦合方式

10.2　阻容耦合放大电路

1. 静态分析

耦合电容通交流隔直流，各级放大电路静态工作点，可以单独进行分析。

2. 动态分析

由两级阻容耦合放大电路的微变等效电路，可以推出：

（1）n级放大电路的总电压放大倍数，等于各个单级放大器放大倍数的积。

$$\dot{A}_u = \dot{A}_{u1}\dot{A}_{u2}\dot{A}_{u3}\cdots\dot{A}_{un} = \prod_{k=1}^{n}\dot{A}_{uk} \tag{10.2.1}$$

在求单级放大电路的放大倍数时必须将后一级的输入电阻作为前一级的负载考虑，即将第二级的输入电阻与第一级集电极负载电阻并联。

（2）n级放大电路的输入电阻，就是第一级的输入电阻，即

$$r_i = r_{i1} \tag{10.2.2}$$

（3）n级放大电路的输出电阻，就是最末一级的输出电阻，即

$$r_o = r_{on} \tag{10.2.3}$$

3. 频率特性

在阻容耦合放大电路中，由于存在级间耦合电容，发射极旁路电容及晶体管的结电容等，它们的容抗将随频率的变化而变化，所以当信号频率不同时，放大电路输出电压相对于输入电压的幅值和相位都会发生变化。放大电路的电压放大倍数与频率的关系称为幅频特性；输出电压相对于输入电压的相位移与频率的关系称为相频特性，两者统称频率特性。

图 10.2.1 所示是单级阻容耦合放大电路的频率特性。由图可见，在中间一段宽广的频率范围内，电压放大倍数与频率几乎无关，$A_u \approx A_{uo}$，输出信号相对于输入信号的相位移φ为$-180°$。随着频率的增高或降低，电压放大倍数都要减小，相位移也要发生变化，当放大倍数下降为$A_{uo}/\sqrt{2}$时所对应的两个频率，分别为下限频率f_1和上限频率f_2。这两个频率之间的频率范围，称为放大电路通频带。它是表明放大电路频率特性的一个重要指标。

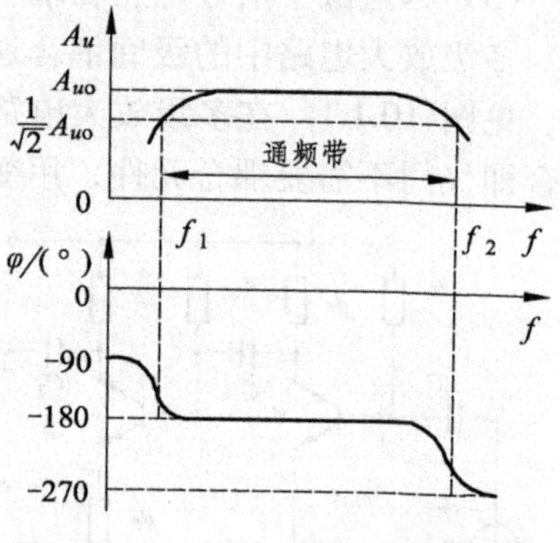

图 10.2.1 放大电路的频率特性

从实际应用上说，放大电路的输入信号往往不是单一频率的正弦波，而是包含基波和各种频率谐波的非正弦波，如果幅值较大的谐波频率不在通频带范围内，这些谐波放大倍数就不一样，不能均匀放大而引起所谓频率失真。为了避免产生显著的频率失真，应将这些谐波包含在通频带范围内。

例 10.2.1 有一阻容耦合放大电路见图 10.2.2（a），已知：$\beta_1 = \beta_2 = 50$，$r_{be1} = 2.9\ k\Omega$，$r_{be2} = 1.7\ k\Omega$。求：（1）微变等效电路；（2）r_i，r_o；（3）$\dot{A}_u$。

解 （1）微变等效电路见图 10.2.2（b）。

（2）输入电阻 $r_{i2} = R_{b2} \,/\!/\, R_{b3} \,/\!/\, r_{be2} = 1.6\ (k\Omega)$

$r_i = R_{b1} \,/\!/\, [r_{be1} + (1+\beta_1)(R_{e1} \,/\!/\, r_{i2}) = 58\ (k\Omega)$

输出电阻 $r_o \approx R_{c2} = 10\ (k\Omega)$

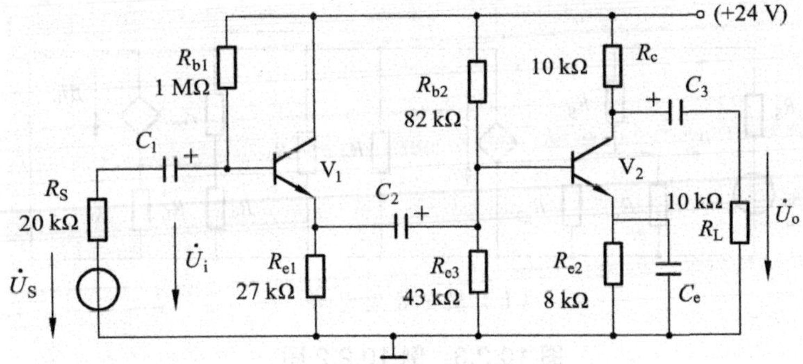

（a）例 10.2.1 电路图

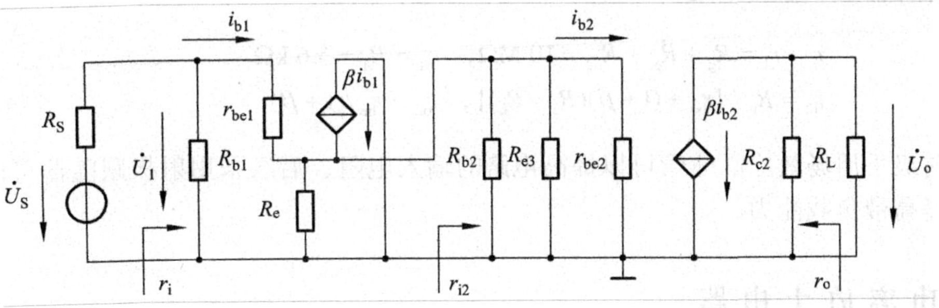

（b）微变等效电路

图 10.2.2　例 10.2.1 图

(3) 电压放大倍数 $\dot{A}_u$ 为

$$\dot{A}_u = \dot{A}_{u1}\dot{A}_{u2} = \frac{(1+\beta_1)(R_{e1} /\!/ r_{i2})}{r_{be1} + (1+\beta_1)(R_{e1} /\!/ r_{i2})}\left(-\beta_2 \frac{R_{c2} /\!/ R_L}{r_{be2}}\right) = 0.99\times(-147) = -146$$

例 10.2.2　两级交流放大电路见图 10.2.3（a），已知场效应管的 $g_m = 2\ \text{mS}$，晶体管 $\beta = 100$。要求：(1) 画出放大电路的微变等效电路；(2) 计算 A_u；(3) 计算输入、输出电阻；(4) 说明前级采用场效应晶体管，后级采用射极输出放大电路的作用。

解　(1) 画出放大电路的微变等效电路见图 10.2.3（b）。

(2) 计算 A_u。

$$A_u = -g_m\{R_d /\!/ R_b /\!/ [r_{be} + (1+\beta)(R_e /\!/ R_L)]\} = -4.38$$

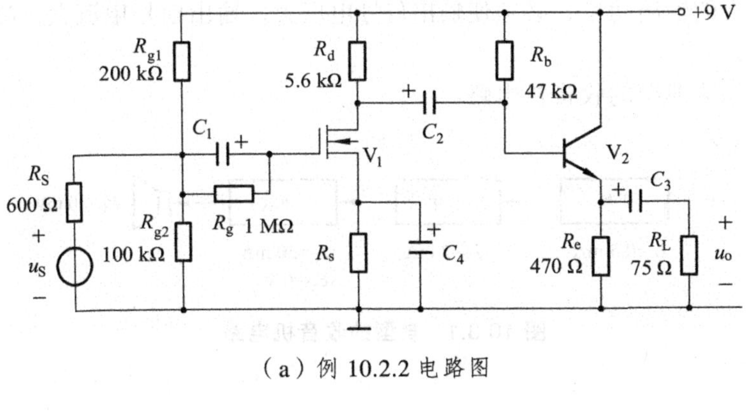

（a）例 10.2.2 电路图

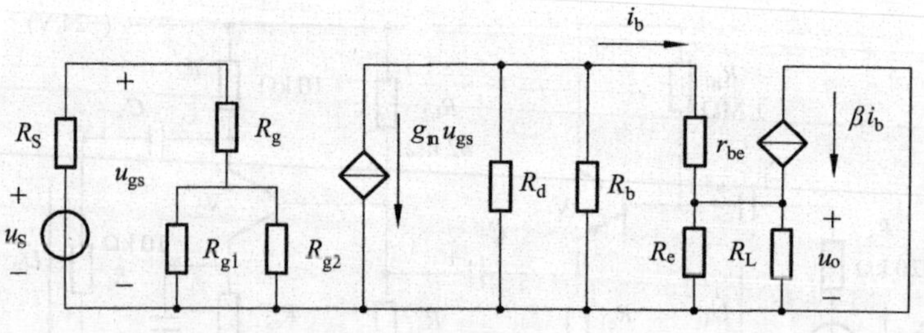

（b）微变等效电路

图 10.2.3　例 10.2.2 图

（3）计算输入、输出电阻。

$$r_i = r_{i1} = R_g + R_{g1} /\!/ R_{g2} \approx 10\ \text{M}\Omega,\quad r_{o1} \approx R_d = 5.6\ \text{k}\Omega$$

$$r_{i2} = R_b /\!/ [r_{be} + (1+\beta)(R_e /\!/ R_L)],\quad r_{o2} \approx r_{be}/(1+\beta)$$

（4）前级采用场效应晶体管可以提高电路的输入电阻，后级采用射极跟随器可以降低输出电阻，提高带负载能力。

10.3　功率放大电路

电子设备中的多级放大电路，其前置级是电压放大级，最后一级是功率放大级（功率输出级），把前置级送来的低频信号经功率放大，以获得足够大的功率输出，去推动负载工作。例如，使继电器动作、电动机旋转、仪表指针偏转、扬声器发声等。为了使功率放大电路获得最大的功率输出，应使晶体管的输出电压和电流有较大的幅度，并接近其极限参数。功率放大电路工作在大信号状态下，其动态范围大，应考虑失真问题，分析电路时，往往采用图解分析法。此外，功率放大电路中的直流电源耗能较大，还必须考虑放大电路的效率。

10.3.1　功率放大电路的一般问题

1. 功率放大电路的特点

功率放大电路是一种以输出较大功率为目的的放大电路，是用于向负载提供功率的放大电路。为了获得大的输出功率，必须使输出信号电压大，输出信号电流大，放大电路的输出电阻与负载匹配。

图 10.3.1 所示为典型的收音机电路。

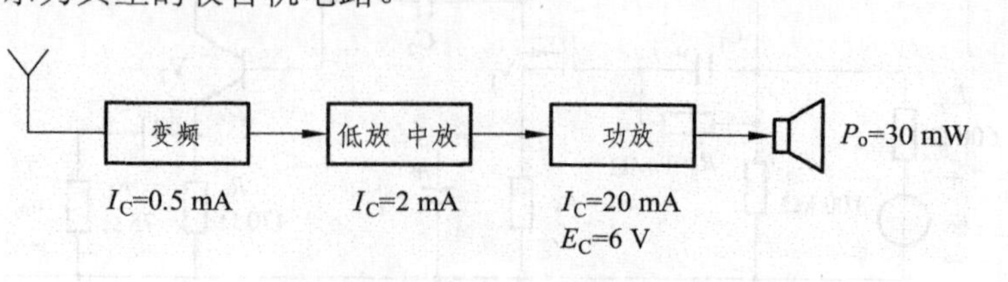

图 10.3.1　典型的收音机电路

电源供给的功率　　$P_{DC}=E_C I_C=120\ (\text{mW})$

转换效率　　$\eta=\dfrac{P_o}{P_{DC}}\times 100\%=25\%$

1）功率放大电路中的一些特殊问题和主要要求

（1）输出功率尽可能大。要求尽可能大的输出功率，管子在极限状态工作。

（2）效率要高。

（3）非线性失真要小。在大信号状态工作必然引起失真的问题，这就存在增大输出功率和失真严重的矛盾，要求在电路结构上进行改进，尽可能大地提高输出功率，减小非线性失真。

（4）要解决功率管的散热问题。电源供给的能量大多数以管耗的形式消耗掉，功放电路中的工作管必须加散热片。

（5）功率管的保护。管子承受的电压高，流过的电流大。

2）电压放大器与功率放大器的区别

（1）任务不同。电压放大器要不失真地提高输入信号的幅度，以驱动后面的功率放大级，通常工作在小信号状态。功率放大器要在信号不失真或轻度失真的条件下提高输出功率，通常工作在大信号状态。

（2）分析方法不同。电压放大采用微变等效电路法和图解法，功率放大采用图解法。

2. 放大电路工作状态

放大电路有3类工作状态，即甲类放大、乙类放大和甲乙类放大。

（1）甲类放大。在放大电路的输出特性曲线和交流负载线中，若将放大电路的静态工作点Q选在其交流负载线中点附近，在整个输入信号周期内，始终有电流流过晶体管，通常把这类放大电路的工作状态称为甲类放大，见图10.3.2（a）。

（2）甲乙类放大。若使静态工作点Q设置在甲类和乙类之间且靠近截止区，这种工作状态称为甲乙类放大，见图10.3.2（b）。

（3）乙类放大。如果把静态工作点Q继续沿交流负载线下移，使之接近坐标的横轴，静态集电极电流I_{CQ}接近零。这时管子只在输入信号周期的正半周工作，这种工作状态称为乙类放大，见图10.3.2（c）。

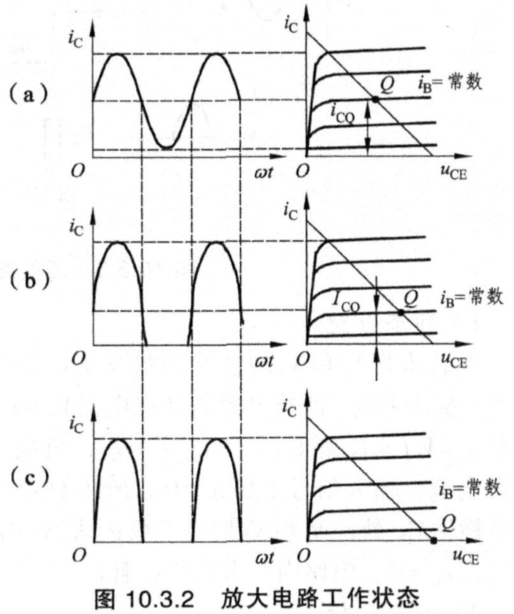

图10.3.2　放大电路工作状态

甲类放大虽然放大的信号不失真，但管耗太大，电路的效率很低。甲乙类放大和乙类放大电路因静态电流很小，使电源供给的直流功率几乎全部转换成交流输出信号，因此降低了管耗，提高了效率。但是，这两种功放电路都出现了严重的波形失真。为了使放大电路既要效率高，又要使失真不严重，应设计新的电路。

3. 射极输出器的功率放大作用

在信号一定的条件下，负载上要获得最大功率就必须使放大电路的输出电阻与负载阻值尽量匹配。前面所讨论的多级共射极放大电路虽然能将信号电压放大，但因其输出电阻高，在低阻值负载上得不到最大功率输出，因而不适合用作功率输出级。射极输出器具有输入电阻高、输出电阻低的特点，对前置放大电路的高输出电阻和阻值小的负载都能达到电阻匹配的要求。射极输出器能满足电阻匹配，使负载获得最大输出功率，但因电路的静态电流较大，因而晶体管的损耗较大，致使能量转换效率低。

10.3.2 互补对称功率放大电路

1. 乙类互补对称功率放大电路

图 10.3.3 中 V_1 为 NPN 型晶体管，V_2 为 PNP 型晶体管，两管分别构成参数对称的射极输出器电路，在输入信号的激励下轮流导通工作，互补输出负载电流，组成了乙类互补对称功率放大电路。又由于该电路与负载直接相连，没有耦合电容，所以称为无输出电容放大电路，简称 OCL（Output Capacitor Less）。

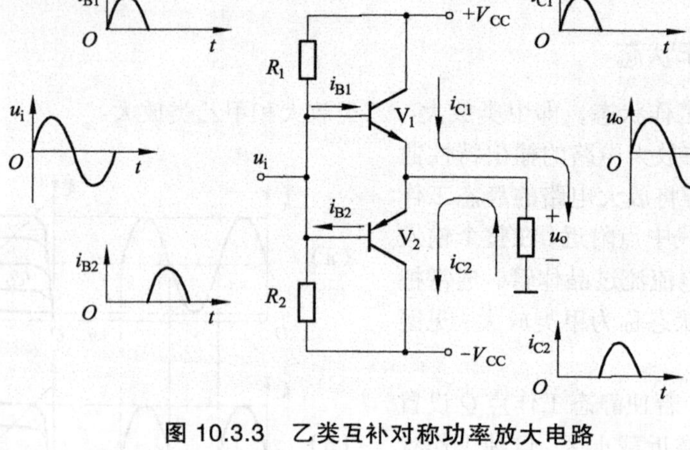

图 10.3.3　乙类互补对称功率放大电路

1）静态分析

设晶体管 V_1 和 V_2 的特性参数及正、负电源电压完全对称，两管射极的静态电位 $V_E=0$，即 $U_{CE1}=V_{CC}=E_C$ 和 $U_{CE2}=-V_{CC}=-E_C$，负载中没有电流。输入信号电压 $u_i=0$，所示 Q 点设置在横轴 V_{CC} 处，V_1 和 V_2 均处于截止状态。输出电压 $u_o=0$，电路内没有功率损耗。

2）动态分析

乙类互补对称功率放大电路的图解分析见图 10.3.4。

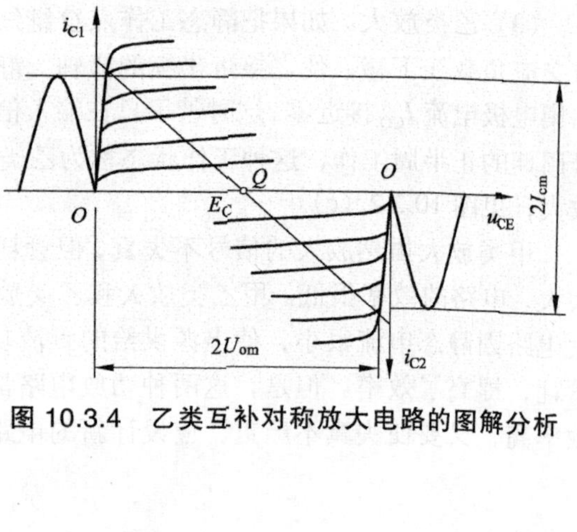

图 10.3.4　乙类互补对称放大电路的图解分析

（1）当 $u_i=0$ 即静态时，$u_o=0$。

（2）当u_i处于正半周时，V_1导通，V_2截止，流过R_L的电流为i_{C1}。
（3）当u_i处于负半周时，V_1截止，V_2导通，流过R_L的电流为i_{C2}。
（4）由于管子的对称性，$i_{C1}=i_{C2}$，在负载上获得完整的正弦波形。

3）输出功率及效率

从图10.3.4中可以看出，输出电压u_o的最大幅值为$U_{om}\approx V_{CC}$（忽略管子的饱和压降U_{CES}）。由于一个周期内V_1和V_2管轮流导通，故每个电源只在半个周期内供给功率，而流过每个直流电源的电流i_{C1}和i_{C2}都是半个正弦波。

流过每个直流电源的电流的平均值　　$I_{C1}=I_{C2}=I_C$

输入信号正半周，输出电压的最大值　　$U_{om}=V_{CC}-U_{CES}\approx V_{CC}$

输入信号负半周，输出电压的最大值　　$U_{om}=-V_{CC}-U_{CES}\approx -V_{CC}$

输出电流的最大值　　$I_{om}=U_{om}/R_L$

输出最大功率　　$$P_{omax}=U_oI_o=\frac{U_{om}}{\sqrt{2}}\frac{I_{om}}{\sqrt{2}}=\frac{U_{om}^2}{2R_L}\approx\frac{V_{CC}^2}{2R_L} \tag{10.3.1}$$

每管工作半周的平均电流

$$I_C=\frac{1}{2\pi}\int_0^{\pi}i_{C1}\mathrm{d}t=\frac{1}{2\pi}\int_0^{\pi}I_{om}\sin(\omega t)\cdot\mathrm{d}(\omega t)=\frac{I_{om}}{\pi}=\frac{U_{om}}{\pi R_L}$$

两个直流电源供给的最大总功率

$$P_{Emax}=I_C\times 2V_{CC}=\frac{U_{om}2V_{CC}}{\pi R_L}=\frac{2V_{CC}^2}{\pi R_L} \tag{10.3.2}$$

效率　　$$\eta=\frac{P_o}{P_{Emax}}=\frac{U_{om}^2}{2R_L}\Big/\frac{2V_{CC}U_{om}}{R_L}=\frac{\pi}{4}\frac{U_{om}}{V_{CC}} \tag{10.3.3}$$

当$U_{om}=V_{CC}$时效率最大，其值为

$$\eta=P_{omax}/P_{Emax}=\pi/4=78.5\% \tag{10.3.4}$$

当$U_{om}=\frac{2}{\pi}V_{CC}$时两管有最大功耗，其值为

$$P_{cmax}=P_{Emax}-P_{omax}=\frac{2V_{CC}^2}{\pi^2R_L}=\frac{4P_{omax}}{\pi^2}=0.4P_{omax}$$

单管最大功耗为　　$P_{cmax(单管)}=0.2P_{omax}$

应该注意，式（10.3.1）的结果是在忽略管子饱和压降U_{CES}和输入信号足够大的情况下得到的，所以实际效率略低于这个数值。

2. 甲乙类互补对称功率放大电路

1）交越失真

在OCL乙类互补对称功率放大电路中，静态时V_1和V_2均处于截止状态，当输入信号小于晶体管的死区电压时，基极电流i_B基本上等于零，见图10.3.5。因此，在两管交替工作前后都存在一个由输入特性的死区电压而引起的截止工作区，导致输出电压、电流波形产生信号失真，这种失真称为交越失真。

为了消除交越失真，可在晶体管上加一很小的直流偏压，将静压工作点设置在稍高于截止点，使两个功放管在静止时处于导通状态，即可避开输入特性曲线上的死区电压。这时两只晶体管都工作在甲乙类放大状态。图 10.3.6 是甲乙类互补对称功率放大的实际电路。在电压放大级晶体管 V_1 的集电极，也就是在功率放大级 V_2，V_3 管的基极间加了两只二极管 VD_1，VD_2（有的电路加入电阻或电阻与二极管串联）。

2）静　态

静态时，V_1 管的静态工作电流在 VD_1，VD_2 上产生正向压降，以供给 V_2，V_3 管一定的基极偏流，使两管都处于微导通状态。由于电路是对称的，静态时 V_2，V_3 管电流相等，负载电阻 R_L 没有静态电流流动，两管发射极电位为零。

3）动　态

当有输入信号时，由于二极管 VD_1，VD_2 的动态电阻很小，比 V_1 管的集电极电阻小很多，可以认为 V_2，V_3 管的基极交流电位基本相等。V_2，V_3 管在输入信号正负半周内轮流工作，而在过零点的附近，两管将同时导通，负载电流 i_o 是 i_{C2} 和 i_{C3} 之差，这样就克服了交越失真现象。i_o，i_{C2} 和 i_{C3} 的波形图见图 10.3.6。

综上所述，甲乙类互补对称电路可以克服交越失真，但为了提高效率，V_2，V_3 管的基极偏流不宜太大，应尽可能地接近乙类放大电路。

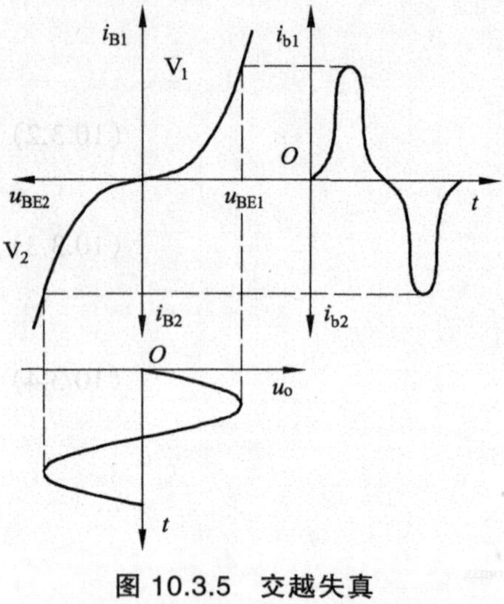

图 10.3.5　交越失真

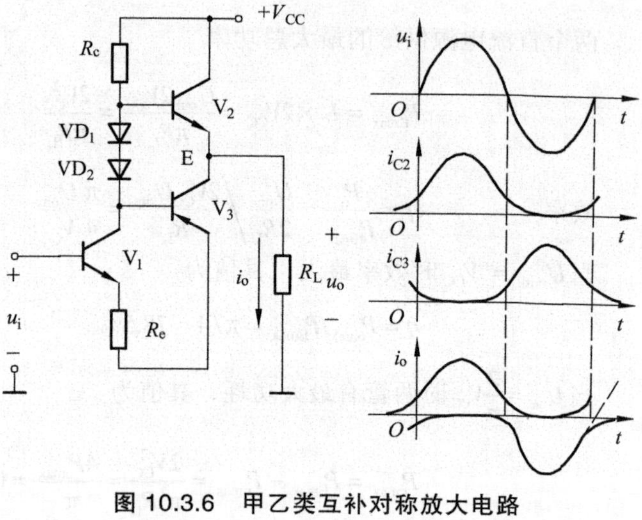

图 10.3.6　甲乙类互补对称放大电路

3. 准互补对称功率放大电路

当负载要求较大的输出功率时，上述甲乙类互补对称电路中的 V_2，V_3 管必须选用大功率晶体管，选择特性相近的两只异型大功率管是比较困难的；另外，V_2，V_3 管的输出电流比较大，基极电流必须很大，要求电压放大级提供较大的电流是困难的。为此，功率放大级的晶体管用复合管来代替，称为准互补对称功率放大电路。

例 10.3.1　在图 10.3.7 电路中，电源电压 $V_{CC}=E_C=24\ \text{V}$，负载电阻 $R_L=4\ \Omega$。若 $u_i=12\sqrt{2}\sin(\omega t)\ \text{V}$。(1) 计算放大器的输入功率、输出功率、效率及每管功率损耗；(2) 如果输入信号足以使负载获得最大不失真输出，计算最大输入、输出功率及每管功率损耗。

解　(1) 由于输入电压幅值 $U_{im}=\sqrt{2}\times 12=17\ (\text{V})$，所以负载两端电压幅值 U_{om} 也是 17 V，则

输出功率 $P_o = \frac{U_{om}^2}{2R_L} = \frac{17^2}{2\times4} = 36.1\ \text{(W)}$

输出电流的幅值 $I_{om} = U_{om}/R_L = 17/4 = 4.25\ \text{(A)}$

电源供给的电流 $I_C = I_{om}/\pi = 2.71\ \text{(A)}$

电源输入功率 $P_E = I_C \times E_C = 24\times2.71 = 65\ \text{(W)}$

效率 $\eta = P_o / P_E = 36.1/65 = 55.5\%$

每管功率损耗 $P_c = (P_E - P_o)/2 = 14.5\ \text{(W)}$

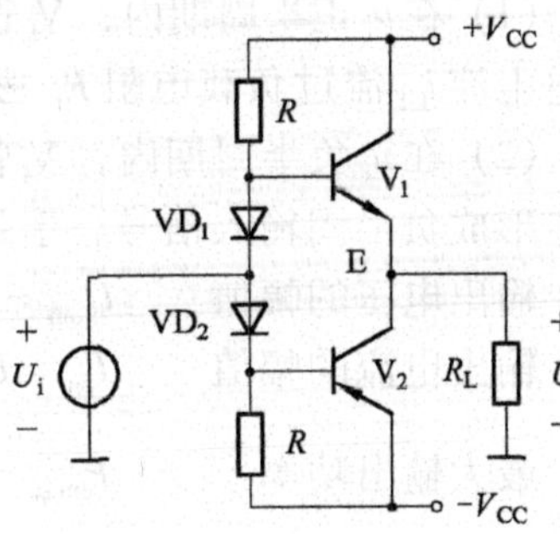

图 10.3.7 例 10.3.1 图

(2) 如果输入信号足以使负载获得最大不失真输出，则

输出电压幅值 $U_{om} = U_{im} = E_C = 24\ \text{(V)}$

输出最大功率 $P_{om} = E_C^2/(2R_L) = 24^2/(2\times4) = 72\ \text{(W)}$

电源输入功率 $P_{Emax} = I_C \times 2E_C = 2E_C^2/(\pi R_L) = 2\times24^2/(\pi\times4) = 91.7\ \text{(W)}$

效率 $\eta = P_o / P_E = 72/91.7 = 78.5\%$

每管功率损耗 $P_c = (P_{Emax} - P_{om})/2 = 9.85\ \text{(W)}$

4. 单电源互补对称功率放大电路

1）乙类单电源互补对称功率放大电路

图 10.3.8 是乙类单电源互补对称功率放大电路，其特点是：只有一个电源V_{CC}为功放电路提供能量，在晶体管的发射极和负载电阻R_L之间增加一个大电容量的电容C_3。由于单电源互补对称放大电路中没有耦合变压器，所以称为无输出变压器功率放大电路，简称 OTL（Output Transformer Less）电路。

在 OTL 电路中，只要调节电压放大级晶体管V_3的偏流电阻R_1，使两管的射极静态电位$V_A = V_{CC}/2$，则输出隔直电容C_3两端电压稳定在$V_{CC}/2$上，即两管平分电源电压V_{CC}，静态工作点Q设置在$U_{CE} = V_{CC}/2$处，以保证输出波形上下幅值相等。调节电阻R_4可达到调整两管的静态工作点，使两管处于微导通工作状态下。在R_4上并联电容C_2可使V_1，V_2管基极交流电位相等，输出信号对称。

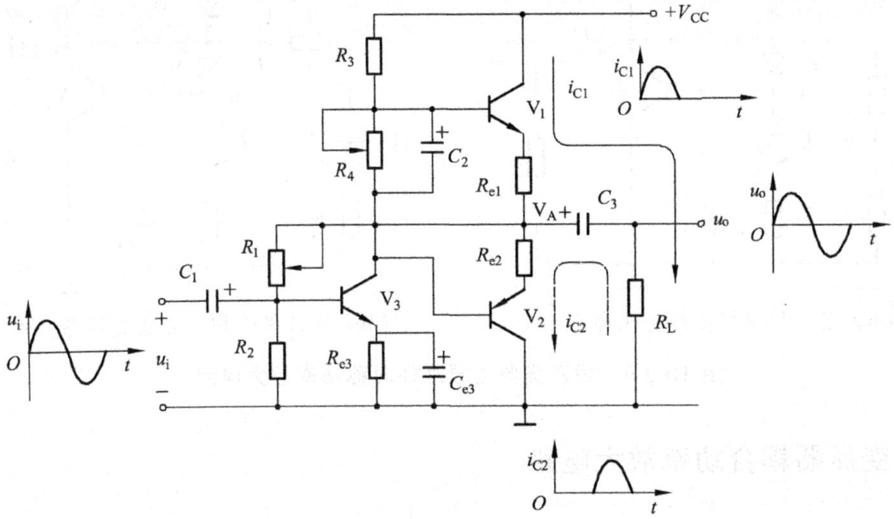

图 10.3.8 乙类单电源互补对称功率放大电路

（1）在 $u_{\rm i}$ 正半周期内，$\rm V_1$ 管导通，$\rm V_2$ 管截止，此时电源 $V_{\rm CC}$ 通过 $\rm V_1$ 管对耦合电容 C_3 充电，充电电流 $i_{\rm C1}$ 流过负载电阻 $R_{\rm L}$ 形成正半周输出信号，$i_{\rm C1}$ 的方向及波形见图 10.3.8。

（2）在 $u_{\rm i}$ 负半周期内，$\rm V_1$ 管截止，$\rm V_2$ 管导通，这时电容 C_3 作为电源，并通过 $\rm V_2$ 和对 $R_{\rm L}$ 放电形成负半周输入信号，于是在负载电阻 $R_{\rm L}$ 上就获得了一个完整的交变输出电压波形。

输出电压的幅值　　$U_{\rm om} \approx V_{\rm CC}/2$

输出电流的幅值　　$I_{\rm om} = U_{\rm om}/R_{\rm L} \approx V_{\rm CC}/2R_{\rm L}$

最大输出功率

$$P_{\rm omax} = U_{\rm o}I_{\rm o} = \frac{U_{\rm om}}{\sqrt{2}}\frac{I_{\rm om}}{\sqrt{2}} = \frac{U_{\rm om}^2}{2R_{\rm L}} \approx \frac{V_{\rm CC}^2}{8R_{\rm L}} \tag{10.3.5}$$

直流电源只是在 $u_{\rm i}$ 的正半周供给电流，所以 $i_{\rm C1}$ 的波形是半个正弦波，每管工作半周的平均电流

$$I_{\rm C} = \frac{1}{2\pi}\int_0^{\pi} i_{\rm C1}{\rm d}t = \frac{1}{2\pi}\int_0^{\pi} I_{\rm om}\sin\omega t\,{\rm d}\omega t = \frac{I_{\rm om}}{\pi} = \frac{V_{\rm CC}}{2\pi R_{\rm L}}$$

直流电源供给的最大总功率为

$$P_{\rm E} = I_{\rm C}\cdot V_{\rm CC} = U_{\rm om}V_{\rm CC}/(2\pi R_{\rm L}) = V_{\rm CC}^2/(2\pi R_{\rm L}) \tag{10.3.6}$$

效率为

$$\eta = P_{\rm omax}/P_{\rm E} = \pi U_{\rm om}/(4V_{\rm CC}) \tag{10.3.7}$$

当 $U_{\rm om} = V_{\rm CC}$ 时，效率最大　$\eta = P_{\rm omax}/P_{\rm Emax} = \pi/4 = 78.5\%$

从上式可以看出，其效率与双电源互补对称功率放大电路相同。

2）甲乙类单电源互补对称功率放大电路

为了消除交越失真，可在晶体管上加一很小的直流偏压，将静态电压工作点设置在稍高于截止点，即可避开输入特性曲线上的死区电压。这时两只晶体管都工作在甲乙类放大状态。图 10.3.9 是甲乙类单电源互补对称功率放大的实际电路。

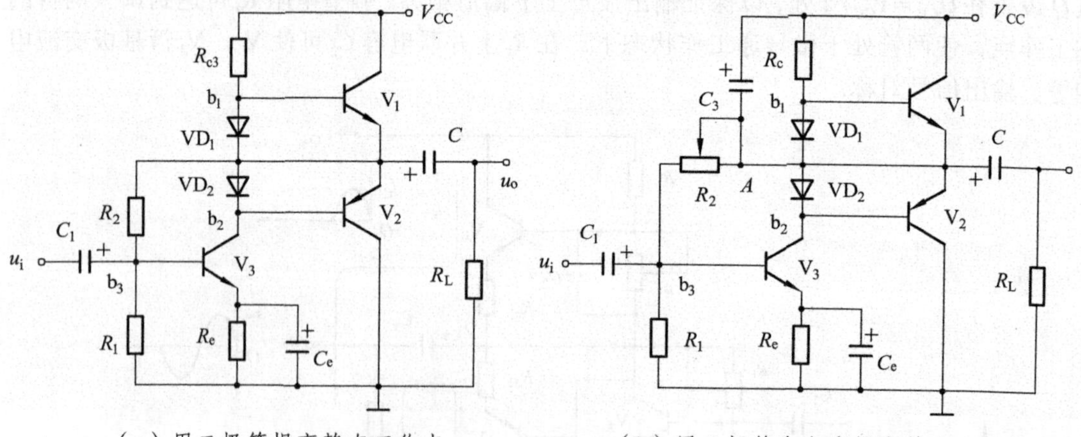

（a）用二极管提高静态工作点　　（b）用二极管和电容提高静态工作点

图 10.3.9　甲乙类单电源互补对称功率放大电路

10.3.3　变压器耦合功率放大电路

互补对称电路虽然有结构简单、效率高、频率特性好和易实现集成化、小型化等优点，但

是在这种电路中，负载电阻的值在一定范围内才能满足管子的要求。变压器耦合功率放大电路可以利用变压器阻抗变换的功能，改变变压器的匝数比，将实际负载电阻 R_L 变换为合适的等效电阻。乙类推挽功率放大电路见图 10.3.10，由两只特性相近的晶体管 V_1，V_2 组成，它们的基极分别接到输入变压器 T_1 二次绕组两端，两管的发射极都接至 T_1 的二次绕组中心抽头上。

功率放大电路要获得最大输出功率，负载电阻必须和放大电路的输出电阻相匹配。由于共发射极放大电路的输出电阻 r_o 一般为几千欧到十几千欧，而负载电阻往往是几欧到几十欧（如扬声器一般在 4～16 Ω），二者不相匹配，所以采用输出变压器进行阻抗变换，使之相匹配。只要合理选择输出变压器的匝数比 k，就可以得到等效到一次绕组的交流负载等效电阻 R_L' 的合适阻值，使负载获得较大的输出功率。输入变压器也有阻抗变换作用，使前级得到合适的负载，而功率放大级可获得较大的输入功率。

静态时，两管都处于截止状态，静态工作电流 I_C 接近于零。

当输入变压器 T_1 接有正弦交流信号 u_i 时，则在副绕组两端出现两个极性相反（对地来说）而大小相等的正弦交流信号 u_{i1} 和 u_{i2}。

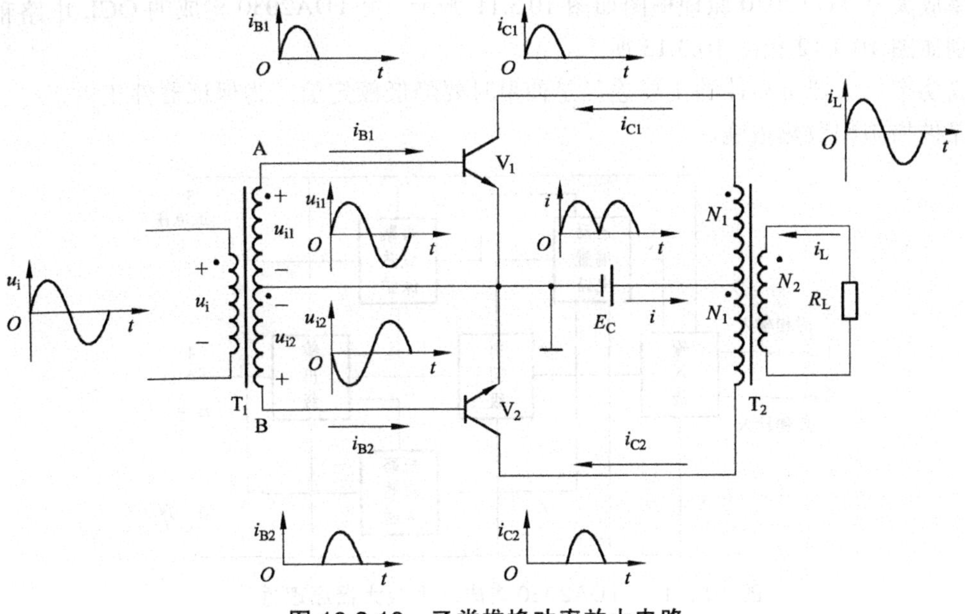

图 10.3.10　乙类推挽功率放大电路

（1）正半周时，T_1 二次绕组电压的极性是上端为正，下端为负，则 V_1 导通、V_2 截止，只有 i_{C1} 流过输出变压器 T_2 一次绕组的上半部分。

（2）负半周时，V_1 截止而 V_2 导通，i_{C2} 流过输出变压器 T_2 一次绕组的下半部分。

（3）由于两只晶体管轮流交替工作，则在输出变压器 T_2 的二次绕组内产生的电压和电流是一个完整的正弦波形。

图 10.3.10 的电路工作在乙类放大状态，管子 V_1，V_2 的工作电压都是 $+E_C$，因此它和乙类互补对称电路具有类似的计算公式，只是原式中的负载电阻 R_L，应由交流负载等效电阻 R_L' 所代替，则

输出最大功率　$P_{omax} = E_C^2/(2R_L')$　(10.3.8)

直流电源供给的最大总功率　$P_{Emax} = 2E_C^2/(\pi R_L')$

效率 $$\eta = P_{omax} / P_{Emax} = \pi / 4 = 78.5\% \tag{10.3.9}$$

交流负载电阻 $$R_L' = (N_1 / N_2)^2 \cdot R_L \tag{10.3.10}$$

式中，N_1 为 T_2 原边绕组总匝数的一半，N_2 为 T_2 二次绕组匝数。

考虑到变压器效率时，电路的总效率应为

$$\eta = \eta_T \eta_C \tag{10.3.11}$$

式中，η_T 为变压器效率；η_C 为放大电路的效率。

由于图 10.3.10 的电路工作在乙类放大状态，输出波形将会出现交越失真。为了改善输出波形的交越失真，应在晶体管上加一很小的直流偏压，这一偏压可用分压式偏置电路取得，使电路工作在甲乙类放大状态。

10.3.4 集成功率放大器

集成功率放大器是应用半导体工艺，将管子、电阻、导线制造在一块硅片上的固体器件。集成功率放大器 TDA2030 原理框图如图 10.3.11 所示，由 TDA2030 构成的 OCL 电路和 OTL 电路分别如图 10.3.12 和图 10.3.13 所示。

提高功率放大器可靠性的主要途径是使用时要降低额定值。为保证器件正常运行，可采取适当保护措施和散热措施。

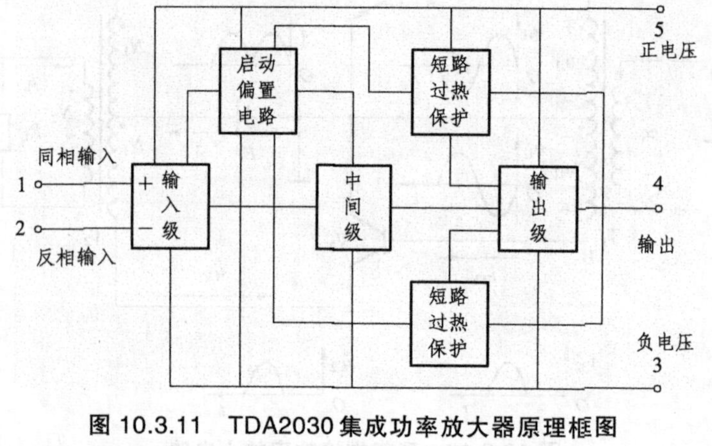

图 10.3.11 TDA2030 集成功率放大器原理框图

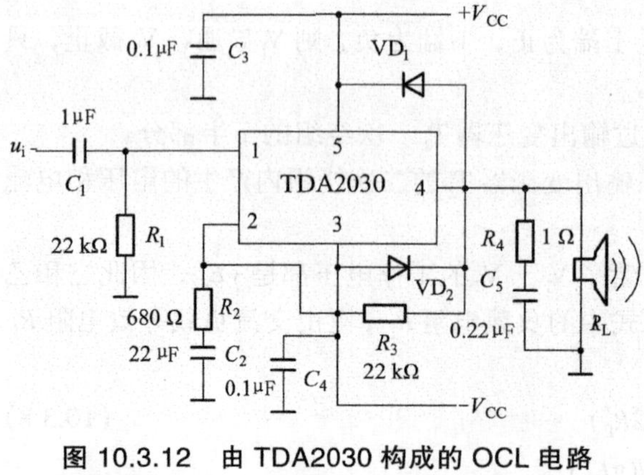

图 10.3.12 由 TDA2030 构成的 OCL 电路

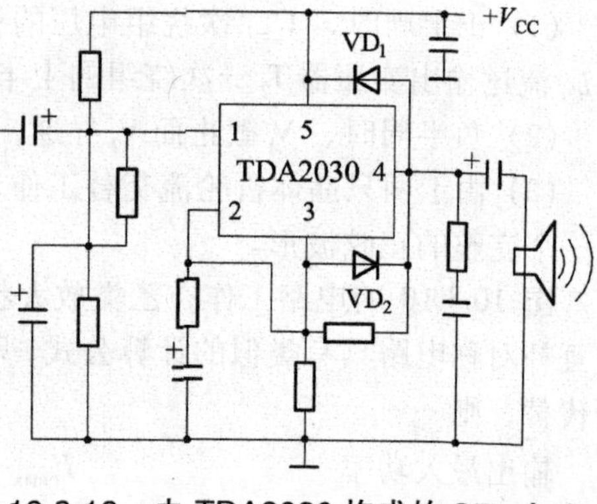

图 10.3.13 由 TDA2030 构成的 OTL 电路

10.4 直接耦合放大电路

在自动控制和自动测量系统中，遇到很多非电量，如温度、压力、转速、照度等，这些非电量变化极为缓慢，频率很低，利用传感器可以把这些非电量转化为微弱的频率很低的电信号，而这些信号必须加以放大，才能推动测量机构或控制执行元件。用来放大这类缓变信号的放大电路，是不能采用阻容耦合和变压器耦合方式的，因为电容器和变压器是不能传递缓变信号的，所以只能采用直接耦合放大电路。另一方面，在集成电路中，制作耦合电容器和变压器是困难的，而直接耦合放大电路不仅能放大缓变信号，也能放大频率较高的信号，于是多采用直接耦合方式。

10.4.1 直接耦合放大电路的特殊问题

（1）静态工作点相互影响。由于多级直接耦合放大电路级间采用直接耦合方式，前后级间静态工作点将相互影响，这是第一个需要解决的特殊问题。

（2）零点漂移。在多级直接耦合放大电路中，即使把输入端短路（即无输入信号），在输出端也会出现电压波动，使输出电压偏离零值，这种现象称为零点漂移，简称零漂。当放大电路有输入信号时，这种漂移电压就会与有用信号混在一起，无法辨认，将影响放大电路对微弱信号的放大能力。严重时会使得放大电路无法正常工作。抑制零漂是直接耦合放大电路需要解决的另一个特殊问题。

10.4.2 直接耦合放大电路的耦合方式

在多级直接耦合放大电路中，为了放大缓变量，前后级级间不经任何元件，直接把前级输出信号送到后级的输入端。采用这种耦合方式，由于前后级直接相连，各级之间的直流工作电压将会相互影响，相互牵制。

例如，在图 10.4.1 中，前级的集电极电位就是后级的基极电位；前级的集电极电阻又是后级的基极电阻（偏流电阻），因而前后级静态工作点也相互影响，相互牵连。在正常工作时，由于硅晶体管的 U_{BE} 只有 0.7 V 左右，所以对图 10.4.1 所示电路，为保证 V_2 管的基极电位 V_{B2} 不致太高，V_1 管的集电极电位 V_{C1} 也必须限制在 0.7 V 左右。这样一来，V_1 管的静态工作点已接近饱和区的边缘，只要输入信号稍微大一点，V_1 管就进入饱和区，而失去放大作用。如果要使 V_1 管的静态工作点远离饱和区，就应提高 V_{C1}，但这样做又会导致 V_2 管的基极电位 V_{B2} 过高。当 V_1 管的集电极电阻较小时，V_2 管的基极电流就会过大，此时，轻则使 V_2 管处于饱和状态，重则会将 V_2 管烧毁。

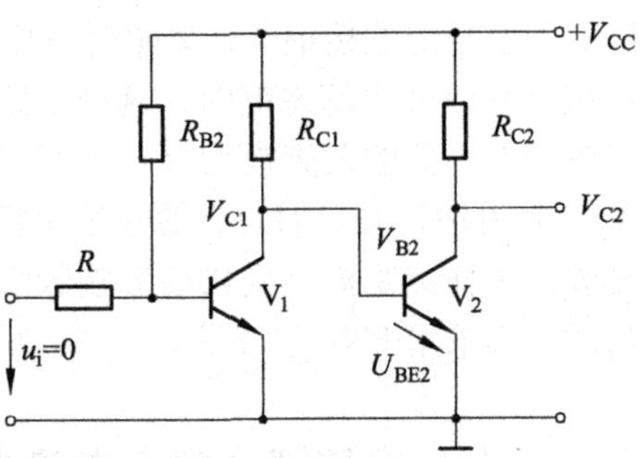

图 10.4.1 直接耦合放大电路

为了既保证直流信号的畅通传输，又保证前后级都有较合适的静态工作点，在多级直接耦合放大电路中通常采用下面几种常用的级间耦合方式。

(1) 提高后级 NPN 型晶体管的发射极电位。提高后级 V_2 管的发射极电位是兼顾前后级工作点和放大倍数的简单有效措施。在图 10.4.2 (a) 中，是利用电阻 R_{e2} 上的电压降来提高发射极电位的。这一措施能提高 V_1 管的集电极电位，增大其输出电压的幅值，又能使 V_2 管获得合适的静态工作点。R_{e2} 的值可根据静态时前级集电极电位 V_{C1} 和后级发射极电流 I_{E2} 来确定，即 $R_{e2}=(V_{C1}-U_{BE2})/I_{E2}$。

此外还应注意到 R_{e2} 的加入，使后级引进了较深的电流负反馈，从而使放大倍数下降。在确定 R_{e2} 阻值时应考虑到这一因素。

为了减小 R_{e2} 的电流负反馈，又常采用硅二极管代替 R_{e2}，利用二极管在正向时的交流电阻比直流电阻小得多这一特点，以减小对信号的负反馈作用，如图 10.4.2 (b) 所示。这时前级 V_1 管的集电极电位为 $V_{C1}=U_{BE2}+U_D$。

如果要求 V_{C1} 较高，可以采用几个硅二极管串联。也可采用稳压管 VS 代替串联较多的二极管电路。

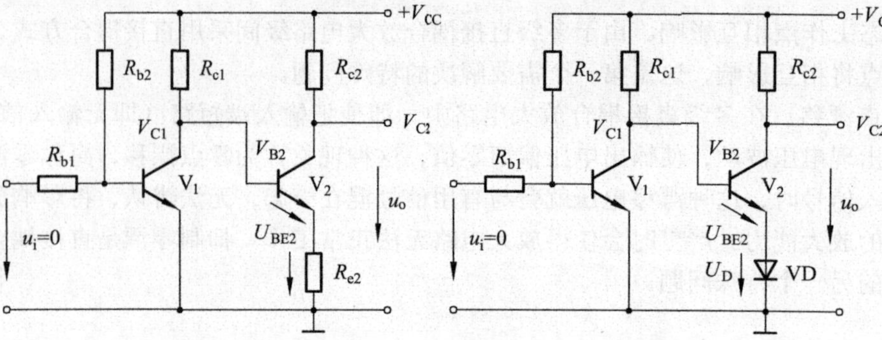

（a）采用发射极电阻　　（b）采用发射极二极管

图 10.4.2 提高后级发射极电位的直接耦合放大电路

(2) NPN 型和 PNP 型晶体管配合使用的直接耦合放大电路。利用 NPN 型和 PNP 型晶体管配合组成的直接耦合放大电路见图 10.4.3。由于 NPN 管和 PNP 管的工作电压极性相反，所以 NPN 管的发射极接地，PNP 管的发射极接电源 $+V_{CC}$。这时，由于 $V_{C1}=V_{B2}\approx V_{CC}$，所以这个电路既能实现信号的直接耦合，又能提高 V_{C1}，同时输入电压也有较大的动态范围，这种电路经常用在晶闸管触发电路的前置放大级。需要指出的是，当 V_2 管采用锗管时，因为它的穿透电流较大，所以其静态工作点受温度变化的影响较大。当要求较高时，应采用 PNP 型硅管。

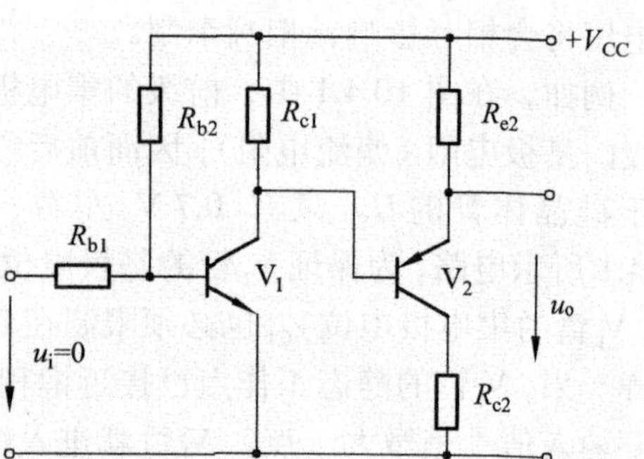

图 10.4.3 NPN-PNP 直接耦合电路

10.4.3 多级直接耦合放大电路中的零点漂移

1）零点漂移的性质及产生的原因

直接耦合放大电路中的零漂现象，表现为缓慢的、不规则的电压变化，见图 10.4.4。放大电路的级数越多，放大倍数越大，则零漂电压逐级放大，使零漂越严重。因此，第一级零漂对输出端的总零漂来说，占主要地位。所以抑制零漂要着重于第一级。根据以上分析，在设计直接耦合放大电路时，应解决好抑制零漂和提高放大倍数的矛盾。

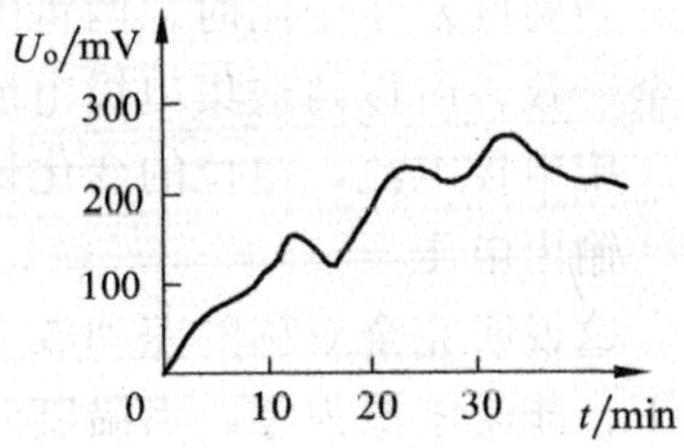

图 10.4.4　零点漂移

为了衡量放大电路零漂的程度，通常将输出端的零漂电压折合到放大电路的输入端作为衡量零漂的标准。例如，输出端的零漂电压为 0.5 V，放大电路的电压放大倍数为 300，则折合到输入端的零漂为 500 mV/300＝1.67 mV。折合到输入端的零漂电压越大，表明放大电路的零漂越严重。

产生零漂的原因很多，如电源电压的波动、电路元件参数的变化、晶体管参数随温度的变化等。其中，温度对晶体管参数的影响是产生零漂的主要因素。

2）抑制零漂的措施

(1) I_{CBO} 随温度的变化，是直接耦合放大电路产生零漂的重要原因之一。因此，选用 I_{CBO} 小的管子就可以减小放大电路的零漂。又因硅管的 I_{CBO} 比锗管小得多，所以在直接耦合放大电路多选用硅管。

(2) 采用稳压电源供电，可以减小因电源电压波动所引起的零漂。

(3) 采用直流负反馈稳定放大电路的静态工作点。

(4) 温度补偿电路。温度补偿就是在电路中接入一个对温度敏感的元件，利用这个元件的温度特性来抵消温度对晶体管的影响。

以上办法只适用于对零漂要求不高的场合。较好抑制零漂的方法多采用差动式放大电路。

10.5　差动放大电路

10.5.1　基本差动放大电路

1. 电路的组成及零漂的抑制

图 10.5.1 所示电路是基本差动放大电路。它是由两个晶体管参数和电路参数完全一致的单管共发射极放大电路所组成的。输入信号加在两个管子的基极上，输出信号则取自两管的集电极之间。电路结构完全对称。

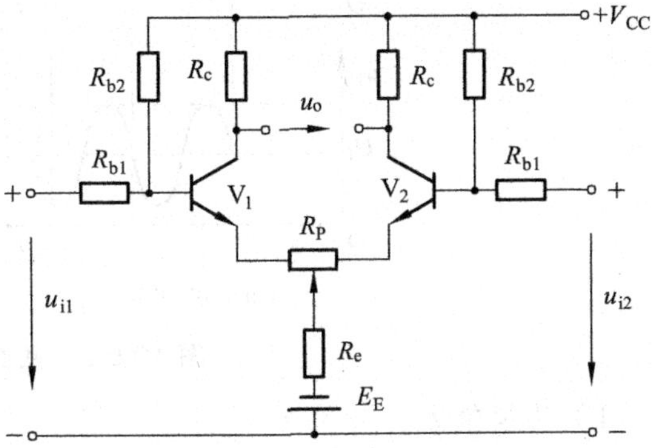

图 10.5.1　基本差动放大电路

1）静　态

当静态时，由于电路完全对称，所以两边静态集电极电流、电位都相同，即 $V_{C1}=V_{C2}$。

输入信号　　$u_{i1}=u_{i2}=0$

输出电压　　$u_o=V_{C1}-V_{C2}=0$

实际中电路不可能做得完全对称，因此当输入信号为零时，输出电压不一定等于零。这里可通过小电阻 R_P 来微调初始工作状态，使输出电压为零。因此 R_P 称为调零电位器。

2）零漂抑制

当温度发生变化时，两管的集电极电流、集电极电位都将发生变化。但由于两管的参数完全一致，所以两边集电极电流、电位的变化量相同，即

集电极电流、电位的变化量　$\Delta I_{C1}=\Delta I_{C1}$，$\Delta V_{C1}=\Delta V_{C2}$

输出电压　$u_o=\Delta U_o=\Delta V_{C1}-\Delta V_{C2}=0$

这说明完全对称的差动放大电路，对两管所产生的同向漂移具有抑制作用。即在理想情况下，能使零漂为零。当温度升高时，它抑制零漂的过程如下

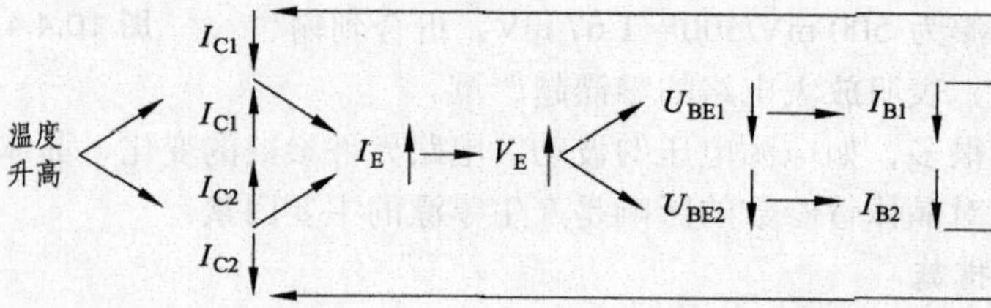

3）发射极电阻 R_e

电路的单端输出电压（从电路每一边管子集电极取出的对地电压 ΔV_{C1} 和 ΔV_{C2}），随着温度的变化，仍然有零漂。接入发射极电阻 R_e，可稳定集电极电流，限制每只管子的零点漂移，显然 R_e 越大，抑制零漂的作用越显著。但是在 V_{CC} 一定时，过大的 R_e 将会使集电极电流过小，以致影响放大电路的静态工作点和电压放大倍数。为此接入负电源 E_E 来抵偿 R_e 的直流压降，从而获得合适的静态工作点。

2. 电路的动态分析

差动放大电路有两个输入端。输入信号有共模信号和差模信号，见图 10.5.2。

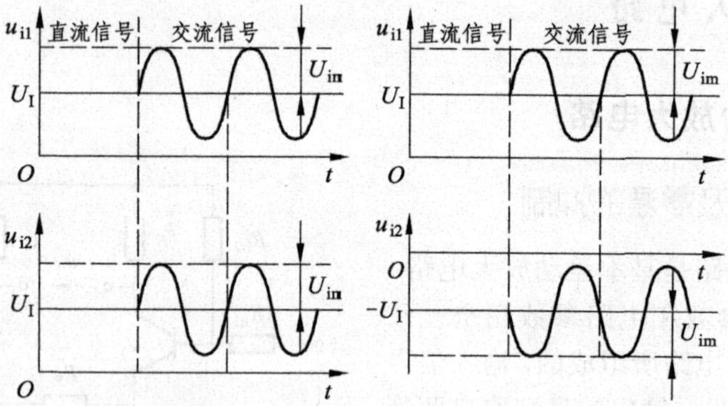

（a）共模信号　　（b）差模信号

图 10.5.2　共模信号和差模信号

1）共模输入

两个大小相等、极性相同的信号称为共模信号。把共模信号加到差动放大电路的输入端称为共模输入。在完全对称的差动放大电路中，共模输入时，由于两管的集电极电位变化相同，所以输出电压为零，即电路的共模放大倍数 $A_c=0$。

共模输入　$u_{i1}=u_{i2}$

总的输入信号　$u_i=u_{i1}-u_{i2}=0$

输出电压　　　　$u_o = \Delta U_o = \Delta V_{C1} - \Delta V_{C2} = 0$

共模放大倍数　　$A_c = 0$

2）差模输入

两个大小相等，极性相反的信号称为差模信号。把差模信号加在差动放大电路的输入端称为差模输入。从两个输入端看，总的输入信号 $u_i = u_{i1} - u_{i2} = 2u_{i1}$。

把差模信号加在电路的输入端后，u_{i1} 使 V_1 管集电极电流增大 ΔI_{C1}，集电极电位下降 ΔV_{C1}；而 u_{i2} 使 V_2 管集电极电流减小 ΔI_{C2}，集电极电位增高 ΔV_{C2}。由于静态时，$V_{C1} = V_{C2}$，加入差模信号后，V_1 管集电极电位的减小量和 V_2 管集电极电位的增加量的绝对值是相等的，即 $|\Delta V_{C1}| = |\Delta V_{C2}| = \Delta V_C$。根据图 10.5.1 中的参考方向，输出电压 $u_o = (V_{C1} - \Delta V_C) - (V_{C2} - \Delta V_C) = -2\Delta V_C$。可以得出结论，由差模输入信号所产生的输出电压变化量为每个管子集电极电位变化量的 2 倍。

差模输入　　　　$u_{i1} = -u_{i2}$

总的输入信号　　$u_i = u_{i1} - u_{i2} = 2u_{i1}$

输出电压　　　　$u_o = (V_{C1} - \Delta V_C) - (V_{C2} - \Delta V_C) = -2\Delta V_C$

单边电压放大倍数　$A_{d1} = -\Delta V_C / u_{i1}$，$A_{d2} = \Delta V_C / u_{i2} = \Delta V_C / (-u_{i1})$

整个电路的差模放大倍数

$$A_d = \frac{u_o}{u_i} = \frac{-2\Delta V_C}{u_{i1} - u_{i2}} = \frac{-2\Delta V_C}{2u_{i1}} = \frac{-\Delta V_C}{u_{i1}} \tag{10.5.1}$$

式（10.5.1）表明，双端输入、双端输出差动放大电路的差模电压放大倍数与单管放大电路的电压放大倍数相同。

通过以上分析，差动放大电路既能抑制零漂，又有较高的电压放大倍数，这样就较好地解决了抑制零漂和提高放大倍数之间的矛盾。

3）两个任意信号的输入

当输入电压 u_{i1} 和 u_{i2} 的大小和极性都是任意的情况下，可以把它等效地分解为差模输入和共模输入来进行分析。设两个输入端之间的总差模信号为 u_{id}，每边的差模信号分别为 u_{id1}，u_{id2}，且 $u_{id1} = -u_{id2} = u_{id}/2$。设两边的共模信号分别为 u_{ic1}，u_{ic2}，且 $u_{ic1} = u_{ic2} = u_{ic}$。

按照图 10.5.1 的参考方向，则有

$$u_{i1} = u_{ic1} + u_{id1} = u_{ic} + u_{id}/2, \qquad u_{i2} = u_{ic2} + u_{id2} = u_{ic} - u_{id}/2$$

以上两式联立求解，得

$$u_{id} = u_{i1} - u_{i2} \tag{10.5.2}$$

$$u_{ic} = (u_{i1} + u_{i2})/2 \tag{10.5.3}$$

放大电路输出端的电压总变化量应为差模输入电压和共模输出电压的代数和，即

$$u_o = u_{od} + u_{oc} = A_d u_{id} + A_c u_{ic} \tag{10.5.4}$$

式中，u_{od} 为差模输出电压；u_{oc} 为共模输出电压。

对于图 10.5.1 的完全对称差动放大电路来说，共模电压放大倍数 $A_c = 0$，则只有差模信号输出。如果差动放大电路不完全对称，$A_c \neq 0$，则电路中既有差模信号输出又有共模信号输出，又称比较输入。这种输入类型广泛地用于测量和自动控制系统中。

例 10.5.1 在图 10.5.1 的差动放大电路中，若已知 $u_{i1}=8\ \text{mV}$，$u_{i2}=4\ \text{mV}$，试求 u_{id1}，u_{id2} 和 u_{ic}。

解

$$u_{id}=u_{i1}-u_{i2}=4\ (\text{mV})$$
$$u_{id1}=-u_{id2}=u_{id}/2=2\ (\text{mV})$$
$$u_{ic}=(u_{i1}+u_{i2})/2=6\ (\text{mV})$$

4）共模抑制比

根据式（10.5.3），一个实际的差动放大电路，对差模信号和共模信号都有放大作用。但要求电路的差模放大倍数 A_d 越大越好，而共模放大倍数 A_c 越小越好。通常采用共模抑制比（K_{CMR}）来描述差动放大电路放大差模信号和抑制共模信号的能力。共模抑制比（K_{CMR}）定义为差模放大倍数 A_d 与共模放大倍数 A_c 的比值，即

$$K_{CMR}=A_d/A_c \tag{10.5.5}$$

或用对数形式（单位为 dB）表示为 $K_{CMR}=20\lg|A_d/A_c|$。

显然，共模抑制比 K_{CMR} 越大，表明差动放大电路放大差模信号和抑制共模信号的能力越强。一般差动电路的共模抑制比 K_{CMR} 约为 60 dB，较好的为 120 dB。

10.5.2 典型的差动放大电路

在差动放大电路中，其输入输出方式有 4 种，此处仅对其中两种具有代表性的输入输出方式的电路进行分析。

1. 双端输入、双端输出差动放大电路

图 10.5.3 为双端输入、双端输出差动放大电路。其输入电压 u_i 加在两只阻值相等的电阻上。由于 R 的分压作用，每只管子的输入端分得的电压各为 u_i 的一半，而且极性相反，是一对差模信号，即

$$u_{i1}=u_i/2,\qquad u_{i2}=-u_i/2 \tag{10.5.6}$$

1）静态工作点的估算

当 $u_i=0$ 时，可以得到电路的静态电流通路如图 10.5.4 所示。电路中流过 R_e 的电流为 $I_{E1}+I_{E2}\approx 2I_E$，因此在计算每边静态值时，对于每只管子的发射极电阻相当于 I_E 流过 $2R_e$。

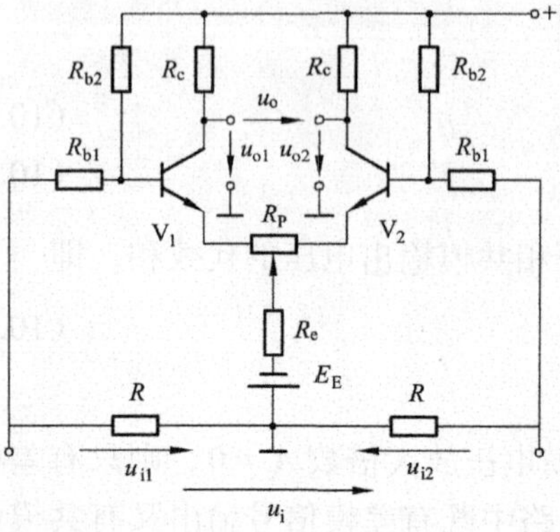

图 10.5.3 双端输入/输出差动放大电路

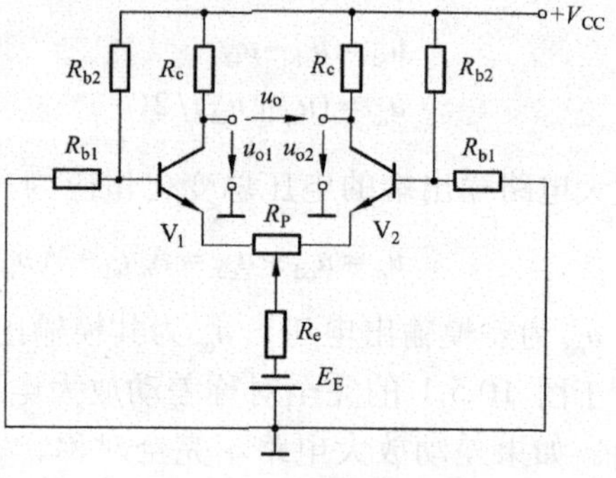

图 10.5.4 双端输入/输出差动放大电路的静态通路

根据图 10.5.4 可写出下列方程

$$I_{B1}R_{b1}+U_{BE}+2I_{E1}R_e=E_E$$
$$I_{C1}R_c+U_{CE1}+2I_{E1}R_e=E_C+E_E$$
$$I_{B1}=I_{B2}，\ I_{C1}=I_{C2}=\beta I_{B1}，\ I_{E1}=I_{E2}=(1+\beta)I_{B1}$$

解出
$$I_{B1}=I_{B2}=\frac{E_E-U_{BE}}{R_{b1}+(1+\beta)2R_e} \tag{10.5.7}$$
$$U_{CE1}=U_{CE2}=E_C+E_E-I_{C1}R_c-2I_{E1}R_e$$

2）差模放大倍数

由于 R_e 上没有差模信号电流流动，所以 R_e 对差模信号相当于短路，且 R_P 的阻值又很小，可以忽略。图 10.5.3 电路的差模信号微变等效电路见图 10.5.5。

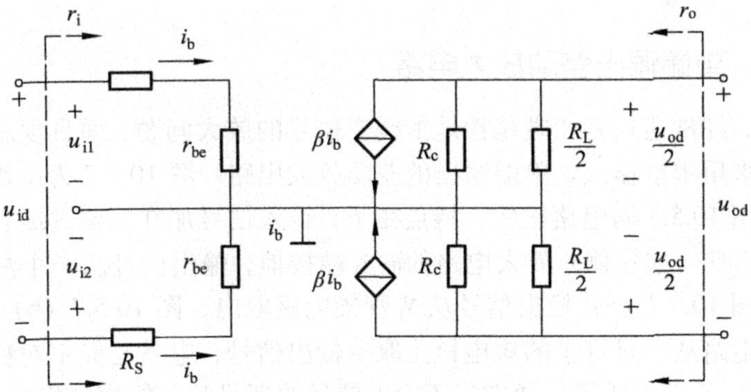

图 10.5.5 差模信号的微变等效电路

由于 $R_{b2} \gg r_{be}$，R_{b2} 的影响可以忽略。当图 10.5.5 电路两个集电极之间接有负载电阻 R_L 时，相当于在每边单管放大电路中接入 $R_L/2$ 负载电阻。这是因为差模信号输入时，一管的集电极电位升高，而另一管的集电极电位下降，由于电路的对称性，升高与降低的电位值是相等的。因此接在两管集电极间的负载电阻 R_L 中点（即 $R_L/2$ 处）的电位不变，相当于差模信号通路的地电位，于是差模单管电路的负载为 $R_L/2$。

差模放大倍数
$$A_{ud}=\frac{u_{od}}{u_{id}}=\frac{u_{od}/2}{u_{id}/2}=\frac{-\beta i_b R_L'}{i_b(R_{B1}+r_{be})}=-\frac{\beta R_L'}{R_{B1}+r_{be}} \tag{10.5.8}$$

式中，
$$R_L'=R_c//(0.5R_L)$$

差模输入电阻
$$r_{id}=2(R_{b1}+r_{be}) \tag{10.5.9}$$

输出电阻
$$r_o=2R_c \tag{10.5.10}$$

例 10.5.2 差动放大电路见图 10.5.6，晶体管 V_1，V_2 的 $\beta=50$，$V_{CC}=V_{EE}=12\ V$，$R_{c1}=R_{c2}=20\ k\Omega$，$R_{S1}=R_{S2}=1\ k\Omega$，$R_L=40\ k\Omega$，$R_e=60\ k\Omega$，试估算电路的静态工作点、差模放大倍数、差模输入电阻和输出电阻。

解 因 R_P 阻值较小，在计算中可以忽略，并设 $U_{BE}=0.7\ V$。

（1）静态工作点的估算。当输入信号 $u_i=0$ 时，V_1，V_2 管发射极电流均为 I_E，而流过 R_e 的电流为 $2I_E$。由图 10.5.6 可列出下列方程式

$$V_{EE}=I_{B1}R_{s1}+U_{BE}+I_{E1}2R_e=I_{B1}R_{s1}+U_{BE}+2(1+\beta)I_{B1}R_e$$

$$I_{B1}=I_{B2}=\frac{V_{EE}-U_{BE}}{R_{S1}+(1+\beta)2R_e}=0.001\,8\ (\text{mA})$$

$$I_{C1}=I_{C2}=\beta I_{B1}=0.09\ \text{mA}$$

$$U_{CE1}=U_{CE2}=V_{CC}+V_{EE}-I_{C1}R_{c1}-2I_{E1}R_e=11.4\ (\text{V})$$

$$r_{be}=300+26(1+\beta)/I_E=15\ (\text{k}\Omega)$$

(2) 差模放大倍数。

$$A_{ud}=-\frac{\beta R_L'}{R_{s1}+r_{be}}=-31.25\ ,\ R_L'=R_C\,//(0.5R_L)=10\ (\text{k}\Omega)$$

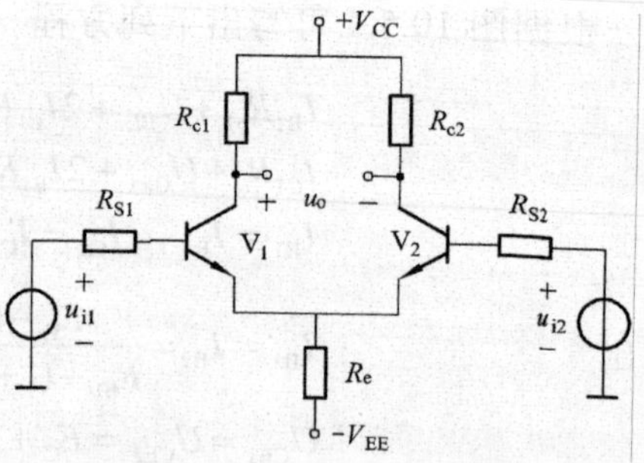

图 10.5.6 例 10.5.2 图

(3) 差模输入电阻和输出电阻。

差模输入电阻 $r_{id}=2(R_{s1}+r_{be})=32\ (\text{k}\Omega)$

差模输出电阻 $r_{od}=2R_{c1}=40\ (\text{k}\Omega)$

2. 单端输入、单端输出差动放大电路

在实际工作中，经常遇到有一端是接地的缓变信号的放大问题，而且要求输出信号也有一端接地，这时就要采用单端输入、单端输出的差动放大电路。图 10.5.7 为单端输入、单端输出差动放大电路，与图 10.5.3 的电路比较，特点在于：输入信号加在左侧（或右侧）放大电路的输入端和地之间，右侧（或左侧）放大电路的输入端接地；输出信号从一个晶体管的集电极和地之间取出，例如图 10.5.7（a）输出信号从 V_1 管集电极取出，图 10.5.7（b）输出信号从 V_2 管集电极取出。由于电路从一只管子的集电极上取出输出信号，电路已经不对称了，所以另一只管子的集电极电阻 R_c 就不必要了，通常将不输出信号的那只管子的集电极电阻去掉。

1）零漂的抑制

这种差动放大电路由于两边不对称，所以两管的零漂不可能在输出电路中相互抵消，因此零漂比双端输入、双端输出差动放大电路要大。但由于阻值较大的公共发射电阻 R_e 对共模信号有深度负反馈作用，其输出端零漂仍比单管放大电路要小几十至几百倍。

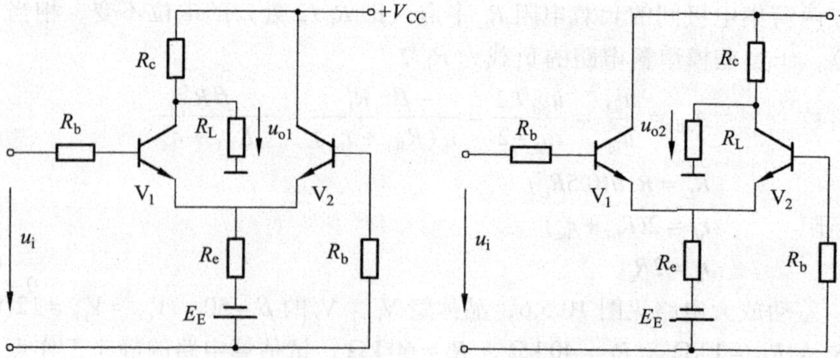

（a）输入输出反相　　（b）输入输出同相

图 10.5.7 单端输入，单端输出差动放大电路

2）静态工作点的估算

当 $u_i=0$ 时，两晶体管的输入电路是对称的，静态工作点的估算方法与双端输入、双端输出差动放大电路相同。

3）差模放大倍数

当输入信号 u_i 增大时，V_1 管的基极电流 I_{B1} 和集电极电流 I_{C1} 以及流过 R_e 的电流都相应地增大，发射极电位升高，由于 V_2 管基极电位基本上是地电位（即 $V_{B2}\approx 0$），所以 U_{BE2} 比静态时要小，I_{C2} 也将减小。当 R_e 选得足够大时，I_E 有很小的变化就可以使 V_E 升高到足够的数值。所以当 u_i 增大时，可以认为 I_{C1} 的增大量和 I_{C2} 的减小量接近相等（但绝对不能完全相等），即 $\Delta I_{C1}\approx\Delta I_{C2}$；这样，两管的输入变化量的大小接近相等，极性相反，即 $\Delta u_{i1}\approx -\Delta u_{i2}$。也就是说，输入信号 u_i 只有一半加在 V_1 管上，而另一半加在 V_2 管上，即

$$u_{i1}=u_i/2,\qquad u_{i2}=-u_i/2$$

上式表明，在单端输入的差动放大电路中，只要共模反馈电阻 R_e 足够大，两管所取得的输入信号就可以认为是一对差模信号。

图 10.5.7（a）电路中，输入信号与输出信号相反，其差模放大倍数为

$$A_{ud}=\frac{u_{o1}}{u_i}=\frac{u_{o1}}{2u_{i1}}=-\frac{1}{2}\frac{\beta R'_L}{R_b+r_{be}} \tag{10.5.11}$$

而图 10.5.7（b）电路中，输入信号与输出信号同相，其差模放大倍数为

$$A_{ud}=\frac{u_{o2}}{u_i}=\frac{u_{o2}}{2u_{i1}}=\frac{1}{2}\frac{\beta R'_L}{R_b+r_{be}} \tag{10.5.12}$$

式中，$R'_L=R_c /\!/ R_L$。

根据实际需要，差动放大电路输入输出方式还有双端输入、单端输出和单端输入、双端输出两种方式。双端输入、单端输出差动放大电路与单端输入、单端输出的计算公式相同；而单端输入、双端输出则与双端输入、双端输出的计算公式相同。

3. 晶体管恒流源差动放大电路

根据上面分析，为了增强差动放大电路抑制零漂和共模信号的能力，要求尽可能地增大共模反馈电阻 R_e。但是 R_e 太大，其直流压降就大，为了保证合适的静态工作点，必须增大负电源 E_E 才行，这是很不经济的。

最理想的共模反馈电阻应该是：它的直流电阻不大，即其直流压降不大；但对信号分量却能呈现出极大的动态电阻。工作在放大区的晶体管就具有这种特性。从图 10.5.8 的晶体管输出特性来看，当 I_B 一定时，集电极电流 $I_C\approx\beta I_B$，几乎不随 U_{CE} 而变，表现为恒流特性。在输出特性的放大区中，当集电极电压的变化 ΔU_{CE} 很大时，集电极电流的变化 ΔI_C 很小。晶体管集-射极间动态电阻 $r_{be}=\Delta U_{CE}/\Delta I_C$ 是很大的，一般在几千欧到几兆欧范围内；而它的直流电阻 $R_{ce}=U_{CE}/I_C$ 却很小，通常为几千欧，所以用工作在放大区的晶体管代替 R_e。

晶体管恒流源差动放大电路见图 10.5.9，R_1 是稳压管 VS 的限流电阻，经 R_{b1} 和 R_{e3} 分压供给 V_3 基极一个恒定的电流 I_{B3}。$I_{C3}\approx\beta I_{B3}$，所以静态电流 I_{C3} 也基本恒定。V_3 管的发射极电阻 R_{e3} 具有电流负反馈作用，使 V_3 管的集电极电流 I_{C3} 更加稳定。

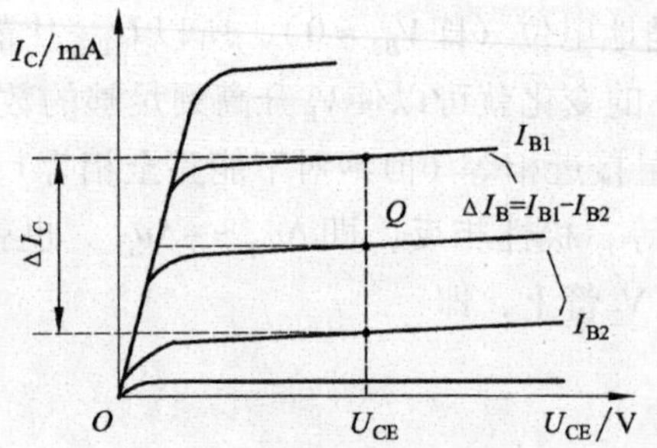

图 10.5.8 晶体管恒流特性

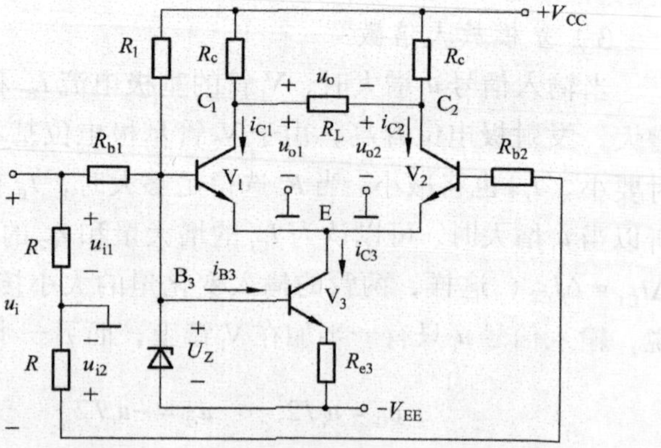

图 10.5.9 晶体管恒流源差动放大电路

根据前面所介绍的方法，该电路的静态工作点和电压放大倍数读者可自行分析。

小　结

（1）在多级放大电路中，用电阻、电容耦合的称之为阻容耦合。多级放大电路的分析计算是建立在单级放大电路的基础上，其电压放大倍数为各级电压放大倍数的乘积。

（2）功率放大电路研究的重点是提高输出功率和效率。提高功放电路工作效率的措施主要是改变功放管的工作状态。功放电路通常采用图解分析法进行分析。

（3）差动放大电路既能抑制零漂，又有较高的电压放大倍数，较好地解决了抑制零漂和提高放大倍数之间的矛盾。

习　题

10.1　放大电路见题 10.1 图，晶体管 V_1 的 $r_{be1}=6\ k\Omega$，V_2 的 $r_{be2}=1.2\ k\Omega$，两管的 $\beta_1=\beta_2=100$。要求：（1）计算该多级放大电路的输入电阻 r_i 和输出电阻 r_o；（2）计算 $R_S=0$ 和 $R_S=20\ k\Omega$ 时的 U_o/U_S 各是多少。

10.2　放大电路见题 10.2 图，各管的 $\beta=100$，$r_{be}=1\ k\Omega$，试计算放大电路的电压放大倍数 A_u、输入电阻 r_i 和输出电阻 r_o。

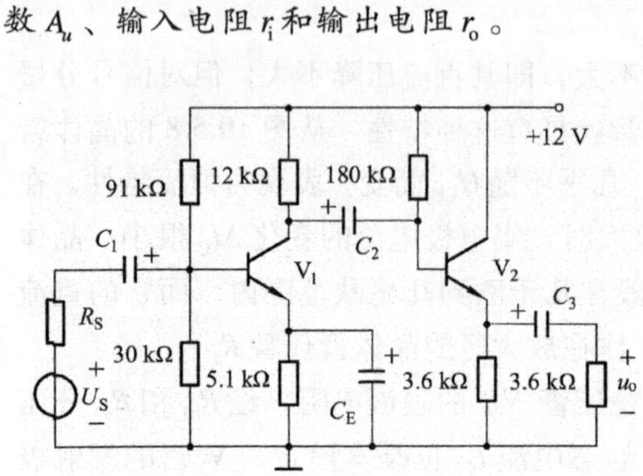

题 10.1 图

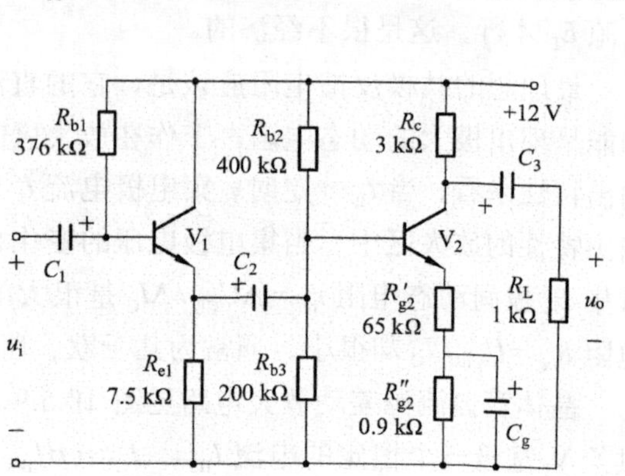

题 10.2 图

10.3 放大电路见题 10.3 图，场效应管 3DO1 的 $g_m = 2$ mS，晶体管 3DG6 的 $\beta = 50$，静态 $U_{BE} = 0.7$ V。要求：(1) 计算第二级的静态工作点；(2) 写出总电压放大倍数 A_u 的表达式；(3) 第一级的输入电阻 r_i 和第二级的输出电阻 r_o；(4) 说明第一级电路的名称，在输入级采用此电路有何好处？

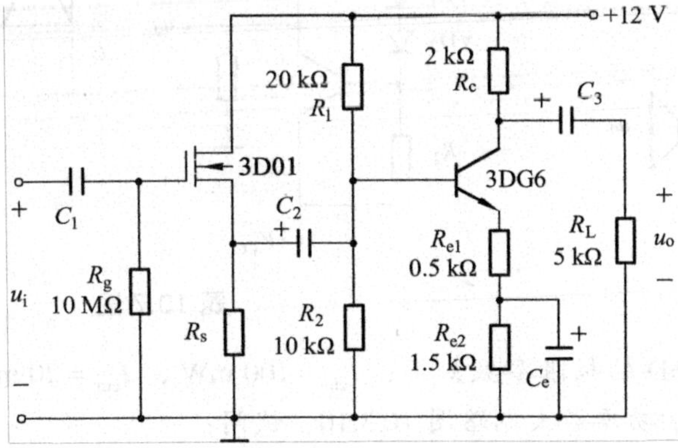

题 10.3 图

10.4 两级交流放大电路见题 10.4 图，已知场效应晶体管的 $g_m = 2$ mA/V，晶体管的 $\beta = 50$，$r_{be} = 600\ \Omega$。要求：(1) 画出放大电路的微变等效电路；(2) 计算 $U_S = 10$ mV 时 $u_o = ?$ (3) 计算第一级的输入、输出电阻；(4) 说明前级采用场效应晶体管，后级采用射极输出放大电路的作用。

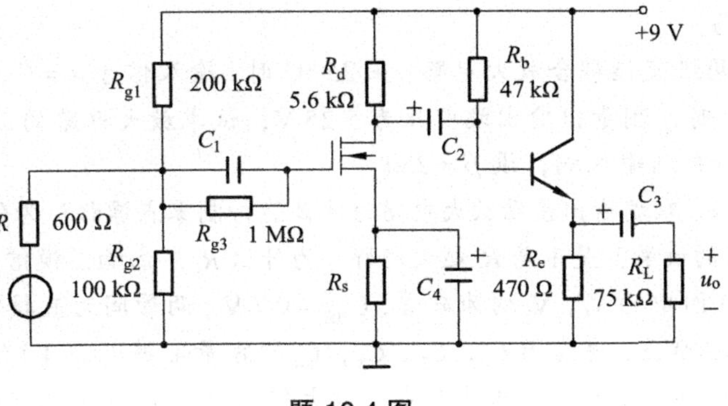

题 10.4 图

10.5 电压放大电路和功率放大电路的要求有何不同？

10.6 在题 10.6 图功放电路中，已知 $V_{CC} = 12$ V，$R_L = 8\ \Omega$，u_i 为正弦电压。求：(1) 负载上可能得到的最大输出功率；(2) 每个管子的管耗 P_{CM} 至少应为多少？

10.7 某 OCL 电路见题 10.7 图，试回答以下问题：(1) 当 $V_{CC} = 15$ V，V_1，V_2 管的饱和压降 $U_{CES} \approx 2$ V，$R_L = 15\ \Omega$ 时，负载 R_L 上得到的输出功率 P_o 应为多大？(2) 若 $V_{CC} = 18$ V，$R_L = 16\ \Omega$，忽略 V_1，V_2 管上的饱和压降，当输入 $u_i = 10\sqrt{2}\sin\omega t$ V 时，计算负载 R_L 上得到的输出功率 P_o 为多大？电源提供的功率 P_E 为多大？单管管耗 P_c 为多大？(3) 动态情况下测得负载 R_L 上的电压波形 $u_o(t)$ 见题 10.7 图，试判断这种波形失真为何种失真？应调哪个元件？如何调整可以消除失真？(4) 静态情况下，若 R_1，VD_1，VD_2 这 3 个元件中有一个开路，你认为会出现什么问题？

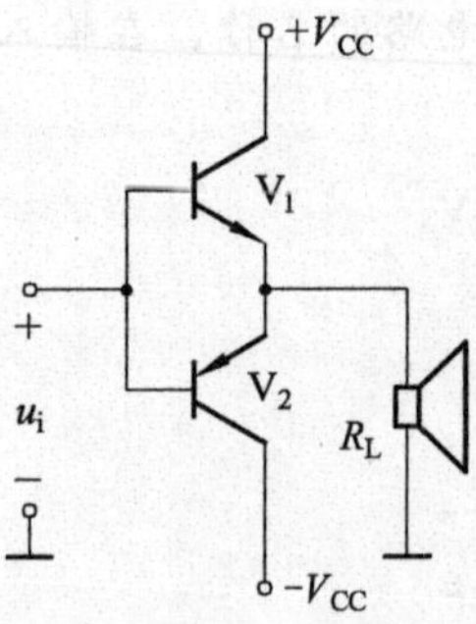

题 10.6 图

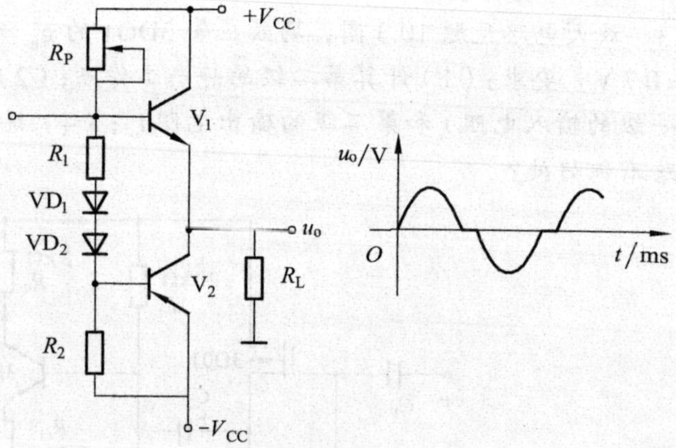

题 10.7 图

10.8　晶体管 3DG6D 的极限参数如下：$P_{cm} = 100$ mW，$I_{cm} = 20$ mA，$U_{CEO} = 30$ V，如将它接成变压器耦合单管功率放大电路图 10.3.10，试问：

（1）工作在理想极限状态，最大输出功率 P_{om} 是多少？（2）电源电动势应该多大？集电极静态电流 I_C 应该多大？（3）最合适的交流等效电阻 R'_L 应该多大？（4）如果负载电阻为 16 Ω，输出变压器的电压变比 k 应该多大？

10.9　什么是零点漂移？交流放大器是否也有零点漂移？

10.10　有两个直流放大电器，它们的电压放大倍数分别为 10^3 和 10^5，如果两者的输出漂移电压都是 500 mV，能不能说它们的漂移指标是一样的？若要放大 0.1 mV 的信号，两个放大电路都可以用吗？

10.11　有一个两级直接耦合放大电路，在 25 °C 时，输入信号 $u_i = 0$，输出端电压为 5 V，当温度升高到 35 °C 时，测量出输出端电压为 5.25 V，试求放大电路的温度漂移（μV/°C）。输出端漂移电压要折合到输入端，设 $\beta = 250$。

10.12　双端输入、双端输出差动放大电路为什么能抑制零点漂移？为什么共模反馈电阻 R_e 能提高抑制零点漂移的效果？是不是 R_e 越大越好？为什么 R_e 不影响差模信号的放大效果？

10.13　题 10.13 图中的 V_1，V_2 均为硅管，$U_{BE} = 0.7$ V，两管间为直接耦合方式，已知 $\beta_1 = \beta_2 = 50$，$r_{be1} = r_{be2} = 300$ Ω，电容器 C_1，C_2，C_3，C_4 的容量足够大。（1）估算静态工作点 I_{C2}，U_{CE2}（I_{B2} 的影响忽略不计）；（2）求中频电压放大倍数 A_u、输入电阻 r_i 和输出电阻 r_o。

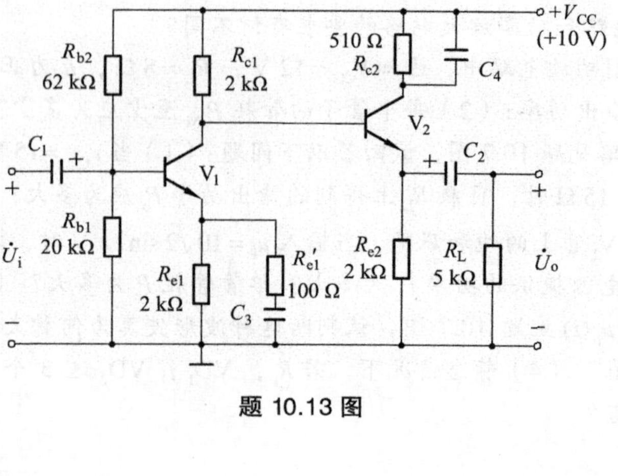

题 10.13 图

10.14　某差动放大电路见题 10.14 图，设对管的 $\beta=50$，$r_{be}=300\ \Omega$，$U_{BE}=0.7\ V$，R_P 的影响可以忽略不计。试估算：（1）V_1，V_2 的静态工作点；（2）差模电压放大倍数 A_{ud}。

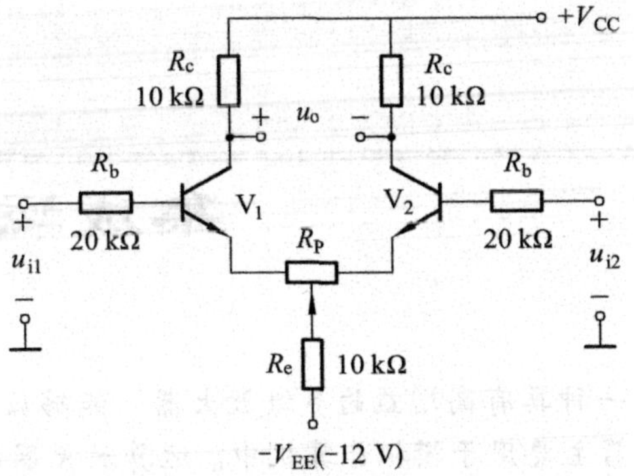

题 10.14 图

10.15　为什么晶体管恒流源差动放大电路能提高共模抑制比和减小单端输出时的零点漂移？

10.16　电路见图 10.5.9，设 3 个晶体管均有 $r_{be}=200\ \Omega$，$\beta=50$，稳压管 2CW15 的稳定电压为 8 V。试求：（1）静态工作参数；（2）差模电压增益。

第11章

集成运算放大电路

提　要　运算放大器是一种具有高增益的多级放大器，能够放大直流至一定频率范围的交流电压。早期的运算放大器主要用于模拟计算机中。运算放大器能够实现加、减、乘、除、微分和积分等数学运算，所以叫做运算放大器。运算放大器的应用领域十分广阔，包括测量技术、计算技术、自动控制、无线电通信等。从功能来看，有信号的运算、处理电路和信号产生电路。所谓"集成运放电路"是指由集成运放组成的各种应用电路，而不是指集成运放器件的内部电路。

11.1　集成运算放大器

11.1.1　概　述

集成电路是应用半导体工艺，将管子、电阻、导线制造在一块硅片上的固体器件，按功能分为数字集成电路和模拟集成电路。模拟集成电路有运算放大器、宽频带放大器、功率放大器、模拟乘法器、模拟锁相环、模/数和数/模转换器等。同分立元件电路相比，模拟集成电路具有以下特点:

(1) 电路结构与元件参数具有对称性。

(2) 用有源器件代替无源器件，高阻用晶体管代替。

(3) 采用复合结构的电路。

(4) 电容、电感制造困难，级间采用直接耦合方式。

(5) 电路中使用的二极管大都采用晶体管集电极与基极短接，用发射结代替。

1. 集成运算放大器的组成及种类

集成运算放大器要求高电压增益、高输入电阻和低输出电阻。运算放大器通常由输入级、中间级和输出级 3 部分构成，见图 11.1.1。输入级通常采用差动放大器，以抑制零漂，提高输入电阻。中间放大级是一级或多级电压放大电路，要求其放大倍数高，一般以共射或差动放大电路居多。输出级采用互补对称放大电路，以降低输出电阻，提高输出电压及输出功率。

集成运算放大器的种类、型号很多，电路形式也有所不同，但归纳起来，可分为简单型、通用型和专用型 3 种。专用型集成运算放大器又有高输入阻抗型、高速型和高压型之分。

集成运算放大器的外形通常有 3 种：双列直插式、扁平式和圆壳式。国产 F007 型集成运算放大器常见外形为圆壳式，其管型、管脚安排及外部接线图图 11.1.2。

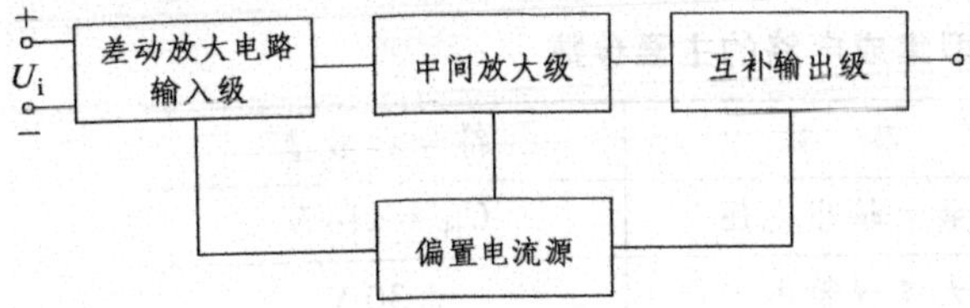

图 11.1.1　集成运算放大器的构成

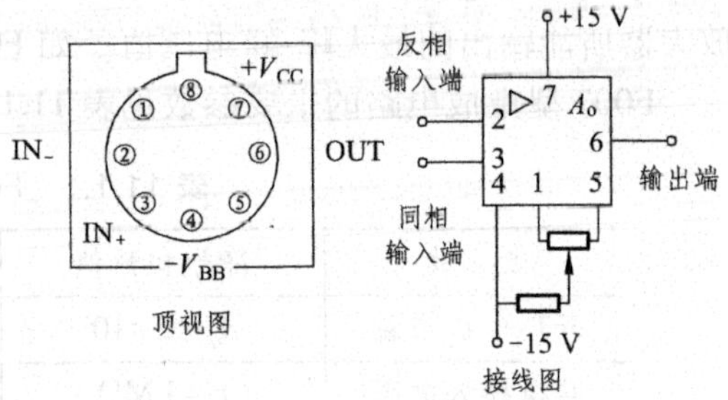

图 11.1.2　国产 F007 型集成运算放大器外形

2. 集成运算放大器的主要参数

集成运算放大器的性能可以用一些参数来表示。为了合理地选择和正确地使用运算放大器，必须了解各主要参数的意义。

1）开环电压增益 A_o

在没有外接反馈电路、输出端开路的情况下，当输入端加入低频小信号电压时所测的电压放大倍数，称为开环电压增益，表示为

$$A_o = U_o / U_i\text{，}\quad A_o = 20\ \lg(U_o / U_i)\ \text{(dB)}$$

A_o 值越大越稳定，由它组成的运算电路的运算精度也越高。所以，它是决定运算精度的主要因素。通常开环电压增益在 $10^3 \sim 10^7$ 范围内，目前优质器件已达到 10^8。

2）输入失调电压 U_{IO} 及其温漂 $\Delta U_{IO}/\Delta T$

在理想的运算放大器中，当输入电压 $u_i = 0$ 时，$u_o \neq 0$，如果要使 $u_o = 0$，必须在输入端加入一个很小的补偿电压，这个电压就是输入失调电压，用 U_{IO} 表示。U_{IO} 通常以 mV 或μV 微伏为单位，一般都在几毫伏以下。

U_{IO} 受温度影响的程度称为输入失调电压的温漂，用 $\Delta U_{IO}/\Delta T$ 表示。通常以μV/°C 为单位，一般都在每度几个微伏以下。

3）输入失调电流 I_{IO} 以及温漂 $\Delta I_{IO}/\Delta T$

静态时，流入运算放大器两个输入端的基极静态电流之差称为输入失调电流，用 I_{IO} 表示，其值为 $I_{IO} = |I_{B1} - I_{B2}|$。通常以纳安（nA）为单位，一般为几十到几百纳安，高质量的低于 1 nA。

常用输入失调电流温漂 $\Delta I_{IO}/\Delta T$ 来表示受温度变化影响的程度。以 pA/°C 或 nA/°C 为单位，一般为每度几个纳安，高质量的为每度几个皮安。

4）输入偏置电流 I_{IB}

其值为 $(I_{B1} + I_{B2})/2$，它的大小反映了输入电阻的大小。I_{IB} 通常以 nA 或 pA 为单位，一般为几百纳安，高质量的为几个纳安。

5）最大差模输入电压 U_{idm}

运算放大器两个输入端所允许加的最大电压值称为最大差模输入电压。一般为±5 V；F007 型的为±30 V。

6）静态功耗 P_{CO} 和最大输出电压 U_{PP}

静态时，不接负载的情况下，运算放大器本身所消耗电源的总功率称为静态功率。一般为几十到几百毫瓦，专用低功耗组件约为几毫瓦。最大输出电压是在额定电源电压下，运算放大器所能输出的最大峰-峰电压值。如 F007 型为＋14～－14 V，即峰-峰值约为 28 V。

F007 型集成电路的主要参数见表 11.1.1。

表 11.1.1　F007 型集成电路的主要参数

参　数	符号和数值	参　数	符号和数值
开环电压增益	$A_o = 2\times10^5$	最大输出电压	$U_{PP} = \pm14$ V
共模输入电阻	$r_i = 1$ MΩ	最大差模输入电压	±30 V
输出电阻	$r_o = 0.6$ kΩ	最大共模输入电压	±13 V
共模抑制比	$K_{CMR} = 90$ dB	输入失调电压	$U_{IO} = 1$ mV
静态功耗	$P_{CO} = 50$ mW	输入失调电压温漂	$\Delta U_{IO}/\Delta T = 4.5\ \mu V/°C$
电源电压	±15 V	输入失调电流	$I_{IO} = 20$ nA
基极输入电流	$I_{IB} = 0.2\ \mu A$		

3. 理想集成运算放大器

为了分析方便，简化分析过程，通常把实际运算放大器视为理想器件。我们将这种具有理想参数的运放叫做理想运算放大器，它的主要特征是

开环电压增益　$A_o \to \infty$

输入电阻　$r_{id} \to \infty$

输出电阻　$r_o \to 0$

共模抑制比　$K_{CMRR} \to \infty$

输入失调电压、电流　U_{IO}，I_{IO} 及 $I_{IB} \to 0$

开环带宽　$f_{BW} \to \infty$

此外，理想运放的响应时间为零，内部无噪声，故输入为零时，输出也为零。

完全理想的集成运放是不可能制成的。但实际集成运算放大器的特性非常接近于理想运算放大器，借助于理想运算放大器进行分析所引起的误差很小，工程上完全允许。因此，引入理想运算放大器的概念是具有实际意义的。

11.1.2　集成运放电路的基本分析方法

所谓“集成运放电路”是指由集成运放组成的各种应用电路，而不是集成运放器件的内部电路。我们将从“理想运放”的概念出发，引出分析集成运放电路的基本方法。

1. 集成运放电压传输特性和线性区的等效电路模型

1）图形符号

根据国家标准，运算放大器的图形符号见图 11.1.3（a）。矩形框的左边引线端为信号输

入端，其中“－”端为反相输入端，“＋”端为同相输入端，它们与“地”之间的电压分别用 u_- 和 u_+ 来表示，长方形框右边引线端为信号输出端，输出信号可用输出端对“地”电压 u_o 来表示。框内三角形表示放大器。A_o 为放大器未接反馈电路时的电压放大倍数，称为开环电压增益或开环电压放大倍数，即

$$u_o = -A_o(u_- - u_+) = -A_o u_i \tag{11.1.1}$$

由于实际运放的开环电压增益很高，一般为 $10^3 \sim 10^7$。因此在不特别关心其数值的场合，开环增益可用符号 ∞ 表示，见图 11.1.3（b）。

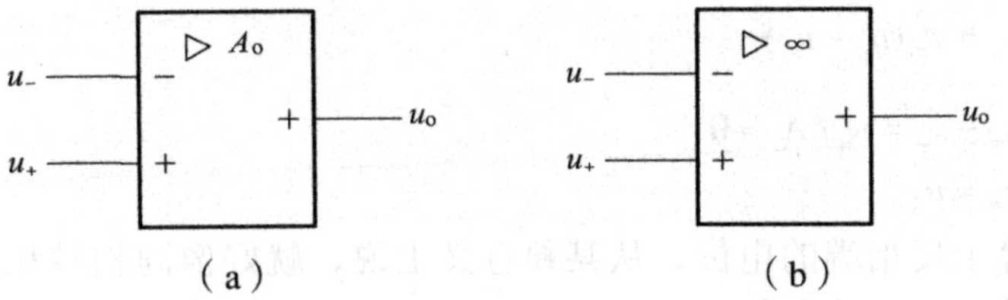

（a）　　（b）

图 11.1.3　运算放大器的图形符号

2）电压传输特性

放大器的输出信号和输入信号的关系曲线称为传输特性。运算放大器的电压传输特性见图 11.1.4。任何实际的放大电路其输出电压都是有限的，只有在输入信号比较小的范围内，输出信号才同它有线性关系，运算放大器也是如此。上述 $u_o = -A_o u_i$ 关系只存在于坐标原点附近的传输特性的线性运行区，由于运放的开环放大倍数 A_o 很高，线性区很窄，通常运放的正负电源电压相等（$V_{CC} = V_{EE}$），它的电压传输特性基本上对称于原点。

3）线性区的等效电路模型

在线性区，运算放大器的等效电路模型见图 11.1.5，这是“电压控制电压”的受控源，r_{id} 是运算放大器的输入电阻，r_o 是运算放大器的输出电阻。

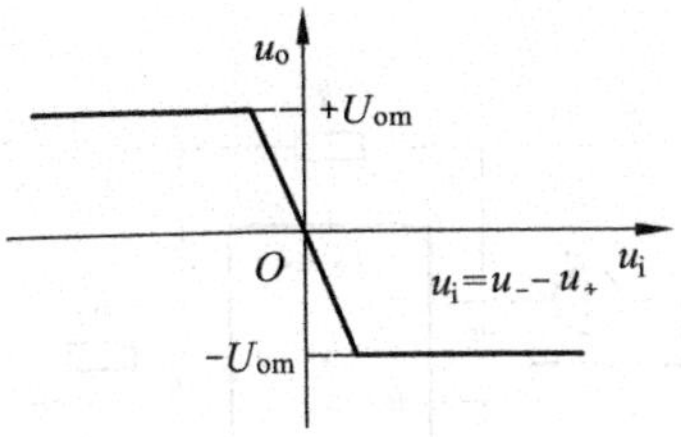

图 11.1.4　运算放大器的电压传输特性

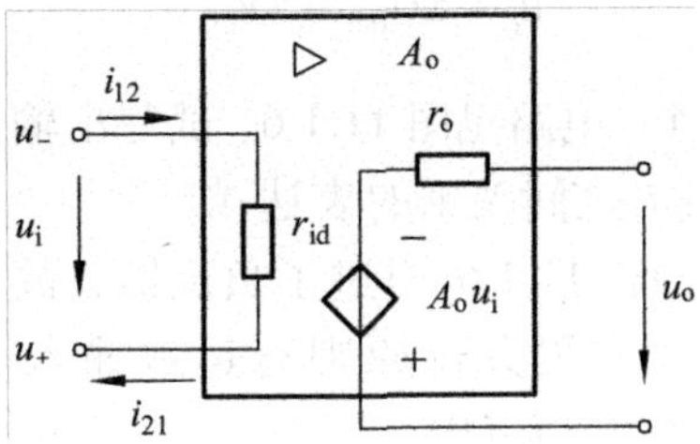

图 11.1.5　运算放大器的等效电路模型

2. 集成运放电路的基本分析原则

开环增益 A_o 大，输入阻抗 r_{id} 高是集成运放的固有特性。这些固有特性决定了集成运放具体运用的许多重要特点。

由于开环增益极大，即使集成运放输入端只有很小的信号输入，其输出电压也可达到极限电压，集成运放便已不在线性放大状态工作。若要运放工作于线性放大状态，器件外部必须有某种形式的负反馈网络。

1）运算放大器线性应用分析原则（引进负反馈）

工作于线性放大状态下的集成运放可以视为一个“理想运放”。根据理想运放的参数，

工作在线性区时，可以得到下面两个重要特性：

(1) 输入电流为零。由于理想运算放大器的输入电阻为无穷大，不会从外部电路吸取任何电流，所以，对于一个理想运算放大器来说，不管是同相输入端还是反相输入端，都可以看做不会有电流输入，即

$$I_{\mathrm{i}}=0 \tag{11.1.2}$$

(2) 两个输入端子间的电压为零。由于运算放大器的开环电压放大倍数 A_{o} 接近无穷大，而输出电压是一个有限数值（不可能超过所供给的直流电源电压值），所以从

$$u_{\mathrm{o}}=A_{\mathrm{o}}(u_{+}-u_{-})$$

可知 $$u_{+}-u_{-}=u_{\mathrm{o}}/A_{\mathrm{o}}\approx 0$$

即 $$u_{+}\approx u_{-} \tag{11.1.3}$$

同相端的电位等于反相端的电位，从某种意义上说，就好像同相端和反相端是用导线短接在一起的，因此称之为“虚短”。在反相输入时，同相端接“地”，即 $u_{+}=0$，根据上条结论可得 $u_{-}\approx 0$。这就是说反相输入的电位接近于“地”电位。因为它是一个不接“地”的接地端，故通常称为虚地。

以上两个特性是分析集成运放电路的重要依据。运用这两个特性，可大大简化集成运放应用电路的分析。

2）运算放大器非线性应用分析原则（开环，引进正反馈）

由于集成运算放大器开环电压放大倍数 A_{o} 很高，如果不加负反馈电路，按照 $u_{\mathrm{o}}\approx A_{\mathrm{o}}(u_{+}-u_{-})$ 的关系，则

输入端 u_{-} 稍高于 u_{+}，输出端 u_{o} 就达到负饱和值 $-U_{\mathrm{om}}$；

输入端 u_{-} 稍低于 u_{+}，输出端 u_{o} 就达到正饱和值 $+U_{\mathrm{om}}$。

$$u_{\mathrm{o}}=\pm U_{\mathrm{om}}\approx \pm V_{\mathrm{CC}} \tag{11.1.4}$$

例 11.1.1 电路见图 11.1.6，试写出输出电流 i_{o} 与输入电流 i_{s} 之间关系的表达式。

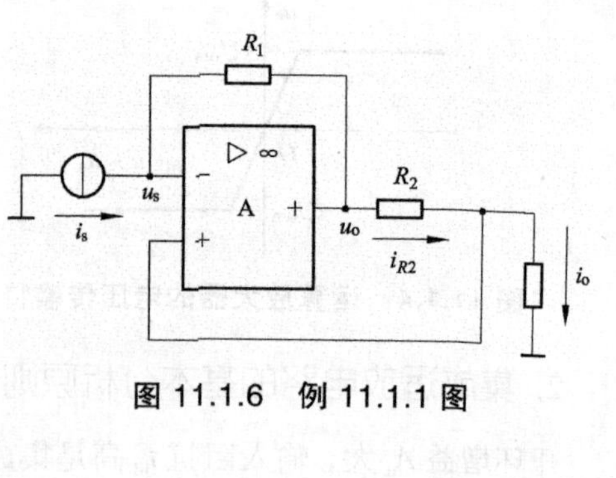

图 11.1.6 例 11.1.1 图

解 由于图 11.1.6 引进了负反馈，故根据运算放大器线性应用分析原则有运放输入电流为零，即 $$i_{\mathrm{i}}=0$$

则 $$i_{\mathrm{o}}=i_{R2},\quad i_{\mathrm{s}}=i_{R1}$$

又因运放同相端的电位等于反相端的电位 $u_{+}\approx u_{-}=u_{\mathrm{s}}$，则有

$$i_{R2}=\frac{u_{\mathrm{o}}-u_{+}}{R_2}=\frac{u_{\mathrm{o}}-u_{\mathrm{s}}}{R_2}=i_{\mathrm{o}},\quad i_{R1}=\frac{u_{-}-u_{\mathrm{o}}}{R_1}=\frac{u_{\mathrm{s}}-u_{\mathrm{o}}}{R_1}=i_{\mathrm{s}}$$

得 $$i_{R2}=\frac{-i_{\mathrm{s}}R_1+u_{\mathrm{s}}-u_{\mathrm{s}}}{R_2}=-\frac{R_1}{R_2}i_{\mathrm{s}}=i_{\mathrm{o}}$$

所以 $$i_{\mathrm{o}}=-\frac{R_1}{R_2}i_{\mathrm{s}}$$

11.1.3 集成电路封装和应用知识

1. 集成电路的封装

目前集成电路的封装主要采用表面贴装元器件 SMT（Surface Mounting Technology），另外也有采用通孔插装 THT（Thouth Hole Technology）。半导体集成电路封装主要有玻璃或陶瓷封装、塑料封装、金属外壳封装等。玻璃或陶瓷封装主要用于小功率集成电路；塑料封装用于小功率和中大功率的集成电路；金属封装用于各种功率等级的集成电路。SMT 集成电路种类繁多，见图 11.1.7。图 11.1.8 所示为 SMT 应用电路。

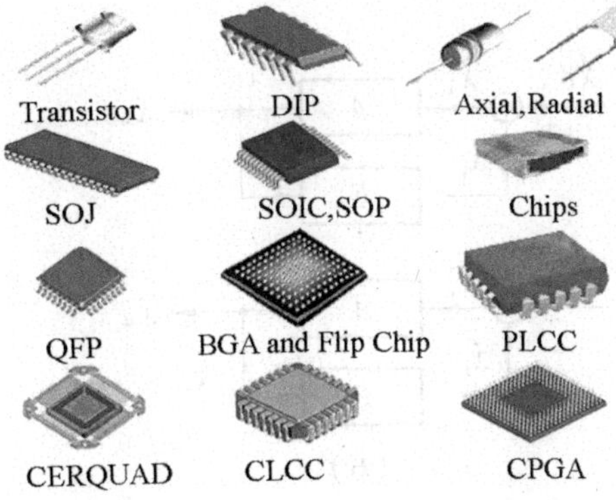

图 11.1.7 SMT 集成电路种类

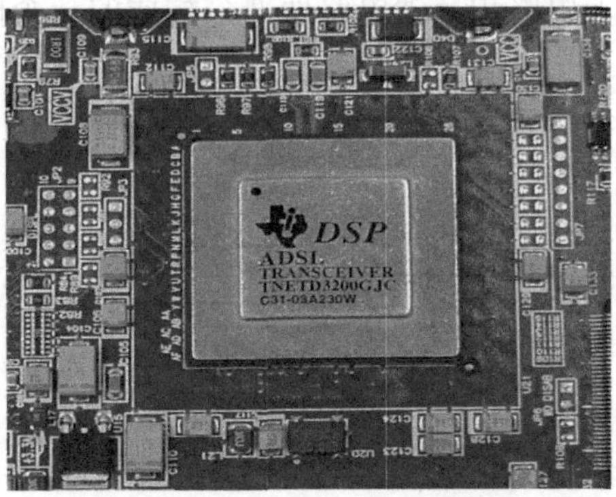

图 11.1.8 SMT 应用电路

CHIP 片式阻容器件；

SOIC Small Outline Integrated Circuit 小外形集成电路；

PLCC Plastic Leaded Chip Carrier 塑封有引线芯片载体；

QFP Quad Flat Package 方形扁平封装；

BGA Ball Grid Arrange 球栅列封装；

CoB Chip on Board 板载芯片。

2. 线性集成电路应用知识

使用线性集成电路时，一般应做以下工作：

（1）对线性集成电路的参数进行测试。制造厂家在线性集成电路出厂前都进行过测试，各种参数列于产品样本中。根据需要可查阅这些资料，了解线性集成电路的性能和指标，但这些参数只是典型数据。为了缩短所设计的装置的调试，在集成电路安装使用之前，常对其主要参数进行测试。测试电路和方法可参阅有关资料。

（2）调零。线性集成电路存在着失调电压和电流。当输入信号为零，而输出不为零时，应调节外加的调零电位器，使输出也为零。

（3）消除自激振荡。线性集成电路是一个高增益、多级直接耦合放大电路。在应用中若引入较深的负反馈，往往容易引起自激，使电路不能正常工作。为此在应用中要对电路进行适当的频率补偿和相位补偿，以便消除自激，使电路闭环时能稳定工作。补偿元件做在集成块中的称为内补偿型集成电路，而外加补偿元件的称为外补偿型集成电路。

（4）采取保护措施。在一些应用电路中，如比较器、方波发生器等电路，会使集成电路输入端承受过高的差模输入电压，为此在输入端应加入限幅电路加以限制。由于负载变化或其他原因使集成电路的输出电流过大时，常引起集成块的损坏，因此输出也要采用保护措施。保护电路可查阅有关资料，根据所学知识进行分析。

11.2 反馈放大电路

所谓反馈，就是把放大电路的输出量（电流或电压）的一部分或全部，经过一定的电路（称为反馈电路）送回它的输入端来影响输入量。图 11.2.1 是反馈的框图。反馈放大器是由基本放大电路和反馈电路两部分构成的一个闭环电路。

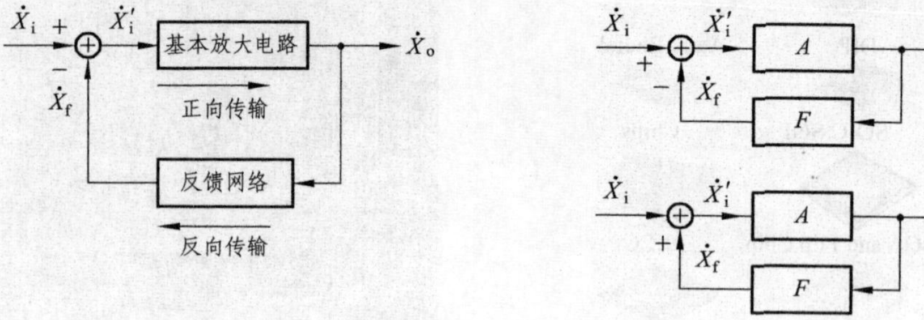

（a）　（b）

图 11.2.1　反馈概念框图

根据反馈回路送回输入端的信号是增强还是减弱输入信号，反馈又分为正反馈和负反馈。

正反馈：如果对输入信号起增强作用，则称为正反馈。正反馈的结果，导致输入信号增强，输出信号相应增大，致使电路工作不稳定，放大器的性能因而变恶劣。正反馈常用在振荡电路中。

负反馈：如果对输入信号起削弱作用，则称为负反馈。负反馈的结果使放大器的放大倍数减小，可以改善放大电路的性能（将在后面分析），因此在放大电路中几乎都用负反馈。

11.2.1 反馈对放大电路性能的影响

1. 反馈的基本方程

1）闭环放大倍数

图 11.2.1 (a) 所示是负反馈放大电路的框图。基本放大电路可以是单级或多级放大电路，反馈电路联系放大电路的输出和输入，多数是由电阻元件组成的。放大电路的输入信号 X_i、净输入信号 X_i'、输出信号 X_o 和反馈信号 X_f 均可以是电压或电流。信号的传递方向如图中箭头所示。符号⊕表示比较环节，正、负号表示连接的极性。输入信号与反馈信号在比较环节比较后再加到基本放大电路的输入端。

放大电路净输入　$\dot{X}_i' = \dot{X}_i - \dot{X}_f$

反馈系数 $\dot{F}$ 定义为反馈信号与输出信号的比值，即

$$\dot{F} = \dot{X}_f / \dot{X}_o \tag{11.2.1}$$

开环放大倍数 $\dot{A}$ 或开环增益是输出信号与净输入信号之比，即

$$\dot{A}=\dot{X}_o/\dot{X}_i' \tag{11.2.2}$$

有反馈时的放大倍数 $\dot{A}_f$ 通常称为闭环放大倍数或闭环增益，它是输出信号与输入信号之比

$$\dot{A}_f=\frac{\dot{X}_o}{\dot{X}_i}=\frac{\dot{X}_o}{\dot{X}_i'+\dot{X}_f}=\frac{\dot{X}_o}{\dot{X}_i'+F\dot{X}_o}=\frac{\dot{A}}{1+\dot{A}\dot{F}} \tag{11.2.3}$$

式中，$\dot{A}\dot{F}$ 称为环路增益。

2）反馈深度

$1+\dot{A}\dot{F}=\dot{A}/\dot{A}_f$ 称为反馈深度，它反映了反馈对放大电路影响的程度。可分为下列 3 种情况：

（1）当 $|1+\dot{A}\dot{F}|>1$ 时，$|\dot{A}_f|<|\dot{A}|$，相当于负反馈。

（2）当 $|1+\dot{A}\dot{F}|<1$ 时，$|\dot{A}_f|>|\dot{A}|$，相当于正反馈。

（3）当 $|1+\dot{A}\dot{F}|=0$ 时，$|\dot{A}_f|=\infty$，相当于输入为零时仍有输出，故称为“自激状态”。

3）环路增益 $|\dot{A}\dot{F}|$

环路增益 $|\dot{A}\dot{F}|$ 是指放大电路和反馈网络所形成环路的增益。当 $|\dot{A}\dot{F}|\gg 1$ 时称为深度负反馈，与 $|1+\dot{A}\dot{F}|\gg 1$ 相当。于是闭环放大倍数

$$\dot{A}_f=\frac{\dot{A}}{1+\dot{A}\dot{F}}\approx\frac{1}{\dot{F}} \tag{11.2.4}$$

在深度负反馈条件下，闭环放大倍数近似等于反馈系数的倒数，也就是说，在深度负反馈条件下，闭环放大倍数近似等于反馈系数的倒数，与有源器件的参数基本无关。一般，反馈网络是由无源元件构成的，其稳定性优于有源器件，因此深度负反馈时的放大倍数比较稳定。

2. 负反馈对放大电路性能的影响

1）降低放大倍数

由式（11.2.3）可知，加入负反馈后放大电路的放大倍数为无负反馈时的 $1/(1+\dot{A}\dot{F})$ 倍。因为在负反馈放大电路中 $|1+\dot{A}\dot{F}|$ 总是大于 1，所以 $A_f<A$。可见负反馈的结果将使放大倍数下降。$|1+\dot{A}\dot{F}|$ 越大，电压放大倍数下降也越大，因此 $|1+\dot{A}\dot{F}|$ 的数值反映了负反馈的程度，被称为反馈深度。

负反馈虽然使放大器的放大倍数下降，但能从以下多方面改善放大电路的性能。

2）提高放大倍数的稳定性

晶体管和电路其他元件参数的变化以及环境温度的影响等因素，都会引起放大倍数的变化，如果这种变化相对较小，则说明其稳定性高。

设放大电路在无反馈时的放大倍数为 A，由于外界因素变化引起放大倍数的变化为 $\mathrm{d}A$，其相对变化为 $\mathrm{d}A/A$。引入负反馈后放大倍数为 A_f，放大倍数的相对变化为 $\mathrm{d}A_f/A_f$。由于分析放大倍数的相对变化时，可不考虑相位，于是得出

$$A_f=\frac{A}{1+AF}$$

对上式求导，得

$$\frac{\mathrm{d}A_f}{A_f}=\frac{1}{1+AF}\frac{\mathrm{d}A}{A} \tag{11.2.5}$$

式（11.2.5）表示，在引入负反馈之后，虽然放大倍数从 A 减小到 A_f，降低了 $(1+AF)$ 倍，但当外界因素有相同的变化时，放大倍数相对变化 dA_f/A_f 却只有无负反馈时的 $1/(1+AF)$，可见负反馈放大电路的稳定性提高了。

3）减小非线性失真

一个理想的线性放大电路，其输出波形与输入波形完全呈线性关系。可是由于半导体器件的非线性，当信号的幅度比较大时，就很难使输出信号波形与输入信号波形保持线性关系。如图 11.2.2 所示，把一个正弦波信号加在放大电路 A 的输入端，其输出产生一个 A 半波大于 B 半波的失真的波形这就是所谓“非线性”失真。

但引入负反馈以后，可将输出端的失真信号返送到输入端，使净输入信号发生某种程度的失真，但经过放大后，可使输出信号的失真得到一定程度的补偿。从本质上说，只能减小失真，不能完全消除失真。

4）扩展频带

频率响应是放大电路的重要特征之一，而频带宽度是放大电路的技术指标，在某些场合下，往往要求有较宽的频带。引入负反馈是展宽频带的有效措施之一。由于在深度反馈时，$\dot{A}_f \approx \dot{A}/(1+\dot{A}\dot{F}) \approx 1/\dot{F}$，此时放大器的放大倍数只与反馈网络的参数有关。如果反馈网络里不含 L，C 等电抗元件，而仅由若干电阻构成，则可近似地认为反馈放大器的放大倍数为一常数，即可使频带增宽，见图 11.2.3。

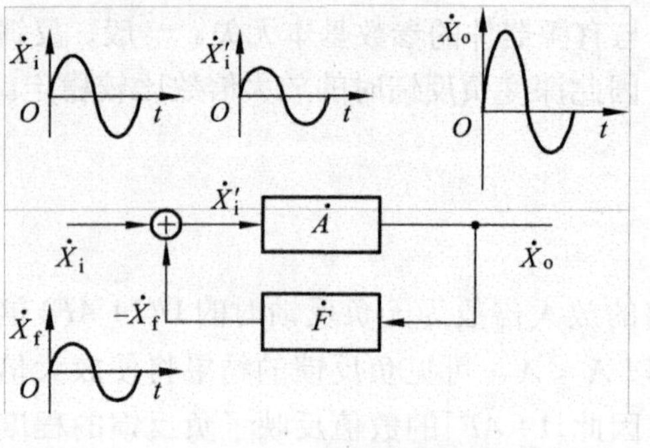

图 11.2.2　负反馈对非线性失真的影响

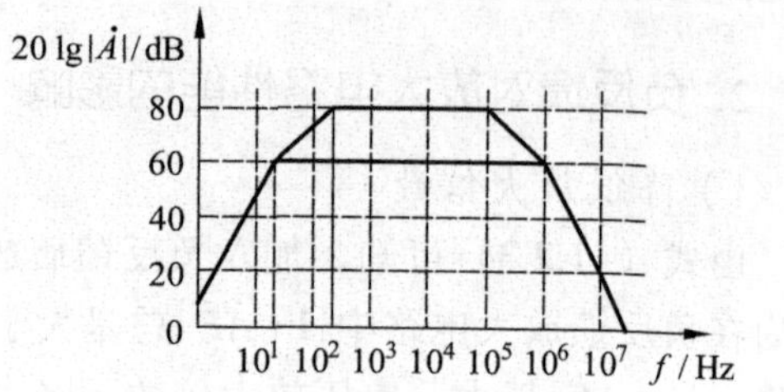

图 11.2.3　扩展频带

负反馈放大电路扩展通频带有一个重要的特性，即增益与通频带之积为常数。

$$A_f\omega_{Hf} = \frac{A(1+AF)}{(1+AF)}\omega_H = A\omega_H \tag{11.2.6}$$

5）抑制噪声

对放大器来说，噪声是有害的。噪声电压可以视为由于器件的非线性所引起的高次谐波电压。显然，负反馈的引入，使有效电压和噪声电压一同减小。但是噪声电压是固定的，而有效信号可以人为地增加，这样就提高了信号噪声比。这就是负反馈能抑制噪声的根本原理。

6）对输入、输出电阻的影响

放大电路中引入负反馈后，能使输入电阻发生变化。带负反馈的放大电路的输入电阻取决于反馈网络与基本放大电路输入端的连接方式（串联还是并联），与取样对象（电流还是电压）无关。在串联负反馈的情况下，由于 $\dot{U}_i$ 和 $\dot{U}_f$ 在回路中彼此串联，且极性相反，结果导致

输入电流 $\dot{I}_i$ 的减小，从而引起输入电阻 r_{if} 比无反馈时的输入电阻增高。并联反馈的情况恰好相反，由于输入电流 $\dot{I}_i = \dot{I}_i' + \dot{I}_f$ 的增加，致使 r_{if} 减小。反馈越深，r_{if} 减小越甚。

电压反馈，输出电阻增加；电流反馈，输出电阻减小。

11.2.2 反馈的类型和判断

1. 反馈类型的判断

(1) 正反馈和负反馈。如果对输入信号起增强作用，则为正反馈；如果对输入信号起削弱作用，则为负反馈。

正反馈：反馈信号和输入信号加于输入回路一点时，瞬时极性相同的；反馈信号和输入信号加于输入回路两点时，瞬时极性相反的。

负反馈：反馈信号和输入信号加于输入回路一点时，瞬时极性相反的；反馈信号和输入信号加于输入回路两点时，瞬时极性相同的。

判断：判断瞬时极性法。

(2) 电压反馈和电流反馈。按从输出端取反馈信号的方式，可分为

电压反馈：反馈采样电压与输出电压 u_o 成正比。

电流反馈：反馈采样电压与输出电流成正比。

判断：u_o 短路法。将输出电压“短路”，若反馈回来的反馈信号为零，则为电压反馈；若反馈信号仍然存在，则为电流反馈。

(3) 串联反馈和并联反馈。根据反馈电路与放大电路输入端的连接方式（见图 11.2.4），可分为

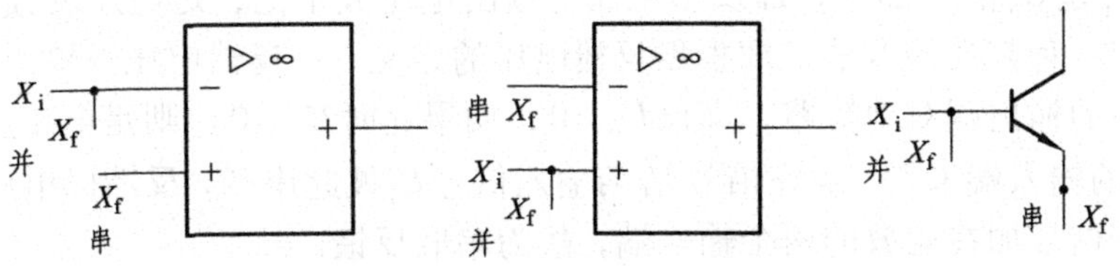

图 11.2.4 串联反馈和并联反馈

串联反馈：即反馈电路与放大电路输入端串联，反馈以电压的形式出现，此时净输入电压 $\dot{U}_i' = \dot{U}_i - \dot{U}_f$。

并联反馈：即反馈电路与放大电路输入端并联，反馈以电流的形式出现，此时净输入电流 $\dot{I}_i' = \dot{I}_i - \dot{I}_f$。

判断：输入节点法，反馈信号与输入信号加在放大电路输入回路的同一个电极，则为并联反馈；反之，加在放大电路输入回路的两个电极，则为串联反馈。

(4) 交流反馈和直流反馈。反馈信号只有交流成分时为交流反馈；反馈信号只有直流成分时为直流反馈；反馈信号既有交流成分又有直流成分时为交直流反馈。

2. 四种负反馈类型的分析

为了判断放大电路有无负反馈，是哪种类型的负反馈，首先要在放大电路中找出反馈电

路，然后分析反馈电路与输入回路的连接方法，以判断是串联还是并联，是电压反馈还是电流反馈。最后再判断是正反馈还是负反馈。

例 11.2.1 电路见图 11.2.5，指出图中的反馈电路，判断反馈极性和类型。

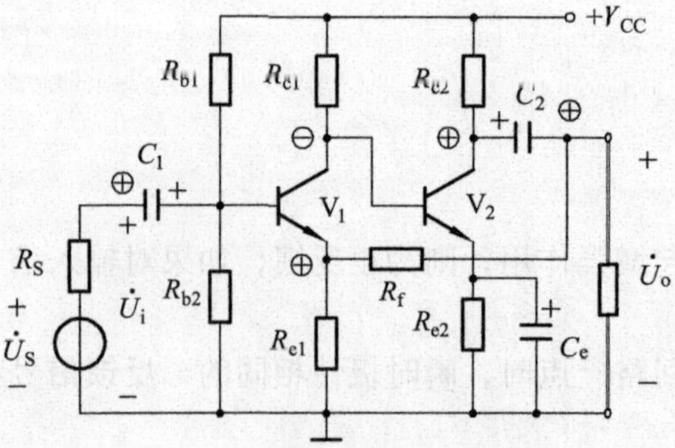

（a）分立元件放大电路

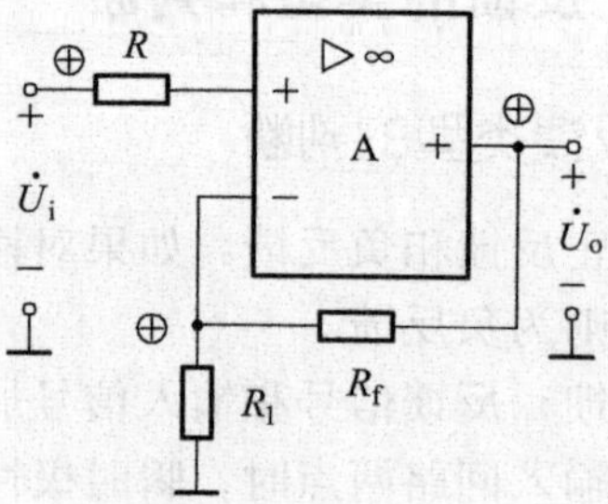

（b）集成运算放大电路

图 11.2.5 例 11.2.1 图

解 （1）如图 11.2.5（a）所示电路，根据瞬时极性法判断：经 R_f 加在发射极 E_1 上的反馈电压为⊕，与输入电压极性相同，且加在输入回路的两点，故为串联负反馈。反馈信号与输出电压成比例，是电压反馈。后级对前级的这一反馈是交流反馈，同时 R_{e1} 上还有第一级本身的串联电压负反馈。

（2）电路见图 11.2.5（b），基本放大器 A 就是一个集成运放；由电阻 R_1 和 R_f 组成的分压器就是反馈网络 F。

① 从电路的输出端来看：反馈电压 $\dot{U}_f$ 是经 R_1 和 R_f 组成的分压器由输出电压 $\dot{U}_o$ 取样得来，反馈电压 $\dot{U}_f$ 是 $\dot{U}_o$ 的一部分，即反馈电压与输出电压成正比，是电压反馈。在判断电压反馈时，可以用一种简便的方法，即根据反馈电压的定义——反馈电压与输出电压成正比，设想将放大电路的输出端对地短路，即设 $U_o = 0$，如果此时 $U_f = 0$，则是电压反馈。

② 从电路的输入端来看：反馈信号 $\dot{U}_f$ 与输入信号 $\dot{U}_i$ 彼此串联，反馈以电压的形式出现，输入信号和反馈信号加在运放的两个输入端，故为串联反馈。

③ 反馈极性。为了判断这个电路的反馈极性，可以采用瞬时极性法。设想在放大器的输入端接入一电压信号 $\dot{U}_i$，其瞬时极性如图中所示，由 $\dot{U}_i$ 引起的电路各处的交流电位如图中⊕号所示。显然，由于输入信号 $\dot{U}_i$ 接在运放的同相输入端，因此 $\dot{U}_o$ 与 $\dot{U}_i$ 同相。由于 $\dot{U}_o$ 经反馈网络而产生的反馈电压 $\dot{U}_f$ 与 $\dot{U}_o$ 同相，也就是与 $\dot{U}_i$ 同相，$\dot{U}_f$ 抵消了 $\dot{U}_i$ 的一部分，致使运放两输入端之间的净输入电压 $U_i' = U_i - U_f$ 减小，电路的输出电压 $\dot{U}_o$ 也减小，整个放大电路的电压放大倍数将降低，因此，这时所引入的反馈是负反馈。

综上所述，图 11.2.5（b）所示电路是串联电压负反馈。

例 11.2.2 电路见图 11.2.6，要求：（1）指出图中的反馈电路，判断反馈极性（正、负反馈）和类型；（2）写出反馈系数 $\dot{F}$ 的表达式；（3）当 $R_1 = \infty$，$R_3 = 0$ 时，其反馈系数 F 为多少？

解 （1）$R_4R_1R_2R_3$ 组成反馈电路，为电压串联负反馈。

（2）R_1 上的压降为反馈电压

$$\dot{U}_f = \dot{U}_{R1} = \dot{U}_i$$

由于图 11.2.6 引进了负反馈，根据运算放大器线性应用分析原则，运放输入电流为零，则

$$\dot{I}_i = 0\ ,\quad \dot{I}_{R2} = \dot{I}_{R1}$$

又因运放同相端的电位等于反相端的电位，即

$$u_+ \approx u_- = u_i$$

$$\dot{U}_o' = (1 + R_2 / R_1)\dot{U}_i$$

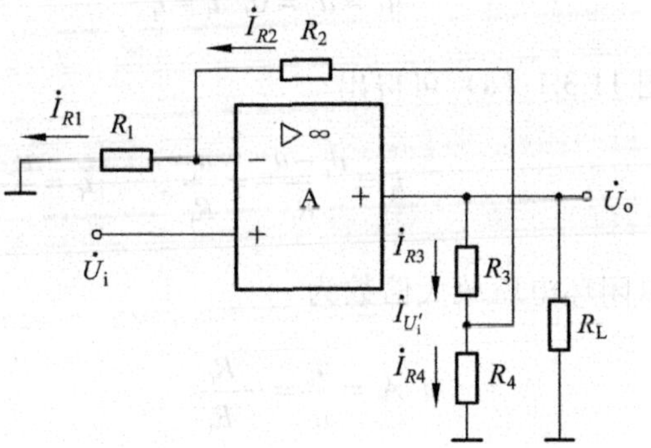

图 11.2.6　例 11.2.2 图

由于　$\dot{I}_{R3} = \dot{I}_{R2} + \dot{I}_{R4}$

则　$\dot{U}_o = \dot{U}_o' + (I_{R2} + \dot{U}_o' / R_1)R_3$

反馈系数　$\dot{F} = \dfrac{\dot{U}_f}{\dot{U}_o} = \dfrac{R_1R_4}{R_1R_3 + R_2R_3 + R_3R_4 + R_1R_4 + R_2R_4}$

（3）当 $R_1 = \infty$，$R_3 = 0$ 时，$\dot{F} = 1$，该电路为电压跟随器。

11.3　信号的运算与处理电路

运算放大器的应用领域十分广阔，包括测量技术、计算技术、自动控制、无线电通信等。按功能来分，有信号的运算、处理电路和产生电路。本节主要讨论运算放大器的线性应用：运算电路、有源滤波器；运算放大器的非线性应用：电压比较器。

11.3.1　运算电路

1. 比例运算电路

1）反相比例运算电路

图 11.3.1（a）是反相比例运算电路。输入信号 u_i 经输入端电阻 R_1 送到反相输入端，而同相输入端通过电阻 R_2 接“地”。反馈电阻 R_f 跨接于输出端和反相输入端之间，形成深度电压并联负反馈。

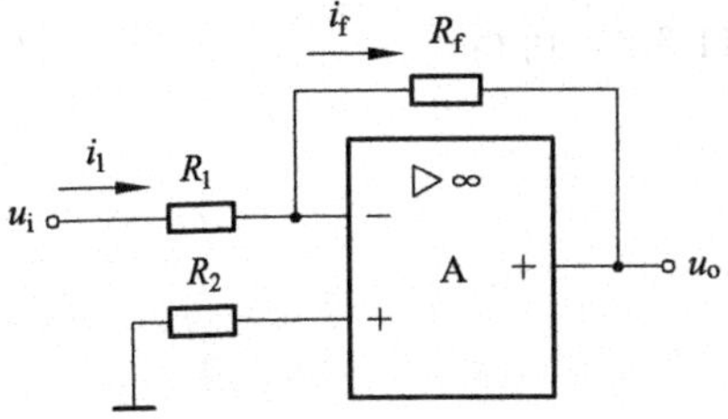

（a）反相比例运算电路

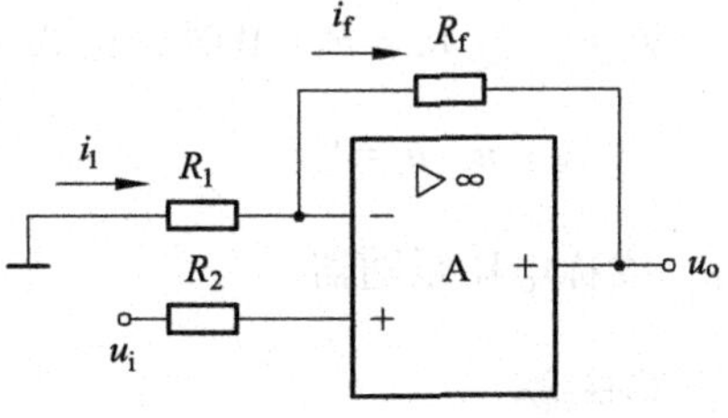

（b）同相比例运算电路

图 11.3.1　比例运算电路

根据分析运算放大器的两条结论可知

$$u_{-} \approx u_{+} = 0,\ i_1 \approx i_f$$

由图 11.3.1（a）可得出

$$i_1 = \frac{u_i - u_-}{R_1} = \frac{u_i}{R_1}, \qquad i_f = \frac{u_- - u_o}{R_f} = \frac{-u_o}{R_f}$$

所以闭环电压放大倍数为

$$A_f = \frac{u_o}{u_i} = -\frac{R_f}{R_1} \tag{11.3.1}$$

式中负号表示 u_o 与 u_i 反相。式（11.3.1）表明，输出电压与输入电压是比例运算关系，或者说反相放大的关系。如果 R_1 和 R_f 的阻值足够精确，而且运算放大器的电压放大倍数很高，就可以认为 u_o 与 u_i 间的关系只取决于 R_f 和 R_1 的比值，与运算放大器本身的参数无关，这就保证了比例运算的精度和稳定性。

R_2 是平衡电阻。当 $u_i = 0$ 时，为了保持差动放大电路的对称结构，由反相输入向左看去的等效电阻 $(R_1 /\!/ R_f)$ 等于由同相输入端向左看去的等效电阻 R_2，即

$$R_2 = R_1 /\!/ R_f \tag{11.3.2}$$

当 $R_1 = R_f = R$ 时，由式（11.3.1）得

$$A_f = u_o / u_i = -R_f / R_1 = -1$$

这就是反号器，或称反相器。

2）同相比例运算电路

图 11.2.2（b）是同相比例运算电路。由图可列出

$$i_1 \approx i_f$$

$$i_1 = -\frac{u_-}{R_1} = -\frac{u_i}{R_1}, \quad i_f = \frac{u_- - u_o}{R_f} = \frac{u_i - u_o}{R_f}$$

由上列各式得 $$A_f = \frac{u_o}{u_i} = 1 + \frac{R_f}{R_1} \tag{11.3.3}$$

平衡电阻 $$R_2 = R_1 /\!/ R_f$$

式中，A_f 为正值，表示 u_o 与 u_i 同相，并且 A_f 总是大于或等于 1，这点和反相比例运算电路不同。

当 $R_1 = \infty$（断开）或 $R_f = R_2 = 0$ 时，由式（11.3.3）可得

$$A_f = u_o / u_i = 1$$

这就是同号器，或称电压跟随器。

2. 加法运算电路

1）反相加法运算电路

如果在反相输入端增加若干输入电路，则构成反相加法运算电路，见图 11.3.2（a）。

由图可列出 $i_{11} = u_{i1} / R_{11}$，$i_{12} = u_{i2} / R_{12}$，$i_{13} = u_{i3} / R_{13}$，$i_f = -u_o / R_f = i_{11} + i_{12} + i_{13}$

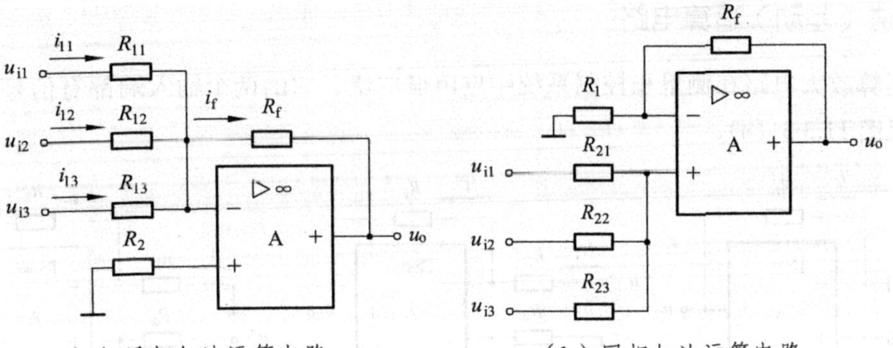

（a）反相加法运算电路　　（b）同相加法运算电路

图 11.3.2　加法运算电路

由上列各式可得

$$u_o = -(u_{i1}R_f / R_{11} + u_{i2}R_f / R_{12} + u_{i3}R_f / R_{13}) \tag{11.3.4}$$

平衡电阻　　$R_2 = R_{11} /\!/ R_{12} /\!/ R_{13} /\!/ R_f$

当 $R_{11} = R_{12} = R_{13} = R_1$ 时，由式（11.3.4）可得

$$u_o = -(u_{i1} + u_{i2} + u_{i3})R_f / R_1 \tag{11.3.5}$$

当 $R_1 = R_f$ 时，由式（11.3.5）可得

$$u_o = -(u_{i1} + u_{i2} + u_{i3})$$

由式（11.3.4）和式（11.3.5）可见，加法运算电路与运算放大器本身的参数无关，只要电阻阻值足够精确，就可保证加法运算的精度和稳定性。

例 11.3.1　已知反相加法运算放大器的运算关系为 $u_o = -(4u_{i1} + 2u_{i2} + 0.5u_{i3})$，并已知 $R_f = 100\ \text{k}\Omega$，试选择各输入电路的电阻和平衡电阻 R_2 的阻值。

解　由式（11.3.4）可得

$$R_{11} = R_f / 4 = 100/4 = 25\ (\text{k}\Omega)$$

$$R_{12} = R_f / 2 = 100/2 = 50\ (\text{k}\Omega)$$

$$R_{13} = R_f / 0.5 = 100/0.5 = 200\ (\text{k}\Omega)$$

$$R_2 = R_{11} /\!/ R_{12} /\!/ R_{13} /\!/ R_f = 13.3\ (\text{k}\Omega)$$

2）同相加法运算电路

在图 11.3.2（b）的基础上增加若干个输入端，可以对多个输入信号实现代数相加运算，应用叠加原理可以得到

$$u_o = (1 + R_f / R_1)(K_1 u_{i1} + K_2 u_{i2} + K_3 u_{i3}) \tag{11.3.6}$$

平衡电阻　　$R_{21} /\!/ R_{22} /\!/ R_{23} = R_2 /\!/ R_f$

式中　　$K_1 = \dfrac{R_{22} /\!/ R_{23}}{R_{21} + R_{22} /\!/ R_{23}}$，$K_2 = \dfrac{R_{21} /\!/ R_{23}}{R_{22} + R_{21} /\!/ R_{23}}$，$K_3 = \dfrac{R_{21} /\!/ R_{22}}{R_{23} + R_{21} /\!/ R_{22}}$

3. 减法（差动）运算电路

差动运算放大电路在测量和控制系统中应用很广泛，它的两个输入端都有信号输入，其运算电路见图 11.3.3（a）。

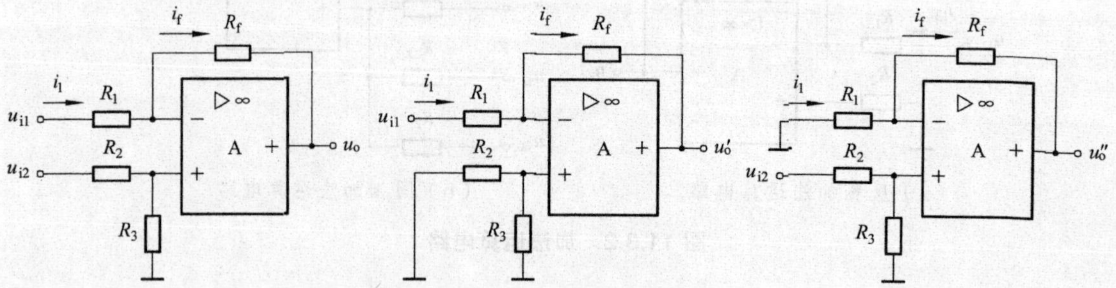

（a）差动电路　　（b）u_{i1} 单独作用　　（c）u_{i2} 单独作用

图 11.3.3　差动运算放大电路

1）用运放分析原则分析

$$i_1 = \frac{u_{i1} - u_-}{R_1} = i_f = \frac{u_- - u_o}{R_f}$$

$$u_- \approx u_+ = \frac{u_{i2} R_3}{R_2 + R_3}$$

可得
$$u_o = \left(1 + \frac{R_f}{R_1}\right)\frac{R_3}{R_2 + R_3} u_{i2} - \frac{R_f}{R_1} u_{i1} \tag{11.3.7}$$

当 $R_1 = R_2$ 和 $R_f = R_3$ 时，式（11.3.7）为

$$u_o = (u_{i2} - u_{i1}) R_f / R_1 \tag{11.3.8}$$

当 $R_1 = R_f$ 时，则得

$$u_o = u_{i2} - u_{i1} \tag{11.3.9}$$

从式（11.3.8）和式（11.3.9）可见，输出电压 u_o 与两个输入电压的差值成正比，所以该电路可作为减法器使用。

2）用叠加原理分析

u_{i1} 单独作用，u_{i2} 接地，见图 11.3.3（b）。

反相比例运算电路　　$u_o' = -u_{i1} R_f / R_1$

u_{i2} 单独作用，u_{i1} 接地，见图 11.3.3（c）。

同相比例运算电路　　$u_+ = u_{i2} R_3 / (R_2 + R_3)$

$$u_o'' = \left(1 + \frac{R_f}{R_1}\right) u_+ = \left(1 + \frac{R_f}{R_1}\right)\frac{R_3}{R_2 + R_3} u_{i2}$$

叠加得
$$u_o = u_o' + u_o'' = \left(1 + \frac{R_f}{R_1}\right)\frac{R_3}{R_2 + R_3} \cdot u_{i2} - \frac{R_f}{R_1} u_{i1}$$

例 11.3.2　电路见图 11.3.4，求电路中的输出电压 u_o。

解 (1) 运放 A_1 是反相加法运算电路，由式（11.3.4）可得

$$u_{o1}=-\left(\frac{R_f}{R_{11}}u_{i1}+\frac{R_f}{R_{12}}u_{i2}\right)=-\left(\frac{60}{20}\times(-4)+\frac{60}{30}\times 2\right)=8\ (\mathrm{V})$$

(2) 运放 A_2 是同相比例运算电路，由式（11.3.6）可得

$$u_{o2}=(1+R_f/R_1)u_{i3}=(1+60/30)\times 2=6\ (\mathrm{V})$$

(3) 运放 A_3 是差动运算电路，用运放分析原则得

$$u_-=u_+=u_{o2}=6\ (\mathrm{V})$$

$$(u_{o1}-u_-)/60=(u_--u_o)/30$$

可得

$$u_o=\left(1+\frac{30}{60}\right)u_{o2}-\frac{30}{60}u_{o1}=5\ (\mathrm{V})$$

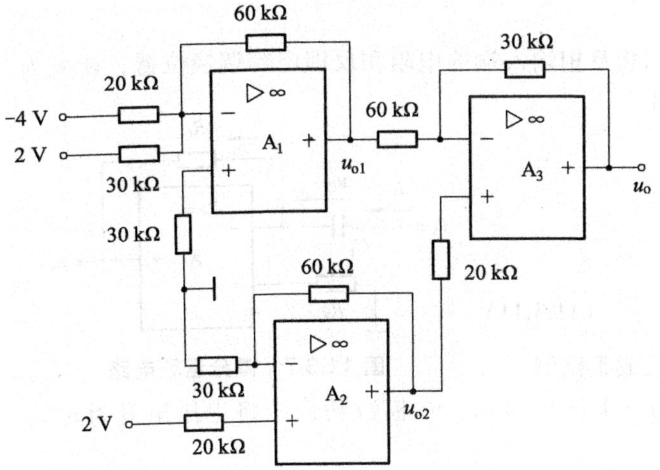

图 11.3.4 例 11.3.2 图

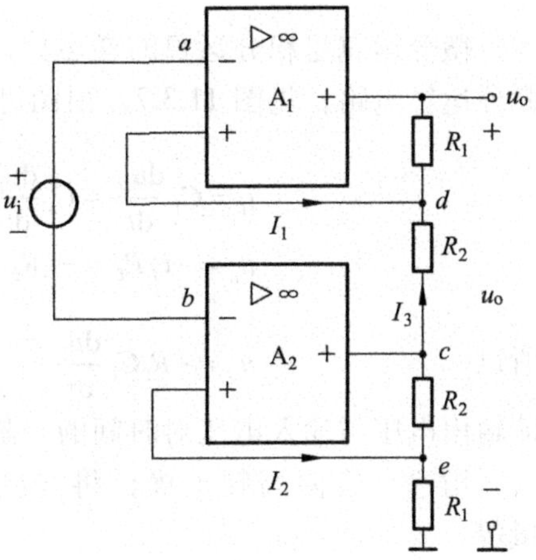

图 11.3.5 例 11.3.3 图

例 11.3.3 电路见图 11.3.5，试求输出电压与输入电压之间关系的表达式。

解 由于图 11.3.5 引进了负反馈，根据运算放大器线性应用分析原则，运放同相端的电位等于反相端的电位，即

$$u_d=u_-=u_+=u_a,\quad u_e=u_-=u_+=u_b$$

运放输入电流为零 $I_1=I_2=0$

可得
$$u_c=(1+R_2/R_1)u_e=(1+R_2/R_1)u_b$$

$$I_3=(u_c-u_d)/R_2$$

所以
$$u_o=u_d-I_3R_1=\frac{R_1+R_2}{R_2}(u_a-u_b)=\left(1+\frac{R_1}{R_2}\right)u_i$$

4. 积分运算电路

与反相比例运算电路比较，用电容器 C_f 代替 R_f 作为反馈元件，就成为积分运算电路，见

图 11.3.6。

由于 u_i 是反相输入的，$u_- \approx 0$，所以

$$i_f = i_1 = u_i / R_1$$

$$u_o = -u_C = -\frac{1}{C_f}\int i_f dt$$

$$= -\frac{1}{R_1 C_f}\int u_i dt \qquad (11.3.10)$$

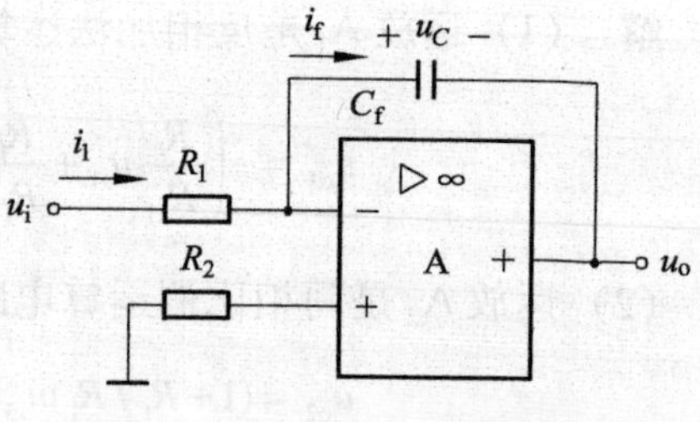

图 11.3.6　积分运算电路

式（11.3.10）表明 u_o 与 u_i 的积分成正比例。当 $u_i = U_i$（直流）时，$u_o = -U_i t/(R_1 C_f)$，输出电压 u_o 是时间 t 的一次函数。

用途：把三角波变为方波、正弦波；去除高频干扰；移相；在模数转换中将电压量变为时间量等。

5. 微分运算电路

微分运算是积分运算的逆运算，只需将反相输入端的电阻和反馈电容调换位置，就成为微分运算电路，见图 11.3.7。由图可列出

$$i_1 = C_1\frac{du_C}{dt} = C_1\frac{du_i}{dt}$$

$$u_o = -i_f R_f = -i_1 R_f$$

所以

$$u_o = -R_f C_1 \frac{du_i}{dt} \qquad (11.3.11)$$

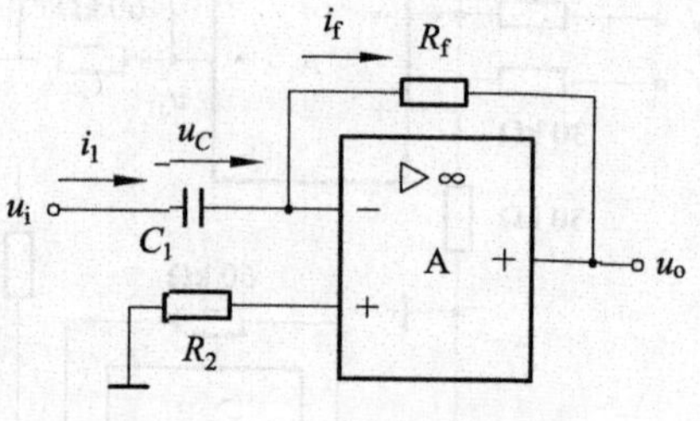

图 11.3.7　微分运算电路

即输出电压与输入电压对时间的一阶导数成正比例。

用途：去除高频干扰；将方波变为三角波；移相；在模数转换中将电压量变为时间量等。

例11.3.4　PID 调节器电路见图 11.3.8，试求输出电压与输入电压之间关系的表达式。

解　$i_f = i_1 + i_C$，$i_1 = \dfrac{u_C}{R_1} = \dfrac{u_i}{R_1}$

$$i_C = C_1 du_C / dt = C_1 du_i / dt$$

所以

$$u_o = -\left(i_f R_f + \frac{1}{C_f}\int i_f dt\right)$$

$$= -\left[\left(\frac{R_f}{R_1} + \frac{C_1}{C_f}\right)u_i + R_f C_1\frac{du_i}{dt} + \frac{1}{R_1 C_f}\int u_i dt\right]$$

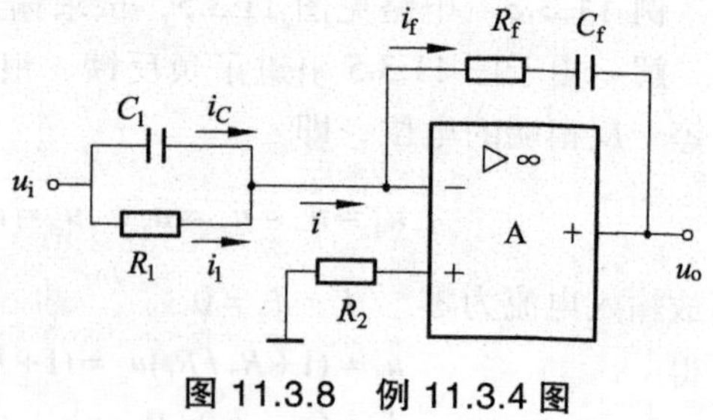

图 11.3.8　例 11.3.4 图

比例-积分-微分 PID 调节器在测量和控制系统中应用很广泛。

*6. 对数指数运算电路和对数乘除法器

由于篇幅所限，对数运算电路、反对数运算电路、指数电路、对数乘法器和对数除法器，本书不再讨论。

7. 模拟计算

在生产实践和科学实验中，经常以代数方程或微分方程来描述物理系统的性能。为了准确迅速地求解这些方程，常用电学量模拟其他物理量，利用电子模拟计算机进行求解。电子模拟计算机中最基本的部件是运算放大器。在求解某一方程时，首先组成电子模拟结构图，并写出模拟方程。然后确定各运算部件的参数，构成一个专用的电子模拟计算机。解题时，将确定好的初始信号加入，启动模拟计算机，就可以得到解答。解答可用示波器显示或记录仪记录下来。

现以阻尼振动系统为例来说明，位移量的变化规律遵循阻尼振动方程，即

$$m\frac{\mathrm{d}^2x}{\mathrm{d}t^2}+\mu\frac{\mathrm{d}x}{\mathrm{d}t}+kx=0$$

式中，x 为位移量；m 为重块的质量；μ 为阻尼系数；k 为弹簧的弹性系数。

在 $\mu/m=0.2$，$k/m=1$ 的情况下，则

$$\frac{\mathrm{d}^2x}{\mathrm{d}t^2}+\frac{1}{5}\frac{\mathrm{d}x}{\mathrm{d}t}+x=0 \tag{11.3.12}$$

初始条件为 $x(0)=1\ \mathrm{cm}$，$\left.\frac{\mathrm{d}x}{\mathrm{d}t}\right|_{t=0}=0$

如果用电压 u_o 模拟位移量，式（11.3.12）可化为

$$\frac{\mathrm{d}^2u_\mathrm{o}}{\mathrm{d}t^2}=-\frac{\mathrm{d}u_\mathrm{o}}{5\mathrm{d}t}-u_\mathrm{o}$$

将上式进行两次积分，可得

$$u_\mathrm{o}=\int\left[\int-\left(\frac{1}{5}\frac{\mathrm{d}u_\mathrm{o}}{\mathrm{d}t}+u_\mathrm{o}\right)\mathrm{d}t\right]\mathrm{d}t \tag{11.3.13}$$

由式（11.3.13）可以看出，第一级可以用一个求和积分运算放大电路 A_1 来实现（见图 11.3.9），它有两个输入信号，即 $-\mathrm{d}u_\mathrm{o}/\mathrm{d}t$ 和 $-u_\mathrm{o}$，而输出为

$$u_1=\int\left[\frac{1}{R_{12}C_{\mathrm{f}1}}\left(-\frac{\mathrm{d}u_\mathrm{o}}{\mathrm{d}t}\right)+\frac{1}{R_{11}C_{11}}(-u_\mathrm{o})\right]\mathrm{d}t \tag{11.3.14}$$

为了便于时间定标，电阻 R 的单位取 $\mathrm{M\Omega}$；电容 C 的单位取 $\mu\mathrm{F}$；RC 的单位为 s。根据系统给定的参数，取 $C_{\mathrm{f}1}=1\ \mu\mathrm{F}$；$R_{11}=1\ \mathrm{k\Omega}$，$R_{12}=5\ \mathrm{k\Omega}$，$R_{21}C_{\mathrm{f}2}=1\ \mathrm{M\Omega}\times1\ \mu\mathrm{F}=1\ \mathrm{s}$。由式（11.3.14）可写成

$$u_1=\int\left[\frac{1}{5}\left(-\frac{\mathrm{d}u_\mathrm{o}}{\mathrm{d}t}\right)+(-u_\mathrm{o})\right]\mathrm{d}t=-\frac{\mathrm{d}u_\mathrm{o}}{\mathrm{d}t} \tag{11.3.15}$$

第二级采用积分运算电路 A_2 来实现（见图 11.3.9），其输出电压

$$u_2=\frac{1}{R_{21}C_{\mathrm{f}2}}\int\left[-\frac{\mathrm{d}u_\mathrm{o}}{\mathrm{d}t}\right]\mathrm{d}t=\int\left[-\frac{\mathrm{d}u_\mathrm{o}}{\mathrm{d}t}\right]\mathrm{d}t=u_\mathrm{o} \tag{11.3.16}$$

即为所求的解。

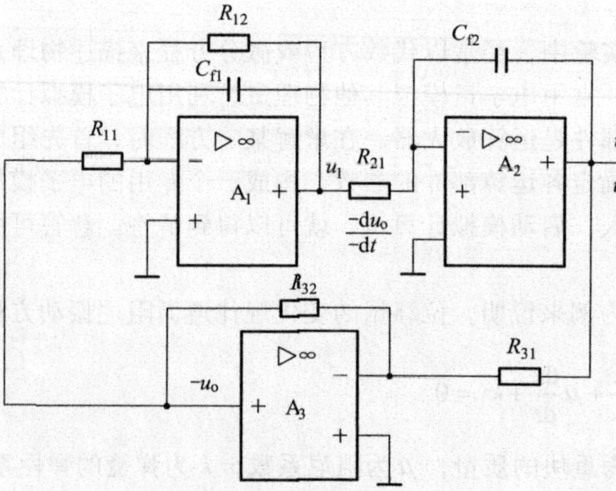

图 11.3.9　电子模拟计算机

但是第一级的两个输入信号要由后级供给。u_1 由 A_1 的输出 $\frac{du_o}{dt}$ 提供；而 $-u_o$ 则由 A_2 的输出 u_o 经反号器 A_3 获得。反号器中，$R_{31}=R_{32}=1\ \text{M}\Omega$。

根据运算放大器最大输出电压值，电压模拟位移量的比例尺可选 $M_u = 10\ \text{V/cm}$；由于电子电路系统和实际系统的时间单位都为 s，所以时间比例尺 $M_t = 1$。

在启动电子模拟装置之前，u_o 的初始电压 $u_o(0)=10\ \text{V}$，可用外接直流电源，跨接到第二级积分运算电路的电容上，使之充电至 10 V 来取得启动时，需将预给电流去掉，利用示波器可观测到输出电压 u_o 的波形。按照已定的比例尺 M_u，这个电压波形即可表示位移量的变化波形。

11.3.2　有源滤波器

滤波器就是一种选频电路，它能选出有用的信号，而抑制无用的信号，使一定频率范围内的信号能顺利通过，衰减很小，而在此频率范围以外的信号不易通过，衰减很大。滤波器主要用来滤除信号中无用的频率成分。例如，有一个较低频率的信号，其中包含一些较高频率成分的干扰，如图 11.3.10 所示。有源滤波器比无源滤波器精度高，稳定性好，所以应用比较广泛。

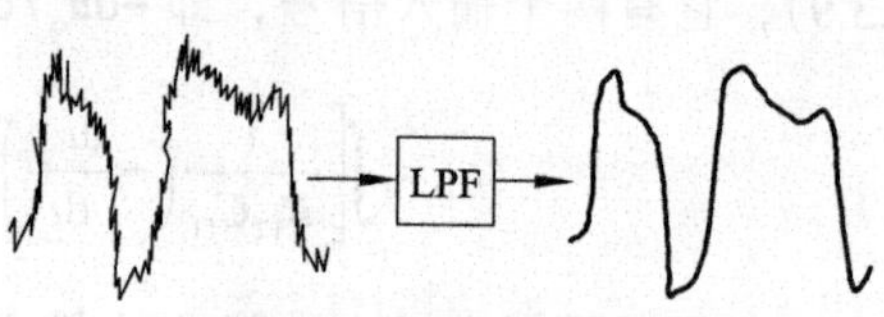

图 11.3.10　滤波器的作用

滤波电路按功能分为：低通滤波器 LPF、高通滤波器 HPF、带通滤波器 BPF、带阻滤波器 BEF，如图 11.3.11 所示。

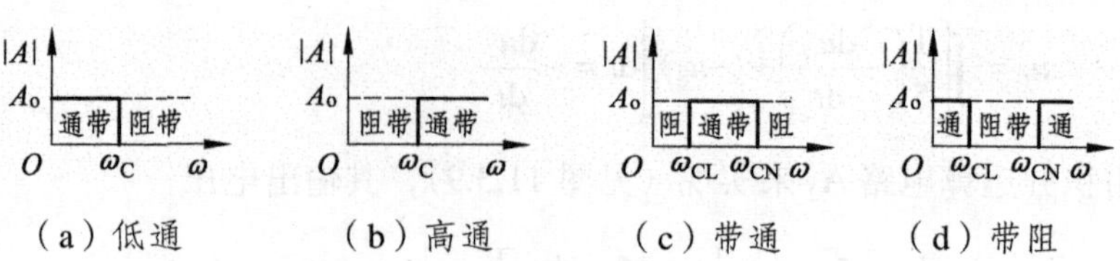

图 11.3.11　滤波器的分类

1. 有源低通滤波器

低通滤波器能使低频信号顺利传输，而高频信号不能通过。有源低通滤波器的电路见图 11.3.12。

$$\dot{U}_+ = \dot{U}_C = \frac{1/(j\omega C)}{R+1/(j\omega C)}\dot{U}_i = \frac{\dot{U}_i}{1+j\omega RC}$$

$$\dot{U}_o = (1+R_f/R_1)\dot{U}_+$$

$$\dot{A}_f = \frac{\dot{U}_o}{\dot{U}_i} = \frac{1+R_f/R_1}{1+j\omega RC} = \frac{1+R_f/R_1}{1+j\omega/\omega_0}$$

截止频率 $\omega_0 = 1/(RC)$

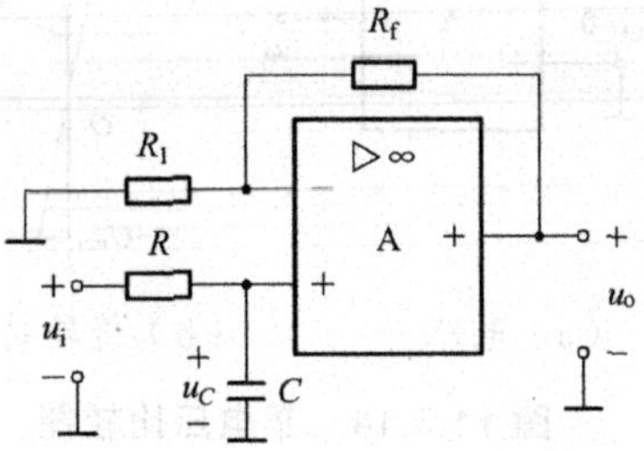

图 11.3.12 有源低通滤波器

2. 有源高通滤波器

高通滤波器能使高频信号顺利传输，而低频信号不能通过。有源高通滤波器的电路见图 11.3.13。

$$\dot{U}_+ = \frac{R}{R+1/(j\omega C)}\dot{U}_i = \frac{\dot{U}_i}{1+1/(j\omega RC)}$$

$$\dot{U}_o = (1+R_f/R_1)\dot{U}_+$$

$$\dot{A}_f = \frac{\dot{U}_o}{\dot{U}_i} = \frac{1+R_f/R_1}{1+1/(j\omega RC)} = \frac{1+R_f/R_1}{1-j\omega_0/\omega}$$

截止频率 $\omega_0 = 1/(RC)$

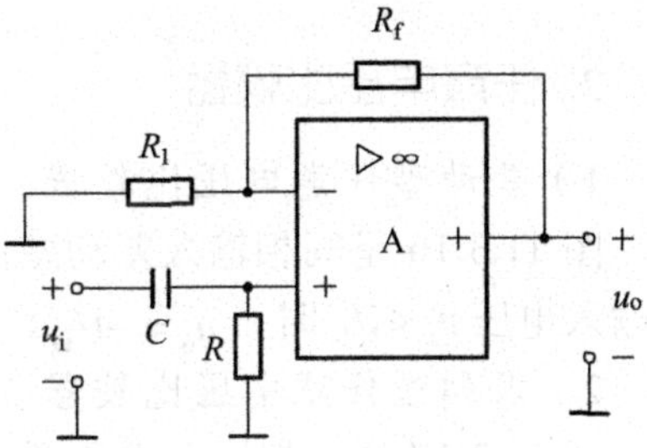

图 11.3.13 有源高通滤波器

11.3.3 电压比较器

电压比较器的功能是对输入信号进行比较，根据输入信号是大于还是小于基准电压来确定其输出状态。它在测量和控制系统中有着广泛的应用。

1. 零电压比较器

1）反相输入电压比较器

图 11.3.14 (a) 所示是反相输入电压比较器电路。它是一个工作在开环状态下的运算放大器，输入信号 u_i 接反相输入端，基准电压 U_{REF} 接同相输入端，但零电压比较器其基准电压 $U_{REF}=0$。

当 u_i 稍小于零时，由于运算放大器处于开环状态，其电压放大倍数很高，输出电压将达到正的最大值 $+U_{om}(+U_{om}\approx E_C)$；当 u_i 稍大于零时，输出电压即转变为负的最大值 $-U_{om}\approx -E_C$。只有当 u_i 近似等于零时，运算放大器才处于放大状态。描述输出电压 u_o 与输入电压 u_i 之间关系的电压传输特性见图 11.3.14（b）。

当 u_i 为正弦波电压时，输出电压为方波（正半周和负半周宽度相同），方波频率由输入电压的频率决定，幅度由运算放大器的供电电源 $\pm E_C$ 决定。

为了使输出电压有确定的数值，并改善大信号时的传输特性，用于电压比较器的运算放大器常与限幅器配用。图 11.3.15（a）为带有并联限幅器的运算放大器。此时输出电压正的

最大值 $+U_{om}=U_Z$，负的最大值 $-U_{om}=-U_Z$，见图 11.3.15（b）。

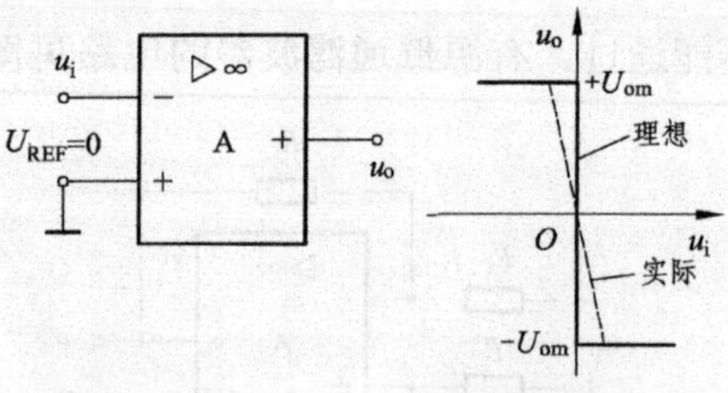

（a）电路　　（b）传输特性

图 11.3.14　零电压比较器

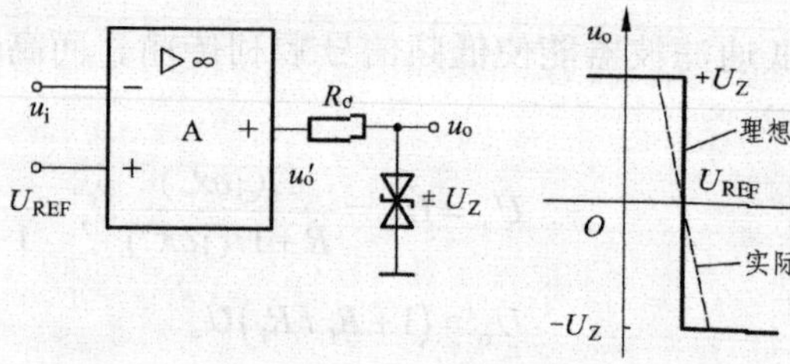

（a）电路　　（b）传输特性

图 11.3.15　带限幅器的零电压比较器

2）同相输入电压比较器

同相输入电压比较器，是将反相输入端接地，根据零电压比较器输出电压的极性，可以判断输入信号是大于零还是小于零，所以常用作信号电压过零检测器。

2. 任意电压比较器

1）差动型任意电压比较器

图 11.3.16 是同相输入差动型任意电压比较器及其电压传输特性。图中 U_R 为基准电压。当输入电压 $u_i<U_R$ 时，$u_o=-U_D$；当 $u_i>U_R$ 时，$u_o=+U_Z$。

2）求和型任意电压比较器

图 11.3.17 是反相输入求和型任意电压比较器电路图及其电压传输特性。

比较电压为　$U_C=-(R_1/R_2)U_R$

$u_i<-(R_1/R_2)U_R$，$u_o=U_P$

$u_i>-(R_1/R_2)U_R$，$u_o=-U_N$

差动型电压比较器，其比较电压就是基准电压，$U_C=U_R$，是不可调的；而求和型电压比较器，其比较电压 $U_C=-(R_1/R_2)U_R$，当 U_R 给定后可通过改变 R_1 和 R_2 进行调整。

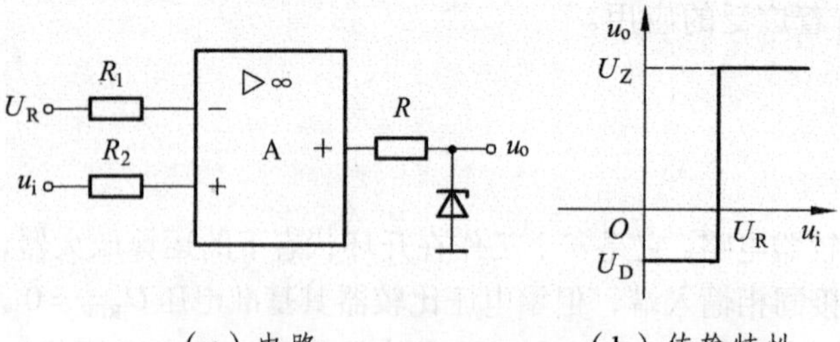

（a）电路　　（b）传输特性

图 11.3.16　同相输入差动型任意电压比较器

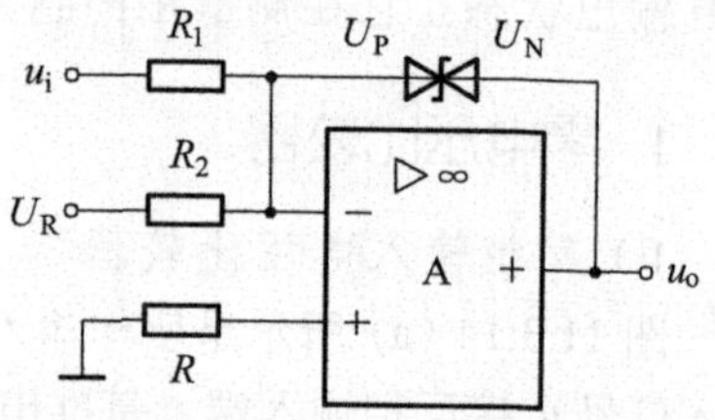

图 11.3.17　求和型任意电压比较器

3. 滞回比较器

滞回比较器工作在开环或正反馈状态，开环增益很大，比较器的输出只有高电平和低电平两个稳定状态，因是大幅度工作，输出和输入不成线性关系，见图 11.3.18。

若输出电压为　$u_o=+U_{om}$，　$u'_+=U'_+=R_2U_{om}/(R_2+R_f)$

若输出电压为　$u_o=-U_{om}$，　$u''_+=U''_+=-R_2U_{om}/(R_2+R_f)$

若输入电压为　　$u_i \geqslant U'_+$，　　$u_o = -U_{om}$

若输入电压为　　$u_i \leqslant U''_+$，　　$u_o = +U_{om}$

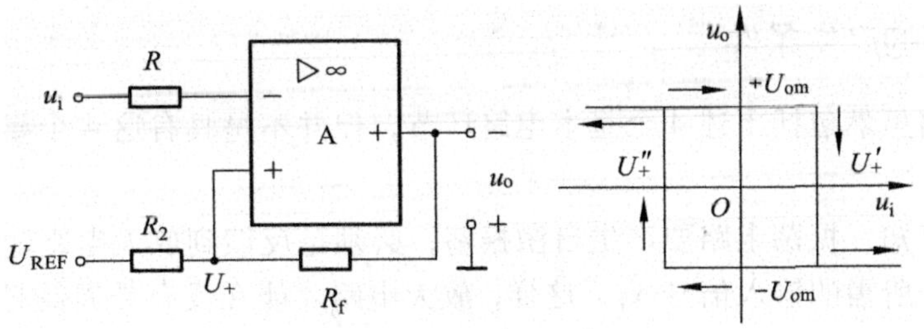

（a）电路　　　　（b）电压传输特性

图 11.3.18　滞回比较器

11.4　信号产生电路

信号产生电路又叫信号发生器，是一种可自动地将直流电转换成具有一定频率和幅度的交流输出信号的电路。信号发生器可分为模拟信号发生器和数字信号发生器。模拟信号发生器按输出信号波形的种类不同，可分为正弦波振荡电路和非正弦波信号产生电路。正弦波振荡电路有 *RC* 振荡电路和 *LC* 振荡电路，它们输出正弦波信号，非正弦波信号产生电路可输出矩形波、三角波、阶梯波等信号。

11.4.1　自激振荡电路

1. 振荡电路的概念

振荡电路按照是否依赖外界信号激励可分为自激振荡电路和他激振荡电路。*RC* 正弦波振荡电路和 *LC* 正弦波振荡电路都属于自激振荡电路。图 11.4.1 (a) 为利用正反馈产生自激振荡的框图。

放大器的输入信号 $\dot{X}_i = \dot{X}_d$，放大器的输出信号为 $\dot{X}_o$。由于有反馈网络和反馈信号 $\dot{X}_f$，假如 $\dot{X}_f$ 和 $\dot{X}_d$ 的大小和相位一致，$\dot{X}_f$ 可以取代 $\dot{X}_d$，而使输出信号维持原来的 $\dot{X}_o$，这样，这种具有反馈环节的放大器就变成了振荡器。

振荡电路起振时，会激起电压和电流的变化，且往往是非正弦的，含有各种频率的谐波分量，为了得到单一频率的输出信号，振荡电路必须具有选频特性，使其在某一固定频率下振荡。

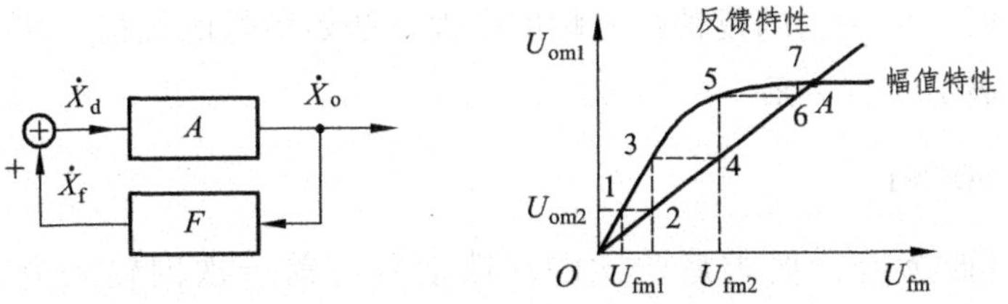

（a）自激振荡的框图　　　　（b）振荡的建立和稳定

图 11.4.1　自激振荡

综上所述，振荡电路由 4 个基本电路环节构成：① 放大电路环节；② 正反馈电路环节；③ 选频电路环节；④ 稳幅电路环节。

2. 自激振荡的产生条件

一个振荡电路虽然包括上述 4 个基本电路环节，但并不是具有这 4 个基本环节的电路都能产生自激振荡。

由图 11.4.1 可知，振荡电路要产生自激振荡，必须是反馈到放大电路输入端的信号等于产生这一反馈信号所需的输入信号 $\dot{X}_i$。这样，放大电路才能在没有外界信号的激励下，仅以自己的反馈信号作为输入信号而不断地工作，从而形成自激振荡。

由于 $\dot{X}_o = \dot{A}\dot{X}_d$， $\dot{X}_f = \dot{F}\dot{X}_o$

而 $\dot{X}_f = \dot{X}_d$

所以 $$\dot{A}\dot{F} = 1 \tag{11.4.1}$$

又因为 $\dot{A} = A\angle\psi_a$， $\dot{F} = F\angle\psi_f$

那么 $\dot{A}\dot{F} = AF\angle(\psi_a + \psi_f) = 1$

所以 $AF = 1$， $\angle(\psi_a + \psi_f) = 2n\pi$ （n=0，1，2，3，…）

由上分析可知，产生自激的条件如下：

（1）相位平衡条件。由输出端反馈到输入端，信号 $\dot{X}_f$ 必须与输入信号 $\dot{X}_d$ 同相，即 $\angle(\psi_a + \psi_f) = 2n\pi$，具有正反馈性质。

（2）振幅平衡条件。反馈信号的幅值与原来输入信号的幅值相等，即 $AF = 1$。

3. 自激振荡的建立和稳定

实际上振荡器的初始信号是自激的，当振荡器接通直流电源时，电路中就有一电流冲击。此外，电源电压波动、电路参数变化都会使电路出现一些扰动。这些变化都能引起一个微小的电压而传递到放大器的输入端，因而构成了振荡的最初输入信号。

图 11.4.1（b）中，曲线表示振荡电路的幅值特性，$U_o = AU_f$。直线表示振荡电路的反馈特性，$U_f = FU_o$。当振荡电路接通电源瞬间，由于扰动而产生的微弱信号经过放大，反馈产生反馈信号 U_{f1}，U_{f1} 经过放大产生幅值为 U_{om2} 的输出信号。该输入信号 U_{om2} 经过反馈得反馈信号 U_{f2}，该反馈信号 U_{f2} 不断放大、反馈，再放大、再反馈，输出电压的幅度不断增大，一直到过两条特性曲线的交点 A 处，振荡幅值才稳定下来。最后达到一个相对稳定的状态，见图 11.4.2。

在振荡器起振时，要求它的反馈信号幅值应大于初始信号的幅值，即 $X_f > X_d$。因此自激振荡在起振时应满足以下关系

$$AF > 1 \tag{11.4.2}$$

当振荡器稳幅振荡后，要求后一次的反馈信号与前一次的输入信号幅值相等，即 $X_f = X_d$。因此，自激振荡的稳定幅，振荡后应满足以下关系：$AF = 1$。可见，振荡器的振荡过程，就是从 $AF > 1$ 到 $AF = 1$ 的变化过程。

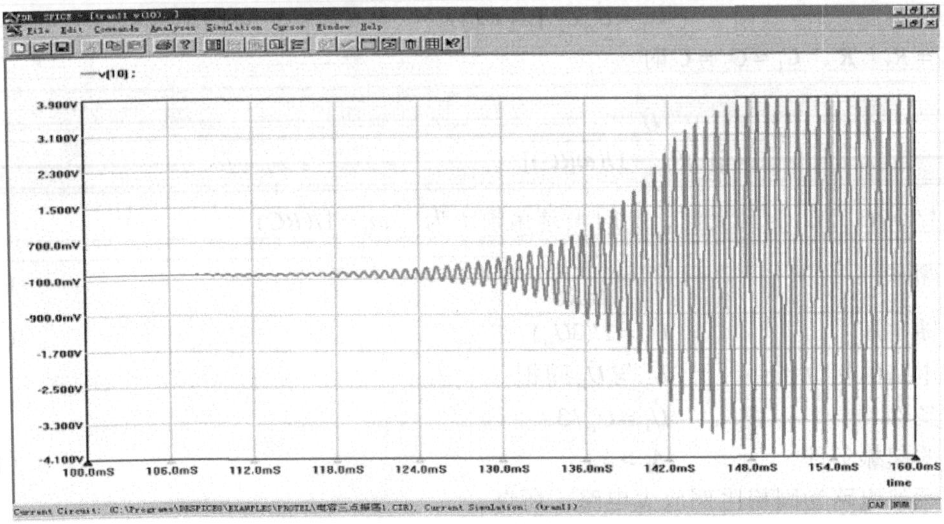

图 11.4.2　振荡器的振荡过程

11.4.2　正弦波振荡电路

1. *RC* 正弦波振荡电路

RC 振荡电路是一种低频正弦波振荡器，其振荡频率一般可从 1 Hz 到几百 kHz，常用的有 *RC* 桥式振荡电路和 *RC* 移相式振荡电路。

1）*RC* 桥式振荡电路的组成

图 11.4.3 (a) 为 *RC* 桥式振荡电路，由同相比例集成运算放大器作为振荡器的放大电路。由负反馈支路（R_1，R_f）构成电压串联负反馈，它可以改善电压输出波形，提高电压的稳定性。*RC* 串并联支路连到运放的同相输入端，构成正反馈选频网络。它与负反馈支路组成一个 4 臂电桥，所以称为 *RC* 桥式振荡电路，又称文氏电桥振荡器。

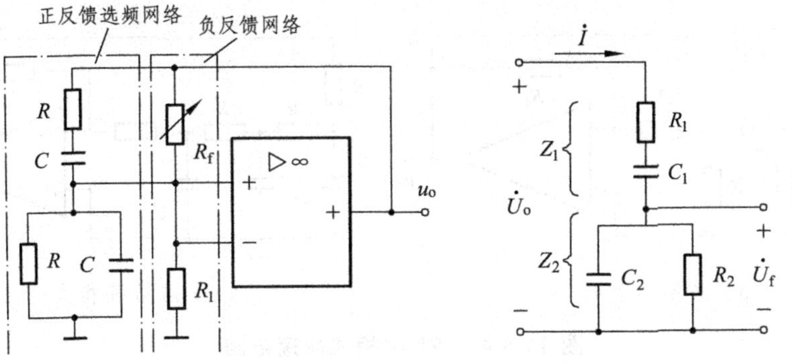

（a）*RC* 桥式振荡电路　　　　（b）*RC* 选频电路

图 11.4.3　*RC* 桥式振荡电路

2）*RC* 选频电路

R_1 与 C_1 的串联阻抗　　　$Z_1 = R_1 + 1/(\mathrm{j}\omega C_1)$

R_2 与 C_2 的并联阻抗　　　$Z_2 = R_2/(1+\mathrm{j}\omega C_2 R_2)$

正反馈电压　　　　$\dot{U}_i = \dot{U}_o Z_2 /(Z_1 + Z_2)$

当 $R_1 = R_2 = R$，$C_1 = C_2 = C$ 时

$$\dot{U}_i = \frac{\dot{U}_o}{3 + j[\omega RC - 1/(\omega RC)]}$$

当 $\omega RC = 1/\omega RC$，$\dot{U}_i$ 为最大值，此时振荡角频率为　$\omega_0 = 1/(RC)$

振荡频率　　　　$f_0 = \dfrac{1}{2\pi RC}$　　　　(11.4.3)

正反馈电压　　　　$\dot{U}_i = 1/(3\dot{U}_o)$　　　　(11.4.4)

振荡电路的相位条件　　$\dot{U}_i$ 与 $\dot{U}_o$ 同相

幅值条件　　　　$\dot{U}_i = \dot{U}_o / 3$

电路的起振条件　　$A_f > 3$　　　　(11.4.5)

由于运放电路为同相比例放大电路，所以

$$A_f = 1 + R_f / R_1 > 3, \quad R_f > 2R_1$$

电路的振荡频率可通过调整正反馈选频电路中的 R 值或 C 值来进行调节。通常采用双连电位器或双连电容器来改变串臂和并臂中的 R，C 就可以改变振荡的频率。

3）振荡幅度的稳定

振荡器满足上述条件起振以后，其振幅会不断增加，直至受到运放最大输出电压的限制，使输出波形 U_o 产生非线性失真。另外，因环境温度改变或电源电压的波动，仍有可能破坏 $AF = 1$ 的条件，造成振荡波形失真或停振的情况。因而在要求较高时，还应采取稳幅措施，设法使输出电压的幅值增大时，AF 适当减小，以维持 U_o 的幅值基本不变。

4）*RC* 移相式振荡电路

RC 移相式振荡电路见图 11.4.4。滞后移相式选频网络振荡频率为

$$f_0 \approx \frac{1}{2\pi\sqrt{6}RC} \tag{11.4.6}$$

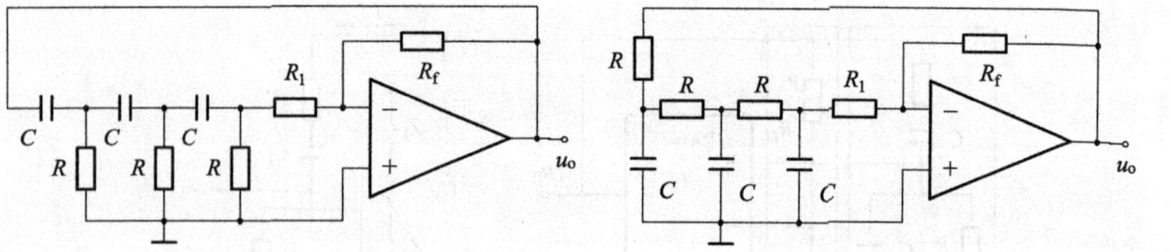

（a）超前移相式　　　　（b）滞后移相式

图 11.4.4　*RC* 移相式振荡电路

2. *LC* 正弦波振荡电路

LC 正弦波振荡电路可产生频率高达 1 MHz，甚至 1 000 MHz 以上的正弦波信号。*LC* 振荡器的工作原理与 *RC* 振荡器相似。两者的差别主要是选频网络的元件不同。由于集成运放的频带较窄，故 *LC* 正弦波振荡电路一般用分立元件组成。

1）变压器反馈式振荡电路

变压器反馈式 LC 振荡电路见图 11.4.5。它的放大电路部分由晶体管 V、电阻 R_{b1}，R_{b2}，R_e，电容 C_e，C_1，C 和电感 L 组成，其中 LC 组成选频电路部分，线圈 L_f、L_0 与 L 作变压器耦合，L_f 是反馈线圈，L_0 线圈与负载电阻 R_L 相连。

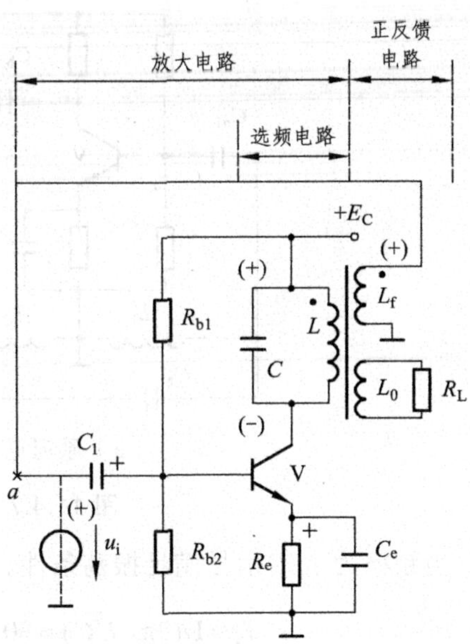

图 11.4.5　变压器反馈式 LC 振荡电路

将电路在放大器输入端断开，利用瞬时极性法判断电路是否满足相位平衡条件。分析是否满足振荡产生的幅度条件。一般 AF 应略大于 1。

由瞬时极性法可知，晶体管基极信号为“+”，由于放大器为共射放大器，所以集电极为“−”。在谐振频率为 f_0 时，LC 回路阻抗为纯电阻；电感 L 的同名端为“+”，L_f 的同名端也为“+”。反馈信号送回基极也为“+”，电路为正反馈。因此，频率为 f_0 的信号满足相位平衡条件，幅值条件可以通过放大器和 L_f 线圈匝数来满足。

当振荡电路与电源接通时，在集电极及电路中激起一个微小的电流变化时，这时集电极电流由一系列频率不同的正弦分量叠加而成。只有 f_0 的信号满足相位平衡条件时，电路才能够产生自激振荡。

LC 并联回路见图 11.4.6。电路总阻抗为

$$Z=\frac{\dot{U}}{\dot{I}}=\frac{\dfrac{1}{\mathrm{j}\omega C}(R+\mathrm{j}\omega L)}{\dfrac{1}{\mathrm{j}\omega C}+R+\mathrm{j}\omega L}$$

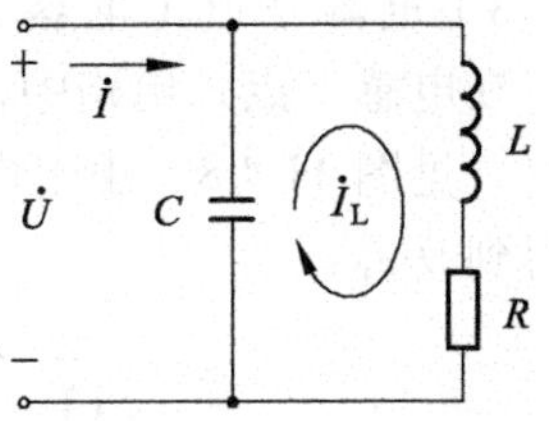

图 11.4.6　LC 并联回路

一般情况下　　$R\ll\omega L$

所以　　$$Z\approx\frac{\mathrm{j}\omega L/(\mathrm{j}\omega C)}{R+\mathrm{j}[\omega L-1/(\omega C)]}=\frac{L/C}{R+\mathrm{j}[\omega L-1/(\omega C)]}$$

振荡频率　　$$f_0=\frac{1}{2\pi\sqrt{LC}} \tag{11.4.7}$$

品质因数　　$$Q=\frac{\omega_0 L}{R}=\frac{1}{\omega_0 RC}=\frac{1}{R}\sqrt{\frac{L}{C}} \tag{11.4.8}$$

这时电路总阻抗为极大值，而且是电阻性的，即 $Z_0=L/(RC)$，同时电压放大倍数最高。改变 LC 电路的 L 或 C 时，输出信号的振荡频率也改变，实现频率的调节。通常尽可能减小 L 线圈的电阻，提高其品质因数 $Q=1/(\omega_0 RC)$，以获得较强的选频能力。

2）电感反馈（电感三点）式 LC 振荡电路

该电路和变压器反馈式不同，取消了反馈线圈，LC 回路电感采用抽头。由于电感有始端、末端和抽头，因此称电感三点式。反馈线圈 L_2 是电感线圈的一段，通过 L_2 将反馈信号送到输入端，见图 11.4.7。

由瞬时极性法可知，如果晶体管基极信号为“+”，集电极为“−”，电感 L_2 上端为“−”，

下端为"+"，这样由下端返回基极的信号与输入信号相同，满足相位条件；通过放大器和反馈线圈 L_2 匝数来满足幅值条件。

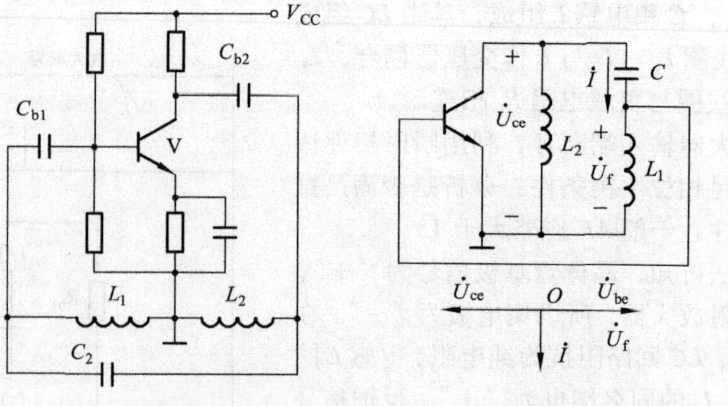

（a）原理电路　　（b）交流通路及矢量图

图 11.4.7　电感三点式 *LC* 振荡电路

当频率为 f_0 的信号满足振荡条件，电路能够振荡，其振荡频率为

$$f_0 \approx 1/(2\pi\sqrt{L'C}) \approx 30\sim60\ \text{MHz} \tag{11.4.9}$$

式中，L' 为回路的等效电感，$L' = L_1 + L_2 + 2M$，M 为 L_1，L_2 的互感系数。

通常改变电容 C 来调节振荡频率比较方便，因此该电路应用很广。但由于反馈电压取自电感，高次谐波成分较多，因而振荡波形质量不太好。

3）电容反馈（电容三点）式振荡器

在电感三点式电路中，若用 L 代替 C，C_1，C_2 分别代替 L_1，L_2，便构成电容三点式 LC 电路，见图 11.4.8。由于电容对高次谐波呈低阻抗，高次谐波分量受到抑制，振荡波形的质量得到改善。

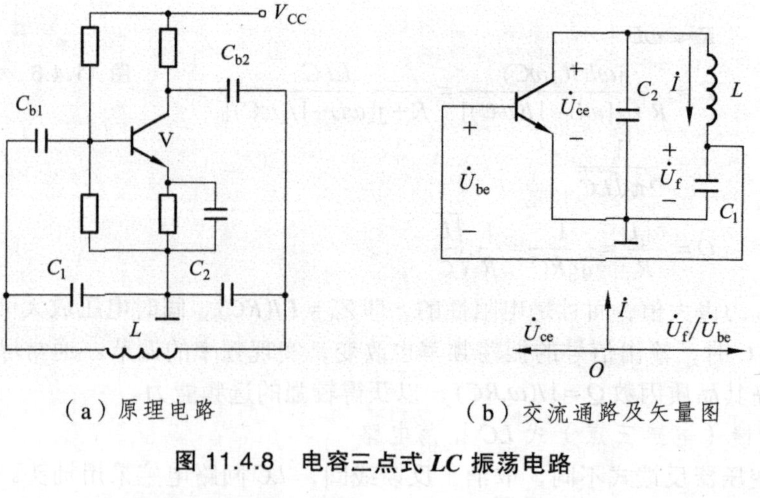

（a）原理电路　　（b）交流通路及矢量图

图 11.4.8　电容三点式 *LC* 振荡电路

由于 C_1，C_2 串联，反馈电压从 C_2 上取出，它的振荡频率为

$$f_0 \approx 1/(2\pi\sqrt{LC'}) > 100\ \text{MHz} \tag{11.4.10}$$

式中，$C' = C_1C_2/(C_1+C_2)$。

如果要通过改变电容来调节频率，必须保证C_1与C_2的比值不变，使其不致影响反馈电压的大小，显然，要同时改变C_1与C_2很不方便。因此，通常要与线圈L串联一个较小的可变电容来调节振荡频率，且振荡频率较高，一般可达到 100 MHz 以上。

4）石英晶体正弦波振荡电路

石英晶体是一种各向异性的结晶体，具有压电效应产生振荡，Q值很大，频率稳定度高。石英晶体等效电路见图 11.4.9（a），L，C组成串联谐振电路。图 11.4.10 为石英晶体正弦波振荡电路，串联谐振时有最小阻抗，且相移为 0°；并联谐振时有最大阻抗，相移不为 0°。L，C，C_0组成并联谐振电路，因此晶体有两个谐振频率。

串联谐振频率 $f_s = 1/(2\pi\sqrt{LC})$

并联谐振频率 $f_p = f_s\sqrt{1+C/C_0}$

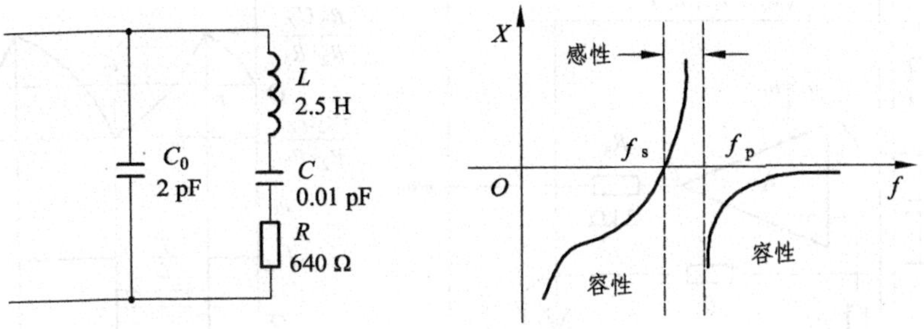

（a）等效电路　　（b）电抗特性

图 11.4.9 石英晶体等效电路与电抗特性

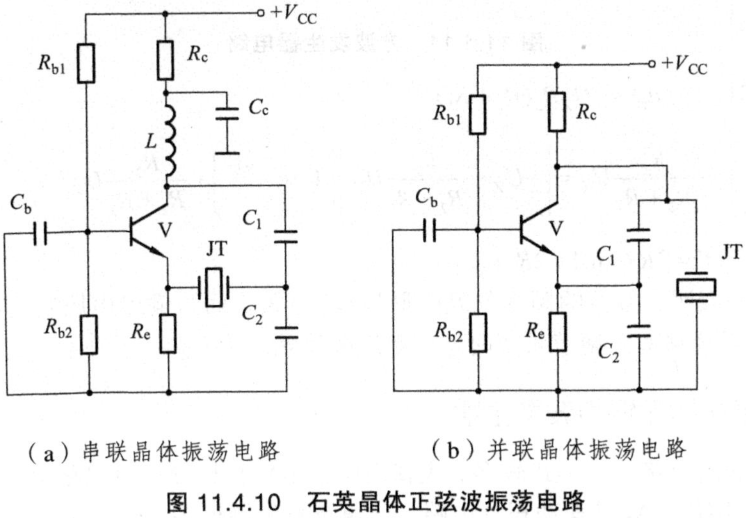

（a）串联晶体振荡电路　　（b）并联晶体振荡电路

图 11.4.10 石英晶体正弦波振荡电路

11.4.3 非正弦波信号产生电路

1. 方波发生器

图 11.4.11（a）是基本方波发生器电路。它是将反相输入电压比较器的输入信号，改由

电路本身的输出电压经 R_1，C 反馈网络供给的自激振荡电路。方波输出波形见图 11.4.11 (b)。由图可以看出，当电容上的电压 u_- 与基准电压 $\pm FU_Z$ 相交时，比较器将发生反转。

在接通电源的瞬间，输出电压有可能偏向于正向最大值，也可能偏向于负向最大值。

当初始时刻 $u_C=0$，$u_o=+U_Z$ 时，有 $u_+=U_ZR_2/(R_2+R_1)$

当初始时刻 $u_C=0$，$u_o=-U_Z$ 时，有 $u_+=(-U_Z)R_2/(R_2+R_1)$

三要素为 $\tau=R_1C,\ u_C\big|_{t=t_1}=U_ZR_2/(R_2+R_3),\ u_C\big|_{t=\infty}=-U_Z$

$$u_C(t)=\left[-U_Z-\frac{R_2}{R_2+R_3}U_Z\right]\left(1-e^{-\frac{\Delta t}{R_1C}}\right)+\frac{R_2}{R_2+R_3}U_Z$$

式中，$\Delta t=t-t_1,\quad t_1\leqslant t\leqslant t_2$

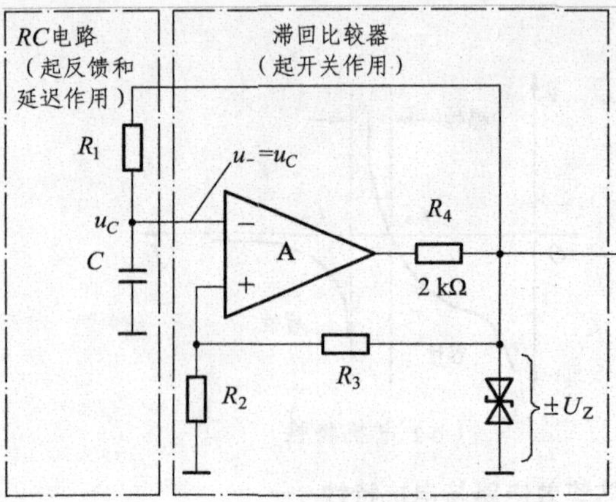

（a）电路图

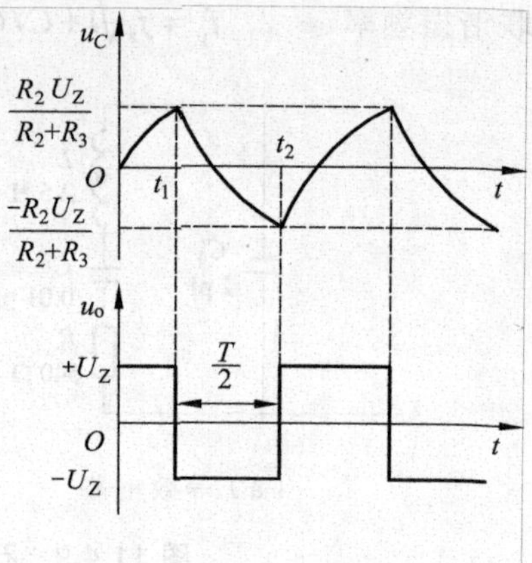

（b）波形图

图 11.4.11 方波发生器电路

当 $\Delta t=T/2$ 时，$u_C=-U_ZR_2(R_2+R_1)$

$$-\frac{R_2}{R_2+R_3}U_Z=\left[-U_Z-\frac{R_2}{R_2+R_3}U_Z\right]\left(1-e^{-\frac{T}{2R_1C}}\right)+\frac{R_2}{R_2+R_3}U_Z$$

振荡周期 $$T=2R_1C\ln(1+2R_2/R_3) \tag{11.4.11}$$

式（11.4.11）表明，方波的频率与 R_1C 和 R_2/R_3 有关，而与输出电压幅度 U_Z 无关，通常改变 R_1 即可调节振荡频率。调节频率时输出电压幅度始终为 U_Z。

2. 三角波发生器和锯齿波发生器

三角波发生器的电路结构形式较多，大都由比较电路和积分运算电路组成，如图 11.4.12 所示，A_1 是比较电路，A_2 是差动积分电路。三角波发生器振荡周期

$$T=4R_4CU_{om}/Z=4R_4R_1C/R_2 \tag{11.4.12}$$

锯齿波发生器如图 11.4.13 所示，锯齿波的周期可以根据时间常数和锯齿波的幅值求得

$$T_1=\frac{2R_1RC}{R_2},\quad T_2=\frac{2R_1}{R_2}(R\,/\!/\,R')C \tag{11.4.13}$$

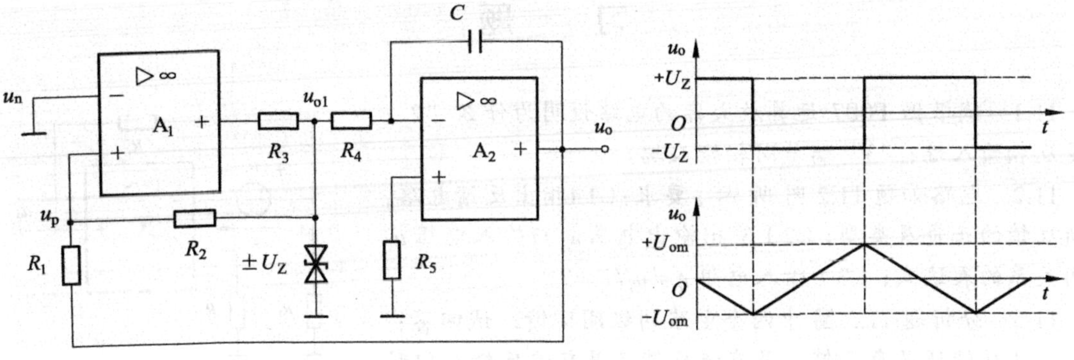

（a）电路图　　　　（b）波形图

图 11.4.12　三角波发生器

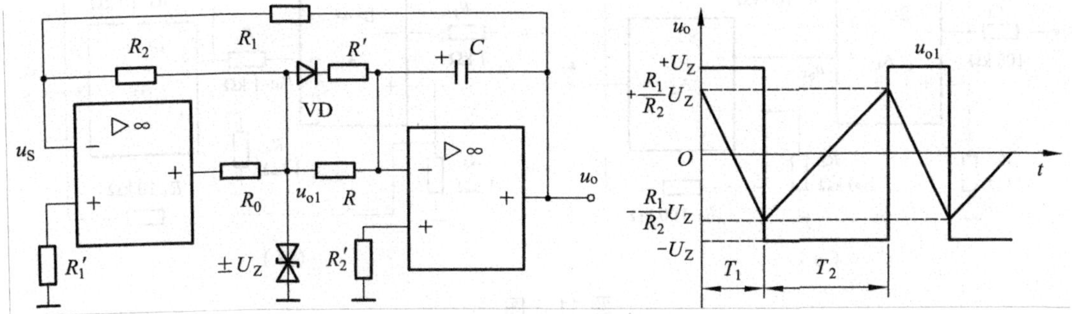

（a）电路图　　　　（b）波形图

图 11.4.13　锯齿波发生器

小　　结

（1）开环增益 A_o 大，输入阻抗 r_{id} 高，是集成运放的固有特性。由于开环增益极大，即使集成运放输入端只有很小的信号输入，其输出电压也可达到极限电压，集成运放便已不再工作在线性放大状态。若要运放工作于线性放大状态，器件外部必须有某种形式的负反馈网络；若无负反馈环节，则运放工作于非线性状态。

（2）运算放大器线性应用分析原则（引进负反馈）：

① 输入电流为零，$I_i = 0$；② 两个输入端子间的电压为零，$u_+ \approx u_- = 0$。

（3）4 种反馈类型的负反馈，即串联电流负反馈、串联电压负反馈、并联电流负反馈、并联电压负反馈。负反馈虽使放大器的放大倍数下降，但能从多方面改善放大器的性能。

（4）运算放大器的应用领域十分广阔，包括测量技术、计算技术、自动控制、无线电通信等。按功能来看，有信号的运算、处理电路和产生电路。重点掌握比例运算电路和差动运算放大电路的分析方法。

（5）信号产生电路有正弦波振荡电路和非正弦波信号产生电路两类。正弦波振荡电路按选频网络不同，可分为 RC 振荡电路和 LC 振荡电路。非正弦波信号产生电路包括三角波、方波和锯齿波发生器。

习　题

11.1　试根据 F007 运算放大器的电路说明为什么“2”端是反相输入端；“3”端是同相输入端。

11.2　电路如题 11.2 图所示，要求：(1) 指出反馈电路，判断反馈的正负及类型；(2) 写出输出电压 u_o 与输入电压 u_i 之间关系的表达式；(3) 输入电阻 $r_i = u_i / i_i = ?$

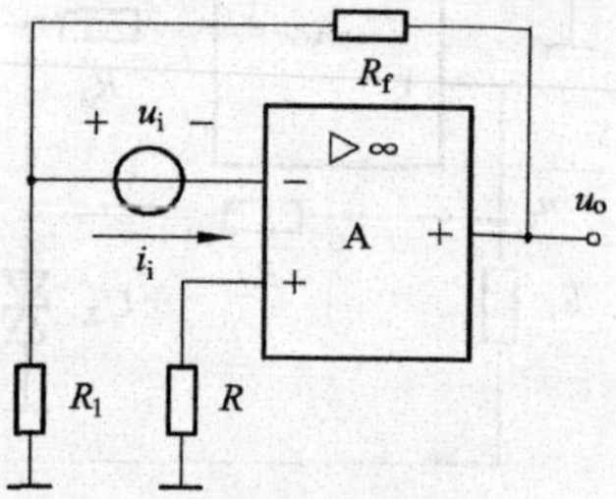

题 11.2 图

11.3　分析题 11.3 图中两个电路的级间反馈，试回答：(1) 是正反馈还是负反馈，是直流反馈还是交流反馈？何种类型？(2) 各自的电压放大倍数大约是多少？

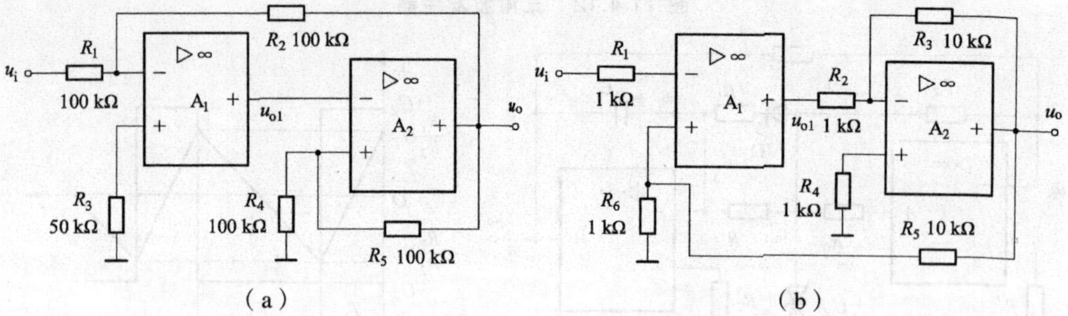

题 11.3 图

11.4　题 11.4 图所示的电路中，线性组件 A 均为理想运算放大器（题 11.4 图（e）电路中，已知运放的最大输出电压大于 U_Z，且电路处于线性放大状态），试写出各电路的输出与输入的关系式。

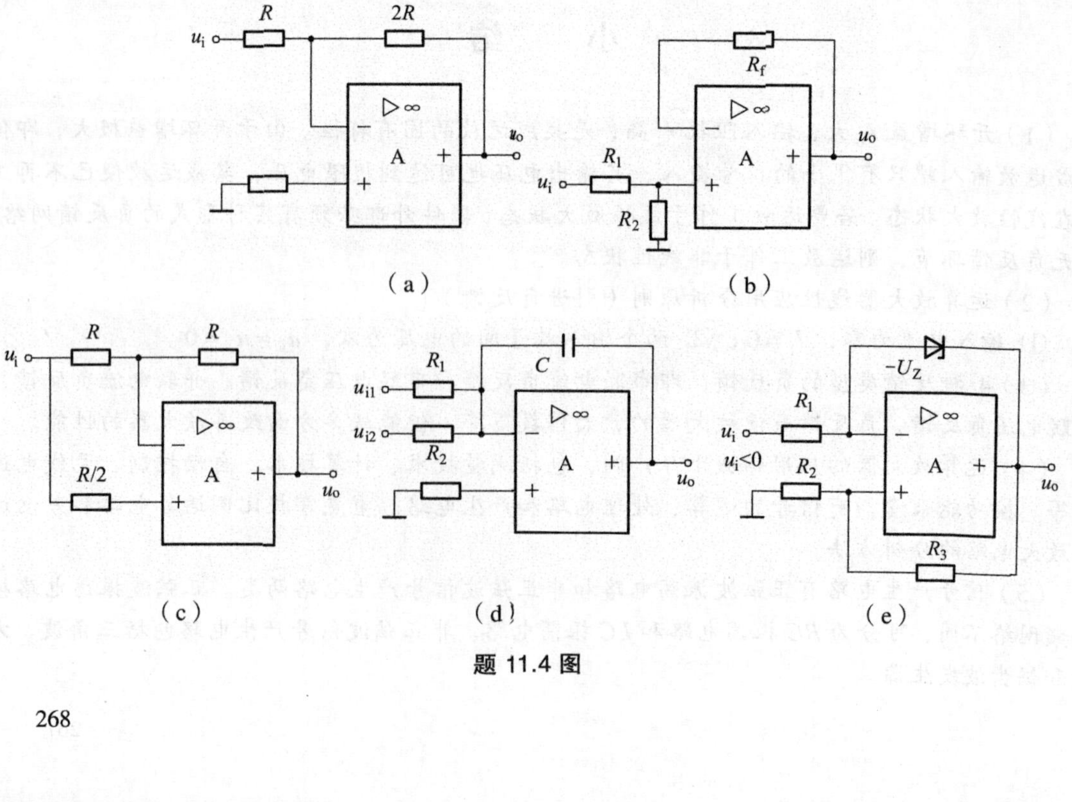

题 11.4 图

11.5　题 11.5 图所示的两个电路中，A_1 和 A_2 都是理想的集成运放放大器。(1) 比较这两个电路在反馈方式上的不同；(2) 计算题 11.5 图（a）电路的电压放大倍数；(3) 若要题 11.5 图（a）和（b）两个电路的电压放大倍数相同，则电阻 R_2 应选多大？

11.6　电路如题 11.6 图所示，$R = 100\ \text{k}\Omega$，求输出电压 u_o 与输入电压 u_i 之间关系的表达式。

11.7　试设计一电路，完成如下运算功能：$u_o = 5u_{i1} - 9u_{i2} + 10u_{i3}$，且要求每路输入电阻不小于 10 kΩ。

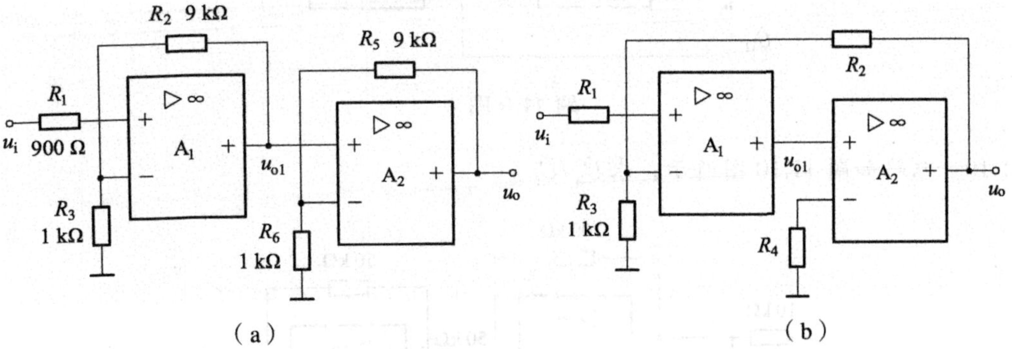

题 11.5 图

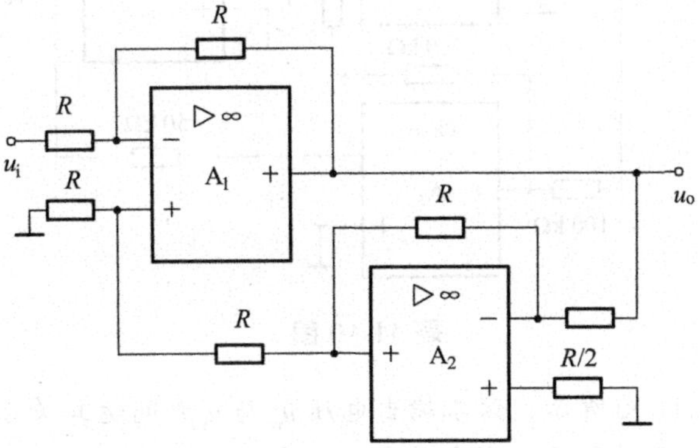

题 11.6 图

11.8　加法运算电路和输入电压 u_{i1}，u_{i2} 的波形如题 11.8 图所示，画出输出电压 u_o 的波形，算出最大值 U_{om}。

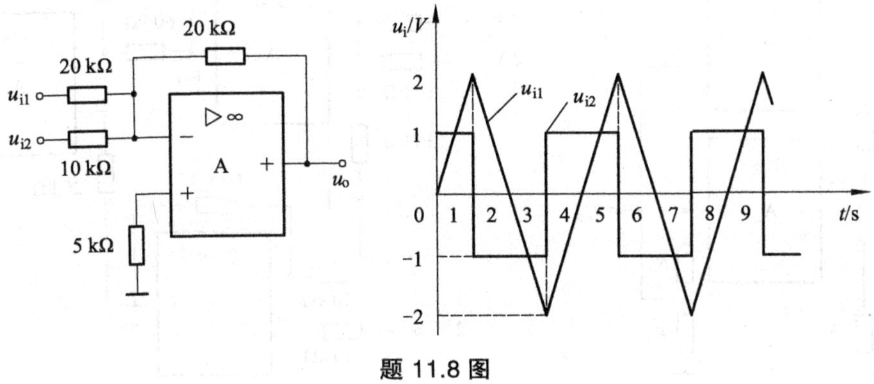

题 11.8 图

11.9　电路如题 11.9 图所示，求输出电压 u_o 与输入电压 u_{i1}，u_{i2} 之间运算关系的表达式。

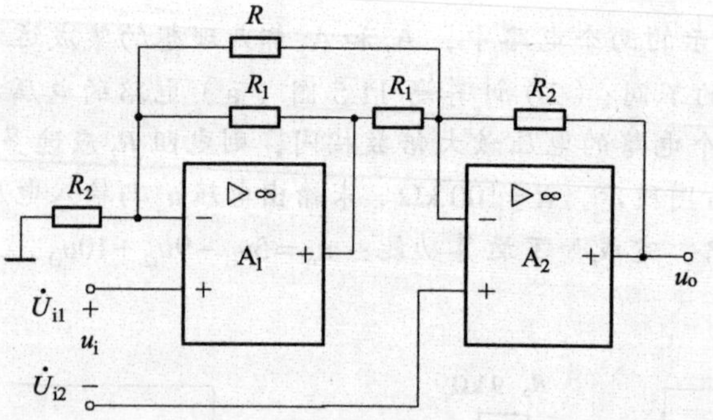

题 11.9 图

11.10　电路如题 11.10 图所示，求 $\dot{U}_o/\dot{U}_i$。

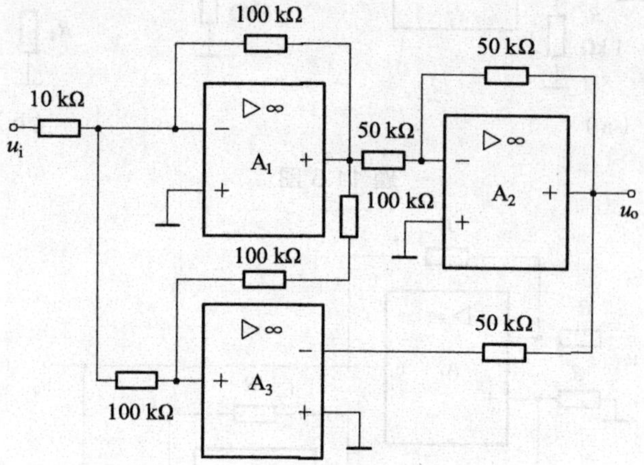

题 11.10 图

11.11　电路如题 11.11 图所示，试求输出电压 u_o 与 u_i 之间运算关系的表达式。

11.12　电路如题 11.12 图所示，求电路中的输出电压 u_o。

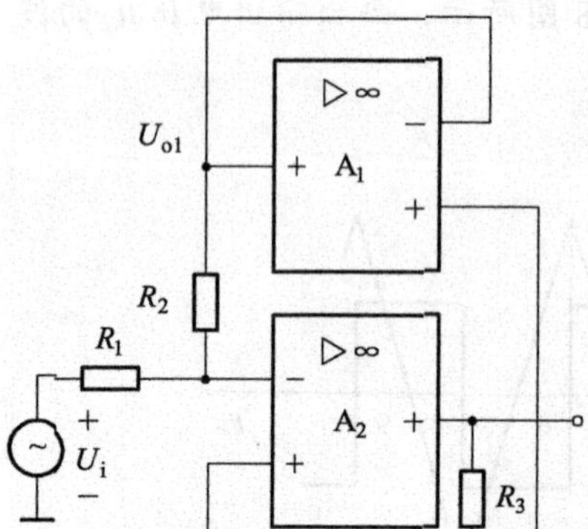

题 11.11 图

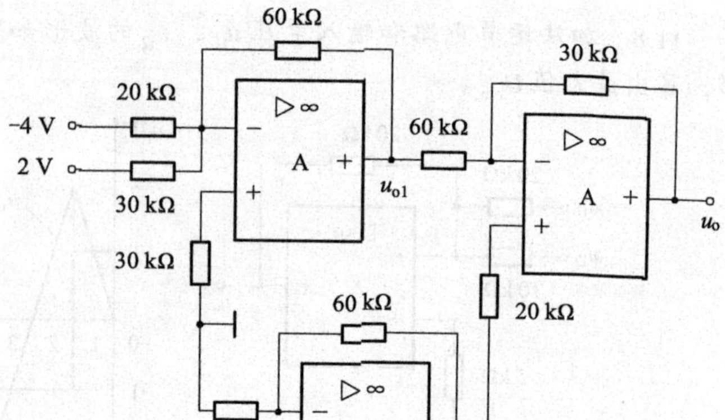

题 11.12 图

11.13 电路如题 11.13 图所示，已知 $R_1 = R_2 = R_3 = R_4 = R_f$，求输出电压 u_o 与输入电压 u_i 运算关系的微分方程。

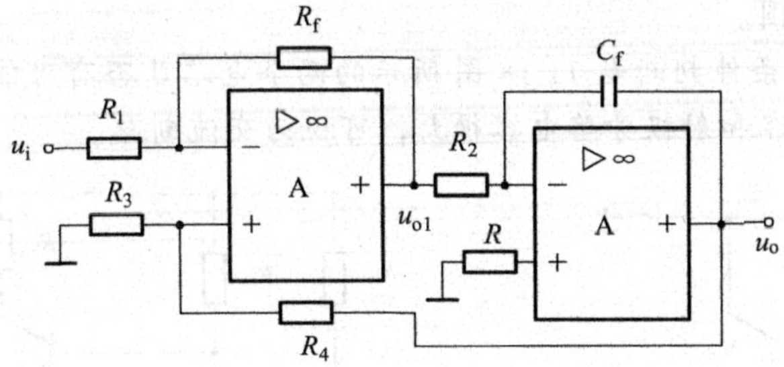

题 11.13 图

11.14 设题 11.14 图（a）中的运算放大器都是理想的，输入电压的波形见题 11.14 图（b），电容器上的初始电压为零，试画出 u_o 的波形。

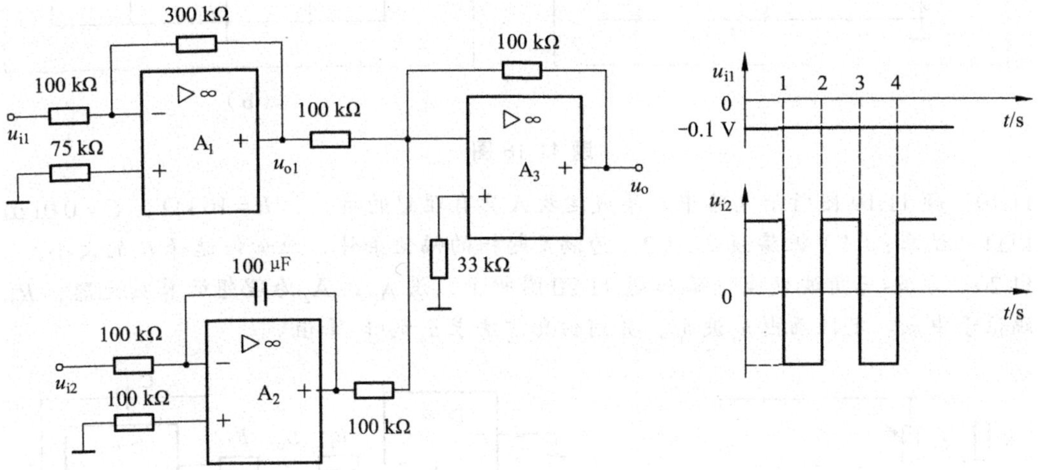

（a）　　　　（b）

题 11.14 图

11.15 电路如题 11.15 图所示，已知运算放大器的最大输出电压幅度为±12 V，稳压管 VS 稳定电压为 6 V，正向压降为 0.7 V。要求：（1）运算放大器 A_1，A_2，A_3 各组成何种基本应用电路；（2）若输入信号 $u_i = 10\sin(\omega t)$ V，试画出相应的 u_{o1}，u_{o2}，u_o 的波形，并在图中标出有关电压的幅值。

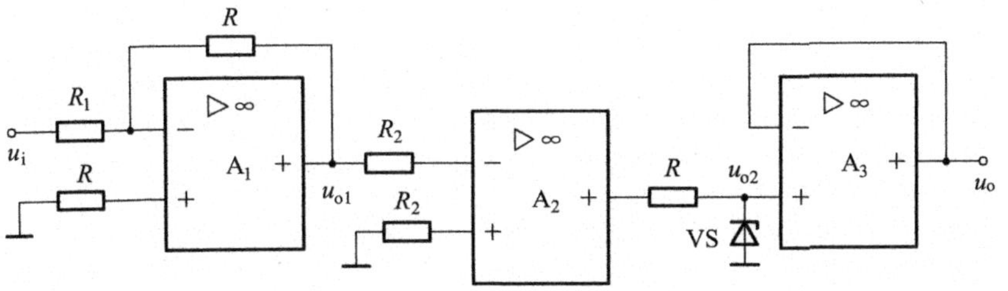

题 11.15 图

11.16 正弦波振荡器的幅值条件和相位平衡条件各是什么？电路只满足相位平衡条件，

不满足幅值条件时会出现什么现象？

11.17　RC 桥式振荡电路的选频网络中，$C=6\,800$ pF，R 可在 23～32 kΩ 间进行调节，试求振荡频率的变化范围。

11.18　用相位平衡条件判断题 11.18 图所示的两个电路是否有可能产生正弦波振荡，并简述理由，假设耦合电容和射极旁路电容很大，可视为交流断路。

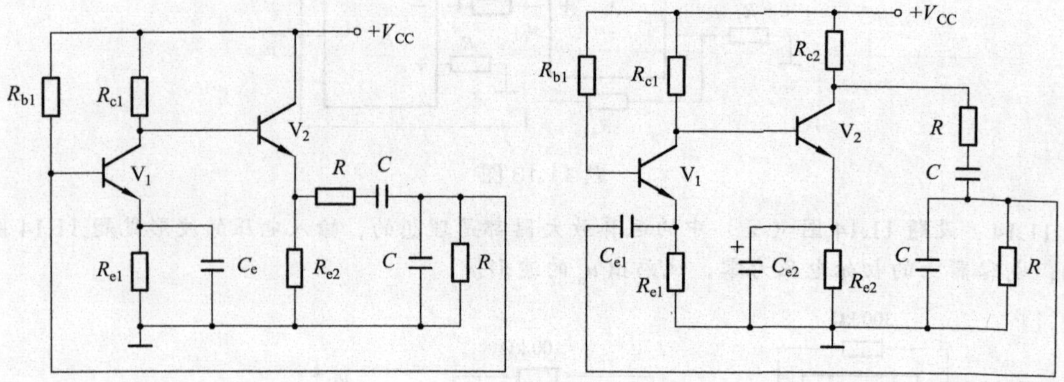

（a）　　　　　　　　　　（b）

题 11.18 图

11.19　题 11.19 图所示电路中，集成运放 A 具有理想的特性，$R=16$ kΩ，$C=0.01$ μF，$R_2=1$ kΩ。试求：（1）振荡频率；（2）为满足起振的幅值条件，应如何选择 R_1 的大小？

11.20　方波-三角波发生电路如题 11.20 图所示，设 A_1，A_2 为理想运算放大器，R_{P2} 的滑动端位于中点。定性画出 u_o 波形，并用仿真方法求 u_o 的峰-峰值。

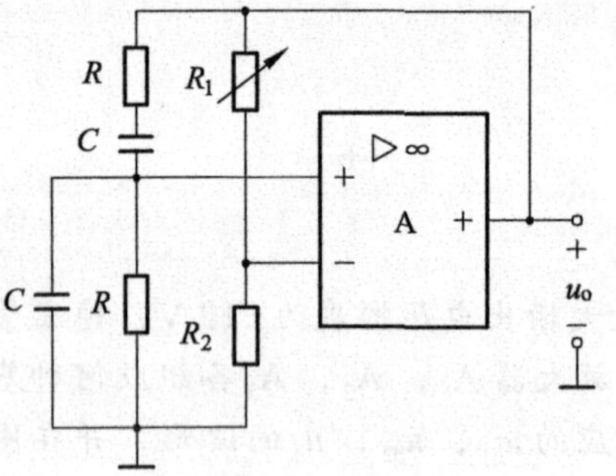

题 11.19 图

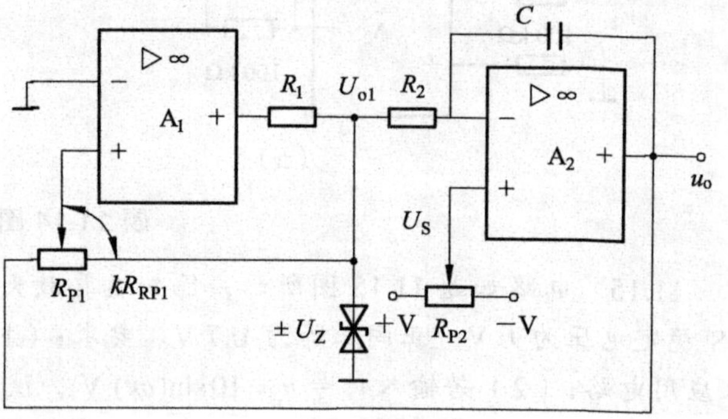

题 11.20 图

第 12 章

直流稳压电源和可控整流电路

提　要　任何电子设备都需要用直流电源供电，直流稳压电源是将交流电压转换成稳定的直流电压的电子设备。本章首先分析应用最多的桥式整流电路及滤波电路的工作原理，并介绍硅稳压管稳压电路以及目前使用最广的集成稳压电路。然后简单介绍晶闸管的工作原理和可控整流电路。

12.1　直流稳压电源

12.1.1　桥式整流电路

一般直流电源的组成见图 12.1.1。

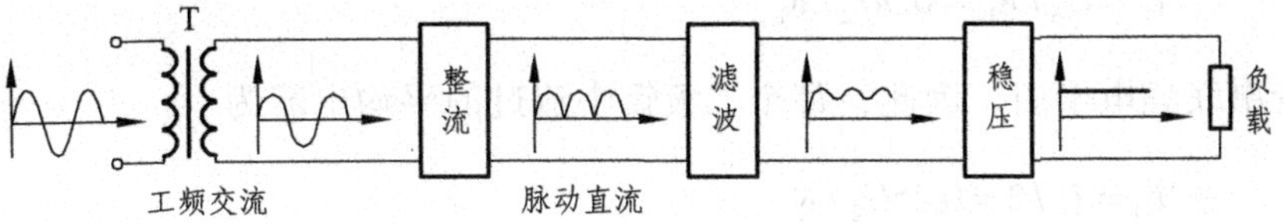

图 12.1.1　直流电源的组成

整流变压器是将电网的交流电压变换成所需的整流电压，利用二极管的单相导电性，将交流电压变换成单相脉动电压；利用滤波电路将脉动电压中的交流成分滤掉，使输出电压或负载电流发生变化时保持稳定。

1. 单相桥式整流电路

1）电路的工作原理

单相桥式整流电路是由 4 只二极管接成电桥形式，见图 12.1.2。

（1）当 u_2 在正半周时，$V_a > V_b$，二极管 VD_1，VD_3 受正向电压而导通，VD_2，VD_4 受反向电压而截止。这时电流 i_{d1} 的通路是 $a \to VD_1 \to R_L \to VD_3 \to b \to a$，负载电阻上得到一个半波电压 u_{o1}。其电压电流波形见图 12.1.3。

（2）当 u_2 在负半周时，$V_b > V_a$，二极管 VD_2，VD_4 受正向电压而导通，VD_1，VD_3 受反向电压而截止。这时电流 i_{d2} 的通路是 $b \to VD_2 \to R_L \to VD_4 \to b \to a$，负载电阻上得到一个半波电压 u_{o1}。其电压电流波形见图 12.1.3。

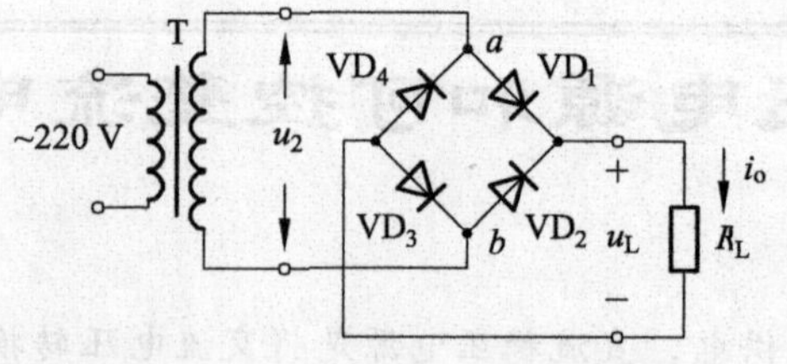

图 12.1.2　单相桥式整流电路

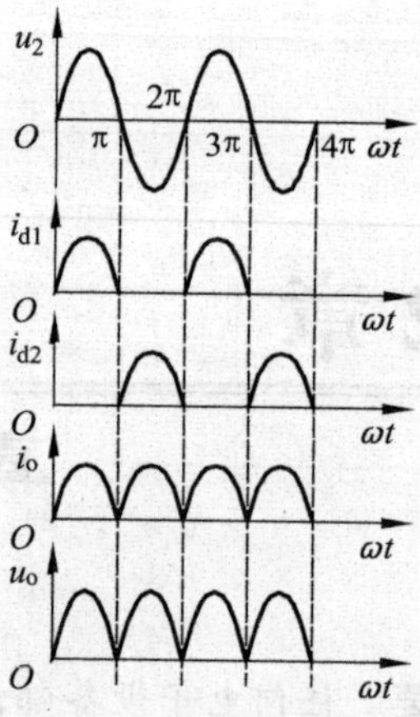

图 12.1.3　单相桥式整流电路波形图

由上可见，变压器二次绕组交流电压的极性虽然在不停地变化，但流经负载电阻 R_L 的电流方向始终不变，R_L 上得到一个全波电压，u_o 波形见图 12.1.3。

2）电路电压、电流平均值的计算

已知 $\dot{U}_2=\sqrt{2}U_2\sin(\omega t)$，那么负载电压 u_o 一个周期内的平均值（负载直流电压）为

$$U_o=U_L=\frac{1}{\pi}\int_0^{\pi}\sqrt{2}U_2\sin(\omega t)\mathrm{d}(\omega t)=\frac{2\sqrt{2}}{\pi}U_2=0.9U_2 \tag{12.1.1}$$

负载电流的平均值（负载直流电流）为

$$I_L=U_o/R_L=0.9U_2/R_L \tag{12.1.2}$$

每两个二极管串联导电半周，因此，每个二极管中流过的平均电流为

$$I_D=I_L/2=0.45U_2/R_L \tag{12.1.3}$$

每个二极管截止时所承受的最高反向电压就是电源电压的最大值，即

$$U_{DRM}=\sqrt{2}U_2 \tag{12.1.4}$$

变压器二次绕组的电流是正弦交流电流，其有效值为

$$I_2=U_2/R_L=I_L/0.9=1.11I_L \tag{12.1.5}$$

例 12.1.1　有一额定电压为 24 V，阻值为 50 Ω 的直流负载，采用单相桥式整流电路供电，交流电源电压为 220 V，求：（1）选择整流二极管的型号；（2）计算整流变压器的电压比及容量。

解　（1）变压器二次绕组电压有效值为　$U_2=U_o/0.9=26.6\ (\text{V})$

每个二极管承受的最高反向电压为　$U_{DRM}=\sqrt{2}U_2=\sqrt{2}\times 26.6=37.6\ (\text{V})$

流过每个二极管的电流平均值为　$I_D=\dfrac{I_L}{2}=\dfrac{U_o}{2R_L}=\dfrac{24}{2\times 50}=0.24\ (\text{A})$

因此可以用 2CP33AA 晶体二极管（最大整流电流为 0.5 A，最高反向工作电压为 50 V）。

（2）变压器的电压比为　　　　　　$k = 220/26.6 = 8.3$

变压器二次绕组电流的有效值为　$I_2 = 1.11 I_L = 0.52\ (A)$

变压器的容量为　　　　　　　　$S = U_2 I_2 = 26.6 \times 0.52 = 13.8\ (V \cdot A)$

例 12.1.2　整流电路见图 12.1.4，二极管为理想元件，已知直流电压表的读数为 90 V，负载电阻为 100 Ω，求：（1）直流电流表的读数；（2）整流电流的最大值；（3）若其中一个二极管损坏而造成断路，重新回答上面的问题。(设电流表的内阻视为零，电压表的内阻视为无穷大)

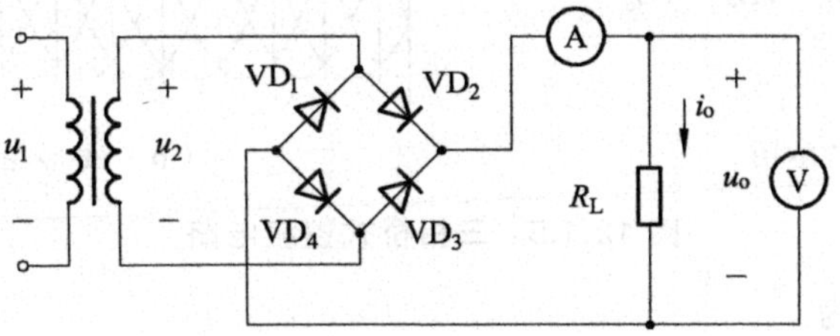

图 12.1.4　例 12.1.2 图

解　（1）$U_o = 90V$；$I_o = 90/100 = 0.9\ (A)$，电流表 A 的读数为 0.9 A。

（2）$U_o = 0.9U_2$；$U_2 = U_o/0.9 = 100\ V$，则 $I_{omax} = \sqrt{2}U_2 / R_L = \sqrt{2} \times 100/100 = 1.414\ (A)$。

（3）设 VD_2 断开，则

$$U_o = 0.45U_2 = 0.45 \times 100 = 45\ (V)$$

$$I_o = U_o / R_L = 45/100 = 0.45\ (A)$$

所以电流表 A 的读数为 0.45 A。

则　　　　　　$I_{omax} = \sqrt{2}U_2 / R_L = 1.414\ (A)$

2. 三相桥式整流电路

单相桥式整流电路是小功率直流电源，大功率直流电源通常采用三相整流电路。图 12.1.5（a）所示为三相桥式整流电路，该电路共有 6 只二极管，分成两极，其中 VD_1，VD_3，VD_5 这 3 个二极管的阴极连接在一起，称为共阴极阻；VD_2，VD_4，VD_6 这 3 只二极管的阳极连接在一起，称为共阳极阻。第一组阳极电位最高的二极管先导通，第二组中阴极电位最低的管子先导通。所以，同一时间内有 2 只二极管导通，4 只二极管截止。

在三相桥式整流电路中，每 2 只二极管导通的时间内，加在负载电阻 R_L 的电压是变压器副边线电压的瞬时值。例如，在 $t_1 \sim t_2$ 时间内，VD_1，VD_4 导通，加在负载电阻 R_L 上的电压为

$$u_{ab} = \sqrt{2}\sqrt{3}U_2 \sin(\omega t)\,d(\omega t)$$

输出电压 u_o 的平均值为

$$U_o = \frac{1}{\pi/3}\int_{\frac{\pi}{3}+\alpha}^{\frac{2\pi}{3}+\alpha} \sqrt{6}U_2 \sin(\omega t)\,d(\omega t) = 2.34U_2 \cos\alpha \tag{12.1.6}$$

式中，U_2 为变压器二次绕组相电压的有效值。

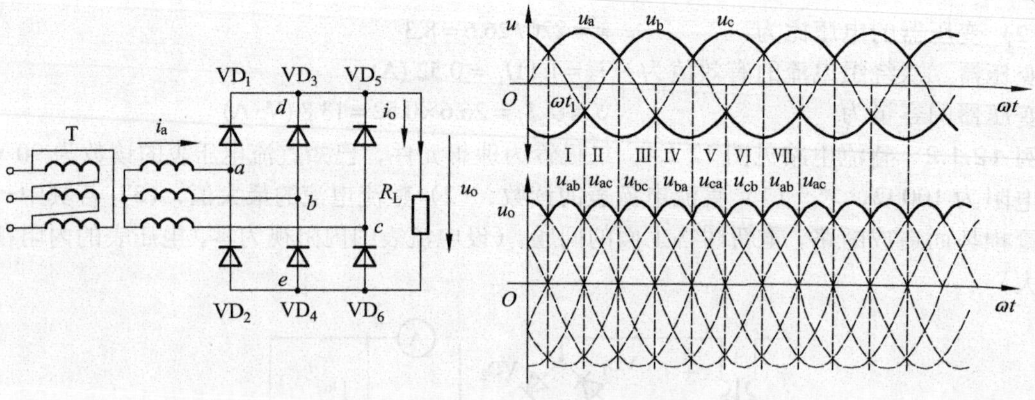

（a）电路图　　　　　　（b）波形图

图 12.1.5　三相桥式整流电路

负载电流的平均值为

$$I_o = U_o / R_L = 2.34U_2 / R_L$$

因为在一个周期内，每个二极管的导通时间是 $T/3$，因此每只二极管的平均电流为

$$I_D = I_o / 3$$

每只二极管承受的最大反向电压就是变压器副边线电压的最大值，即

$$U_{DRM} = \sqrt{2}\sqrt{3}U_2 = 2.45U_2 = 1.05U_o$$

三相桥式整流电路的优点是输出电压平均值较高，脉动程度较低。

为了便于选择使用，现将各种常用的整流电路进行比较，见表 12.1.1。

表 12.1.1　常用的整流电路比较

名　称	负载直流电压	每个管子承受的最大反向电压	选择管子的参数		选择变压器的参数	
			每只管子的平均电流	每只管子承受的最大反向电压	变压器二次绕组相电压有效值	变压器二次绕组相电流有效值
单相半波	$0.45U_2$	$1.41U_2$	I_o	$3.14U_o$	$2.22U_o + U_D$	$1.57I_o$
单相全波	$0.9U_2$	$2.82U_2$	$0.5I_o$	$3.14U_o$	$1.11U_o + U_D$	$0.79I_o$
单相桥式	$0.9U_2$	$1.41U_2$	$0.5I_o$	$1.57U_o$	$1.11U_o + U_D$	$1.11I_o$
三相半波	$1.17U_2$	$2.45U_2$	$0.333I_o$	$2.09U_o$	$0.85U_o + U_D$	$0.577I_o$
三相桥式	$2.34U_2$	$2.45U_2$	$0.333I_o$	$1.05U_o$	$0.427U_o + U_D$	$0.816I_o$

12.1.2　滤波电路

整流电路输出的电压是一个脉动电压，含有较强的交流分量，这样的直流电源如果作为电子设备的电源大都会产生不良的影响，甚至不能正常工作。为了改善输出电压的脉动程度，在整流电路和负载之间加接滤波电路，使输出电压的脉动程度降低。

1. 电容滤波电路

电容滤波电路的构成是在整流电路的输出端与负载之间电阻并联一个电容，见图 12.1.6。负载电阻 R_L 两端没有并联滤波电容 C 时的电压波形见图 12.1.7 中 u_o 虚线。当负载电阻 R_L 两端并联电容 C 以后，输出电压波形见图 12.1.7 中 u_o 实线。具体分析如下：

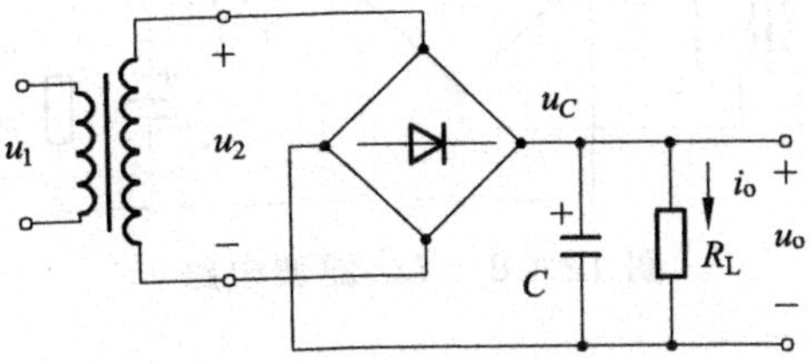

图 12.1.6　单相桥式整流滤波电路

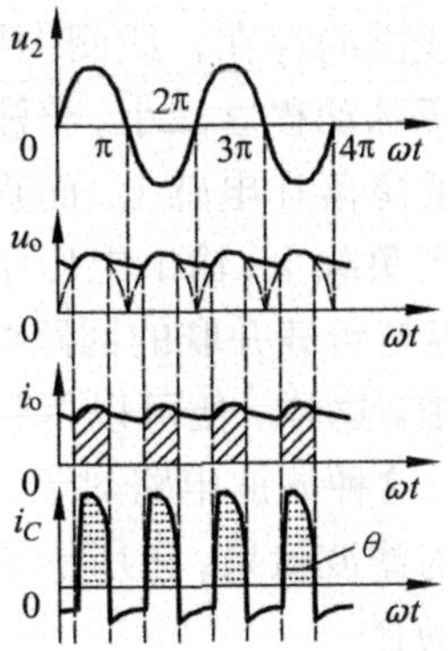

图 12.1.7　单相桥式整流滤波电路波形图

设未接 R_L 前电容器已充电到 u_2 的最大值 $\sqrt{2}U_2$，$t=0$ 时接入 R_L 并令从零开始上升，由于 $u_2<u_C$，二极管受反向作用而截止，电容 C 经 R_L 放电，其输出电压 $u_o=u_C$。

当交流电压 u_2 按正弦规律上升到 $u_2>u_C$ 时，二极管 VD_1，VD_3（参见图 12.1.2）受正向电压作用而导通，此时，u_2 经 VD_1，VD_3 一方面给负载 R_L 提供电流，另一方面向电容 C 充电。由于二极管正向电阻和电源内阻很小，故充电时间常数很小，充电很快结束。

u_2 继续变化，当 $u_2<u_C$ 时，二极管又承受反向电压而截止，电容器又经 R_L 放电，此时 R_L 两端电压靠电容放电电流来维持。因为通常电容 C 容量较大，R_L 亦较大，所以放电时间常数 R_LC 较大，电容器两端电压 u_C 按指数规律缓慢下降，此时 $u_2=u_C$，VD_2，VD_4（参见图 12.1.2）导通，电容器又被充电而重复上述过程，这样在负载 R_L 两端得到图 12.1.7 所示的电压波形。

通过上述分析，可知，电容滤波电路具有以下特点：

（1）输出的电压脉动减小，电压平均值提高，其值为

$$U_o=(1.1\sim1.2)U_2 \tag{12.1.7}$$

（2）输出电压的脉动程度与电容器的放电时间常数 R_LC 有关。R_LC 越大，脉动越小，负载电压平均值就越大。为了使输出电压脉动程度小些，一般要求

$$R_LC\geqslant(3\sim5)\frac{T}{2} \tag{12.1.8}$$

式中，T 是交流电源电压的周期。

（3）二极管导通时间缩短，导通角小于 180°；滤波电容 C 开始充电时，流过二极管的电流幅值增加而形成较大的冲击电流。为了避免瞬间充电电流过大而烧坏管子，滤波电容不能无限制加大。

（4）由于在一周期内电容的充电电荷等于放电电荷，即通过电容器的电流平均值为零，可见在二极管导通期间其电流平均值近似等于负载电流的平均值。为了使二极管不因冲击电流而损坏，在选用二极管时，一般取额定正向平均电流为实际流进的平均电流的 2 倍左右。

(5) 输出的直流、电压平均值受负载的影响较大。此电路带负载的能力较差，通常用于输出电压较高、负载电流较小且变化较小的场合。

2. 电感电容滤波电路（LC 滤波电路）

将电感滤波和电容滤波组合起来构成电感电容滤波电路，见图 12.1.8。

由于电感线圈的存在，线圈中要产生自感电动势阻碍电流的变化，使得在电容与负载并联支路中的电压脉动程度减小，整流输出电压的交流分量主要降落在电感上，而直流分量经过电感线圈加到负载上，输出电压中的交流成分较小。在电容与负载并联的回路中，再进一步滤掉交流分量。这样，便可以得到较平直的直流输出电压。这种滤波电路对于大、小负载均能达到很好的滤波效果，它用于要求输出电压脉动较小的场合。

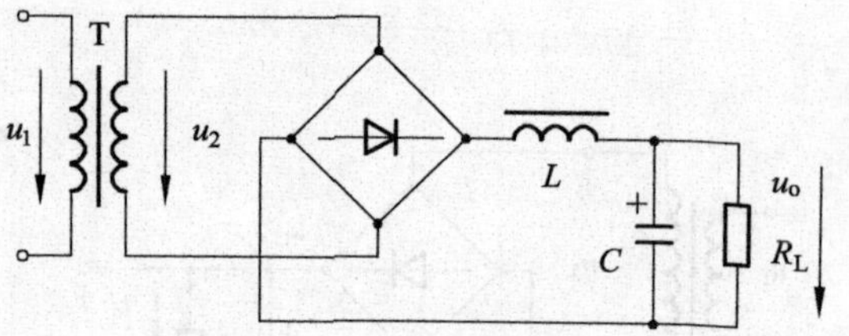

图 12.1.8　*LC* 滤波电路

这种滤波电路具有以下特点：

(1) 由于电感线圈对整流电流的交流分量具有感抗 $X_L = 2\pi fL$，谐波频率越高，电感越大，感抗就越高，滤波效果越好。因此，它适用于低电压、大电流的场合。

(2) 滤波电感较大，其匝数越多，电阻也越大，因而其两端有一定的直流压降，将会造成直流输出电压的下降。但一般情况下，电感线圈直流电阻小于 R_L，因而整流输出的直流电压几乎全部降落在负载电阻上。

(3) 整流二极管导通时间大于半个周期，峰值电流很小，因此，电流对管子无冲击。

3. π形滤波电路

为了输出电压的波形更加平直，可以在 LC 滤波电路前面再并联一个电容构成π形 CLC 滤波电路，见图 12.1.9。整流输出电压首先经过电容滤波，然后再经过 LC 滤波电路，因此输出电压的脉动程度大大减小，输出电压波形基本平直。

在 CLC 滤波电路中，由于电感体积大而笨重，成本又高，因此在负载电流较小的场合，用电阻去代替电感线圈，这样便构成π形 CRC 滤波电路，见图 12.1.10。

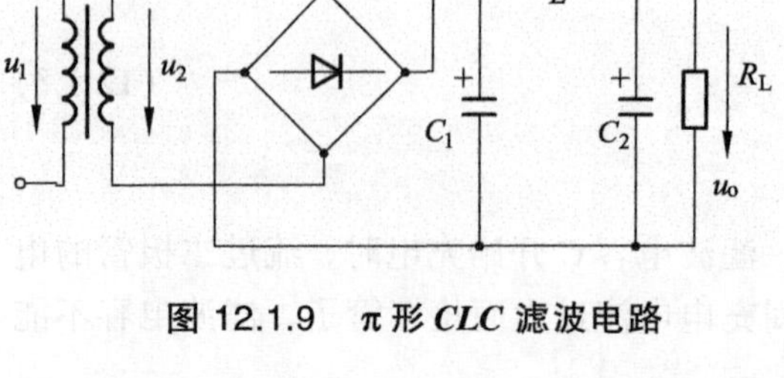

图 12.1.9　π形 *CLC* 滤波电路

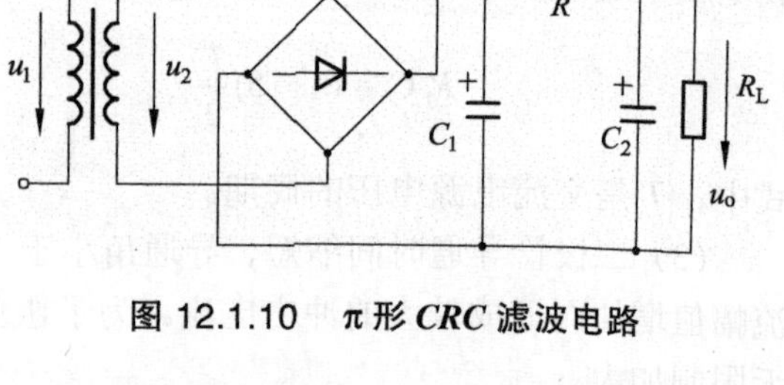

图 12.1.10　π形 *CRC* 滤波电路

在π形 CRC 滤波电路中，整流输出的脉动电压先通过 C_1 进行滤波，C_1 两端电压的交流分量通过电阻 R 和电容 C_2 与 R_L 并联的阻抗分压，由于电容的交流阻抗很小，所以交流分量绝大部分降到电阻 R 上，因而输出电压中交流分量大为减少。对于直流分量，C_2 相当于开路，

当 $R_L \gg R$ 时，直流电压绝大部分降落在负载电阻 R_L 上。

这种滤波电路中 R，C_1，C_2 值越大，滤波效果就越好，但 R 太大，将使直流电压降增加，所以这种滤波电路主要适用于负载电流较小而又要求输出电压脉动很小的场合。

12.1.3 稳压管稳压电路

在小功率设备中，常用的稳压电路有并联型稳压管稳压电路、串联反馈式稳压电路和开关型稳压电路等。其中并联型稳压电路最简单，但是带负载能力差，一般只提供基准电压，不作为电源使用。开关型稳压电源效率较高，目前用得比较多。

1. 并联型稳压电路

经过整流、滤波之后得到的直流电压虽然比较平直，但是不稳定。当交流电网电压波动或负载电流变化时，输出电压都将跟着变化。为了保证输出稳定的直流电压，在整流滤波电路之后需要增加稳压电路。图12.1.11所示电路为并联型稳压电路。

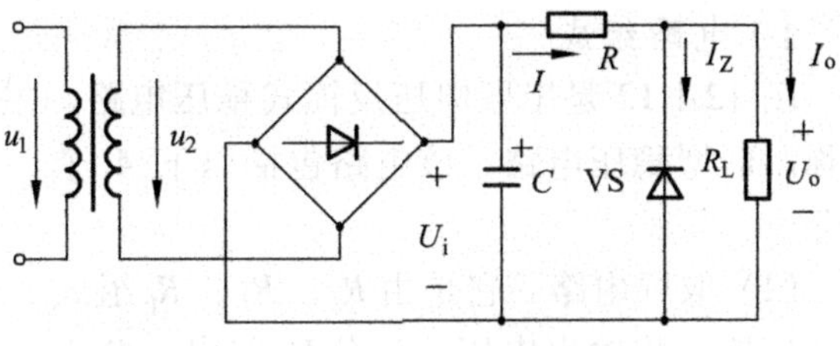

图 12.1.11 稳压管并联型稳压电路

稳压管VS和电阻 R 组成稳压电路。R 是稳压管的限流电阻，它与稳压管VS配合起稳压作用。

(1) 当负载 R_L 不变而交流电网电压增加时，其稳压过程如下

$$U_2\uparrow \rightarrow U_L\uparrow \rightarrow I_Z\uparrow \rightarrow I(IR)\uparrow \quad\Rightarrow\quad U_L\downarrow$$

可见输出电压基本稳定。反之，交流电网电压降低时，稳压调节过程相反。

(2) 当电网电压不变而负载电阻 R_L 减小（即 I_L 增加时），其稳压过程如下

$$I_L\uparrow \rightarrow U_L\downarrow \rightarrow I_Z\downarrow \rightarrow I\downarrow \rightarrow (IR)\downarrow \quad\Rightarrow\quad U_L\uparrow$$

输出电压维持基本不变。由此可见，稳压管在电路中起着电流调节作用，当输出电压 U_O 有微小变化时，将引起稳压管电流较大的变化，通过调整电阻 R 上的压降来保持输出电压 U_O 基本不变。

这种稳压管稳压电路虽然结构简单，但受稳压管最大稳定电流的限制，负载取用电流较小，而且输出电压不能调节，电压的稳定度也不高。

设计原则：

稳压管 $U_Z = U_L$

$I_{zmax} \geqslant 2I_{Lmax}$

$U_O = (2\sim 3)U_L$

降压电阻 $\dfrac{U_{Omin}-U_L}{I_Z+I_{Lmax}} \geqslant R \geqslant \dfrac{U_{Omax}-U_L}{I_{Zmax}+I_{Lmax}}$

$P_R = (2\sim 3)I^2R = (2\sim 3)(U_{Lmax}-U_L)^2/R$

例 12.1.3 整流滤波电路见图 12.1.11，已知 $U_I = 30\ \text{V}$，$U_O = 12\ \text{V}$，$R = 2\ \text{k}\Omega$，$R_L = 4\ \text{k}\Omega$，稳压管的稳定电流 $I_{Zmin} = 5\ \text{mA}$ 与 $I_{Zmax} = 18\ \text{mA}$。试求：(1) 通过负载和稳压管的电流；(2) 变压器二次绕组电压的有效值；(3) 通过二极管的平均电流和二极管承受的最高反向电压。

解 (1) 负载的电流 $I_O = U_O / R_L = 12/4 = 3\ (\text{mA})$

R 两端的电压 $U_R = U_I - U_O = 30 - 12 = 18\ (\text{V})$

通过 R 的电流 $I_R = U_R / R = 18/2 = 9\ (\text{mA})$

稳压管的电流 $I_Z = I_R - I_O = 6\ (\text{mA})$

(2) 变压器二次绕组电压的有效值 $U_2 = U_I / 1.2 = 25\ (\text{V})$

(3) 二极管的平均电流 $I_D = (1/2)I_R = 4.5\ (\text{mA})$

二极管承受的最高反向电压 $U_{DRM} = \sqrt{2}U_2 = \sqrt{2} \times 25 = 35.35\ (\text{V})$

2. 串联反馈式稳压电路

1）电路组成

图 12.1.12 是串联电压反馈式稳压电路。主回路是由晶体管 V 和负载 R_L 串联组成的，因此称串联型稳压电路。该电路包括以下 4 个部分：

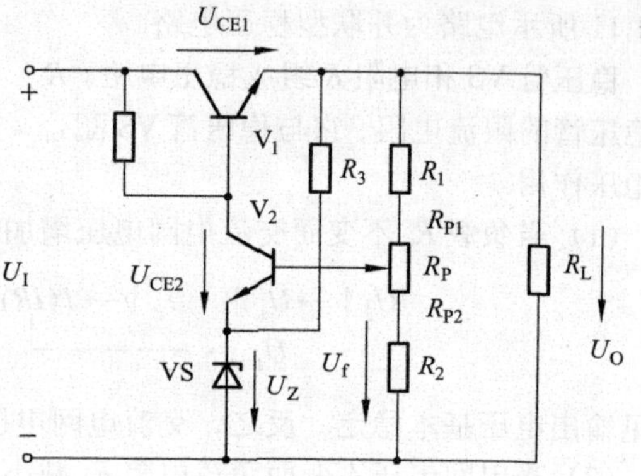

图 12.1.12 串联电压反馈式稳压电路

(1) 取样电路。它是由 R_1，R_2，R_P 组成的分压器，将输出电压的部分 U_f 取出，并送比较放大电路的输入端。取样电压为

$$U_f = \frac{R_2 + R_{P2}}{R_1 + R_2 + R_P} U_O$$

(2) 基准电压环节。它是由稳压管 VS 和限流电阻 R_3 构成的电路中获得，即取稳压管的电压 U_Z。U_Z 是一个稳定性较高的直流电压，作为调整、比较的标准。

(3) 比较放大电路。由晶体管 V_2 构成，它将取样电压 U_f 和基准电压 U_Z 比较产生的差值电压放大后去控制调整管 V_1 的压降 U_{CE1}。

(4) 调整环节。由工作在线性区的调整管 V_1 组成，它的基极电流受比较放大电路输出信号控制。只要控制调整管 V_1 的基极电流 I_B，就可以改变集电极电流 I_C 和集射极电压 U_{CE}，从而调整输出电压 U_O 的大小。

2）稳压原理

反映输出电压 U_O 变化的取样信号 U_f 与基准电压 U_Z 比较，产生差值电压经晶体管放大后，控制调整管 V_1 的 U_{CE1}，从而抑制 U_O 的变化。

当输入电压 U_I 升高时，稳压过程如下：

$$U_O \uparrow \rightarrow U_f \uparrow \rightarrow U_{BE2} = (U_f - U_Z) \uparrow$$
$$U_O \downarrow \leftarrow U_{C2} \downarrow \leftarrow U_{CE2} \downarrow \leftarrow I_{B2} \uparrow$$

从稳压过程来看，该电路为一个闭环有差调节系统，反馈越深，调节作用越强，输出电

压越稳定。调节 R_P 可改变 U_O 从而调压的目的。稳压的实质是通过负反馈使输出电压稳定。由图 12.1.12 可得输出电压 U_O 为

$$U_O = U_Z(R_1 + R_2 + R_P)/(R_2 + R_{P2})$$

3）运放串联式稳压电路

图 12.1.13 调整元件 V 与负载串联，通过全部负载电流。比较放大器是集成运算放大器。调整元件 V 可以是单个功率管、复合管或用几个功率管并联。基准电压可由稳压管稳压电路组成。取样电路取出输出电压 U_O 的一部分和基准电压相比较。

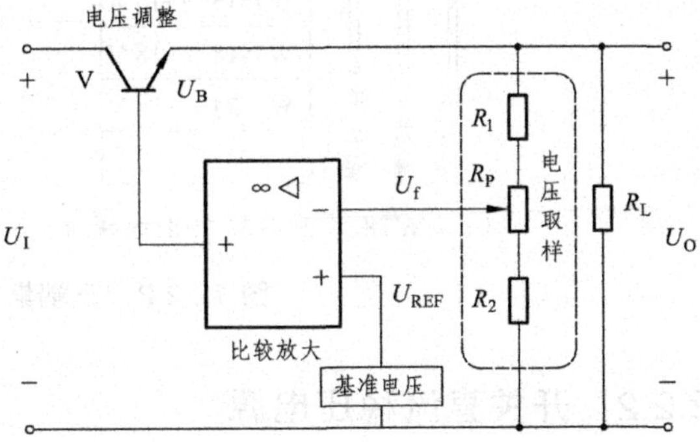

图 12.1.13　运放串联电压反馈式稳压电路

影响稳压特性的主要因素：

① 比较放大部分的 A_u 和电压反馈系数 F 越大越好；② 基准电压越稳定越好；③ 放大部分的电源越稳定越好；④ 调整管 r_{ce} 越大越好。

存在的缺点：串联反馈式稳压电源外围元件较多；另外，调整管工作在线性放大区，当负载电流较大时，其损耗（$P = U_{CE}I_O$）大；电源的效率 $[\eta = P_O / P_I = U_O I_O /(U_I I_I)]$ 较低。为了提高效率，可采用开关型稳压电源。

12.2　集成稳压电源和开关电源

随着集成工艺的发展，稳压电路也制成了集成器件。它具有体积小、重量轻、使用调整方便、运行可靠和价格低等一系列优点，因而广泛得到应用。

12.2.1　集成稳压电源的种类

目前集成稳压电源的规模种类繁多，按内部工作方式可分为串联型（调整电路与负载相串联）、并联型（调整电路与负载相并联）和开关型（调整电路工作在开关状态）。按外部特点可分为三端固定式、三端可调式和多端可调式，见图 12.2.1。

最简便的是三端集成稳压电路，它只有 3 个引线端，见图 12.2.2。不稳定电压输入端（一般与整流滤波电路输出相连）、稳定电压输出端（与负载相连）和公共接地端。如 W78××系列，可提供 1.5 A 电流和输出为 5 V，6 V，9 V，12 V，15 V，18 V，24 V 等各挡正的稳定电压输出。其型号的后两位数字表示输出电压值。例如 W7805，表示输出电压为 5 V，其他类推。输出负压的系列为 W79××。W7800/7900 系列型号后两位数字××表示输出电压值。

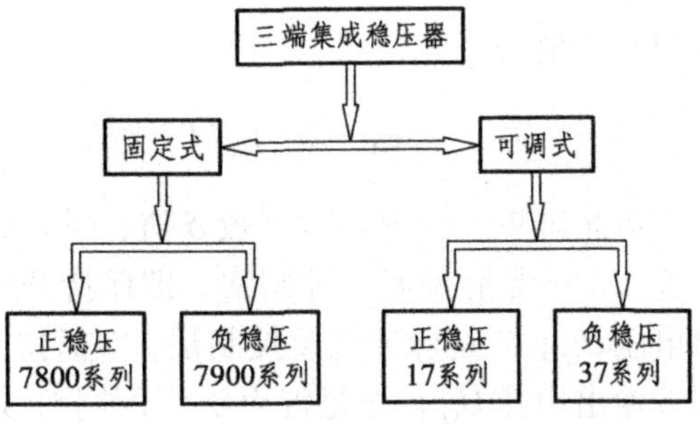

图 12.2.1　集成稳压电源的种类

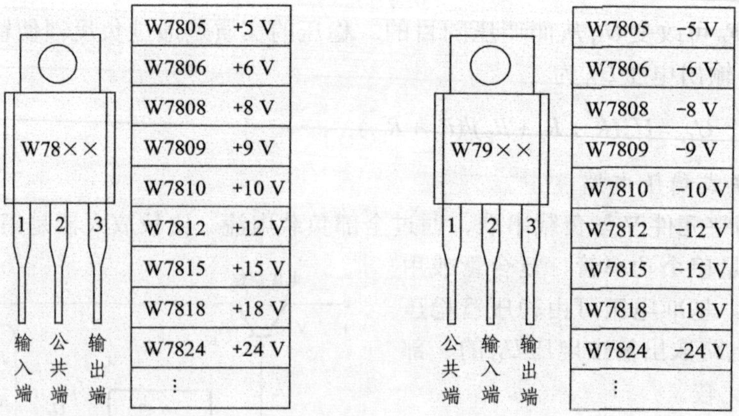

（a）W78 系列—输出正电压　　　　（b）W79 系列—输出负电压

图 12.2.2　三端集成稳压器管脚排列

12.2.2　开关直流稳压电源

传统的线性串联型稳压电源，其调整管是连续地工作在线性放大状态；开关稳压电源，其调整管是断续地工作在导通和截止状态。图 12.2.3（a）是一个最简单的串联开关稳压电源原理示意图，开关 S 代表调整元件。如果将开关 S 接通，则直流输入电压 U_I 加到负载电阻 R_L 上；如果将开关断开，则负载电阻 R_L 上无电压。如果开关交替通、断，在负载上便出现图 12.2.3（b）所示的矩形波。

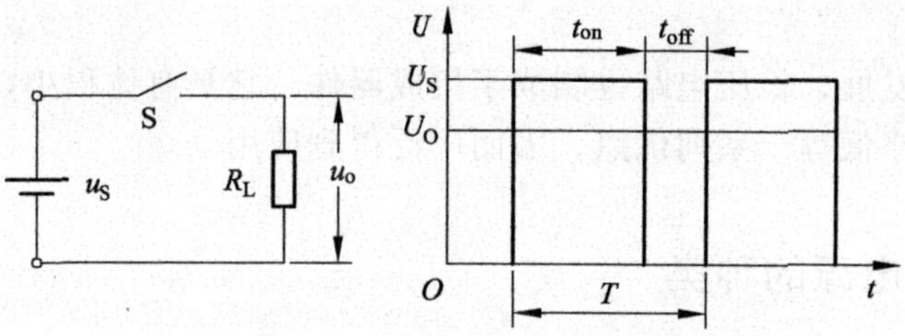

（a）电路　　　　（b）波形图

图 12.2.3　串联开关稳压电源原理示意图

设开关接通的持续时间为 t_{on}，开关断开的持续时间为 t_{off}，开关转换周期为 T，则输出电压的平均值为

$$U_O = U_I \cdot t_{on} / T = \delta U_S$$

由此可见，改变占空系数 δ 值，就可以调节输出电压平均值的大小。为此有三种方法可供选择：一是脉冲频率控制法，即保持开关导通时间 t_{on} 不变，改变开关转换周期 T 来调节输出电压 U_O；二是脉冲宽度控制法，即保持开关转换周期 T 不变，改变开关导通持续时间 t_{on} 来调节输出电压 U_O；三是混合法，即同时改变开关转换周期 T 和开关导通持续时间 t_{on} 以调节输出电压 U_O，使输出电压保持稳定。

由于开关稳压电源具有功耗小、效率高、体积小、重量轻、稳压范围宽等突出的特点，所以近几年发展非常快，类型越来越多，分类的方法也各不相同。按开关器件进行分类可以分为晶体管开关型、VMOS 管开关型、晶闸管开关型和集成电路开关型 4 种。

12.2.3 集成稳压电源的应用电路

1）基本应用电路

基本应用电路即输出为固定电压。图 12.2.4 是 W78××基本应用电路，其中电容 C_i 用来在输入引线较长时抵消其电感效应以防止产生自激；C_o 用来减小输出脉动电压并改善负载的瞬态效应，即瞬时增减负载电流时不致引起输出电压有较大的波动。使用时应防止公共端开路。因为当公共端开路时，其输出电压接近于不稳定的输入电压，有可能使负载过电压而损坏。

如需用负压，改用 W79××即可。

2）扩大输出电流的电路

W78××或 W79××系列组件，如果它的最大输出电流不能满足负载的要求，可采用外接功率管扩大电流输出范围，其电路见图 12.2.5。

$$I_2 \approx I_1 = I_R + I_B = U_{BE}/R + I_C/\beta$$

扩大后的输出电流　　$I_O = I_C + I_2$

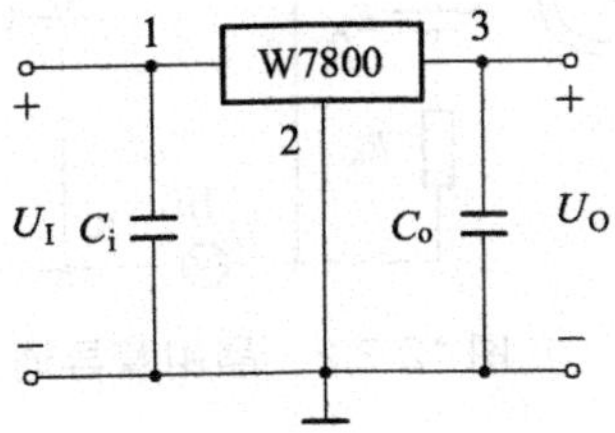

图 12.2.4　W78××基本应用电路

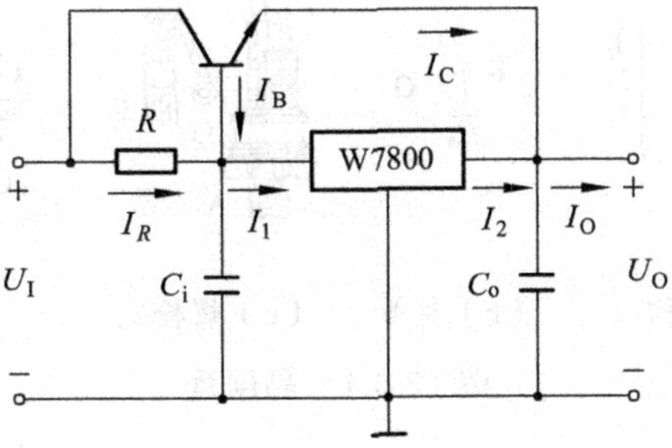

图 12.2.5　扩大输出电流的电路

3）扩大输出电压的电路

当所需电压大于组件的输出电压，可采用升压电路，$U_O = U_{XX} + U_Z$，见图 12.2.6。

当要求电压可调时，应用集成稳压器与集成运放接成输出电压可调的稳压电路，以稳压器固定电压为基础，外接适当的电阻即可组成恒流源电路。

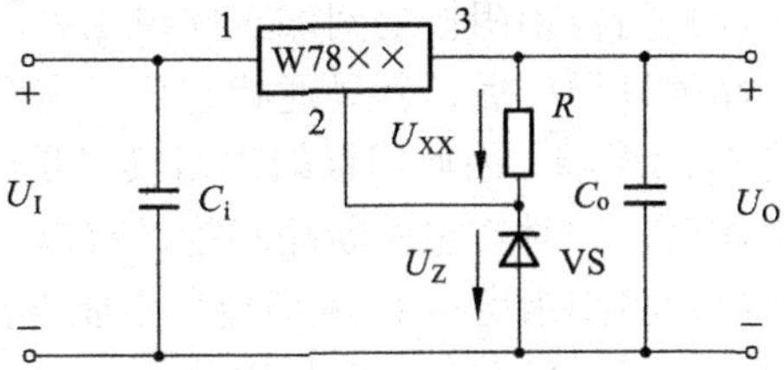

图 12.2.6　扩大输出电压的电路

12.3 晶闸管可控整流电路

电力电子学横跨“电力”、“电子”与“控制”3 个领域。晶闸管（又称可控硅）是一种大功率半导体器件。它的出现，使半导体器件的应用从弱电领域进入了强电领域。它的主要特点是功率放大倍数很高，控制作用很强，只要用几十至一二百毫安和二三伏电压的小信号，便能控制大电流、高电压（1 kA 以上电流，电压达上万伏）的电路导通和断开。由于它具有体积小、重量轻、效率高、控制使用方便、无噪声等优点，现已广泛应用于可控整流、逆变、变频、调压、无触点开关等方面。其主要缺点是过载能力差，控制电路较复杂。本节着重讲述晶闸管的工作原理和可控整流电路。

12.3.1 晶闸管

1. 晶闸管的基本结构和工作原理

晶闸管是在晶体管基础上发展起来的一种大功率半导体器件。它有 3 个 PN 结和 4 层半导体结构，如图 12.3.1（a）所示。由 4 层半导体的两端及中间层各引出阳极 A、阴极 K 和门极 G。其表示符号如图 12.3.1（b）所示。

螺栓式晶闸管如图 12.3.1（c）所示，具有螺栓的那一端是阳极，这种结构便于它与散热片连接；另一端有两根引出线，其中粗的一根是阴极，细的是门极引线。平板式的晶闸管如图 12.3.1（d）所示，中间的金属环接出的引线是门极，离金属环近的一面是阴极，远的一面是阳极。图 12.3.2 所示的是晶闸管导通实验电路。

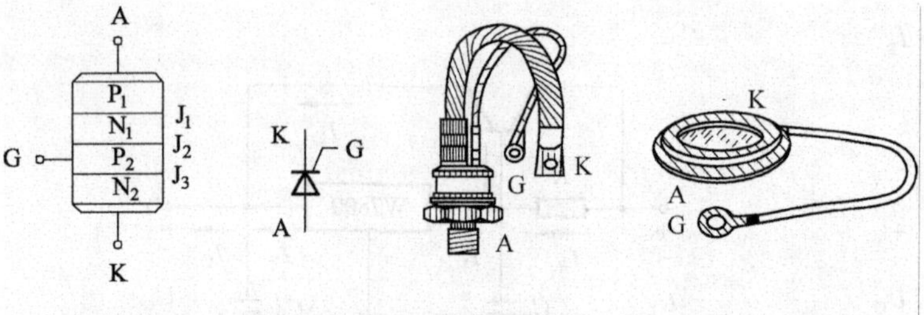

（a）结构　（b）符号　（c）螺栓式　（d）平板式

图 12.3.1　晶闸管

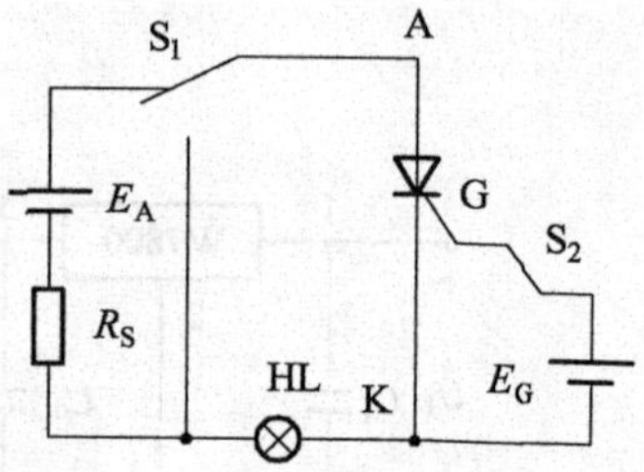

图 12.3.2　晶闸管导通实验电路

从实验可以得出，晶闸管导通必须具备两个条件：

（1）晶闸管阳极和阴极之间均加正向电压。

（2）门极和阴极之间加正向电压。

晶闸管导电后，其导通状态可以完全依靠管子本身的正反馈的作用来维持，不再受门极电流 I_G 的影响，因此门极的作用仅仅是触发晶闸管使其导通，晶闸管导通后，门极便失去了控制作用，此时若想关断晶闸管，有以下几种方法：

（1）将阳极电流 I_A 减小到它不能维持正反馈。

（2）断开晶闸管的阳极电路。

（3）在晶闸管的阳极和阴极间加一个反向电压。

由此可见，晶闸管是一个可控无触点单向导电开关，与二极管相比，差别在于晶闸管正向导电与否受门极电压控制；与晶体管相比，其差别在于晶闸管阳极电流与门极电流不成正比例关系。

2. 晶闸管的伏安特性

晶闸管的阳极电压 U、阳极电流 I 及门极电流 I_G 是相互联系并按一定规律变化的，它们之间的关系就是晶闸管的伏安特性曲线，如图 12.3.3 所示。

(1) 当门极电压 $U_G=0$，门极电流 $I_G=0$ 时，阳极和阴极之间加正向电压，此时晶闸管的 3 个 PN 结因有一个 PN 结处于反向偏置，其中只有很小的电流流过，这个电流称为正向漏电流，这时，晶闸管阳极和阴极表现出很大电阻，它处于截止状态。

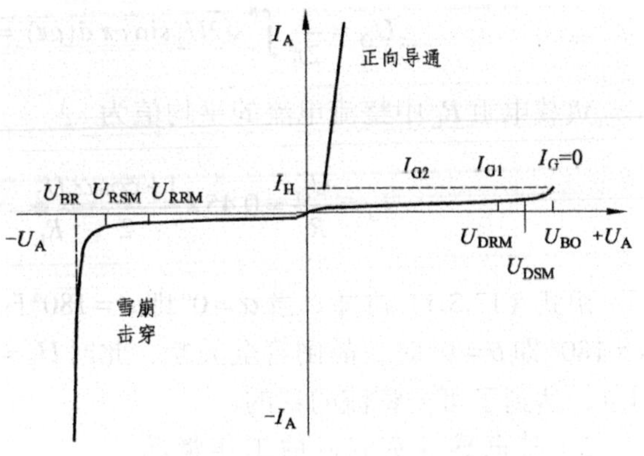

图 12.3.3　晶闸管的伏安特性

(2) 当阳极正向电压 U 增加到某一数值时，正向漏电流突然增大，晶闸管不需触发电流就迅速从阻断状态变为导通状态。此时的阳极电压称为正向转折电压 U_{BO}。阳极正向电压 $U>U_{BO}$，使晶闸管容易造成正向击穿，元件损坏，在正常工作时不允许这种导通方式。

(3) 当门极和阴极之间加上正向控制电压 U_G 时，有控制电流通过，若此时在阳极加正向电压，晶闸管就会在低于正向转折电压 U_{BO} 的某个值时，由阻断状态转入导通状态。

晶闸管导通后，通过很大的电流，这时管压降很小，只有 1 V 左右，因此特性曲线靠近纵轴且陡直，与二极管的正向特性相似。在晶闸管导通后，若减小正向电压，正向电流就逐渐减小。当电流减小到某一数值时，晶闸管从导通状态转变为阻断状态，此时所对应的最小电流称为维持电流 I_H。

(4) 当晶闸管阳极加反向电压时，其反向特性与一般二极管相似，只有很小的反向漏电流，当反向漏电流急剧增大时，所对应的电压称为反向击穿电压 U_{BR}。

12.3.2　可控整流电路

1. 单相半波可控整流电路

将单相半波整流电路中的二极管用晶闸管代替就成为单相半波可控整流电路。下面分析这种电路在接电阻性负载和电感性负载时的工作情况。

1）接电阻性负载时的工作情况

图 12.3.4 (a) 所示为电阻性负载的单相半波可控整流电路。

从 $\omega t=0$ 起，交流电压 u_2 的正半周时，晶闸管承受正向电压，但管子并未导通，晶闸管正向阻断，负载上得不到电压。若在 t_1 时刻给门极加上触发脉冲，则晶闸管导通，负载上得到电压，见图 12.3.4。

当 $\omega t=\pi$，电源电压 u_2 降低接近到零值时，晶闸管正向电流小于维持电流而自行关断。在交流电压 u_2 的负半周中，晶闸管承受反向电压，因而不可能导通，直到 u_2 第二个周期开始后相应的 t_2 时刻，又出现触发脉冲，晶闸管再次导通。

由图 12.3.4 可知，在电角度 $0°\sim\alpha$ 的范围内，晶闸管正向阻断，故称 α 为控制角，在电角度 $\alpha\sim\pi$ 的范围内，即在 θ 范围内，晶闸管导通，故称 θ 为导通角。显然，改变控制角 α，负载上得到的电压波形跟着改变，这样就控制了负载上电压的大小，α 越小，θ 越大，输出电压就越高。

输出电压的平均值为

$$U_{\mathrm{O}}=\frac{1}{2\pi}\int_{\alpha}^{\pi}\sqrt{2}U_2\sin\omega t\,\mathrm{d}(\omega t)=\frac{\sqrt{2}U_2}{2\pi}(1+\cos\alpha)=0.45U_2\frac{1+\cos\alpha}{2} \tag{12.3.1}$$

负载电阻 R_{L} 中整流电流的平均值为

$$I_{\mathrm{O}}=\frac{U_{\mathrm{O}}}{R_{\mathrm{L}}}=0.45\times\frac{1+\cos\alpha}{2}\frac{U_2}{R_{\mathrm{L}}} \tag{12.3.2}$$

由式（12.3.1）可知，当 $\alpha=0°$ 即 $\theta=180°$ 时，晶闸管在正半周全导通，此时 $U_{\mathrm{O}}=0.45U_2$；$\alpha=180°$ 即 $\theta=0°$ 时，晶闸管全关断，此时 $U_0=0$。故负载电压 U_{O} 可以在 $0\sim0.45U_2$ 之间连续调节，达到了可控整流的目的。

2）接电感性负载时的工作情况

生产上有很多负载，如电机的绕组、电感线圈都是电感性负载，它们既含有电感，又含有电阻。在单相半波可控整流电路中，当负载的电感较大时，负载获得的电压平均值减小。

图 12.3.5（a）所示为接有续流二极管的电感性负载单相半波可控整流电路，当交流电压 u 过零值变负后，二极管因承受正向电压而导通，于是负载上的感应电动势产生的电流经过二极管形成回路。这时负载两端电压近似为零，晶闸管因承受反向电压而关断，负载上的电压平均值与相同导通角时的纯电阻负载一样。

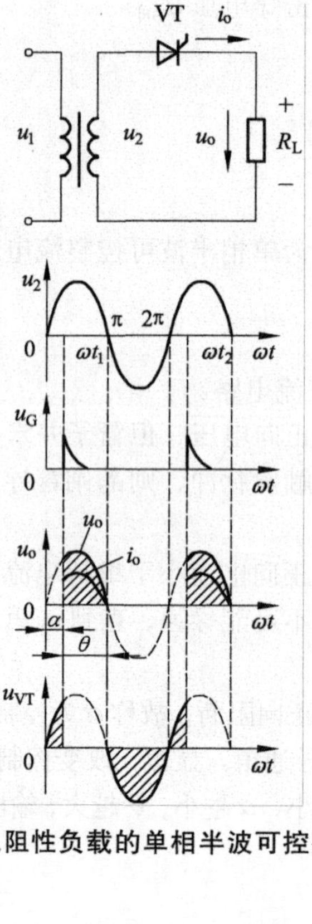

图 12.3.4 接电阻性负载的单相半波可控整流电路

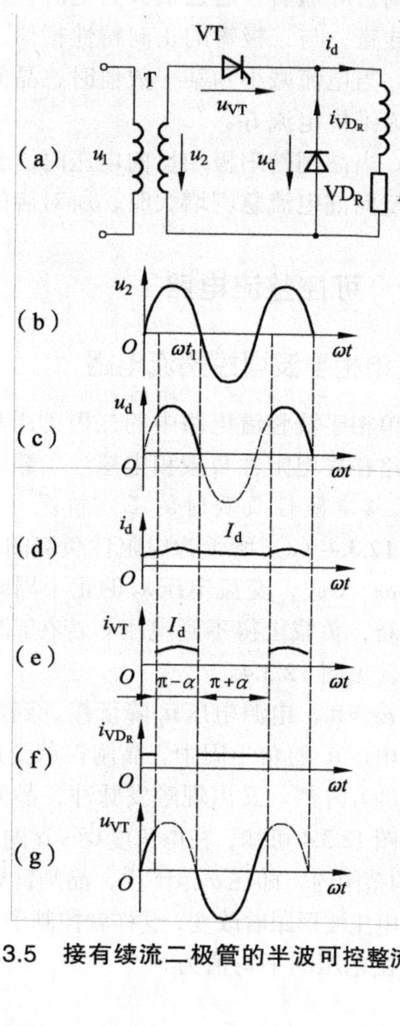

图 12.3.5 接有续流二极管的半波可控整流电路

2. 单相半控桥式整流电路

单相半控桥式整流电路与普通不可控桥式整流电路的不同点在于用了两个晶闸管的元件 VT_1 和 VT_2 代替原来的两个二极管 VD_1，VD_2，见图 12.3.6（a）。

当 u 为正半周时，$V_a > V_b$，VT_1 和 VD_2 承受正向电压，若在 $t = t_1$ 时刻，在门极与阴极间加上控制电压 U_G，则 VT_1 和 VD_2 导通，电流的通路为 $a \to VT_1 \to R_L \to VD_2 \to b$。这时 VT_2 和 VD_2 都因承受反向电压而截止。

当 u 为负半周时，$V_b > V_a$，VT_2 和 VD_1 承受正向电压。若在 $t = t_2$ 时刻，对 VT_2 加上正向触发电压 U_G，则 VT_2 和 VD_1 导通，电流通路为 $b \to VT_2 \to R_L \to VD_1 \to a$。这时 VT_1 和 VD_2 都因承受反向电压而截止。

这样，在 u 的整个周期内，负载两端电压的波形见图 12.3.6（b），（c），（d）。

设 $U_2 = \sqrt{2}U_2 \sin(\omega t)\,\mathrm{d}(\omega t)$，则整流输出电压的平均值为

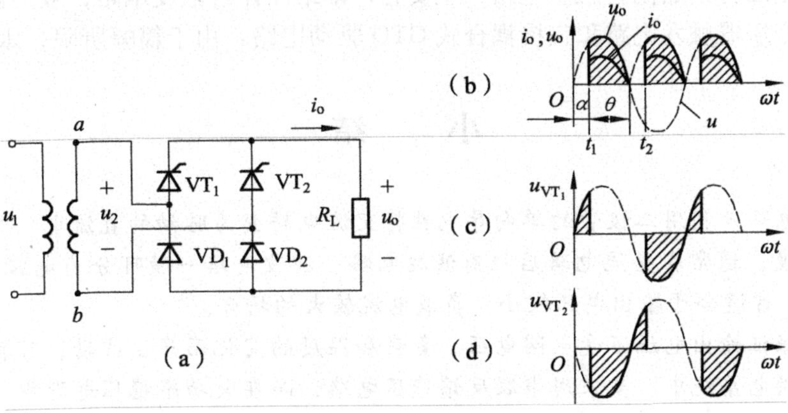

图 12.3.6　单相半控桥式整流电路

$$U_O = \frac{1}{\pi}\int_{\alpha}^{\pi} \sqrt{2}U_2 \sin(\omega t)\,\mathrm{d}(\omega t) = \frac{\sqrt{2}U_2}{\pi}(1+\cos\alpha) = 0.9U_2\frac{1+\cos\alpha}{2} \qquad (12.3.3)$$

显然，与单相半波可控整流相比，桥式整流电路输出电压的平均值要大一倍。

电流平均值为
$$I_O = \frac{U_O}{R_L} = 0.9\frac{1+\cos\alpha}{2}\frac{U_2}{R_L} \qquad (12.3.4)$$

晶闸管承受反向电压的最大值为　$U_{RRM} = \sqrt{2}U_2$　(12.3.5)

通过晶闸管的平均电流为　$I_{VT} = I_L / 2$　(12.3.6)

例 12.3.1　已知某单相半控桥式整流电路（阻性负载）的最大输出电压为 220 V，输出电流为 50 A，试求：(1) 变压器二次电压的有效值；(2) 选择晶闸管。

解　(1) 根据式（12.3.3），设晶闸管导通角 θ 为 180°（控制角 $\alpha = 0°$）时，变压器二次电压有效值为

$$U_2 = \frac{2U_O}{0.9(1+\cos\alpha)} = \frac{2\times 220}{0.9\times(1+\cos 0°)} = 244\ (\text{V})$$

考虑到电网电压波动、整流元件的管压降压等因素，将计算值加大 10%，得

$$U_2 = 244 \times 110\% = 268\ (\text{V})$$

（2）通过晶闸管的平均电流为

$$I_{VT} = I_L / 2 = 50 / 2 = 25\ (A)$$

选择晶闸管时，为使运行可靠，考虑一定的安全系数，故取

$$I_F = (1.5\sim2) I_{VT} = 37.5\sim50\ A$$

$$U_{DSM} = U_{RRM} = (2\sim3)\sqrt{2} U_2 = (2\sim3)\sqrt{2}\times268 = 758\sim1\,137\ V$$

根据上面计算，可选用 50 A，900 V 的晶闸管（即 KP50-9F）。当控制角 $\alpha \neq 0°$ 时，应该按流过晶闸管的有效值电流进行选择。

3. 晶闸管的触发电路

要使晶闸管导通，除了必须加正向阳极电压外，在门极与阴极间还必须加触发电压。产生触发信号的电路称为晶闸管触发电路。主要有：单结晶体管触发电路，双向触发二极管触发电路，脉冲变压器触发电路和直接耦合式 GTO 驱动电路。由于篇幅所限，本书不再讨论。

小　结

（1）整流电路是利用二极管的单向导电性将交流电转变为脉动的直流电。为抑制输出电压中的脉动程度，通常在整流电路后接有滤波电路。滤波电路一般可分为电容滤波、*LC* 滤波、π 形滤波，常适合于输出电压较小，负载电流较大的场合。

（2）为了保证输出电压不受电网电压、负载和温度的变化而产生波动，可再接入稳压电路。在小功率供电系统中，多采用串联反馈稳压电路，而在大功率稳压电源中一般采用调整管工作在开关状态的开关稳压电路。

（3）集成稳压器有集成度高、输出功率大、稳压效果好、可靠性高、安装调整方便等优点，得到越来越广泛的应用。

（4）晶闸管是一种开关器件，具有可控的单向导电性。它通过门极电流来控制管子的导通时刻。晶闸管导通后，控制极失去控制作用。若使其关断，必须使阳极电流下降到小于维持电流或给其加反向电压。晶闸管可以构成输出电压大小可调的可控整流电路。通过改变晶闸管控制角的大小来调节直流输出电压。晶闸管除用于整流外，还广泛用于逆变、变频、无触点开关和调压等。逆变是整流的逆过程，把直流变为交流电；变频是把工频交流电变成频率可调的交流电；交流调压是通过改变晶闸管的控制角 α 来实现的。

习　题

12.1　有一单相桥式整流电路，已知变压器副绕组电压为 100 V，负载电阻为 2 kΩ，忽略二极管的正向电阻和反向电流。试求：（1）负载电阻 R_L 两端电压的平均值 U_O 及电流的平均值 I_L；（2）二极管中的平均电流 I_D 及各管承受的最高反压 U_{DRM}。

12.2　单相桥式整流电路中，若有一个二极管相反、短接以及断开会出现什么现象？

12.3　题 12.3 图电路中，二极管为理想元件，已知交流电压表 V_1 的读数为 100 V，负载

电阻$R_L = 1\text{ k}\Omega$，求开关S断开和闭合时直流电压表V_2和电流表A的读数。（设各电压表的内阻为无穷大，电流表的内阻为零）

12.4　题12.4图所示为整流电路，其中二极管为理想元件，它能提供两种整流电压。已知变压器二次电压有效值$U_{21} = 80\text{ V}$，$U_{22} = U_{23} = 20\text{ V}$，负载电阻$R_{L1} = 5\text{ k}\Omega$，$R_{L2} = 50\text{ k}\Omega$。试求：（1）通过两个负载的平均电流$I_{O1}$和$I_{O2}$；（2）每个二极管承受的最高反向电压。

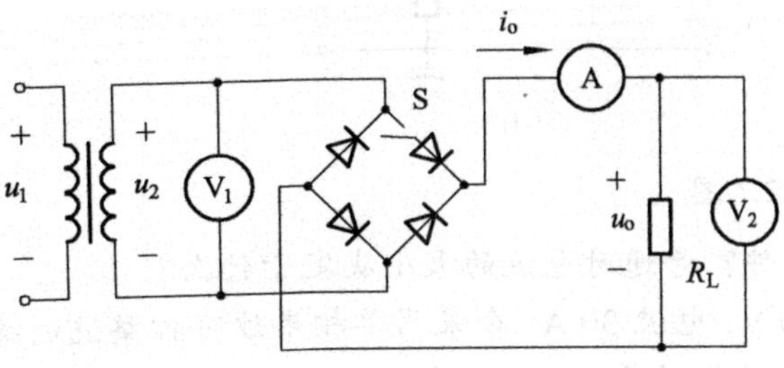

题12.3图

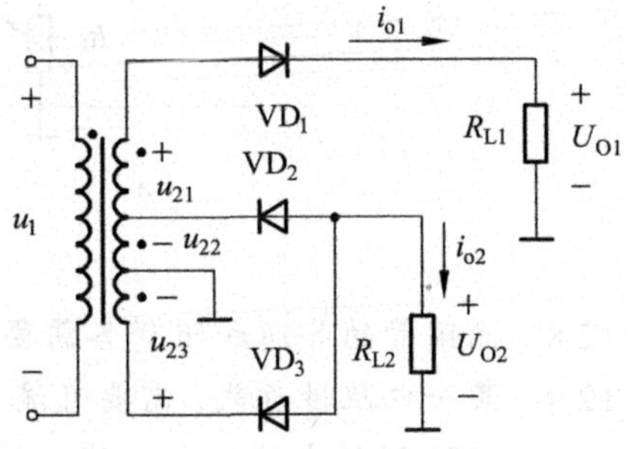

题12.4图

12.5　题12.5图所示整流滤波稳压电路，已知$U_I = 30\text{ V}$，$U_O = 12\text{ V}$，$R = 2\text{ k}\Omega$，$R_L = 4\text{ k}\Omega$，稳压管的稳定电流$I_{Zmin} = 5\text{ mA}$与$I_{Zmax} = 18\text{ mA}$，试求：（1）通过负载和稳压管的电流；（2）变压器二次电压的有效值；（3）通过二极管的平均电流和二极管承受的最高反向电压。

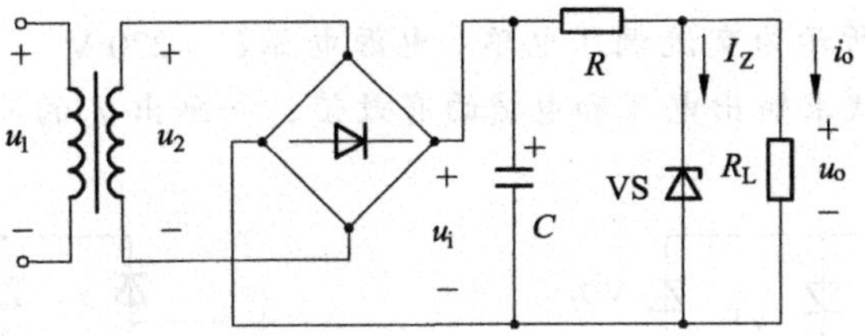

题12.5图

12.6　题12.6图所示为串联型稳压电路，其中稳压管VS的稳定电压为5.3 V，电阻$R_1 = R_2 = 200\ \Omega$，晶体管的$U_{BE} = 0.7\text{ V}$。（1）试说明电路的以下4个部分分别由哪些元器件构成：调整管、放大环节、基准环节、取样环节；（2）当R_P的滑动端在最下端时，$U_O = 15\text{ V}$，求R_P的值；（3）当R_P的滑动端移至最上端时，问$U_O = ?$

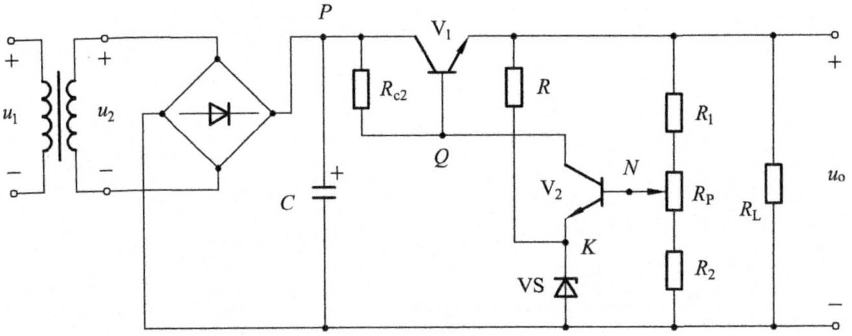

题12.6图

12.7　在题12.7图中画出了两个三端集成稳压器组成的电路，已知电流$I_W = 5\text{ mA}$。

（1）写出题 12.7 图（a）中 I_O 的表达式，当 $R_L=5\ \Omega$，算出具体数值；（2）写出题 12.7 图（b）中 U_O 的表达式，并算出当 $R_2=5\ \Omega$ 时的具体数值。

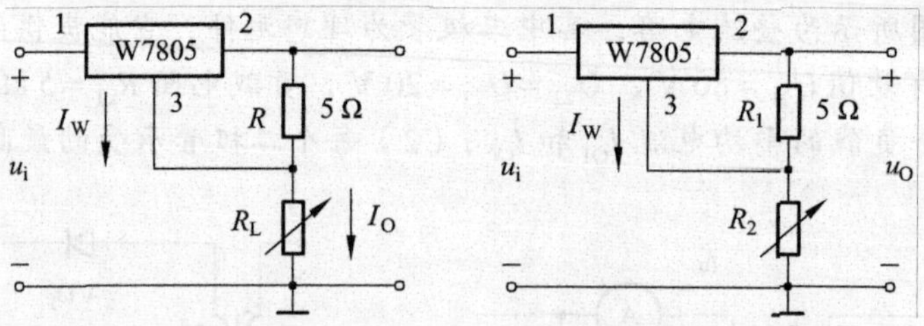

（a）　　　　　　（b）

题 12.7 图

12.8　晶闸管的导通和阻断各需要什么条件？导通时电流的大小决定于什么？

12.9　某一电阻性负载，需要直流电压 60 V，电流 30 A，今采用单相半波可控整流电路，直接由交流 220 V 的电网供电，试计算晶闸管的导通角。

12.10　有一电阻性负载，要求在 0～60 V 范围内调压，采用单相桥式半控整流电路，直接接 220 V 交流电源，试计算整流电路输出电压为 30 V，60 V 时晶闸管的导通角。

12.11　题 12.11 图所示可控整流电路，已知 $R_L=20\ \Omega$，$U_O=148.5$ V，交流电压有效值 $U=220$ V，试求：（1）通过晶闸管的平均电流；（2）晶闸管的导通角；（3）晶闸管承受的最高正向电压。

12.12　题 12.12 图所示为交流调压电路。电源电压 $U=220$ V，负载电阻 $R_L=10\ \Omega$，晶闸管控制角 $\alpha=30°$ 时，试求输出电压和电流的有效值，并画出 u_o 的波形。

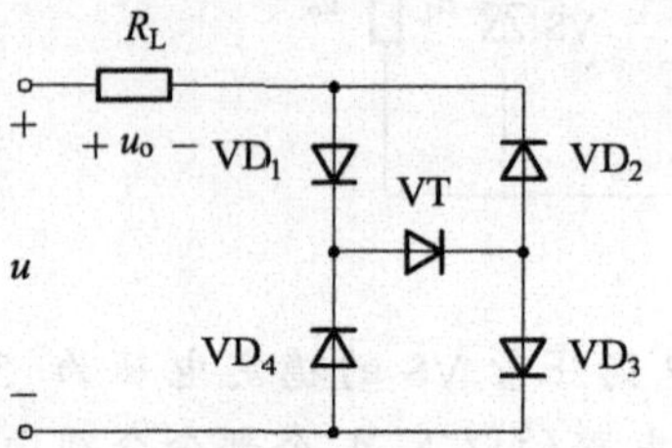

题 12.11 图

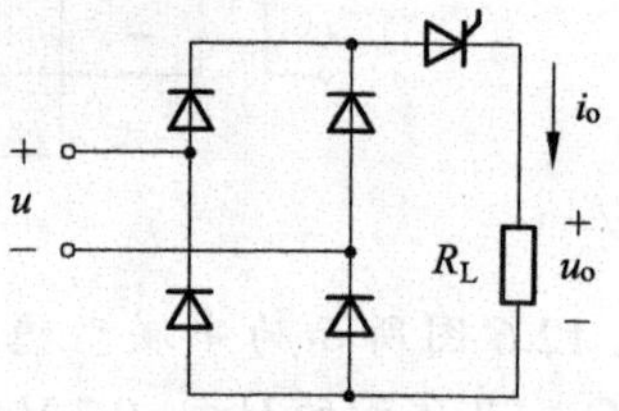

题 12.12 图

第 13 章

数字电路基础知识

提　要　数字电路及系统已经广泛地应用于我们的生产与生活中。例如，计算机、网络交换机和路由器、电视机、数码摄录设备、数码音响系统、智能化楼宇的中央空调控制系统、智能监控系统、电梯的数字变频调速系统和信息通信系统等都大量地应用数字电子技术。

本章首先介绍数字电路的基础知识，包括基本逻辑运算和逻辑恒等式、逻辑函数的几种表示方法及其相互转换、逻辑函数的化简、集成 TTL 逻辑门和 MOS 门电路等。

13.1　逻辑代数基础

与模拟电路不同，数字电路主要是处理离散的数字信号，其主要特点是：

(1) 它的基本工作信号是二进制的数字信号，数字信号在数值上是不连续的，它不随时间连续变化，即为离散的电信号。

(2) 二进制数只有 0 和 1 两个基本数字，对应于数字电路中的低电平（电位）和高电平（电位）两种状态。

(3) 数字电子技术研究的重点是电路的输入信号状态（0 或 1）和输出信号状态（0 或 1）之间的关系，即所谓逻辑关系（取决于电路的逻辑功能）。

(4) 其主要分析工具是逻辑代数，即布尔代数。

13.1.1　基本逻辑运算

逻辑代数又称布尔代数（Boolean algebra），由英国数学家乔治 · 布尔（George Boole）发明于 1854 年，是研究逻辑关系的一种数学工具，被广泛应用于数字电路的分析和设计。

逻辑代数是按一定逻辑规律进行运算的代数，它和普通代数一样有自变量和因变量。虽然自变量都可用字母 A，B，C，…来表示，但是只有两种取值，即 0 和 1。这里的 0 和 1 不代表数量的大小，而是表示两种对立的逻辑状态。例如，用“1”和“0”表示事物的“真”与“假”，电位的“高”与“低”，脉冲的“有”与“无”，开关的“闭合”与“断开”等。这种仅有两个取值的变量具有二值性，称为逻辑变量。

普通代数中的函数是“随着自变量变化而变化的因变量”。同理，逻辑函数就是逻辑代数中的因变量。它也只有 0 和 1 两种取值。如果逻辑变量 A，B，C，…的取值确定之后，逻辑函数 Y 的值也被唯一地确定了，那么，我们称 Y 是 A，B，C，…的逻辑函数，写作

$$Y = F(A, B, C, \cdots)$$

所以，逻辑代数所表达的是逻辑关系而不是数值关系，这就是它与普通代数本质的区别。逻辑代数有三种基本的逻辑运算——逻辑与、逻辑或和逻辑非，其他的各种逻辑运算均由这三种基本运算组成。

1. 逻辑与（AND）

图 13.1.1（a）所示的开关电路中，只有当开关 A 和 B 都闭合，灯 Y 才亮；A 和 B 中只要有一个断开，灯就灭。如果以开关闭合作为条件，灯亮作为结果，图 13.1.1 (a) 所示电路可以表示为逻辑与。

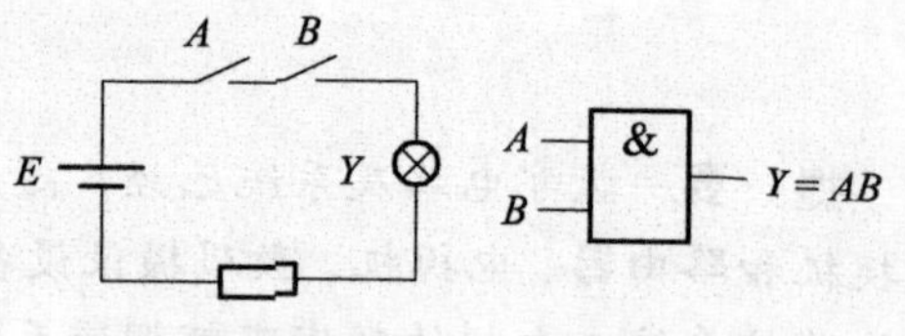

（a）逻辑与举例　　（b）符号

图 13.1.1　逻辑与

逻辑与又称逻辑乘，表示这样一种因果关系：只有当决定某一件事情（如灯亮）的所有条件（如开关 A，B）都具备（如都闭合），这件事情才能实现。记为

$$Y = A \cdot B \tag{13.1.1}$$

式中的“·”表示“逻辑与”或“逻辑乘”，与普通代数中的乘号一样，它可省略不写，也可省略不读。逻辑与运算的逻辑符号如图 13.1.1（b）所示。

逻辑与的基本运算规则：　$0 \cdot 0=0$，$0 \cdot 1=0$，$1 \cdot 0=0$，$1 \cdot 1=1$

与运算还可以用真值表来表示。所谓真值表，就是将逻辑变量各种可能取值的组合及其相应逻辑函数值列成的表格。例如，在图 13.1.1（a）中，假设开关闭合为 1，开关断开为 0；灯亮为 1，灯灭为 0，则可列出其真值表，如表 13.1.1 所示。

如果一个电路能实现逻辑与运算，则此电路称为“与门”电路，简称“与门”。与门的符号也就是与运算的符号。根据与门的逻辑功能，还可画出其波形图，如图 13.1.2 所示。

逻辑与还可以推广到多变量的情况

$$Y = A \cdot B \cdot C \cdot D \cdot \cdots$$

表 13.1.1　逻辑与真值表

A	B	Y
0	0	0
0	1	0
1	0	0
1	1	1

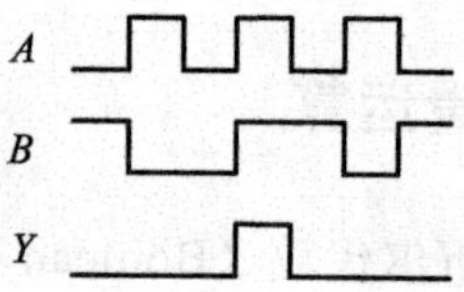

图 13.1.2　逻辑与的波形图

2. 逻辑或（OR）

逻辑或又称逻辑加。图 13.1.3（a）所示的开关电路中，开关 A 和 B 只要有一个闭合，灯 Y 就亮。如果以开关闭合作为条件，灯亮作为结果，图 13.1.3（a）所示电路可以表示这样一种因果关系：“决定一件事情（如灯亮）的所有条件（如开关 A，B）中只要有一条具备（如开关 A 闭合或开关 B 闭合），这件事情就能实现”。这种逻辑关系称为逻辑或。记为

$$Y = A + B \tag{13.1.2}$$

式中的“＋”表示“逻辑或”运算或“逻辑加”。或运算的逻辑符号如图 13.1.3（b）所示。

或运算的运算规则：0＋0＝0，0＋1＝1，1＋0＝1，1＋1＝1

或运算真值表如表 13.1.2 所示。

把能实现或运算的电路称作“或门”。其符号也采用或运算的符号。工作波形如图 13.1.4 所示。

同理，逻辑或也可以推广到多变量的情况。如

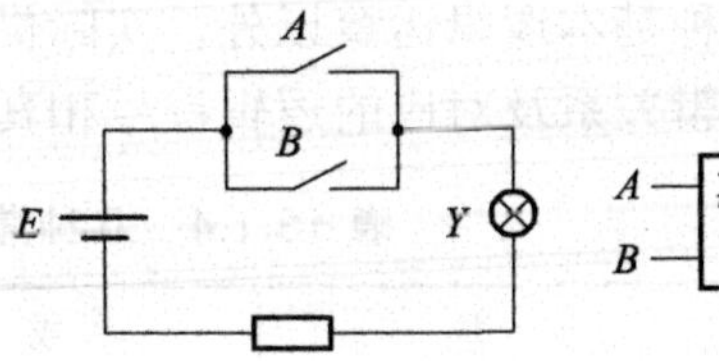

（a）逻辑或举例　　（b）符号

图 13.1.3　逻辑或

$$Y = A + B + C + D + \cdots$$

表 13.1.2　逻辑或运算真值表

A	B	Y
0	0	0
0	1	1
1	0	1
1	1	1

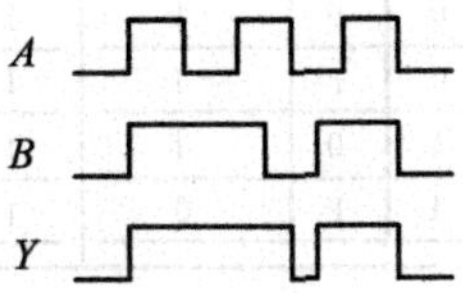

图 13.1.4　逻辑或的波形图

3. 逻辑非（NOT）

逻辑非又称“非逻辑”或者“非运算”。图 13.1.5（a）所示的开关电路中，当开关 A 闭合时，灯 Y 不亮；当开关 A 断开时，灯 Y 亮，此电路表示的因果关系是：“条件的具备（如开关 A 闭合）与事情的实现（灯亮）刚好相反”。这种逻辑关系称为逻辑非关系。记为

$$Y = \overline{A} \qquad (13.1.3)$$

式中，字母 A 上方的横线表示“非运算”，读作“非”，即“$\overline{A}$”读作“A 非”。非运算的逻辑符号如图 13.1.5（b）所示。

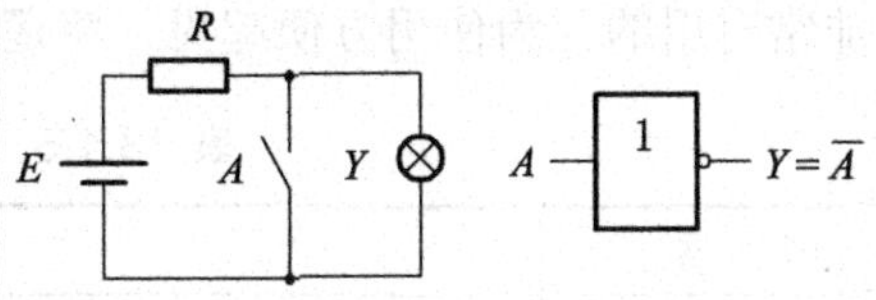

（a）逻辑非举例　　（b）符号

图 13.1.5　逻辑非

逻辑非的运算规则：$\overline{0}=1$，$\overline{1}=0$

非运算真值表如表 13.1.3 所示。

通常把能实现逻辑非运算的电路称作“非门”。非门的符号也就是非运算的符号。非门工作波形如图 13.1.6 所示。

表 13.1.3　逻辑非真值表

A	Y
0	1
1	0

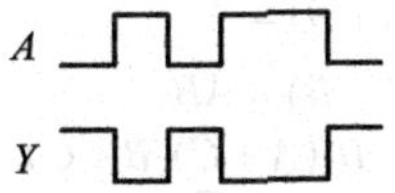

图 13.1.6　非门波形图

4. 几种常见的逻辑关系

除了上面三种基本逻辑运算以外，实际使用中还有更为复杂的逻辑关系。表 13.1.4 列出了几种常见的逻辑关系及对应的逻辑符号和真值表。

表 13.1.4　几种常见的逻辑关系和真值表

逻辑关系	与　非	或　非	异　或	同　或
逻辑符号及其逻辑表达式	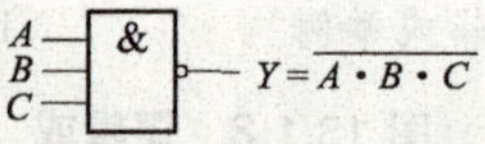	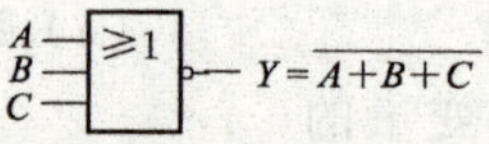	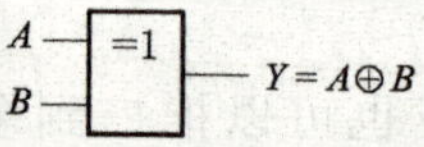	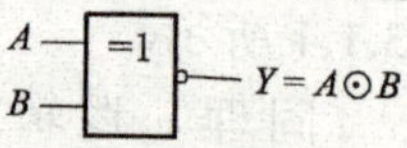

真值表（与非）：

A	B	C	Y
0	0	0	1
0	0	1	1
0	1	0	1
0	1	1	1
1	0	0	1
1	0	1	1
1	1	0	1
1	1	1	0

真值表（或非）：

A	B	C	Y
0	0	0	1
0	0	1	0
0	1	0	0
0	1	1	0
1	0	0	0
1	0	1	0
1	1	0	0
1	1	1	0

真值表（异或）：

A	B	Y
0	0	0
0	1	1
1	0	1
1	1	0

真值表（同或）：

A	B	Y
0	0	1
0	1	0
1	0	0
1	1	1

13.1.2　基本逻辑恒等式和运算规则

1. 常见逻辑恒等式

与普通代数相似，逻辑代数也有其对应的运算规律，这些规律对于逻辑函数的化简与变换是非常有用的。为使用方便起见，将逻辑代数的一些基本运算规律及恒等式列于表 13.1.5 中。

表 13.1.5　逻辑代数基本运算规律及恒等式

名　称	公　式		运算规律
0-1 律	$A\cdot 0=0$	$A+1=1$	变量与常量的关系
自等律	$A\cdot 1=A$	$A+0=A$	
重叠律	$A\cdot A=A$	$A+A=A$	
互补律	$A\cdot\overline{A}=0$	$A+\overline{A}=1$	
交换律	$A\cdot B=B\cdot A$	$A+B=B+A$	与普通代数相似
结合律	$A\cdot(B\cdot C)=(A\cdot B)\cdot C$	$A+(B+C)=(A+B)+C$	
分配律	$A\cdot(B+C)=AB+AC$	$A+BC=(A+B)(A+C)$	加对乘的分配律
反演律	$\overline{A\cdot B}=\overline{A}+\overline{B}$	$\overline{A+B}=\overline{A}\cdot\overline{B}$	逻辑代数中的特殊规律
合并律	$(A+B)(A+\overline{B})=A$	$AB+A\overline{B}=A$	
吸收律	$A(A+B)=A$ $A(\overline{A}+B)=AB$ $(A+B)(\overline{A}+C)(B+C)$ $=(A+B)(\overline{A}+C)$	$A+AB=A$ $A+\overline{A}B=A+B$ $AB+\overline{A}C+BC=AB+\overline{A}C$	
还原律	$\overline{\overline{A}}=A$		

上述运算规则都可以用逻辑真值表加以证明，因为在逻辑代数中，所有变量的取值只有 0 和 1，因此，只要对每个变量分别代入 0 和 1，如果等号两边式子的逻辑状态完全相同，则等式成立。表 13.1.6 是对含有两个变量的摩根定理的证明。从表 13.1.6 可以看出，对应于变量 A，B 的 4 种组合状态，$\overline{A+B}$ 和 $\overline{A}\overline{B}$ 的结果相同，$\overline{AB}$ 和 $\overline{A}+\overline{B}$ 的结果也相同，从而证明了摩根定理。同理可以证明，对于多变量的摩根定理也是正确的。当然上述运算规则也可以利用已有的公式去证明。例如，$(A+B)(A+C)=AA+AC+BA+BC=A(1+C+B)+BC=A+BC$，就是利用已有公式证明分配律。

表 13.1.6　含有两个变量的摩根定理的证明

A	B	$\overline{AB}$	$\overline{A}+\overline{B}$	$\overline{A}\cdot\overline{B}$	$\overline{A+B}$
0	0	1	1	1	1
0	1	1	1	0	0
1	0	1	1	0	0
1	1	0	0	0	0

2. 基本逻辑运算规则

逻辑代数中以下三个基本规则是十分重要的。

1）代入规则

在任何一个含有变量 X（假设某变量）的等式中，如果将等式两边所有出现变量 X 的位置都代之以一个逻辑函数 Y，则此等式仍然成立。

利用代入规则可以扩大公式的应用范围。

2）反演规则

对逻辑函数 Y 求其反函数的过程叫反演。

将一个逻辑函数 Y 中的运算符号“·”变“+”、“+”变“·”，“0”变“1”、“1”变“0”，原变量变反变量，反变量变原变量，那么所得到的新函数即为原函数 Y 的反函数 $\overline{Y}$，这个规则就是反演规则。

利用反演规则，可较容易地求出一个逻辑函数的反函数，但要注意两点：① 变换过程中要保持原式中的运算顺序；② 不是单个变量上的“非”号应保持不变。

例 13.1.1　已知逻辑函数 $F=A\overline{B}+(\overline{A}+B)(C+\overline{D}+E)$，求它的反函数 $\overline{F}$。

解　根据反演规则可得

$$\overline{F}=(\overline{A}+B)(A\overline{B}+\overline{C}D\overline{E})$$

在运用反演规则时，必须注意符号的优先顺序，先算括号，再算乘积，最后算加法；几个变量上的公共反号要保持不变。反演规则实际上是摩根定律的推广。当逻辑表达式比较复杂的时候，用反演规则比用摩根定律更加方便。

3）对偶规则

如果将任何一个逻辑函数 Y 中的“·”变“+”、“+”变“·”，“0”变“1”、“1”变“0”，所有的变量保持不变，这样所得到的新函数式就是原逻辑函数 Y 的对偶式，记作 Y'。

由原式求对偶式时，要注意原式中的运算顺序。

例如，逻辑函数 $Y=\overline{A}B+A\overline{B}$，则其对偶式为 $Y'=(\overline{A}+B)(A+\overline{B})$。

对偶规则：如果两个逻辑函数 Y 和 F 相等，则它们的对偶式 Y' 和 F' 也一定相等。

例如，$A+\bar{A}B=A+B$ 成立，则它们的对偶式 $A(\bar{A}+B)=AB$ 也一定成立。

13.2 逻辑函数及其化简

在逻辑电路中，电路的一组输出变量（因变量）与一组输入变量（自变量）之间的函数关系往往是一种逻辑关系，这种逻辑关系称为逻辑函数。

13.2.1 逻辑函数的表示方法

逻辑函数可以分别用真值表（也叫逻辑状态表）、逻辑表达式、逻辑图、卡诺图和波形图等 5 种方式来表示。下面分别加以说明。

1. 真值表（逻辑状态表）

所谓真值表，就是将各逻辑变量及它们所有可能的取值和对应的逻辑函数值全部列出来，以描述其逻辑关系的表格。n 个输入变量有 2^n 种取值组合。在列真值表时，为了避免遗漏和重复，变量取值一般按二进制数递增规律排列。

真值表直观地反映了自变量取值组合和逻辑函数值的关系，是把实际问题抽象为一个数学问题的重要手段。

用真值表描写逻辑关系，首先要根据实际问题确定哪些是输入变量，哪些是输出变量；其次是要对逻辑变量进行赋值，即把所有逻辑变量的两种状态分别用 1 和 0 表示，赋值不同，其对应的逻辑函数也不同；最后列表将输入逻辑变量的所有取值组合与其相应的逻辑函数值写出，得到完整的真值表。

例 13.2.1 设有一个 3 输入变量的偶数判别电路，输入变量用 A，B，C 表示，输出变量用 F 表示。$F=1$，表示输入变量中有偶数个 1；$F=0$，表示输入变量中有奇数个 1。

解 三个输入变量共有 $2^3=8$ 个组合状态，将这些状态的所有输入、输出变量值（即函数值）一一列举出来，就构成了反映这一逻辑关系的真值表，如表 13.2.1 所示。

表 13.2.1 偶数判别电路的逻辑状态表

输入			输出	输入			输出
A	B	C	F	A	B	C	F
0	0	0	1	1	0	0	0
0	0	1	0	1	0	1	1
0	1	0	0	1	1	0	1
0	1	1	1	1	1	1	0

用真值表来表示一个逻辑关系是比较直观的，能比较清楚地反映一个逻辑关系中输出和输入之间的关系。任何一个逻辑函数其真值表是唯一的。如果两个逻辑函数的真值表完全相同，则这两个逻辑函数一定相等。所以，比较两个逻辑函数的真值表，可以判别两个逻辑函数是否相等。

2. 逻辑表达式

逻辑表达式是由逻辑变量和“与”、“或”、“非”等几种逻辑运算符号构成的数学方程。逻辑函数可用逻辑表达式来表示，但需要注意的是同一个逻辑函数可以有不同类型的逻辑表达式，并且它们之间是可以相互转换的。逻辑表达式的几种常见类型有

（1）与或式：$F = AB + CD$

（2）或与式：$F = (A+C)(A+D)(B+C)(B+D)$

（3）与非-与非式：$F = \overline{\overline{AB} \cdot \overline{CD}}$

（4）或非-或非式：$F = \overline{\overline{(A+C)} + \overline{(A+D)} + \overline{(B+C)} + \overline{(B+D)}}$

可以证明上述 4 个逻辑表达式是等价的。将逻辑函数用逻辑表达式表示，可便于用逻辑代数的运算规则进行运算。上述 4 种表达式中，最常用的是与或表达式。

例 13.2.2 根据表 13.2.1，写出逻辑函数的与或表达式。

解 将逻辑状态表中输出等于 1 的各状态表示成全部输入变量（正变量及反变量）的与函数。例如，表 13.2.1 中，当 $ABC = 011$时 $F = 1$，可写成 $F = \overline{A}BC$，因为 $ABC = 011$时，有 $\overline{A}BC = 1$。并把总输出表示成这些与项的或函数。

对于表 13.2.1 的逻辑函数，可得其逻辑表达式（与或式）为

$$F = \overline{A}BC + A\overline{B}C + AB\overline{C} + \overline{A}\overline{B}\overline{C} \tag{13.2.1}$$

3. 逻辑图

逻辑图是由逻辑基本单元和逻辑部件的符号及它们之间的连线所构成的图形。由于逻辑符号不仅代表了实际的逻辑部件，而且表示了输出与输入之间的逻辑运算关系，因此一个逻辑图就表示了一个逻辑函数。逻辑图中的逻辑符号与实际器件有明显的对应关系，它有接近工程实际的优点，便于制成实际电路。

逻辑图与逻辑函数表达式具有直接的对应关系。一般来说，逻辑图都是根据逻辑函数表达式画出的，反过来，给定一个逻辑图也可写出相应的逻辑函数表达式。

根据式（13.2.1）可画出偶数判别电路对应的逻辑图如图 13.2.1 所示。

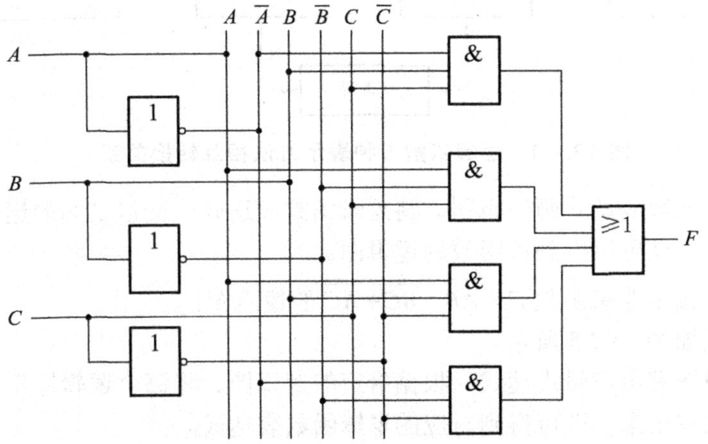

图 13.2.1 偶数判别电路的逻辑图

4. 卡诺图

美国工程师卡诺（Karnaugh）根据逻辑函数的基本规律于 1953 年提出了利用一种方格图来表示逻辑函数的方法，这种表示逻辑函数的方格图就称为卡诺图。图 13.2.2 为偶数判别电路的卡诺图。利用卡诺图可以直观方便地对逻辑函数进行化简，其具体内容将在逻辑函数化简部分详细介绍。

5. 波形图

用变量随时间变化的波形，反映逻辑函数输入变量和输出变量之间变化的对应关系，称为逻辑函数的波形图。

当逻辑函数确定以后，其波形图也是确定的。波形图也是逻辑函数的一种表示方法。上面的偶数判别电路的波形图如图 13.2.3 所示。

A \ BC	00	01	11	10
0	1	0	1	0
1	0	1	0	1

图 13.2.2　偶数判别电路的卡诺图

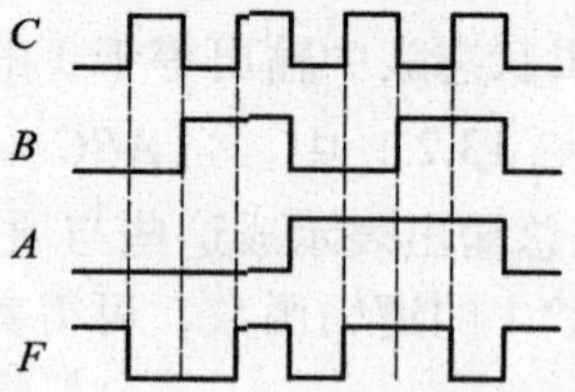

图 13.2.3　偶数判别电路的输入输出波形图

逻辑函数的各种表示法有着各自的特点和作用。真值表主要是建立逻辑函数关系的一种手段；逻辑函数表达式既可用于对逻辑函数进行化简，也可用于对其进行处理和变换，同时也是画逻辑图的根据；逻辑图具有接近工程实际的特点，根据逻辑图可设计出相应的逻辑电路。

6. 逻辑函数几种表示方法的相互转换

前面介绍了逻辑函数的 5 种表示方法，实际上这些表示方法之间是可以相互转换的。也就是说只要知道一个逻辑函数 5 种表示方法中的一种，则该逻辑函数的其余表示方法均可以求出。其相互转换关系如图 13.2.4 所示。

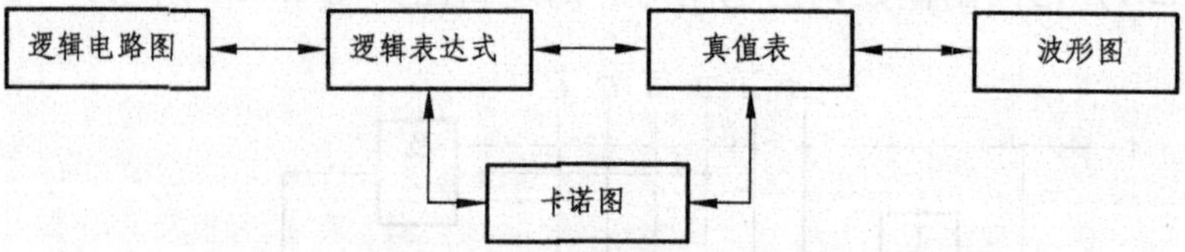

图 13.2.4　逻辑函数 5 种表示方法相互转换关系

（1）根据逻辑函数表达式画逻辑图。将逻辑函数表达式中变量之间的运算关系用相应的逻辑符号表示出来，就可以得到该函数的逻辑图。

例 13.2.3　试画出逻辑函数 $F=\overline{AB+\overline{BC+AC}}$ 的逻辑图。

解　其逻辑图如图 13.2.5 所示。

（2）根据逻辑图写出逻辑表达式。根据给定的逻辑图，将每个逻辑符号（逻辑门）所表示的逻辑关系依次写出来，即可得到对应的逻辑函数表达式。

例 13.2.4　已知逻辑图如图 13.2.6 所示，试写出其对应的逻辑函数表达式。

解 从图的左边输入信号开始，依次写出

$$F_1=\overline{A};\quad F_2=\overline{B};\quad F_3=\overline{F_1\cdot F_2}=\overline{\overline{A}\cdot\overline{B}};\quad F_4=A\cdot B$$

最后可得 $F=\overline{F_3+F_4}=\overline{\overline{\overline{A}\cdot\overline{B}}+A\cdot B}$

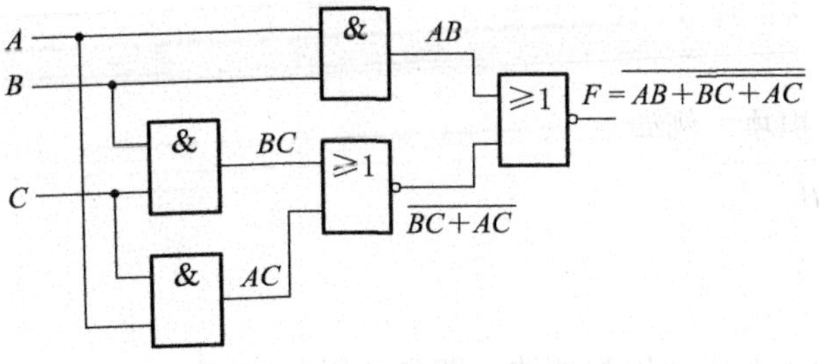

图 13.2.5 例 13.2.3 逻辑图

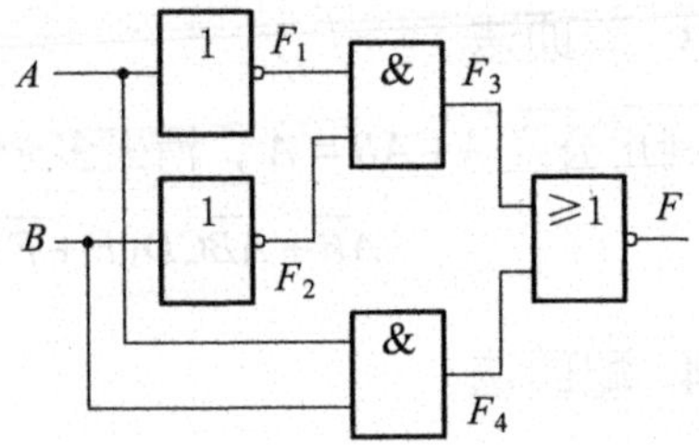

图 13.2.6 例 13.2.4 逻辑图

(3) 根据真值表写出逻辑表达式，参见例 13.2.1。

(4) 根据逻辑表达式求真值表。

因为在逻辑代数中，所有变量的取值只有 0 和 1 两种可能，因此当已知逻辑表达式时，只需将自变量所有可能的取值组合代入逻辑表达式中，计算出相应的逻辑函数的值，便可列出其真值表。

同理，不难得到其他几种表示方法相互转换的方法，读者可自行总结。

13.2.2 逻辑函数的代数化简法

一个逻辑函数表达式有多种类型，各种类型表达式还有简繁之分，显然，一个逻辑函数的表达式越简单，它所表示的逻辑关系就越明显，实现该逻辑函数所用的器件也就越少，电路的可靠性也相应越高。

所谓逻辑函数的化简，就是使逻辑函数的形式最简单。对于不同类型的逻辑函数，其最简的标准是不一样的。实践证明，在各种类型表达式中，与或表达式是最基本的，其他各种类型表达式都是在与或表达式的基础上发展起来的。因此下面将主要介绍与或表达式的化简方法。一个最简与或表达式的标准有两个：一是函数式中的与项最少；二是每个与项中的变量个数最少。因为乘积项的个数最少，对应的逻辑电路所用的与门个数就最少；乘积项中变量的个数最少，对应逻辑电路所用的与门输入端个数就最少。所以如果逻辑表达式是最简的，则实现它的逻辑电路也是最简的。

常用的化简方法有代数化简法和卡诺图化简法。

代数化简法就是利用逻辑代数的基本运算规则和常用的逻辑恒等式来化简逻辑函数。下面通过具体的例子来说明。

1. 并项法

利用公式 $AB+A\overline{B}=A$，将两项合并成一项，消去一个变量。根据代入规则，式中的 A 和 B 可以是任意复杂的表达式。例如

$$A(BC+\overline{BC})+A(B\overline{C}+\overline{B}C)=A(B\overline{C}+\overline{B}C)+A\overline{(B\overline{C}+\overline{B}C)}=A(\overline{B\overline{C}+\overline{B}C}+B\overline{C}+\overline{B}C)=A$$

2. 消因子法

利用公式 $A+\bar{A}B=A+B$ 消去多余因子 $\bar{A}$。例如

$$AB+\bar{A}C+\bar{B}C=AB+(\bar{A}+\bar{B})C=AB+\overline{AB}C=AB+C$$

3. 消项法

利用公式 $A+AB=A$，消去多余的乘积项。例如

$$A\bar{B}+A\bar{B}CD(E+\bar{F})=A\bar{B}$$

4. 配项法

若不能直接使用上述化简方法时，则可考虑使用配项法。即先利用公式 $A+A=A$ 重复写入某一项，或者利用公式 $A=A(B+\bar{B})$ 将某一项拆为两项，然后再对函数重新组合进行化简。

在化简一个逻辑函数时，往往需要反复和综合运用上面的方法，同时还要用到逻辑代数的基本运算规律和规则，才能取得满意的结果。

例 13.2.5 试化简逻辑函数 $F=AC+ACD+\bar{D}+\bar{A}BC\bar{D}$

解 $F=AC+ACD+\bar{D}+\bar{A}BC\bar{D}=AC(1+D)+\bar{D}(1+\bar{A}BC)=AC+\bar{D}$

例 13.2.6 试化简逻辑函数 $G=AB+A\bar{B}+AD+\bar{A}C+BD+ACEF+\bar{B}EF$

解
$$\begin{aligned}G&=AB+A\bar{B}+AD+\bar{A}C+BD+ACEF+\bar{B}EF\\&=A(B+\bar{B})+AD+\bar{A}C+BD+ACEF+\bar{B}EF\\&=A(1+D+CEF)+\bar{A}C+BD+\bar{B}EF\\&=A+\bar{A}C+BD+\bar{B}EF\\&=A+C+BD+\bar{B}EF\end{aligned}$$

通过实例可见，利用代数化简法化简逻辑函数，需要熟练掌握逻辑代数的运算规则，才能找出最有效的化简方法。代数化简法的缺点之一是在化简过程中没有严格固定的步骤可循，化简过程中每一步可用的公式很多，究竟选哪一个好，往往需要一定的经验和技巧；代数化简法的另外一个缺点就是没有一个明确的化简方向，一个逻辑函数是否已经达到最简往往难以断定。以上缺点使其应用受到一定的局限。

13.2.3 卡诺图化简法

卡诺图是逻辑函数的一种表示方法，是真值表的图形表示形式。它是将逻辑函数的逻辑变量分为行、列两组纵横排列，两组变量数最多相差一个。每组变量的取值组合按照循环码规律排列，能够直观地反映变量取值组合与函数值关系。利用卡诺图可以直接写出逻辑函数的最简与或式。

1. 最小项与逻辑函数的最小项表达式

最小项的定义：在逻辑函数中，设有 n 个逻辑变量，由这 n 个逻辑变量所组成的乘积项（与项）中的每个变量只是以原变量或反变量的形式出现一次，且仅出现一次，那么我们把这个乘积项称为 n 个变量的一个最小项。

对于 3 个变量的逻辑函数 $F(A, B, C)$ 来讲，由其 3 个自变量组成的 8 个乘积项：$\overline{A}\overline{B}\overline{C}$，$\overline{A}\overline{B}C$，$\overline{A}B\overline{C}$，$\overline{A}BC$，$A\overline{B}\overline{C}$，$A\overline{B}C$，$AB\overline{C}$ 和 ABC，都符合最小项的定义，因此我们把这 8 个乘积项称为 3 个变量 A，B，C 的最小项。除此之外，如 $\overline{A}\overline{B}$，$\overline{A}(B+\overline{C})$ 和 $\overline{A}$ 等项就不是最小项。

n 变量的逻辑函数，有 2^n 个最小项。若 $n=2$，$2^n=4$，即 2 变量的逻辑函数有 4 个最小项；若 $n=4$，$2^n=16$，即 4 变量的逻辑函数有 16 个最小项，依此类推。

表 13.2.2 为 3 变量最小项真值表，从中可归纳出最小项具有以下性质：

(1) 对于任意一个最小项，有且仅有一组变量的取值使它的值等于 1。

(2) 任意两个不同最小项的乘积恒为 0。

(3) n 变量的所有最小项之和恒为 1。

最小项的编号：n 个变量有 2^n 个最小项。为了叙述和书写方便，通常对最小项进行编号。最小项用"m_i"表示，并以如下方法确定下标"i"的值：把最小项取值为 1 所对应的那一组变量取值的组合当成二进制数，与其相应的十进制数就是 i 的值。例如，3 变量 A，B，C 的最小项 $A\overline{B}C$，使它的值为 1 的变量取值为 101，对应的十进制数为 5，则最小项 $A\overline{B}C$ 的编号记作"m_5"。同理，$A\overline{B}\overline{C}$ 的编号记为"m_4"。

逻辑函数的最小项表达式：任何一个逻辑函数都可以表示成若干个最小项之和的形式，这样的表达式就是最小项表达式，而且这种形式是唯一的。

表 13.2.2　3 变量最小项真值表

ABC	$\overline{A}\overline{B}\overline{C}$	$\overline{A}\overline{B}C$	$\overline{A}B\overline{C}$	$\overline{A}BC$	$A\overline{B}\overline{C}$	$A\overline{B}C$	$AB\overline{C}$	ABC
000	1	0	0	0	0	0	0	0
001	0	1	0	0	0	0	0	0
010	0	0	1	0	0	0	0	0
011	0	0	0	1	0	0	0	0
100	0	0	0	0	1	0	0	0
101	0	0	0	0	0	1	0	0
110	0	0	0	0	0	0	1	0
111	0	0	0	0	0	0	0	1

从任何一个逻辑函数表达式转化为最小项表达式的方法如下：

1）由真值表求得最小项表达式

例 13.2.6　已知 3 变量逻辑函数 Y 的真值表如表 13.2.3 所示，求逻辑函数 Y 的最小项表达式。

解　由表 13.2.2 知，使函数 $Y=1$ 的变量取值组合有 001，010，110 三项，与其对应的最小项是 $\overline{A}\overline{B}C$，$\overline{A}B\overline{C}$ 和 $AB\overline{C}$，则逻辑函数 Y 的最小项表达式为

$$Y(A,\ B,\ C)=\overline{A}\overline{B}C+\overline{A}B\overline{C}+AB\overline{C}=m_1+m_2+m_6=\sum m(1,\ 2,\ 6)$$

表 13.2.3　3 变量逻辑函数 *Y* 的真值表

A	*B*	*C*	*Y*	*A*	*B*	*C*	*Y*
0	0	0	0	1	0	0	0
0	0	1	1	1	0	1	0
0	1	0	1	1	1	0	1
0	1	1	0	1	1	1	0

2）由逻辑函数的一般表达式求最小项表达式

首先利用公式将一般表达式变换成与或式，再采用配项法，将每个乘积项（与项）都变为最小项。

相邻最小项和逻辑相邻：如果在两个最小项中，只有一个变量以原变量和反变量形式分别在两项中出现，而两项中其余变量均相同，则这两个最小项称为相邻最小项，简称为相邻项；这种相邻关系也称为逻辑相邻。

两个相邻项相加可以消去一个互反变量，同时原来的两项合并为一项，其结果为两项中的相同部分。例如

$$AB\overline{C}+ABC=AB(\overline{C}+C)=AB$$

这是卡诺图化简逻辑函数的理论依据。

2. 用卡诺图表示逻辑函数

卡诺图是根据真值表按一定的规则画出来的一种方块图。此规则的关键就是能够使逻辑相邻的关系表现为几何位置上的相邻，利用卡诺图将使化简工作变得直观。

所谓几何相邻，是指在卡诺图中排列位置相邻的那些最小项。要把逻辑相邻用几何相邻实现，在排列卡诺图上输入变量的取值顺序时，就不要按自然二进制顺序排列，而应对排列顺序进行适当调整。对行或列是 2 个变量的情况，自变量取值按 00，01，11，10 排列，注意其顺序不是按二进制的递增规律 00，01，10，11；对行或列是 3 个变量的情况，自变量取值按 000，001，011，010，110，111，101，100 排列。这样排列的目的是保证卡诺图中几何位置相邻的最小项一定也是逻辑相邻的最小项。

图 13.2.7 分别为 2 变量、3 变量和 4 变量的卡诺图。

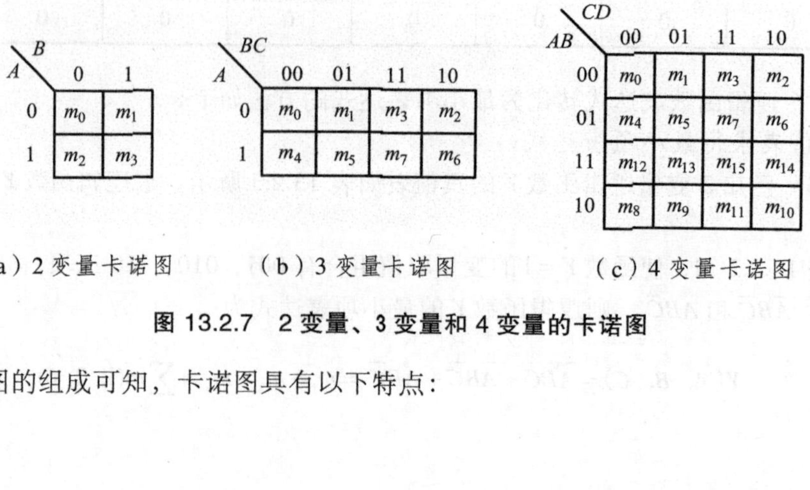

（a）2 变量卡诺图　（b）3 变量卡诺图　（c）4 变量卡诺图

图 13.2.7　2 变量、3 变量和 4 变量的卡诺图

由卡诺图的组成可知，卡诺图具有以下特点：

（1）n 变量的卡诺图具有 2^n 个小方块，分别表示 2^n 个最小项。每个原变量和反变量总是各占整个卡诺图区域的一半。

（2）在卡诺图中，任意相邻小方块所表示的最小项都仅有一个变量不同，即这两个最小项具有“相邻性”。相邻的小方块数是随着变量的增加而增加的，且等于变量个数 n。

要用卡诺图化简逻辑函数就必须先将逻辑函数用卡诺图表示出来，其具体方法由下面例题分别说明。

例 13.2.7 已知逻辑函数 Y 的真值表如表 13.2.4 所示，画出 Y 的卡诺图。

表 13.2.4 例 13.2.7 逻辑函数 Y 的真值表

A	B	C	Y	A	B	C	Y
0	0	0	0	1	0	0	0
0	0	1	1	1	0	1	0
0	1	0	1	1	1	0	0
0	1	1	1	1	1	1	1

解 先画出 A，B，C 3 变量的卡诺图，然后按每一小方块所代表的变量取值，将真值表相同变量取值时的对应函数值填入小方块中，即得函数 Y 的卡诺图，如图 13.2.8 所示。

A \ BC	00	01	11	10
0	0	1	1	1
1	0	0	1	0

图 13.2.8 逻辑函数 Y 的卡诺图

例 13.2.8 试画出逻辑函数 $Y(A,\ B,\ C)=AB+B\overline{C}+\overline{A}\overline{C}$ 的卡诺图。

解 当已知的表达式并非最小项表达式，而是如本例中的一般逻辑表达式，在画卡诺图时一般的处理方法是：先将一般逻辑函数表达式变换为与或表达式，然后再变换为最小项表达式，则可得到相应的卡诺图。

但是实际上，我们在根据一般逻辑表达式画卡诺图时，常常可以从一般与或式直接画卡诺图。其方法是：把每一个乘积项所包含的那些最小项所对应的小方格都填上“1”，其余的填“0”，就可以直接得到函数的卡诺图。

在本例中，AB 这个乘积项包含了 $A=1$，$B=1$ 的所有最小项，即 ABC 和 $AB\overline{C}$；$B\overline{C}$ 这个乘积项包含了 $B=1$，$C=0$ 的所有最小项，即 $AB\overline{C}$ 和 $\overline{A}B\overline{C}$；而 $\overline{A}\overline{C}$ 则包含了 $\overline{A}B\overline{C}$ 和 $\overline{A}\overline{B}\overline{C}$ 两个最小项。所以，画出该函数的卡诺图如图 13.2.9 所示。

A \ BC	00	01	11	10
0	1	0	0	1
1	0	0	1	1

图 13.2.9 例 13.2.8 卡诺图

3. 用卡诺图化简逻辑函数

用卡诺图化简逻辑函数实际就是直接对最小项进行合并。其合并的规则如下：

（1）将取值为“1”的相邻小方格圈成矩形、圆形，这样的圈一般称为卡诺圈；相邻的小方格包括最上面行和最下面行的同列小方格，以及最左列和最右列的同行小方格。

（2）所圈取值为“1”的相邻小方格的个数应为 $2^n(n=0,\ 1,\ 2,\ \cdots)$，即每个圈内小方格数目只能是 1，2，4，8，16，…，不允许 3，6，7，10 等。

（3）相邻两项可合并为一项，同时消去一个因子；相邻的 4 项可合并为一项，同时消去两个因子；依此类推，相邻的 2^n 项可合并为一项，并消去 n 个因子。将合并的结果相加，即可得所求的最简与或式。

（4）合并的结果就是保留一个圈内所有最小项中的相同变量，而除去不同的变量。

典型的 2 个最小项合并卡诺圈如图 13.2.10 所示，4 个最小项合并卡诺圈如图 13.2.11 所示，8 个最小项合并卡诺圈如图 13.2.12 所示。

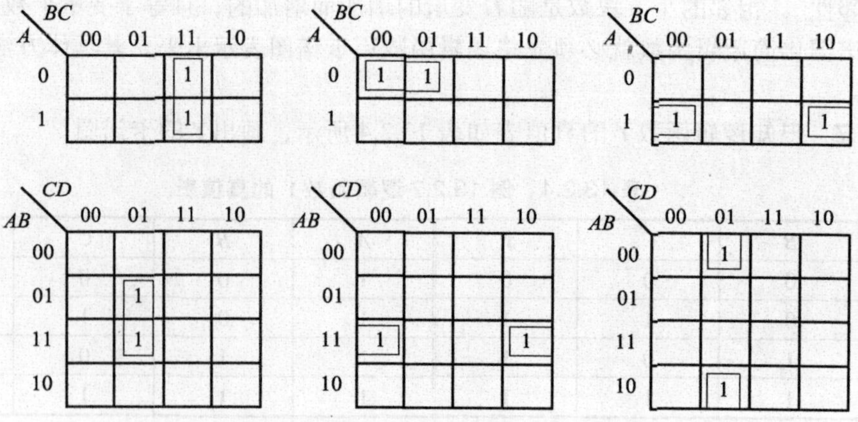

图 13.2.10　2 个最小项合并的卡诺圈

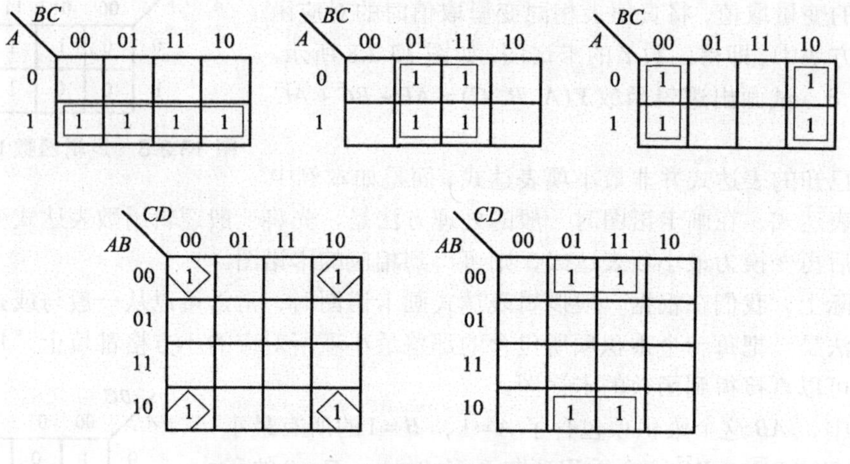

图 13.2.11　4 个最小项合并的卡诺圈

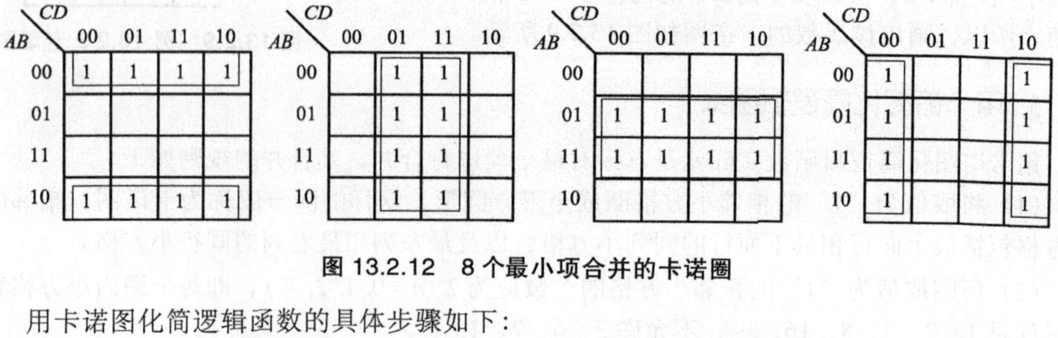

图 13.2.12　8 个最小项合并的卡诺圈

用卡诺图化简逻辑函数的具体步骤如下：

（1）建立逻辑函数的卡诺图。

（2）合并最小项。找出所有能够合并的矩形组并把它们圈起来，然后对每个圈写出相应的化简项。

(3) 由上面得到的化简项写出最简与或表达式。化简后的逻辑函数就是所有卡诺圈所对应的化简项的逻辑和。

在化简过程中应遵循以下原则:

(1) 卡诺圈要尽可能大。因为卡诺圈越大，消去的变量数就越多，因此应该先找最大的组合来化简，以减少每个与项中的变量数。

(2) 卡诺圈的数目要尽可能少。因为卡诺圈的数目决定着化简以后表达式中与项的多少。

(3) 每个卡诺圈中至少要包含有一个其他卡诺圈没有包含的单元，否则就是多余圈。

(4) 所有等于“1”的小方格必须全部被圈到，否则就会遗漏某些项。特别要注意的是周围相邻项均为“0”的某个为“1”的小方格一定要单独圈起来。

(5) 根据 $A+A=A$，每个最小项可以重复使用。所以，一个为“1”的小方格可以包含在两个以上的卡诺圈中。

例 13.2.9 用卡诺图化简逻辑函数

$$Y(A, B, C, D)=\sum m(0, 2, 3, 5, 7, 8, 10, 11, 15)$$

解 第一步，画出 Y 的卡诺图，如图 13.2.13 所示；

第二步，按合并最小项的规律画出相应的卡诺圈；

第三步，将每个卡诺圈的结果相加，得

$$Y(A, B, C, D)=CD+\overline{B}\overline{D}+\overline{A}BD$$

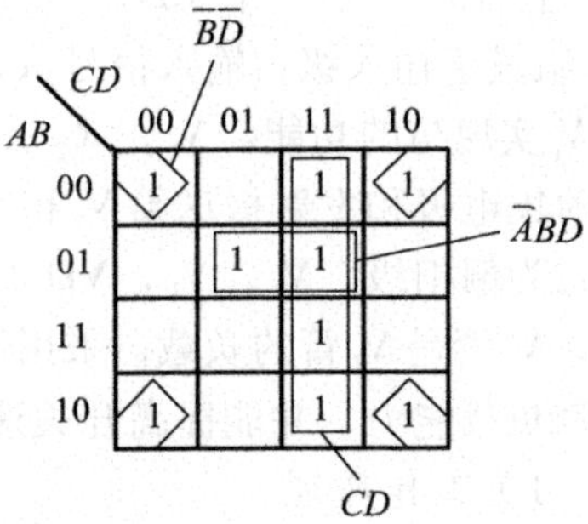

图 13.2.13 例 13.2.9 卡诺图

利用卡诺图化简逻辑函数，对最小项画卡诺圈是比较重要的。圈内的最小项越多，消去的变量就越多；圈的数量越少，化简后所得到的乘积项就越少。

需要指出的是：用卡诺图化简逻辑函数时，由于对最小项画卡诺圈的方式不同，得到的最简与或式也往往不同。卡诺图法化简逻辑函数的优点是简单、直观，容易掌握，但不适用于 5 变量以上逻辑函数的化简。

4. 具有约束项（也称无关项）的逻辑函数化简

在前面所讨论的逻辑函数中，我们认为逻辑变量的取值是独立的，不受其他变量取值的制约。但是，在某些实际问题的逻辑关系中，变量和变量之间存在一定的制约关系。这种相互“制约”的关系就是约束。

既然认定约束项对应的变量取值的组合不会出现，那么，谈论与它相对应的函数值是 1 还是 0 是没有意义的。也就是说，对应约束项的变量取值时，其函数值可以是任意的，既可以取 0，也可以取 1，这完全视需要而定，通常把相对应的函数值记作“×”或“Φ”。对于具有“约束”的逻辑函数，可以利用约束项进行化简，使得表达式简化。

13.3 集成逻辑门电路

门电路是数字电路的基本逻辑单元，尽管它可以由分立元件构成，但是在实际应用中一般都是以集成电路的形式存在的。并且，随着集成电路制造工艺水平的不断提高，芯片的集成度也越来越高。因此，在进行数字电路的分析与设计时，人们一般都把集成门电路作为基本单元（如电阻、电容和晶体管等）来考虑，而不管它的内部构造如何，所以学习的重点应该放在门电路的逻辑功能和外部特性两个方面。常见的集成门电路有 TTL 和 CMOS 两大类。按其逻辑功能可分为与门、或门、非门、与非门、或非门、与或非门、异或门等。为了正确应用集成门电路，除要掌握其逻辑功能外，还必须了解它们的基本特性和主要参数。

13.3.1 集成 TTL 逻辑门电路

TTL 门电路是晶体管-晶体管逻辑（Transistor - Transistor Logic）门电路的简称，其内部由若干晶体管和电阻组成。这种门电路在 20 世纪 60 年代问世，后来在电路结构和制造工艺方面进行了诸多改进，其结构简单，制造工艺成熟，性能稳定，可靠性高，至今仍广泛应用于各种数字电路或系统中。它有很多种类型，下面只简要介绍 TTL 与非门和三态门。

1. TTL 与非门电路

图 13.3.1 是一个 TTL 与非门电路，它包含输入级、中间级和输出级三个部分。图中的 V_1，R_{b1} 组成了输入级。输入信号 A，B，C 通过多发射极晶体管 V_1 实现与的功能。V_2，R_{c2}，R_{e2} 组成了中间级，由于 V_2 管的集电极和发射极送给 V_3 和 V_4 的基极信号是反相的，又称它为倒相级。V_3，V_4，VD 和 R_{c4} 组成了推拉式输出级电路。V_4 管是 V_3 管的负载。采用这种输出级使门电路有较好的带负载能力，并能提高开关速度。

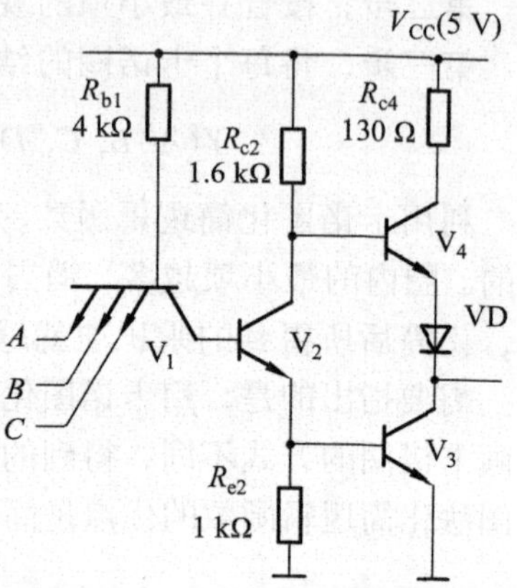

图 13.3.1 TTL 与非门电路

1）工作原理

若输入 A，B，C 全部为高电平（设输入电压 $U_{IH} = 3.6\ V$）时，+5 V 电源通过 R_{b1} 使 V_1 的集电结正偏，V_2，V_3 饱和导通，假设饱和压降为 0.3 V，则 $U_O = 0.3\ V$，输出为低电平。此时，V_2 集电极电位约为 $U_{CES2} + U_{BE3} = 0.3 + 0.7 = 1\ V$，所以 V_4 截止；V_1 的基极电位约为 $0.7 + 0.7 + 0.7 = 2.1\ V$，V_1 的发射结处于反向偏置。

若输入端有一个或几个为低电平（设 $U_{IL} = 0.3\ V$）时，V_1 的基极电位被钳制在 1 V 左右，此时 V_2，V_3 截止，V_4 导通，$U_O = V_{CC} - U_{BE4} - U_D = 3.6\ V$，输出为高电平。

综上所述，图 13.3.1 所示电路具有与非功能。即只有输入全为高电平时，输出才为低电平；若输入有一个或几个为低电平，输出就为高电平。

2）电压传输特性

电压传输特性描述了与非门的输出电压与输入电压之间的关系，是使用 TTL 与非门电路时必须要了解的基本特性曲线。如果把与非门的一个输入端接一个可变的直流电源，其余输入端接高电平，当输入电压 U_I 从零逐渐增加到高电平，输出电压便会作出相应的变化，就可以做出如图 13.3.2 所示的 TTL 与非

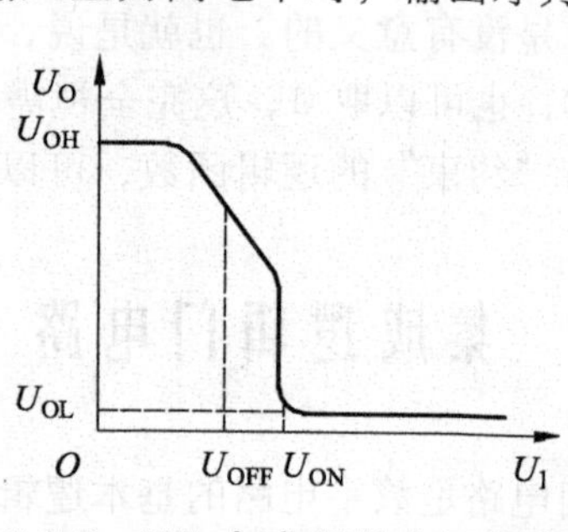

图 13.3.2 TTL 与非门的电压传输特性

门的电压传输特性曲线。

由图 13.3.2 可见，当U_I从零开始增加时，在一定范围内输出的高电平基本不变，当U_I上升到一定数值后，输出很快下降为低电平。如U_I继续增加，输出低电平基本不变。

3）主要参数

（1）输出高电平U_{OH}和输出低电平U_{OL}。U_{OH}是指输入至少有一个为低电平时的输出电平，U_{OL}是指输入端全为高电平时的输出电平。在实际应用中，通常规定了高电平的下限值及低电平的上限值。如 TTL 与非门当$V_{CC}=5$ V 时，$U_{OH}\geqslant 2.4$ V，$U_{OL}\leqslant 0.4$ V。

（2）开门电平U_{ON}和关门电平U_{OFF}。开门电平U_{ON}是指输出电平刚刚下降到输出低电平的上限值时的输入电平，它是保证与非门的输出为低电平时的输入高电平下限值。关门电平U_{OFF}是指输出电平刚刚上升到输出高电平的下限值时的输入电平，它是保证与非门的输出为高电平时的输入低电平上限值。对 TTL 与非门，一般规定$U_{ON}=1.8$ V，$U_{OFF}=0.8$ V。

（3）输入低电平噪声容限U_{NL}和输入高电平噪声容限U_{NH}。噪声容限表征了与非门电路的抗干扰能力。U_{NL}越大表示输入低电平时的抗干扰能力越强。U_{NH}越大表示输入高电平时的抗干扰能力越强。

（4）扇出系数N_o。是指一个与非门能带同类门的最大数目，它表示与非门的带负载能力。对 TTL 与非门而言，手册规定$N_o\geqslant 8$。

（5）平均传输延迟时间t_{pd}。TTL 与非门工作时，由于晶体管从导通到截止或者从截止到导通都需要一定的时间，因此输出脉冲相对于输入脉冲来说总有一定的延迟，称为传输延迟，见图 13.3.3。

平均传输延迟时间 $t_{pd}=\dfrac{(t_{PHL}+t_{PLH})}{2}$

它表示门电路的开关速度，t_{pd}越小，开关速度越快。

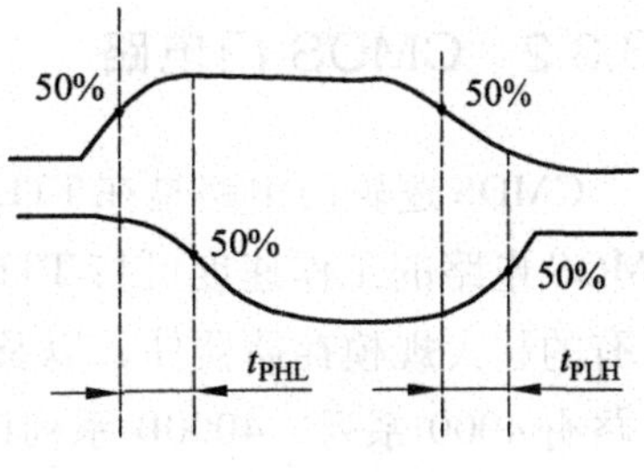

图 13.3.3 平均传输延迟时间

2. TTL 三态与非门电路

如果把几个逻辑门的输出端都接到同一根传输线上，要求每个逻辑门能在不同时刻轮流向传输线送信号，这就需要对每个逻辑门进行分时控制，为此可采用一种带有控制端的逻辑门——三态门。图 13.3.4 所示是一个 TTL 三态与非门电路。其中$\overline{EN}$即为控制端或称为使能端。

当控制信号$\overline{EN}=0$时，$P=1$，VD 截止，与普通与非门一样，$F=\overline{AB}$。当控制信号$\overline{EN}=1$时，$P=0$，所以V_2，V_5截止，同时二极管 VD 导通，V_3基极电位也变低，所以V_4截止。因V_4，V_5都截止，输出端F便被悬空，呈现高阻状态。所以三态门有三种状态：高阻态、低电平和高电平。

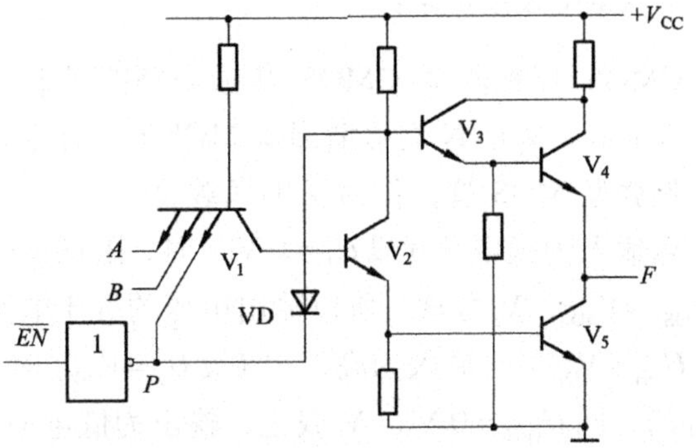

图 13.3.4 TTL 三态与非门电路

三态与非门的图形符号如图 13.3.5 所示。其中图 13.3.5（a）所示三态门在$\overline{EN}=1$时F为高阻态，在 $\overline{EN}=0$ 时 $F=\overline{AB}$，故称为控制端 $\overline{EN}$ 低电平时有效的三态与非门。另有一类三态与非门，控制端 EN 高电平时有效，其图形符号如图 13.3.5（b）所示。即 $EN=0$ 时 F 为高阻态，$EN=1$ 时 $F=\overline{AB}$。

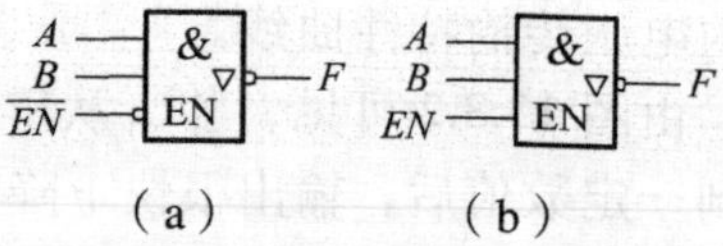

图 13.3.5　三态与非门图形符号

集成三态门除了三态与非门外，还有三态非门、三态缓冲门等。三态门在信号传输中是非常有用的。图 13.3.6 是一个通过控制三态门的控制端，利用一条总线把多组数据送出去的例子。

当 $\overline{EN_1}=0$，$\overline{EN_2}=\overline{EN_3}=1$ 时，总线上的数据为 $\overline{A_1B_1}$，即把 G_1 的输入数据送到了总线；同样，当 $\overline{EN_2}=0$，$\overline{EN_1}=\overline{EN_3}=1$ 时，把 G_2 的输入数据送到总线；当 $\overline{EN_3}=0$，$\overline{EN_1}=\overline{EN_2}=1$ 时，把 G_3 的输入数据送到总线。在这里，G_1，G_2，G_3 三个三态门必须分时工作，即在同一时刻只能有一个门处于导通状态，其他的三态门应处于高阻状态，这就要求在同一时刻 $\overline{EN_1}$，$\overline{EN_2}$，$\overline{EN_3}$ 只能有一个为低电平。

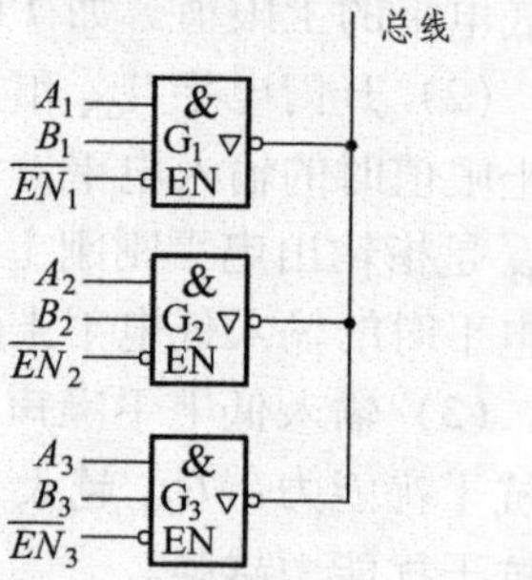

图 13.3.6　三态门应用举例

13.3.2　CMOS 门电路

CMOS 逻辑门电路是在 TTL 电路问世之后，所开发出的另一种广泛应用的数字集成器件。CMOS 电路的工作速度可与 TTL 相比较，而其功耗和抗干扰能力则远优于 TTL。此外，几乎所有的超大规模存储器件，以及 PLD 器件都采用 CMOS 工艺制造，且费用较低。CMOS 门电路有 4000 系列、4000B 系列以及和 TTL 兼容的 74HCT 系列等。

MOS 型数字集成电路可分为 NMOS 电路、PMOS 电路和 CMOS 电路。CMOS 电路是互补 MOS 电路的简称。所谓“互补”是从电路结构来说的，它是由两种不同类型的 MOS 管组合而成的门电路，一般由 P 沟道增强型 MOS 管作为负载管，由 N 沟道增强型 MOS 管作为驱动管。CMOS 门电路有多种类型，下面仅介绍反相器和或非门。

1. CMOS 反相器

CMOS 反相器是 CMOS 集成电路的基本单元电路，如图 13.3.7 所示。V_1 是 N 沟道增强型 MOS 管，作驱动管用；V_2 是 P 沟道增强型 MOS 管，作为 V_1 的负载管。

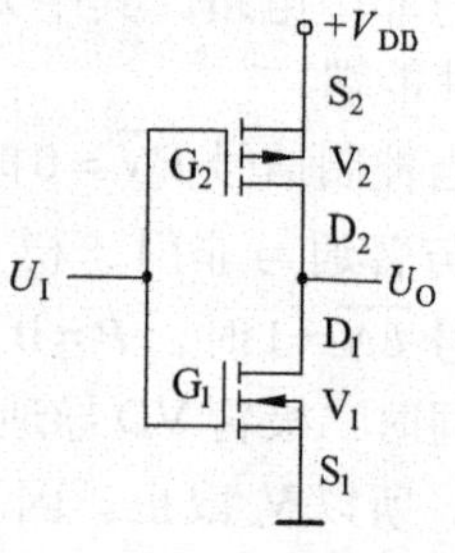

图 13.3.7　CMOS 反相器

当输入为低电平（设 $U_I=0\ \text{V}$）时，因 $U_{GS1}=0\ \text{V}$，V_1 截止，而 $U_{GS2}\approx V_{DD}$，V_2 导通，所以输出电压约等于电源电压，为高电平，$U_{OH}\approx V_{DD}$。当输入为高电平（设 $U_I=V_{DD}$）时，因 $U_{GS1}\approx V_{DD}$，V_1 导通，而 $U_{GS2}=0\ \text{V}$，V_1 截止，输出为低电平，$U_{OL}\approx 0$。

从以上分析可以看出，该电路具有反相器的功能。它在工作时只有一个 MOS 管导通，电流很小，因而静态功耗非常小。另外由于 V_1，V_2 导通电阻小，负载电容充电或者放电很快，因此工作速度较快。

2. CMOS 或非门

二输入 CMOS 或非门电路如图 13.3.8 所示。其中 V_1，V_2 是 N 沟道增强型 MOS 管；V_3，V_4 是 P 沟道增强型 MOS 管。

当 A，B 均为低电平时，V_3，V_4 导通，V_1，V_2 截止，输出端 F 为高电平。当 A，B 至少有一个为高电平时，V_3 和 V_4 至少有一个截止，而 V_1 和 V_2 至少有一个导通，输出端 F 为低电平。该电路只有输入全部为低电平时输出才是高电平，具有或非门的功能。

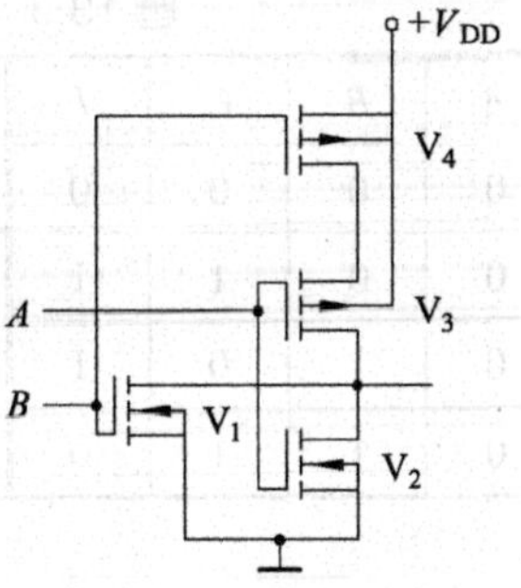

图 13.3.8　CMOS 或非门

3. HCMOS 门电路

CMOS 门电路以其低功耗、高抗干扰能力等优点得到广泛的应用，但其工作速度低于 TTL 门电路。HCMOS 门电路是通过改进工艺而制作的一种高速 CMOS 门电路，其工作速度比普通的金属栅极 CMOS 门电路快 8～10 倍，与 TTL 门电路相仿。HCMOS 门电路静态功耗极低，电源电压范围为 2～6 V，其品种代号、逻辑功能和外引线排列与对应的 TTL 门电路相同，故一个 TTL 系统可以全部用 HCMOS 器件来代替。但在 TTL 和 HCMOS 混合使用时必须考虑两者的电平配合和驱动能力。为了便于 HCMOS 和 TTL 器件混合使用，专门制作了电源电压范围为 4.5～5.5 V 的 HCT 产品系列，HCT 系列器件和 TTL 器件之间的连接十分方便，并可用相同品种代号的 HCT 器件直接代替 TTL 器件。

小　　结

本章内容是学习数字逻辑电路的基础，主要可分为逻辑代数和集成逻辑门电路两个部分。逻辑代数是本书中分析和设计数字逻辑电路时使用的主要数学工具，而集成逻辑门电路则是构成实际的数字逻辑电路的基本单元。

习　　题

13.1　列出下面各逻辑函数的真值表，并说明 F_1 和 F_2 有何关系。

（1）$F_1 = A\bar{B} + B\bar{C} + C\bar{A}$；$F_2 = \bar{A}B + \bar{B}C + \bar{C}A$

（2）$F_1 = ABC + \bar{A}\bar{B}\bar{C}$；$F_2 = \overline{A\bar{B} + B\bar{C} + C\bar{A}}$

13.2　用逻辑代数证明下面各式。

（1）$AB\bar{C} + \bar{A}\bar{B} + BC = AB + \bar{A}\bar{B} + \bar{A}BC$

（2）$(A+B)(\bar{A}+C) = (A+B)(\bar{A}+C)(B+C)$

（3）$A\bar{B} + D = A\bar{B} + BD + CDE + D\bar{A}$

13.3　试从题 13.3 真值表写出 L 的逻辑函数表达式。

13.4　已知逻辑电路图如题 13.4 图所示，试写出其输出逻辑表达式，并列出真值表。

13.5　用代数法将下列函数化简成为最简“与或”表达式。

（1）$\bar{A}BCD + CD + A\bar{B}CD$

题 13.3　真值表

A	B	C	L	A	B	C	L
0	0	0	0	1	0	0	1
0	0	1	1	1	0	1	0
0	1	0	1	1	1	0	0
0	1	1	0	1	1	1	1

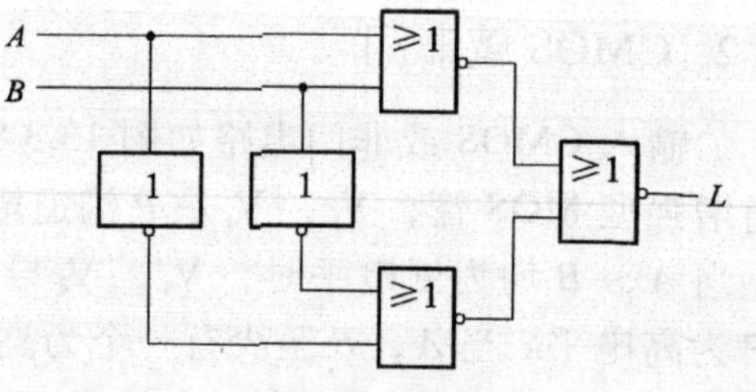

题 13.4 图

（2）$\overline{A\oplus B}+\overline{B\oplus C}$

（3）$A(\overline{B}C+\overline{A}D)+A(B\overline{C}+A\overline{D})$

（4）$(\overline{A}+\overline{B}+\overline{C})(B+\overline{B}C+\overline{C})(\overline{D}+DE+\overline{E})$

（5）$AB(BC+A)$

（6）$A+ABC+A\overline{B}\overline{C}+BC+\overline{B}C$

（7）$\overline{\overline{A}+B+\overline{A+B}}+\overline{\overline{A}B\overline{A\overline{B}}}$

（8）$\overline{AB}E+\overline{C}E(B\overline{E}+\overline{AC}E)+A\overline{E}+A\overline{E}C$

13.6　用卡诺图法将下列函数化简成为最简“与或”表达式。

（1）$Z=A\overline{B}+\overline{A}B+AB$

（2）$Z=\overline{A}\overline{B}\overline{C}+A+B+C$

（3）$Z=\overline{\overline{A}D(A+\overline{D})+ABC+CD+(B+C)+AB\overline{C}}$

（4）$Z=\overline{AB}E+\overline{C}E(B\overline{E}+\overline{AC}E)+A\overline{E}+AC\overline{E}$

（5）$Z(A,\ B,\ C,\ D)=ABC+ABD+A\overline{C}D+\overline{CD}+A\overline{B}C+\overline{A}C\overline{D}$

（6）$Z(A,\ B,\ C,\ D)=(\overline{\overline{A}+\overline{B}})D+(\overline{AB}+BD)\overline{C}+\overline{AC}BD+\overline{D}$

（7）$Z(A,\ B,\ C,\ D)=\sum m(0,\ 2,\ 5,\ 6,\ 7,\ 8,\ 10,\ 11,\ 14,\ 15)$

13.7　根据下列问题，列出其真值表，并写出逻辑表达式：

（1）有 A，B，C 三个输入信号，当三个输入信号均为 0，或其中有两个为 1 时，输出 $F=1$，其余情况 $F=0$；（2）有 A，B，C 三个输入信号，当三个输入信号中出现奇数个 1 时，输出 $F=1$，其余情况 $F=0$。

13.8　试画出题 13.8 图（a），（b）所示三态门和 TG 门的输出电压波形。其中 A，B 电压波形如题 13.8 图（c）所示。

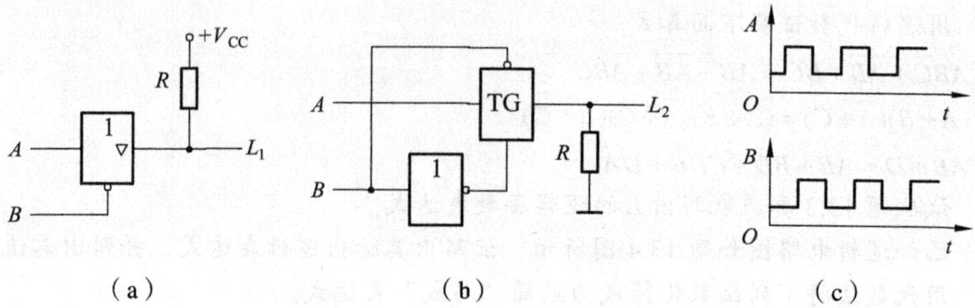

（a）　　（b）　　（c）

题 13.8 图

13.9　由 TTL 与非门、或非门和三态门组成的电路以及各输入的输入波形如题 13.9 图所示，试画出其输出 F_1 和 F_2 的波形。

13.10　题 13.10 图所示为用三态门传输数据的示意图，图中 n 个三态门连到总线 BUS，其中 D_1，D_2，…，D_n 为数据输入端，EN_1，EN_2，…，EN_n 为三态门使能控制端，试说明电路能传输数据的原理。

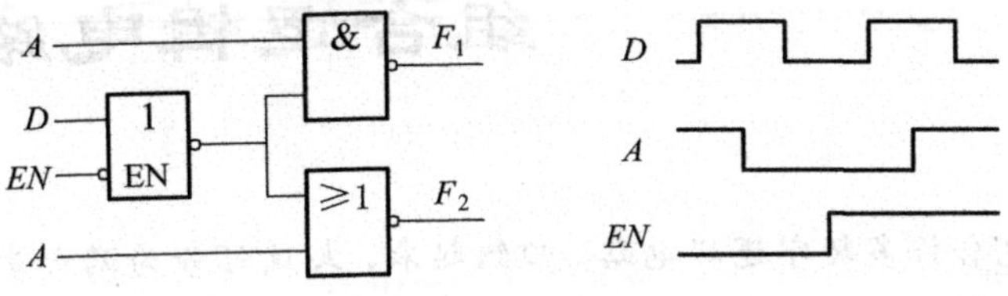

题 13.9 图

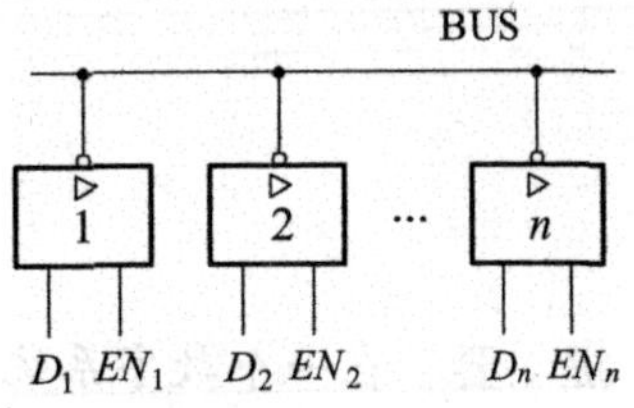

题 13.10 图

13.11 分析题 13.11 图中 MOS 电路的逻辑关系，并写出逻辑表达式。

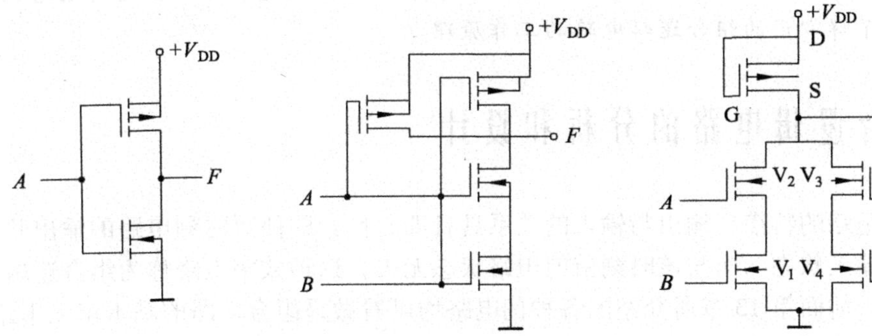

题 13.11 图

第 14 章

组合逻辑电路

提　要　在一个数字系统中通常包含许多数字逻辑电路。归纳起来，大致可分为两大类：一类是组合逻辑电路，另一类是时序逻辑电路。本章将介绍组合逻辑电路。首先介绍组合逻辑电路的特点和分析、设计方法；然后介绍几种常用的典型组合逻辑电路，包括编码器、译码器、加法器、数值比较器和数据选择器等。本章学习的重点是掌握组合逻辑电路的分析和设计方法，并了解常用的组合逻辑电路的工作原理。

14.1　组合逻辑电路的分析和设计

组合逻辑电路的特点：输出与输入的关系具有即时性。即任意时刻电路的输出状态只取决于该时刻的输入状态，而与该时刻前的电路状态无关，这种数字电路称为组合逻辑电路，简称组合电路。前面第 13 章所介绍的各种门电路均可看做是组合电路的基本单元电路。

组合逻辑电路可以有一个或多个输入端，也可以有一个或多个输出端。其一般示意框图如图 14.1.1 所示。在组合电路中，数字信号是单向传递的，即只有从输入到输出的传递，没有从输出到输入的反传递，所以各输出只与各输入的即时状态有关。

图 14.1.1　组合逻辑电路的一般框图

研究组合逻辑电路的任务有三方面：

（1）对已给定的组合电路分析其逻辑功能。

（2）根据逻辑命题的需要，设计组合电路。

（3）掌握常用组合单元电路（一些中规模器件）的逻辑功能，选择和应用到工程实际中。

14.1.1　组合逻辑电路的分析

由第 13 章可知，逻辑函数可以用逻辑表达式、真值表（逻辑状态表）、逻辑图和卡诺图等几种表示方法来描述。

分析是指对给定的逻辑电路进行逻辑分析，以确定其功能。简单地说，就是已知逻辑电路图，求逻辑表达式。组合逻辑电路的分析方法和步骤一般可归纳如下：

（1）写出给定逻辑电路的逻辑表达式，一般方法是从输入到输出逐级写出逻辑函数表达式。

（2）对写出的逻辑函数式进行逻辑化简，得到最简逻辑表达式。

(3) 根据最简式列出真值表。

(4) 依据真值表或最简函数式确定电路的功能。

例 14.1.1 分析图 14.1.2 所示的逻辑电路。

解 图 14.1.2 所示为 4 个门电路构成的 3 级组合电路。组合逻辑电路中“级”数是指从某一输入信号发生变化至引起输出端也发生变化所经历的逻辑门的最大数目。

(1) 列出图 14.1.2 的逻辑式，并进行化简。

$$\begin{aligned} F &= A\overline{B}+B+BCD = A\overline{B}+B(A+1)+BCD \\ &= A\overline{B}+AB+B+BCD \\ &= A(\overline{B}+B)+B(1+CD) \\ &= A+B \end{aligned}$$

(2) 列出真值表，如表 14.1.1 所示。

(3) 确定电路的功能。由真值表可以看出：输出端 F 的状态仅取决于输入变量 A，B 的状态：A，B 同时为 0 时，则 F 为 0，否则 F 为 1。

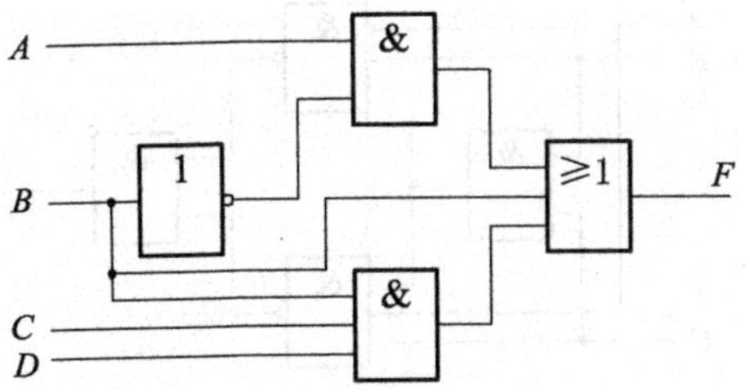

图 14.1.2 例 14.1.1 的逻辑图

表 14.1.1 例 14.1.1 的真值表

A	B	F
0	0	0
1	0	1
0	1	1
1	1	1

14.1.2 组合逻辑电路的设计

组合逻辑电路的设计过程与分析过程相反，它是根据给定的实际逻辑问题，求出能够实现这一逻辑问题的逻辑电路。

数字集成电路有 SSI（小规模集成，Small Scale Integration）、MSI（中规模集成，Medium Scale Integration）、LSI（大规模集成，Large Scale Integration）和 VLSI（超大规模集成，Very Large Scale Integration）电路。利用 SSI 电路和 MSI 器件设计组合逻辑电路的整个过程如图 14.1.3 所示。

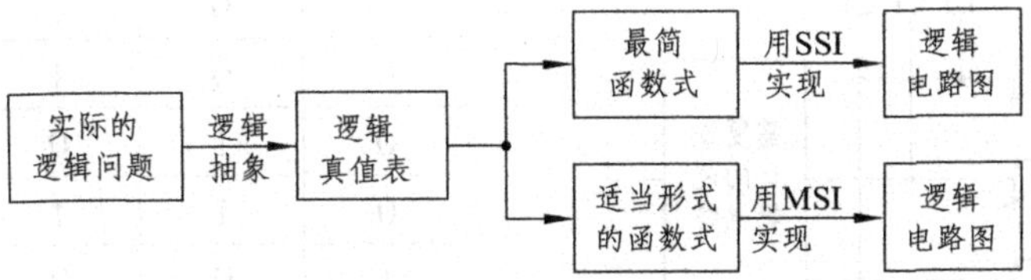

图 14.1.3 组合逻辑电路的设计过程

例 14.1.2 有三台电动机带动某工作机械，它们的工作信号为 A，B，C。必须有两台，也只许有两台工作，但 B 与 C 不能同时工作，否则发出中断信号。试拟出一个逻辑电路以反映以上工作要求（限于用与非门设计）。

解 (1) 先根据要求列出真值表：设三台电动机的工作信号为输入变量，分别用 A，B，C 表示；工作时为 1，不工作时为 0。中断信号为输出变量，用 F 表示；发出中断信号为 0，无中断信号为 1。列出真值表如表 14.1.2 所示。

(2) 根据真值表写出输出逻辑表达式。

$$F = A\overline{B}C + AB\overline{C}$$

为了采用与非门，需要进行如下变换并化简：

$$\begin{aligned} F &= AC(\overline{C}+\overline{B}) + AB(\overline{B}+\overline{C}) \quad （因为 C\cdot\overline{C}=0，B\cdot\overline{B}=0） \\ &= AC\overline{BC} + AB\overline{BC} \\ &= \overline{\overline{AC\overline{BC}}} + \overline{\overline{AB\overline{BC}}} = \overline{\overline{AC\overline{BC}}\cdot\overline{AB\overline{BC}}} \end{aligned}$$

(3) 画出全部由与非门构成的逻辑电路如图 14.1.4 所示。

表 14.1.2 例 14.1.2 的真值表

A	B	C	F
0	0	0	0
0	0	1	0
0	1	0	0
0	1	1	0
1	0	0	0
1	0	1	1
1	1	0	1
1	1	1	0

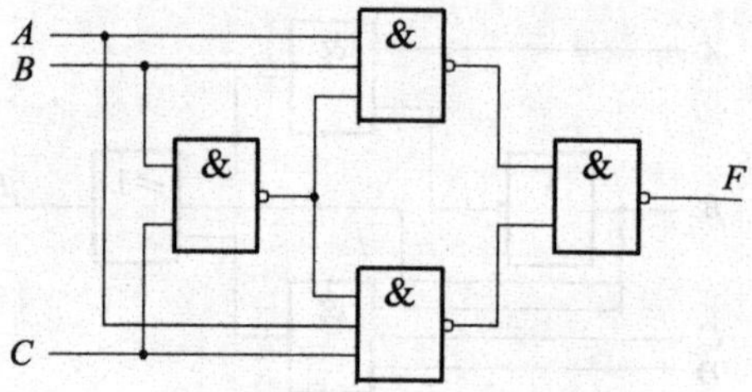

图 14.1.4 例 14.1.2 的逻辑图

例 14.1.3 设计一个三人表决逻辑电路，见图 14.1.5。要求：三人 A，B，C 各控制一个按键，按下为“1”，不按为“0”。多数（≥2）按下为通过。通过时 $L=1$，不通过 $L=0$。用与非门实现。

解 (1) 首先根据表决电路的逻辑要求列出其真值表，如表 14.1.3 所示。

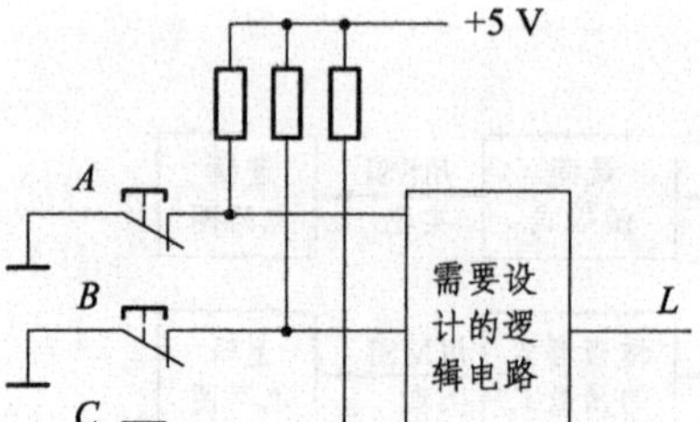

图 14.1.5 例 14.1.3 示意图

表 14.1.3 表决逻辑电路真值表

A	B	C	L
0	0	0	0
0	0	1	0
0	1	0	0
0	1	1	1
1	0	0	0
1	0	1	1
1	1	0	1
1	1	1	1

(2) 根据表 14.1.3 画出相应的卡诺图如图 14.1.6 所示。

(3) 由图 14.1.6 化简可得表决电路的最简“与或”式为

$$L = AC + BC + AB \tag{14.1.1}$$

(4) 因为题目要求用与非门实现，故需要将式（14.1.1）化为“与非”的形式

$$L = AC + BC + AB = \overline{\overline{AC + BC + AB}} = \overline{\overline{AC} \cdot \overline{BC} \cdot \overline{AB}} \tag{14.1.2}$$

(5) 根据式（14.1.2）即可画出所求的逻辑电路图如图 14.1.7 所示。

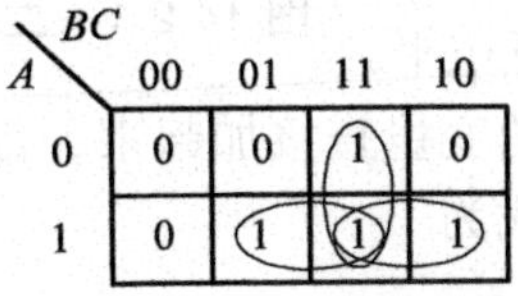

图 14.1.6　例 14.1.3 的卡诺图

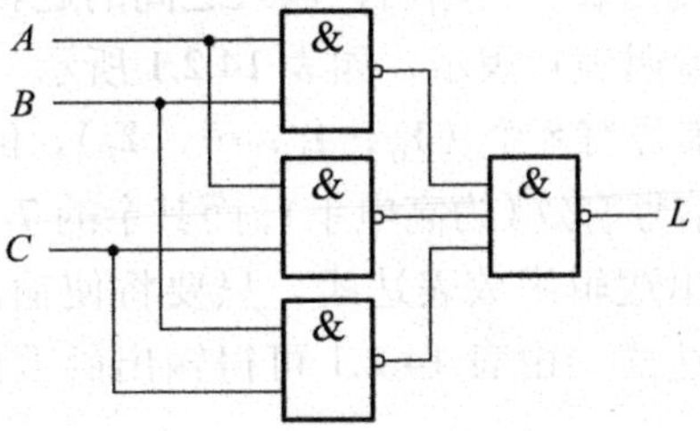

图 14.1.7　例 14.1.3 的逻辑电路图

14.2　常用组合逻辑电路

有些逻辑电路经常、大量地出现在各种数字系统当中。这些电路包括编码器、译码器、加法器、数值比较器、数据选择器、函数发生器、奇偶校验器/发生器，等等。为了使用方便，已经把这些逻辑电路制成了中、小规模集成的标准化集成电路产品。这些集成电路具有通用性强、兼容性好、功耗小、工作稳定可靠等优点，所以被广泛采用。下面分别介绍这些器件的工作原理和使用方法。

14.2.1　编码器

一位二进制代码只有 0 和 1 两种状态，只能表示两个不同的信号；两位二进制代码有 00，01，10，11 四种状态，可以表示 4 个信号。为了能用二进制代码表示更多的信号，可将若干个 0 和 1 的数码按一定的规律编排成不同的代码，并赋予每个代码以特定的含义，这个过程称为编码。

用来实现编码功能的电路，称为编码器。它的输入是待编码的信号，输出则是与该信号相对应的一组二进制代码。编码器广泛应用于各类键盘电路等。按照被编码信号的不同特点和要求，编码器有二进制编码器、二-十进制（8421BCD 码）编码器、优先编码器等。

1. 二进制编码器

用二进制代码表示某种代码或信号的过程叫做二进制编码。一般来说，n 位二进制代码有 2^n 种状态，可以表示 2^n 个信号。所以，如果需要对 N 个信号进行编码时，可用公式 $2^n \geqslant N$ 来确定需要使用的二进制代码的位数 n。例如，3 位二进制代码一共有 8 种状态，最多只能表示 8 个信号；如果要想对 9 个信号进行编码，则必须使用 4 位二进制代码。用 n 位二进制

代码对 $N=2^n$ 个一般信号进行编码的电路，叫做二进制编码器。

例 14.2.1 试设计一个编码器，要求将 0，1，2，…，7 这 8 个十进制数对应的信号编成二进制代码。

解 首先分析逻辑功能要求。编码器的输入信号——被编码的对象共有 $N=8$ 个，即 Y_0，Y_1，…，Y_7，这里假设为 8 个高电平信号。根据 $N=2^3=8$ 可知，输出是一组 $n=3$ 的二进制代码，用 C，B，A 表示。为此，二进制编码器的框图如图 14.2.1 所示，该编码器又叫做 8 线-3 线编码器。

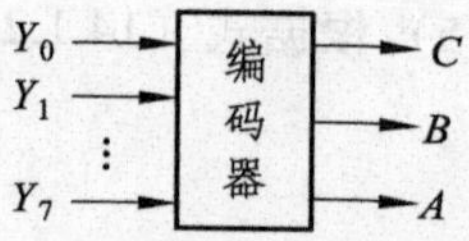

图 14.2.1 二进制编码器框图

其次列真值表。其输出、输入之间的逻辑关系，可以用简化真值表（即编码表）表示，如表 14.2.1 所示。需要注意的是，尽管这时输入信号有 8 个（Y_0，Y_1，…，Y_7），但是在每一个时刻只有一个输入信号有效（为高电平），而其余的 7 个信号均为低电平。

接着写出逻辑函数表达式。只要将使输出函数为 1 的变量直接加起来，即可得到相应的最简与或表达式。由表 14.2.1 可得输出函数的逻辑表达式为

$$\left.\begin{aligned} C &= Y_4+Y_5+Y_6+Y_7 \\ B &= Y_2+Y_3+Y_6+Y_7 \\ A &= Y_1+Y_3+Y_5+Y_7 \end{aligned}\right\} \tag{14.2.1}$$

若用与非门实现式（14.2.1）的关系，可变换为下式

$$\left.\begin{aligned} C &= \overline{\overline{Y}_4\cdot\overline{Y}_5\cdot\overline{Y}_6\cdot\overline{Y}_7} \\ B &= \overline{\overline{Y}_2\cdot\overline{Y}_3\cdot\overline{Y}_6\cdot\overline{Y}_7} \\ A &= \overline{\overline{Y}_1\cdot\overline{Y}_3\cdot\overline{Y}_5\cdot\overline{Y}_7} \end{aligned}\right\} \tag{14.2.2}$$

最后画逻辑电路图，如图 14.2.2 所示。图中采用一个单刀多掷开关 S 作为十进制数的反码输入。当 S 位于 $\overline{Y}_7$ 时，$\overline{Y}_7=0$，其余输入端均为 1。由式（14.2.2）可知，输出端 $C=1$，$B=1$，$A=1$，即 $CBA=111$，从而完成了将十进制数 7 编成二进制代码 111。

表 14.2.1 编码表

输入信号	C	B	A
Y_0	0	0	0
Y_1	0	0	1
Y_2	0	1	0
Y_3	0	1	1
Y_4	1	0	0
Y_5	1	0	1
Y_6	1	1	0
Y_7	1	1	1

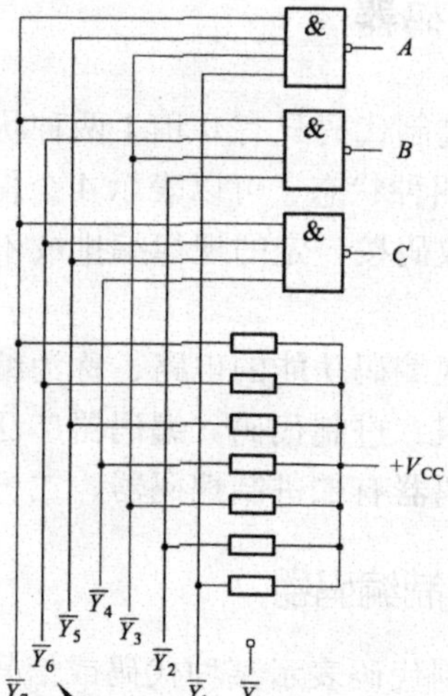

图 14.2.2 3 位二进制编码器逻辑图

2. 二-十进制编码器

用一组 4 位二进制代码来表示一位十进制数字 0，1，2，…，9，就称为二-十进制代码（简称 BCD 码）。将十进制数编成二-十进制代码的电路，称为二-十进制编码器。二-十进制编码的方案很多，最常用的是 8421 码。能够将十进制数转换成 8421BCD 码的电路称为 8421 码编码器。设计 8421 编码器的步骤大体上与设计二进制编码器相同。简述如下：

首先分析要求。根据 $2^n \geqslant N=10$，常用 $n=4$，所以，BCD 代码是用一组 4 位二进制代码来表示一位十进制数字。其框图如图 14.2.3 所示。其次列出 8421 编码的真值表，即编码表，如表 14.2.2 所示。

接着写出逻辑函数表达式。根据表 14.2.2 可写出输出端逻辑表达式。最后根据上面的逻辑函数式画出逻辑图，如图 14.2.4 所示。此电路应使用原码输入。

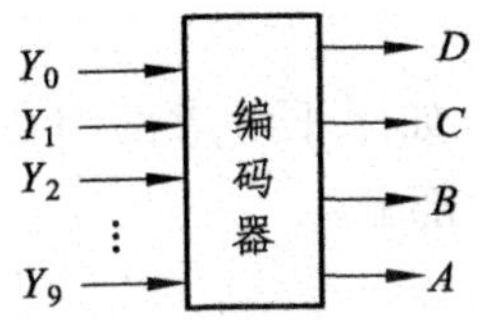

图 14.2.3　8421 码编码器框图

表 14.2.2　8421BCD 码编码表

十进制数	D	C	B	A
0（Y_0）	0	0	0	0
1（Y_1）	0	0	0	1
2（Y_2）	0	0	1	0
3（Y_3）	0	0	1	1
4（Y_4）	0	1	0	0
5（Y_5）	0	1	0	1
6（Y_6）	0	1	1	0
7（Y_7）	0	1	1	1
8（Y_8）	1	0	0	0
9（Y_9）	1	0	0	1

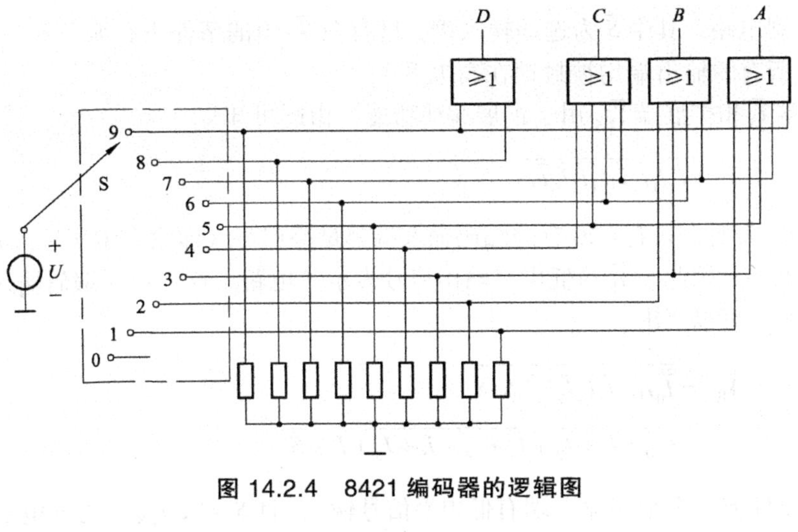

图 14.2.4　8421 编码器的逻辑图

$$D=Y_8+Y_9\text{，}\quad C=Y_4+Y_5+Y_6+Y_7$$

$$B=Y_2+Y_3+Y_6+Y_7\text{，}\quad A=Y_1+Y_3+Y_5+Y_7+Y_9$$

例如，对十进制数字 9 进行编码时，数码盘拨到数字“9”，输入端“9”＝1，其余输入端均为 0。这时输出端 $D=1$，$C=0$，$B=0$，$A=1$，即 $DCBA=1001$，也就是将十进制数字 9 编成了二-十进制代码 1001。其他编码原理类同。

3. 优先编码器

普通的编码器有一个缺点，即在某一时刻只允许有一个有效的输入信号，如果同时有两个或两个以上的输入信号要求编码，输出端一定会发生混乱，出现错误。为了解决这一问题，人们设计了优先编码器。

优先编码器的功能是允许同时在几个输入端有输入信号，编码器按输入信号排定的优先顺序，只对同时输入的几个信号中优先权（优先级别）最高的一个信号进行编码。优先编码器中各输入信号优先级别的高低，是根据各信号的轻重缓急情况人为设定的。优先编码器由于能自动判别各电路信号优先级别的高低，并自动对优先级别高的信号进行编码，因而这种编码器在控制系统中有时是十分重要的。例如，电子计算机中，控制“中断”就是存在优先权问题，人们采用优先编码器解决。

常用的有 8 线-3 线优先编码器，如 T1148（74LS148）；10 线-4 线 8421BCD 优先编码器，如 T1147（74LS147）等。

图 14.2.5 所示为 8 线-3 线优先编码器 74LS148 的逻辑图。如果不考虑由门 G_1，G_2 和 G_3 构成的附加控制电路，则编码器电路只有图中点划线框以内的部分。

从图 14.2.5 可写出输出的逻辑式，即

$$\left.\begin{aligned}\overline{Y}_2&=\overline{(I_4+I_5+I_6+I_7)\cdot S}\\ \overline{Y}_1&=\overline{(I_2\overline{I}_4\overline{I}_5+I_3\overline{I}_4\overline{I}_5+I_6+I_7)\cdot S}\\ \overline{Y}_0&=\overline{(I_1\overline{I}_2\overline{I}_4\overline{I}_6+I_3\overline{I}_4\overline{I}_6+I_5\overline{I}_6+I_7)\cdot S}\end{aligned}\right\} \tag{14.2.3}$$

为了扩展电路的功能和增加使用的灵活性，在 74LS148 的逻辑电路中附加了由门 G_1，G_2 和 G_3 组成的控制电路。其中 $\overline{S}$ 为选通输入端，只有在 $\overline{S}=0$ 的条件下，编码器才能正常工作。而在 $\overline{S}=1$ 时，所有的输出端均被封锁在高电平。

选通输出端 $\overline{Y}_S$ 和扩展端 $\overline{Y}_{EX}$ 用于扩展编码功能。由图可知

$$\overline{Y}_S=\overline{\overline{I}_0\overline{I}_1\overline{I}_2\overline{I}_3\overline{I}_4\overline{I}_5\overline{I}_6\overline{I}_7 S} \tag{14.2.4}$$

式（14.2.5）表明，只有当所有的编码输入端都是高电平（即没有编码输入），而且 $S=1$ 时，$\overline{Y}_S$ 才是低电平。因此，$\overline{Y}_S$ 的低电平输出信号表示“电路工作，但无编码输入”。

由图 14.2.5 还可以写出

$$\begin{aligned}\overline{Y}_{EX}&=\overline{\overline{\overline{I}_0\overline{I}_1\overline{I}_2\overline{I}_3\overline{I}_4\overline{I}_5\overline{I}_6\overline{I}_7 S}\cdot S}\\ &=\overline{(I_0+I_1+I_2+I_3+I_4+I_5+I_6+I_7)\cdot S}\end{aligned} \tag{14.2.5}$$

这说明只要任何一个编码输入端有低电平信号输入，且 $S=1$，$\overline{Y}_{EX}$ 即为低电平。因此，$\overline{Y}_{EX}$ 的低电平输出信号表示“电路工作，而且有编码输入”。

根据式（14.2.3）、式（14.2.4）和式（14.2.5）可以列出表 14.2.3 所示 74LS148 的功能表。它的输入和输出均以低电平作为有效信号。

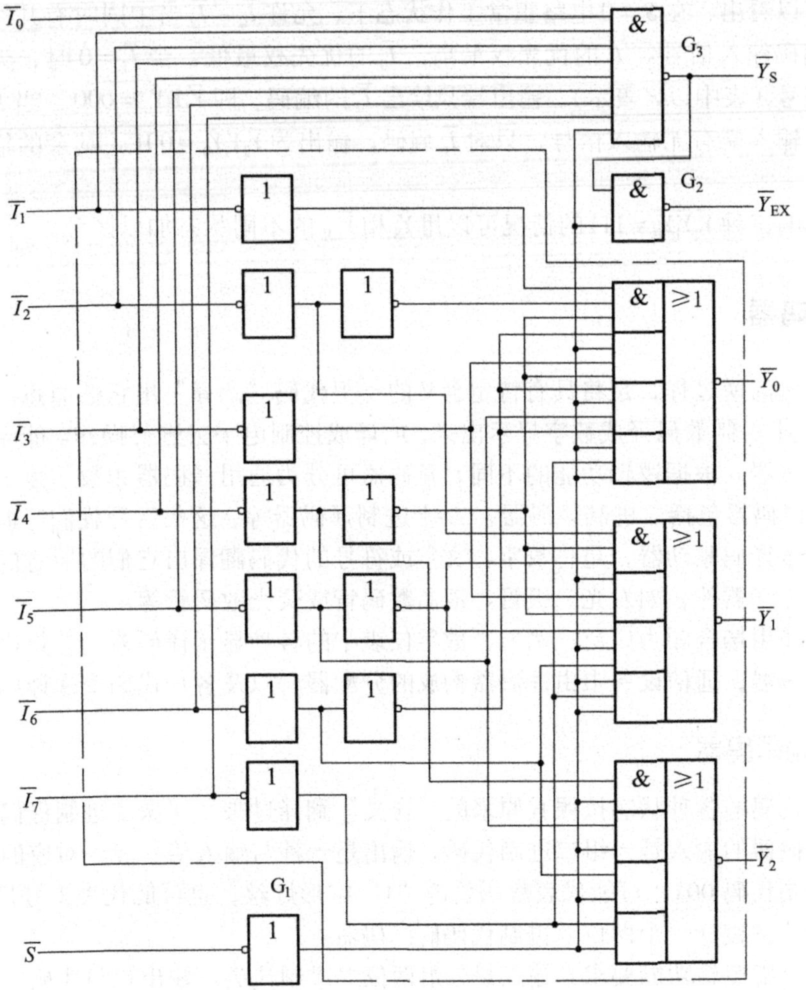

图 14.2.5　8 线-3 线编码器 74LS148 的逻辑图

表 14.2.3　74LS148 的功能表

输　　入									输　　出				
$\overline{S}$	$\overline{I_0}$	$\overline{I_1}$	$\overline{I_2}$	$\overline{I_3}$	$\overline{I_4}$	$\overline{I_5}$	$\overline{I_6}$	$\overline{I_7}$	$\overline{Y_2}$	$\overline{Y_1}$	$\overline{Y_0}$	$\overline{Y_S}$	$\overline{Y_{EX}}$
1	×	×	×	×	×	×	×	×	1	1	1	1	1
0	1	1	1	1	1	1	1	1	1	1	1	0	1
0	×	×	×	×	×	×	×	0	0	0	0	1	0
0	×	×	×	×	×	×	0	1	0	0	1	1	0
0	×	×	×	×	×	0	1	1	0	1	0	1	0
0	×	×	×	×	0	1	1	1	0	1	1	1	0
0	×	×	×	0	1	1	1	1	1	0	0	1	0
0	×	×	0	1	1	1	1	1	1	0	1	1	0
0	×	0	1	1	1	1	1	1	1	1	0	1	0
0	0	1	1	1	1	1	1	1	1	1	1	1	0

由表中可以看出，在 $\overline{S}=0$ 电路正常工作状态下，允许 $\overline{I}_0 \sim \overline{I}_7$ 当中同时有几个输入端为低电平，即有编码输入信号。$\overline{I}_7$ 的优先权最高，$\overline{I}_0$ 的优先权最低。当 $\overline{I}_7=0$ 时，无论其他输入端有无输入信号（表中以×表示），输出端只给出 $\overline{I}_7$ 的编码，即 $\overline{Y}_2\overline{Y}_1\overline{Y}_0=000$。当 $\overline{I}_7=1$、$\overline{I}_6=0$ 时，无论其余输入端有无输入信号，只对 $\overline{I}_6$ 编码，输出为 $\overline{Y}_2\overline{Y}_1\overline{Y}_0=001$。其余的输入状态请读者自行分析。

表中出现的三种 $\overline{Y}_2\overline{Y}_1\overline{Y}_0=111$ 的情况可以用 $\overline{Y}_S$ 和 $\overline{Y}_{EX}$ 的不同状态加以区分。

14.2.2 译码器

译码是编码的逆过程，是将具有特定含义的一组代码“翻译”出它的原意。例如，将二进制数码或二-十进制数码译成数字显示出来，或译成控制电平去进行操作。能完成译码功能的电路叫做译码器。根据逻辑功能的不同，译码器可分为通用译码器和数字显示译码驱动器两大类。通用译码器包括二进制译码器、二-十进制译码器等，这些就是我们习惯上所说的译码器。数字显示译码驱动器，是将数字、文字或符号的代码翻译出它们的原意的逻辑电路，用以驱动各类显示器件，如发光二极管、液晶数码管或荧光数码管等。

译码器的使用场合颇为广泛。例如，数字仪表中的各种显示译码器，计算机中的地址译码器、指令译码器，通信设备中由译码器构成的分配器，以及各种代码变换译码器等。

1. 二进制译码器

将二进制代码的各种状态按照其原来的“含义”翻译过来，叫做二进制译码器。一般来说，二进制译码器的输入是一组二进制代码，输出是一种与输入信号一一对应的高、低电平信号。如二进制代码 001，可能代表数码管的“1”字形灯丝，也可能代表 1 号机组等。

例 14.2.2 试设计一个两位二进制代码的译码器。

解 首先分析逻辑功能要求。输入是一组两位二进制代码，输出是与代码状态相对应的 4 个信号（简称 2 线-4 线译码器），其框图如图 14.2.6 所示。其次列真值表，如表 14.2.4 所示。

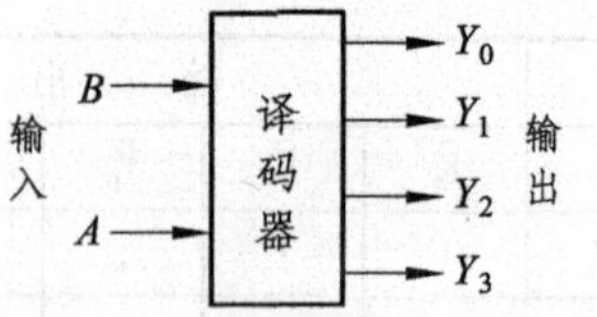

图 14.2.6 2 线-4 线译码器框图

表 14.2.4 2 线-4 线译码器的真值表

输入		输出			
B	A	Y_0	Y_1	Y_2	Y_3
0	0	1	0	0	0
0	1	0	1	0	0
1	0	0	0	1	0
1	1	0	0	0	1

由表 14.2.4 可以列出

$$Y_0=\overline{B}\overline{A};\quad Y_1=\overline{B}A;\quad Y_2=B\overline{A};\quad Y_3=BA$$

$Y_0 \sim Y_3$ 是相互独立的 4 个信号，分别对应了 B，A 的 4 种状态，对上述各逻辑表达式可用 TTL 与非门实现。图 14.2.7 即为用多个 TTL 与非门组成的 2 线-4 线译码器。由于图中采用了与非门，所以输出为反函数。

为了扩展译码器的输入端，MSI 2 线-4 线译码器、3 线-8 线译码器、4 线-16 线译码器都有使能端，应用使能端可以扩展译码器的输入端。现以 3 线-8 线译码器为例。国产中规模集成电路的 T330（相应的国外型号为 74LS138）是 3 线-8 线译码器，其外引线排列如图 14.2.8 所示，逻辑图如图 14.2.9 所示。它除了有 3 个代码输入端之外，还有 3 个控制输入端（又称片选端）E_1，$\bar{E}_{2A}$，$\bar{E}_{2B}$，作为扩展功能或级联时使用，该译码器有效输出电平为低电平。

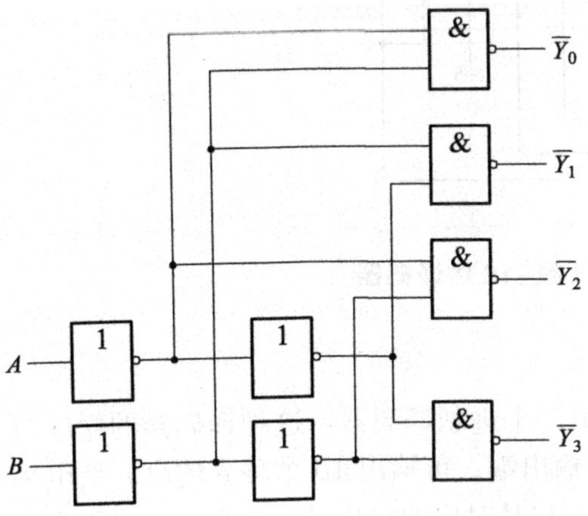

图 14.2.7　2 线-4 线译码器的逻辑图

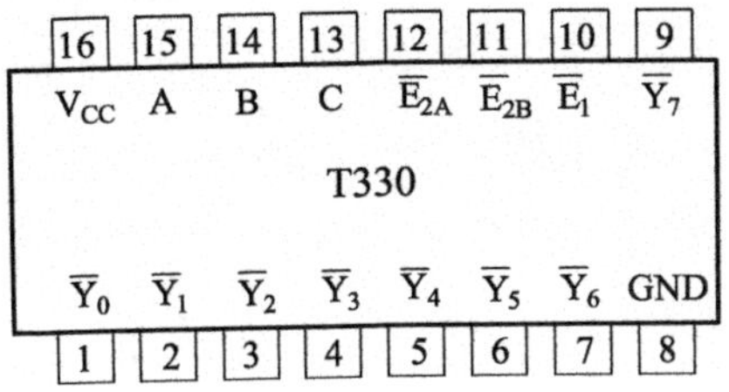

图 14.2.8　3 线-8 线译码器外引线图

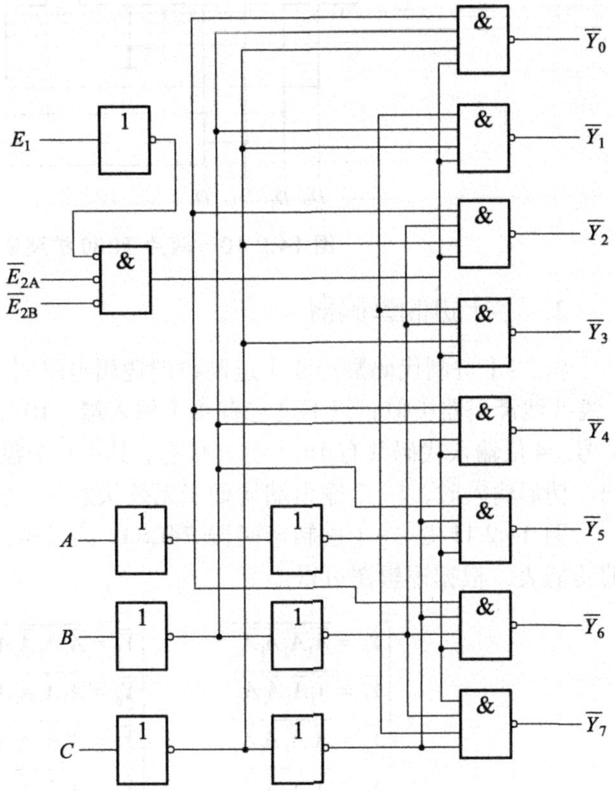

图 14.2.9　3 线-8 线译码器逻辑图

3 个片选端 E_1，$\bar{E}_{2A}$，$\bar{E}_{2B}$ 的状态决定了电路的状态。其逻辑关系为

$$E = E_1\bar{\bar{E}}_{2A}\bar{\bar{E}}_{2B} = \bar{\bar{E}}_1\bar{\bar{E}}_{2A}\bar{\bar{E}}_{2B} = \overline{\bar{E}_1 + \bar{E}_{2A} + \bar{E}_{2B}}$$

故只有当 $E_1 = 1$，$\bar{E}_{2A} = \bar{E}_{2B} = 0$ 时，才能使译码器处于工作状态；否则，译码器被禁止译码，输出端全部为高电平。

例 14.2.3　试用 3 线-8 线译码器 T330 扩展成 4 线-16 线译码器。

解　要使输出端达到 16 根，必然用两片芯片，而每片只有 3 个代码输入端，现在要对 4 位二进制数译码，需要 4 个输入端，因此利用一个控制输入端（E_1 或 $\bar{E}_{2A}$ 或 $\bar{E}_{2B}$），即可实现 4 线-16 线译码器，级联电路如图 14.2.10 所示。

其工作过程为：当 4 位二进制数码 $D_3D_2D_1D_0$ 在 0000～0111 这前 8 个状态时，D_3 始终为 0，低位片（L）的 $\bar{E}_{2A} = \bar{E}_{2B} = 0$，片（L）处于译码状态，按 $D_3D_2D_1D_0$ 状态译码，输出端为 $Y_0 \sim Y_7$，而高位片（H）的 $E_1 = 0$，片（H）处于禁止译码状态；当 $D_3D_2D_1D_0$ 在 1000～1111 后 8 个状态时，D_3 始终为 1，片（L）的 $\bar{E}_{2A} = \bar{E}_{2B} = 1$，片（L）处于禁止译码状态，而片（H）处于

译码状态，输出端为 $Y_8 \sim Y_{15}$。这样就实现 4 位二进制译码。

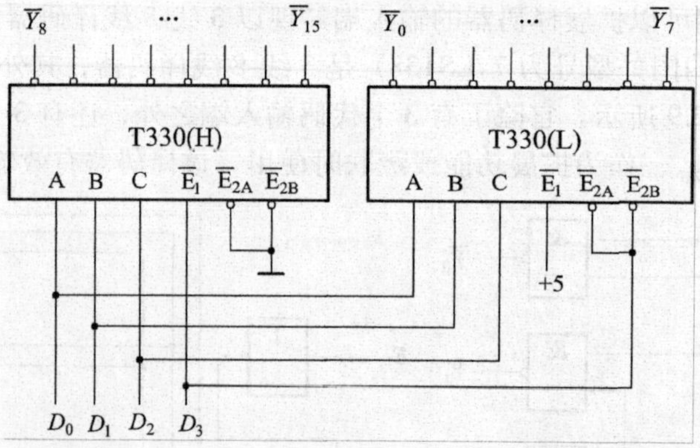

图 14.2.10　两片 T330 扩展成 4 线–16 线译码器

2. 二-十进制译码器

将二-十进制代码翻译成十进制数的逻辑电路叫做二-十进制译码器。这种译码器的原理与 3 线-8 线译码器类似，只不过它有 4 个输入端，10 个输出端，可输出 10 个独立的高、低电平信号。4 位输入代码共有 16 个组合状态，其中 6 个没有与其对应的输出端，这 6 个代码称为伪码。伪码输入时，10 个输出端均处于无效状态（一般是低电平有效，此时输出均为高电平）。

图 14.2.11 是二-十进制译码器 74LS42 的逻辑图。表 14.2.5 是二-十进制译码器 74LS42 的功能表。根据逻辑图可得

$$\begin{cases}\overline{Y}_0=\overline{\overline{A}_3\overline{A}_2\overline{A}_1\overline{A}_0}\\ \overline{Y}_1=\overline{\overline{A}_3\overline{A}_2\overline{A}_1A_0}\\ \overline{Y}_2=\overline{\overline{A}_3\overline{A}_2A_1\overline{A}_0}\\ \overline{Y}_3=\overline{\overline{A}_3\overline{A}_2A_1A_0}\\ \overline{Y}_4=\overline{\overline{A}_3A_2\overline{A}_1\overline{A}_0}\end{cases}\qquad\begin{cases}\overline{Y}_5=\overline{\overline{A}_3A_2\overline{A}_1A_0}\\ \overline{Y}_6=\overline{\overline{A}_3A_2A_1\overline{A}_0}\\ \overline{Y}_7=\overline{\overline{A}_3A_2A_1A_0}\\ \overline{Y}_8=\overline{A_3\overline{A}_2\overline{A}_1\overline{A}_0}\\ \overline{Y}_9=\overline{A_3\overline{A}_2\overline{A}_1A_0}\end{cases}$$

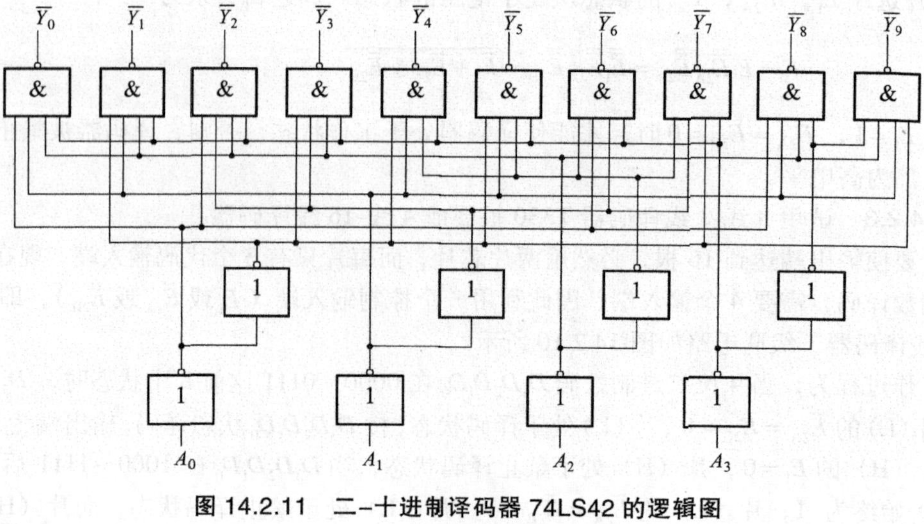

图 14.2.11　二–十进制译码器 74LS42 的逻辑图

表 14.2.5 二-十进制译码器 74LS42 的功能表

序号	输入				输出									
	A_3	A_2	A_1	A_0	$\overline{Y}_0$	$\overline{Y}_1$	$\overline{Y}_2$	$\overline{Y}_3$	$\overline{Y}_4$	$\overline{Y}_5$	$\overline{Y}_6$	$\overline{Y}_7$	$\overline{Y}_8$	$\overline{Y}_9$
0	0	0	0	0	0	1	1	1	1	1	1	1	1	1
1	0	0	0	1	1	0	1	1	1	1	1	1	1	1
2	0	0	1	0	1	1	0	1	1	1	1	1	1	1
3	0	0	1	1	1	1	1	0	1	1	1	1	1	1
4	0	1	0	0	1	1	1	1	0	1	1	1	1	1
5	0	1	0	1	1	1	1	1	1	0	1	1	1	1
6	0	1	1	0	1	1	1	1	1	1	0	1	1	1
7	0	1	1	1	1	1	1	1	1	1	1	0	1	1
8	1	0	0	0	1	1	1	1	1	1	1	1	0	1
9	1	0	0	1	1	1	1	1	1	1	1	1	1	0
伪码	1	0	1	0	1	1	1	1	1	1	1	1	1	1
	1	0	1	1	1	1	1	1	1	1	1	1	1	1
	1	1	0	0	1	1	1	1	1	1	1	1	1	1
	1	1	0	1	1	1	1	1	1	1	1	1	1	1
	1	1	1	0	1	1	1	1	1	1	1	1	1	1
	1	1	1	1	1	1	1	1	1	1	1	1	1	1

对于 BCD 代码以外的伪码（即 1010～1111 这 6 个代码）$\overline{Y}_0 \sim \overline{Y}_9$ 均无低电平信号产生，译码器拒绝“翻译”，所以这个电路结构具有拒绝伪码的功能。

3. BCD 七段显示译码器

在数字测量仪表、计算机和各种数字系统中，经常需要将数字量直观地显示出来，一方面供人们直接读取测量值和运算结果；另一方面用以监视数字系统的工作情况。因此，数字显示电路是许多数字设备不可缺少的部分。数字显示电路通常由译码器、驱动器和显示器等部分组成。

1）数码显示器

数码的显示方式一般有三种：第一种是字形重叠式，它是将不同的字符的电极重叠起来，要显示某字符，只需使相应的电极点亮即可，如辉光放电管、辉光显示器等；第二种是分段式，数码字形由分布在同一平面上若干段发光的笔画组成，如荧光数码管、发光二极管（Light Emitting Diode，简称 LED）、数码显示器等；第三种是点阵式，它是由一些按规律排列的可发光的点阵所组成，利用光点的不同组合便可显示不同的数码，如场致发光显示屏等。目前以分段式显示方式应用最普遍。

按照发光机理的不同，数码显示器可分为以下几类：① 半导体数码管，也称为发光二极管数码管；② 荧光数字显示器，如荧光数码管、场致发光数字板等；③ 液体数字显示器，如液晶显示器（Liquid Crystal Display，简称 LCD）、电泳显示器等；④ 气体放电显示器，如辉光数码管、等离子体显示板等。常见的七段字符显示器有半导体数码管和液晶显示器两种，下面作简单介绍。

半导体数码管是当前用得最广泛的显示器之一，它是用发光二极管（LED）组成的七段字形显示器件，因而也把它叫做 LED 数码管或 LED 七段显示器。发光二极管是用磷砷化镓、磷化镓或砷化镓等半导体材料制成的，且杂质浓度很高。当外加正向电压时，大量的电子和空穴在扩散过程中复合，把多余的能量以光的形式释放出来，便发出一定波长的可见光。发光二极管的工作电压为 1.5～3 V，工作电流为几毫安到几十 毫安。半导体数码管的外形示意图如图 14.2.12 (a) 所示。

在 LED 数码管的内部有两种接线方式，图 14.2.12 (b) 所示为共阴极接法，当高电平（如 5 V）经过串联的限流电阻 R 接到任一个二极管的阳极时（如 g），则该段发光。图 14.2.12 (c) 所示为共阳极接法，当任一个二极管的阴极经过串联的限流电阻 R 接地时（如 g），该段即发光；不接地者则不发光。发光二极管的亮度可以通过调节限流电阻 R 的值来调节。因此，与共阳极 LED 数码管相连的译码器的输出端必须是低电平有效；而与共阴极 LED 数码管相连的译码器的输出端必须是高电平有效。使用中应注意选用适当。

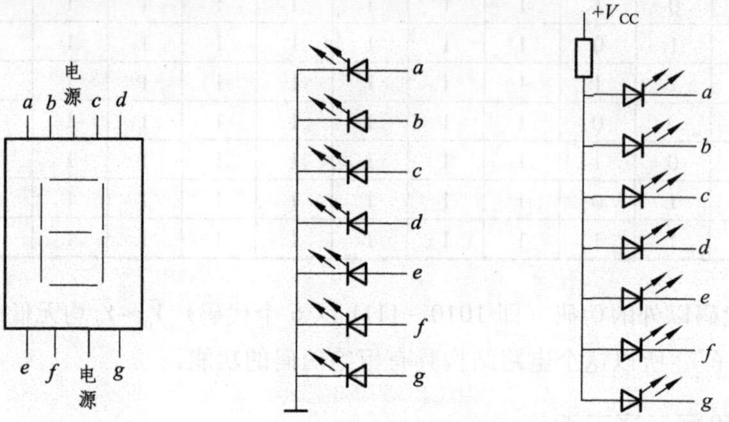

（a）外形图　（b）共阴极接法　（c）共阳极接法

图 14.2.12　LED 数码管

半导体数码管的特点是工作电压低、体积小、可靠性高、寿命长、响应速度快（1～100 ns），亮度也较高，但工作电流较大，每一段的工作电流一般在 10 mA 左右。

液晶显示器是一种既具有液体的流动性又具有光学特性的有机化合物。它的透明度和呈现的颜色受外加电场的影响。利用这一特点便可做成字符显示器。在没有外加电场的情况下，液晶分子按一定取向整齐地排列着，这时液晶为透明状态，射入的光线大部分由反射电极反射回来，显示器呈白色。在电极上加上电压以后，液晶分子因电离而产生正离子，这些正离子在电场作用下运动并碰撞其他液晶分子，破坏了液晶分子的整齐排列，使液晶呈现混浊状态。这时射入的光线散射后仅有少量反射回来，故显示器呈暗灰色，这种现象称为动态散射效应。外加电场消失以后，液晶又恢复到整齐排列的状态。如果将七段透明的电极排列成 8 字形，那么只要选择不同的电极组合并加以正电压，便能显示出各种字符来。

液晶显示器的最大优点是功耗极小，每平方厘米的功耗在 1 μW 以下。它的工作电压也很低，在 1 V 以下仍能工作。因此，液晶显示器在电子表以及各种小型、便携式仪器、仪表中得到了广泛的应用。但是，由于它本身不会发光，仅仅靠反射外界光线显示字形，所以亮度很差。此外，它的响应速度较低（一般在 10～200 ms 范围），这就限制了它在快速系统中的应用。

2）BCD-七段显示译码器

半导体数码管和液晶显示器都可以用 TTL 或 CMOS 集成电路直接驱动。为此，就需要使用显示译码器将 BCD 代码译成数码管所需要的驱动信号，以便使数码管用十进制数字显示出 BCD 代码所表示的数值。

BCD 七段译码器的功能就是将二-十进制 BCD 代码直接译成十进制数，并显示出来。目前显示器件的种类较多，但广泛使用的字形标准为七段字形。七段字形译码器是将 0~9 的十进制字符通过七段字画（笔画）亮灭的不同组合来显示。七段字形显示器字画排列如图 14.2.13（a）所示，七段字画的亮灭能够组成的字形符号如图 14.2.13（b）所示。

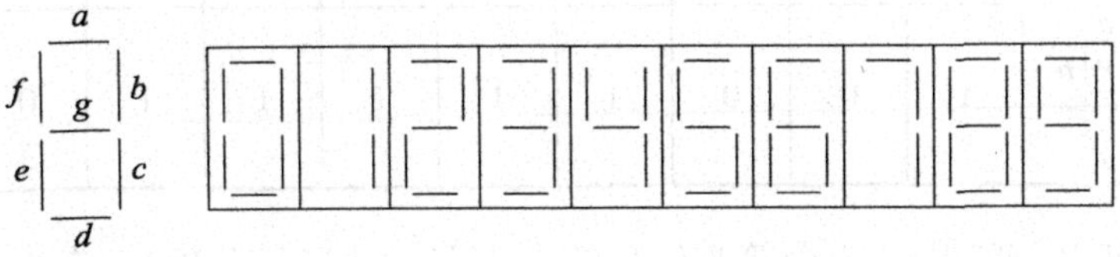

（a）七段字形　　　　（b）十进制数字

图 14.2.13　七段显示字画排列器组成的字形

七段显示译码器由 A，B，C，D 输入的是 8421BCD 码，而输出 $a \sim g$ 分别用以驱动数字显示器件七段不同笔画。根据译码要求列出输入量和输出量之间的逻辑状态表，如表 14.2.6 所示。

表 14.2.6　七段译码器的逻辑状态表

十进制数字		计算状态				应发亮的笔画（1 表示亮，0 表示不亮）						
		D	C	B	A	a	b	c	d	e	f	g
0	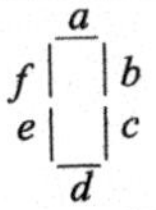	0	0	0	0	1	1	1	1	1	1	0
1	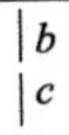	0	0	0	1	0	1	1	0	0	0	0
2	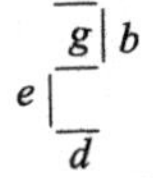	0	0	1	0	1	1	0	1	1	0	1
3	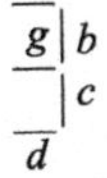	0	0	1	1	1	1	1	1	0	0	1
4	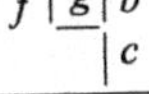	0	1	0	0	0	1	1	0	0	1	1
5	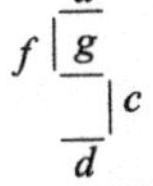	0	1	0	1	1	0	1	1	0	1	1
6	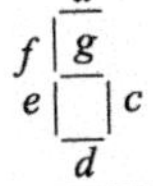	0	1	1	0	1	0	1	1	1	1	1

续表　14.2.6

十进制数字		计算状态				应发亮的笔画（1 表示亮，0 表示不亮）						
		D	C	B	A	a	b	c	d	e	f	g
7	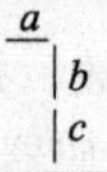	0	1	1	1	1	1	1	0	0	0	0
8	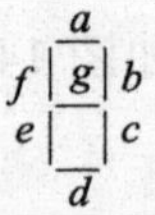	1	0	0	0	1	1	1	1	1	1	1
9	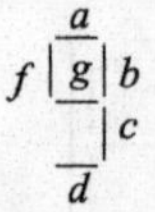	1	0	0	1	1	1	1	1	0	1	1

由表 14.2.6 可以分别得到 7 个笔画输出的卡诺图（请自行分析）。在卡诺图上采用“合并 0 然后求反”的方法可得到 $a\sim g$ 的逻辑表达式为

$$a=\overline{\bar{D}\bar{C}\bar{B}A+DB+C\bar{A}},\ b=\overline{DB+CB\bar{A}+C\bar{B}A}$$
$$c=\overline{DC+\bar{C}B\bar{A}},\ d=\overline{CBA+C\bar{B}\bar{A}+\bar{C}B\bar{A}}$$
$$e=\overline{C\bar{B}+A},\ f=\overline{\bar{D}\bar{C}A+\bar{C}B+BA},\ g=\overline{\bar{D}\bar{C}\bar{B}+CBA}$$

图 14.2.14 为典型的 BCD-七段显示译码器 7448 的逻辑图。用 7448 可以直接驱动共阴极的半导体数码管。图 14.2.15 给出了用 7448 驱动 BS201A 半导体数码管的连接方法。

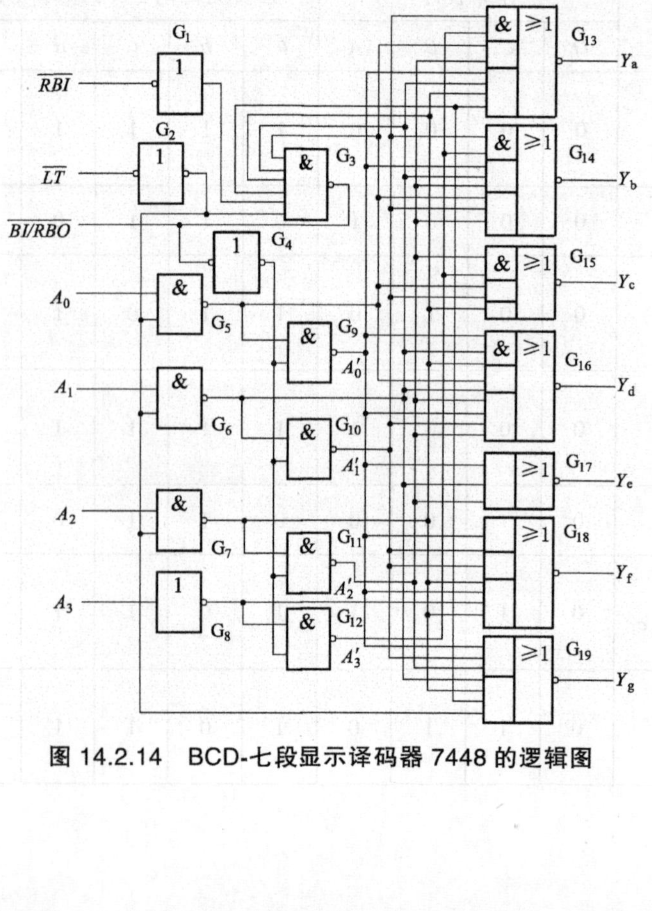

图 14.2.14　BCD-七段显示译码器 7448 的逻辑图

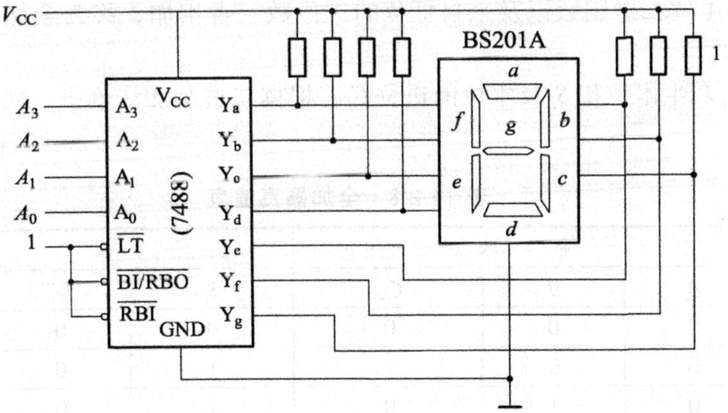

图 14.2.15 用 7448 驱动 BS201A 半导体数码管的连接方法

14.2.3 加法器

在电子计算机和数字系统中，往往要对“数”进行加、减、乘、除等算术运算，而对后三种运算都是分解为加法运算进行的，所以加法器是最基本的运算单元。

1. 半加器

如果不考虑来自低位的进位而将两个 1 位二进制数相加，称为半加。实现半加运算功能的电路称为半加器。

根据二进制加法运算法则，可列出半加器的真值表，如表 14.2.7 所示。其中，S 为 A，B 相加之和，C 为向高位的进位。

由表 14.2.7 可得半加器的逻辑表达式为

$$S = \overline{A}B + A\overline{B} = A \oplus B$$
$$C = AB$$

由此可见，用一个异或门和一个与门即可实现半加器的逻辑功能。半加器的逻辑电路和逻辑符号如图 14.2.16 所示。

表 14.2.7 半加器真值表

输入		输出	
A	B	S	C
0	0	0	0
0	1	1	0
1	0	1	0
1	1	0	1

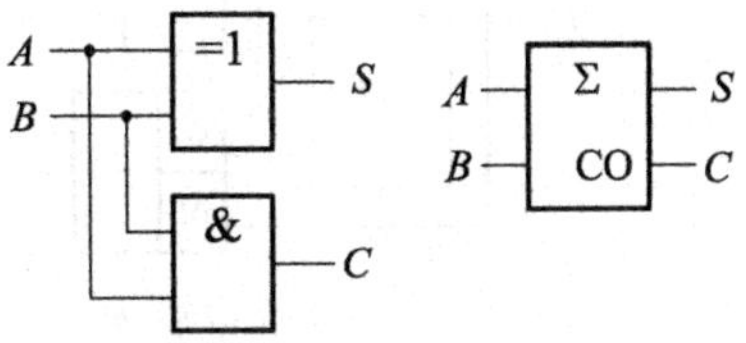

（a）逻辑图　（b）逻辑符号

图 14.2.16 半加器

2. 全加器

将两个多位二进制数相加时，除了最低位以外，每一位都应该考虑来自低位的进位，所以，对其中的某 1 位（最低位除外）而言，不仅有被加数 A_i，加数 B_i，而且还有来自低位的

进位数 C_{i-1}。两个 1 位二进制数以及来自低位的进位数三者相加，称为全加。实现全加功能的电路称为全加器。

由 $A_i+B_i+C_{i-1}$ 产生本位和 S_i 及本位的进位 C_i。根据二进制加法规则，列出全加器真值表如表 14.2.8 所示。

表 14.2.8 全加器真值表

输入			输出	
A_i	B_i	C_{i-1}	S_i	C_i
0	0	0	0	0
0	0	1	1	0
0	1	0	1	0
0	1	1	0	1
1	0	0	1	0
1	0	1	0	1
1	1	0	0	1
1	1	1	1	1

由表 14.2.8 可写出全加器的逻辑表达式为

$$\begin{aligned}S_i &= \overline{A}_i\overline{B}_iC_{i-1}+\overline{A}_iB_i\overline{C}_{i-1}+A_i\overline{B}_i\overline{C}_{i-1}+A_iB_iC_{i-1}\\ &=\overline{A}_i(\overline{B}_iC_{i-1}+B_i\overline{C}_{i-1})+A_i(\overline{B}_i\overline{C}_{i-1}+B_iC_{i-1})\\ &=A_i\oplus B_i\oplus C_{i-1}\\ C_i &= \overline{A}_iB_iC_{i-1}+A_i\overline{B}_iC_{i-1}+A_iB_i\overline{C}_{i-1}+A_iB_iC_{i-1}\\ &=\overline{A}_iB_iC_{i-1}+A_i\overline{B}_iC_{i-1}+A_iB_i\\ &=(A_i\oplus B_i)C_{i-1}+A_iB_i\end{aligned}$$

用异或门实现全加器的逻辑图以及全加器的逻辑符号如图 14.2.17 所示。

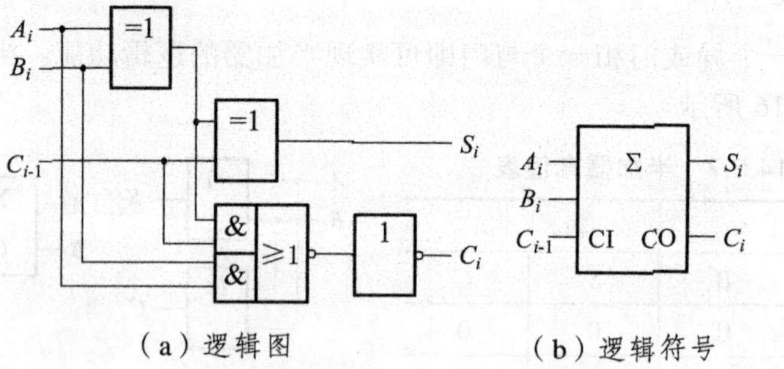

图 14.2.17 全加器

这里对 C_i 的化简不是直接得出 C_i 的最简与或表达式，而是找到了 C_i 与 S_i 表达式中的一个公共项：$A_i\oplus B_i$，从而有利于节省器件。

图 14.2.17 所示全加器实质上只是一位全加器。实用中把两个一位全加器制作在一块集成电路芯片上，构成两位二进制加法器。SN7482 是常用的两位二进制全加器集成电路，如图 14.2.18 所示。它用以实现两位二进制数 A_2A_1，B_2B_1 以及来自低位的进位 C_0 的加法运算。

如果两片全加器的输入线和输出线均从集成电路芯片中引出到管脚上，则构成所谓双全加器。由 TTL 电路组成的双全加器集成芯片如图 14.2.19 所示。这种集成全加器有独立的和数输出及进位输出。每个全加器既可单独使用，又可将一个全加器的输出端接到另一个全加器的输入端，构成两位串行进位全加器。

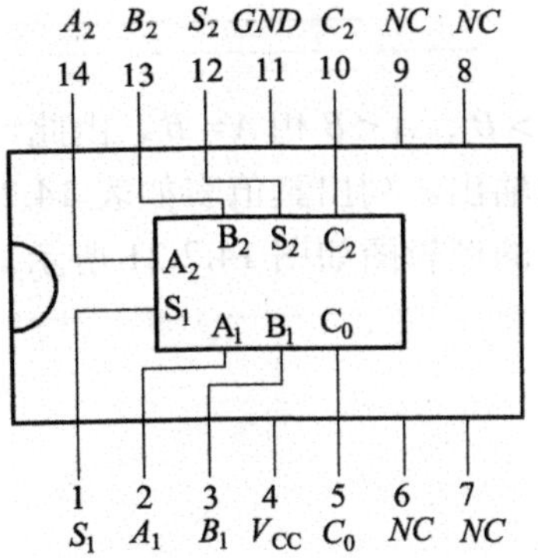

图 14.2.18 SN7482 管脚图

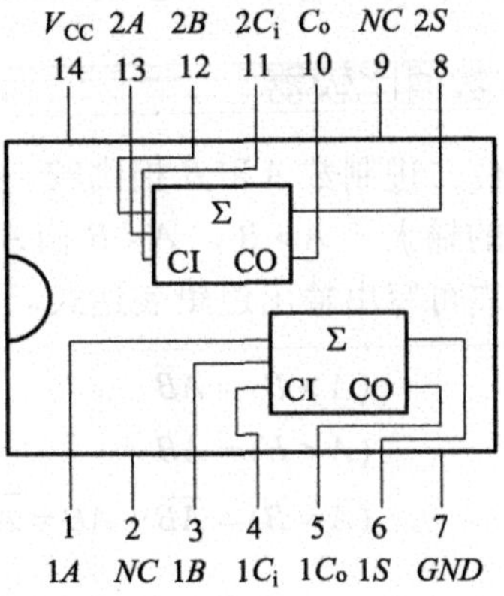

图 14.2.19 双全加器集成电路管脚图

3. 多位加法器

两个多位二进制数相加时，每一位都是带进位相加，所以必须用全加器。这时，只要依次将低位全加器的进位输出接到高位全加器的进位输入，就可由若干全加器级联构成多位全加器。

图 14.2.20 所示为 4 位串行进位加法器电路。它由 4 个全加器构成。最低有效位全加器的进位输入端 C_0 接地。输出数码 $C_4S_3S_2S_1S_0$ 表示了二进制数 $A_3A_2A_1A_0$ 和 $B_3B_2B_1B_0$ 之和。显然，每一位的加法运算必须要等到低一位的进位产生后才能进行，因此，把这种结构的电路称为串行进位（或逐位进位）加法器。

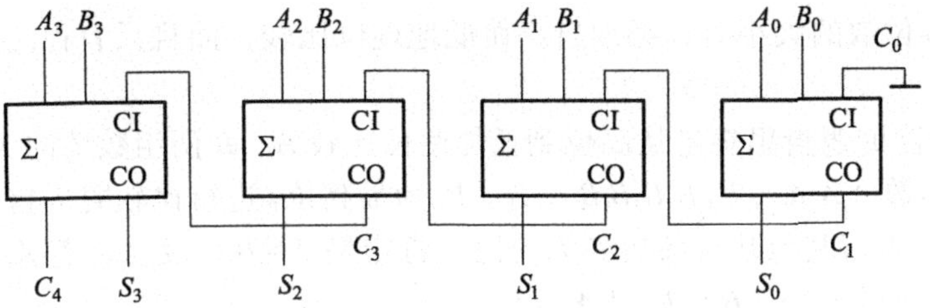

图 14.2.20 4 位串行进位加法器

这种加法器的最大缺点是运算速度慢。在最不利的情况下，做一次加法运算需要经过 4 个全加器的传输延迟时间（从输入加数到输出状态稳定建立起来所需要的时间）才能得到稳定可靠的运算结果。但考虑到串行进位加法器的电路结构比较简单，因而在对运算速度要求不高的设备中，这种加法器仍不失为一种可取的电路。例如，TTL 集成电路中 T692 就属于这种串行进位加法器。

若要提高运算速度，必须设法减小由于进位信号逐级传递所耗费的时间，一般采用超前进位（又称先行进位）的方法，即每一位的进位直接由被加数和加数决定，而不需依赖低位的进位；那么高位的进位输入信号能否在相加运算开始时就知道呢？对此有兴趣的读者可参阅有关资料。

14.2.4 数值比较器

在数字计算机和其他数字系统中，常常需要对两个二进制数或两个二-十进制数进行比较。用来比较 A 和 B 两个正数的逻辑电路，称为数值（或数字）比较器（Comparator）。数值比较器主要用于反馈量与给定量的比较。

1. 1 位数值比较器

两个 1 位二进制数 A 和 B 相比较，有三种情况：$A>B$，$A<B$ 和 $A=B$。由此可见，A 和 B 为比较器的输入，$A>B$，$A<B$ 和 $A=B$ 为比较器的输出。列出真值表如表 14.2.9 所示。

由真值表可写出输出逻辑表达式。1 位数值比较器的逻辑图如图 14.2.21 所示。

$$(A>B)=A\overline{B}$$
$$(A<B)=\overline{A}B$$
$$(A=B)=\overline{A}\overline{B}+AB=\overline{A\oplus B}$$

表 14.2.9　1 位数值比较器的真值表

输入		输出		
A	B	$A>B$	$A<B$	$A=B$
0	0	0	0	1
0	1	0	1	0
1	0	1	0	0
1	1	0	0	1

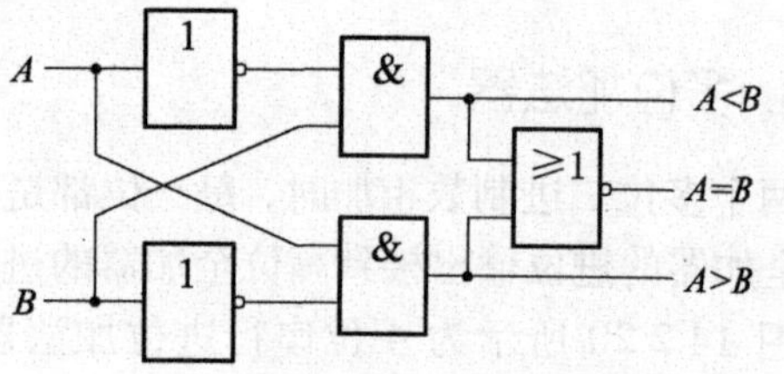

图 14.2.21　1 位数值比较器

2. 中规模集成 4 位数值比较器

在比较两个多位数的大小时，必须自高而低地逐位比较，而且只有在高位相等时，才需要比较低位。

4 位数值比较器的逻辑思想是从高位到低位逐位比较 A，B 两组数值的大小。例如 A，B 是两个 4 位二进制数 $A_3A_2A_1A_0$ 和 $B_3B_2B_1B_0$，A_3，B_3 为最高位。进行比较时应首先比较 A_3 和 B_3。如果 $A_3>B_3$，那么不管其他几位数码各为何值，肯定是 $A>B$；反之，若 $A_3<B_3$ 则不管其他几位数码为何值，肯定是 $A<B$；如果 $A_3=B_3$，这就必须通过比较下一位 A_2 和 B_2 来判断 A 和 B 的大小了。依此类推，定能比出结果。

如图 14.2.22 所示是 4 位数值比较器 7485 的逻辑符号图；其真值表如表 14.2.10 所示。它有 8 个数码输入（A_3，A_2，A_1，A_0；B_3，B_2，B_1，B_0），3 个比较结果输出端（$A>B$，$A<B$，$A=B$）和 3 个级联输入端（>，<，=）。

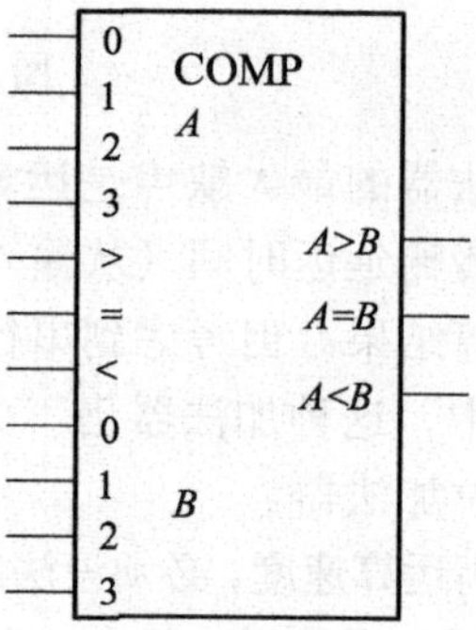

图 14.2.22　4 位数值比较器 7485 的符号

由表 14.2.10 可以看出，4 位数值比较器 7485 的逻辑功能如下：

若 $A>B$，则输出端 $(A>B)=1$，其余输出端为 0；若 $A<B$，则输出端 $(A<B)=1$，其余输出端为 0；若 $A=B$，只要级联输入（=）为 1，级联输入（>）和（<）均为 0，则输出端（$A=B$）为 1，其余输出端为 0。

数值比较器的 3 个级联输入用于扩展参加比较的数据位数。而只对本芯片的两组四位数进行比较时，应将级联输入端（=）接高电平，而（>）和（<）两个级联输入端接低电平。在比较两个 4 位以上的二进制数时，需要用两片以上的 4 位数值比较器芯片组合成位数更多的数值比较电路。

表 14.2.10　4 位数值比较器 7485 的真值表

比较输入				级联输入			输出		
A_3B_3	A_2B_2	A_1B_1	A_0B_0	>	<	=	$A>B$	$A<B$	$A=B$
$A_3>B_3$	×	×	×	×	×	×	1	0	0
$A_3<B_3$	×	×	×	×	×	×	0	1	0
$A_3=B_3$	$A_2>B_2$	×	×	×	×	×	1	0	0
$A_3=B_3$	$A_2<B_2$	×	×	×	×	×	0	1	0
$A_3=B_3$	$A_2=B_2$	$A_1>B_1$	×	×	×	×	1	0	0
$A_3=B_3$	$A_2=B_2$	$A_1<B_1$	×	×	×	×	0	1	0
$A_3=B_3$	$A_2=B_2$	$A_1=B_1$	$A_0>B_0$	×	×	×	1	0	0
$A_3=B_3$	$A_2=B_2$	$A_1=B_1$	$A_0<B_0$	×	×	×	0	1	0
$A_3=B_3$	$A_2=B_2$	$A_1=B_1$	$A_0=B_0$	1	0	0	1	0	0
$A_3=B_3$	$A_2=B_2$	$A_1=B_1$	$A_0=B_0$	0	1	0	0	1	0
$A_3=B_3$	$A_2=B_2$	$A_1=B_1$	$A_0=B_0$	0	0	1	0	0	1

14.2.5　数据选择器（多路转换器）

在数字信号的传输过程中，有时需要从一组输入数据中选出某一个来，这时就要用到一种叫做数据选择器（或称为多路开关）的逻辑电路。数据选择器（Multiplexer，简称 MUX），又称多路开关或多路选择器，它是从多个输入数据中选择一个送至输出端。

1. 2 选 1 数据选择器

为了便于理解数据选择器的工作原理，先介绍最简单的 2 选 1 数据选择器。其原理示意图如图 14.2.23 所示；其逻辑功能可由图 14.2.24 所示电路来实现。

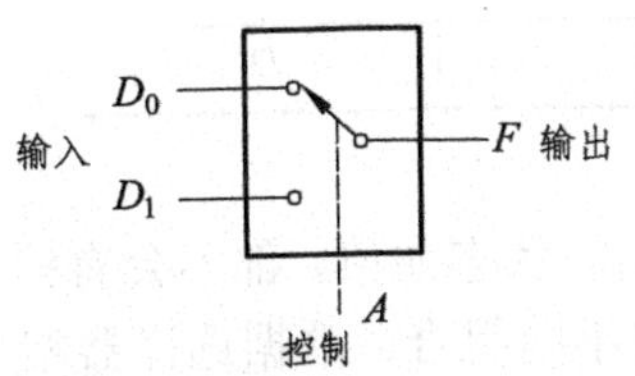

图 14.2.23　2 选 1 数据选择器原理示意图

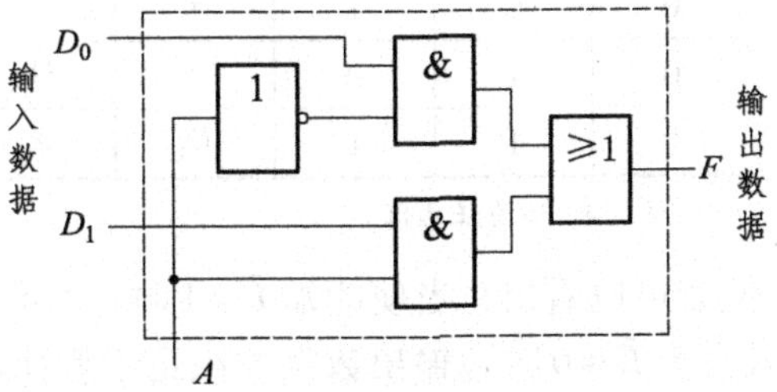

图 14.2.24　2 选 1 数据选择器逻辑图

根据逻辑图写出逻辑表达式为

$$F = \overline{A}D_0 + AD_1$$

通过控制信号 A 取 0 或者 1，就可以从两个输入数据 D_0 和 D_1 中选择一个从 F 端输出。

2. 4 选 1 数据选择器

4 选 1 数据选择器是通过给定不同的地址代码（即 A_1A_0 的状态），即可从 4 个输入数据中选出所要的一个，并送至输出端 F，其原理示意图如图 14.2.25 所示。其逻辑电路如图 14.2.26 所示。

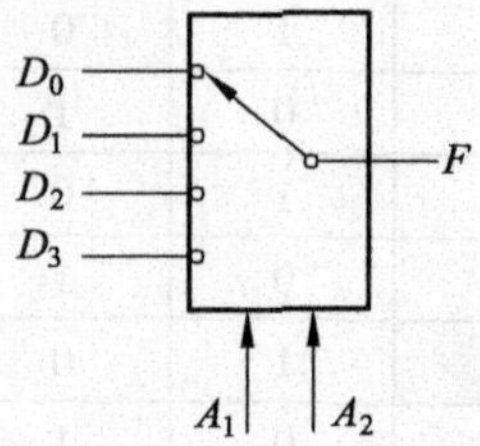

图 14.2.25　4 选 1 数据选择器原理示意图

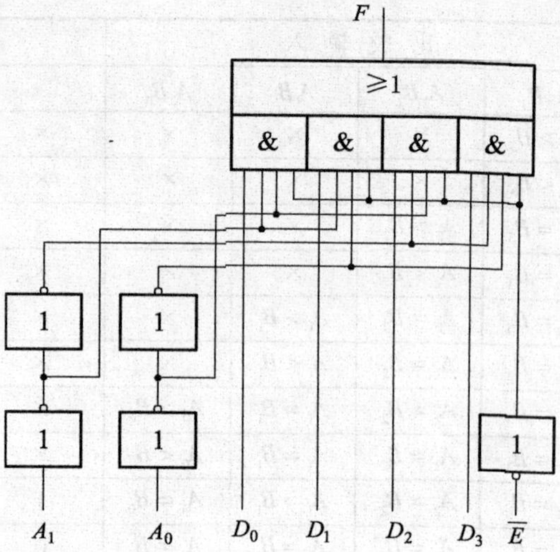

图 14.2.26　4 选 1 数据选择器逻辑图

根据逻辑电路写出逻辑表达式，当使能端 $\overline{E}=0$ 时有

$$F = \overline{A}_1\overline{A}_0D_0 + \overline{A}_1A_0D_1 + A_1\overline{A}_0D_2 + A_1A_0D_3$$

由逻辑表达式可列出真值表，如表 14.2.11 所示。

表 14.2.11　4 选 1 数据选择器真值表

输入							输出
$\overline{E}$	A_1	A_0	D_3	D_2	D_1	D_0	F
1	×	×	×	×	×	×	0
0	0	0	×	×	×	D_0	D_0
0	0	1	×	×	D_1	×	D_1
0	1	0	×	D_2	×	×	D_2
0	1	1	D_3	×	×	×	D_3

注：表中×为任意值。

由真值表可以看出：当使能端 $\overline{E}=1$ 时，不论其他输入端的状态如何，都不会有输出，即 $F=0$；只有当 $\overline{E}=0$ 时，输出数据才决定于地址输入 A_1A_0 的不同组合。数据选择器相当于一个被地址码控制的 4 选 1 多路开关。

数据选择器是一种灵活方便、开发性很强的组合逻辑电路，在数字系统中应用比较广泛。中规模集成电路数据选择器有 TTL 和 CMOS 多种系列产品。常用的有 2 选 1、4 选 1、8 选 1、16 选 1 等。例如，双 4 选 1 数据选择器 74LS153 和 CC14539、8 选 1 数据选择器 74LS151 和 74LS152 等。

小　结

（1）组合逻辑电路的特点是，任意时刻电路的输出状态只取决于该时刻的输入状态，而与该时刻前的电路状态无关。在电路结构上，任意逻辑功能的组合逻辑电路只包含门电路，而没有存储（记忆）单元。

（2）对组合逻辑电路进行分析时，可以逐级地写出逻辑表达式，然后进行化简，力求得到一个最简的逻辑表达式，以使输出与输入之间的逻辑关系能一目了然。组合逻辑电路的设计过程与分析过程相反。在设计一些简单的组合逻辑电路时，关键是根据设计要求列出真值表。只要列出真值表，以后的步骤实质上是逻辑功能表示方法的转换问题。

（3）组合逻辑电路形式多样，本章介绍了几种最常用的典型电路，包括编码器、译码器、数据选择器、数值比较器、加法器等。目前已将这些电路的设计标准化，并制成中、小规模的数字集成电路的系列产品，因此具有通用性强、兼容性好、功耗小、工作稳定可靠等优点，被广泛采用。

习　题

14.1　试分析题 14.1 图所示逻辑电路。

14.2　题 14.2 图所示是一个函数发生器，试写出当 $S_0S_1S_2S_3$ 为 0000～1111 的 16 种不同取值时，Y 关于逻辑变量 AB 的逻辑函数式。

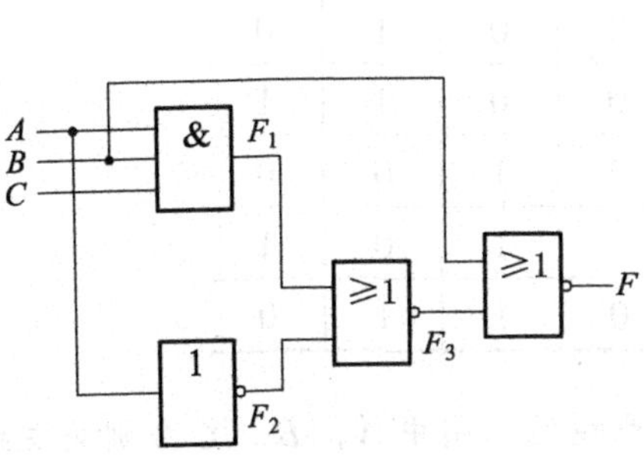

题 14.1 图

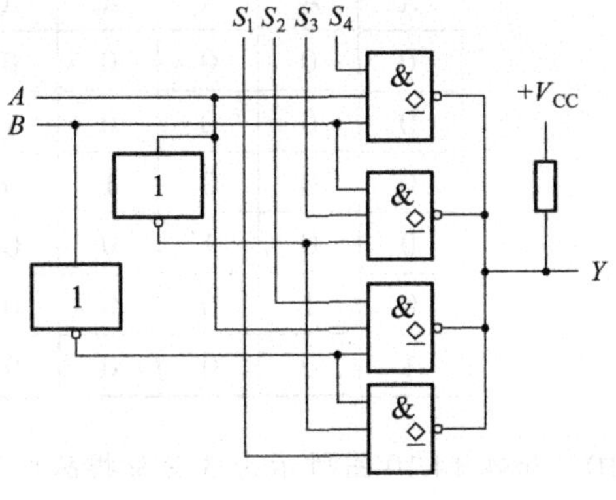

题 14.2 图

14.3　设有三台电机 A，B，C，今要求：A 开机则 B 也必须开机；B 开机则 C 也必须开机。如不满足上述要求，则必须发出报警信号。试写出报警信号的逻辑式，画出逻辑图。

14.4　设计一个楼上、楼下开关的控制逻辑电路来控制楼梯上的路灯，使之在上楼前，用楼下开关打开电灯，上楼后，用楼上开关关灭电灯；或者在下楼前，用楼上开关打开电灯，下楼后，用楼下开关关灭电灯。

14.5 组合电路如题 14.5 图所示，分析该电路的逻辑功能。

14.6 设有一个组合逻辑部件，不知其内部结构，但测得其输入和输出信号的波形如题 14.6 图所示。试写出其逻辑表达式，并用与非门实现它的功能。

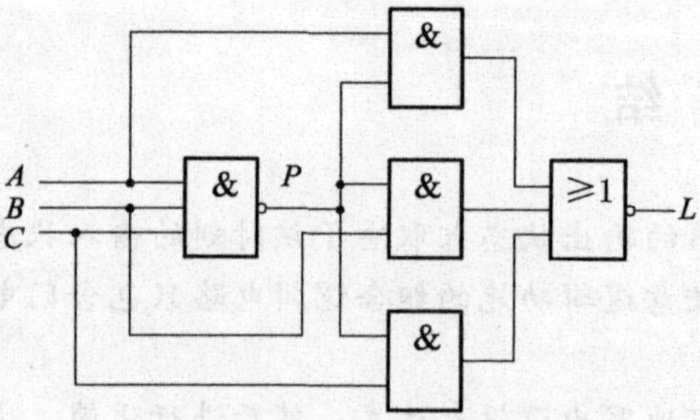

题 14.5 图

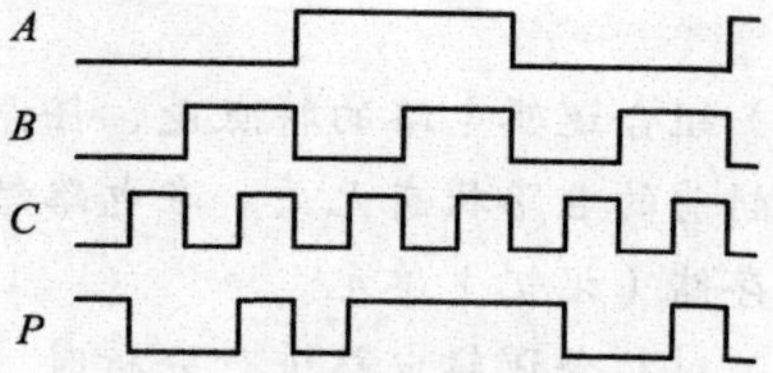

题 14.6 图

14.7 已知逻辑函数

$$F = \overline{A}\,\overline{B}\,\overline{C}\,\overline{D} + \overline{A}B\overline{C}\,\overline{D} + \overline{A}B\overline{C}D + \overline{A}BCD + A\overline{B}\,\overline{C}\,\overline{D} + AB\overline{C}\,\overline{D} + AB\overline{C}D + ABC\overline{D} + ABCD$$

试采用与非门器件设计实现此函数的电路。

14.8 在举重比赛中，有一个主裁判和两个副裁判员，当裁判认为杠铃已完全举上时，就按下自己面前的键钮。只有当三个裁判或者两个裁判（其中之一必须是主裁判）按下自己面前的键钮，表示完全举上时红灯才发亮。试设计出能完成上述功能的电子开关电路。

14.9 设计一个编码器，其 6 个输入信号和输出 3 位代码之间的对应关系如题 14.9 表所示。试用"或非"门实现该编码电路。

题 14.9 表　6 输入 3 输出编码器真值表

输入						输出		
A_5	A_4	A_3	A_2	A_1	A_0	Y_2	Y_1	Y_0
0	0	0	0	0	1	0	0	1
0	0	0	0	1	0	0	1	0
0	0	0	1	0	0	0	1	1
0	0	1	0	0	0	1	0	0
0	1	0	0	0	0	1	0	1
1	0	0	0	0	0	1	1	0

14.10 如题 14.10 图所示为 3 变量排队电路示意框图。图中 A，B，C 分别为三路数据输入端，F_A，F_B，F_C 则分别为相应的数据输出端，其优先次序为 A 最先，B 次之，C 最后（即当 A，B，C 三路数据同时出现时，只允许 A 路输出，余类推）。试用与非门实现上述排队电路（设 A=1 表示 A 路有数据输入，F_A=1 表示 A 路有数据输出，余类推）。

14.11 写出题 14.11 图所示电路的逻辑表达式，并列其逻辑状态表，说明 3 个输入变量 A，B，C 在什么情况下其输出端 F 为 1。

14.12　如题 14.12 图所示的半加器，当输入是 $A=1$，$B=1$ 时，求 a，b，c，d 各点的输出。

题 14.10 图

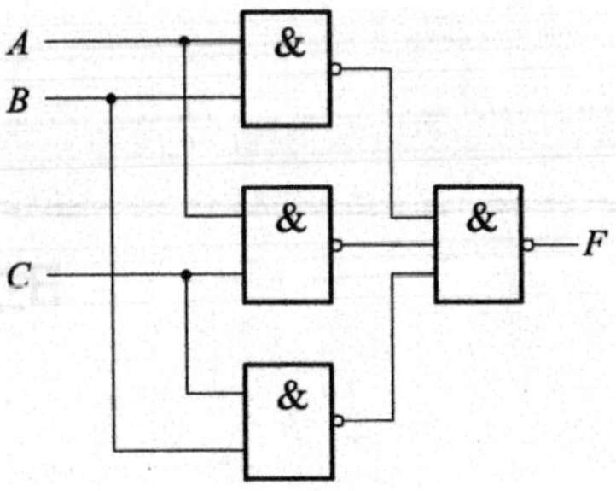

题 14.11 图

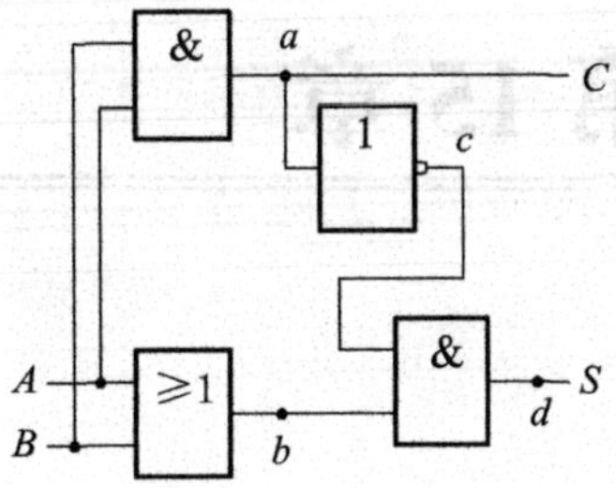

题 14.12 图

14.13　试用译码器和门电路实现逻辑函数：$L=AB+BC+AC$。

14.14　试用 4 选 1 数据选择器实现逻辑函数：$Y=A\overline{B}\overline{C}+\overline{A}\overline{C}+BC$。

第 15 章

时序逻辑电路

提　要　本章首先介绍各种常用的触发器、常用的时序逻辑电路组件，如寄存器、计数器等，然后介绍分析和设计时序逻辑电路的具体方法和步骤，最后介绍 555 定时器的结构和工作原理，讨论用它构成的施密特触发器、单稳态触发器和多谐振荡器等。

在大部分数字系统中，除了包括组合逻辑电路外，还包括时序逻辑电路。所谓时序逻辑电路，是指此电路在任一时刻的输出状态不但与当时的输入信号有关，还与电路原来的状态有关。所以，时序逻辑电路必须具备存储电路或者反馈延时电路。而本章将要介绍的触发器就是一种具有最基本的记忆存储功能的器件，它也是构成时序逻辑电路的基本单元。由于时序逻辑电路由触发器所组成，所以它具有记忆存储功能，并且能够在统一的时钟脉冲作用下，按一定的顺序工作。描述时序逻辑电路的方法主要有：逻辑电路图、逻辑功能表、特性方程、状态转换图和时序图（波形图）等。

15.1　触发器

触发器是能够存储 1 位二值信号的基本单元电路，是组成时序逻辑电路的基本部件。它具有两个基本特点：首先是具有两个能自行保持的稳定状态，用来表示逻辑状态的 0 和 1，或者二进制数的 0 和 1；其次是它可以根据不同的输入信号被置成 1 或者 0 状态。

触发器一般由若干个门电路构成，但随着集成电路制造工艺的改进，芯片的集成度越来越高，目前已经可以非常容易地将若干个触发器集成在同一块芯片上。因此，在后面的时序逻辑电路的分析中，通常都可以把触发器当做是一个基本元件来处理。常见的触发器按逻辑功能来分主要有：*RS* 触发器、*JK* 触发器和 *D* 触发器等；按电路结构来分主要有：同步 *RS* 型、主从型和维持阻塞型等。

15.1.1　基本 *RS* 触发器

基本 *RS* 触发器可由两个与非门构成，是结构形式最简单的触发器，同时又是许多复杂结构触发器的一个组成部分。

1. 电路的特点

把两个与非门的输入端和输出端相互交叉连接，就构成了如图 15.1.1（a）所示的基本 *RS*

触发器。正常工作时，触发器的两个输出端Q和$\bar{Q}$的电平总是相反的。Q称为原码输出端，$\bar{Q}$称为反码输出端，规定输出端Q的状态为触发器的状态。R是 Reset（复位）的缩写，称为复位端（置 0 端），S是 Set（置位）的缩写，称为置位端（置 1 端）。需要说明此处S_D和R_D是低电平有效。基本RS触发器的图形符号如图 15.1.1（b）所示。

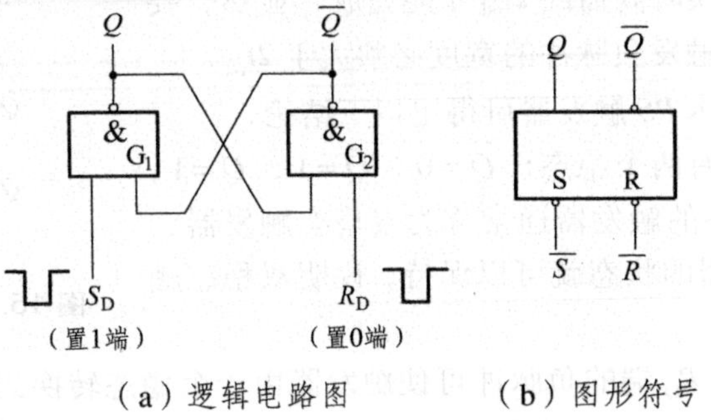

图 15.1.1　基本 *RS* 触发器和图形符号

2. 逻辑功能

假设初始时S_D端和R_D端都处于高电位，与非门G_1的输出为低电位（即 0 电位），与非门B的输出为高电位（即 1 电位）。当S_D端由高电位变为低电位时，与非门G_1的输出由低电位变为高电位。这时，与非门G_2的两个输入端均为高位，使得与非门G_2的输出由高电位变为低电位。由于与非门G_2的输出反馈到与非门G_1的输入端，使与非门G_1的输出保持高电位，即使S_D端此后又回到高电位，与非门G_1的输出仍维持高电位，与非门G_2的输出仍维持低电位。

与非门构成的RS触发器的逻辑功能表（真值表）如表 15.1.1 所示。当$S_D=1$，$R_D=0$时，$Q=0$，$\bar{Q}=1$；当$S_D=0$，$R_D=1$时，$Q=1$，$\bar{Q}=0$；当$S_D=R_D=1$时，触发器维持原来的状态不变；当$S_D=R_D=0$时，$Q=\bar{Q}=1$，而这不是触发器的正常运用状态，故一般不允许$S_D=R_D=0$。因为假如$S_D=R_D=0$，然后又同时变为$S_D=R_D=1$时，由于门电路翻转速度的不确定性，触发器的状态可能是$Q=1$，$\bar{Q}=0$，也可能是$Q=0$，$\bar{Q}=1$。因此，在使用中应该尽量避免这种情况出现。

表 15.1.1　基本 *RS* 触发器逻辑功能表

S_D	R_D	Q	$\bar{Q}$	说　明
1	1	1 0	0 1	保持原状态
1	0	0	1	置 0（复位）
0	1	1	0	置 1（置位）
0	0	1	1	触发负脉冲同时撤除后，状态不确定

3. 触发器翻转的转换时间

触发器从一个状态转换到另一个状态所需的时间称为转换时间。它的大小决定于电路的结构和门的传输时间。下面以基本 RS 触发器的置 1 过程为例来说明。

如图 15.1.2 所示，假设触发器原来为 0 态，当加在 $\overline{S}_D$ 上的负脉冲到达后，经 G_1 门的传输时间 t_{pd} 后，G_1 门由导通变截止，Q 由 0 变为 1，Q 反馈到 G_2，再经 G_2 门的传输时间 t_{pd} 后，G_2 门由截止变导通，$\overline{Q}$ 才由 1 变为 0。整个转换时间需经 $2t_{pd}$ 才能完成。显然，要使触发器可靠地转换，触发负脉冲的宽度必须大于 $2t_{pd}$。

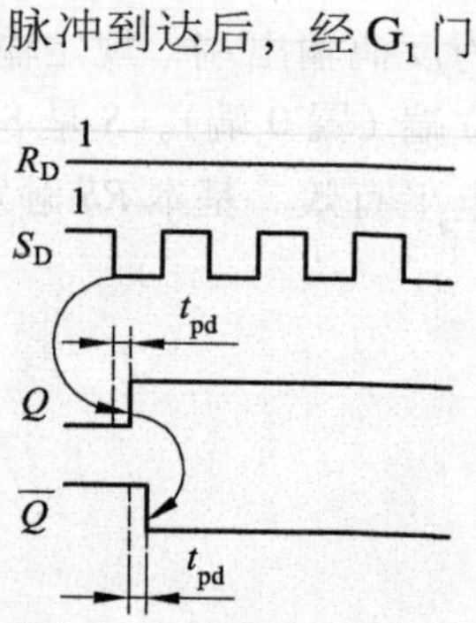

图 15.1.2　触发器的转换时间

由以上分析，对基本 RS 触发器可得出以下结论：

(1) 触发器的输出有两个稳态：$Q=0$，$\overline{Q}=1$；$Q=1$，$\overline{Q}=0$。这种有两个稳态的触发器通常称为双稳态触发器。若令 $\overline{S}_D=\overline{R}_D=1$，触发器的状态就可以保持，说明双稳态触发器具有记忆功能。

(2) 利用加于 $\overline{S}_D$ 和 $\overline{R}_D$ 端的负脉冲可使触发器由一个稳态转换到另一个稳态。加入的负脉冲称为触发脉冲。

(3) 可以利用 $\overline{S}_D$ 和 $\overline{R}_D$ 对触发器直接置位或复位。

基本 RS 触发器是组成其他功能触发器的基础。在 TTL 集成电路中，74LS279 就是基本 RS 触发器，而 CC4043 和 CC4044 则是采用 CMOS 工艺的集成基本 RS 触发器，它们的内部均包含 4 个独立的基本 RS 触发器。

4. 同步 RS 触发器

在数字系统中为协调各部分的动作，常常要求某些触发器在同一时刻动作。为此，必须引入同步信号，使这些触发器只有在同步信号到达时才根据输入信号改变状态。通常把这个同步信号叫做时钟脉冲信号，简称为时钟信号，用 CP（Clock Pulse）表示。同步 RS 触发器电路和图形符号如图 15.1.3 所示。当 $CP=0$ 时，R 和 S 都被封锁，触发器的状态不会改变，仅在时钟脉冲 CP 为高电位时，触发器才会接收 S 端和 R 端的信息，状态发生相应的翻转。这样当整个系统的触发器都受同一个时钟脉冲控制时，系统中的各部分就能协调一致地工作。这就是所谓"同步"，这时触发器状态的翻转是与时钟脉冲波形同步的。

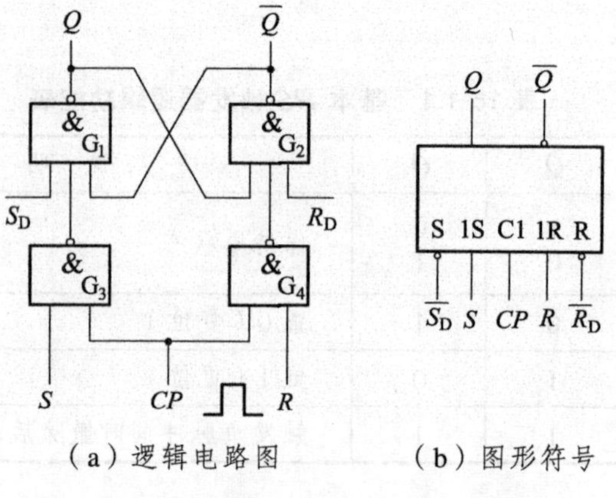

图 15.1.3　同步 RS 触发器和图形符号

可得到同步 RS 触发器的特性方程为

$$\begin{cases} Q^{n+1}=S+\bar{R}Q^n \\ S\cdot R=0 \end{cases} \tag{15.1.1}$$

式中，$S\cdot R=0$是约束条件，意味着S和R不能同时为1。

但应特别指出，只有在$CP=1$期间，特性方程才有效，并由S，R和Q^n的状态共同决定触发器的次态Q^{n+1}；而在$CP=0$期间触发器被封锁，其输出状态不变。在以后的时序逻辑电路的讨论中，一般不把CP脉冲作为输入信号，而仅仅把它看做一个控制信号。

要保证每来一个时钟脉冲，同步RS触发器至多翻转一次，就必须要求在时钟脉冲高电平持续时间（即$CP=1$），输入信号S和R保持不变。否则由于G_3，G_4两门都已打开，而S和R的信号又发生了变化，则触发器就可能发生两次，甚至多次翻转，这种现象称为触发器的“空翻”现象。它将造成触发器输出状态在逻辑上的混乱。为了防止“空翻”，就必须在结构上加以改进而采用主从型、维持阻塞型或边沿触发型的触发器。

15.1.2 主从型 *JK* 触发器

1. 电路的组成和符号

主从型JK触发器由两级同步RS触发器串接而成，如图15.1.4所示，虚线左面一级称为主触发器，右面一级称为从触发器，两级的时钟反相。将从触发器的Q，$\bar{Q}$端交叉反馈到主触发器的输入控制端，便构成主从型JK触发器。当$CP=1$时，主触发器输入端打开，而此时$\overline{CP}=0$，从触发器被封锁；反之，当$CP=0$时，从触发器输入端打开，但主触发器又被封锁。因此，每来一个时钟脉冲CP，Q端仅翻转一次。在主触发器输入端接有两个控制端J和K。

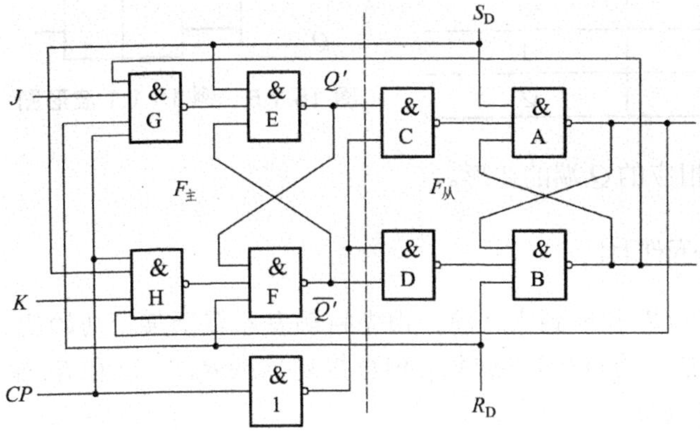

（a）逻辑电路图

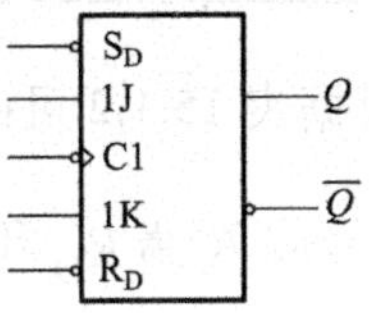

（b）逻辑符号

图 15.1.4 主从型 JK 触发器

2. 主从型 *JK* 触发器的工作原理与逻辑功能

（1）当$J=K=0$时，触发器输入端被封锁，CP对触发器不起作用，所以，输出保持原状态。

（2）当$J=0$，$K=1$时，若触发器原来处于1状态，即$Q=1$，$\bar{Q}=0$，则在$CP=1$时，H门输出为低电位（G门被封锁），使主触发器置0，即$Q'=0, \bar{Q}'=1$。当$CP=0$时，再将主触发器的状态送入从触发器，完成了置0的功能。

若触发器原来处于 0 状态，则 H 门和 G 门均被封锁，触发器维持状态不变，Q 仍为 0，$\bar{Q}$ 仍为1。因此，当 $J=0$，$K=1$时，不论触发器原来处于什么状态，在 CP 到来之后，触发器都被置 0。

（3）当 $J=1$，$K=0$ 时，按同样的方法分析可知，无论触发器原状态如何，CP 过后触发器的状态必定是 $Q=1$，$\bar{Q}=0$。详细过程请自行分析。

（4）当 $J=K=1$时，由于 Q 端接到 H 门输入端，$\bar{Q}$ 端接到 G 门输入端，于是在 $CP=1$时，将从触发器的相反状态存入主触发器；又在 CP 由 1 变为 0 时，将主触发器的状态送入从触发器。因此，每来一个时钟脉冲，触发器的状态向相反的状态翻转，由（原来的）0 状态翻转到（新的）1 状态，或由（原来的）1 状态翻转到（新的）0 状态，即 $Q^{n+1}=\bar{Q}^n$。这种工作方式称为计数翻转。主从型 JK 触发器状态的更新是在 CP 的下降沿发生的，并且克服了空翻现象。

JK 触发器的全部逻辑功能见表 15.1.2。

由于 J，K 何时起作用是受时钟脉冲 CP 同步控制的，所以 J，K 称作同步输入端。

根据功能表，可得到 JK 触发器的特性方程为

$$Q^{n+1}=J\bar{Q}^n+\bar{K}Q^n \tag{15.1.2}$$

这里需要说明：上面对主从型 JK 触发器逻辑功能的分析，是在假设 $CP=1$ 期间 J，K 输入信号状态保持不变的条件下进行的。若 $CP=1$期间，J、K 状态发生变化，则主从型 JK 触发器可能不按照其逻辑状态表动作。本书对此问题不再展开讨论。

例 15.1.1 主从型 JK 触发器的 J，K 输入信号如图 15.1.5 所示，试画出输出端 Q 的波形。

表 15.1.2 *JK* 触发器功能表

J	K	Q^{n+1}
0	0	Q^n
0	1	0
1	0	1
1	1	$\bar{Q}^n$

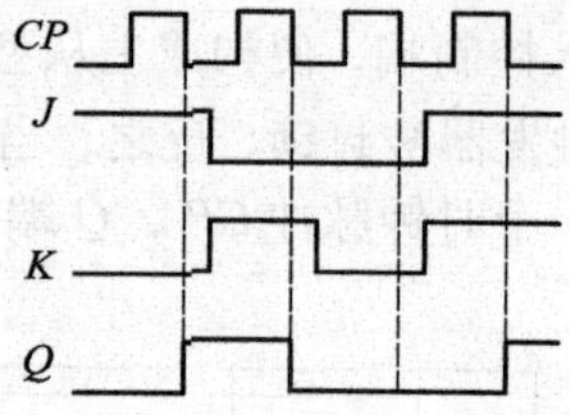

图 15.1.5 例 15.1.1 波形图

解 根据表 15.1.2 可画出相应的 Q 端的波形。

3. 异步输入端 R_D 和 S_D 的作用

在实际应用中，有时必须在 CP 脉冲到来之前，预先将触发器置于某一初始状态。为此，在触发器电路中往往都设置了专门的直接置位端 S_D 和直接复位端 R_D。S_D 和 R_D 端的作用不受 CP 同步控制，也称为异步输入端。

在图 15.1.4（a）中，S_D 端既接到 A，E 门，又接到 H 门。这样，加在 S_D 端的负脉冲不仅可将主触发器、从触发器同时置 1，而且还封锁了 H 门，在 CP 脉冲存在期间不允许 K 通过 H 门对主触发器置 0，因此能够保证可靠地将触发器置成 1 态。同理，R_D 端同时接到了 B，F，G 门，保证在 R_D 端加负脉冲能够可靠地将触发器置 0。在图 15.1.4 中，S_D，R_D 端的小圆圈表示低电平有效。

4. 边沿触发型 JK 触发器

为解决主从型 JK 触发器 $CP=1$ 期间，J，K 端的正向干扰可能使触发器产生误动作问题，产生了边沿型 JK 触发器。关于边沿型触发器的逻辑图本书不做具体介绍和分析，只扼要指

出其突出特点和逻辑功能。

边沿型触发器的特点：在时钟脉冲作用下，触发器的状态决定于 CP 上升沿或下降沿时的输入信号，而在 $CP=1$ 或 $CP=0$ 期间，输入信号 J，K 发生变化对触发器的状态没有影响。所以它的抗干扰性能要比主从型触发器好。

边沿型触发器有正边沿和负边沿两种触发方式。利用时钟脉冲上升沿触发的称为正边沿触发器；利用时钟脉冲下降沿触发的称为负边沿触发器。负边沿触发器在下降沿触发后的状态取决于下降沿之前 J，K 的情况。负边沿型 JK 触发器的逻辑功能同主从型 JK 触发器（见表 15.1.2）。

常用集成负边沿 JK 触发器，如国产型号 T109 为负边沿型双 JK 触发器（每片中有两个相同的 JK 触发器），其外引线排列图如图 15.1.6 所示。它属于低功耗、高速系列产品。与其对应的国外产品是 74LS76，但外引线排列图不一样，如图 15.1.7 所示。

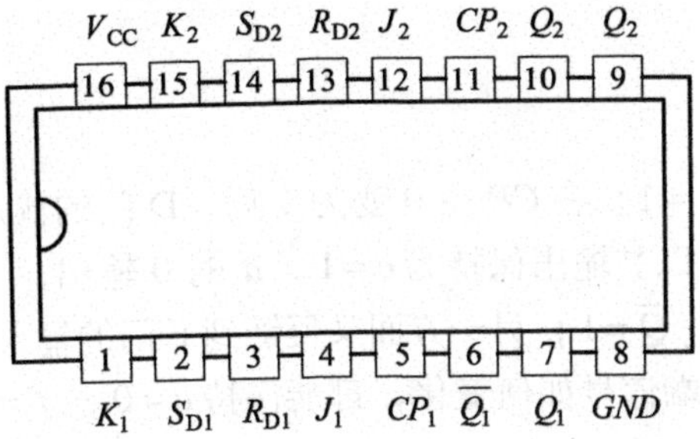

图 15.1.6　T109 双 *JK* 触发器外引线排列图

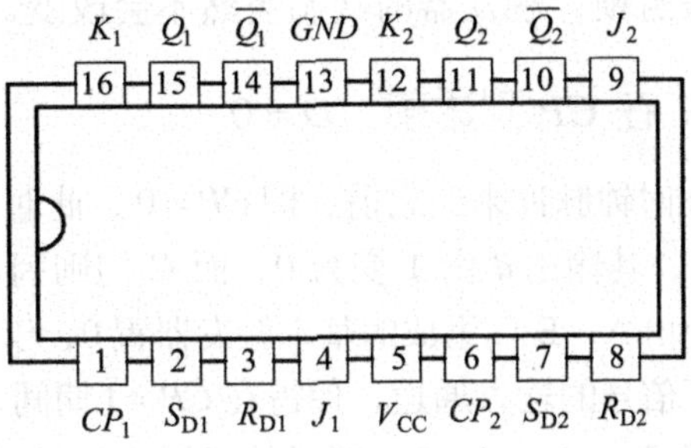

图 15.1.7　74LS76 双 *JK* 触发器外引线排列图

15.1.3　维持阻塞型 *D* 触发器

维持阻塞型 D 触发器是利用电路内部的反馈信号，维持输出状态，阻塞改变输出状态的通道，以达到消除空翻的目的。它由 6 个与非门组成，其逻辑图和逻辑符号如图 15.1.8 所示，其中 A，B 门构成基本触发器，C，D，E，F 门构成导引电路。

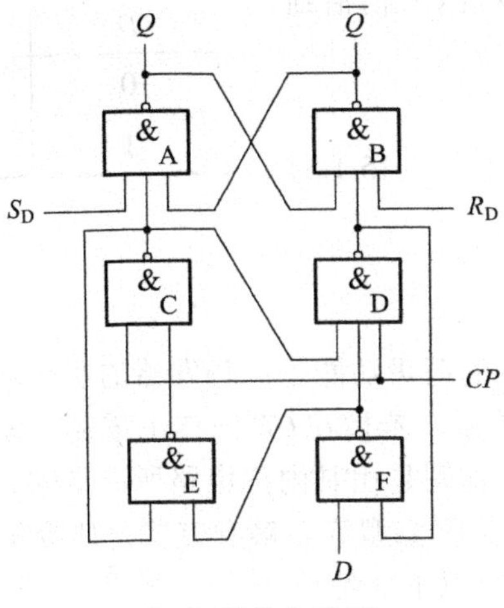

（a）逻辑电路图

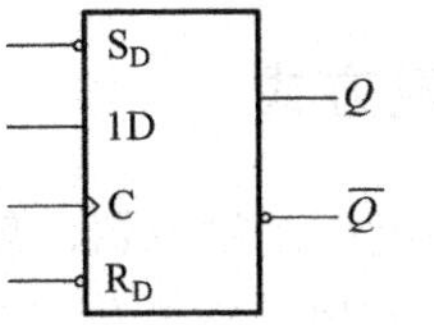

D	Q^{n+1}
0	0
1	1

（b）逻辑符号

图 15.1.8　维持阻塞型 *D* 触发器、逻辑符号

在 $CP=0$ 时，C，D 门被封锁，其输出 $c=d=1$（这里约定以小写字母表示相应的逻辑门输出），使 A，B 门组成的基本触发器保持原态不变，即输出与输入信号 D 的状态无关。为了分析 D 触发器的基本工作原理和逻辑功能，下面按 CP 到达前 D 的不同信号分两种情况讨论：

1. 在 CP 到达前，$D=1$

在时钟脉冲来到之前，即 $CP=0$，此时 F 门的输出 $f=0$，E 门的输出 $e=1$。在 CP 由 0 变为 1 后，D 门的输入中因有 $f=0$，使其输出 d 保持为 1，C 门的输入全为 1，故 c 输出由 1 变 0。c 的 0 输出，一方面驱使由 A，B 门组成的基本触发器置 1，于是 $Q=1$，$\bar{Q}=0$；另一方面反馈到 E 门和 D 门，封锁了 E 门和 D 门，使 $e=1$，$d=1$，这样 $c=0$ 的反馈信号既维持了置 1 信号（$c=0$），又阻塞了置 0 信号（$d=0$）的产生。因此在 CP 高电平期间，D 端的变化只能引起 f 的变化，不会进一步引起触发器输出状态的变化。当 CP 再由 1 变为 0 时，C，D 门被封锁，触发器的状态当然不会改变。

2. 在 CP 到达前，$D=0$

在时钟脉冲来到之前，即 $CP=0$，此时 $e=0$，$f=1$；在 CP 由 0 变为 1 后，D 门的输入全部为 1，其输出 d 由 1 变为 0，而 C 门则因 $e=0$，所以其输出保持为 $c=1$。d 的 0 输出，一方面驱使由 A、B 门组成的基本触发器置 0，于是 $Q=0$，$\bar{Q}=1$；另一方面又反馈到 F 门的输入端，封锁了信号的输入通道，使得在 $CP=1$ 期间，无论 D 端信号如何变化，都能保持 $e=0$，$f=1$，而保证了 $c=1$，$d=0$，既维持了置 0 信号（$d=0$），又阻塞了置 1 信号（$c=0$）的产生，使输出 Q 和 $\bar{Q}$ 在 $CP=1$ 期间不再变化。CP 回到低电位时，C，D 门被封锁，触发器的状态不会改变。

由此可见，维持阻塞型 D 触发器的输出状态，只按 CP 到来时输入端 D 的状态至多翻转一次，此后无论信号端 D 的状态怎样变化，输出状态不再改变，直到下一个 CP 的到来。这些特点表明，维持阻塞型 D 触发器状态的更新是在 CP 的前沿发生的，并且克服了空翻现象。

由于当一位数置于 D 端时，它要待到下一个 CP 到来时才被传送到 Q 输出端，因此又把 D 触发器叫做延迟（Delay）触发器。

D 触发器逻辑关系如表 15.1.3 所示。表中 D 为 CP 前沿到达时输入端的状态。

表 15.1.3　D 触发器功能表

D	Q^{n+1}
0	0
1	1

由功能表可得 D 触发器的特性方程为

$$Q^{n+1}=D \tag{15.1.3}$$

15.1.4　触发器的触发方式

前面已经介绍了几种类型的触发器。触发器的逻辑功能是以触发器的逻辑功能表来定义的。它描述的是触发器的输出与输入信号间的关系。若按在 CP 操作下逻辑功能的差异，触发器常分成 RS，JK，D 型等；触发器的电路结构则是由其内部电路所决定的，若按电路结构形式的不同，可分为同步 RS 型、主从型、维持阻塞型等。触发方式是研究触发器翻转时刻与时钟脉冲 CP 之间的关系。常用的触发方式有以下 3 种：

1. 电位触发方式

电位触发方式分正电位触发与负电位触发。假如触发器只能在 $CP=1$ 期间翻转，而在

$CP=0$期间不能翻转，那么就属于正电位触发，负电位触发则正好相反。这种触发方式也称为电平触发。如同步 *RS* 触发器就属于正电位触发方式。

为了在逻辑符号图上与其他两种触发方式加以区别，其 *CP* 端不加“∧”符号，而正、负电位触发则以在 *CP* 端属部有无小圆圈来区分。

2. 主从触发方式

具有主从电路结构的 *JK* 触发器，其触发方式就属于主从触发。如前所述，这种触发方式的特点是触发过程分主、从两步完成，这是由其电路结构所决定的。

主从触发方式的缺点是在 $CP=1$ 期间，输入信号不允许变化，否则就有可能产生不符合该触发器逻辑状态表的错误结果。

主从触发方式的触发器在逻辑符号图上，其 *CP* 端加“∧”符号，对于前（正）后（负）沿翻转则以在 *CP* 端属部有无小圆圈来区分。

3. 边沿触发方式

边沿触发方式也有正边沿触发与负边沿触发之分。边沿触发方式的特点是：触发器只在时钟脉冲跳变时发生翻转，而在维持为 0 或维持为 1 期间，输入信号的任何变化都不会影响触发器的输出状态。因此它的抗干能力较前两种触发方式强。其逻辑符号图与主从触发方式的触发器相同。

从使用角度讲，了解触发器的功能和触发方式最为重要。在选用触发器时，除了要使它的逻辑功能满足电路的要求，同时还必须考虑它的触发方式，因为同一功能的触发器，由于它们具有不同的触发方式，在同一输入信号的作用下，它们的输出状态有可能不同，在使用时必须加以注意。

15.2 常用时序逻辑电路组件

15.2.1 寄存器

寄存器（Register）是存放数码的部件，它必须具备接收和寄存数码的功能。采用任何一种类型的触发器均可构成寄存器。每一个触发器可以存放一位二进制数或一个逻辑变量，由 *n* 个触发器构成的寄存器可存放 *n* 位二进制数或 *n* 个逻辑变量的值。寄存器一般可分为数码寄存器和移位寄存器两大类。

1. 数码寄存器

只具有接收数码和清除原有数码功能的寄存器称为数码寄存器。图 15.2.1 为由 4 个 *D* 触发器组成的 4 位数码寄存器的逻辑图。其工作过程如下：

将要输入的二进制数码 $D_4D_3D_2D_1$，分别接到相应的 *D* 触发器的数据输入端 *D*。当寄存器收到寄存命令（即时钟脉冲 $CP=1$）后，每个 *D* 触发器的状态立即与其 *D* 端的数码相一致。这样，寄存器就把数码 $D_4D_3D_2D_1$ 寄存起来。由于寄存器中触发器的状态改变是与时钟脉冲 *CP* 同步的，故称为同步送数方式。

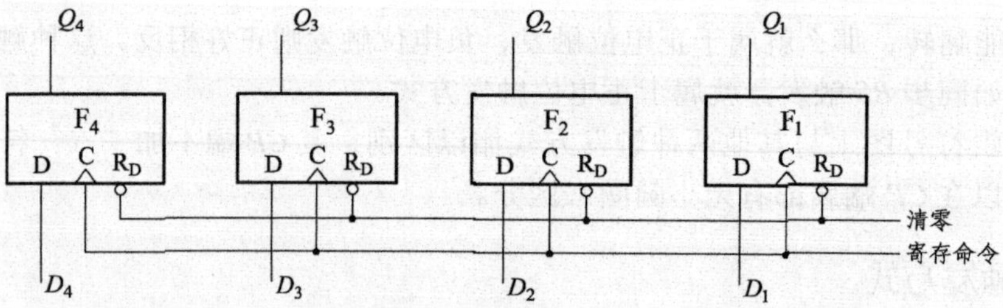

图 15.2.1 由 4 个 *D* 触发器组成的 4 位数码寄存器

由 D 触发器构成的数码寄存器在每次接收数码之前不需要“清零”，只是在需要清除寄存的数码时，才在各触发器的 R_D 端加上置 0 负脉冲，进行总清。

2. 移位寄存器

电子计算机在进行算术运算和某些逻辑运算时，常常需要把某些数码向左或向右移位，这种既具有存放数码功能又具有移位功能的寄存器称为移位寄存器。移位寄存器按其所具备移位功能的不同可分为：单向移位寄存器（左移或右移）和双向移位寄存器；按输入方式的不同，可分为串行输入和并行输入；按输出方式的不同又可分为串行输出和并行输出。下面介绍单向移位寄存器。

1）左移移位寄存器

如图 15.2.2（a）所示是由 D 触发器组成的 4 位左移移位寄存器。其中每个触发器的输出端 Q 依次接到下一个触发器的 D 端，只有第一个触发器的 D 端接收数据。每当时钟脉冲的前沿到达时，输入数码移入触发器 F_1，同时每个触发器的状态也移给下一个触发器。

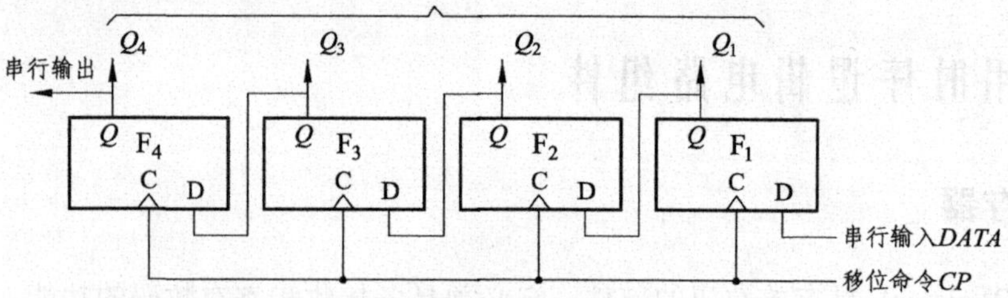

（a）移位寄存器

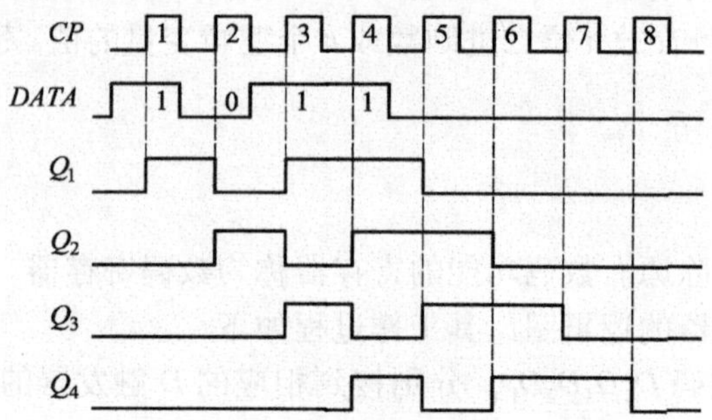

（b）波形图

图 15.2.2 4 位左移移位寄存器

假设输入数码为 1011，那么在移位脉冲作用下，移位寄存器中数码的移动情况将如表 15.2.1 所示。初始状态各触发器都处于 0 态，而 D_1 端置 1（D_1 端即指触发器 F_1 的 D 输入端，余类推）。当经过 4 个 CP 脉冲以后，1011 这 4 位数码就全部移到 $Q_4Q_3Q_2Q_1$ 端。这时，可从 4 个触发器的 Q 端得到并行的数码输出。

最后一个触发器 F_4 的 Q 端可以作为串行输出端。如果需要得到串行的输出信号，则只要再输入 4 个时钟脉冲，4 位数码便可依次从串行输出端送出来。其波形如图 15.2.2（b）所示。所以图 15.2.2 所示电路是串行输入、串行输出、并行输出的单向移位寄存器。

表 15.2.1　移位寄存器中数码的移动情况

CP 顺序	*DATA*	移位寄存器中数码				串行输出
		Q_4	Q_3	Q_2	Q_1	
0	1	0	0	0	0	0
1	0	0	0	0	1	0
2	1	0	0	1	0	0
3	1	0	1	0	1	0
4	0	1	0	1	1	1
5	0	0	1	1	0	0
6	0	1	1	0	0	1
7	0	1	0	0	0	1
8	0	0	0	0	0	0

2）右移移位寄存器

移位寄存器也可用 *JK* 触发器组成，图 15.2.3 就是用 4 个主从型 *JK* 触发器组成的 4 位右移移位寄存器的逻辑图。它也是串行输入，既可串行输出，也可并行输出。

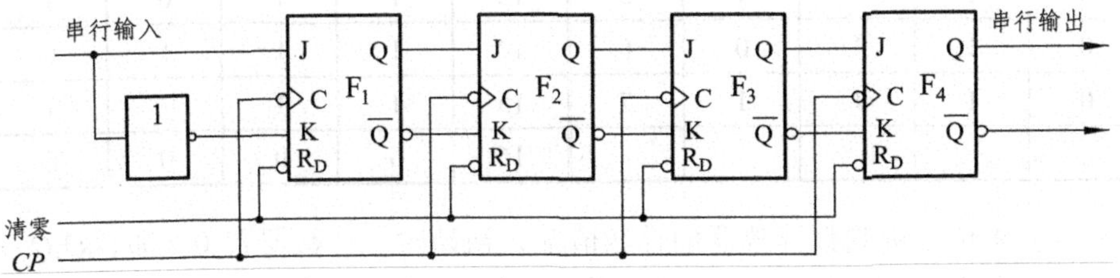

图 15.2.3　4 位右移寄存器

目前，各种功能的寄存器集成组件很多，如图 15.2.4 所示。

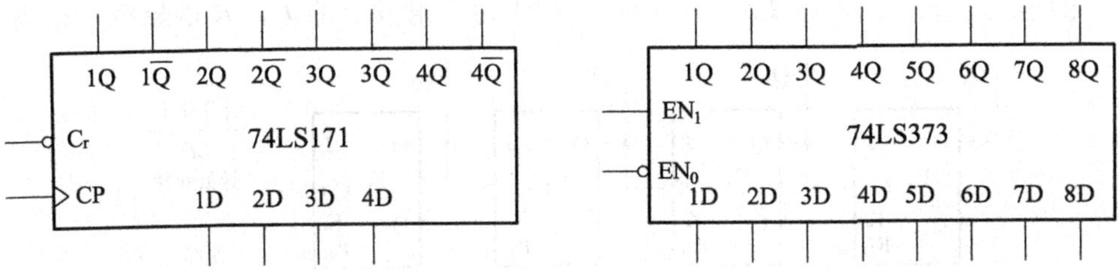

（a）74LS171 的逻辑符号　　（b）74LS373 的逻辑符号

图 15.2.4　集成寄存器

15.2.2 计数器

计数器（Counter）是由若干个触发器构成的一种时序电路，它按预定的顺序改变电路内各触发器的状态，以表征输入的脉冲个数。计数器还可用作分频器、节拍发生器、定时器或脉冲分配器等，它是计算机和数字逻辑系统的基本器件之一。

计数器可以按加、减计数顺序构成加法或减法计数器，也可以是既可进行加，又可进行减的可逆计数器。计数器按工作方式可分为异步计数器和同步计数器；按进位数值可分为二进制计数器、十进制计数器和其他任意进制计数器。

1. 二进制计数器

1）异步二进制加法计数器

二进制加法计数器是指当计数脉冲依次输入时，计数器相对应的二进制数是依次增加的。这个关系如表 15.2.2 所示。

表 15.2.2 4 位二进制加法计数器状态表

计数脉冲数	二进制数				十进制数	计数脉冲数	二进制数				十进制数
	Q_4	Q_3	Q_2	Q_1			Q_4	Q_3	Q_2	Q_1	
0	0	0	0	0	0	8	1	0	0	0	8
1	0	0	0	1	1	9	1	0	0	1	9
2	0	0	1	0	2	10	1	0	1	0	10
3	0	0	1	1	3	11	1	0	1	1	11
4	0	1	0	0	4	12	1	1	0	0	12
5	0	1	0	1	5	13	1	1	0	1	13
6	0	1	1	0	6	14	1	1	1	0	14
7	0	1	1	1	7	15	1	1	1	1	15
						16	0	0	0	0	0

表中列出了 4 位二进制数计数器的计数情况：初始时，计数器置 0（即 $Q_3Q_2Q_1=000$）；计满 8 时，计数器又回到置 0 的全 0 状态。从表 15.2.2 可以看到：最低位 Q_1 是每来一个计数脉冲，Q_1 的状态变化一次（由 0 变 1 或由 1 变 0）；以后各高位触发器则是在它相邻低一位触发器的状态由 1 变 0（也就是有进位）时，发生状态翻转。因此用 3 个 *JK* 触发器可以组成 3 位二进制加法计数器，如图 15.2.5（a）所示。图中每个触发器的 *J*，*K* 端悬空，相当于 1，

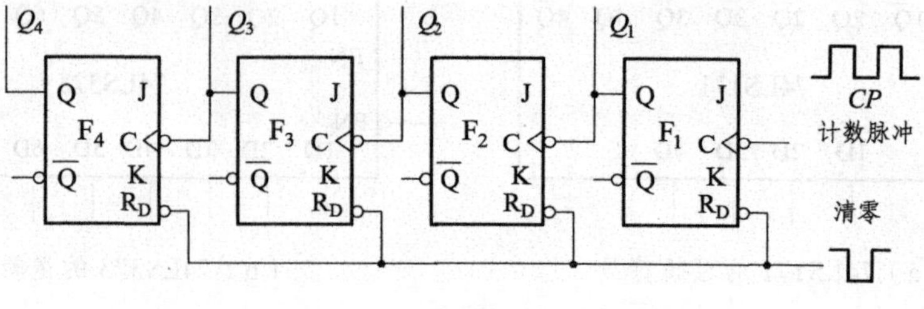

（a）逻辑电路图

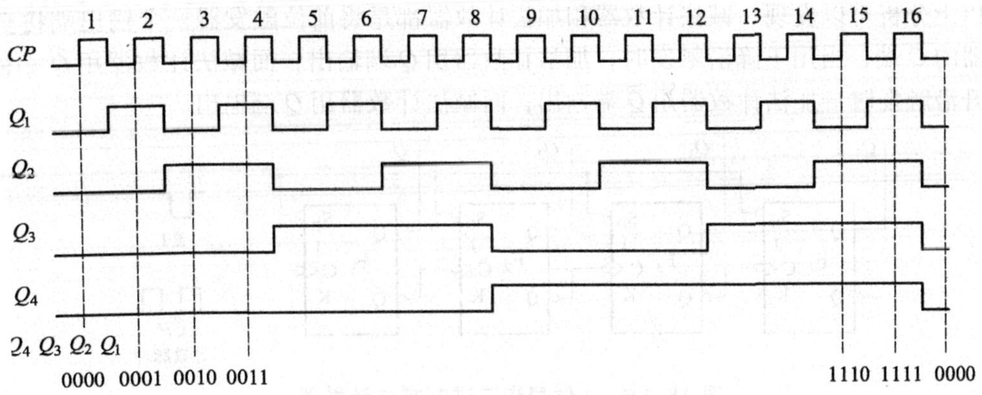

（b）波形图

图 15.2.5　4 位异步二进制加法计数器

具有计数功能，这时 JK 触发器的 C 端每来一个脉冲，触发器计数翻转一次。图 15.2.5 中的 JK 触发器是在 CP 脉冲下降沿时发生翻转，因此，低一位的 Q 输出正好可作为其高一位的 CP 脉冲输入。图 15.2.5（b）画出了计数器的输出端 Q_1，Q_2，Q_3，Q_3 的波形图。

这种计数器所以称为“异步”计数器，是由于计数脉冲不是同时加到各触发器的 C 端，而是只加到最低位触发器上，其他各位触发器则由相邻低位触发器输出的进位脉冲来触发。该计数器在开始工作之前，需要把所有的触发器清零。

2）异步二进制减法计数器

减法计数器的计数规律与加法计数相反，如表 15.2.3 所示，每来一个计数脉冲，计数器的数值减 1。初始时，令计数器处于全 1 状态（即 $Q_3Q_2Q_1=1111$），然后依次减 1，直到全 0 之后，再返回到全 1。由表 15.2.3 可以看出，最低位 Q_1 是每来一个计数脉冲状态变化一次；其余各位是在相邻低位触发器的状态由 0 变 1（也就是有借位）时，状态发生变化。图 15.2.6 所示是用 JK 触发器实现的二进制减法计数器电路图，由于这里采用的还是在 CP 脉冲下降沿时翻转的触发器，因此，将低一位的 $\bar{Q}$ 输出端接到高一位的 CP 输入端。当相邻的低位由 0 变 1 时，其 $\bar{Q}$ 输出由 1 变 0，它正好使相邻的高位触发器发生一次翻转（由于各触发器的 J，K 端均接 1）。

表 15.2.3　4 位二进制减法计数器状态表

计数脉冲数	二进制数				十进制数	计数脉冲数	二进制数				十进制数
	Q_4	Q_3	Q_2	Q_1			Q_4	Q_3	Q_2	Q_1	
0	1	1	1	1	15	8	0	1	1	1	7
1	1	1	1	0	14	9	0	1	1	0	6
2	1	1	0	1	13	10	0	1	0	1	5
3	1	1	0	0	12	11	0	1	0	0	4
4	1	0	1	1	11	12	0	0	1	1	3
5	1	0	1	0	10	13	0	0	1	0	2
6	1	0	0	1	9	14	0	0	0	1	1
7	1	0	0	0	8	15	0	0	0	0	0
						16	1	1	1	1	15

由以上分析可以发现：减法计数器和加法计数器都是将前位触发器一个输出端接到下一位触发器的 C 端，当用下降沿触发时，加法计数器用 Q 端输出，而减法计数器用 $\bar{Q}$ 端输出；当用上升沿触发时，加法计数器用 $\bar{Q}$ 端输出，而减法计数器用 Q 端输出。

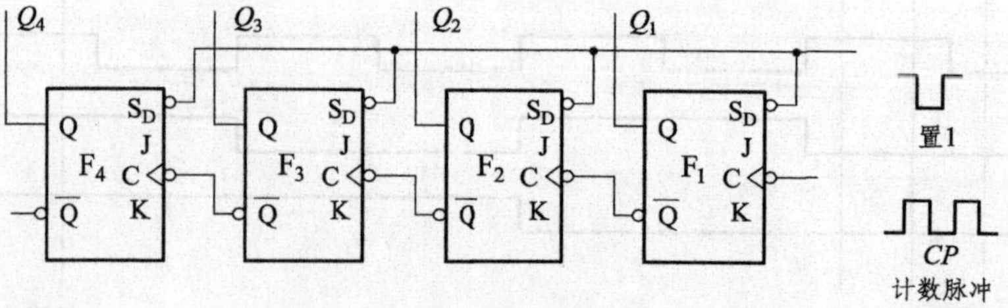

图 15.2.6　4 位异步二进制减法计数器

3）同步二进制加法计数器

同步计数器的各触发器都受同一计数脉冲控制，使应该翻转的触发器同时翻转。这就克服了异步计数器延迟时间较长，工作速度低的缺点。

将计数脉冲直接送到各触发器 C 端，而触发器是否翻转则由各低位触发器的输出加以控制。当计数脉冲到来时，应该翻转的触发器就同时翻转，而不需要等候逐级往前传递的进位信号，此即“同步”的概念。

同步二进制加法计数器的逻辑电路如图 15.2.7 所示。图中 JK 触发器的 J 端和 K 端有多个输入，它们之间分别具有与门的逻辑功能，所以不需要再外加逻辑与门。以图 15.2.7 为例，当 Q_1，Q_2，Q_3 端分别和各 J，K 端作如图连接时，则

$$J_1 = K_1 = 1,\quad J_2 = K_2 = Q_1$$
$$J_3 = K_3 = Q_1Q_2,\quad J_4 = K_4 = Q_1Q_2Q_3$$

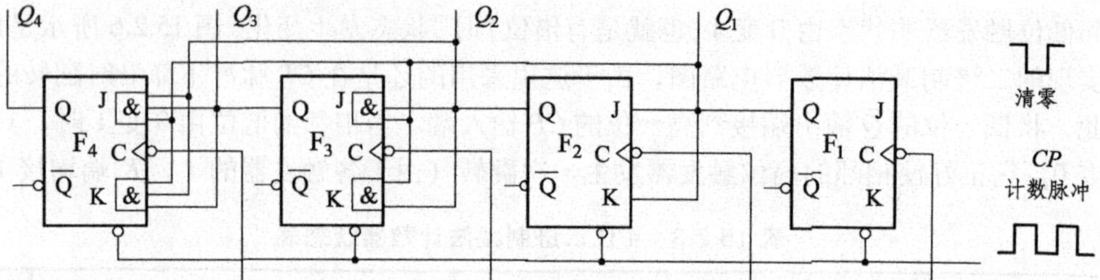

图 15.2.7　同步二进制加法计数器

上式中 $J_1 \sim J_4$，$K_1 \sim K_4$ 分别表示触发器 $F_1 \sim F_4$ 的 J，K 端。此计数器的基本工作原理为：计数器在工作前，先“清零”。当第 1 个 CP 到来时，虽然同时送到 4 个触发器，但只有 $J_1 = K_1 = 1$，所以 F_1 发生翻转，而其他触发器仍保持原态。当第 2 个 CP 到来时，$J_2 = K_2 = Q_1 = 1$，因此 F_2 发生翻转，F_1 也翻转为 0 态，其他两个触发器 F_3，F_4 仍保持 0 态。当第 4 个 CP 到来时，$J_3 = K_3 = Q_1Q_2 = 1$，$J_2 = K_2 = Q_1 = 1$，所以 F_1，F_2 和 F_3 都发生翻转，而 F_4 仍保持 0 态……当第 8 个 CP 到来时，因为 $J_4 = K_4 = Q_1Q_2Q_3 = 1$，所以 4 个触发器全部翻转。其计数状态表同表 15.2.2。

4）同步二进制减法计数器

与同步二进制加法计数器逻辑图相比，两者的区别是将加法计数器中的 Q 端换为 $\bar{Q}$ 端（图略）。同步二进制减法计数器的级间连接规律是 $J_n = K_n = \bar{Q}_1 \cdot \bar{Q}_2 \cdots \bar{Q}_{n-1}$。

2. 十进制计数器

十进制计数器是在二进制计数器的基础上得出的，它用 4 位二进制代码来表示 1 位十进制数，所以也称为二-十进制（BCD）计数器。十进制计数器与二进制计数器的根本区别在于十进制计数器只要求 10 种状态，而二进制计数器（4 位）却有 16 种状态。所以，对 4 位二进制计数器加以改造，去掉后面多余的 6 种状态，便可得到十进制计数器。

1）同步十进制加法计数器

图 15.2.8 是 8421BCD 码同步十进制加法计数器的逻辑图。根据图 15.2.8，可以列出各触发器的驱动方程为

$$J_A = K_A = 1$$

$$J_B = Q_A^n \bar{Q}_D^n, \quad K_B = Q_A^n$$

$$J_C = K_C = Q_A^n Q_B^n$$

$$J_D = Q_A^n Q_B^n Q_C^n, \quad K_D = Q_A^n$$

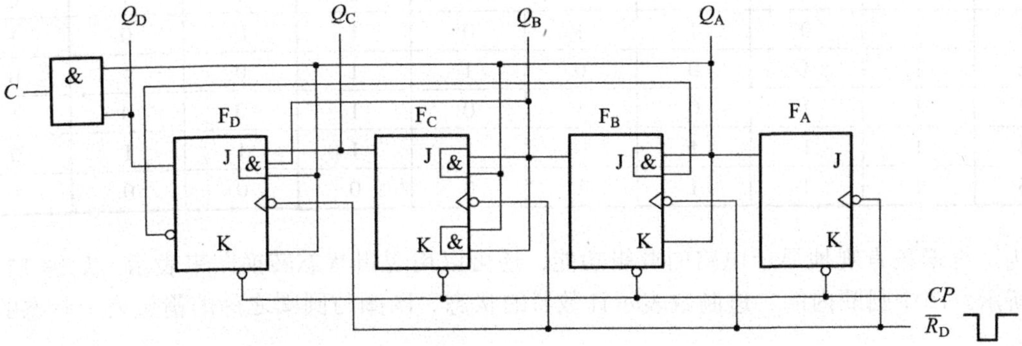

图 15.2.8　同步十进制加法计数器的逻辑图

将上面的驱动方程代入到 JK 触发器的特性方程 $Q^{n+1} = J\bar{Q}^n + \bar{K}Q^n$ 中，可以计算出各触发器的状态方程为

$$Q_A^{n+1} = \bar{Q}_A^n$$

$$Q_B^{n+1} = Q_A^n \bar{Q}_D^n \bar{Q}_B^n + \bar{Q}_A^n Q_B^n$$

$$Q_C^{n+1} = Q_A^n Q_B^n \bar{Q}_C^n + \bar{Q}_A^n \bar{Q}_B^n Q_C^n$$

$$Q_D^{n+1} = Q_A^n Q_B^n Q_C^n \bar{Q}_D^n + \bar{Q}_A^n Q_D^n$$

$$C = Q_D^n Q_A^n$$

根据上式可以列出同步十进制加法计数器的逻辑状态转换表，如表 15.2.4 所示。从表中可知，在 CP 作用下，$Q_DQ_CQ_BQ_A$ 按照 0000—0001—0010—⋯—1001—0000⋯的规律变化，10 个状态为一次循环，而不出现 1010，1011，1100，1101，1110，1111 等 6 个状态。通常将计数循环中出现的状态称为有效状态，计数循环中不出现的状态称为无效状态。计数器在正常工作时，电路状态只在有效状态内循环，不会出现无效状态。但如果外界干扰或其他偶然因素的作用，可能会使逻辑电路出现无效状态，这时如果在时钟脉冲作用下能使电路自动回到某个有效状态，称为电路能自启动。从表 15.2.4 中可以看出，图 15.2.8 所示电路是一个能自启动的十进制计数器。

表 15.2.4　同步十进制加法计数器逻辑状态转换表

序号	现在状态				下一个状态				进位
	Q_D^n	Q_C^n	Q_B^n	Q_A^n	Q_D^{n+1}	Q_C^{n+1}	Q_B^{n+1}	Q_A^{n+1}	C
0	0	0	0	0	0	0	0	1	0
1	0	0	0	1	0	0	1	0	0
2	0	0	1	0	0	0	1	1	0
3	0	0	1	1	0	1	0	0	0
4	0	1	0	0	0	1	0	1	0
5	0	1	0	1	0	1	1	0	0
6	0	1	1	0	0	1	1	1	0
7	0	1	1	1	1	0	0	0	0
8	1	0	0	0	1	0	0	1	0
9	1	0	0	1	0	0	0	0	1
10	1	0	1	0	1	0	1	1	0
11	1	0	1	1	0	1	0	0	1
12	1	1	0	0	1	1	0	1	0
13	1	1	0	1	0	1	0	0	1
14	1	1	1	0	1	1	1	1	0
15	1	1	1	1	0	0	0	0	1

为了更形象直观地显示电路的逻辑功能，还可以用逻辑状态转换图来表示，如图 15.2.9 (a) 所示。图中圆圈内的二进制数表示计数器的状态，圆圈与圆圈之间的箭头表示状态的转换方向。

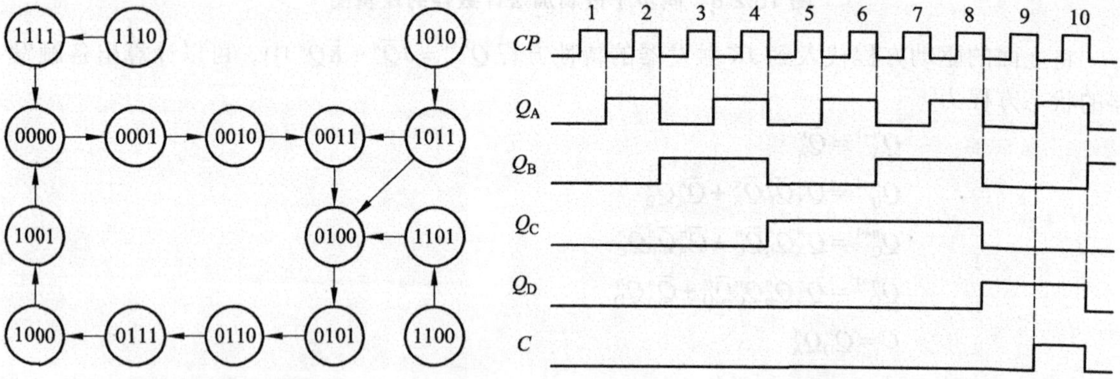

（a）逻辑状态转换图　　　　（b）波形图

图 15.2.9　同步十进制加法计数器的状态转换图和波形图

图 15.2.9 (b) 是同步十进制加法计数器的波形图。从波形图可以看出，计数器输入 10 个脉冲，进位端才输出一个脉冲，故这种计数器不仅可以计数，而且还具有 10 分频的功能。

2）异步十进制加法计数器

图 15.2.10 (a) 是用 4 个主从型 *JK* 触发器组成的异步 1 位十进制加法计数器。下面对 4 个触发器在一个计数周期内的状态变化作简要分析。

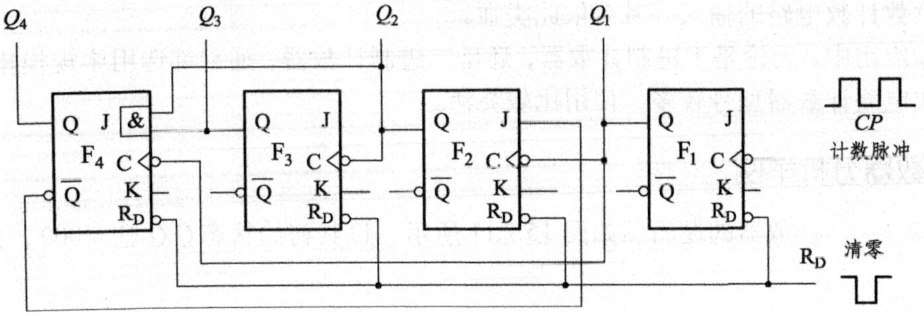

（a）逻辑图

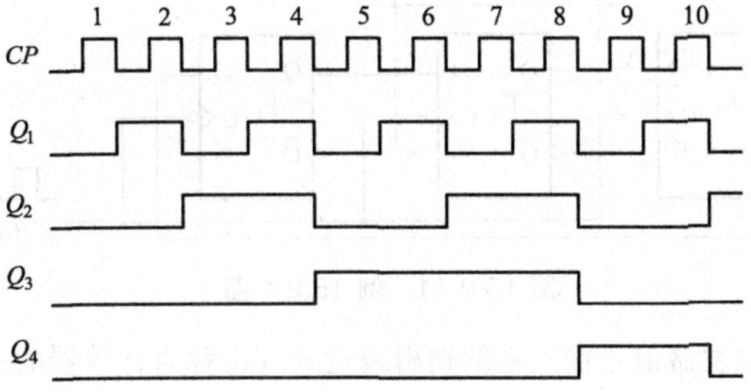

（b）波形图

图 15.2.10　异步十进制加法计数器

图 15.2.10（b）是异步十进制加法计数器的工作波形。从图中可见，F_1 和 F_3 在计数到 1000 以前与二进制计数器中相应的触发器的状态变化完全相同，F_1 是当计数脉冲 CP 每作用 1 次就翻转 1 次，而 F_3 对应于 Q_2 从 1 到 0 的下降沿翻转。因此可以将 F_2 的 CP 直接从 F_1 输入，而 F_2 的输出端 Q_2 直接输入到 F_3 的 CP 端，并使 $J_1 = K_1 = 1$，$J_3 = K_3 = 1$。

在图 15.2.10（b）中可以看到，F_1 从 1 翻转为 0 共有 5 次，在 F_1 第 5 次由 1 翻转为 0 时（即由 1001 翻转为 0000 时），F_2 应保持 0 态不变，因此必须对 F_2 的 J，K 端加以必要的控制，使 F_1 的第 5 次翻转对 F_2 无影响，而对 F_1 的前 4 次翻转却能传递。由于 F_4 在第 8 个 CP 下降沿以前 $\overline{Q}_4 = 1$，而在第 8 个和第 10 个 CP 下降沿之间 $\overline{Q}_4 = 0$，所以可选择 $J_2 = \overline{Q}_4$，$K_2 = 1$。这样在第 8 个 CP 作用时，由于 $J_2 = \overline{Q}_4 = 1$，$K_2 = 1$，使 F_2 翻转为 0 态；而在第 10 个 CP 到来时（即 F_1 第 5 次翻转），由于 $J_2 = \overline{Q}_4 = 0$，$K_2 = 1$，所以 F_2 保持 0 态不变。

F_4 共翻转两次，每次都在 F_1 从 1 翻转到 0 态时发生，故可把 F_1 的输出端 Q_1 作为 F_4 的 CP 输入。但是在一个计数周期中 Q_1 共有 5 个从 1 到 0 的下降沿；所以要抑制 Q_1 前三次的下降沿的影响，而确保后两次的下降沿使 F_4 翻转。注意到两次翻转发生在 0111 和 1001 时，而且在 0111 后 F_4 由 0 态翻转为 1 态，在 1001 后由 1 态翻转为 0 态，因此可以选 $J_4 = Q_3 \cdot Q_2$，$K_4 = 1$。这样在 0111 时，$J_4 = K_4 = 1$，CP_4 的下降沿将使 F_4 由 0 向 1 翻转；而在 1001 时，$J_4 = 0$，$K_4 = 1$，CP_4 作用后将使 F_4 由 1 翻转到 0 态。CP_4（即 Q_1）的其他 4 次下降沿，分别发生在计数脉冲 1，3，5 过后，此时 $J_4 = Q_3 \cdot Q_2$ 均为 0，因此 F_4 能维持 0 态不变。由此即可得出异步十进制加法计数器的逻辑图。

如要构成多位的十进制加法计数器，可以用多个 1 位十进制计数器互相连接而成。这时个位数计数电路输出的进位信号就是十位数计数电路的输入，十位数计数电路输出的进位信号就是百位数计数电路的输入，其余依此类推。

在实际应用中，无论是十进制计数器，还是二进制计数器，通常都选用中规模集成电路，中规模集成电路计数器型号较多，使用比较灵活。

3. 计数器分析举例

例 15.2.1 一计数器的逻辑图如图 15.2.11 所示，设其初始状态 $Q_3Q_2Q_1 = 000$，试说明其逻辑功能。

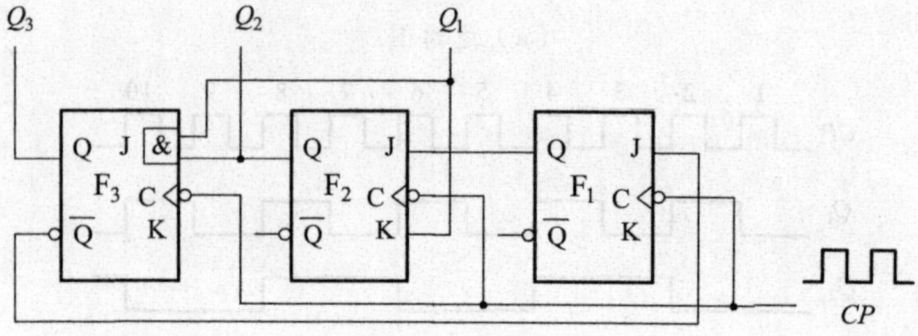

图 15.2.11 例 15.2.1 图

解 (1) 写出各触发器信号输入端的逻辑表达式（也称为计数器的驱动方程）：

$$J_1 = \bar{Q}_3, \quad K_1 = 1$$

$$J_2 = K_2 = Q_1$$

$$J_3 = Q_1 \cdot Q_2, \quad K_3 = 1$$

(2) 将初始状态 000 代入驱动方程，可得 $J_1 = K_1 = 1$；$J_2 = K_2 = 0$；$J_3 = 0$，$K_3 = 1$。当在 C 端输入第 1 个时钟脉冲后，根据各触发器信号输入端的逻辑状态即可确定各触发器的输出状态；F_1 翻转为 1 态。F_2，F_3 维持 0 态，计数器状态变为 001；将这个状态代入驱动方程，便得到第 1 个时钟脉冲作用结束后各触发器的输入状态，根据这些状态，确定在 C 端输入第二个时钟脉冲后，计数器状态变为 010；依此类推，即可得到相应的逻辑状态表（直到计数器恢复初始的 000 状态），如表 15.2.5 所示。由逻辑状态表可见，第 5 个时钟脉冲输入后，计数器状态由 100 恢复为 000，即经过 5 个脉冲循环一次，开始另一个计数周期。所以，图 15.2.11 所示逻辑图为同步五进制加法计数器。

表 15.2.5 例 15.2.1 的逻辑状态表

时钟脉冲数	触发器信号输入端逻辑状态					计数器状态		
	$J_3 = Q_1 \cdot Q_2$, $K_3 = 1$		$J_2 = K_2 = Q_1$	$J_1 = Q_3$, $K_1 = 1$		Q_3	Q_2	Q_1
0	0	1	0	1	1	0	0	0
1	0	1	1	1	1	0	0	1
2	0	1	0	1	1	0	1	0
3	1	1	1	1	1	0	1	1
4	0	1	0	0	1	1	0	0
5	0	1	0	1	1	0	0	0

例 15.2.2 试分析图 15.2.12 所示逻辑图，说明它是具有什么功能的电路。

解 （1）写出各触发器驱动方程：

$$J_1 = \overline{Q}_3, \quad K_1 = 1$$

$$J_2 = K_2 = 1$$

$$J_3 = Q_1 \cdot Q_2, \quad K_3 = 1$$

（2）假设逻辑电路初始状态 $Q_3Q_2Q_1 = 000$，列出状态转换表如表 15.2.6 所示。

所以，图 15.2.12 所示逻辑图为异步五进制加法计数器。

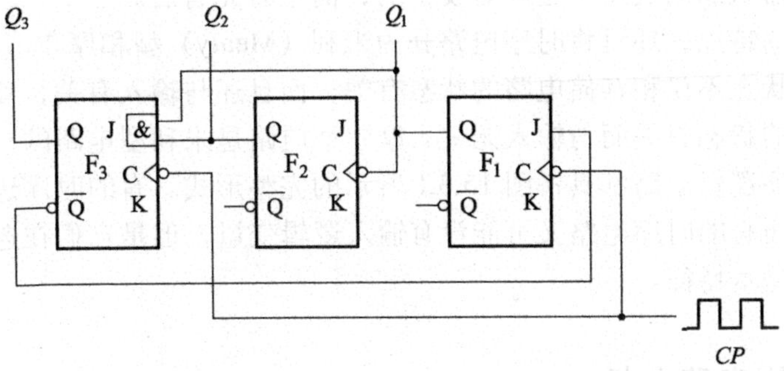

图 15.2.12 例 15.2.2 图

表 15.2.6 例 15.2.2 的状态转换表

计数顺序	电路状态			等效十进制数
	Q_3	Q_2	Q_1	
0	0	0	0	0
1	0	0	1	1
2	0	1	0	2
3	0	1	1	3
4	1	0	0	4
5	0	0	0	0

15.3 时序逻辑电路的分析和设计

时序逻辑电路的结构框图如图 15.3.1 所示，它由组合逻辑电路和存储电路两部分组成，而存储电路是必不可少的；同时，存储电路的输出状态必须反馈到组合电路的输入端，与输入信号一起，共同决定组合逻辑电路的输出。也即，它的输出不仅与当前时刻的输入状态有关，而且还与电路原来的状态（触发器的原态）有关。“时序”的意思是指电路的状态与时间顺序有密切的关系。

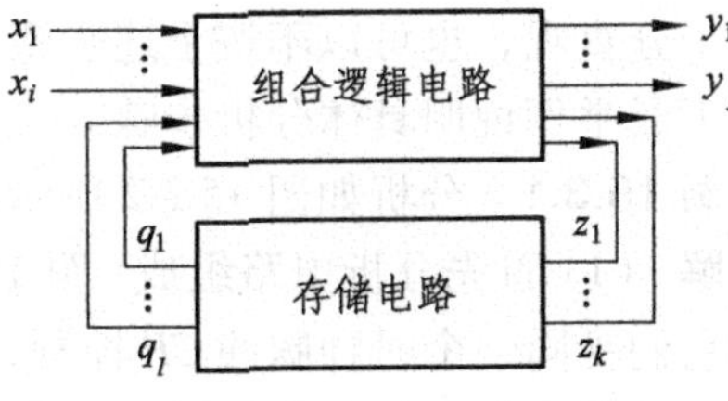

图 15.3.1 时序逻辑电路结构框图

在图 15.3.1 中，$X(x_1, x_2, \cdots, x_i)$ 代表整个时序逻辑电路的输入，$Y(y_1, y_2, \cdots, y_j)$ 代表输出，$Z(z_1, z_2, \cdots, z_k)$ 代表存储电路的驱动信号，

$Q(q_1, q_2, \cdots, q_l)$代表存储电路的输出状态。它们之间的关系可以用下面的三个方程来描述：

$$
\begin{aligned}
&\text{输出方程} \quad & Y(t_n) &= F[X(t_n), Q(t_n)] \\
&\text{驱动方程} \quad & Z(t_n) &= H[X(t_n), Q(t_n)] \\
&\text{状态方程} \quad & Q(t_{n+1}) &= G[Z(t_n), Q(t_n)]
\end{aligned}
\tag{15.3.1}
$$

式中t_n, t_{n+1}表示相邻的两个离散时间。

根据时钟脉冲加入方式的不同，时序逻辑电路可以分为同步时序逻辑电路和异步时序逻辑电路。同步时序逻辑电路中各触发器共用一个时钟脉冲，故各触发器的动作均与时钟脉冲同步。而异步时序逻辑电路的各触发器不共用一个时钟脉冲，因此，各触发器的动作时间不同步，也即各触发器状态的变化不是同时发生的，而是有先有后。

根据输出信号的特点，还可将时序电路分为米利（Mealy）型和摩尔（Moore）型两种。米利型电路的输出状态不仅和存储电路的状态有关，而且还与输入有关；摩尔型电路的输出状态仅与存储电路的状态有关而与输入无关。摩尔型电路是米利型电路的一个特例。

并非所有的时序逻辑电路都具备图 15.3.1 所示的完整形式。有的时序逻辑电路中没有组合逻辑电路部分，而有的时序电路又可能没有输入逻辑变量，但是它们在逻辑功能上仍然具有时序逻辑电路的基本特征。

15.3.1 时序逻辑电路分析

时序逻辑电路的分析就是分析给定逻辑电路的逻辑功能。由于时序电路的逻辑状态是按时间顺序随输入信号的变化而变化，因此，分析时序逻辑电路即是找出电路的输出状态随输入变量和时钟脉冲作用下的变化规律。其一般步骤大致为

（1）分析电路的组成。了解哪些是输入量，哪些是输出量。了解各触发器之间的连接方法和组合电路部分的结构（在不少时序逻辑电路中，都含有组合逻辑电路的部分）。

（2）根据给定的电路，写出每个触发器的时钟方程、驱动方程（即每个触发器输入端信号的逻辑函数表达式）和输出方程（即组合逻辑电路部分的输出逻辑表达式）。

（3）把各个触发器的驱动方程代入触发器的特性方程，得出各触发器的状态方程。

（4）根据状态方程和输出方程，代入已知或者假设的初始状态，即可求出次态和输出，重复多次，直到列出完整的逻辑状态转换表或者状态转换图，画出时序图（波形图）。

（5）根据得到的状态转换表或者状态转换图等，分析该时序电路的状态变化规律，确定其逻辑功能。对于有些时序电路，还需要检查电路能否自启动。

在分析一些较复杂的时序逻辑电路时，必须完全遵循上述步骤。但在分析较简单的时序逻辑电路时，也可能只用其中的几个步骤就可以搞清其逻辑功能。遇到很简单的电路，逻辑关系十分直观，也可以不按上述步骤分析。

下面举例说明具体分析步骤。

例 15.3.1 分析如图 15.3.2 所示时序逻辑电路的功能，假设初始状态为$Q_2Q_1Q_0 = 011$。

解 （1）首先分析电路组成：图 15.3.2 所示时序逻辑电路由 3 个 JK 触发器 F_0，F_1 和 F_2 组成，它们受同一个时钟脉冲 CP 控制，因此是同步时序电路。

（2）写出每个触发器的时钟方程、驱动方程和输出方程。

时钟方程：因为是同步时序电路，3 个触发器均受同一个时钟脉冲控制，故其时钟方程为

$$CP_1 = CP_2 = CP_3 = CP$$

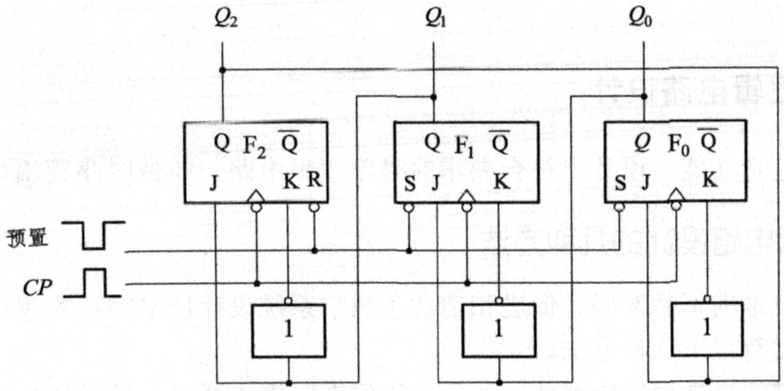

图 15.3.2 例 15.3.1 的逻辑图

驱动方程：触发器 F_0，F_1 和 F_2 对应的 J_0，K_0，J_1，K_1，J_2，K_2 的输入表达式为

$$J_0 = Q_2^n,\quad K_0 = \bar{Q}_2^n$$

$$J_1 = Q_0^n,\quad K_1 = \bar{Q}_0^n$$

$$J_2 = Q_1^n,\quad K_2 = \bar{Q}_1^n$$

输出方程：本电路因为没有单独的组合逻辑电路部分，所以不存在输出方程。

(3) 求各触发器的状态方程。

将上述驱动方程代入 JK 触发器的特性方程 $Q^{n+1} = J\bar{Q}^n + \bar{K}Q^n$ 中，得状态方程

$$Q_0^{n+1} = Q_2^n,\quad Q_1^{n+1} = Q_0^n,\quad Q_2^{n+1} = Q_1^n$$

(4) 由状态方程，代入假设初始状态 $Q_2Q_1Q_0 = 011$，即可列出状态转换表如表 15.3.1 所示。

表 15.3.1 例 15.3.1 的状态转换表

原 状 态			新 状 态		
Q_2^n	Q_1^n	Q_0^n	Q_2^{n+1}	Q_1^{n+1}	Q_0^{n+1}
0	1	1	1	1	0
1	1	0	1	0	1
1	0	1	0	1	1

可见 3 个触发器的状态中，始终有两个为高电平，一个为低电平，并在 CP 脉冲的作用下按表 15.3.1 进行状态转换。图 15.3.3 为其脉冲波形图。因此，这是一个顺序脉冲发生电路。

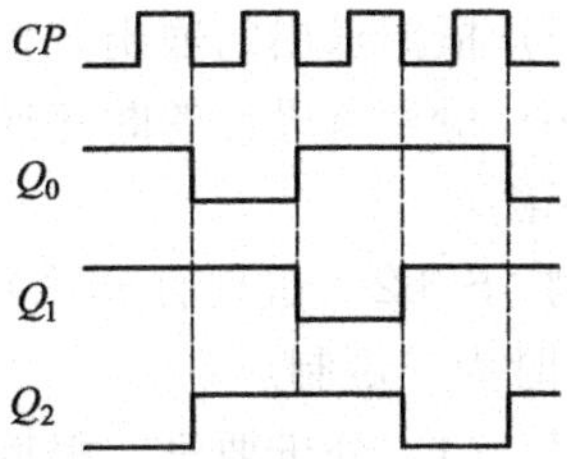

图 15.3.3 例 15.3.1 的波形图

(5) 检查电路能否自启动。在上例电路中有 3 个触发器，理论上 $Q_2Q_1Q_0$ 应该有 8 种状态（000～111），但是由表 15.3.1 看到，该时序电路只利用了其中的 3 个状态，并在这 3 个状态中循环。所以，这里就存在一个电路能否“自启动”的问题。也就是说，当电路由于外界干扰或者其他原因，导致其状态（$Q_2Q_1Q_0$）不是上述 3 个状态之一时，

电路能否回到表 15.3.1 所示的循环中来的问题。请大家自行检查一下本例题的时序电路能否自启动。

15.3.2 时序逻辑电路设计

根据给定的逻辑功能，设计出符合要求的时序逻辑电路，叫做时序逻辑电路的设计。

1. 时序逻辑电路设计的几种方法

新器件和新技术的不断发展，促进和造就了数字系统设计技术的不断改进和完善。时序逻辑电路设计通常有以下几种方法：

（1）采用标准的小规模集成器件、触发器和门电路等，通过一般设计步骤得到符合要求的时序逻辑电路。

（2）采用标准的中、大规模集成电路组件进行逻辑设计。

（3）采用由软件组态的大规模集成器件、微处理器等设计应用系统，如用 VHDL，MaxplusⅡ，PSpice，Multisim 和 Quartus 等软件工具进行设计。

（4）采用可编程的逻辑器件，如 PAL，GAL，PLD，CPLD 和 FPGA 等进行时序逻辑电路和数字系统的设计。

2. 时序逻辑电路设计的一般步骤

同步时序逻辑电路的设计，一般可按照以下步骤进行：

（1）根据设计要求进行逻辑抽象，画出原始状态转换图或者列出状态转换表。在此，需要确定三个问题：输入和输出变量的数目、状态的数目和状态之间的转换关系。

（2）状态化简。如果在状态转换图中有两个以上的状态，它们的输入相同、输出相同，转换到的次态也相同，则称它们为等价状态。显然，等价状态在状态转换图中是重复的，可以合并为一个。所谓状态化简，就是将原始状态图（表）中的等价状态合并，建立最小的状态转换图，从而使所设计的时序电路结构简单。

（3）状态分配。时序逻辑电路的状态是用触发器状态的不同组合来表示的。因此在进行状态分配之前，首先需要确定触发器的数目 n，通常取 $2^{n-1} < N \leqslant 2^n$，其中 N 为状态转换图中的有效状态数目，然后进行状态分配。所谓状态分配就是给时序电路的每一个状态分配一个二进制代码。所以，状态分配又称为状态编码。状态编码的方案多种多样，选择是否合适，应以得到的时序电路中的组合电路是否最简为标准。

（4）选定触发器类型，求出输出方程、状态方程和驱动方程。

（5）根据求出的输出方程和驱动方程画出逻辑电路图。

（6）检查所设计的时序逻辑电路是否具有自启动能力。如果不能自启动，则应采取措施予以解决。

例 15.3.2 试设计一个可控的同步加法计数器，要求当控制信号 $M=0$ 时为六进制，$M=1$ 时为三进制。

解 （1）分析要求。根据题意知，可控同步加法计数器的功能如图 15.3.4 所示。

$$M=0\text{时}，N=6；\ M=1\text{时}，N=3$$

建立原始状态图如图 15.3.5 所示，图中“ M/C_1C_2 ”斜杠左边为控制信号输入，右边表示电路的输出。

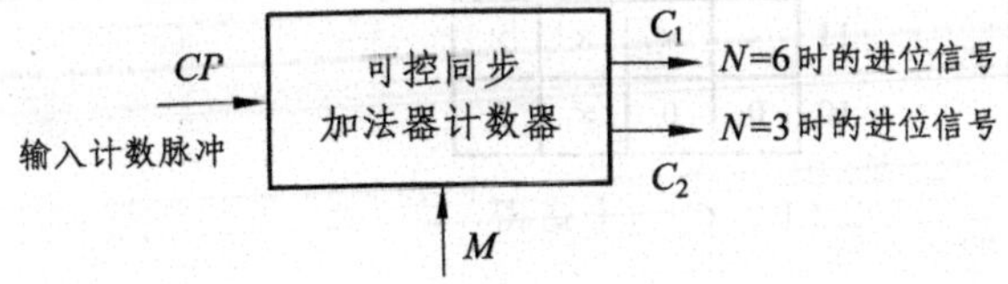

图 15.3.4　可控计数器功能示意图

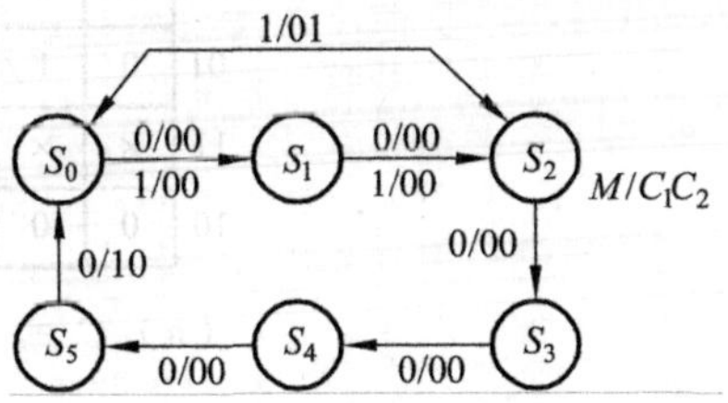

图 15.3.5　原始状态图

（2）确定触发器数目及类型、选择状态编码。$2^n \geqslant N=6$，取 $n=3$，选用 JK 触发器。编码顺序规定为 $Q_3Q_2Q_1$，选

$$S_0=000,\quad S_1=001,\quad S_2=010,\quad S_3=011,\quad S_4=100,\quad S_5=101$$

画出编码后的状态图，如图 15.3.6 所示。

（3）根据编码后的状态图，可以列出所求计数器的次态卡诺图，如图 15.3.7 所示。注意此卡诺图实际上包含了 3 个卡诺图，由此即可求出 3 个触发器的状态方程。

$$\begin{aligned} Q_3^{n+1} &= Q_2^nQ_1^n\bar{Q}_3^n+\bar{Q}_1^nQ_2^n \\ Q_2^{n+1} &= \bar{Q}_3^nQ_1^n\bar{Q}_2^n+\bar{M}\bar{Q}_1^nQ_2^n \\ Q_1^{n+1} &= \bar{Q}_2^n\bar{Q}_1^n+M\bar{Q}_1^n=(\bar{Q}_2^n+\bar{M})\bar{Q}_1^n=\overline{Q_2^nM}\bar{Q}_1^n \end{aligned} \tag{15.3.1}$$

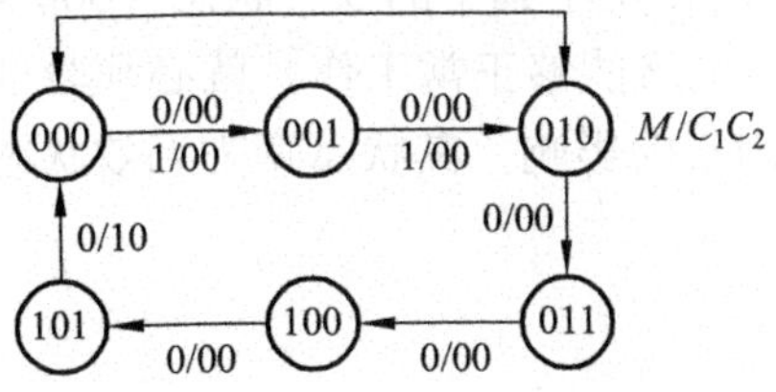

图 15.3.6　编码后的状态图

MQ_3^n \ $Q_2^nQ_1^n$	00	01	11	10
00	001	010	100	011
01	101	000	×	×
11	×	×	×	×
10	001	010	×	×

图 15.3.7　计数器次态卡诺图

（4）根据编码后的状态图，可得到输出 C_1C_2 的卡诺图，如图 15.3.8 所示。由图可得输出方程为

$$C_1=Q_3^nQ_1^n,\quad C_2=MQ_2^n$$

（5）求驱动方程。将状态方程式（15.3.1）与 JK 触发器的特性方程 $Q^{n+1}=J\bar{Q}^n+\bar{K}Q^n$ 作比较可得驱动方程如下

$$\begin{aligned} &J_3=Q_2^nQ_1^n,\quad K_3=Q_1^n \\ &J_2=\bar{Q}_3^nQ_1^n,\quad K_2=\overline{\bar{M}\bar{Q}_1^n} \\ &J_1=\overline{Q_2^nM},\quad K_1=1 \end{aligned}$$

MQ_3^n \ $Q_2^nQ_1^n$	00	01	11	10
00	0	0	0	0
01	0	1	×	×
11	×	×	×	0
10	0	0	×	0

（a） C_1 的卡诺图

MQ_3^n \ $Q_2^nQ_1^n$	00	01	11	10
00	0	0	0	0
01	0	0	×	×
11	×	×	×	×
10	0	0	×	1

（b） C_2 的卡诺图

图 15.3.8 输出 C_1，C_2 的卡诺图

（6）画逻辑图。根据驱动方程可画出可控同步加法计数器的逻辑图，如图 15.3.9 所示。

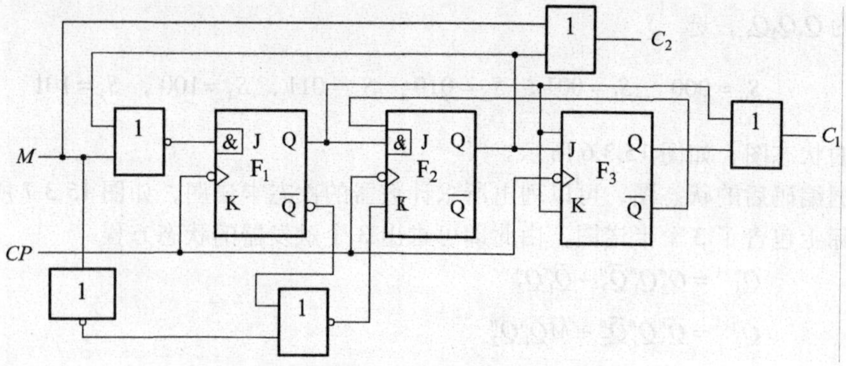

图 15.3.9 可控同步加法计数器

（7）检查自启动。3 个触发器总共有 8 种状态，当 $M=0$ 时使用了其中的 6 种状态（000～101），有两种无效状态（110 和 111）；而 $M=1$ 时使用了其中的 3 种状态（000～010），另外 5 种（011～111）是无效状态。为了使所设计的电路能够正常工作，就必须验证时序电路的自启动能力，也即当电路由于干扰或其他偶然因素的影响，其状态变为无效状态时，电路能够自动回到有效循环中。

15.4 脉冲波形的产生和整形

在数字系统中，除了应用大量的组合和时序逻辑电路外，还常用到一些脉冲波形的产生和整形电路。获取脉冲波形的途径通常有两种：一种是利用各种形式的振荡器直接产生所需要的脉冲波形，在数字系统中常用的振荡器有基本多谐振荡器、环形振荡器和石英晶体振荡器等；另一种则是通过各种整形电路把已有的周期性变化波形变换为符合要求的脉冲波形。常用的整形电路有单稳态触发器、施密特触发器等。

随着集成电路的迅速发展和越来越广泛的应用，脉冲波形的产生和整形电路常常直接用集成电路来实现。555 定时器就是一款应用极为广泛的集成电路。

1. 555 定时器电路结构和功能

555 定时器是一种多用途的数字-模拟混合集成电路，利用它能极方便地构成施密特触发器、单稳态触发器和多谐振荡器。由于使用灵活、方便，因此 555 定时器在波形的产生与变换、测量与控制、家用电器、电子玩具等许多领域中都得到了应用。

图 15.4.1　555 定时器外形

555 定时器主要有 TTL 和 CMOS 两大类，TTL 产品型号最后的 3 位数码都是 555，CMOS 产品型号最后的 4 位数码都是 7555。而且，它们的功能和外部引脚的排列完全相同。图 15.4.1 所示为 8 脚双列直插式封装 555 定时器的外形图。

1）电路结构

如图 15.4.2 所示是国产双极型定时器 CB555 的电路结构图。它由比较器 C_1 和 C_2、基本 *RS* 触发器和集电极开路的放电晶体管 V 三部分组成。

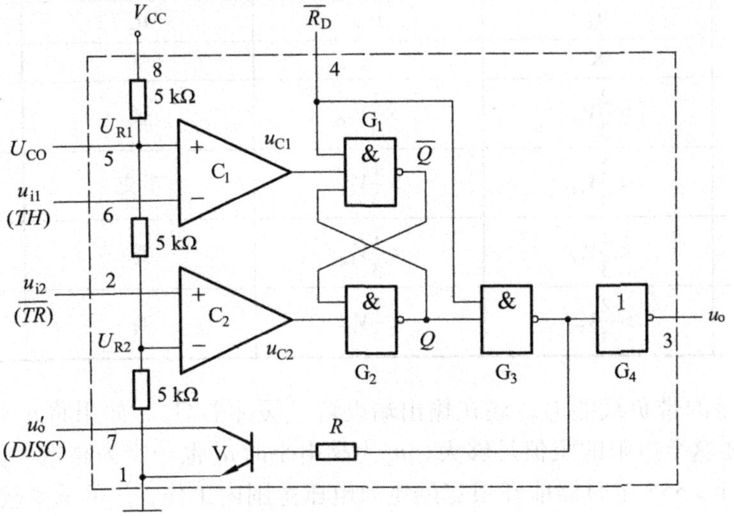

图 15.4.2　CB555 的电路结构图

图 15.4.2 中的数码 1～8 为器件引脚的编号。使用时，8 脚接电源正极，1 脚接地（电源负极），其余各引脚功能分别为

6 脚：u_{i1} 是比较器 C_1 的输入端（也称阈值端，用 *TH* 标注）。

2 脚：u_{i2} 是比较器 C_2 的输入端（也称触发端，用 $\overline{TR}$ 标注）。C_1 和 C_2 的参考电压（电压比较的基准）U_{R1} 和 U_{R2} 由 V_{CC} 经由三个 5 kΩ 电阻分压给出。

3 脚：u_o 电路的输出端。

5 脚：控制电压 U_{CO} 输入端。在控制电压输入端 U_{CO} 悬空时，$U_{R1}=\frac{2}{3}V_{CC}$，$U_{R2}=\frac{1}{3}V_{CC}$。如果 U_{CO} 外接固定电压，则 C_1 和 C_2 的参考电压分别为 $U_{R1}=U_{CO}$，$U_{R2}=\frac{1}{2}U_{CO}$。

4 脚：$\overline{R}_D$ 是置零输入端（也称强制复位端）。只要在 $\overline{R}_D$ 端加上低电平，输出端 u_o 便立即被置成低电平，不受其他输入端的影响。正常工作时必须使 $\overline{R}_D$ 处于高电平。

7 脚：接内部集电极开路的放电晶体管 V 的集电极。

2）555 定时器功能

由图 15.4.2 可知：

当 $u_{i1} > U_{R1}$, $u_{i2} > U_{R2}$ 时，比较器 C_1 的输出 $u_{C1}=0$，比较器 C_2 的输出 $u_{C2}=1$，基本 *RS* 触发器被置 0，V_D 导通，同时 u_o 为低电平。

当 $u_{i1} < U_{R1}$, $u_{i2} > U_{R2}$ 时，$u_{C1}=0$，$u_{C2}=1$，触发器的状态保持不变，因此 V 和输出的状态也维持不变。

当 $u_{i1} < U_{R1}$, $u_{i2} < U_{R2}$ 时，$u_{C1}=1$，$u_{C2}=1$，故触发器被置 1，u_o 为高电平，同时 V 截止。

当 $u_{i1} > U_{R1}$, $u_{i2} < U_{R2}$ 时，$u_{C1}=0$，$u_{C2}=0$，触发器处于 $Q=\bar{Q}=1$ 的状态，u_o 处于高电平，同时 V 截止。

这样即得到了表 15.4.1 所示的 CB555 的功能表。

表 15.4.1 CB555 的功能表

输入			输出	
$\bar{R}_D$	u_{i1}	u_{i2}	u_o	V 状态
0	×	×	低	导通
1	$>\frac{2}{3}V_{CC}$	$>\frac{1}{3}V_{CC}$	低	导通
1	$<\frac{2}{3}V_{CC}$	$>\frac{1}{3}V_{CC}$	不变	不变
1	$<\frac{2}{3}V_{CC}$	$<\frac{1}{3}V_{CC}$	高	截止
1	$>\frac{2}{3}V_{CC}$	$<\frac{1}{3}V_{CC}$	高	截止

为了提高电路的带负载能力，还在输出端设置了缓冲器 G_4。如果将 u_o' 端经过电阻接到电源上，那么只要这个电阻的阻值足够大，u_o 为高电平时 u_o' 也一定为高电平，u_o 为低电平时 u_o' 也一定为低电平。555 定时器能在很宽的电源电压范围内工作，并可承受较大的负载电流。双极型 555 定时器的电源电压范围为 5～16 V，最大的负载电流达 200 mA。CMOS 型 7555 定时器的电源电压范围为 3～18 V，但最大负载电流在 4 mA 以下。

可以设想，如果使 u_{C1} 和 u_{C2} 的低电平信号发生在输入电压信号的不同电平，那么输出与输入之间的关系将为施密特触发特性；如果在 u_{i2} 加入一个低电平触发信号以后，经过一定的时间能在 u_{C1} 输入端自动产生一个低电平信号，就可以得到单稳态触发器；如果能使 u_{C1} 和 u_{C2} 的低电平信号交替地反复出现，就可以得到多谐振荡器。

2. 555 定时器构成的施密特触发器

施密特触发器（Schmitt Trigger）是脉冲波形变换和整形中经常使用的一种电路。它在性能上有两个重要特点：

（1）施密特触发器属于电位触发，当输入信号达到某一特定值时，通过电路内部的正反馈过程使输出电平发生突变，并且输出电压波形的边沿很陡。

（2）当输入信号由小到大达到或超过正向阈值电压 U_{T+} 时，输出高电平翻转为低电平；反之，输入信号由大到小达到或小于负向阈值电压 U_{T-} 时，输出由低电平翻转为高电平；并且两个转换电平（阈值电压）是不相同的。

施密特触发器具有如图 15.4.3 所示的电压传输特性。正向阈值电压 U_{T+} 和负向阈值电压

U_{T-} 的差值称为回差电压 ΔU_T。

利用施密特触发器的上述特点，不仅能将边沿变化缓慢的信号波形整形为边沿陡峭的矩形波，而且还可以将叠加在矩形脉冲高、低电平上的噪声有效地清除。

555 定时器的使用非常灵活，可以构成多种不同形式的施密特触发器，其基本原理大致相同，下面介绍其中的一种。

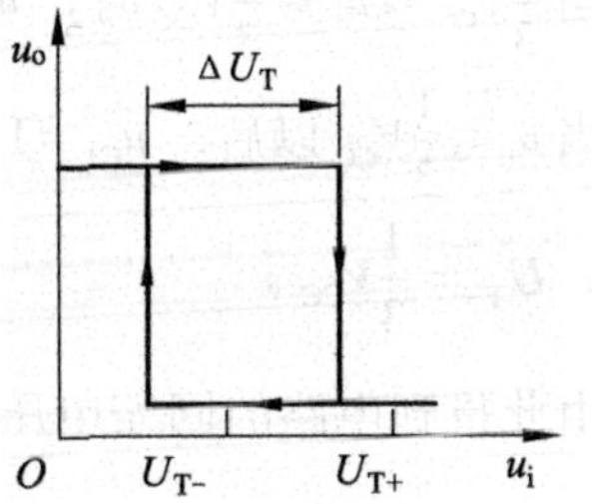

图 15.4.3　用 555 定时器接成的施密特触发器

1）电路结构和工作原理

将 555 定时器的 u_{i1} 和 u_{i2} 的两个输入端连在一起作为信号输入端，如图 15.4.4 所示，即可得到一种简单的施密特触发器。

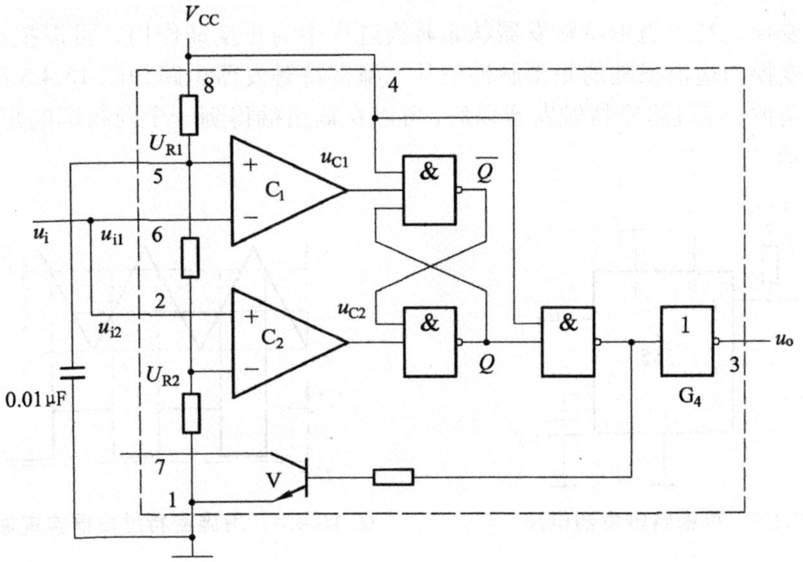

图 15.4.4　用 555 定时器接成的施密特触发器

由于比较器 C_1 和 C_2 的参考电压不同，因而基本 *RS* 触发器的置 0 信号（$u_{C1}=0$）和置 1 信号（$u_{C2}=0$）必然发生在输入信号 u_i 的不同电平。因此，输出电压 u_o 由高电平变为低电平和由低电平变为高电平所对应的 u_i 值也不相同，这样就形成了施密特触发特性。

为提高比较器参考电压 U_{R1} 和 U_{R2} 的稳定性，通常在 U_{CO} 端接有 0.01 μF 左右的滤波电容。

首先我们来分析 u_i 从 0 逐渐升高的过程：

当 $u_i \leqslant \frac{1}{3}V_{CC}$ 时，$u_{C1}=1$，$u_{C2}=0$，$Q=1$，故 $u_o=U_{OH}$（输出电压的高电平）；

当 $\frac{1}{3}V_{CC} \leqslant u_i \leqslant \frac{2}{3}V_{CC}$ 时，$u_{C1}=u_{C2}=1$，故 $u_o=U_{OH}$ 保持不变；

当 $u_i \geqslant \frac{2}{3}V_{CC}$ 时，$u_{C1}=0$，$u_{C2}=1$，$Q=0$，故 $u_o=U_{OL}$（输出电压的低电平）。

因此 $U_{T+}=\frac{2}{3}V_{CC}$。

其次，再看 u_i 从高于 $\frac{2}{3}V_{CC}$ 开始下降的过程：

当$\frac{1}{3}V_{CC} \leqslant u_i \leqslant \frac{2}{3}V_{CC}$时，$u_{C1}=u_{C2}=1$，故$u_o=U_{OL}$保持不变；

当$u_i \leqslant \frac{1}{3}V_{CC}$以后，$u_{C1}=1$，$u_{C2}=0$，$Q=1$，故$u_o=U_{OH}$。

因此，$U_{T-}=\frac{1}{3}V_{CC}$。

由此得到电路的回差电压为$\Delta U_T=\Delta U_{T+}-U_{T-}=\frac{1}{3}V_{CC}$。

如果参考电压由外接的电压U_{CO}供给，则不难看出这时$U_{T+}=U_{CO}$，$U_{T-}=\frac{1}{3}V_{CC}$，$\Delta U_T=\frac{1}{2}U_{CO}$。通过改变$U_{CO}$的值可以调节回差电压的大小。

2）典型应用

(1) 波形变换。利用施密特触发器状态转换过程中的正反馈作用，可以把边沿变化缓慢的周期性信号变换为边沿很陡的矩形脉冲信号。施密特触发器电路如图 15.4.5 所示。当输入信号是一个三角波，经过施密特触发器以后，可以在输出端得到一个同频率的矩形脉冲波形，如图 15.4.6 所示。

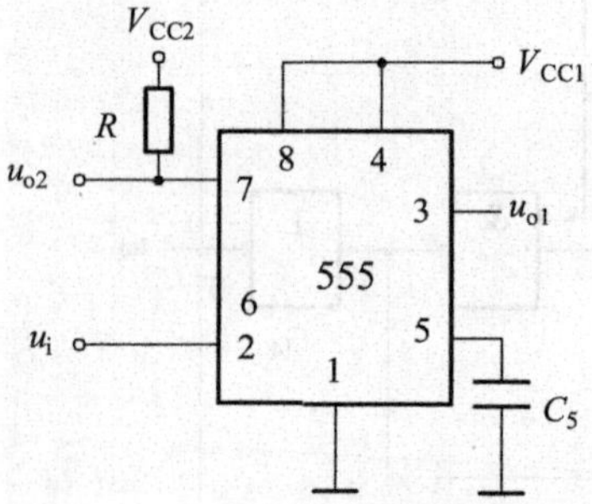

图 15.4.5　施密特触发器电路

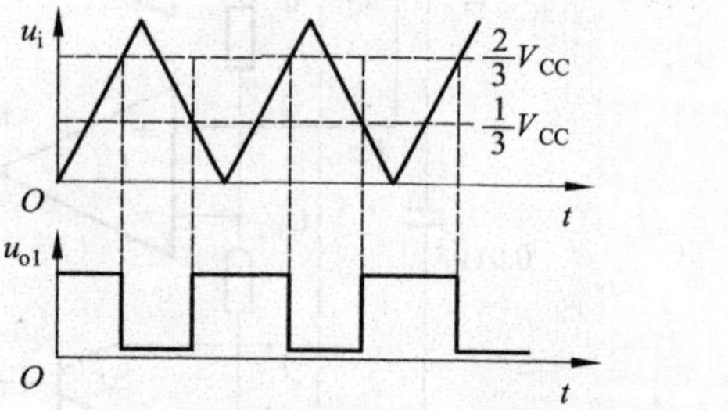

图 15.4.6　用施密特触发器实现波形变换

(2) 波形整形。在数字系统中，脉冲波形经过传输后往往会发生畸变。如波形的上升沿和下降沿变坏，产生振荡以及波形上出现附加噪声等。这时可以通过施密特触发器对波形进行整形，从而获得比较理想的矩形脉冲波形，如图 15.4.7 所示。

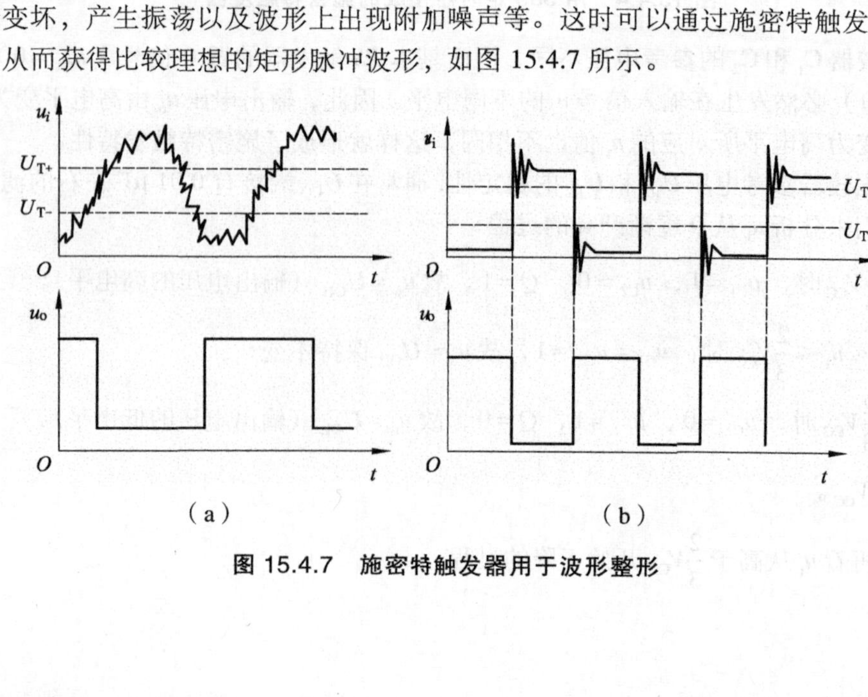

图 15.4.7　施密特触发器用于波形整形

(3) 脉冲幅度鉴别。如果将幅度不同的信号加到施密特触发器的输入端时，只有那些幅度大于正向阈值电压U_{T+}的信号才会在输出端产生输出信号。所以，施密特触发器能将幅度大于正向阈值电压U_{T+}的脉冲信号选出，具有幅度鉴别的能力。

3. 555 定时器构成的单稳态触发器

在 15.1 节介绍的各种触发器均有两个稳定的工作状态，所以又称为双稳态触发器。而单稳态触发器只存在一个稳定工作状态，有以下特点：

(1) 它有稳态和暂稳态两个不同的工作状态。

(2) 在无外加触发信号时，触发器处于稳态；在外界触发脉冲的作用下，能够立即从稳态翻转到暂稳态，在暂稳态维持一段时间以后，再自动返回稳态。

(3) 暂稳态维持时间的长短取决于电路本身的参数（如电路阈值电压、外接电阻和电容的参数等），而与触发脉冲的宽度和幅度无关。

由于单稳态触发器具有这些特点，所以被广泛地应用于脉冲整形、延时（产生滞后于触发脉冲的输出脉冲）以及定时（产生固定时间宽度的脉冲信号）等。

1）电路结构和工作原理

若以 555 定时器的u_{i2}端作为触发信号的输入端，并将由 V 和 R 组成的反相器输出电压u_o'接至 6 脚，同时对地接入电容 C，就构成了如图 15.4.8 所示的单稳态触发器。

图 15.4.9 所示是在触发信号作用下u_C和u_o相应的波形。输出脉冲的宽度t_W等于暂稳态的持续时间，而暂稳态的持续时间取决于外接电阻 R 和电容 C 的大小。

$$t_W = RC\ln\frac{V_{CC}-0}{V_{CC}-\frac{2}{3}V_{CC}} = RC\ln 3 \approx 1.1RC \tag{15.4.1}$$

通常 R 的取值在几百欧 至几兆欧之间，电容的取值范围为几百皮法至几百微法。必须注意，随着t_W宽度的增加，它的精度和稳定度也将下降。

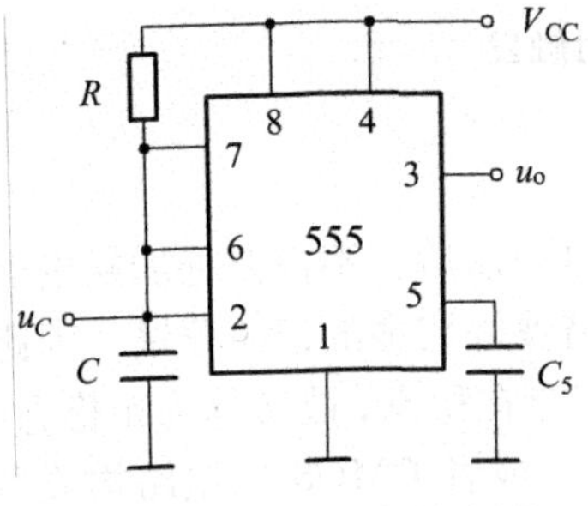

图 15.4.8　单稳态触发器

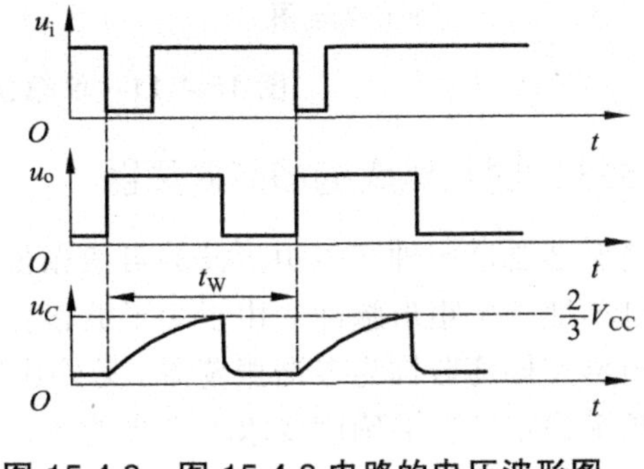

图 15.4.9　图 15.4.8 电路的电压波形图

2）典型应用

(1) 用单稳态触发器进行脉冲定时。在图 15.4.10 (a) 所示电路中，当触发脉冲u_i下降沿到来时，使单稳态触发器的输出 B 翻转到暂态（高电平），同时将与门打开，使输入信号 A 能够通过与门到达输出端。因为暂态的持续时间为t_W，所以与门的开放时间仅为t_W，从而起到定时的作用。

（2）利用单稳态触发器进行延时触发。在图 15.4.11（a）所示电路中，单稳态触发器的输出 u_o 的下降沿比输入触发脉冲 u_i 的下降沿延时出现了 t_W，因此利用 u_o 的下降沿去触发后面的电路（见图 15.4.11 中的 *JK* 触发器），比用 u_i 的下降沿直接触发时延时 t_W 的时间。这就是单稳态触发器的延时作用。

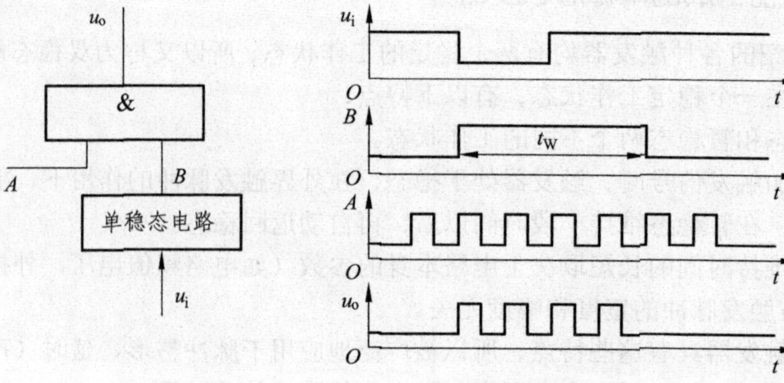

（a）电路示意图　　　（b）工作波形图

图 15.4.10　单稳态触发器进行脉冲定时

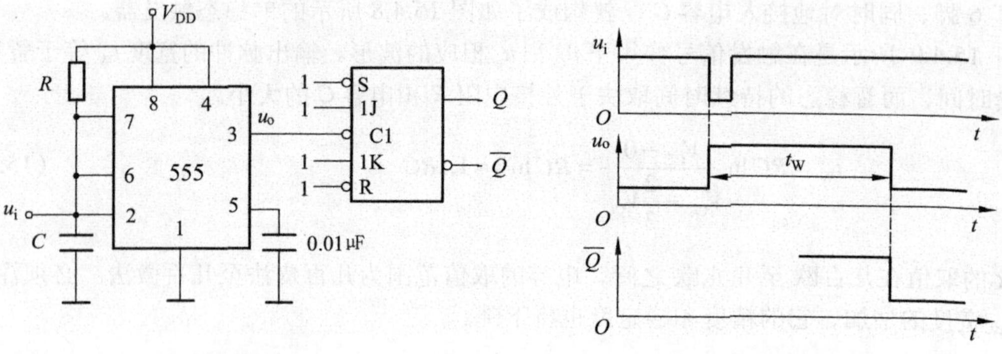

（a）电路图　　　（b）波形图

图 15.4.11　单稳态触发器的延时触发

4. 555 定时器构成的多谐振荡器

多谐振荡器是一种产生矩形波的自激振荡器。在接通电源以后，不需要外加触发信号，便能够自动地产生矩形脉冲。由于矩形波包含基波和高次谐波等较多的谐波分量，因此习惯上又把矩形波振荡器称为多谐振荡器。另外这类电路因为不存在稳态，故又称为无稳态电路。通常在频率稳定度和准确度要求不太高的场合，可采用 TTL 或者 CMOS 门电路构成多谐振荡器；当对频率稳定度要求比较高时，可在多谐振荡器电路中接入石英晶体，组成所谓的石英晶体多谐振荡器。由 555 定时器可以方便地构成不同形式的多谐振荡器，其性能可满足大多数的应用。下面介绍一种由 555 电路构成的多谐振荡器。

图 15.4.12 所示是用 555 定时器构成的多谐振荡器的电路图。前面已经介绍过，用 555 定时器能很方便地接成施密特触发器，那么我们可以先把它接成施密特触发器，然后在施密特触发器的基础上再改接成多谐振荡器。

通常的方法是把施密特触发器的反相输出端经 RC 积分电路接回到它的输入端。因此，只要将 555 定时器的 2 脚和 6 脚的两个输入端连在一起接成施密特触发器，然后再将 u_o 经 RC 积分电路接回到它的输入端即可。

电容上的电压 u_C 将在 $U_{T+}\left(\frac{2}{3}V_{CC}\right)$ 与 $U_{T-}\left(\frac{1}{3}V_{CC}\right)$ 之间往复振荡，u_C 和 u_o 波形如图 15.4.13 所示，故电路的振荡周期为

$$T=T_1+T_2=(R_1+R_2)C\ln 2+R_2C\ln 2=(R_1+2R_2)C\ln 2 \tag{15.4.2}$$

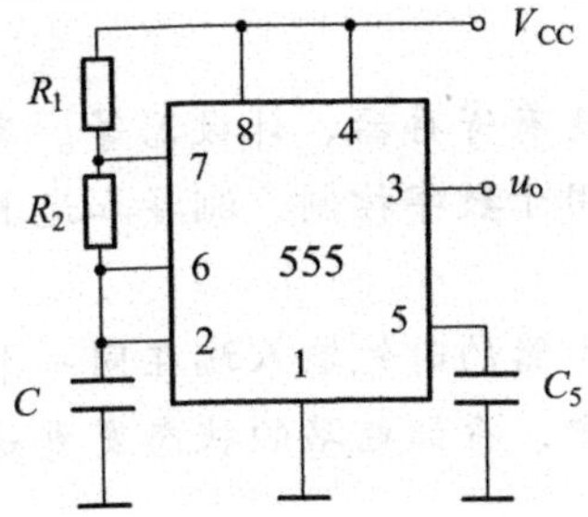

图 15.4.12　多谐振荡器

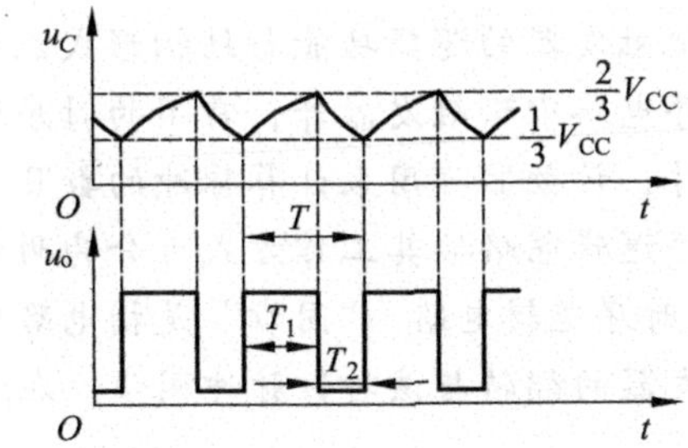

图 15.4.13　图 15.4.12 电路的电压波形图

输出脉冲的占空比为

$$q=\frac{T_1}{T}=\frac{R_1+R_2}{R_1+2R_2} \tag{15.4.3}$$

通过改变 R 和 C 的参数即可改变振荡频率。用 CB555 组成的多谐振荡器最高的振荡频率达 500 kHz，而用 CB7555 组成的多谐振荡器最高的振荡频率可达 1 MHz。

例 15.4.1　试用 CB555 定时器设计一个多谐振荡器，要求振荡周期为 1 s，输出脉冲幅度大于 3 V 而小于 5 V，输出脉冲的占空比 $q=2/3$。

解　由 CB555 的特性参数可知，当电源电压取为 5 V 时，在 100 mA 的输出电流下输出电压的典型值为 3.3 V，所以取 $V_{CC}=5$ V 可以满足对输出脉冲幅度的要求。若采用图 15.4.14 所示的电路，根据式（15.4.3）可知

$$q=\frac{R_1+R_2}{R_1+2R_2}=\frac{2}{3}$$

故可得 $R_1=R_2$。

又由式（15.4.2）知

$$T=(R_1+2R_2)C\ln 2=1$$

若取 $C=10\ \mu F$，则代入上式得到

$$R_1=\frac{1}{3C\ln 2}$$
$$=\frac{1}{3\times 10^{-5}\times 0.69}$$
$$=48\ (k\Omega)$$

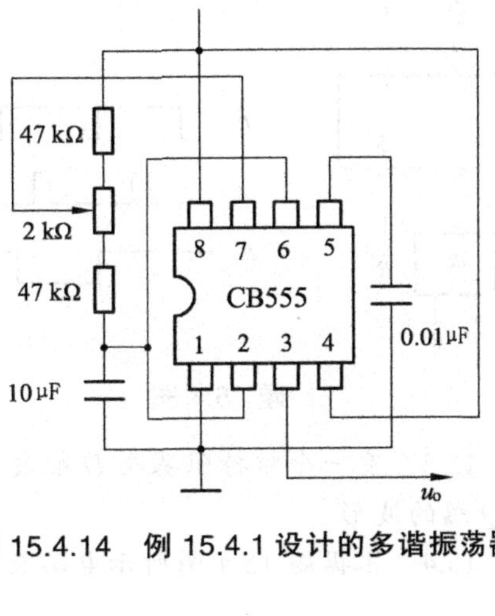

图 15.4.14　例 15.4.1 设计的多谐振荡器

因 $R_1 = R_2$，所以取两只 47 kΩ 的电阻与一个 2 kΩ 的电位器串联，即得到图 15.4.14 所示的设计结果。

小 结

（1）触发器是时序逻辑电路中重要的基本逻辑单元。同一种类型的触发器，可以用不同的电路结构形式来实现。反之，同一种电路结构形式，可以构成具有不同功能的各种类型的触发器，例如，主从结构形式不仅可以构成 *RS* 触发器，也可以构成 *JK*，*D* 等类型的触发器。所以，不要把触发器的逻辑功能与结构形式混为一谈。

（2）时序电路中除触发器外，常用的时序逻辑部件还有寄存器、计数器等。寄存器是存放数码的部件；计数器可用来计算脉冲的数目，进而可用于数字控制、测量和运算。

（3）时序逻辑电路按其工作方式可分为两大类。

① 同步时序逻辑电路。"同步"是指电路中所有触发器的时钟输入端在同一个时钟脉冲控制下，触发器的翻转与该时钟脉冲同步。在这类电路中，存储电路的状态变更是靠时钟脉冲同步的。

② 异步时序逻辑电路。"异步"是指电路中所有触发器的时钟输入端不是在一个时钟控制下，有的触发器翻转与外加的时钟信号不同步。

（4）555 定时器是一种应用非常广泛的集成电路，以此器件为基础，外配少量的电阻、电容等元件，即可构成各种应用电路。本章介绍了由 555 定时器构成的施密特触发器、单稳态触发器和多谐振荡器。

习 题

15.1　如题 15.1 图所示，已知 A，B 和 $\overline{R}$ 的波形，试画出 $\overline{S}$，Q 和 $\overline{Q}$ 的波形。

15.2　TTL 主从 *JK* 触发器的输入端 J，K，$\overline{S}_D$，$\overline{R}_D$ 及 CP 的波形如题 15.2 图所示。试画出输出端 Q 的波形图。

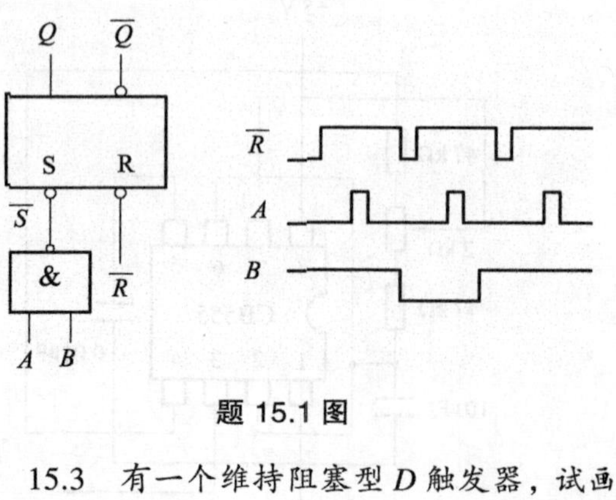

题 15.1 图

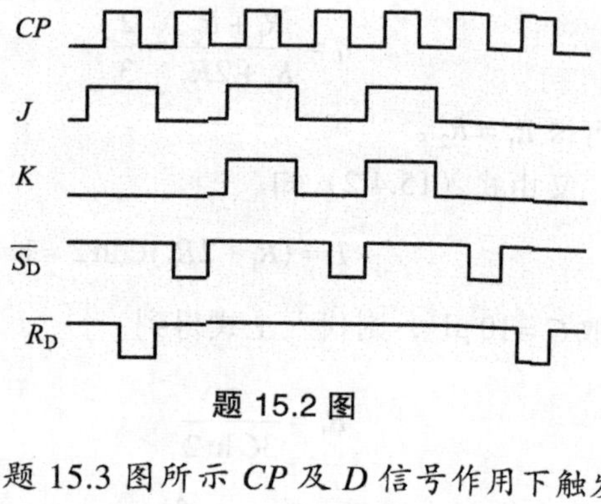

题 15.2 图

15.3　有一个维持阻塞型 *D* 触发器，试画出在如题 15.3 图所示 CP 及 D 信号作用下触发器 Q 端的波形。

15.4　根据题 15.4 图所示电路及 A，B，C 波形，画出 Q 的波形（设触发触器初态为 0）。

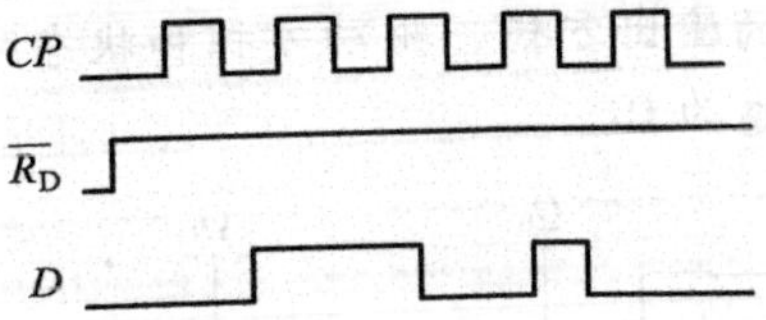

题 15.3 图

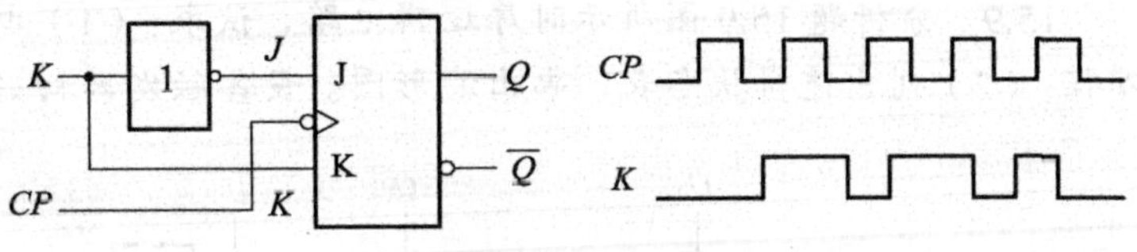

题 15.4 图

15.5　由 *JK* 触发器组成的电路及其 *CP*，*J* 端输入波形如题 15.5 图所示，试画出 *Q* 端的波形（设初态为 0）。

15.6　由 *D* 触发器和边沿 *JK* 触发器组成的电路如题 15.6 图所示，各输入端波形如题 15.6 图所示。当各触发器的初态为 0 时，试画出 Q_1 和 Q_2 端的波形，并说明此电路的功能。

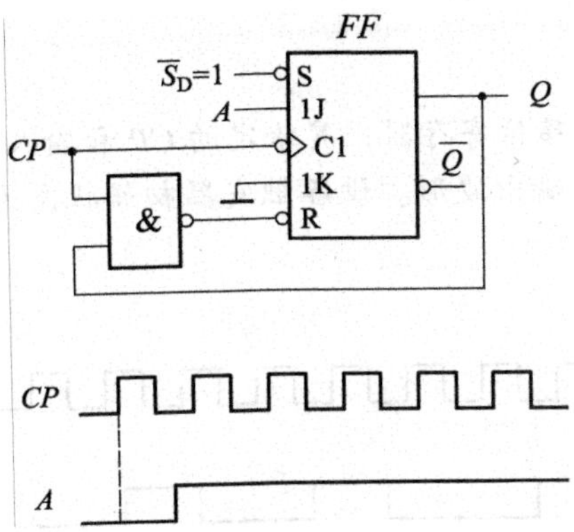

题 15.5 图

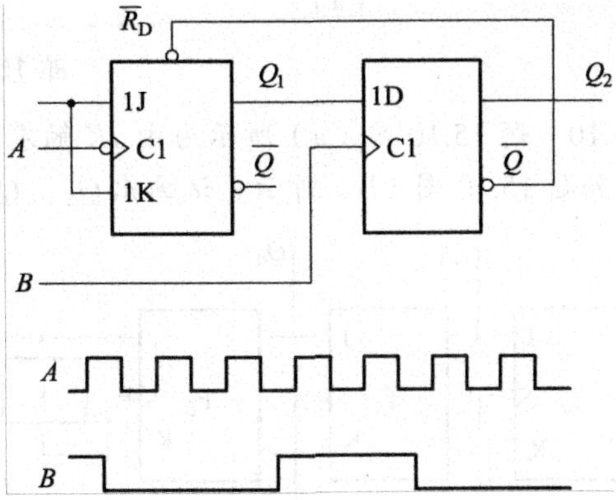

题 15.6 图

15.7　如题 15.7 图所示电路为由 *D* 触发器构成的 2/3 分频电路（即在 *A* 端每输入 3 个脉冲，在 *Z* 端就输出 2 个脉冲），试画出电路在 *CP* 作用下，Q_1，Q_2，*Z* 各点波形。设初态 $Q_1 = Q_2 = 0$。

15.8　如题 15.8 图所示为主从型 *JK* 触发器组成的时序逻辑电路，试求：（1）写出电路的输出方程、驱动方程和状态方程；（2）列出 $A=1$ 时的逻辑状态表，画出波形图（4 个 *CP* 脉冲）；（3）若 $A=0$，则电路的工作情况如何？设各触发器初始状态为 0。

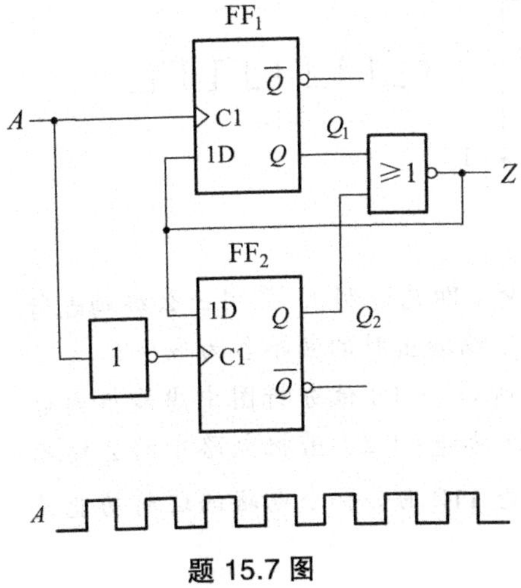

题 15.7 图

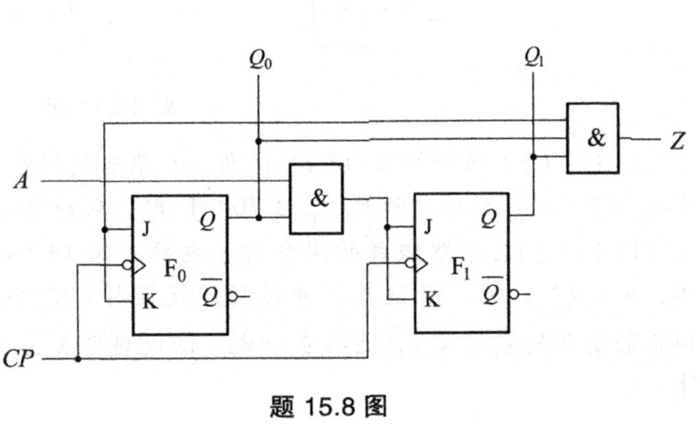

题 15.8 图

15.9　分析题 15.9 图所示时序逻辑电路，试求：(1) 电路的输出方程、驱动方程和状态方程；(2) 列出逻辑状态表，画出波形图。设各触发器初始状态为 0。

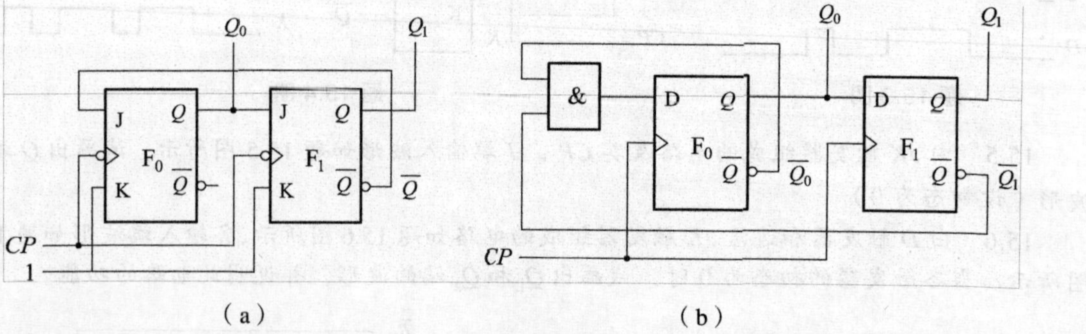

题 15.9 图

15.10　题 15.10 图 (a) 所示为由 *JK* 触发器组成的移位寄存器；其给定的 *CP* 和输入信号的波形如题 15.10 图 (b) 所示。试画出 Q_0，Q_1 和 Q_2 的输出波形。设各触发器初始状态为 0。

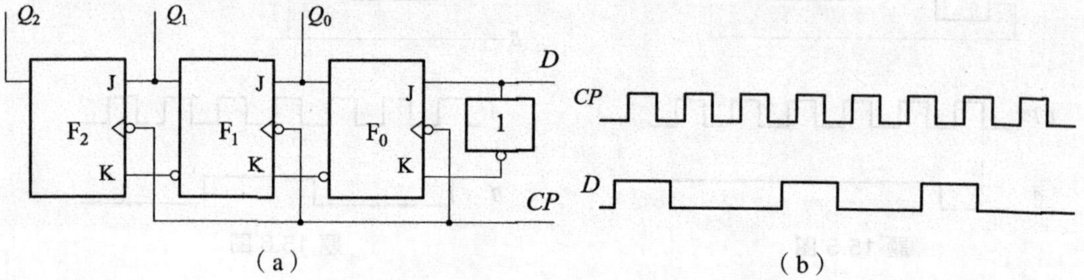

题 15.10 图

15.11　已知题 15.11 图所示逻辑电路和 *C* 脉冲的波形，试画出 Q_0，Q_1 及 *F* 的波形，设 Q_0，Q_1 的初始状态均为 "0"。若 *C* 脉冲的周期是 1 s，试求继电器 KA 线圈每次通电的时间。

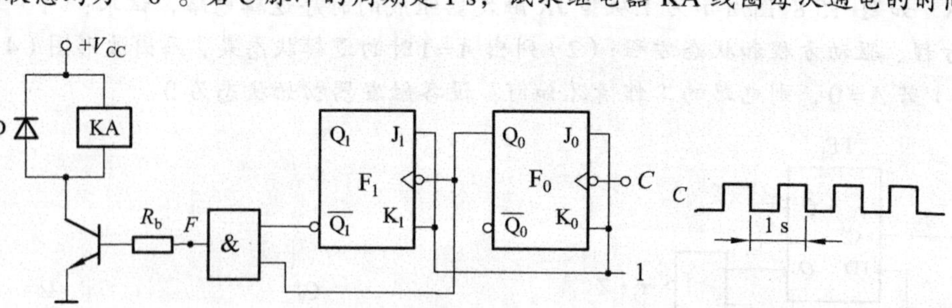

题 15.11 图

15.12　(1) 试分析题 15.12 图所示计数器的模是多少（即几进制），采用什么编码进行计数；(2) 若计数脉冲频率 f_{CP} 为 700 Hz 时，从 Q_2 端、Q_0 端输出时的频率各为多少？

15.13　TTL 电路组成的同步时序电路如题 15.13 图所示。(1) 试分析图中虚线框内电路，画出 Q_1，Q_2，Q_3 波形，并说明虚线框内电路的逻辑功能；(2) 若把电路中的 *Z* 输出和各触发器的置零端 $\overline{CR}$ 连接在一起，试说明当 $X_1X_2X_3$ 为 110 时，整个电路的逻辑功能是什么？

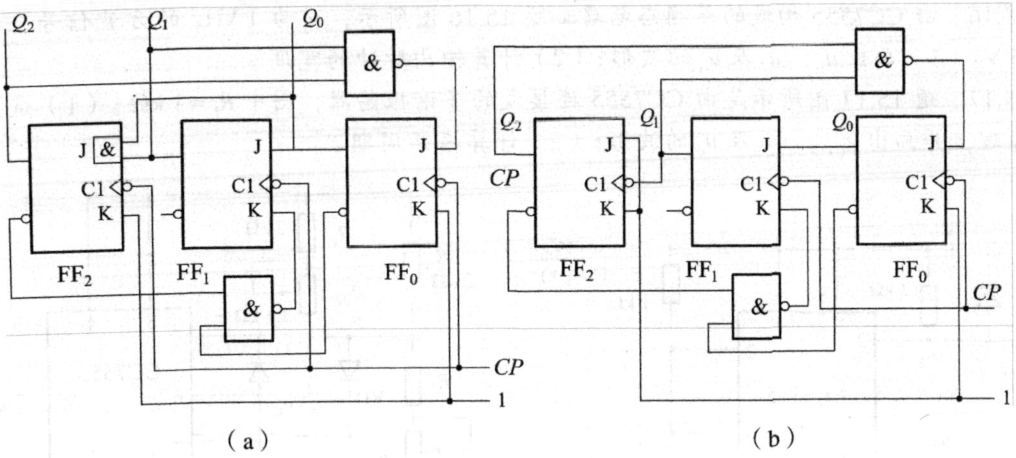

题 15.12 图

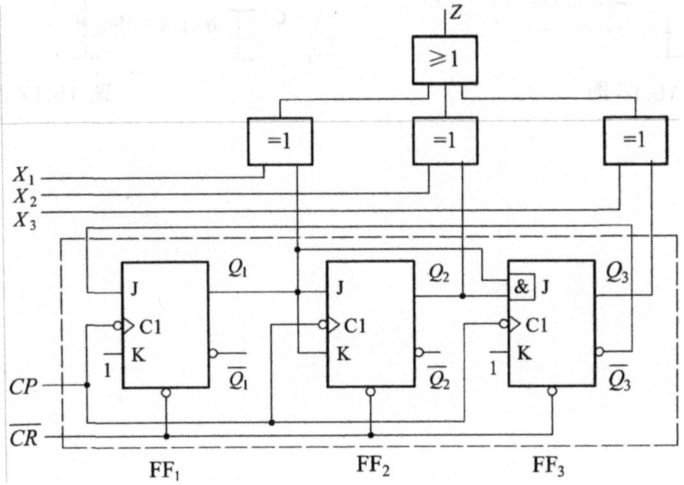

题 15.13 图

15.14 用集成定时器组成的过电压监视电路如题 15.14 图所示，u_X是被监视电压，试说明电路实现监视的原理。

15.15 题 15.15 图所示为一简易触摸开关电路。当手摸金属片时，发光二极管亮，经过一定时间后，发光二极管自动熄灭。试说明其工作原理，并问发光二极管能亮多长时间？

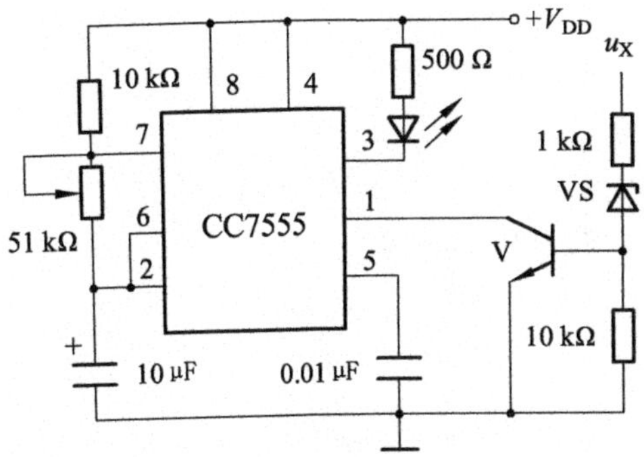

题 15.14 图

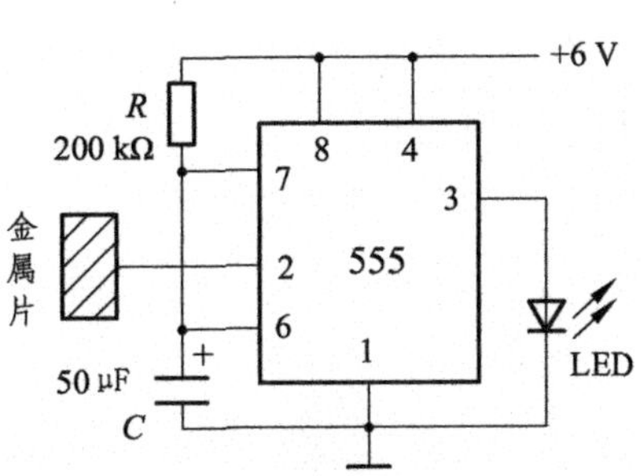

题 15.15 图

15.16　由 CC7555 构成的单稳态电路如题 15.16 图所示，u_i 为 1 kHz 的方波信号，其幅度为 5 V。（1）画出 u_i，u_2 及 u_o 的波形；（2）计算输出脉冲的宽度。

15.17　题 15.17 图所示是由 CC7555 连接成的多谐振荡器，图中 $R_1 = 1\ \text{k}\Omega$。（1）试分析振荡原理，并画出 u_{C1}，u_{C2} 及 u_o 的波形；（2）计算振荡周期 T。

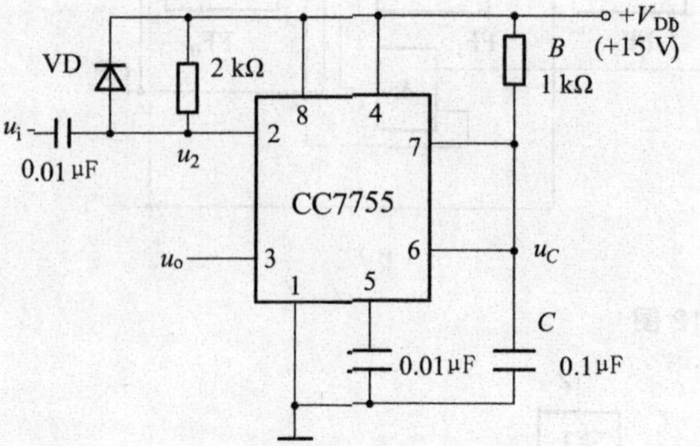

题 15.16 图

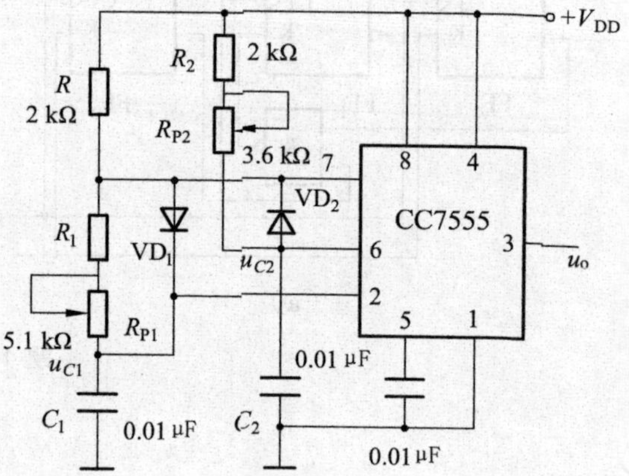

题 15.17 图

第 16 章

数/模与模/数转换器

提　要　随着科学技术的飞速发展，数字电子计算机在工业、科技、国防等领域已获得普遍应用。在这些领域中，大量出现的模拟量如流量、温度、压力、速度等都是随时间而连续变化的量。工程上常将这些模拟量通过传感器变换成相应的电量，但它仍然是模拟量。为了能用数字系统处理并控制这些模拟信号，首先需将这些模拟量转换成数字量，然后送数字系统进行处理。数字系统处理后的数字量，往往还需将它转换成模拟量，以便实现对模拟系统的自动控制。因此，本章先讨论 D/A 转换器（DAC），然后再介绍 A/D 转换器（ADC）。

16.1　数/模（D/A）转换器

将数字量转换成模拟量的电路称为数/模转换器，简称 D/A 转换器或 DAC（Digital to Analog Converter）。将模拟量转换成数字量的电路称为模/数转换器，简称 A/D 转换器或 ADC（Analog to Digital Converter）。D/A 转换器和 A/D 转换器是联系数字系统和模拟系统之间不可缺少的部件，通常称为二者之间的接口。如图 16.1.1 所示为 A/D 和 D/A 转换器应用示意图。

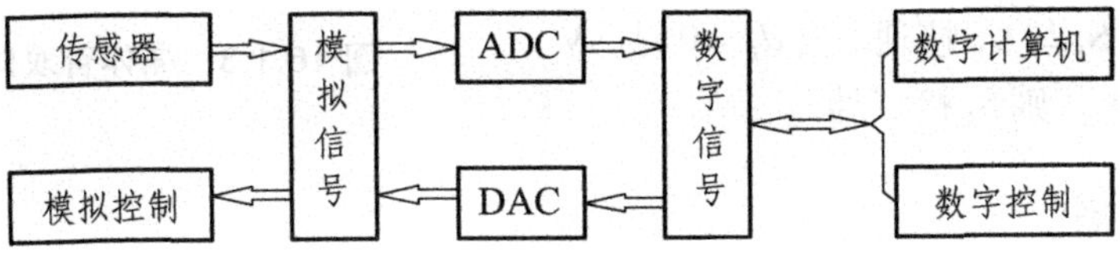

图 16.1.1　A/D 和 D/A 转换器应用示意图

常见的数/模转换器有权电阻网络 D/A 转换器和 T 型电阻网络 D/A 转换器。

16.1.1　权电阻网络 D/A 转换器

图 16.1.2 所示为权电阻网络 D/A 转换器的原理电路。它由权电阻网络、电子开关、基准电压源和运算放大器等部分组成。

1. 电子开关的作用及其组成

双向电子开关 S_{n-1}, S_{n-2}, …, S_0 分别受输入二进制数码 d_{n-1}, d_{n-2}, …, d_0 的控制。每一位二

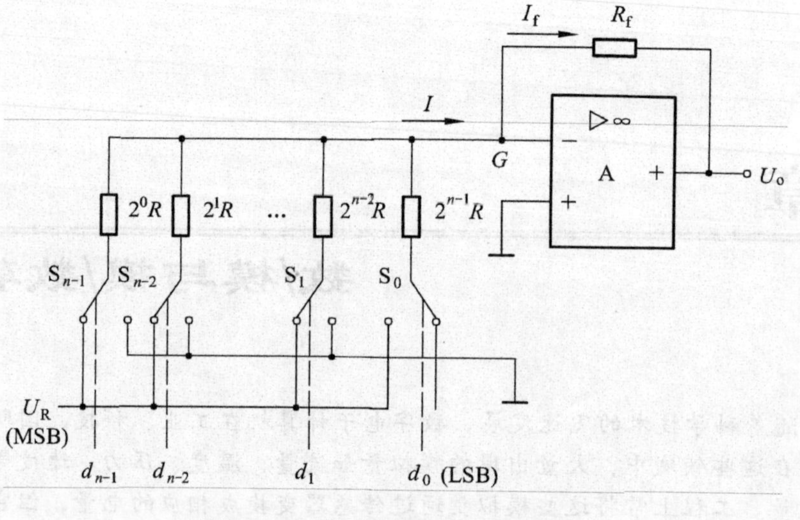

图 16.1.2 权电阻网络 D/A 转换器

进制数 d_k（0 或 1）控制一个相应的单刀双位开关 $S_k (k=0, \cdots, n-1)$。当 $d_k=1$ 时，由它控制的开关接到位置 1，将该位的权电阻与基准电压源 U_R 接通；当 $d_k=0$ 时，由它控制的开关接到位置 0，将该位的权电阻接“地”。这样，开关的状态就表示了相应位的二进制数码。如 5 位二进制数是 11010，则开关 S_0 接“地”；S_1 接基准电压源；S_2 接“地”；S_3 和 S_4 接基准电压源。

电子开关由晶体管或场效应晶体管构成。图 16.1.3 所示的电子开关原理电路是由双极型晶体管构成的。V_1 和 V_2 组成反相器。d_k 是用双极型转换的某位数字量，此处作为 k 个电子开关的输入，用 d_k 来控制 S_k 的状态。当 $d_k=1$ 时，V_2 饱和导通，V_1 截止，则 S_k 与 U_R 接通。当 $d_k=0$ 时，V_1 饱和导通，V_2 截止，则 S_k 接“地”。

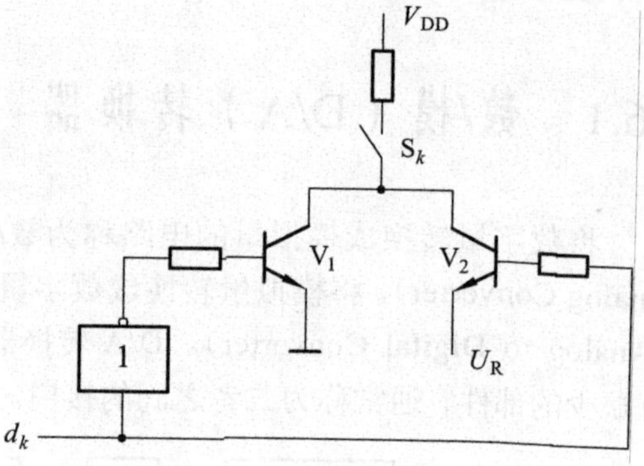

图 16.1.3 晶体管双向电子开关

2. 权电阻网络

通常二进制数是由 1 或 0 两个数码按数位组合起来表示的。每位数码都有一定的权。如二进制 $DCBA=1010$，第一位的权是 $2^0=1$，0 表示这一位没有数值；第二位的权是 $2^1=2$，1 表示这一位的数值为 2；第三位的权是 $2^2=4$，0 表示这一位没有数值；第四位的权是 $2^3=8$，1 表示这一位的数值为 8。由此可见，为了将二进制数字量转换成相应的模拟量，必须将每一位的数码按其权值转换成相应的模拟量，然后将各位的模拟量相加，则所得总模拟量与输入数字量成正比。这就是数字量转换为模拟量的原理。

为了对二进制数字进行转换，权电阻必须按二进制数码的权取值，如 $2^0R, 2^1R, \cdots, 2^{n-1}R$ 等。对应的位越高，权值越大，相应的电阻值越小（d_{n-1} 为最高位，电阻值 2^0R 最小）。就是说，权电阻网络的电阻取值也符合二进制规律。由于电阻阻值和每一位的“权”相对应，所以称为权电阻网络。

3. 运算放大器

运算放大器输入端的权电阻网络构成反相加法运算电路。这样，就可以将权电阻网络所转换得的各位模拟量相加，最后获得 D/A 转换。

在图 16.1.2 中，G 点为运算放大器的虚地点。当 $d_k=1$ 时，S_k 接通 U_R，流过第 k 位权电阻的电流 $I_k=U_R/R_k$；当 $d_k=0$ 时，$I_k=0$。综合起来 I_k 可表示为

$$I_k=\frac{U_R}{R_k}d_k$$

由图 16.1.2 可知，权电阻网络输出电流 I 为各电阻支路电流之和，即

$$I=\frac{d_{n-1}U_R}{2^0R}+\frac{d_{n-2}U_R}{2^1R}+\cdots+\frac{d_0U_R}{2^{n-1}R} \tag{16.1.1}$$

根据运算放大器的工作原理

$$I_f=-U_O/R_f$$

而 $I\approx I_f$，代入式（16.1.1），经过整理得

$$U_O=-\frac{U_RR_f}{R}\left(\frac{d_{n-1}}{2^0}+\frac{d_{n-2}}{2^1}+\cdots+\frac{d_0}{2^{n-1}}\right) \tag{16.1.2}$$

此式表明：输出模拟电压的大小与输入二进制数的大小成正比，从而实现了数字量到模拟量（D/A）的转换，转换系数为 U_RR_f/R。当 $R_f=R/2$ 时

$$U_O=-U_R\left(\frac{d_{n-1}}{2^1}+\frac{d_{n-2}}{2^2}+\cdots+\frac{d_0}{2^n}\right) \tag{16.1.3}$$

当输入数字量为全 0 时，$U_O=0$，而输入数字量为全 1 时，$U_O=-\frac{2^n-1}{2^n}\times U_R$，因此模拟电压 U_O 的最大变化范围为 $0\sim-\frac{2^n-1}{2^n}U_R$。

例 16.1.1 设 $U_R=-10\text{ V}$，试分别求出二进制数 1010 和 1111 相对应的模拟输出量。

解 根据式（16.1.3）可得：

（1）当数字量为 1010 时

$$U_O=10\times\left(\frac{1}{2^1}+\frac{0}{2^2}+\frac{1}{2^3}+\frac{0}{2^4}\right)=6.25\ (\text{V})$$

（2）当数字量为 1111 时

$$U_O=10\times\left(\frac{1}{2^1}+\frac{1}{2^2}+\frac{1}{2^3}+\frac{1}{2^4}\right)=9.375\ (\text{V})$$

显然，输出模拟量与输入数字量成正比。

权电阻网络 D/A 转换器的优点是电路结构简单，可适用于各种有权码。这种 D/A 转换器的精确度主要取决于权电阻的精确度和运算放大器的稳定性。事实上，权电阻的阻值有一定

的误差，且易受温度变化的影响，位数较多时，阻值分散性很大，这是这种 D/A 转换器的缺点。因此在集成的 D/A 转换器中很少采用。

16.1.2 T 型电阻网络 D/A 转换器

1. D/A 转换器

T 型电阻网络 D/A 转换器只采用了 R，$2R$ 两种阻值的电阻，克服了权电阻网络 D/A 转换器的不足。T 型电阻网络 DAC 在提高转换速度和减小输出端尖峰脉冲方面性能优于权电阻网络 DAC，因此，在集成 D/A 转换芯片中得到更广泛的应用。

图 16.1.4 所示是 T 型电阻网络 D/A 转换器的原理图。T 型电阻网络由 R，$2R$ 两种阻值的电阻所构成。图中将电子开关置于运算放大器的反相输入端，由于理想运算放大器的虚地特性，故电子开关 S_k 在任何位置时，与电子开关相连的电阻 $2R$ 都被连接到"地"。这样，从 $2R$ 电阻流过的电流就与开关的位置无关，为一恒定值。由上述分析，很容易求出 T 型电阻网络的输入电阻为 R，则从基准电压源 U_R 输出的总电流是固定的，其大小为

$$I = U_R / R$$

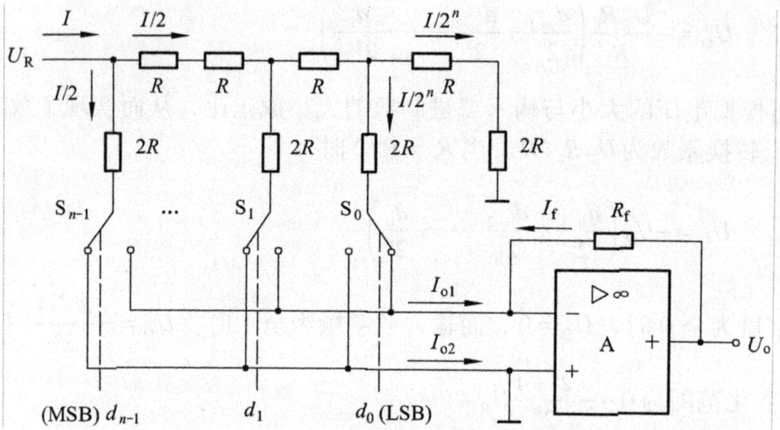

图 16.1.4 T 型电阻网络 D/A 转换器

电流 I 每经一个结点，等分为两路输出，流过每一支路 $2R$ 电阻的电流依次为 $I/2$，$I/4$，…，$I/2^n$。当输入数码的某一位 d_k 为 1 时，则该支路 $2R$ 中的电流流入运算放大器的反相输入端，当 d_k 为 0 时，则电流流到地。为此，输出电流和各支路电流的关系为

$$I_{o1} = \frac{I}{2^1}d_{n-1} + \frac{I}{2^2}d_{n-2} + \cdots + \frac{I}{2^n}d_0 = \frac{U_R}{R}\frac{1}{2^n}(d_{n-1}2^{n-1} + d_{n-2}2^{n-2} + \cdots + d_0 2^0)$$

因为 $I_{o1} = -I_f$，故 D/A 转换器的输出模拟电压 U_O 为

$$U_O = -\frac{U_R}{R}\frac{R_f}{2^n}(d_{n-1}2^{n-1} + d_{n-1}2^{n-2} + \cdots + d_0 2^0) \tag{16.1.4}$$

即 T 型电阻网络 D/A 转换器的输出模拟电压 U_O 与输入的数字量成正比。

一般取 $R_f = R$，则式（16.1.4）可写成

$$U_O = -\frac{U_R}{2^n}(d_{n-1}2^{n-1} + d_{n-2}2^{n-2} + \cdots + d_0 2^0) = -\frac{U_R}{2^n}\sum_{i=0}^{n-1} d_i 2^i \tag{16.1.5}$$

T 型电阻网络 D/A 转换器的特点：电子开关 S_k 不管是接地还是接虚地，流过各支路 $2R$ 电阻中的电流总是近似恒定值。因此，在输入数码变化时 T 型电阻网络中的寄生电容和电感所引起的瞬态过程极短，从而使得 T 型电阻网络 D/A 转换器成为目前 D/A 转换器中转换速度最高的一种，在集成芯片中应用得最广泛。

2. D/A 转换器主要技术指标

不同制造厂家给出的 D/A 转换器的技术指标以及对某些技术指标的定义是有所不同的。衡量 D/A 转换器转换精度的主要技术指标有分辨率、线性度、绝对精度和建立时间。

1）分辨率

DAC 电路所能分辨的最小输出电压增量 U_{LSB} 与最大输出电压 U_m 之比称为分辨率，它是转换器的一个重要参数，其表示式为

$$分辨率 = \frac{U_{LSB}}{U_m} = \frac{U_m/(2^n - 1)}{U_m} = \frac{1}{2^n - 1}$$

例如，$n = 10$ 位的 DAC，其分辨率 $= 1/(2^{10} - 1) \approx 0.000\ 978$，称分辨率为千分之一。由于分辨率的大小仅取决于输入数字量的位数，因此，在一些手册上通常用 DAC 的位数 n 来表示，如 10 位分辨率。

由上述分析可知，当输出电压的最大值一定时，D/A 转换器输入数字量的位数越多，相应 U_{LSB} 越小，也就是其分辨能力越高。

2）线性度

通常用非线性误差的大小来表示 D/A 转换器的线性度，并且把偏离理想的输入-输出特性的偏差与满刻度输出之比的百分数定义为非线性误差。

3）绝对精度

在 D/A 转换器中，任何输入数码所对应的实际模拟电压值与其理想电压值之差的最大值定义为绝对精度。它描述了在整个工作区内实际的输出电压与理想的输出电压之间的最大偏差。

4）建立时间

建立时间是一个重要的动态指标。对于一个理想的 D/A 转换器，当输入数码从一个二进制数转变为另一个二进制数时，模拟输出量应立即从原来的输出值跳变到与新的数码值相对应的模拟输出值。但是实际上 D/A 转换器内的电容、电感和开关电路均存在时间延迟，即经过一段时间才能使新的模拟量稳定下来，这段时间就是 D/A 转换器的建立时间，它反映了 D/A 转换器的转换速度。

在选用 D/A 转换器时，除了考虑以上介绍的主要技术指标以外，还应了解 D/A 转换器的电源电压、输出方式、输出电压满刻度值及逻辑电平等参数。

16.1.3 集成 D/A 转换器举例

集成 D/A 转换器芯片的型号繁多，按照输入二进制数的位数分类有 8 位、10 位、12 位

和 16 位等多种。8 位的如 DAC0832，DAC0808；10 位的如 DA7533，DA7520；12 位的如 DA7543 等。

现以 CC7520 集成 D/A 转换器（相应的国产型号为 5G7520）为例做简单介绍。

CC7520 是用 CMOS 工艺制作的 10 位 D/A 转换器。因其内部只包含 10 位 T 型电阻网络和 10 个 CMOS 双向模拟开关，故在实际应用时需外接低漂移、高速的运算放大器。而反馈电阻 R_f(10 kΩ) 已集成在片内。基准电源 (−10 ~ +10 V) 及电子开关的电源 (+5 ~ +15 V) 均需外接。CC7520 的外引线排列如图 16.1.5（a）所示。若基准电源为 10 V，则电源提供的总电流为 $I = 10\ \text{V}/10\ \text{k}\Omega = 1\ \text{mA}$。当所有位均为 1 时，输出电压达到最大值约 −9.99 V，当所有位均为 0 时，输出电压为 0 V。

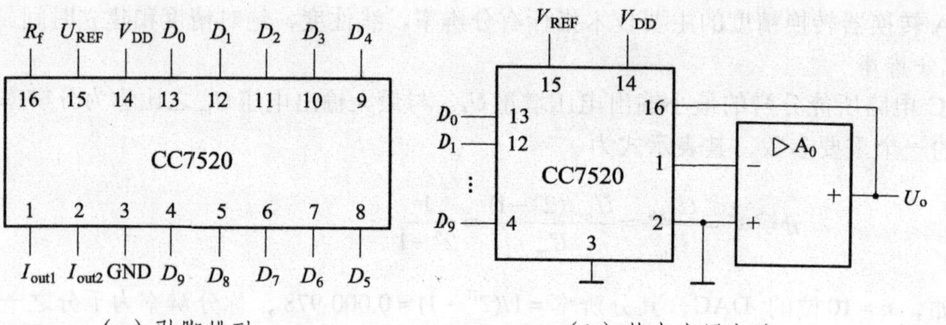

（a）引脚排列　　（b）基本应用电路

图 16.1.5　CC7520 集成 D/A 转换器

在其基本应用电路图 16.1.5（b）中，运算放大器的输出电压为

$$U_O = -\frac{U_{REF}}{2^{10}}(D_9 \cdot 2^9 + D_8 \cdot 2^8 + \cdots + D_1 \cdot 2^1 + D_0 \cdot 2^0)$$

图 16.1.6 是 CC7520 中的 CMOS 电子开关。它由 V_1, V_2, ⋯, V_8, V_9 场效应管所组成，$V_1 \sim V_3$ 组成电平转换电路，使输入信号能与 TTL 电路兼容。$V_4 \sim V_7$ 组成二级反相器，为电子开关 V_8，V_9 的驱动电路。V_8，V_9 构成单刀双掷开关。其工作过程如下：

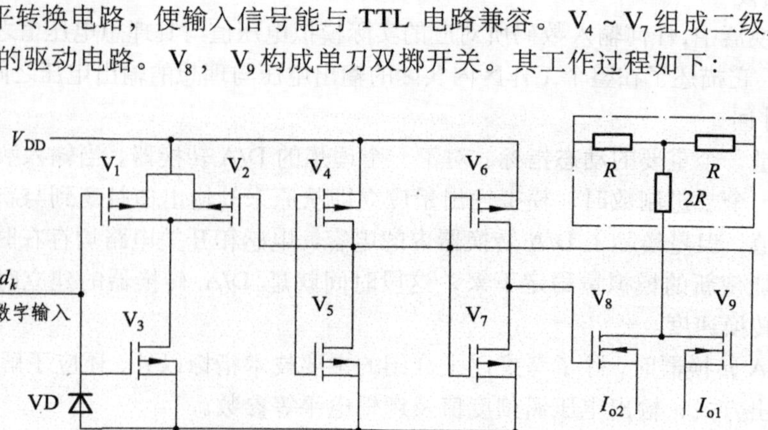

图 16.1.6　CC7520 的 CMOS 电子开关

当输入数码 d_k 为 1 时，输入高电平，V_4，V_5 组成的反相器输出高电平，V_6，V_7 组成的

反相器输出低电平，结果使 V_8 截止，V_9 导通，$2R$ 电阻经 V_9 被接到运算放大器的反相输入端。反之，当 $d_k=0$ 时，输入低电平，V_8 导通而 V_9 截止，$2R$ 电阻经 V_8 接地。

16.2 模/数（A/D）转换器

A/D 转换器的作用是将输入的模拟电压数字化，并转换成在数值上与之成正比的二进制数。目前应用的 A/D 转换器主要有两大类；一类是直接 A/D 转换器，它是将输入模拟电压直接转换成数字量，不经过任何中间变量。这类转换器主要有逐次逼近型 A/D 转换器、并联比较型 A/D 转换器、电荷再分配型 A/D 转换器等。另一类是间接 A/D 转换器，它是先将输入的模拟电压转换成某一中间变量如时间、频率等，再将这个中间变量转换成数字代码。这类转换器主要有单积分 A/D 转换器、双积分 A/D 转换器、四重积分 A/D 转换器、U/F 转换器等。不同的场合要求各异，如数字电压表要求测量准确，对转换速度要求不太高，而在数字通信和数字处理系统中要求转换速度快，对转换精度的要求相对低一些。

在进行 A/D 转换时，一般整个过程包括采样和保持、量化和编码两大步骤。采样和保持利用采样-保持电路来完成，量化和编码则在 A/D 转换器内实现。

将一个时间上和幅值上连续的模拟量 u_I 转换成时间上离散的模拟量 u_S 的过程称为采样，u_S 称为采样电压，如图 16.2.1 所示。

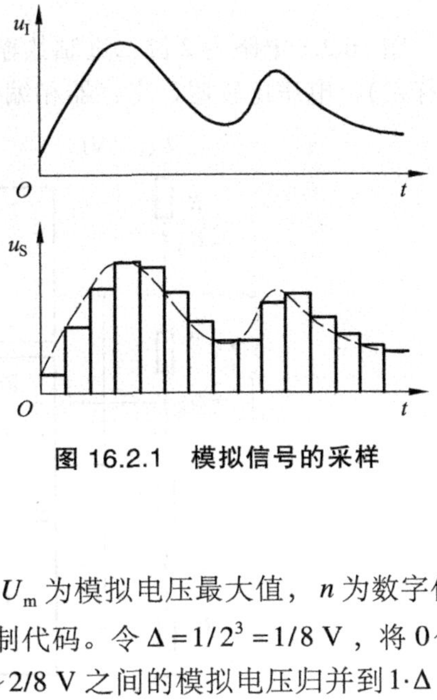

图 16.2.1 模拟信号的采样

采样后，u_I 被转换成连续的相等时间间隔的脉冲信号，其幅值等于采样时输入模拟量的值。由于模拟量的值总是在变化，而 A/D 转换器转换需要一定的时间，所以采样后的电压需要保持一段时间，以备转换，故在 A/D 转换器之前，常设置采样-保持电路。

采样-保持电路的输出信号虽然已经成为阶梯状，但阶梯幅值仍然是连续可变的。为此应将离散的阶梯幅值化为某个规定的最小数量单位的整数倍，通常把采样后的电压幅值化为最小数量单位的整数倍的过程叫做量化。

量化的方法有两种，一种是只舍不入，另一种是有舍有入。

只舍不入的方法：取最小量化单位 $\Delta=U_m/2^n$，其中 U_m 为模拟电压最大值，n 为数字代码位数。例如，把 0～1 V 模拟电压信号转换成 3 位二进制代码。令 $\Delta=1/2^3=1/8\ \text{V}$，将 0～1/8 V 之间的模拟电压归并到 $0\cdot\Delta$，用 000 表示，把 1/8～2/8 V 之间的模拟电压归并到 $1\cdot\Delta$，用 001 表示……，这种方法产生的最大量化误差为 1/8 V。

为了减小量化误差，常采用有舍有入的方法，即取最小量化单位 $\Delta=2U_m/(2^{n+1}-1)$，将 0～$\Delta/2$ 之间的模拟电压归并到 $0\cdot\Delta$，把 $\Delta/2\sim3\Delta/2$ 之间的模拟电压归并到 $1\cdot\Delta$，依此类推。这种方法产生的最大量化误差为 $\Delta/2$。上例中，取 $\Delta=2/15$ V，$0\sim1/15$ V 以内用 000 表示，$1/15\sim3/15$ V 以内用 001 表示……，最大量化误差减小到 $1/15$ V。划分量化电平的两种方法如图 16.2.2 所示。

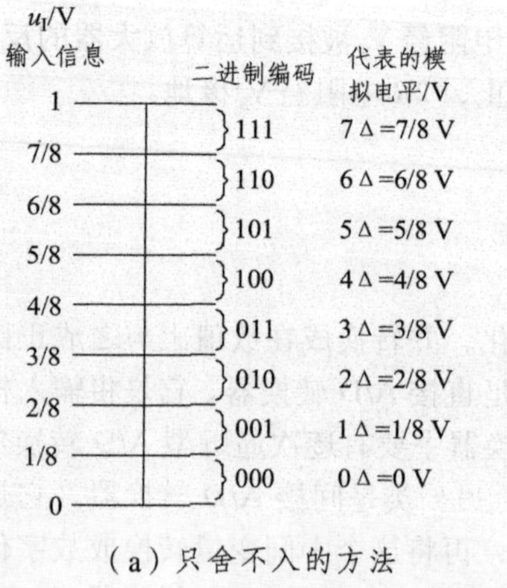

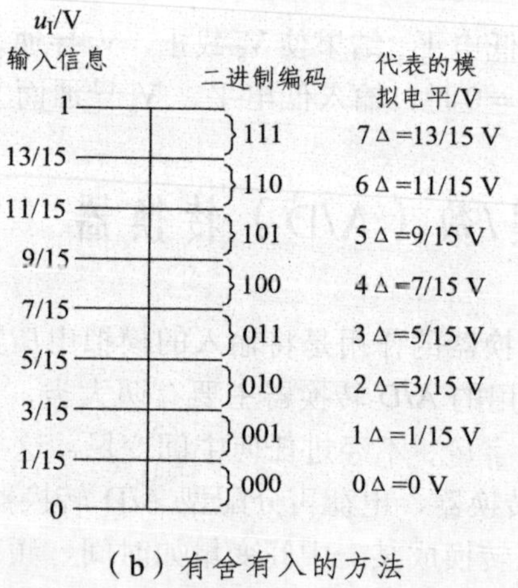

图 16.2.2 划分量化电平的两种方法示意图

用数字代码表示量化结果的过程叫做编码，而这些代码就是 A/D 转换的输出结果。下面以常用的并联比较型和逐次逼近型为例，介绍 A/D 转换器的基本工作原理。

16.2.1 并联比较型 A/D 转换器

图 16.2.3 电路为 2 位二进制数输出的并联比较型 A/D 转换器。整个电路由电阻分压器(量化标尺)、电压比较器、寄存器和编码电路 4 部分组成。

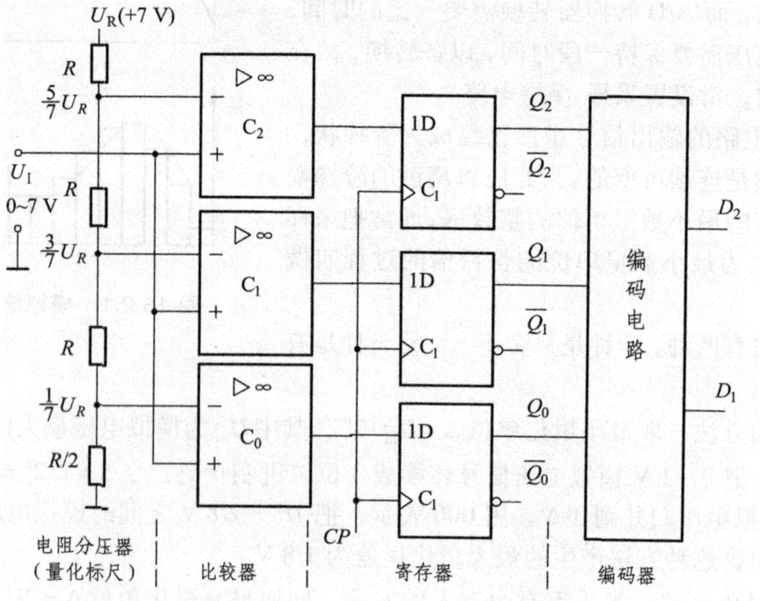

图 16.2.3 并联比较型 A/D 转换器

电路输出为 2 位二进制代码，可等效地表示 4 个不同的电压值，故电阻分压器需将基准电压 U_R（即输入模拟电压的最大值 U_m）分为 $2^2=4$ 个范围。由最小量化单位 $\Delta=2U_R/(2^{n+1}-1)=(2\times7)/(2^3-1)=2$ V，从而求得 3 个基准电压，如图 16.2.3 所示。这 3 个基准电压分别与比较

器 C_0，C_1，C_2 的反相输入端相连。当模拟输入电压 U_I 小于某一基准电压时，则相应比较器的输出为 0，反之输出为 1。若输入模拟电压 U_I 处于 $0 \leqslant U_I < (1/7)U_R$ 时，则所有比较器输出均为 0，即 $C_2C_1C_0 = 000$。若 $(1/7)U_R \leqslant U_I < (3/7)U_R$ 时，则 $C_2C_1C_0 = 001$。其余类同。

比较器 C_0，C_1，C_2 的输出分别接至寄存器的 3 个输入端。在时钟脉冲 CP 的作用下，将 C_0，C_1，C_2 的输出状态移到寄存器的输出端，再经编码电路转换成所需的 2 位二进制代码输出。表 16.2.1 列出输出二进制代码和输入模拟电压之间的对应关系。

表 16.2.1　图 16.2.3 中输入模拟电压和输出数码之间的关系

输入模拟电压 U_I	寄存器状态 $C_2C_1C_0$	数字输出 D_2D_1
$0 \leqslant U_I < (1/7)U_R$	000	00
$(1/7)U_R \leqslant U_I < (3/7)U_R$	001	01
$(3/7)U_R \leqslant U_I < (5/7)U_R$	011	10
$(5/7)U_R \leqslant U_I < U_R$	111	11

注：最大量化误差为 $\Delta/2 = U_R/(2^{n+1}-1)$。

并联比较型 A/D 转换器的特点：它是将输入模拟信号同时转换成输出二进制数的各位代码，其主要优点是具有极高的转换速度，是目前所有 A/D 转换器中速度最高的一种，最快能达到数十纳秒。不足之处是所需硬件较多，对于 n 位二进制数字输出的 A/D 转换器，需用比较器的数目为（2^n-1）。所以，每增加一位输出，硬件数大约需要加倍。因此，一般用于输出位数 $n \leqslant 4$ 的情况。当要求输出位数较多时，可采用并联或串联 A/D 转换，如采用两个 3 位并联比较型 A/D 转换器适当串接，可提供 6 位输出，具体电路请参阅有关资料。

16.2.2　逐次逼近型 A/D 转换器

逐次逼近型 A/D 转换的过程与天平称物重量的过程相似，例如，设被称重物重量为 149 g，而把标准砝码设置为与 8 位二进制数码相对应的权码值，砝码重量依次为 128 g，64 g，32 g，16 g，8 g，4 g，2 g，1 g，相当于数码的最高位为 $D_7 = 2^7 = 128$，直到最低位为 $D_0 = 2^0 = 1$。称重过程如下：

首先，在砝码盘上加 128 g 砝码，经天平比较结果，重物 $149\text{ g} > 128\text{ g}$，则此砝码保留，即相当于最高位数码 D_7 记为 1。其次，再加 64 g 砝码，经天平比较，重量 $149\text{ g} < (128+64)\text{ g}$，则舍下 64 g 砝码，即相当于数码 D_6 记为 0。

重复上述过程，由大到小逐一添加比较，凡砝码总重量小于物体重量的砝码留下，否则舍去所添加的砝码。这样可得保留的砝码为 $128\text{ g}+16\text{ g}+4\text{ g}+1\text{ g}=149\text{ g}$，与重物重量相等，相当于转换的数码为 $D_7D_6D_5D_4D_3D_2D_1D_0 = 10010101$。

逐次逼近型 A/D 转换器被转换的电压相当于天平所称的物体重量，而所转换的数字量相当于在天平上逐次添加砝码所保留下来的砝码重量。

1. 逐次逼近型 A/D 转换器的基本电路

图 16.2.4（a）所示为输出 3 位二进制数码的逐次逼近型 A/D 转换器的原理电路。它由数

码寄存器、D/A 转换器、电压比较器和顺序脉冲发生器等部分组成。3 个触发器 F_2，F_1，F_0 组成 3 位数码寄存器。$F_A \sim F_E$ 接成环形计数器以构成顺序脉冲发生器，各触发器 Q 端的相应波形如图 16.2.4（b）所示。在原理图中，3 位 D/A 转换器输出的相当于砝码值的电压。根据 D/A 转换器原理可知，若 $U_R = 8\ \text{V}$，则 3 位 DAC 所能分辨的最小电压为 $\Delta = U_R / 2^3 = 1\ \text{V}$，为了提高 DAC 的转换精度，DAC 的输出端加负的偏移电压 $\Delta/2$，作为量化误差修正，送入比较器的电压为 $U_f = U_O - \Delta/2$，这样一来转换精度可提高近一倍。

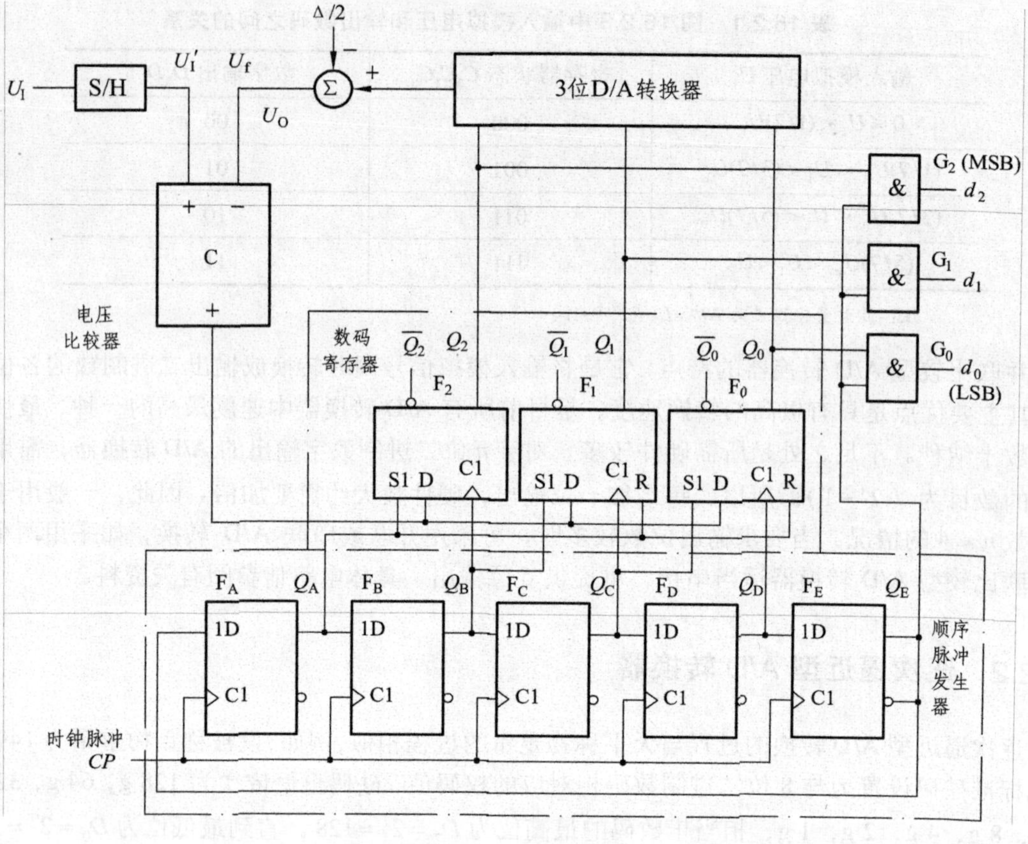

（a）电路图

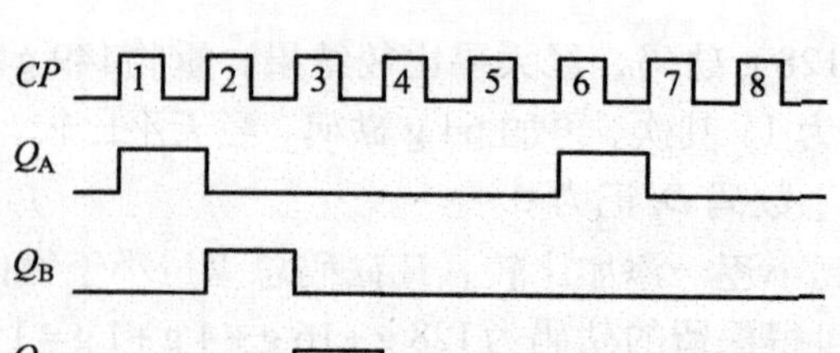

（b）波形图

图 16.2.4　3 位逐次逼近型 A/D 转换器

2. 逐次逼近型 A/D 转换器的工作原理

输入的模拟电压U_I，经采样-保持电路得到采样电压，设为$U_I'=4.65$ V，作用在比较器的同相输入端，而 3 位 D/A 转换器输出经修正后的电压U_f，作用在比较器的反相输入端。因此当$U_f \geqslant U_I'$，比较器输出$C=0$；当$U_f < U_I'$，则比较器输出$C=1$。其电路工作过程如下：

转换开始前，先使$Q_E=1$，而其他$Q_A=Q_B=Q_C=Q_D=0$。

（1）第一个时钟脉冲，使顺序脉冲发生器的状态变为$Q_AQ_BQ_CQ_DQ_E=10000$。由于$Q_A=1$，将高位触发器F_2置 1，而F_1，F_0被置 0。这时加到 D/A 转换器的代码为$Q_2Q_1Q_0=100$。经 3 位 DAC 转换后，得到$U_f=4\Delta-\Delta/2=3.5$ V。则$U_f<U_I'$，比较器输出$C=1$。

（2）第二个时钟脉冲，使顺序脉冲发生器的状态变为$Q_AQ_BQ_CQ_DQ_E=01000$。由于$1D_2=C=1$，故Q_B的正跳变使F_2仍保持 1 态，而F_1被置 1。故第二个时钟脉冲作用的结果：$Q_2=1$保留，Q_1置 1，寄存器输出端的代码为$Q_2Q_1Q_0=110$，经 DAC 转换后得到$U_f=4\Delta+2\Delta-\Delta/2=5.5$ V，则$U_f>U_I'$，比较器输出$C=0$。

（3）第三个时钟脉冲，使顺序脉冲发生器的状态变为$Q_AQ_BQ_CQ_DQ_E=00100$。由于$1D_1=C=0$，故Q_C的正跳变使F_1置 0。同时使F_0置 1。此时，寄存器输出端的代码$Q_2Q_1Q_0=101$，经 DAC 转换后得到$U_f=5\Delta-\Delta/2=4/5$ V，则$U_f<U_I'$，比较器输出$C=1$。

（4）第四个时钟脉冲，使顺序脉冲发生器的状态变为$Q_AQ_BQ_CQ_DQ_E=00010$。由于$1D_0=C=1$，故Q_D的正跳变使F_0仍保留 1 态。寄存器的状态$Q_2Q_1Q_0=101$。

（5）第五个时钟脉冲，使顺序脉冲发生器的状态变为$Q_AQ_BQ_CQ_DQ_E=00001$。寄存器的状态不变，$Q_E=1$，与门G_0，G_1，G_2被选通，即可读取 A/D 转换器输出的数字量$D_2D_1D_0=101$。

由上分析，图 16.2.4 逐次逼近型 A/D 转换器的工作过程可简单地用表 16.2.2 来表示。

图 16.2.4 中的采样-保持电路应与 A/D 转换器同步工作，即Q_E为 1 的读出期间，应同时进行采样，而在$Q_A=1$到$Q_D=1$（即$Q_E=0$）期间为保持时间，也就是 A/D 转换的量化和编码时间。

逐次逼近型 A/D 转换器具有较高的转换速度。对于图 16.2.4 所示的n位 A/D 转换器，转换一次需要$(n+2)$个时钟周期（包括读出周期），位数越多，转换时间也就相应增长。与并联比较型相比，速度要低一些，但所需硬件较少。因而对速度要求不是特别高的场合，逐次逼近型的应用最为广泛。

表 16.2.2　3 位逐次逼近型 A/D 转换器的工作过程（设$U_I'=4.65$ V）

CP 脉冲顺序	寄存器状态 $Q_2Q_1Q_0$	$U_I=U_O-\Delta/2(\Delta=1\text{ V})$	U_I'与U_f	比较器 C 输出状态	该位数码的留与舍
1	100	$4\Delta-\Delta/2=3.5$ V	$U_I'>U_f$	1	Q_2留
2	110	$6\Delta-\Delta/2=5.5$ V	$U_I'<U_f$	0	Q_1留
3	101	$5\Delta-\Delta/2=4.5$ V	$U_I'>U_f$	1	Q_0留
4	101	4.5 V	$U_I'>U_f$	1	$Q_2Q_1Q_0=101$
5	101	4.5 V	$U_I'>U_f$	1	读出 $D_2D_1D_0=101$

目前，集成 A/D 转换器芯片，其产品的型号繁多，性能各异，但是大多数 A/D 转换器是采用逐次逼近型的工作原理。例如，集成 ADC0809 芯片就是采用逐次逼近法进行 8 位转换，

具有功耗低（15 mV）、输入阻抗高等优点。输入模拟电压为 0～5 V，输出为 8 位数字信号，转换时间为 10～50 μs，精度为 ±LSB/2，无需调零和满量程调整。

3. A/D 转换器的主要技术指标

由于 ADC 的电路类型不同，编码方法不同，其指标类型也有所区别。如输出数据为 8421 编码的 BCD 码 ADC 和自然二进制数编码的 ADC，它的转换精度含义和表示方法也不同。现以输出二进制数编码的 ADC 为例介绍主要指标。

1）分辨率

ADC 的分辨率又称分解度。其输出二进制数位数越多，转换精度越高，即分辨率越高。故可用分辨率表示转换精度。常以 LSB 所对应的电压值表示。如 10 位 ADC，当输入的模拟电压满量程为 5 V，则 LSB 所对应的输入电压为 $(1/2^{10})\times5\ \text{V}=4.88\ \text{mV}$；8 位 ADC 为 $(1/2^{8})\times5\ \text{V}=19.53\ \text{mV}$。故 10 位 ADC 分辨率比 8 位 ADC 高。因此，分辨率有时也可用 A/D 转换器的输出数据位数 n 表示。

2）转换速度

转换速度是指完成一次 A/D 转换所需的时间，即指从接到转换控制信号开始，到输出端得到稳定的数字输出信号所经过的这段时间。采用不同的转换电路，其转换速度是不同的。并联型比逐次逼近型要快得多。一般低速的 ADC 为 130 ms，中速为 50 μs 左右，高速约为 50 ns。

3）相对误差

用相对误差可以表示 ADC 转换的误差。它是指对应于某一输出数字量情况下，理论输入值与实际输入值之差再与电路基准电压 U_R 之比。常以 ≤±LSB/2 表示。

此外，还有其他技术指标，如功率损耗、温度系数、输入模拟电压范围以及输出数字信号的逻辑电平等，可参阅有关手册。

小　结

（1）ADC 和 DAC 在计算机的应用中起着重要作用，它们是计算机和外界联系的桥梁，也称为“接口”。事实上，在许多检测、控制和信号处理系统中，系统所能够达到的精度和速度最终是由 A/D、D/A 转换器的转换精度和转换速度所决定的。所以，转换精度和转换速度是 A/D、D/A 转换器最重要的两个技术指标。

（2）在 DAC 中，本章主要介绍了权电阻网络型、T 型电阻网络型 DAC。其主要技术指标——分辨率为 $\dfrac{1}{2^n-1}$ 或者用 DAC 的位数 n 来表示。

（3）ADC 可分为直接 ADC 和间接 ADC 两类。在本章中，主要介绍了并联比较型 ADC 和逐次逼近型 ADC 两种类型。目前以逐次逼近型 A/D 转换器在集成电路中应用较多，这主要是由于它的转换速度较快而所用的器件又比并联比较型少得多。A/D 转换器最主要的性能指标是它的分辨率，通常用 A/D 转换器所输出的二进制代码的位数来表示，位数越多，量化误差越小，转换精度就越高。

习　　题

16.1　设图 16.1.2 中的 $U_R = 10\ \text{V}$，$R_f = 5\ \text{k}\Omega$，$R = 8\ \text{k}\Omega$。求对应输入进制数 11001 和 01110 两种情况下的输出电压。

16.2　某 D/A 转换器的输入为 8 位二进制数字信号（$D_7 \sim D_0$），输出为 0~25.5 V 的模拟电压。若数字信号的最低位是“1”其余各位是“0”，则输出的模拟电压为多少？

16.3　题 16.3 图所示是权电阻 D/A 转换器电路。（1）求输出模拟电压 u_o 和输入数字量的关系式；（2）若 $n=8$，并选最高位（MSB）权电阻 $R_7 = 10\ \text{k}\Omega$，求其他各位权电阻的阻值。

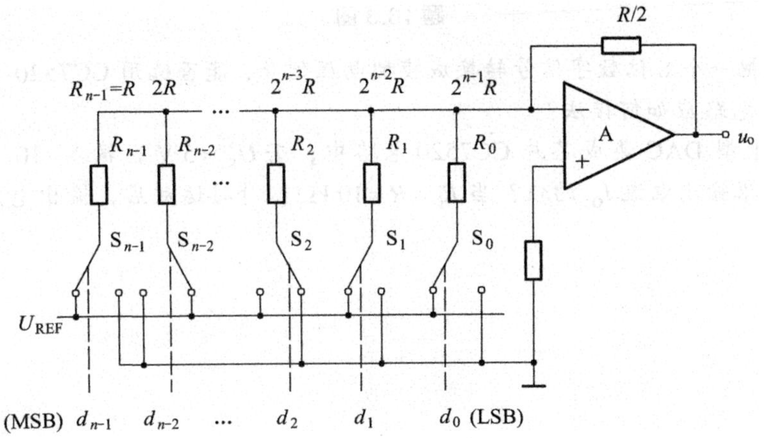

题 16.3 图

16.4　某倒 T 型电阻 D/A 转换器，其输入数字信号为 8 位二进制数 10110101，$U_{REF} = -10\ \text{V}$，试求：（1）$R_f = R/3$ 时的输出模拟电压；（2）$R_f = R$ 时的输出模拟电压。

16.5　在进行 D/A 转换的试验中，若误将 MSB 和 LSB 的顺序接错，如题 16.5 图所示，试画出其输出电压 u_o 的波形。

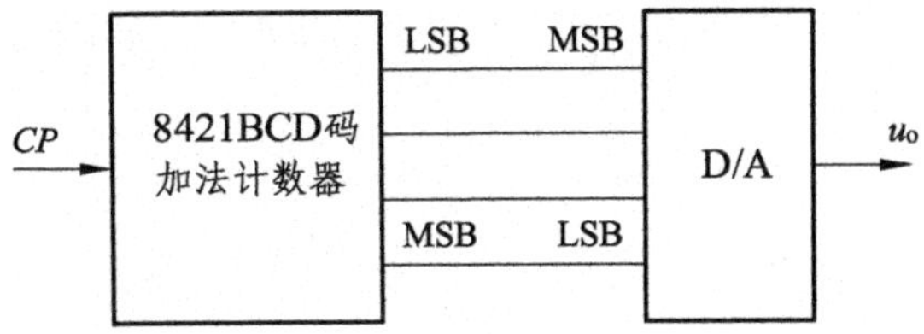

题 16.5 图

16.6　已知某 D/A 转换器电路，其最小分辨电压 $U_{LSB} = 2.45\ \text{mV}$，最大满刻度输出电压 $U_m \approx 10\ \text{V}$，试求该电路输入数字量的位数 n 为多少？其基准电压为多少？

16.7　在 10 位逐次逼近型 A/D 转换器中，设时钟信号频率为 2 MHz，试计算完成一次转换所需要的时间是多少？

16.8　题 16.8 所示电路中，若 $R_0 = 80\ \text{k}\Omega$，$R_f = 5\ \text{k}\Omega$，$U_R = 5\ \text{V}$，求 R_1，R_2，R_3 的阻值。若输入二进制数码 d_3，d_2，d_1，d_0 为 1101，求输出电压 U_O。

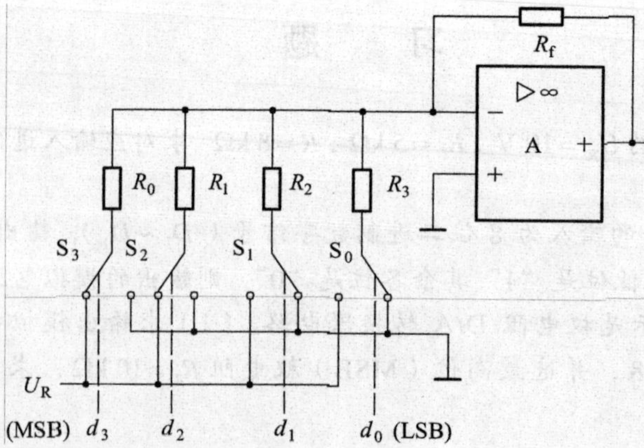

题 16.8 图

16.9　为了把一个 8 位数字信号转换成模拟电压信号，能否选用 CC7520-10 位 D/A 转换器？如果可用，电路应如何接法？

16.10　在 T 型 DAC 集成芯片 CC7520 电路中，若 $U_R = 5\ \text{V}$，输入 10 位二进制数为 1001110101，试求输出电流 I_{O1} 的值？当 $R_f = R = 10\ \text{k}\Omega$，外接运放后，输出电压 U_O 为何值？

第17章

可编程逻辑器件

提　要　数字逻辑电路的一些常用单元电路，如各门电路、加法器、编码器、译码器、触发器、计数器、寄存器以及多路选择器等，它们的功能及引脚排列顺序都是由器件的生产厂家在制造时已经确定了的，用户只能拿来使用而不能改变其内部功能，这类器件称之为通用片。随着半导体技术的不断发展，出现了用户片和现场片。用户片也称专用集成电路（ASIC），它是按照用户要求设计的超大规模集成电路器件（VLSI），它对用户来讲是优化的，但设计周期长，成本高，通用性差。现场片允许用户在现场更改其内容，即改变其功能，因而使用十分灵活方便。本章要介绍的可编程逻辑器件就属于用户更改其逻辑功能的现场片。

17.1　概　述

可编程逻辑器件PLD（Programmable Logic Device）是20世纪70年代发展起来的一种新型逻辑器件。这种器件可由用户通过自己编程配置各种逻辑功能，有的PLD器件还具有可擦性和重复编程功能。PLD广泛用于自动控制、智能仪表、数字电子等领域。它的应用和发展不仅简化了电路设计，降低了成本、提高了系统工程的可靠性和保密性，而且给数字系统设计方法带来了重大变化。

可编程逻辑器件在历史上经历了从20世纪70年代出现的熔丝编程的PROM（Programmable Read Only Memory）、PLA（Programmable Logic Array）、PAL（Programmable Array Logic），80年代初的可重复编程的GAL（Generic Array Logic），到80年代中后期采用大规模集成电路技术的EPLD、CPLD和FPGA的发展过程。在结构、工艺、集成度、功能、速度和灵活性方面都有很大的改进和提高。

17.1.1　PLD的分类

PLD的种类很多，命名各异，较常见的分类方法有以下几种：

1. 按集成度分类

一般分为两大类：一类是芯片集成度较低的，每片可用逻辑门在500以下的，称为简单PLD，如早期的PROM，PLA，PAL和GAL等。另一类是芯片集成度较高的，称为复杂PLD或高密度PLD，如现在大量使用的CPLD，FPGA等器件，如图17.1.1所示。

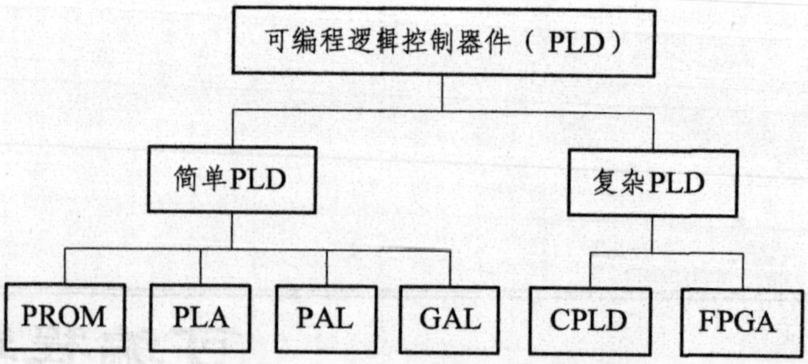

图 17.1.1　按集成度分类

2. 按 PLD 的内部结构分类

可分为两大类：乘积项机构器件和查找表结构器件。大部分简单 PLD 和 CPLD 都是乘积项结构器件，FPGA 是查找表结构器件。

3. 按编程工艺分类

1）熔丝结构型器件

这类器件只能进行一次编程（OTP），编程后无法修改，早期的 PROM 就属于这类结构。图 17.1.2 是这种 PROM 编程机理的示意图。图中每条横线和纵线交叉处都做有熔断丝，因而任何一条横线与纵线都是相连的。编程是利用某一形状特殊、其幅度比工作电流大得多的电流，将不需要的熔丝烧断即可。显然，熔丝一旦烧断便不能恢复导通，只能一次编程，所以使用这种器件也是有风险的。

用 MOS 工艺制造的 PROM 中，各连接点放的不是熔丝，而是一对反向串连的肖特基二极管，如图 17.1.3 所示。未编程时横线与纵线是不通的，编程时对需要连接处加高的反向电压，使其中一个二极管永久性击穿而短路，从而达到该逻辑连接的目的。这种 PN 结击穿法编程的 PROM 以及后面提到的各种 PROM 都已经不使用熔丝作为可编程连接材料了，但习惯上仍将描述阵列中的连接情况的图称为熔断图。

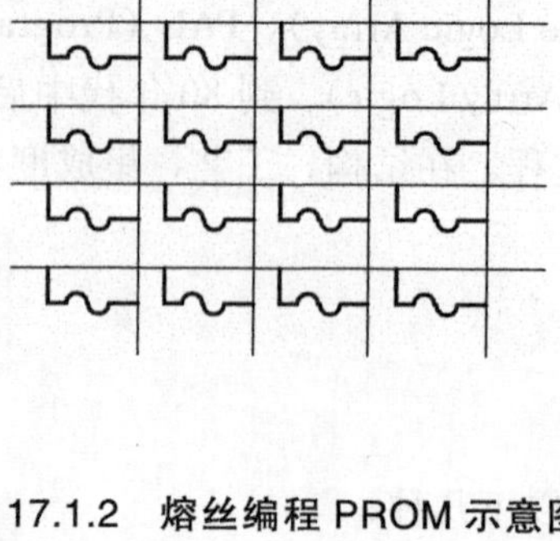

图 17.1.2　熔丝编程 PROM 示意图

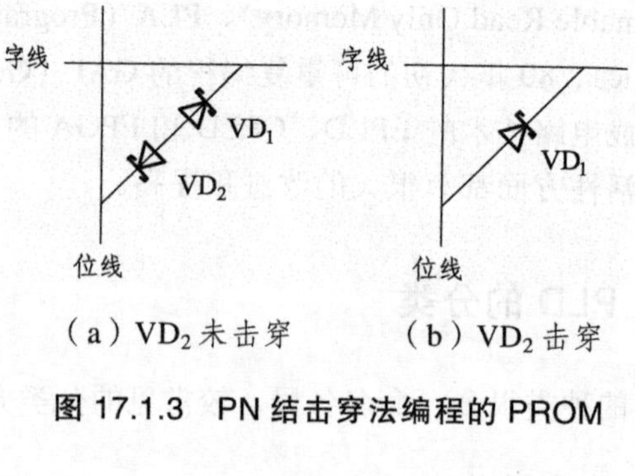

图 17.1.3　PN 结击穿法编程的 PROM

2）EPROM 型

EPROM（Erasable Programmable ROM）是紫外线擦除电可编程的逻辑器件，它用较高的编程电压进行编程，当需要再次编程时，用紫外线照射进行擦除。一般 EPROM 允许重复编程几百次。EPROM 存储内容不仅可以根据需要来编制，而且当需要更新存储内容时还可以将原存储内容抹去，再写入新的内容，故可多次编程。这一特性，取决于 EPROM 的内部结构。现以浮栅雪崩注入型 MOS 管为存储单元的 EPROM 为例进行说明，结构如图 17.1.4 (a) 所示。图 17.1.4 (b) 是它的图形符号。

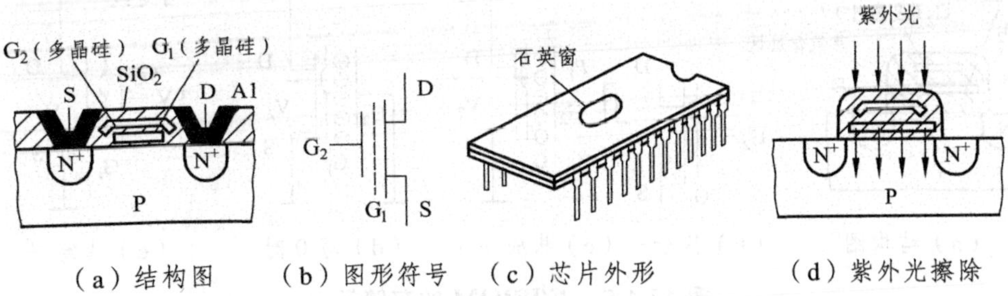

图 17.1.4　EPROM 紫外线擦除电可编程的逻辑器件

它与普通的 NMOS 管很相似，但有 G_1 和 G_2 两个栅极，G_1 栅没有引出线，而是被包围在 SiO_2 中，称之为浮栅。G_2 为控制栅，有引出线。若在漏极 D 端加上约几十伏的脉冲电压，使得沟道中的电场足够强，则会造成雪崩，产生很多高能量电子。此时，若在 G_2 栅上加正电压，形成方向与沟道垂直的电场，便可使沟道中的电子穿过氧化层而注入到 G_1 栅，从而使 G_1 积累负电荷。由于 G_1 栅周围都是绝缘的 SiO_2 层，泄漏电流极小，所以一旦电子注入到 G_1 栅后，就能长期保存。

当 G_1 栅有电子积累时，该 MOS 管的开启电压变得很高，即使 G_2 栅为高电平，该管仍不能导通，相当于存储了 0。反之，当 G_1 栅无电子积累时，MOS 管的开启电压较低，当 G_2 栅为高电平时，该管可以导通，相当于存储了 1。

这种器件在上方有一个石英窗口，如图 17.1.4 (c) 所示。当用光子能量较高的紫外线照射 G_1 浮栅时，G_1 中电子获得足够能量，从而穿过氧化层回到衬底中，如图 17.1.4 (d) 所示。这样可使浮栅上的电子消失，达到抹去存储信息的目的，相当于存储器又存了全 1。

3）EEPROM 型

EEPROM（Electrically Erasable Programmable ROM）也可写成 E^2PROM，是电可擦写可编程逻辑器件，它对 EPROM 工艺进行改进，不需要紫外线擦除，而直接用电擦除。现有的大部分 CPLD 及 GAL 器件均采用此种结构。

E^2PROM 的存储元是一个具有两个栅极的 NMOS 管，如图 17.1.5 (a)，(b) 所示，G_1 是控制栅，它是一个浮栅，无引出线；G_2 是抹去栅，它有引出线。在 G_1 栅和漏极之间有一个小面积的氧化层，其厚度极薄，可产生隧道效应。如图 17.1.5 (c) 所示，当 G_2 加 20 V 正脉冲 P_1 时通过隧道效应，电子有衬底注入道 G_1 栅极，相当于存储了 1。利用此方法可将存储器抹成全 1 状态。

这种存储器在出厂时，存储内容为全 1 状态。使用时，可根据要求把某些存储元写 0。写 0 电路如图 17.1.5 (d) 所示。漏极 D 加 20 V 正脉冲 P_2，G_2 栅接地，浮栅上电子通过隧道返回衬底，相当于写 0。EEPROM 允许改写 100～1 000 次，改写（先抹后改）大约需 20 ms，数据可存储 5～20 年。

EEPROM 读写时的电路如图 17.1.5 (e) 所示。这时 G_2 栅加 3 V 电压，若 G_1 栅有电子积累，V_2 管不能导通，相当于存 1；若 G_1 栅无电子积累，V_2 管导通，相当于存 0。

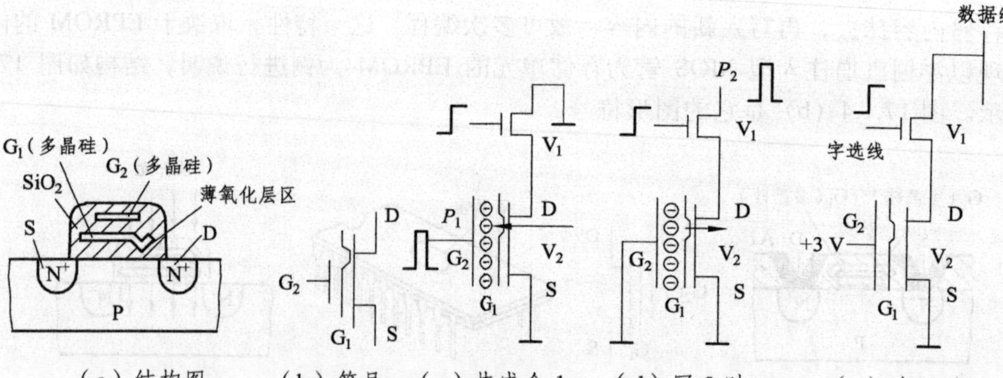

图 17.1.5　E^2PROM 的存储元

4）RAM 型

这是基于 SRAM 查找表结构的器件，大部分的 FPGA 器件都采用此种编程工艺。它在编程速度、编程要求上优于前三种，不过 SRAM 型器件的编程信息存放在 RAM 种，断电后会丢失，再次通电后需要再次编程。而前几种器件在编程后是不会丢失信息的，因此实用中需要为 FPGA 配置专用的 ROM。

17.1.2　PLD 的基本结构

由于各种逻辑关系都可化成与或逻辑表达式，这就意味着数字系统可由与门、或门来实现。简单的 PLD 结构如图 17.1.6 所示，其主体是由门构成的与（线与）阵列和或阵列，逻辑函数由它们实现。与阵列的每个输入端都有输入缓冲电路，如图 17.1.7 所示，用于降低对输入信号的要求，使之具有足够的驱动能力，并产生原变量和反变量两个互补信号。PLD 的输出方式有多种，可以由或阵列直接输出（组合方式），也可以通过寄存器输出（时序方式）。输出可以是低电平有效，也可以是高电平有效。不管采用什么方式，在输出端口上往往采用三态电路，且有内部通路将输出信号反馈到与阵列输入端。新型的 PLD 则将输出电路做成宏单元，使用者可以根据需要对输出方式组态，从而使 PLD 的功能更灵活、更完善。

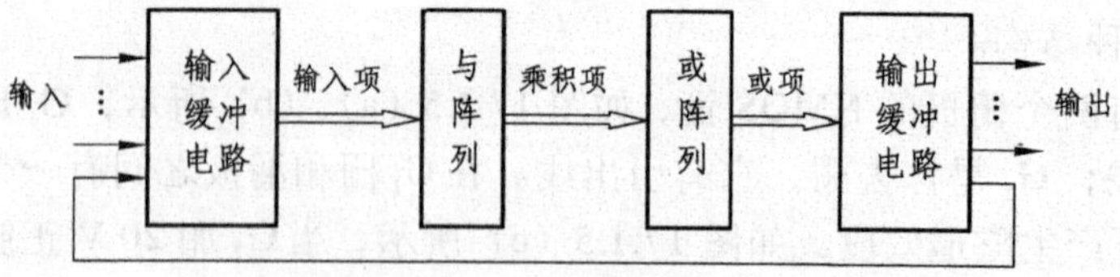

图 17.1.6　基本 PLD 器件的原理结构图

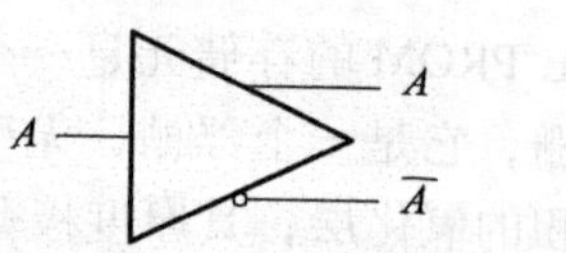

图 17.1.7　PLD 输入缓冲电路

17.2　PAL 和 GAL

在简单 PLD 中，PROM 主要是用于存放数据、微程序的存储器，若用来实现逻辑函数则很不经济。而 PLA 虽然其与、或阵列均可编程，使用比较灵活，但由于缺少高质量的支撑软件和编程工具，实际中很少用到。故本章只介绍简单 PLD 中的 PAL 和 GAL。

为了便于对 PLD 进行分析，先介绍描述 PLD 内部基本结构中逻辑符号的画法和约定。阵列中十字交叉处的连接情况有三种，如图 17.2.1 所示。为使多输入与门、或门的图形易画、易读，可采用图 17.2.2 所示的方式来表示。

编程与门的表示也可以采用如图 17.2.3 所示的方法，输出端为 D 的与门，表示输出端已全部被编程连接，所以 $D=\bar{A}A\bar{B}B=0$。当输入端很多时可简化成 E 的方法来表示，即 $E=\bar{A}A\bar{B}B=0$，表示该输入端全部被编程连接。输出端为 F 的与门表示输入端与输入信号全处于断开状态，所以 $F=1$。而输出端为 Z 的与门表示 $Z=A\bar{B}$。

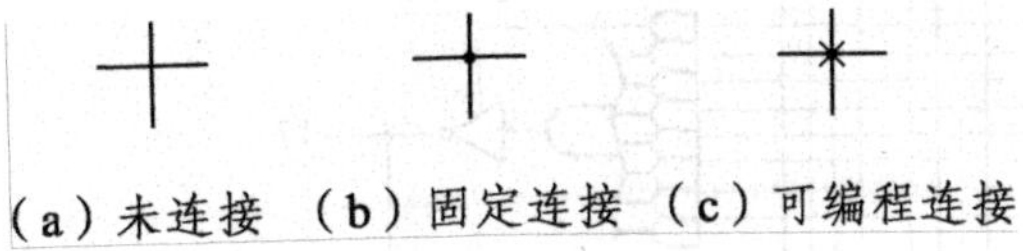

图 17.2.1　交叉点的连接方式

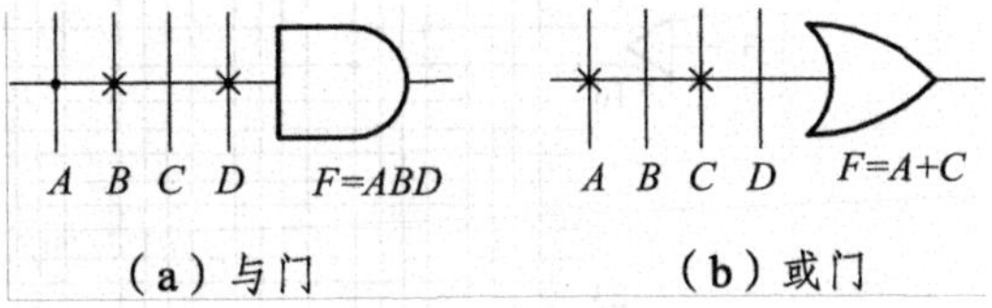

图 17.2.2　PLD 与门、或门的画法

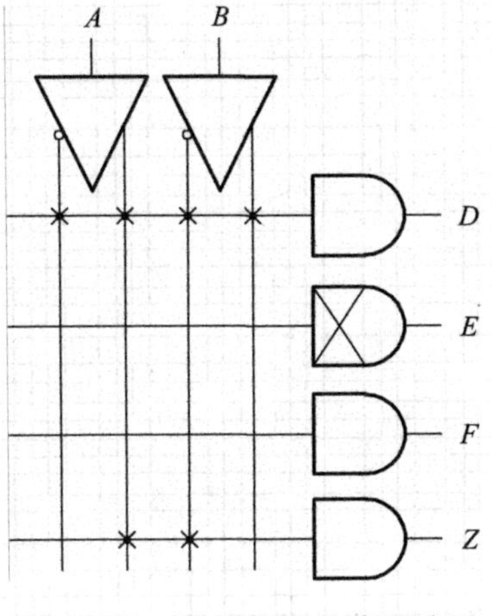

图 17.2.3　编程与门的表示方法

17.2.1　PAL 的应用与原理

1. PAL 的结构

PAL（Programmable Array Logic）的品种很多，PAL16L8 和 PAL16R8 是典型的两种。图 17.2.4 是 PAL16L8 的逻辑图。在图上，按阵列形式画出的只是可编程的与（线与）阵列，固定的或阵列是用传统的或门画法表示的。

阵列中的每条纵线代表一个输入信号，如左边第一组中的纵线 2，3 来自引脚 1 的缓冲输出，0，1 来自引脚 2 的缓冲输出，若在引脚 1 和 2 上分别加上逻辑信号 A，B，则阵列输出线 0，1，2，3 分别对应 B，$\bar{B}$，A、$\bar{A}$。

阵列中的 32 条纵线（每 4 条一组）相应与 16 个输入信号，它们分别来自 1，2，3，4，5，6，7，8，9，11 输出引脚和 13，14，15，16，17，18 等 I/O 引脚。阵列的每条横线相应一个与门，代表一个积项。该阵列共有 64 个积项分成 8 组，各通过一个或门形成一个输出函数。电路共有 8 个输出函数。这些输出函数都经过三态倒向器引至输出端，因而电路有 8 个

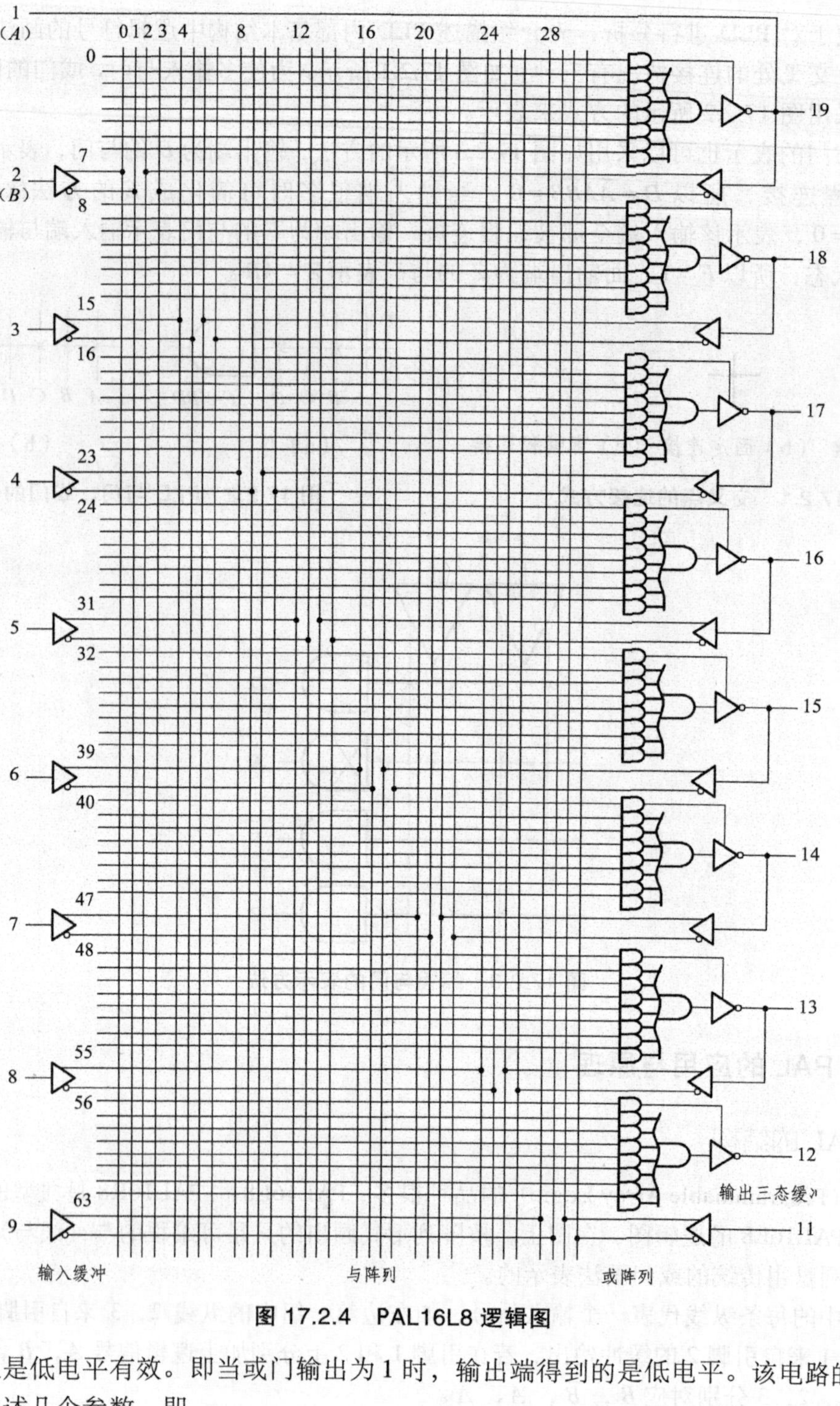

图 17.2.4 PAL16L8 逻辑图

输出端，且是低电平有效。即当或门输出为 1 时，输出端得到的是低电平。该电路的型号正是描述了上述几个参数，即

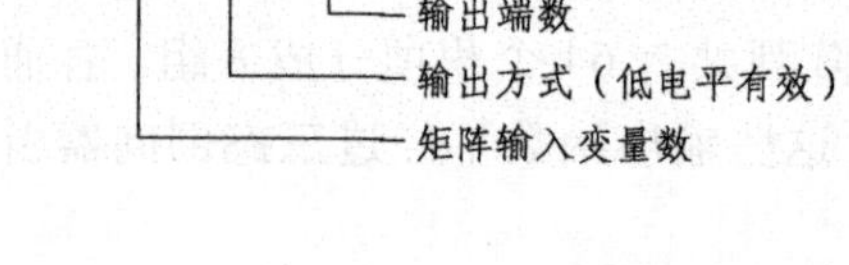

PAL16L8 属于组合型 PAL，其每个输出相应与图 17.2.5 所示的结构。每个输出函数最多可包含 7 个积项。最上面的一个与门用来控制三态倒向器输出：当该与门输出为 1 时相应的输出函数才能通过三态倒向器输出，因而整个阵列的 8 个逻辑函数的输出时间便有可能不一致，可称为异步。另一方面，当某个三态倒向器处于禁止状态时，或门与引脚间的联系隔断，此时可由该引脚通过缓冲器向与阵列外输入外信号。因而该引脚既可做输出用，也可做输入用，是一个 I/O 口，图 17.2.5 因之称为异步 I/O（组合）输出结构。另一类 PAL 的输出没有三态输出电路和反馈缓冲器，它只能作为输出端使用，称为专用（组合）输出结构。

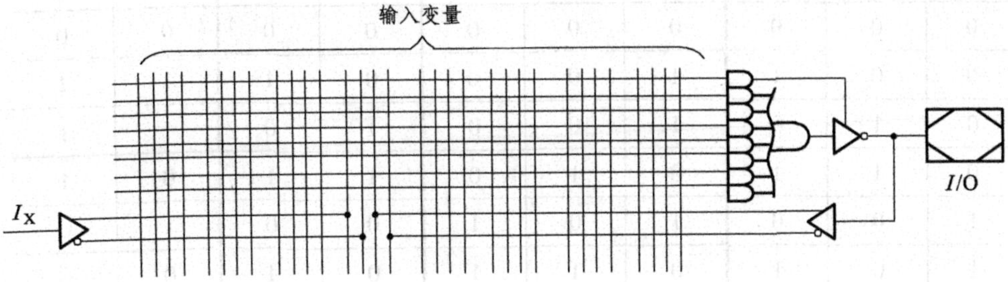

图 17.2.5　异步 I/O（组合）输出结构

图 17.2.6 所示是另一类 PAL 的输出结构，或门后面是一个上升沿的 D 触发器，触发器的反相输出端通过缓冲电路反馈到与阵列。该结构可以用来实现同步时序逻辑电路，因而称为时序输出结构或寄存器输出结构。PAL16R8 就是由 8 个图 17.2.6 结构构成的 PAL。型号中的 R 表示该电路的输出是寄存器（Register）型的。

除了以上输出结构外，还有异步输出 PAL、算术选通反馈 PAL 等。

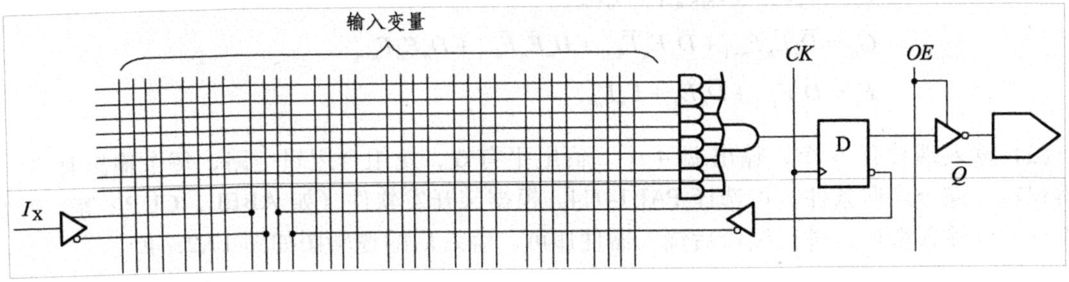

图 17.2.6　寄存器输出结构

2. PAL 的应用

用 PAL 器件设计逻辑电路的一般步骤是：

(1) 逻辑功能的描述。这一步的关键是正确地表示输出与输入的逻辑关系，真值表、逻辑关系以及状态图都可以使用，哪种简单就用哪种。

(2) 选合适的 PAL 芯片。根据输出与输入的逻辑关系，判断出应使用的组合电路或时序电路，还要根据输入个数和输出个数的多少，去选择合适的芯片。

(3) 按照所应用的设计语言的要求，写成源文件。然后在设计软件的支持下，将源文件输入微机，进行上机运算，形成编程文件，然后仿真测试。编程软件一般由 PLD 制造商提供。

(4) 用编程器编程下载。器件生产商也销售 PLD 程序编译器，它们的性能和价格各有不同。

例 17.2.1 用 PAL 器件实现一个一位全加器和一位全减器。

解 全加器的输入变量有 3 个：被加数 A_n、加数 B_n、低位的进位 C_{n-1}；输出变量有 2 个：全加和数 S_n、向高位的进位为 C_n。全减器的输入变量有 3 个：被减数 D_n、减数 E_n、低位的借位数 F_{n-1}；输出变量有 2 个：差数 G_n、向高位的借位 F_n。全加器与全减器的真值表如表 17.2.1 所示。

表 17.2.1 全加器与全减器的真值表

A_n	B_n	C_{n-1}	S_n	C_n	D_n	E_n	F_{n-1}	G_n	F_n
0	0	0	0	0	0	0	0	0	0
0	0	1	1	0	0	0	1	1	1
0	1	0	1	0	0	1	0	1	1
0	1	1	0	1	0	1	1	0	1
1	0	0	1	0	1	0	0	1	0
1	0	1	0	1	1	0	1	0	0
1	1	0	0	1	1	1	0	0	0
1	1	1	1	1	1	1	1	1	1

（1）根据真值表写出各输出量的逻辑表达式并化简，得到最简与或表达式为

$$S_n = \bar{A}_n\bar{B}_nC_{n-1} + \bar{A}_nB_n\bar{C}_{n-1} + A_n\bar{B}_n\bar{C}_{n-1} + A_nB_nC_{n-1}$$

$$C_n = B_nC_{n-1} + A_nC_{n-1} + A_nB_n$$

$$G_n = \bar{D}_n\bar{E}_nF_{n-1} + \bar{D}_nE_n\bar{F}_{n-1} + D_n\bar{E}_n\bar{F}_{n-1} + D_nE_nF_{n-1}$$

$$F_n = \bar{D}_nF_{n-1} + \bar{D}_nE_n + E_nF_{n-1}$$

（2）输入端共有 6 个，输出端 4 个，高电平有效，属组合逻辑电路，每个输出有 3～4 个乘积项。综合这些条件，可选择 PAL14H4。根据某开发软件（如 ABEL，CUPL 等）的要求将源文件输入微机，进行编译后烧入器件即可。烧入后的逻辑图如图 17.2.7 所示。

3. PAL 器件的特点及缺陷

与 SSI（Small Scale Integrated Circuit）、MSI（Medium Scale Integrated Circuit）标准产品相比，PAL 器件在以下几个方面显示出优越性：

（1）提高了功能密度，节省了空间，提高了速度。

（2）使用方便，提高了设计的灵活性。

（3）通过对加密位编程，可实现加密功能，防止非法复制。

（4）时序型 PAL 器件在接通电源时可自动将各触发器置 0，保证电路从起始状态使用，即具有上电复位功能。

PAL 器件的出现虽然给逻辑设计带来了很大的灵活性，相对标准电路有很多优点，但其集成密度低，仍有一定的局限性，主要表现在：

（1）PAL 器件一般采用熔丝工艺，只能一次编程，不能改写，使用时有一定的风险。

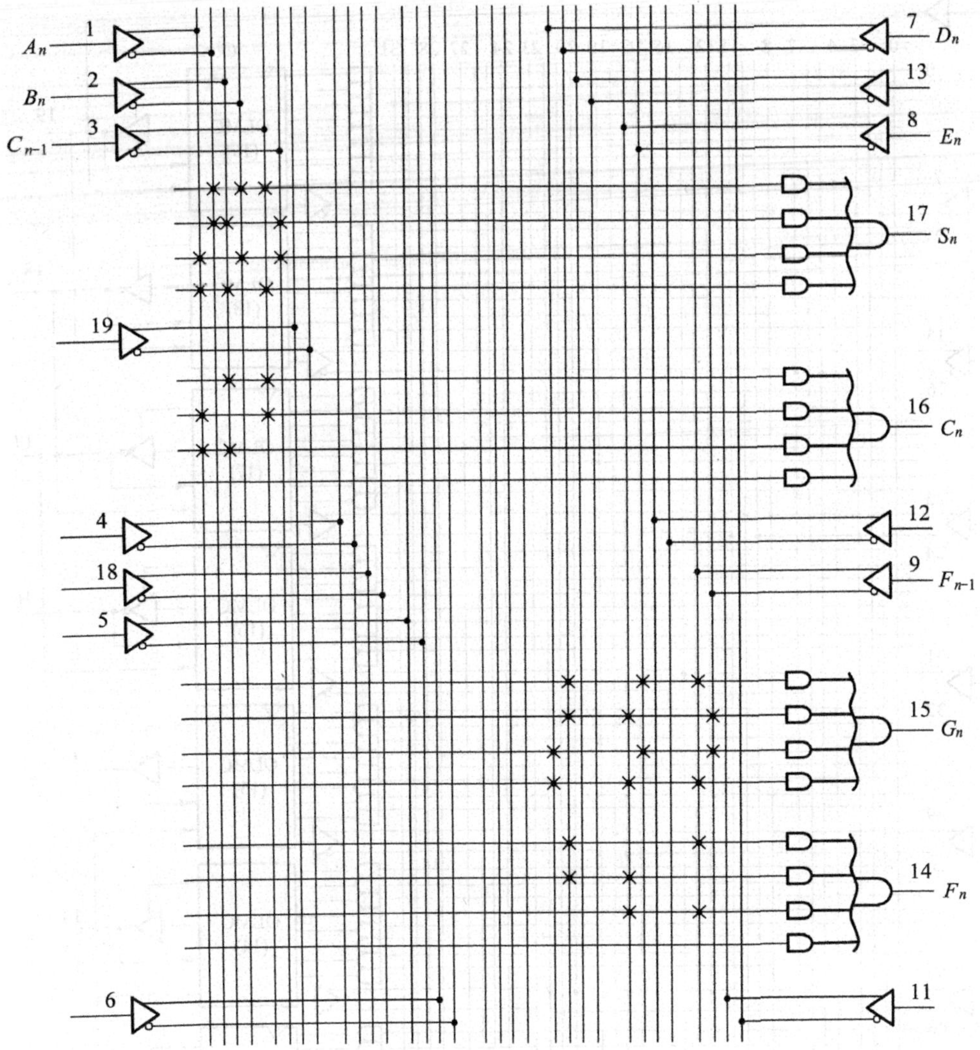

图 17.2.7 用 PAL14H4 实现的全加器/全减器逻辑图

(2) PAL 器件的输出结构固定，不能重新组态，编程灵活性较差。为满足不同应用需要，就得选不同型号的 PAL 器件。

现在，在中小规模可编程应用领域，PAL 已经逐步被 GAL 取代。

17.2.2 GAL 的原理与应用

GAL（Generic Array Logic）即通用阵列逻辑器件，它与 PAL 的区别在于 GAL 的输出电路可以组态。图 17.2.8 是 GAL16V8 的逻辑图。与 PAL 型号的定义规则一样，GAL16V8 中的 16 代表与阵列的输入变量数，8 表示输出端数，V 是输出方式可以改变的意思。在结构上，普通型 GAL 与 PAL 结构相似，也是与阵列可编程，或阵列固定。不同的是，GAL 在或阵列的输出端加上一个可编程的输出逻辑宏单元 OLMC（Output Logic Macro Cell）来取代 PAL 器件的各种输出反馈结构，GAL 的许多优点正是源于 OLMC。

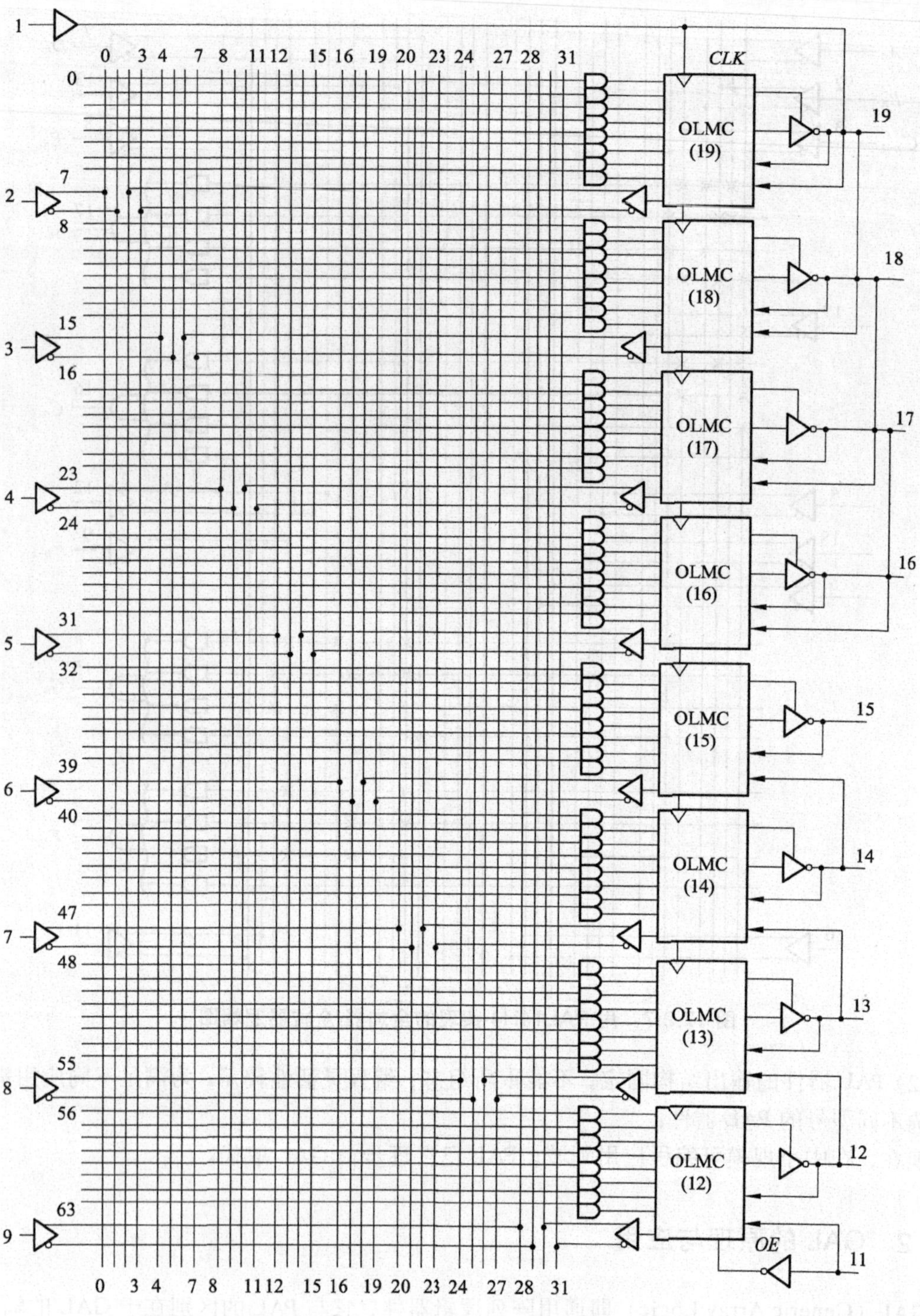

图 17.2.8　GAL16V8 的逻辑图

1. OLMC 的结构原理

OLMC 的结构如图 17.2.9 所示，它主要由 8 个输入或门、一个异或门、4 个多路选择器和一个 D 触发器构成。各部分的作用解释如下：

每个 OLMC 中包含或阵列中的一个或门，或门的每个输入是与阵列中相应的一个乘积项；因此或门的输出为相关乘积项之和。图中的异或门用于控制输出信号的极性，当 *XOR*(*n*) 端为 1 时，异或门起反相器作用，否则同相输出。其中 *XOR*(*n*) 是结构控制字中的一位，*n* 为引脚号。这样，使器件具有极性可编程功能，使 GAL 器件能实现粗看起来似乎不能实现的功能，如实现多于 8 个乘积项的功能。例如，要求实现

$$O=A+B+C+D+E+F+G+H+I$$

式中有 9 个乘积项，而或门只有 8 个输入端，如果采用摩根定理，则

$$O=\overline{\bar{A}\cdot\bar{B}\cdot\bar{C}\cdot\bar{D}\cdot\bar{E}\cdot\bar{F}\cdot\bar{G}\cdot\bar{H}\cdot\bar{I}}$$

输出只有一个乘积项，只需要通过编程使其输出极性取反即可。

OLMC 中的 *D* 触发器可对或门输出起记忆作用，使 GAL 器件可用于时序逻辑电路。

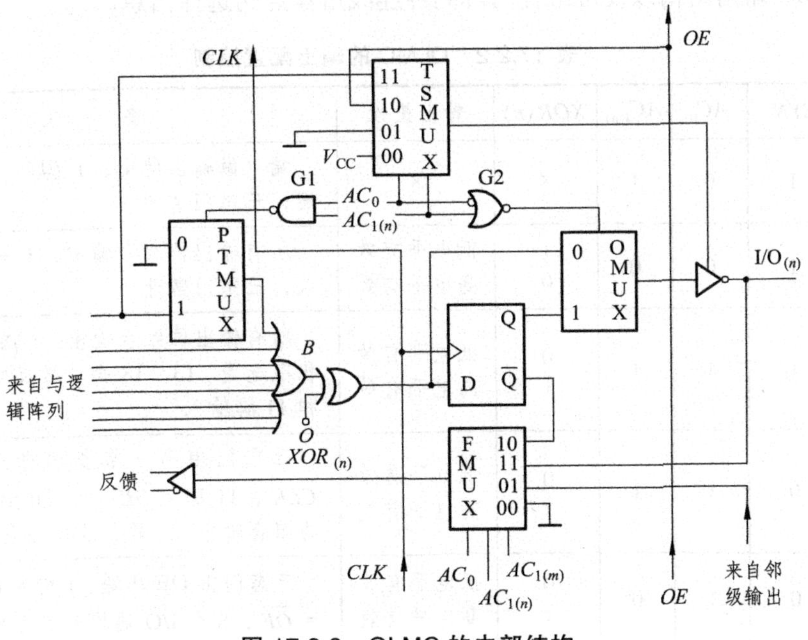

图 17.2.9　OLMC 的内部结构

每个 OLMC 中有 4 个多路选择开关：2 选 1 的多路极性开关 PTMUX 用于控制第一乘积项；2 选 1 的输出数据选择器 OMUX 用于选择组合输出方式，还是寄存器输出方式；三态数据选择器 TSMUX 是 4 选 1 的，它用于选择输出三态缓冲器的选通信号；反馈数据选择器 FMUX 用于决定反馈信号的来源。

GAL 器件的结构控制字共有 82 位，如图 17.2.10 所示，它们不受任何外部引脚的控制，而在 GAL 编程写入过程中由软件翻译用户源程序后自动设置。

82位

乘积项禁止（$PT63\sim PT32$）32位	$XOR_{(n)}$ 4位	SYN 1位	$AC_{1(n)}$ 8位	AC_0 1位	$XOR_{(n)}$ 4位	乘积项禁止（$PT31\sim PT10$）32位

图 17.2.10　GAL16V8 的结构控制字

同步 $SYN=0$ 时，器件具有寄存器型输出能力；$SYN=1$ 时，器件具有纯粹组合型的输出能力。AC_0 是 8 个 OLMC 公用的，它与各个 OLMC 中的 AC_1 配合控制 4 个多路开关。64 位乘积项（PT）禁止位可用于屏蔽某些不用的乘积项。

OLMC 的输出配置控制如表 17.2.2 所示。通过设置结构控制字可以灵活地设置输出方式：可以设置为组合输出，也可设置为寄存器输出；可以高电平有效，也可以低电平有效；可以使引脚为输出，也可使其为输入；输出使能信号可以多项选择。这样在实际设计中，用户可以根据不同需要将输出配置为 5 种不同组态，主要有：专用输出模式；专用组合输出模式；选通组合输出模式；时序电路中的组合输出模式；时序输出模式。

综上所述，GAL 器件的 OLMC 可设置为 5 种结构，OLMC 的这些输入结构和工作模式的选择和确定都是通过对多路选择开关的控制来实现的。这些控制均由计算机根据针对 GAL 的逻辑设计文件的逻辑关系自动生成到可下载的 JEDEC 文件（俗称熔丝图文件）中，该文件包含了对 OLMC 输出结构以及可编程与阵列各连线熔丝点的选择信息。

表 17.2.2　OLMC 的输出配置控制

输出模式	SYN	AC_0	$AC_{1(n)}$	$XOR(n)$	输出极性	备　注
专用输入模式	1	0	1	×	×	端口做输出使用；1 脚和 11 脚为输入端，三态门常闭
专用组合输出模式	1	0	0	1 0	低电平有效 高电平有效	所有输出位组合输出；1 脚和 11 脚输入，三态门常开
通用组合输出模式	1	1	1	0 1	低电平有效 高电平有效	所有输出位组合输出，三态门由第一乘积项选通。13～18 脚位带反馈组合，1 脚和 11 脚输入
时序电路中的组合输出模式	0	1	1	0 1	低电平有效 高电平有效	三态门由第一乘积项选通，1 脚 $=CLK$，11 脚 $=\overline{OE}$，本 OLMC 是带反馈的组合输出，但至少另有一个寄存器输出
时序输出模式	0	1	0	0 1	低电平有效 高电平有效	三态门由 OE 选通，1 脚 $=CLK$，11 脚 $=\overline{OE}$，8 个 I/O 端均为寄存器输出

2. GAL 器件的应用

用 GAL 器件设计逻辑电路的方法和步骤与 PAL 基本相同，目前 GAL 的设计软件有许多种。ABEL，CUPL 是 PLD 通用设计软件，也是功能最强的软件，不但能产生熔丝图，而且还能开发逻辑方程式。在多数情况下，只按真值表或状态图提供的程序就能自动产生逻辑方程式，并自动产生编程文件，如与阵列的编程码、结构控制字、电子标签等。

1）电子标签（ES）

GAL 为用户提供的电子标签（ES）能使用户区分一个复杂系统中的类型相同而功能不同的多片 GAL 器件，它实际上是 GAL 器件内部集成一组和阵列及结构无关的 E^2COMS 存储单元。这些单元可以用来记录与 GAL 器件相关的信息，如记录生产标识码、编程器识别码、模式识别码等。通过辨识这些信息，不仅能够识别 GAL 的结构和功能，而且还可以得到系统研制者、编程器类型等用户进行记忆的信息。图 17.2.11 所示为一个定义 ES 的方案。

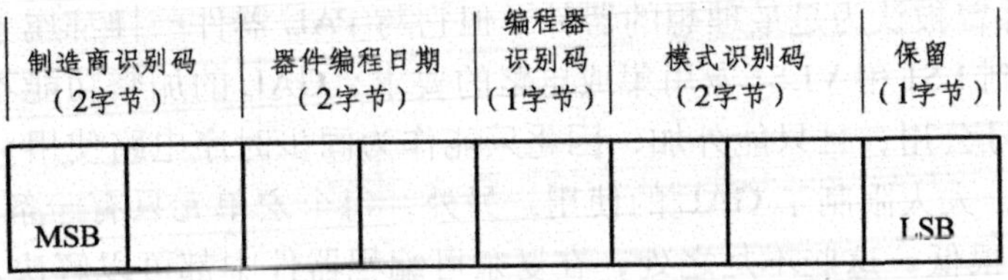

图 17.2.11　典型 ES 字段定义

GAL 的电子标签除了可被反复编程使用外，还具有其他一些特点：如电子标签的编程不影响整个 GAL 器件的逻辑功能和输出结构；GAL 被加密后其阵列数据已无法读出，但却可读出电子标签内容；器件被擦除后，电子标签也自动擦除。

一个设计完好的电子标签可以反映生产流程信息、设计软件版本信息、器件功能信息等内容。这些信息除了可以代替人工粘贴的标签外，还可以提高生产质量跟踪能力。因此电子标签是 GAL 器件提供的许多有价值的特征之一。

2）GAL 器件的加密单元

GAL 具有加密单元。这些单元被加密后，就禁止对门阵列再做进一步的编程和验证，此时读出的阵列内容均为 1。这一功能可有效地防止未经允许而抄袭电路设计。只有当器件被整个擦除后此单元才随之擦除。使用 GAL 器件的加密单元可以有效地解决保密功能。可以利用 GAL 期间的加密特性来设计产品的关键部分，从而能提高整个系统的设计保密性。

3）GAL 器件的开发工具和应用

要使用 GAL 器件，就要先进行设计。典型的 GAL 设计流程图如图 17.2.12 所示。从编写设计说明书开始，根据设计要求反复设计，调整逻辑关系，最后将形成的标准 JEDEC 文件装入编程器，完成对器件的编程工作。

GAL 器件的开发工具包括硬件开发工具和软件开发工具。硬件开发工具有编程器，软件开发工具有 ABEL_HDL 程序设计语言和相应的编译程序。编程器的主要用途是将开发软件生成的熔丝图文件按 JEDEC 格式的标准代码写入选定的 GAL 器件，实现设计要求规定的逻辑功能。

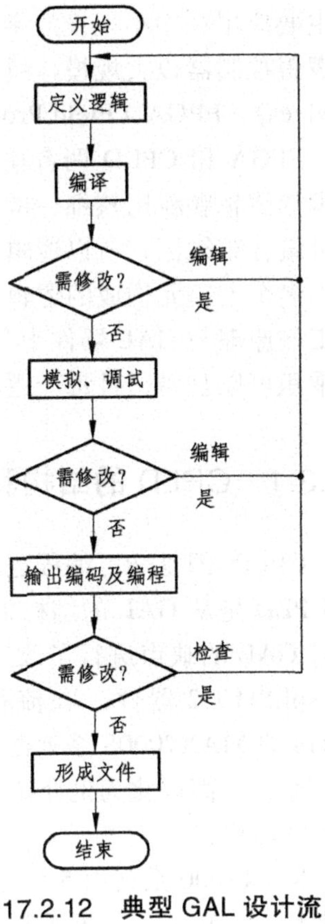

图 17.2.12　典型 GAL 设计流程

3. GAL 器件的特点及局限性

除与 PAL 器件一样具有上电复位和加密功能外，GAL 还具有以下优点：

（1）通用性，即灵活性高。这是 GAL 的突出特点，它具有的每个宏单元均可根据需要任意组态，使用十分灵活。

（2）100%可编程。GAL 器件一般采用 E^2COMS 工艺制成，可以反复编程，通常可擦写百次以上，甚至千次，设计者风险为零。

（3）100%可测试。GAL 器件的宏单元接成时序状态，测试软件时可对状态方便地预置，缩短测试过程。

所以 GAL 器件曾被认为是最理想的器件。但它与 PAL 器件一样都属于低密度器件，因此规模小，远达不到 LSI 和 VLSI 专用集成电路的要求；GAL 的加密功能不够理想，各宏单元中触发器时钟信号公用，且只能外加，因此只能作为同步时序电路使用；各宏单元的同步预置端也连在一起，大大限制了 GAL 的使用。另外，每个宏单元只有一条与阵列反馈通道，所以 OLMC 利用率很低。这些不足之处，在复杂可编程器件中都可以解决。

17.3 CPLD 和 FPGA

上节介绍了简单 PLD 的结构和基本编程原理。这种简单的 PLD 器件阵列规模较小，I/O 不够灵活，片内存储器资源不足，有的器件还要求时钟共用，难以构成丰富的时序电路，因此主要应用在中小规模数字逻辑设计方面。目前在数字系统设计领域中使用较为广泛的可编程逻辑控制器以大规模、超大规模集成电路工艺制造的 CPLD（Complex Programmable Logic Devices）、FPGA（Field Programmable Gate Array）为主。

FPGA 和 CPLD 两者在结构上是有差异的。FPGA 的编程逻辑单元主要是 SRAM，它的可编程逻辑颗粒比较细，是以一个 *D* 触发器为核心的逻辑宏单元为一个颗粒，相互之间都存在可编程布线区，所以逻辑设计比较灵活。相比较而言，CPLD 的逻辑颗粒就要粗得多，它是以多个宏单元构成的逻辑宏块的形式存在，如 ispLSI 中的 GLB（下节介绍）。CPLD 的基本工作原理与 GAL 器件十分相似，可以看成是由许多 GAL 器件合成的逻辑体，只是相邻块的乘积可以互借，且每一逻辑单元都能单独引入时钟，从而可实现异步时序逻辑。

17.3.1 CPLD 的结构和工作原理

CPLD 即复杂可编程逻辑器件。早期的 CPLD 是从 GAL 的结构扩展而来的，但针对 GAL 的缺点进行了改进，如 Lattice 的 ispLSI1032 器件。在流行的 CPLD 中 Altera 的 MAX7000S 系列器件具有一定的典型性，下面以此为例介绍 CPLD 的结构和工作原理。

MAX7000 系列由 5 部分构成，即逻辑阵列块、宏单元、扩展乘积项（共享和并联）、可编程连线阵列和 I/O 控制块。MAX7128 如图 17.3.1 所示。

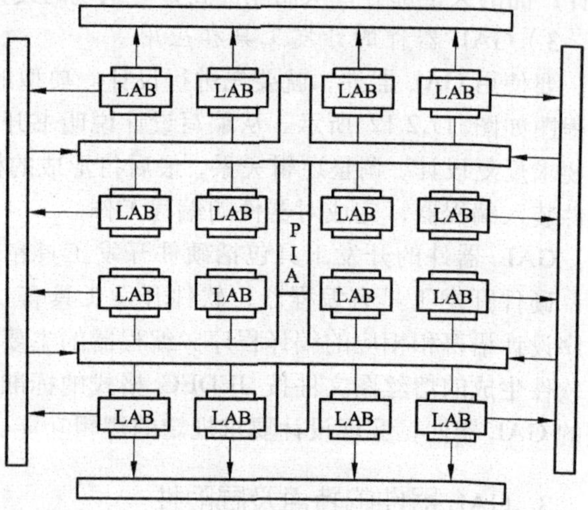

图 17.3.1 MAX7128 结构图

1. 宏单元

MAX7000 系列包括 32～256 个宏单元不等。每个宏单元由三个功能块组成：逻辑阵列、乘积项选择矩阵和可编程寄存器。可编程的与阵列，用来实现逻辑函数。乘积项选择矩阵可把乘积项分配到或门和异或门，作为其主要逻辑输入；也可把乘积项送到寄存器作为它的辅助输入：清零（Clear）、置位（Preset）、时钟（Clock）和时钟使能控制（Clock Enable）。

宏单元中的可配置寄存器可以单独地被配置为带有可编程时钟控制的 *D*，*T*，*JK* 或 *RS* 触发器工作方式，从而实现时序逻辑电路；也可以将寄存器旁路掉，以实现组合逻辑方式。每个可编程寄存器的时钟可以来自三种输入模式：全局时钟信号、乘积项时钟、可编程控制的高电平时钟。每个寄存器也支持异步清零和异步置位功能。

另外，每个宏单元中有一个共享逻辑扩展和并行扩展项，它们可使乘积项扩展多达 32 个，以构成复杂的逻辑函数。

2. 逻辑阵列块（LAB）

每 16 个宏单元组成一个逻辑阵列块 LAB（Logic Array Block）。MAX7000 的结构主要是由多个 LAB 组成的阵列以及它们之间的连线构成。多个 LAB 可通过可编程连线阵列 PIA（Programmable Interconnect Array）和全局总线连接在一起，全局总线从所有的专用输入、I/O 引脚和宏单元馈入信号。每个 LAB 的输入信号可以是：来自作为通用逻辑输入的 PIA 的 35 个信号、用于寄存器辅助功能的全局控制信号、从 I/O 引脚到寄存器的直接输入信号。

3. 扩展乘积项

虽然大部分逻辑函数能够用每个宏单元中的 5 个乘积项实现，但更复杂的逻辑函数需要附加乘积项。可以利用其他宏单元提供所需的逻辑资源，对于 MAX7000S 系列，还可以利用其结构中具有的共享和并联乘积项。这两种扩展项作为附加的乘积项直接送到本 LAB 的任意一个宏单元中。利用扩展项可保证在实现逻辑综合时，用尽可能少的资源，得到尽可能快的工作速度。

每个 LAB 有 16 个共享扩展项。共享扩展项由每个宏单元提供一个单独的乘积项，通过一个非门取反后反馈到逻辑阵列中，可被 LAB 内任何一个或全部宏单元使用和共享，以便实现复杂的逻辑函数。

并联扩展项是宏单元中一些没有被使用的乘积项，可分配到临近的宏单元去实现快速、复杂的逻辑函数。使用并联扩展项，允许最多 20 个乘积项直接送到宏单元的或逻辑，其中 5 个乘积项是由宏单元本身提供的，15 个并联扩展项是从同一个 LAB 中邻近的宏单元借用的。当需要并联扩展时，或逻辑的输出通过一个选择分频器，送往下一个宏单元的并联扩展宏逻辑输入端。

当不需要并联扩展时，并联扩展或逻辑的输出通过一个选择分配器切换。

4. 编程连线阵列

不同的 LAB 通过在可编程连线阵列（PIA）上布线，以互相连接构成所需的逻辑。这个全局总线是一种可编程的通道，可以把器件中的任何信号连接到其目的地。所以 MAX7000S 器件的专用输入、I/O 引脚和宏单元输出都连接到 PIA，而 PIA 可把这些信号送到整个器件内的各个地方。只有每个 LAB 需要的信号才布置从 PIA 到该 LAB 的连线。

5. I/O 控制块

I/O 控制块允许每个 I/O 引脚单独被配置为输入、输出和双向工作方式。所有 I/O 引脚都有一个三态缓冲器，它的控制信号来自一个多路选择器，可以选择用全局输出使能信号其中之一进行控制，或者直接连接到地（GND）或电源（V_{CC}）上。

17.3.2 FPGA 结构与工作原理

现场可编程门阵列 FPGA（Field Programmable Gate Array），是大规模可编程逻辑控制除 CPLD 外的另一大类 PLD。

1. 查找表

前面提到的可编程逻辑器件，诸如 GAL、CPLD 之类都是基于乘积项的可编程结构，即由可编程的与阵列和固定的或阵列来完成功能。而下面将要介绍的 FPGA，则使用了另一种可编程逻辑的形成方法，即可编程的查找表（Look Up Table）结构。LUT 是可编程的最小逻辑构成单元。

大部分 FPGA 采用基于 SRAM（静态随即存储器）的查找逻辑形成结构，就是用 SRAM 来构成逻辑函数发生器。一个 N 输入查找表（LUT）可以实现 N 个输入变量的任何功能，如 N 输入与、N 输入异或等。图 17.3.2 是 4 输入 LUT，其内部结构如图 17.3.3 所示。一个 N 输入的查找表，需要 SRAM 存储 N 个输入构成的真值表，需要 2^N 个位的 SRAM 单元。显然 N 不可能很大，否则 LUT 的利用率很低，输入多于 N 个的逻辑函数，必须用几个查找表分开实现。

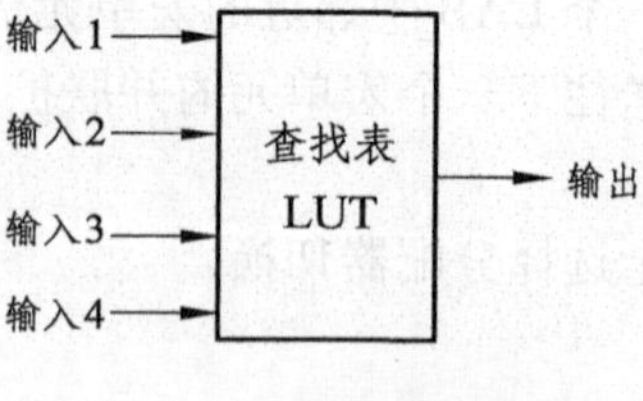

图 17.3.2 FPGA 查找表单元

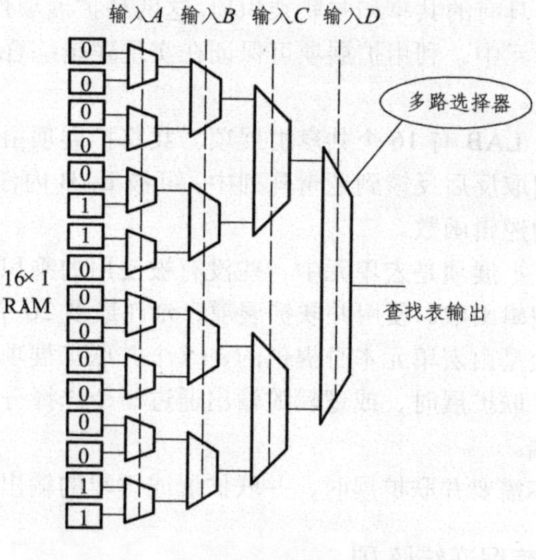

图 17.3.3 FPGA 查找表内部结构

Xilinx 的 XC4000 系列、Spartan 系列，Altera 的 FLEX10K 系列、ACEX 系列都采用 SRAM 查找表构成，是典型的 FPGA 器件。

2. FLEX10K 系列器件

FLEX10K 系列器件的结构和工作原理在 Altera 的 FPGA 器件中具有典型性，现以此类器件为例，介绍 FPGA 的结构和工作原理。

FLEX10K 系列主要由嵌入式阵列块、逻辑阵列块、Fast Track 和 I/O 单元 4 部分组成。其中逻辑阵列块由多个逻辑单元组成。下面介绍其各结构模块：

（1）逻辑单元 LE（Logic Element），或称 LC（Logic Cell）。它是 FLEX10K 结构中的最小单元，能有效地实现逻辑功能。每个 LE 包含一个 4 输入的 LUT、一个带有同步使能的可编程触发器、一个进位链和一个级联链。每个 LE 有两个输出分别可以驱动局部互连和快速通道 Fast Track 互连。

LE 中的 LUT 是一种函数发生器，它能实现 4 输入 1 输出的任意逻辑函数。LE 中的可编程触发器可设置成 *D*，*T*，*JK* 或 *RS* 触发器。该寄存器的时钟、清零和置位信号可由全局信号通过 I/O 引脚或任何内部逻辑驱动。对于组合逻辑实现，可将触发器旁路，LUT 的输出可作为 LE 的输出。

LE 有两个输出驱动内部互连，一个驱动局部互连，另一个驱动行或列的快速通道 Fast Track 的互连输出，这两个输出可以单独控制。可以实现在一个 LE 中，LUT 驱动一个输出，而寄存器驱动另一个输出。因而在一个 LE 中的触发器和 LUT 能够用来完成不相关的功能，能够提高 LE 的资源利用率。

在 FLEX10K 结构中还提供了两种专用高速数据通道，用于连接相邻的 LE，但不占用局部互连通道，它们是进位链（Carry-in）和级联链（Cascade-in）。进位链用来支持高速计数器和加法器，级联链可以实现多输入（Wide-Input）逻辑函数。级联链和进位链的大量使用会限制逻辑布线的灵活性，会导致资源浪费。因此，建议只在设计中要求速度的地方才使用。

进位链提供 LE 之间快速的向前进位功能。来自低位的进位信号经进位链向前送到高位，同时也反馈给 LUT 和进位链的下一段。这一特点使得 FLEX 结构能够构成高速计数器、加法器和宽位比较器。

级联链可以用来实现多扇入数的逻辑函数。相邻 LUT 用来完成部分逻辑功能，级联链把中间结果串接起来。级联链可以使用"逻辑与"或者"逻辑或"来连接相邻 LE 的输出。每个附加的 LE 提供有效输出 4 个，其延时会增加少许。

FLEX10K 的 LE 共有 4 种工作模式：正常模式、运算模式、加减法计数模式和可清零计数模式。每种模式对 LE 资源使用各不相同。在每种模式中，LE 的 7 个输出信号被连接到不同位置，以实现所需要的逻辑功能。这 7 个输入信号是来自 LAB 局部互连的 4 个数据输入，来自可编程寄存器的反馈信号以及前一个 LE 的进位输出和级联输入。另外，加到 LE 的其余 3 个输入为寄存器提供时钟、清零和置位信号。在所有的 4 种模式下，FLEX10K 结构还为寄存器提供了一个同步时钟使能端，利于实现全局同步设计。

（2）逻辑阵列 LAB（Logic Array Block）。它是由一系列的相邻 LE 构成的。每个 LAB 包括 8 个 LE、相邻的进位链和级联链，LAB 控制信号与 LAB 局部互连。LAB 构成了 FLEX10K 的粗粒度（coarse-grained）结构，有利于 EDA 软件进行布线，优化器件的利用，提高性能。

（3）快速通道（Fast Track）。在 FLEX10K 结构中，LE 和器件 I/O 引脚之间的连线是通过快速通道（Fast Track）互连实现的。Fast Track 遍布于整个 FLEX10K 器件，是一系列水平和垂直走向的连续式布线通道。即使器件使用于非常复杂的设计，采用这种布线的结构也可以预测其延时性能。有些 FPGA 采用分段式连线结构，需要用开关矩阵把若干条线段连接起来，会使延时难以预测，从而降低了设计性能，但可以使逻辑布线工作变得容易。

Fast Track 连接是由遍布整个器件的行互连和列互连组成的，每行 LAB 有一个专用的行互连，行互连可以驱动 I/O 引脚或馈送到器件中的其他 LAB。列互连连接各行，也能驱动 I/O 引脚。为了提高布线的效率，FLEX10K 结构提供了多样的连线通道，详见器件手册。

(4) I/O 单元与专用输入端口。FLEX10K 器件的 I/O 引脚是由一些 I/O 单元（IOE）驱动的。IOE（I/O 单元，或 IOC）位于快速通道的行和列的末端，包括一个双向的 I/O 缓冲器和一个寄存器，这个寄存器可以用作需要快速建立时间的外部数据的输入寄存器，也可以作为要求快速"时钟到输出"性能的数据输出寄存器。在某些情况下，LE 作为输入寄存器比 IOE 寄存器在建立时间上会更短。IOE 可以配置成输入、输出和双向口。

FLEX10K 的 IOE 具有许多有用的特性，如 JTAG 编程支持、摆率控制、三态缓冲和漏极开路输出等。每个 IOE 的时钟、清零、时钟使能和输出使能控制均由 I/O 控制信号网络提供，采用高速驱动以减少通过器件的时间偏差。

FLEX 器件还提供了 6 个专用输出引脚，这些引脚用来驱动 IOE 寄存器的控制端，使用了专用的布线通道，以便具有比快速通道更短的延时和更小的偏移。专用输入中的 4 个输入引脚可用来驱动全局信号，内部逻辑也可以驱动这 4 个全局信号。

同 MAX7000S 系列器件一样，每个 IOE 中输出缓冲器中输出信号电压的摆率可调，可通过配置达到低噪声或高速度要求。电压摆率的加快能使速度加快，但这会在器件工作上引入较大噪声。

(5) 嵌入式阵列块 EAB（Embedded Array Block）。它是在输入输出口上带有寄存器的 RAM 块，由一系列的嵌入式 RAM 单元构成。当要实现有关功能时，每个 EAB 提供 2 048 个位，每一 LAB 是一个独立的结构，它具有共同的输入、互连与控制信号；EAB 可以非常方便地实现一些规模不太大的 RAM、ROM、FIFO 或双口 RAM 等功能块的构造。而当 EAB 用来实现计数器、地址译码器、状态机、乘法器、微机控制以及 DSP 等复杂逻辑时，每个 EAB 可以贡献 100～600 个等效门。EAB 可以单独使用，也可以组合起来使用。

17.4 ISP 技术与 ISP 器件

1. ISP 技术的特点

在系统编程 ISP（In System Programmable），是指用户在自己设计的目标系统中或印刷电路板上为重构逻辑而对逻辑器件进行编程或重复编程。在系统编程技术与传统编程技术的最大区别在于它不使用编程器，而是通过下载电缆与计算机相连，可随时对硬件功能进行修改，如同修改软件一样容易。这就打破了使用 PLD 必须先编程后装配的管理，从而可以先装配后编程，成为产品后还可以反复编程，是一种全新的设计方法。在系统编程使生产维护和系统更新都发生了革命性的变化，开创了数字系统设计的新纪元。在系统编程技术的主要特点如下：

(1) 缩短了设计试制的周期，降低了试制成本。由于 ISP 技术可以在器件被焊接在印刷电路板上的情况下对系统编程或重构，因而在设计系统时，可以先制作电路板，然后对 ISP 器件编程。若要改变设计时，无需改变元器件或印刷电路板，只需通过相应的开发系统软件在数分钟内即可完成。虽然设计的是硬件，但却像软件一样方便。

（2）缩小了芯片的体积并简化生产流程。由于在系统编程器件集成度高，且可以先装配在印刷电路板上后编程。从而省去了插拔芯片带来的引脚损伤，系统的可靠性更高，体积可以做得更小，引脚数可以做得更多。采用传统的 PLD，系统生产必须通过标准逻辑编程器来进行人工编程，因而要有帖标签、入库、出库、装配、测试等过程。而采用 ISP 技术，新器件从包装盒中取出即可安装在印刷电路板上，完全消除了单个芯片的编程和标记等工序。各个器件的组态可以通过自动测试设备（ATE）、PC 或工作站等操作平台，在最终板子测试时下载，简化了生产流程，节省了生产时间。

（3）方便了系统的维护和升级。在制成产品装运以后，由于 ISP 技术具有的独特特点，使得对系统的维护和现场升级只是用一台笔记本电脑和下载电缆就能实现。在信息技术迅速发展的今天，完全可以通过互联网或其他通信工具对远隔千里的用户系统进行硬件版本升级换代。

（4）提高了系统的可测试性，增强了系统的可靠性。可以把诊断用的测试模式暂时编程到 ISP 器件中，以毫无遗漏的方式运行印刷电路板上的各种功能。此外，利用可编程数字开关，还可以在测试环境中把编程信号引到所需部位，来进一步强化印刷电路板的测试。采用边界扫描测试后，通过测试传输口将原先用标准测试方法无法接触的关键点用环路串接起来，大大简化了现场诊断与测试过程，更进一步提高了整个系统的质量，同时使测试成本下降。

2. ispLSI 系列 1016

美国 Lattice 公司生产了世界上第一片 GAL,并在 1991 年率先推出了在系统可编程技术，开拓了新一代的 PLD。Lattice 公司生产的 PLD 有多种系列，如 ispGAL，ispLSI 和 ispGDS 三大类型。IspGAL 在功能和结构上与 GAL 相同，只是结合了 ISP 技术；ispGDS 是在系统可编程的通用数字开关，它标志着 ISP 技术已经从逻辑领域扩展到系统互连领域。即能实现在不拨动机械开关或不改变系统硬件的情况下，快速地改变或重构印制电路板的连接关系。因此，ispGDS 系列器件非常适合用于重构目标系统的连接关系。ispLSI 有 6 个系列：pLSI/ispLSI1000 系列、pLSI/ispLSI2000 系列、pLSI/ispLSI3000 系列、pLSI/ispLSI5000 系列、pLSI/ispLSI6000 系列和 pLSI/ispLSI8000 系列。其中 pLSI/ispLSI1000 系列为基本系列，集成密度为 2 000～8 000 个 PLD 等效门；ispLSI2000 系列为高速系列；ispLSI8000 系列为最高密度系列，I/O 端最多可达 25 000～43 750 个 PLD 等效门。这些芯片内部带有寄存器/计数器模块及宏单元，I/O 端最多达到 432 个。

ispLSI 系列器件是基于与或阵列结构的 CPLD 器件，采用了电可擦 CMOS 工艺。ispLSI1016 芯片为 44 引脚的 PLCC 封装，如图 17.4.1 所示。其中 32 个 I/O 引脚，4 个专用输入引脚，集成密度为 2 000 门，每片含 96 个寄存器，引脚到引脚延时为 10 ns。

图 17.4.2 是 ispLSI1016 的功能框图。整个器件分为 I/O 单元、全局布线区（GRP）、万能逻辑块（GLB）和输出布线（ORP）。外部信号通过 I/O 单元引到全局布线区，全局布线区用以完成任意 I/O 到任意 GLB 的互连、任意 GLB 之间的互连以及各输入 I/O 信号到输出布线区的连接。器件的所有逻辑功能均在 GLB 中完成，可由一个 GLB 或多个 GLB 级联共同完成。输入 I/O 单元的输出信号和 GLB 的输出信号，通过输出布线区将各输出信号连接到被定义为输出端的 I/O 单元的输入端。

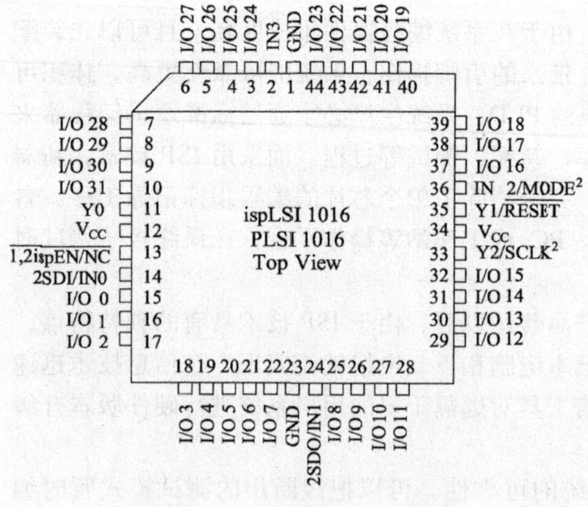

图 17.4.1 ispLSI1016 引脚图

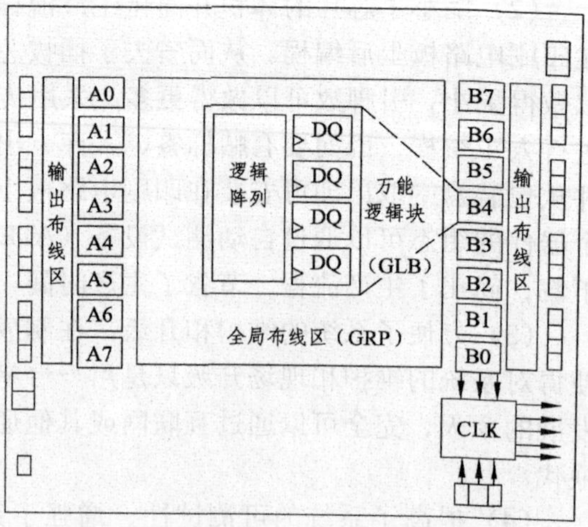

图 17.4.2 ispLSI1016 的功能框图

3. ISP 器件的编程

ISP 器件的开发与设计，需要在一定的工具软件支持下进行。一般要经过设计准备、设计输入、设计验证、布局布线、逻辑仿真、熔丝图生成、下载等过程。Lattice 公司推出的开发工具有多种，可根据不同的器件选择不同的开发工具。如 ISP Synario Entry、ISP Synario System、ISP Design EXPERT（常见的其他 EDA 软件还有 MAX＋plus 等）。设计输入需要做的，就是将设计者设计的电路以开发软件要求的某种形式表达出来，并输入计算机，输入方式可采用 VHDL 语言、原理图等。关于这方面的有关内容，读者可查阅有关资料。

ispLSI 器件有两种工作模式，即正常工作模式和编程模式。由于器件是安装在目标系统或电路板上，各端口与实际电路相连，又因为编程时必须由目标系统或电路板提供电源（不挥发 E^2CMOS 工艺允许用 5 V 电源编程），编程时系统处于工作状态。因此，在系统编程的关键问题是编程时如何使 ISP 器件与外系统分离。从图 17.4.1 所示的 ispLSI1016 引脚图可以看到，ispLSI 有一个 $\overline{\text{ispEN}}$ 引脚（13 脚），它是一个在系统编程控制引脚。该端加高电平时，器件处于正常工作模式；加低电平时，器件处于编程模式，这时器件所有 I/O 端的三态缓冲电路都被禁止而处于高阻状态，从而割断了芯片与外电路的联系，避免了编程芯片与外电路相互影响。

在系统编程使能信号 $\overline{\text{ispEN}}$ 是开发软件通过计算机并口提供的，用一根编程电缆连接到器件上，13 脚是专用引脚，它不能用作它用。编程电缆同时向芯片提供的还有 3 个信号：SDI、SCLK 和 MODE。串行（移位寄存器）时钟 SCLK 提供串行移位寄存器和片内时序机的时钟；串行数据输入 SDI 向水平移位寄存器提供编程寄存数据和其他命令；方式控制信号 MODE 用来控制对器件的编程操作。器件在编程时还应将水平移位寄存器的输出反馈给计算机，以对编程数据进行校验，所以器件上还有一个串行数据输出端 SDO。SDI，SCLK，MODE 和 SDO 端在图 17.4.1 中分别为 14 引脚、33 引脚、36 引脚和 24 引脚，这 4 个引脚只有在编程状态，即 $\overline{\text{ispEN}}$ 为低电平时才能接受编程电缆送来的信息，当为高电平（正常状态）时，它们都可以作为输入端（直通输入端）使用。

对 ISP 器件编程可利用 PC 进行，也可利用用户目标板上自备的单片机或微处理器编程。

图 17.4.3 所示是利用 PC 并行口向用户目标板提供编程信号的情况，它利用一条编程电缆将准确定时的编程信号提供给 ISP 器件。该电缆是一根 7 芯传输线，除了前面说的 5 根信号线外，还有一条地线和多目标板电源的检测线。

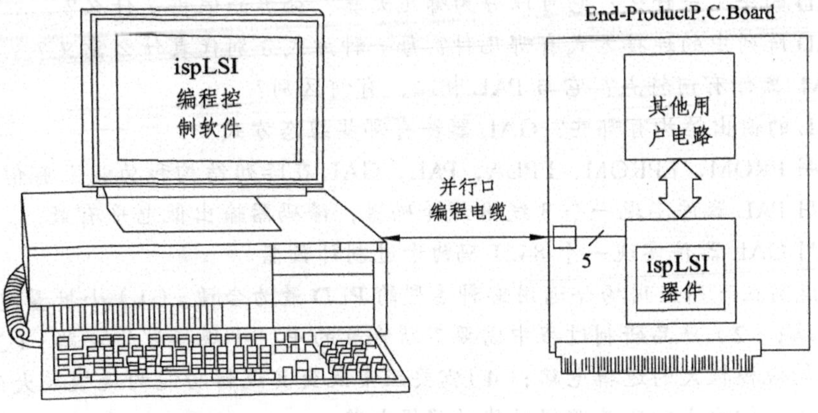

图 17.4.3　用 PC 并行口进行 ISP 编程

小　　结

（1）可编程逻辑器件 PLD 是一种可由用户通过自己编程配置各种功能的现场片。按照集成度分类，PLD 可分为简单 PLD 和复杂 PLD。简单 PLD 包括 PROM，PLA，PAL，GAL。复杂 PLD 包括 CPLD 和 FPGA。按内部结构分类，PLD 可分为乘积项结构器件和查找表结构器件，大部分简单 PLD 和 CPLD 都是乘积项器件，而 FPGA 是查找表结构器件；按编程工艺来分类，PLD 有只能一次编程的熔丝结构型、紫外线可擦可编程的 EPROM 型、电可擦可编程的 EEPROM 型和断电丢失信息的 SRAM 型。

（2）PLD 一般由输入缓冲电路、与阵列、或阵列和输出缓冲电路等 4 部分组成。

（3）可编程阵列逻辑 PAL 是与阵列可编程、或阵列固定，输出结构有组合型和寄存器型等，便于用来实现组合逻辑和时序逻辑函数。PAL 价格便宜，编程方便，具有保密性，但是其集成度低，一般只能一次编程，而且输出结构固定，不能重新组态，编程灵活性较差。

（4）通用阵列逻辑 GAL 是在 PAL 的基础上发展起来的新型器件，是 PAL 的换代产品。GAL 仍然采用与-或阵列结构，属于电可擦可编程工艺结构，可反复多次编程。由于 GAL 采用了输出逻辑宏单元 OLMC，使得它的逻辑灵活性大大增加，一种 GAL 便可代替多种 PAL 器件，特别适合于产品研制与开发。但是 GAL 仍然属于低密度器件，规模较小。

（5）FPGA 和 CPLD 是大规模、超大规模的集成电路，两者在结构上有差异。FPGA 的可编程逻辑颗粒比较细，编程单元主要是 SRAM；而 CPLD 的逻辑颗粒比较粗，是由多个宏单元构成的逻辑宏块形成的。

（6）常规 PLD 在使用中通常是先编程后装配，而采用在系统编程（ISP）技术的 PLD，则是先装配后编程，而且成为产品后还可以反复编程。

（7）PLD 器件的应用与开发都需要在一定的工具软件的支持下进行，可根据器件类型进行选择。

习　题

17.1　可编程阵列逻辑（PAL）和可编程逻辑阵列（PLA）在结构上的主要区别是什么？

17.2　PLD 的含义是什么？它可以分为哪几大类？分类的依据是什么？

17.3　PLD 阵列中的连接方式有哪几种？每一种方式分别代表什么意义？

17.4　GAL 器件有何特点？它与 PAL 相比，有何区别？

17.5　PAL 的输出结构有哪些？GAL 器件有哪些组态方式？

17.6　说明 PROM，EPROM，FPLA，PAL，GAL 在阵列结构和功能上有何不同？

17.7　试用 PAL 器件实现一个 3 线-8 线译码器，译码器输出低电平有效。

17.8　试用 GAL 器件实现一个 8421 码的十进制计数器。

17.9　试说明在下列应用场合选用哪种类型的 PLD 最为合适。（1）小批量定型产品中的中规模逻辑电路；（2）产品研制过程中需要不断修改的中、小规模逻辑电路；（3）少量的定型产品中需要的规模较大的逻辑电路；（4）需要经常改变其逻辑功能的规模较大的逻辑电路；（5）要求能够以遥控方式改变其逻辑功能的逻辑电路。

附　录

A. 国产半导体分立器件型号命名方法

附表 A.1　国产半导体分立器件型号命名方法（国家标准 GB 249—1989）

第一部分		第二部分		第三部分		第四部分	第五部分
用阿拉伯数字表示器件的电极数目		用汉语拼音字母表示器件的材料和极性		用汉语拼音字母表示器件的类别		用阿拉伯数字表示序号	用汉语拼音字母表示规格号
序号	意义	序号	意义	序号	意义		
2	二极管	A	N 型，锗材料	P	普通管		
		B	P 型，锗材料	V	微波管		
		C	N 型，硅材料	W	稳压管		
		D	P 型，硅材料	C	变容管		
3	三极管	A	PNP 型，锗材料	Z	整流管		
		B	NPN 型，锗材料	L	整流堆		
		C	PNP 型，硅材料	S	隧道管		
		D	NPN 型，硅材料	N	阻尼管		
		E	化合物材料	K	开关管		
				U	光电管		
				X	低频小功率管（截止频率<3 MHz，耗散功率<1 W）		
				G	高频小功率管（截止频率≥3 MHz，耗散功率<1 W）		
				D	低频大功率管（截止频率<3 MHz，耗散功率≥1 W）		
				A	高频大功率管（截止频率≥3 MHz，耗散功率≥1 W）		
				T	晶体闸流管		
				Y	体效应器件		
				N	雪崩管		
				J	阶跃恢复管		
				CS	场效应器件		
				BT	半导体特殊器件		
				FH	复合管		
				PIN	PIN 管		
				JG	激光器件		

例　硅 NPN 型高频小功率三极管 3DG6A

3　D　G　6　A

- A —— 规格号
- 6 —— 序号
- G —— 高频小功率管
- D —— NPN 型，硅材料
- 3 —— 三极管

B. 国产半导体集成电路型号命名方法

附表 B.1　国产半导体集成电路型号命名方法（国家标准 GB 3430—1989）

第 0 部分		第一部分		第二部分	第三部分		第四部分	
用字母表示器件符合国家标准		用字母表示器件的类型		用阿拉伯数字表示器件的系列品种代号	用字母表示器件的工作温度范围		用字母表示器件的封装	
序号	意义	序号	意义		序号	意义	序号	意义
C	符号国家标准	T	TTL		C	0～70 °C	F	多层陶瓷扁平
		H	HTL		G	－25～70 °C	B	塑料扁平
		E	ECT		L	－25～85 °C	H	黑瓷扁平
		C	CMOS		E	－40～85 °C	D	多层陶瓷双列直插
		M	存储器		R	－55～85 °C	J	黑瓷双列直插
		F	线性放大器		M	－55～125 °C	P	塑料单列直插
		W	稳压器				K	金属菱形
		B	非线性电路				T	金属圆形
		J	接口电路				C	陶瓷片状载体
		AD	A/D 转换器				E	塑料片状载体
		DA	D/A 转换器				G	网格阵列

例　通用型运算放大器 CF741CT

C　F　741　C　T

- T —— 金属圆形封装
- C —— 工作温度范围为 0～70 °C
- 741 —— 通用型运算放大器
- F —— 线性放大器
- C —— 符合国家标准

C. 二进制数在机器中的表示方法

1. 机器数与真值

在数的前面增设一位符号位，用符号位的 0 状态表示正数，1 状态表示负数。例如，小数＋0.1011 在机器中可以表示为[0.1011]，－0.1011 在机器中可以表示为[1.1011]，亦即用整数位的 0 和 1 分别表示小数的正和负。通常把[0.1011]和[1.1011]叫做机器数，而把＋0.1011 和－0.1011 叫做机器数的真值。

下面介绍一下机器数的三种常见形式：原码、补码和反码。

因为一般的数控装置和小型计算机中几乎都采用定点运算，所以我们只针对定点数介绍它的原码、补码和反码。在定点数中，通常把小数点设定在最高位的前面。也就是假定在全部运算过程中，所有数的绝对值恒小于 1。如果实际数的绝对值超过 1，则只要把所有的数同时缩小一个比例，保证最大的数绝对值小于 1 就行了。

2. 原　码

在原码中以小数点前边一位表示符号，正数为 0，负数为 1。所以正数的原码与真值相同，负数的原码等于在真值的绝对值上加 1，即

$$[x]=\begin{cases}x & x\geqslant 0\\ 1+|x| & x\leqslant 0\end{cases}$$

所以 0 的原码有两种形式：

$$[+0]_{原}=0.0000\,,\qquad [-0]_{原}=1.0000$$

原码的优点是简单直观，而且用原码作乘法运算非常方便，乘积的数值就等于两个乘数的数值部分（除去符号位）相乘，而乘积的符号可以按同号相乘为正，异号相乘为负的原则来决定，这在逻辑上是很容易实现的。但是在用原码作加减运算时，却碰到了困难。目前在计算机中普遍使用补码进行加减运算。

3. 补　码

在二进制减法运算中，减去一个二进制（或加上一个负数）也可以化为加上这个数对于基数 2 的补码。

例如，$a=0.1011$，$b=-0.1001$，则 $a+b$ 的和是

$$\begin{array}{r}0.1011\\ -0.1001\\ \hline 0.0010\end{array}\cdots\cdots 和$$

然而我们也可以先求出－0.1001 对基数 2 的补码

$$[b]_{补}=1\,0-0.1001=1.0111$$

然后将 a 与 $[b]_{补}$ 相加，并舍掉进位

$$
\begin{array}{r}
0.1011 \\
+1.0111 \\
\hline
10.0010 \cdots\cdots 和
\end{array}
$$

舍去

则所得结果同样是 0.0010。

因此，我们规定二进制数的补码为

$$[x]=\begin{cases} x & x \geqslant 0 \\ 2+|x| & x \leqslant 0 \end{cases}$$

4. 反 码

二进制数反码的定义是当 $x \geqslant 0$ 时，$[x]_{反}=x$；当 $x \leqslant 0$，把 x 中的每一个位（包括小数点前面一位的 0）用它的反状态代替（即把 1 改为 0，把 0 改为 1），得到的就是 $[x]_{反}$。

例如，$x=-0.0110$，则 $[x]_{反}=1.1001$

$x=-0.0001$，则 $[x]_{反}=1.1110$

反码的一个重要用途是可以用它去求补码。从上面的例子可以发现，把任何一个二进制负数的绝对值和它的反码相加，得到的和永远是 1.1111。如果在这个和的最低位上再加 1（即加上 2^{-n}），则结果恒等于 2。

例如，$x=-0.0110$，$[x]_{反}=1.1001$，则

$-x+[x]_{反}=1.1111$

$-x+[x]_{反}+0.0001=10.0000$

故 $10+x=[x]_{反}+0.0001$

或用十进制数表示

$$2+x=[x]_{反}+2^{-n}$$

其中 n 表示二进制小数的位数。而根据补码的定义又知，负数的补码正好是 $[x]_{补}=2+x$，则可以得到负数的反码和补码间的关系为

$$[x]_{补}=x_{反}+2^{-n}$$

这样在求负数的补码时，就可以避免按定义去作减法，而可以通过在 $[x]_{反}$ 的末位上加 1 而得到。

D. 常用逻辑符号对照表

附表 D.1 常用逻辑符号对照表

名 称	国际符号	曾用符号	国外流行符号	名 称	国际符号	曾用符号	国外流行符号
与门	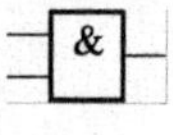	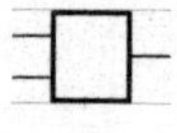	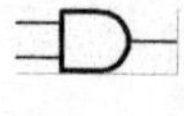	传输门			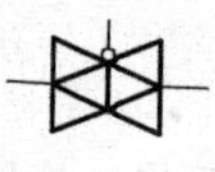

续附表 D.1

名　称	国际符号	曾用符号	国外流行符号	名　称	国际符号	曾用符号	国外流行符号
或门	≥1	+		双向模拟开关	SW	SW	—
非门	1	&		半加器	Σ CO	HA	HA
与非门	&			全加器	Σ CI CO	FA	FA
或非门	≥1	+		基本 *RS* 触发器	S R	S R Q $\overline{Q}$	S R Q $\overline{Q}$
与或非门	& ≥1	& +		同步 *RS* 触发器	1S C1 1R	S CP R Q $\overline{Q}$	S CK R Q $\overline{Q}$
异或门	=1	⊕		边沿（上升沿）*D* 触发器	S 1D C1 R	D CP Q $\overline{Q}$	D S_D Q CK R_D $\overline{Q}$
同或门	=1	⊙		边沿（下降沿）*JK* 触发器	S 1J C1 1K R	J CP K Q $\overline{Q}$	J S_D Q CK K R_D $\overline{Q}$
集电极开路的与门	&◊		—	脉冲触发（主从）*JK* 触发器	S 1J C1 1K R		J S_D Q CK K R_D $\overline{Q}$
三态输出的非门	1 ▽ EN			带施密特触发特性的与门	&⎍	⎍	⎍

部分习题参考答案

第一篇　电工技术

第 1 章

1.11　(a) $U = 60\text{ V}$；(b) $U = 20\text{ V}$；(c) $U = -20\text{ V}$

1.12　$I_1 = 3\text{A}$，$I_2 = -6\text{A}$，$U = 6\text{ V}$

1.13　$I_1 = -5\text{ A}$，$I_2 = 1\text{ A}$，$I_3 = 9\text{ A}$，$I_4 = -13\text{ A}$，$I_5 = 7\text{ A}$，$U = 116\text{ V}$

1.16　$I_1 = -1\text{ A}$，$I_2 = 3\text{ A}$，$U = 9\text{ V}$

1.17　$V_{B1} = 14.8\text{ V}$，$V_{B2} = 11\text{ V}$

第 2 章

2.11　$U = 12.4\text{ V}$

2.12　$I = -1.17\text{ A}$

2.15　$I = -1.17\text{ A}$

2.16　$U = 7\text{ V}$

2.17　$U_1 = 0\text{ V}$，$U_2 = -8\text{ V}$，$U_3 = -4\text{ V}$，$U_4 = -20\text{ V}$

2.18　$I = -6\text{ A}$

2.19　(a) $U_{ab} = -2\text{ V}$，$R_{ab} = 12\ \Omega$；$I_{ab} = 0.167\text{ V}$，$R_{ab} = 12\ \Omega$

　　(b) $U_{ab} = 5.5\text{ V}$，$R_{ab} = 5.1\ \Omega$；$I_{ab} = 1.078\text{ V}$，$R_{ab} = 5.1\ \Omega$

2.20　$I = -1.17\text{ A}$

2.21　$I_L = 0.83\text{ A}$

2.22　$I_L = 0.545\text{ A}$

2.23　$R_L = 20\ \Omega$，$P_{max} = 2.25\text{ W}$

第 3 章

3.8　$\omega = 10\text{ rad/s}$，$Z_{ab} = 11.54 - \text{j}12.3\ \Omega$；$\omega = 0$，$Z_{ab} = \infty$

3.9　$C = 0.025\text{ F}$

3.10　$R = 1\ 375\ \Omega$，$L = 10.25\text{ H}$

3.11　$Z = 2.5 + \text{j}2.5\ \Omega$

3.12　$I = 10\text{ A}$，$Z = 12\angle 45°\ \Omega$，$X_C = 17\ \Omega$

3.13 $I=14.14\ \text{A}$，$R=14.14\ \Omega$，$X_C=14.14\ \Omega$，$X_L=7.07\ \Omega$

3.14 $\dot{I}=0.707\angle 15°\text{A}$

3.15 $f=1/(2\pi RC)$

3.16 $I=20\ \text{A}$，$P=2\,000\ \text{W}$，$Q=0\ \text{var}$，$S=2\,000\ \text{V}\cdot\text{A}$

3.17 $I=3.8\ \text{A}$，$\lambda=0.99$

3.19 $L_1=111.1\ \text{mH}$，$C_2=10.2\ \mu\text{F}$ 或 $L_1=20\ \text{mH}$，$C_2=55.6\ \mu\text{F}$

3.20 $U_C=60\ \text{V}$，$I=10.05\ \text{A}$，$P_S=130\ \text{W}$

3.21 $\dot{U}_P$: $214\angle 0.22°\ \text{V}$，$214\angle -119.78°\ \text{V}$，$214\angle 120.22°\ \text{V}$

$\dot{U}_L$: $370.66\angle 30.22°\ \text{V}$，$370.66\angle -89.78°\ \text{V}$，$370.66\angle 150.22°\ \text{V}$

$\dot{I}_P$: $4.28\angle -52.91°\ \text{V}$，$4.28\angle -172.91°\ \text{V}$，$4.28\angle 67.09°\ \text{V}$

3.22 $\dot{I}_P=12.16\angle -50.19°\ \text{V}$，$\dot{I}_L=21.06\angle -80.19°\ \text{V}$，$\dot{U}_L=459.61\angle 2.33°\ \text{V}$

10.2 kW，13.3 kvar，16.77 kV·A

3.23 （1） $40.48\angle -54.61°\ \text{A}$，$202.4\angle -1.48°\ \text{V}$

（2） $23.37\angle -8.35°\ \text{A}$，$40.48\angle -38.35°\ \text{A}$，$350.55\angle 28.52°\ \text{V}$

（3） 36.43 kW，38.36 kvar，52.91 kV·A，0.689

3.24 $408.21\angle -28.19°\ \text{V}$，0.89

3.25 （1） 25.19 A，0 A （2） $8.56\angle -57.98°\ \text{A}$

（3） $\dot{I}_A=27.26\angle 0°\ \text{A}$，$\dot{I}_B=27.26\angle -120°\ \text{A}$，$\dot{I}_C=0\ \text{A}$，$\dot{I}_N=27.26\angle -60°\ \text{A}$

第 4 章

4.7 $u_L(0_-)=0\ \text{V}$，$i_L(0_+)=2\text{A}$，$i_1(0_+)=2.5\text{A}$，$u_L(0_+)=-2\ \text{V}$

4.8 $u(0_+)=25.6\ \text{V}$，$i_L(0_+)=1.6\ \text{A}$，$u_C(0_+)=22.4\ \text{V}$

4.11 $i_L(t)=(2-e^{-\frac{20}{3}t})\ \text{A}\quad t\geqslant 0$，$i_1(t)=(-1+0.667e^{-\frac{20}{3}t})\ \text{A}\quad t\geqslant 0$

$u_L(t)=33.33e^{-\frac{20}{3}t}\ \text{V}\quad t\geqslant 0$

4.12 $i_1(t)=(0.5+1.5e^{-10t})\text{A}\quad t\geqslant 0$，$u_C(t)=30e^{-10t}\ \text{V}\quad t\geqslant 0$

4.13 $$uc(t)=\begin{cases}-20(1-e^{-\frac{100}{8}t})\text{V} & 0\leqslant t\leqslant 10\ \text{ms}\\ (-10+7.653e^{-\frac{1\,000}{64}(t-10^{-2})})\text{V} & t\geqslant 10\ \text{ms}\end{cases}$$

4.14 $uc(t)=(-60+60e^{-5\times 10^4 t})\text{V}\quad t\geqslant 0$

第 5 章

5.6 线圈中必须通入的电流为 1.02 A，此时电磁铁的吸力为 47.7 kN。

5.12 不可以。因为$U=4.44fN\Phi_m$，因为N变小，则Φ_m变大，$IN=\Phi_m l/(\mu S)$，所以I也变得很大，超过变压器原来铜线的额定电流，可能会烧坏变压器。

5.13 额定电压为 110 V/6.3 V 的变压器能把 6.3 V 的交流电压升高到 110 V。如果将磁变压器错接到 220 V 的交流电源上，由$U_1=4.44fN_1\Phi_m$，可知Φ_m将增大为原来的 2 倍，$U_2=$

$4.44fN_2\Phi_m$，副边电压U_2升为 12.6 V，但是，由公式$IN=\Phi_m l/(\mu S)$可知，原边线圈中的电流也变为原来的 2 倍，而原来绕组线圈粗细和材料不变，其额定电流不变，所以将原边线圈错接到 220 V 电源上，有可能将变压器烧坏。

5.14 （1）$I_{N1}=15.15\text{ A}$，$I_{N2}=227\text{ A}$；（2）副边端电压U_2仍为 220 V。

5.15 此变压器最多能带 250 盏日光灯。

5.16 （1）$R'=200\ \Omega$；（2）$P=98.8\text{ mW}$；（3）$P=12\text{ mW}$

5.19 （1）1 A，43.48 A；（2）4.3%

5.20 Y/Y 接时，线电压 300 V，相电压$100\sqrt{3}$ V；

Y/△ 接时，线电压和相电压相等，为$100\sqrt{3}$ V。

第 6 章

6.11 极数是 4，$s=0.02$。

6.12 $s_N=0.03$，$f_2=1.5\text{ Hz}$。

6.13 △接法时电动机的启动电流为 90 A；若启动改为 Y 接法，启动电流为 30 A；电动机带负载和空载下启动时，启动电流相同。

6.15 （1）$n_1=1\,500\text{ r/min}$，极对数$p=2$；

（2）能采用 Y-△启动。△启动时，$I_{st\triangle}\approx 225\text{ A}$；Y 启动时，$I_{stY}=75\text{ A}$；

（3）$P_1\approx 19.81\text{ kW}$，$\eta\approx 50.5\%$

6.17 （1）$T_{st}=789.3\text{ N}\cdot\text{m}$，$I_{st}=555.8\text{ A}$，

（2）$T_{stY}=263.1\text{ N}\cdot\text{m}$，$I_{stY}=185.3\text{ A}$。

第二篇 电子技术

第 8 章

8.2 0.31 mA

8.3 −0.7～0.7 V

8.4 (1) 0 V；(2) 9 V；(3) 9 V；(4) 18 V

8.5 1 V；0 V

8.6 (a) 15 V；(b) 1.4 V；(c) 5 V；(d) 0.7 V

8.7 NPN 型

8.9 b

8.13 0.98 mA

8.14 1.6 mA/V

第 9 章

9.4 （1）$I_B=0.04\text{ mA}$，$I_C=2.5\text{ mA}$，$U_{CE}=4.5\text{ V}$；（2）−192.7；（3）1 927 V

9.5 （1） $I_B = 0.03$ mA ， $I_C = 1.65$ mA ， $U_{CE} = 5.4$ V ；

（2） $A_u = -59$ ， $r_i = 0.42$ kΩ ， $r_o = 2$ kΩ ；

（3） $A_u = -91$

9.6 （1） $I_B = 0.035$ mA ， $I_C = 2.11$ mA ， $U_{CE} = 2.34$ V ；

（2） $A_u \approx 1$ ， $r_i = 1.44$ kΩ ， $r_o = 0.02$ kΩ ；

（3） $A_u = -0.15$

9.7 $A_u \approx 65$ ， $r_i = 13.8$ Ω ， $r_o = 1$ kΩ

9.8 （1） $A_u \approx 1$ ， $r_i = 1.44$ kΩ ， $r_o = 0.02$ kΩ

9.9 （1） 109.4 kΩ；（2） $A_u = -\beta \dfrac{[r_{be} + (1+\beta)R_e - \beta R_b]R_c}{[r_{be} + (1+\beta)R_e](R_b + R_c)}$

$$r_i = \frac{[r_{be} + (1+\beta)R_e](R_b + R_c)}{R_B + r_{be} + (1+\beta)(R_e + R_c)}, \qquad r_o = R_b // R_c$$

9.11 （1） $I_D = 1$ mA ， $R_s = 2$ kΩ ；（2） $A_u = -6.9$ ， $r_i = 1$ MΩ ， $r_o = 100$ kΩ

第 10 章

10.2 $A_u = -10$ ， $r_i = 187$ kΩ ， $r_o = 3$ kΩ

10.3 （1） $I_B = 0.03$ mA ， $I_C = 1.65$ mA ， $U_{CE} = 5.4$ V ；

（2） $A_{u1} \approx 1,\ A_{u2} = -\beta \dfrac{R_c // R_L}{r_{be2} + (1+\beta)R_{e1}} = -2.7,\ A_u = A_{u1} \cdot A_{u2} \approx -2.7$ ；

（3） $r_i = R_g = 10$ MΩ， $r_o \approx R_c = 2$ kΩ ；

（4） 第一级为源极跟随器，具有很高的输入阻抗，减少对信号源电压的影响。

10.4 （2） $A_{us} = -g_m\{R_d // R_b //[r_{be} + (1+\beta)(R_e // R_L)]\} = -4.38,\ U_o = 43.8$ mV

（3） $r_i = R_g + R_{g1} // R_{g2} \approx 10$ MΩ， $r_{o1} \approx R_d = 5.6$ kΩ ；

（4） 前级采用场效应晶体管可以提高电路的输入电阻，后级采用射极跟随器可以降低输出电阻，提高带负载能力。

10.6 （1） $P_{omax} = \dfrac{(V_{CC} - 2)^2}{2R_L} = 10.56$ W ；

（2） $P_o = \dfrac{U_{om}^2}{2R_L} = 6.2$ W ， $P_{Emax} = \dfrac{2U_{om}^2}{\pi R_L} = 7.9$ W

第 11 章

11.2 （1） R_f： 电压并联负反馈；（2） $A_u = 1 + R_f / R_1$ ；（3） $r_i = \infty$

11.3 （1）（a） R_2： 电压并联负反馈，（b） R_5： 电压串联正反馈；

（2）（a） $A_u = -1$ ，（b） $A_u = \infty$

11.8 $u_o = -(u_{i1} + 2u_{i2})$ ， $U_{om} = 4$ V

11.12 5 V

11.15 A_1 为反相比例器， A_2 为零比较器， A_3 为电压跟随器。

11.17　102～73 Hz

11.18　(a) 和 (b) 可能产生正弦波振荡。

11.19　(1) $f_0=\dfrac{1}{2\pi RC}=995\ \text{Hz}$；(2) $R_f>2R_1=2\ \text{k}\Omega$

第 12 章

12.1　(1) $U_o=0.9U_2=90\ \text{V}$，$I_L=45\ \text{mA}$；(2) $U_{DRM}=141\ \text{V}$，$I_D=22.5\ \text{mA}$

12.3　开关 S 断开，电压表 (V_2) 的读数为 45 V，电流表 (A) 的读数为 45 mA。开关 S 闭合，电压表 (V_2) 的读数为 90 V，电流表 (A) 的读数为 90 mA。

12.4　(1) $I_{O1}=9\ \text{mA}$，$I_{O2}=-0.36\ \text{mA}$

(2) $U_{DRM1}=\sqrt{2}(U_{21}+U_{22})=141\ \text{V}$，$U_{DRM2}=U_{DRM3}=2\sqrt{2}U_{22}=56.56\ \text{V}$

12.5　(1) $I_R=9\ \text{mA}$，$I_z=I_R-I_o=6\ \text{mA}$；(2) $U_2=25\ \text{V}$

(3) $I_D=0.5I_R=4.5\ \text{mA}$，$U_{DRM}=\sqrt{2}U_2=35.35\ \text{V}$

12.6　(2) $R_P=100\ \Omega$；(3) $U_o=25\ \text{V}$

12.9　$\theta=102.25°$

12.10　45.8°；66.8°

12.12　(1) $I_T=7.425\ \text{A}$；(2) $\alpha=60°$，导通角 $\theta=180°-60°=120°$；

(3) 晶闸管承受的最高正向电压为 $\sqrt{2}U=311\ \text{V}$

第 13 章

13.1　(1) F_1 和 F_2 相同；(2) F_1 和 F_2 相同

13.3　$L=\bar{A}\bar{B}C+\bar{A}B\bar{C}+A\bar{B}\bar{C}+ABC$

13.4　$L=\overline{\overline{A+B}+\overline{\bar{A}+\bar{B}}}=(A+B)(\bar{A}+\bar{B})=A\oplus B$

13.5　(1) $\bar{A}BCD+CD+A\bar{B}CD=CD(\bar{A}B+1+A\bar{B})=CD$

(2) $A\bar{C}+\bar{A}\bar{B}+BC$ 或 $AB+\bar{A}C+\bar{B}\bar{C}$

(3) $A\bar{B}C+AB\bar{C}+A\bar{D}$；(4) $\bar{A}+\bar{B}+\bar{C}$；(5) AB

(6) $A+C$；(7) $A+\bar{B}$；(8) $\bar{A}\bar{B}E+A\bar{E}$；(9) $AB+CD$

13.6　(1) $Z=A+B$；(2) $Z=1$；(3) $Z=\bar{B}\bar{C}$；(4) $Z=\bar{A}\bar{B}E+A\bar{E}$

(5) $Z=A+\bar{D}$；(6) $Z=AB+\bar{D}+\bar{A}\bar{C}$

(7) $Z=A\bar{B}+BC+\bar{B}\bar{D}+\bar{A}BD$

13.7　(1) $F=\bar{A}\bar{B}\bar{C}+\bar{A}\bar{B}C+\bar{A}B\bar{C}+A\bar{B}\bar{C}$

(2) $F=\bar{A}\bar{B}C+\bar{A}B\bar{C}+A\bar{B}\bar{C}+ABC$

13.8　根据三态门和传输门的工作特性，画出的波形如题 13.8 答案图所示。

13.9　其输出 F_1 和 F_2 的波形，如题 13.9 答案图所示。

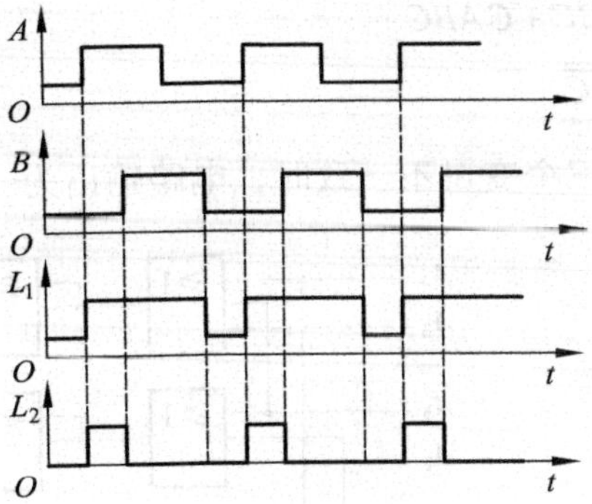

题 13.8 答案图

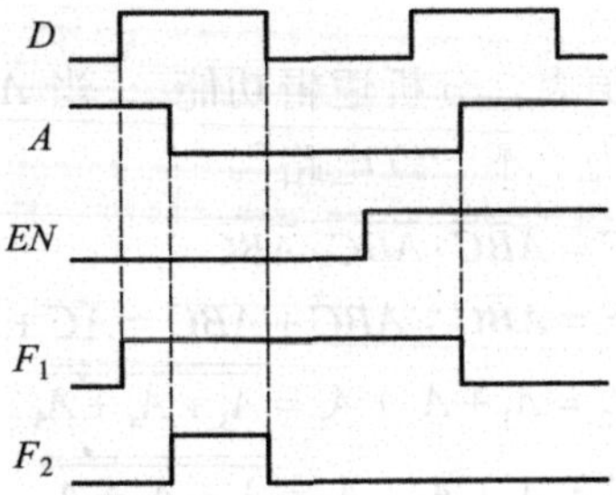

题 13.9 答案图

13.10　由三态门电路符号可知，当使能端低电平时，三态门输出为高阻阻态，所以，只要给各三态门的使能端 EN_1，EN_2，…，EN_n 依次为高电平时，则 $D_1\cdots D_n$ 的数据就依次被传输到总线上去。

13.11　(a)　$F=\overline{A}$；(b)　$F=\overline{AB}$；(c)　$F=\overline{AB+CD}$

第 14 章

14.1　$F=\overline{\overline{ABC+\overline{\overline{A}}}+B}=\overline{A}\,\overline{B}$

14.2　根据变量可能的取值和组合，16 种函数式为

$$Y_0=ABS_{\mathrm{m0}},\ Y_1=(A+B)S_{\mathrm{m1}},\ Y_2=\overline{A}\,\overline{B}S_{\mathrm{m2}},\ Y_3=(\overline{A}+\overline{B})S_{\mathrm{m3}}$$

$$Y_4=\overline{\overline{A}+\overline{\overline{B}}}S_{\mathrm{m4}},\ Y_5=\overline{\overline{A}\,\overline{\overline{B}}}S_{\mathrm{m5}},\ Y_6=(A+B)S_{\mathrm{m6}},\ Y_7=\overline{AB}S_{\mathrm{m7}}$$

$$Y_8=\overline{A+\overline{\overline{B}}}S_{\mathrm{m8}},\ Y_9=\overline{A\overline{\overline{B}}}S_{\mathrm{m9}},\ Y_{10}=\overline{\overline{\overline{A}}B}S_{\mathrm{m10}},\ Y_{11}=(\overline{\overline{\overline{A}}+B})S_{\mathrm{m11}}$$

$$Y_{12}=\overline{A+B}S_{\mathrm{m12}},\ Y_{13}=A\overline{B}S_{\mathrm{m13}},\ Y_{14}=\overline{A}BS_{\mathrm{m14}},\ Y_{15}=(\overline{A}+B)S_{\mathrm{m15}}$$

14.3　$F=\overline{A}B\overline{C}+A\overline{BC}+A\overline{B}C+AB\overline{C}=A\overline{B}+B\overline{C}$

14.4　设楼上开关为 A，楼下开关为 B，灯泡为 Y。并设 A，B 闭合时为 1，断开时为 0；灯亮时 Y 为 1，灯灭时 Y 为 0。根据逻辑要求列出真值表如右题 14.4 表所示。

题 14.4 表　真值表

A	B	Y
0	0	0
0	1	1
1	0	1
1	1	0

由真值表可得表达式：$Y=\overline{A}B+A\overline{B}$

用与非门实现：$Y=\overline{\overline{\overline{A}B}\cdot\overline{A\overline{B}}}$，见题 14.4 答案图（a)；

用异或门实现：$Y=A\oplus B$，见题 14.4 答案图（b)；

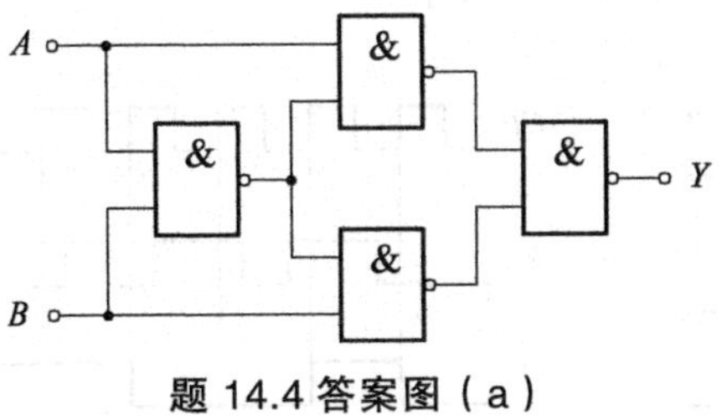

题 14.4 答案图（a）

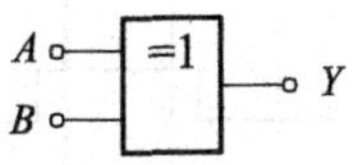

题 14.4 答案图（b）

14.5　由逻辑图逐级写出逻辑表达式。为了写表达式方便，借助中间变量 P，$P=\overline{ABC}$ 则

$$L = AP + BP + CP = A\overline{ABC} + B\overline{ABC} + C\overline{ABC}$$

$$= \overline{ABC + \overline{\overline{A+B+C}}} = \overline{ABC + \overline{A}\,\overline{B}\,\overline{C}}$$

列出真值表，分析逻辑功能 ：当 A，B，C 三个变量不一致时，电路输出为“1”，所以这个电路称为“不一致电路”。

14.6 $F = \overline{A\overline{B}\,\overline{C}} \cdot \overline{\overline{A}\,\overline{B}C} \cdot \overline{\overline{A}B\overline{C}}$

14.8 $F = A\overline{B}C + AB\vec{C} + ABC = AC + AB$

14.9 $Y_2 = A_3 + A_4 + A_5 = \overline{\overline{A_3 + A_4 + A_5}}$

$Y_1 = A_1 + A_2 + A_5 = \overline{\overline{A_1 + A_2 + A_5}}$

$Y_0 = A_0 + A_2 + A_4 = \overline{\overline{A_0 + A_2 + A_4}}$

用或非门实现电路如题 14.9 答案图所示。

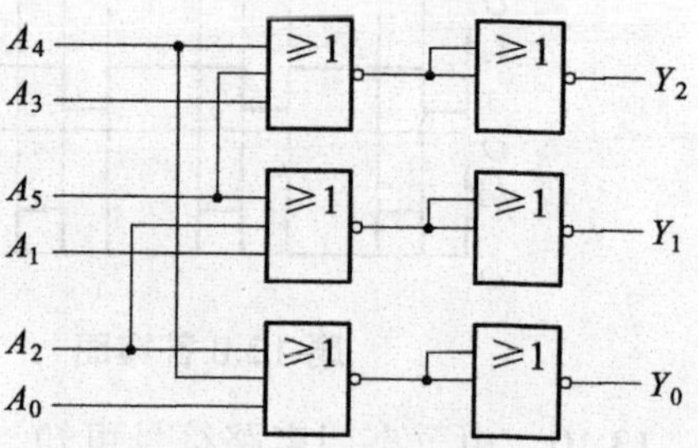

题 14.9 答案图

14.10 $F_A = A$；$F_B = \overline{A}B$；$F_C = \overline{AB}C$

14.11 $F = \overline{\overline{AB} \cdot \overline{BC} \cdot \overline{CA}} = AB + BC + CA$

即在 3 个输入变量中只要有 2 个或 3 个同时为 1 时，$F = 1$；否则 $F = 0$。

14.12 a 点输出为 1；b 点输出为 1；c 点和 d 点输出为 0。

第 15 章

15.1 $\overline{S}$，Q 和 $\overline{Q}$ 的波形如题 15.1 答案图所示。

15.2 输出端 Q 的波形图如题 15.2 答案图所示。

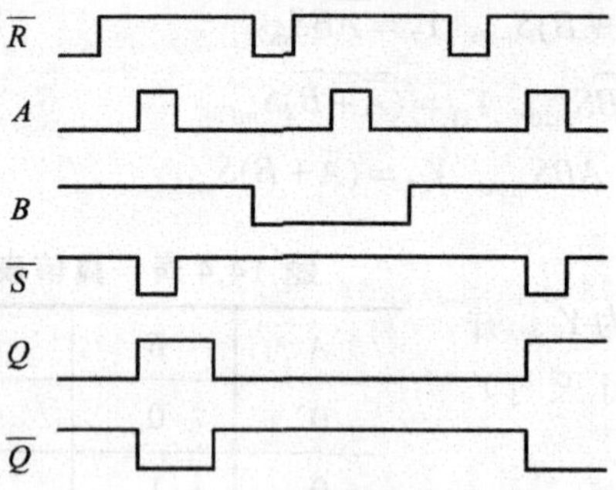

题 15.1 答案图

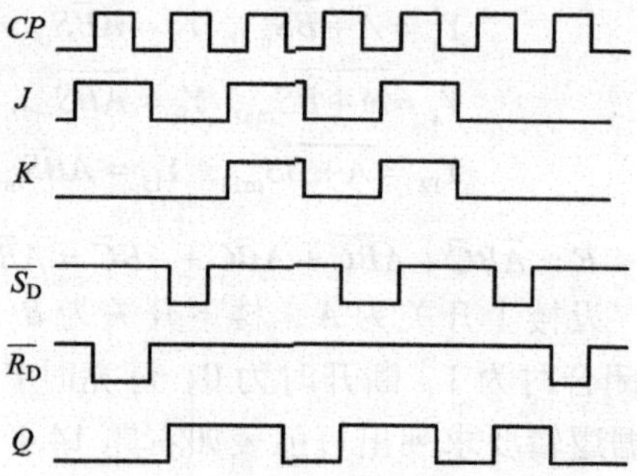

题 15.2 答案图

15.3 触发器 Q 端的波形如题 15.3 答案图所示。

15.4 JK 触发器输出端的波形如题 15.4 答案图所示。

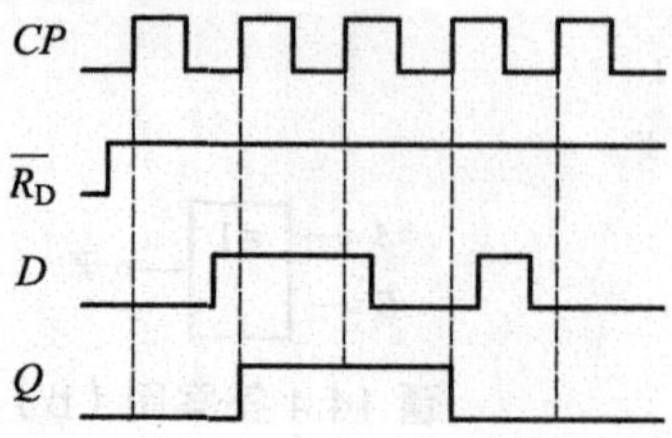

题 15.3 答案图

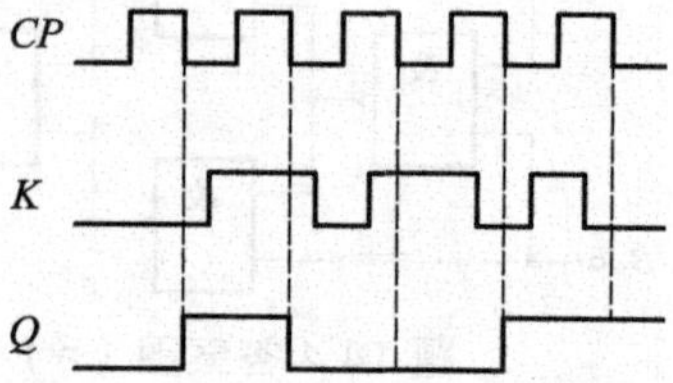

题 15.4 答案图

15.5　Q 端的波形如题 15.5 答案图所示。

15.6　该题由 2 种功能和 2 种边沿的触发器组成，要注意复位端的作用。电路是一个单脉冲触发器，即只要 B 触发一次，Q_2 才输出一个 B 的一个周期的脉宽脉冲。Q_1 和 Q_2 端的波形如题 15.6 答案图所示。

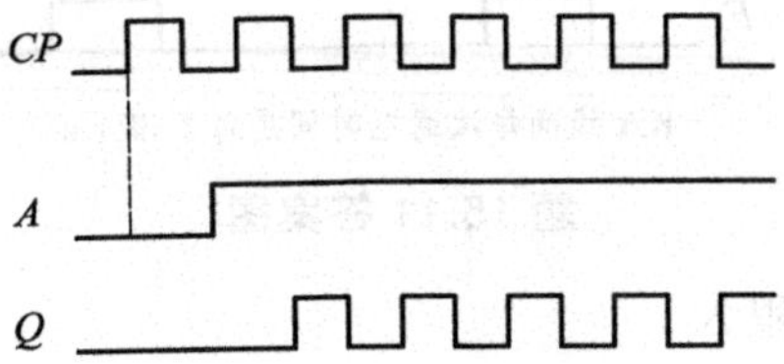

题 15.5 答案图

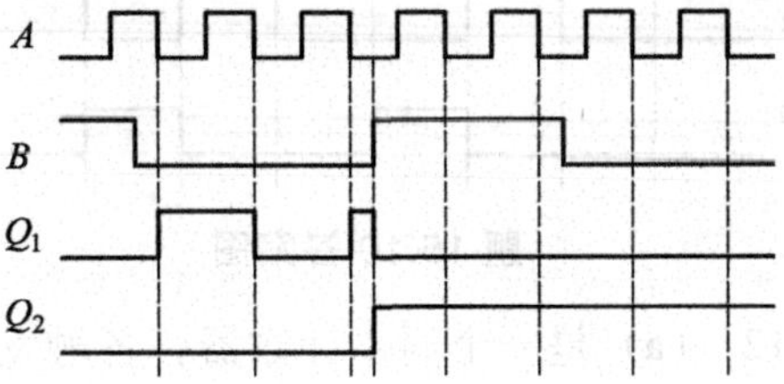

题 15.6 答案图

15.7　这是一个分频电路，其波形如题 15.7 答案图所示。

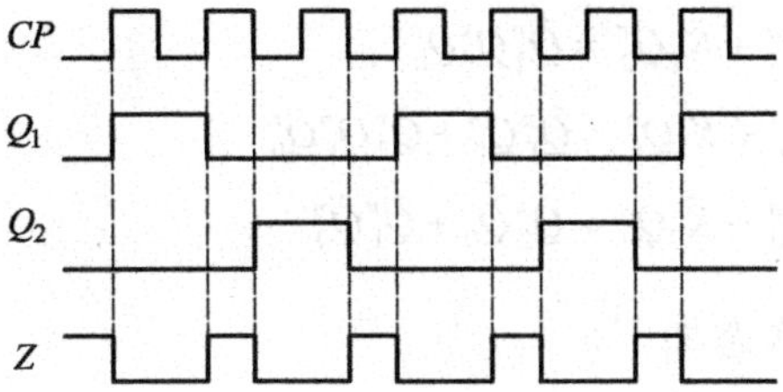

题 15.7 答案图

15.8　(1) 输出方程：$Z = AQ_0Q_1$

驱动方程：$J_0 = K_0 = A$，$J_1 = K_1 = AQ_0^n$

状态方程：$Q_0^{n+1} = J_0\bar{Q}_0^n + \bar{K}_0Q_0^n = A\bar{Q}_0^n$

$$Q_1^{n+1} = J_1\bar{Q}_1^n + \bar{K}_1Q_1^n$$

(2) 逻辑状态表如题 15.8 表所示；

(3) $A=0$ 时 $Z=0$。

题 15.8 表　逻辑状态表

脉冲数	Q_0	Q_1	Z
0	0	0	0
1	1	0	0
2	0	1	0
3	1	1	1
4	0	0	0

15.9　(a) 输出方程：

驱动方程：$J_0 = \bar{Q}_1^n$，$K_0 = 1$；

$J_1 = Q_0^n$，$K_1 = 1$

状态方程：$Q_0^{n+1} = \bar{Q}_0^n\bar{Q}_1^n$，$Q_1^{n+1} = Q_0^n\bar{Q}_1^n$

(b) 输出方程：

驱动方程：$D_0 = \bar{Q}_0\bar{Q}_1$，$D_1 = Q_0$

状态方程：$Q_0^{n+1} = \bar{Q}_1^n\bar{Q}_0^n$，$Q_1^{n+1} = Q_0^n$

逻辑状态表如题 15.9 表所示。

题表 15.9 表　逻辑状态表

脉冲数	Q_0	Q_1
0	0	0
1	1	0
2	0	1
3	0	0

15.10　Q_1，Q_2 和 Q_3 的输出波形如题 15.10 答案图所示。

15.11　Q_0，Q_1 及 F 的波形如题 15.11 答案图所示。

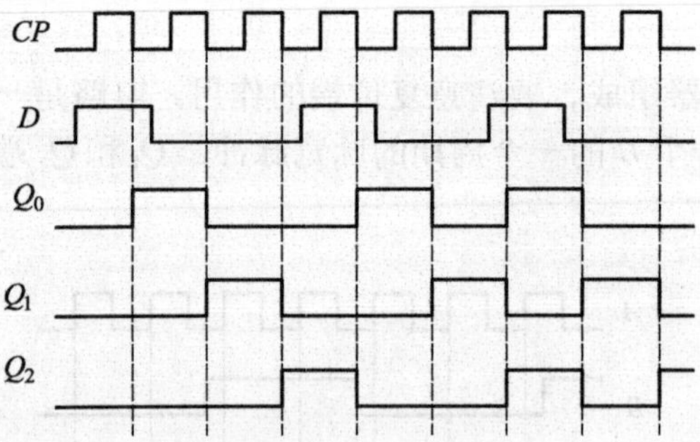

题 15.10 答案图

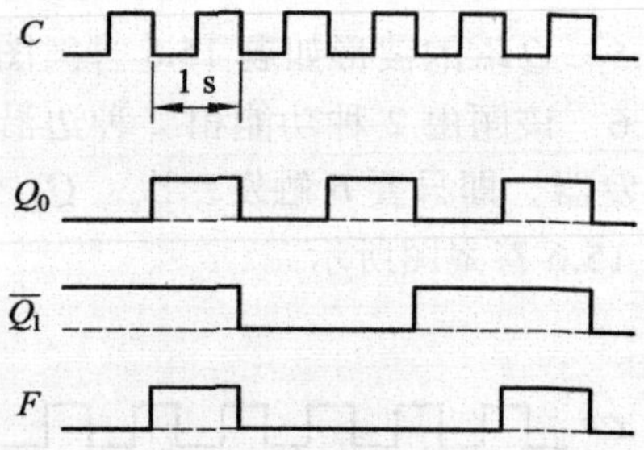

KA 线圈每次通电时间是每3 s通1 s

题 15.11 答案图

15.12 (a) 是一个同步计数器，各触发器激励方程为

$$1J_0=\overline{Q_2^nQ_1^n},\ 1K_0=1;\ \ 1J_1=Q_0^n,\ 1K_1=\overline{\bar{Q}_2^n\bar{Q}_0^n}\qquad 1J_2=Q_1^nQ_0^n,1K_2=1$$

触发器激励方程代入各自的特性方程求得状态方程为

$$Q_2^{n+1}=J_2\bar{Q}_2^n+\bar{K}_2Q_2^n=\bar{Q}_2^nQ_1^nQ_0^n$$
$$Q_1^{n+1}=J_1\bar{Q}_1^n+\bar{K}_1Q_1^n=\bar{Q}_1^nQ_0^n+\bar{Q}_2^nQ_1^n\bar{Q}_0^n$$
$$Q_0^{n+1}=J_0\bar{Q}_0^n+\bar{K}_0Q_0^n=\bar{Q}_2^n\bar{Q}_0^n+\bar{Q}_1^n\bar{Q}_0^n$$

依次设定初态，计算出次态如下：

初态设定从 $Q_2^nQ_1^nQ_0^n=000$ 开始，000→001→010→011→100→001

$$Q_2^nQ_1^nQ_0^n=101\to010\ ,\ \ Q_2^nQ_1^nQ_0^n=110\to000\ ,\ \ Q_2^nQ_1^nQ_0^n=111\to000$$

状态转换图如题 15.12 答案图（a）所示。

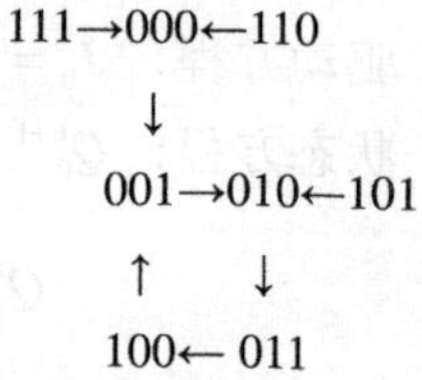

题 15.12 答案图（a）

所以电路的模是 $M=4$，采用余 1 码进行计数，4 分频后，最高位的输出频率为 700/4＝175 Hz，电路能自启动。

(b) 电路是一个异步计数器，写出状态方程的方法同上，但每个状态方程后面要带 CP 方程，该状态方程才有效。

各级触发器的状态方程为：

$$Q_2^{n+1}=J_2\bar{Q}_2^n+\bar{K}_2Q_2^n=\bar{Q}_2^n,\ CP_2=Q_1^n$$
$$Q_1^{n+1}=J_1\bar{Q}_1^n+\bar{K}_1Q_1^n=\bar{Q}_1^nQ_0^n+\bar{Q}_2^n\bar{Q}_0^nQ_1^n,\ CP_2=CP$$
$$Q_0^{n+1}=J_0\bar{Q}_0^n+\bar{K}_0Q_0^n=\bar{Q}_2^n\bar{Q}_1^n\bar{Q}_0^n,\ CP_1=CP$$

依次设定初态见题 15.12 答案图（b）。

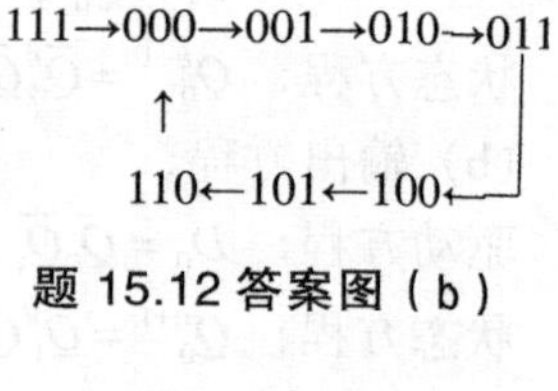

题 15.12 答案图（b）

所以电路的模为 $M=7$，采用 421 编码进行计数，能自启动，最高位的输出频率为 700/7＝100 Hz。

15.13 (1) 每级触发器的状态方程

$$Q_3^{n+1}=\bar{Q}_3^nQ_2^nQ_1^n,\ Q_2^{n+1}=\bar{Q}_2^nQ_1^n+Q_2^n\bar{Q}_1^n,\ Q_1^{n+1}=\bar{Q}_3^n\overline{Q_0^n}$$

经分析后，其状态转换图为：000→001→010→011→100

电路是一个同步五进制可以自启动的加法计数器。（未画出无效态）

（2）$Z=(X_1\oplus Q_1)+(X_2\oplus Q_2)+(X_3\oplus Q_3)$，当 $X_1X_2X_3=110$ 时，$Z=\bar{Q}_1+\bar{Q}_2+Q_3$，当 $Q_3Q_2Q_1$ 出现 011 状态时，$\overline{CR}=Z=0$ 使计数器的状态清 0，故此种情况下，整个电路功能为一个三进制加法计数器。

15.15　能亮。$t=T_w\approx 1.1RC=1.1\times 200\times 10^3\times 50\times 10^{-6}=11\ (\mathrm{s})$

15.16　$t_w=RC\ln 3\approx 1.1RC=0.11\ (\mathrm{ms})$

15.17　（2）$T=T_1+T_2=(R_2+R_{w2})C_2\ln 2+(R_1+R_{w1})C_1\ln 2\approx 0.43\ (\mathrm{ms})$

第 16 章

16.1　$U_o=-9.77\ \mathrm{V}$；$U_o=-5.74\ \mathrm{V}$

16.2　$u_o=0.1\ \mathrm{V}$

16.3　（1）输出模拟电压 u_o 和输入数字量的关系式：

$$i_{O1}=\frac{V_{REF}}{R}d_{n-1}+\frac{U_{REF}}{2R}d_{n-2}+\cdots+\frac{U_{REF}}{2^{n-1}R}d_0=\frac{U_{REF}}{R}\cdot\frac{1}{2^{n-1}}\sum_{i=0}^{n-1}d_i\cdot 2^i$$

$$u_O=-i_{O1}\frac{R}{2}=-\frac{U_{REF}}{2^n}\sum_{i=0}^{n-1}d_i\cdot 2^i=-\frac{U_{REF}}{2^n}\cdot D_n$$

（2）$R_7=10\ \mathrm{k\Omega}$，则 $R_6=2R_7=20\ \mathrm{k\Omega}$，$R_5=4R_7=40\ \mathrm{k\Omega}$，$R_4=8R_7=80\ \mathrm{k\Omega}$，
$R_3=16R_7=160\ \mathrm{k\Omega}$，$R_2=32R_7=320\ \mathrm{k\Omega}$，$R_1=64R_7=640\ \mathrm{k\Omega}$，
$R_0=128R_7=1\ 280\ \mathrm{k\Omega}$

16.4　（1）$R_f=R/3$ 时，$u_o=-\frac{U_{REF}}{2^n}\cdot\frac{R_f}{R}\cdot\sum_{i=0}^{n-1}d_i\cdot 2^i=2.357\ \mathrm{V}$

（2）$R_f=R$ 时，$u_o=7.07\ \mathrm{V}$

16.5　D/A 输入二进制数依次为：0000，1000，0100，1100，0010，1010，0110，1110，0001，1001，0000，输出电压 u_o 的波形如题 16.5 答案图所示。

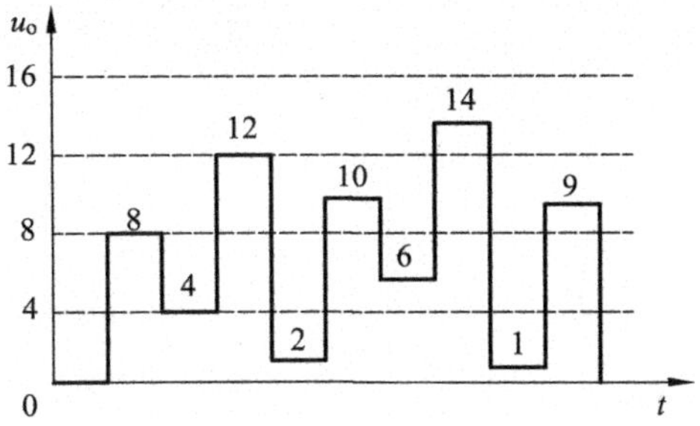

题 16.5 答案图

16.6　$n=12$，$U_R=-10\ \mathrm{V}$

16.7　$t=6\ \mu\mathrm{s}$

16.8　$R_1=160\ \mathrm{k\Omega}$，$R_2=1\ 320\ \mathrm{k\Omega}$，$R_3=640\ \mathrm{k\Omega}$，$U_O=-0.508\ \mathrm{V}$

16.10　$I_{o1}=0.307\ \mathrm{mA}$，$U_O=-3.07\ \mathrm{V}$

参 考 文 献

[1] 姚海彬. 电工技术（电工学Ⅰ）. 第一版. 北京：高等教育出版社，1999
[2] 秦曾煌. 电工学. 第六版. 北京：高等教育出版社，2004
[3] 颜伟中. 电工学. 北京：高等教育出版社，2002
[4] 王鸿明. 电工技术与电子技术. 北京：清华大学出版社，2000
[5] 许实章. 电机学. 第三版. 北京：机械工业出版社，1995
[6] 周万珍，高鸿斌. PLC 分析与设计. 北京：电子工业出版社，2004
[7] 张继和，张润敏，梁海峰. 电机控制与供电基础. 成都：西南交通大学出版社，2000
[8] 李守成. 电工电子技术. 成都：西南交通大学出版社，2000
[9] 李益民. 电路基础. 成都：西南交通大学出版社，2000
[10] 唐介. 电工学（少学时）. 北京：高等教育出版社，2001
[11] 王英. 电工技术基础（电工学Ⅰ）. 北京：机械工业出版社，2007
[12] 李春茂. 电子技术基础（电工学Ⅱ）. 北京：机械工业出版社，2008